Schrader · Rademacher

Kurzes Lehrbuch der Organischen Chemie

3. Auflage

W0251398

Bernhard Schrader · Paul Rademacher

Kurzes Lehrbuch der Organischen Chemie

3. Auflage

Walter de Gruyter
Berlin · New York

USB Köln
Ausgeschieden

UNIVERSITÄTS-
UND
STADT-
BIBLIOTHEK
KÖLN
A
Lehrbuch-
Sammlung

Autoren

Professor (em.) Dr.-Ing. Bernhard Schrader
Universität Duisburg-Essen
Institut für Physikalische und Theoretische Chemie
45117 Essen
bernhard.schrader@uni-duisburg-essen.de

Professor (em.) Dr. rer. nat. Paul Rademacher
Universität Duisburg-Essen
Institut für Organische Chemie
45117 Essen
paul.rademacher@uni-duisburg-essen.de

Das Buch enthält 77 Abbildungen und 43 Tabellen.

Das Titelbild zeigt die Molekülstruktur von zwei Anthocyanmolekülen, die als Farbstoffe in verschiedenen Pflanzen vorkommen und sich nur um ein Proton unterscheiden. Protonierung oder Deprotonierung sind mit einem Wechsel der Farbe verbunden. Näheres siehe Seite 241.

ISBN 978-3-11-019447-0

Bibliografische Information der Deutschen Nationalbibliothek

Die Deutsche Nationalbibliothek verzeichnet diese Publikation in der Deutschen Nationalbibliografie; detaillierte bibliografische Daten sind im Internet über http://dnb.d-nb.de abrufbar.

⊗ Gedruckt auf säurefreiem Papier, das die US-ANSI-Norm über Haltbarkeit erfüllt.

© Copyright 2009 by Walter de Gruyter GmbH & Co. KG, 10785 Berlin. – Dieses Werk einschließlich aller seiner Teile ist urheberrechtlich geschützt. Jede Verwertung außerhalb der engen Grenzen des Urheberrechtsgesetzes ist ohne Zustimmung des Verlages unzulässig und strafbar. Das gilt insbesondere für Vervielfältigungen, Übersetzungen, Mikroverfilmungen und die Einspeicherung und Verarbeitung in elektronischen Systemen. Printed in Germany.

Satz: META Systems GmbH, Wustermark.
Druck und Bindung: Druckhaus „Thomas Müntzer“ GmbH, Bad Langensalza.
Einbandgestaltung: Martin Zech, Bremen.

Vorwort zur 3. Auflage

Wer braucht ein *Kurzes Lehrbuch der Organischen Chemie*? Diese Frage mussten sich Verlag und Autoren stellen, als sie sich zu einer Neuauflage entschlossen. Die Antwort war schnell gefunden: „Jeder, der keine Zeit hat, ein *normales* Lehrbuch durchzuarbeiten, um sich einen Überblick über das Sachgebiet zu verschaffen." Dazu gehören alle *Einsteiger*, die sich zunächst einmal orientieren wollen, bevor sie sich mit den Details befassen, denn Einzelheiten lassen sich besser verstehen, wenn man sie in den größeren Zusammenhang einordnen kann. Hier richtet sich das Buch also in erster Linie an angehende Chemiker im Bachelor-Studium sowie Biochemiker, Pharmazeuten und Lebensmittelchemiker. Aber auch diejenigen, die sich aus zeitlichen Gründen kein Lehrbuch von in der Regel mehr als tausend Seiten leisten können, gehören zur Zielgruppe des hier präsentierten Werkes. Dies sind Studierende der Lehrämter Chemie sowie benachbarter Fächer wie Biologie und Ökologie und Studierende mit dem Nebenfach Chemie, also Physiker, Biologen, Mediziner, Ingenieure, Landwirte …

Hinzu kommt ein praktischer Grund: Im Gegensatz zu den z. T. sehr schwergewichtigen und unhandlichen normalen Lehrbüchern kann man ein kurzes „überallhin" mitnehmen, also auch in der Freizeit bequem zum Studieren benutzen.

Der Forschungs- und Lehrtätigkeit des Erstautors (B. Sch.) entsprechend, enthält das Buch wesentliche Anteile in der Physikalischen, der Theoretischen und der Technischen Chemie, die über das sonst übliche Ausmaß hinausgehen, aber auch den Charakter der Organischen Chemie als Querschnittswissenschaft deutlich machen.

Bei der Aktualisierung des *Kurzen Lehrbuchs der Organischen Chemie* sollte der Charakter des Werks erhalten bleiben: In möglichst knapper, aber anschaulicher Form wird ein Überblick über das Gesamtgebiet der Organischen Chemie, einschließlich der angrenzenden Gebiete wie Biochemie und Makromolekulare Chemie vermittelt. Jedes Kapitel soll in sich möglichst geschlossen sein, also auch unabhängig von den anderen durchgearbeitet werden können. Zahlreiche Querverweise und ein detailliertes Sachregister sowie ein Verzeichnis wichtiger Abkürzungen erleichtern die Orientierung. Jedes Kapitel wird zudem mit einer Zusammenfassung abgeschlossen, in der die wichtigsten Fakten thesenartig aufgeführt sind.

Großer Wert wurde darauf gelegt, den Umfang des Buches nicht wesentlich zu erweitern und den Praxisbezug mit möglichst vielen konkreten Beispielen zu erhalten. Etwas erweitert wurde das 2. Kapitel, das mit der systematischen Organischen Chemie den wichtigsten Schwerpunkt des Buches bildet. Demgegenüber wurde das Kapitel 6 (Biochemie) um einige Abschnitte gekürzt, da dieses Gebiet zu komplex und umfangreich ist, um hier eine vollständige Übersicht zu bringen. Nach dem Motto „weniger ist mehr" haben wir hier Schwerpunkte im dem Bereich der Naturstoffe (Kohlenhydrate, Lipide, Proteine, Nucleinsäuren, Steroide, Alkaloide) und wichtiger biochemischer Vorgänge wie Stoffwechsel und Energiegewinnung gebildet.

Auch die Kapitel 3 *Makromolekulare Stoffe* und 4 *Lösemittel, Weichmacher, Grenzflächenaktive Substanzen* wurden geringfügig gekürzt.

Selbstverständlich haben wir die Inhalte des Gesamtwerks aktualisiert.

Bei der Nomenklatur haben wir eine möglichst weitgehende Anpassung an die internationale Form von Verbindungsnamen angestrebt, die mit der Zugehörigkeit zu ihrer Verbindungsklasse besser übereinstimmen als die häufig noch üblichen deutschen Namen. Wir sind sich uns darüber im Klaren, dass dies ein Wagnis darstellt, meinen aber damit den Zugang zur Organischen Chemie zu erleichtern. So wurde für Arene die Endung **-ol** durch **-en** ersetzt; anstelle von Benzol, Toluol, Styrol, Xylol, ... schreiben wir Benzen, Toluen, Styren, Xylen, ... Ähnliches gilt für Terpene, also Carot**en** statt Carot**in**. Aus Ster**in**en wurden Ster**ol**e, also Cholesterol statt Cholesterin. In gleicher Weise wird in diesem Buch 1,2,3-Propantriol nicht als Glycer**in** sondern als Glycer**ol** bezeichnet. Die Vorsilbe **Des-** wurde durch **De-** ersetzt; DNA heißt also Deoxyribonucleinsäure.

Alte Namen, wie z. B. Ethylen, Propylen, Butylen, Propionsäure und Butyraldehyd, wurden durch die systematischen Namen Ethen, Propen, Buten, Propansäure und Butanal ersetzt. Häufig wird jedoch die ältere Schreibweise im Text erwähnt. Auch werden selbstverständlich übliche Trivialnamen wie Aceton, Anilin, Formaldehyd usw. beibehalten.

Der Wert eines *Kurzen Lehrbuchs* liegt vor allem in der Stoffauswahl. Keineswegs soll der Inhalt mit Einzelfakten überfrachtet werden, andererseits darf aber *nichts Wichtiges* fehlen. Dem weitgefächerten Leserkreis entsprechend, haben wir wohl eher zu viel als zu wenig berücksichtigt, dabei aber unterschiedliche Gewichtung im Druck ausgedrückt.

Frau Dr. Rosemarie Pulz, Universität zu Lübeck, hat das Manuskript vornehmlich unter didaktischen Gesichtspunkten durchgesehen. Wir danken ihr für konstruktive Diskussionen und zahlreiche Änderungsvorschläge. Dem Verlag sind wir vor allem für die sorgfältige Gestaltung der Graphiken dankbar.

Essen, im August 2009

Paul Rademacher
Bernhard Schrader

Aus dem Vorwort zur 1. Auflage

Die Organische Chemie berührt heute viel mehr als früher das Leben vieler Menschen, auch derjenigen, die nicht auf dem Gebiet der Chemie tätig sind. Ärzte und Biologen betreiben Angewandte Organische Chemie im weitesten Sinne des Wortes. Physiker und Ingenieure, Handwerker, Hausfrauen und Landwirte, aber auch alle Autofahrer sind Verbraucher organisch-chemischer Produkte, und viele Menschen, selbst Journalisten und Juristen befassen sich mit den Problemen, die aus diesem Verbrauch entstehen: Fragen der Rohstoff- und Energieversorgung und des Umweltschutzes. Jeder verantwortliche Mensch sollte daher – neben den Vorzügen – auch die Gefahren kennen, die diese Produkte für ihn selbst und die Umwelt bedeuten können. Darüber hinaus sollte er von den lebenswichtigen chemischen Reaktionen in seinem Körper eine Vorstellung haben – ebenso selbstverständlich wie von der Funktion seines Autos oder seines Fernsehapparates, so wie Einstein es 1930 bei der Eröffnung der Funkausstellung in Berlin ausdrückte:

Sollen sich auch alle schämen, die gedankenlos sich der Wunder der Wissenschaft und Technik bedienen und nicht mehr davon geistig erfasst haben als die Kuh von der Botanik der Pflanzen, die sie mit Wohlbehagen frisst.

Essen, im Frühjahr 1979 *Bernhard Schrader*

Inhaltsverzeichnis

3 Makromolekulare organische Stoffe

7 Analytik organischer Verbindungen

Abkürzungen

Abkürzungen für Aminosäuren siehe Tabelle 6.2 (Seite 261)

A	Adenin
ADP	Adenosin-5′-diphosphat
AMP	Adenosin-5′-monophosphat
AF	Aramidfaser
AGW	Arbeitsplatzgrenzwert
AO	Atomorbital
ap	antiperiplanar
ASS	Acetylsalicylsäure (Aspirin)
ATP	Adenosin-5’-triphosphat
BPA	Bisphenol A
BTX	Benzen, Toluen, Xylene
C	Cytosin
cAMP	3′,5′-cyclo-AMP, cyclisches Adenosinmonophosphat
CD	Circulardichroismus
CMC	Carboxymethylcellulose
CN	Chloracetophenon
CoA	Coenzym A
CS	(2-Chlorbenzyliden)malonsäuredinitril
CW	Elektromagnetische Welle mit konstanter Amplitude und Frequenz (engl. *continuous wave*)
DC	Dünnschichtchromatographie
DDT	1,1,1-Trichlor-2,2-bis(4-chlorphenyl)ethan (Dichlordiphenyltrichlorethan)
DK	Dielektrizitätskonstante
DMF	Dimethylformamid
DMSO	Dimethylsulfoxid
DNA	Deoxyribonucleinsäure, Desoxy…
Dopa	3,4-Dihydroxyphenylalanin
EI	Elektronenstoßionisation
EP	Epoxid
EPS	expandierbares Polystyren
ESI	Elektrosprayionisation
FAD	Flavin-adenin-dinucleotid

FCKW	Fluorchlorkohlenwasserstoffe
FT	Fourier-Transformation
G	Guanin
GABA	4-Aminobuttersäure (engl. *γ-aminobutyric acid*)
GC	Gaschromatographie
GDP	Guanosin-5′-diphosphat
GTP	Guanosin-5′-triphosphat
HDPE	Polyethen hoher Dichte (Hart-PE, engl. *high-density PE*)
HEMA	(2-Hydroxyethyl)methacrylat
HDL	Lipoprotein hoher Dichte(engl. *high-density lipoprotein*)
HPLC	Hochdruckflüssigkeitschromatographie (engl. *high-pressure-(performence) LC*)
HOMO	Höchstes besetztes Molekülorbital (engl. *highest occupied molecular orbital*)
HRMS	hochauflösende Massenspektrometrie (engl. *high-resolution mass spectrometry*)
IR	Infrarot
IUPAC	International Union of Pure and Applied Chemistry
LC	Flüssigkeitschromatographie (engl. *liquid chromatography*)
LDL	Lipoprotein geringer Dichte (engl. *low-density lipoprotein*)
LDPE	Polyethen niederer Dichte (Weich-PE, engl. *low-density PE*)
LLDPE	Lineares PE niedriger Dichte (engl. *linear low density PE*)
LUMO	Niedrigstes unbesetztes Molekülorbital (engl. *lowest unoccupied molecular orbital*)
MAK	Maximale Arbeitsplatz-Konzentration
MALDI	Matrix-Laser-Desorptionsionisation (engl. *matrix assisted laser desorption ionization*)
MC	Methylcellulose
MF	Melamin-Formaldehyd
MO	Molekülorbital
mRNA	Messenger-Ribonucleinsäure
MRT	Magnetresonanztomographie
MS	Massenspektrometrie
MTBE	Methyl-*tert*-butylether
MW	Mikrowellen-Spektroskopie
$NAD^{\oplus}$	oxidiertes Nicotinamid-adenin-dinucleotid
NADH	reduziertes Nicotinamid-adenin-dinucleotid
$NADP^{\oplus}$	oxidiertes Nicotinamid-adenin-dinucleotid-phosphat
NADPH	reduziertes Nicotinamid-adenin-dinucleotid-phosphat
NMR	Kernresonanzspektroskopie (engl. *nuclear magnetic resonance*)
NOEL	Schwellenwert, unterschwellige Dosis (engl. *no-effect-level*)
OLED	organische Leuchtdiode (engl. *organic light-emitting diode*)
ORD	optische Rotationsdispersion

PA	Polyamid
PAA	Polyacrylsäure
PAB	4-Aminobenzoesäure
PAN	Polyacrylnitril
PAPS	3′-Phosphoadenosin-5′-phosphosulfat
PAS	4-Aminosalicylsäure
PB	Polybuten
PBD	Polybutadien
PC	Polycarbonat
PCB	polychlorierte Biphenyle
PCR	Polymerase-Kettenreaktion (engl. *polymerase chain reaction*)
PCTFE	Polychlortrifluorethen
PE	Polyethen
PET	Polyethenterephthalat
PF	Phenol-Formaldehyd
PFT	Perfluoriertes Tensid
PIB	Polyisobuten
PMMA	Polymethylmethacrylat
POM	Polyoxymethen
PP	Polypropen
ppb	parts per billion (Teile pro Milliarde)
ppm	parts per million (Teile pro Million)
ppt	parts per trillion (Teile pro Billion)
PS	Polystyren, Polystyrol
PTFE	Polytetrafluorethen
PUR	Polyurethan
PVA	Polyvinylacetal
PVAC	Polyvinylacetat
PVAL	Polyvinylalkohol
PVB	Polyvinylbutanal, Polyvinylbutyraldehyd
PVC	Polyvinylchlorid
PVDC	Polyvinylidenchlorid
PVP	Polyvinylpyrrolidon
QH_2	reduziertes Coenzym Q (Ubichinon)
Q	oxidiertes Coenzym Q (Ubichinon)
RME	Rapsölmethylester
RNA	Ribonucleinsäure
sc	synclinal
Schmp.	Schmelzpunkt
Sdp.	Siedepunkt
SI	Silicon
T	Thymin
TCDD	2,3,7,8-Tetrachlor[1,4]dibenzodioxin (Seveso-Gift)

THF	Tetrahydrofuran
TNT	2,4,6-Trinitrotoluen
TOF	Flugzeit-Analysator (engl. *time of flight analyzer*)
TPS	Tetrapropylenbenzensulfonat
tRNA	Transfer-Ribonucleinsäure
U	Uracil
UF	Harnstoff-Formaldehyd
UV	Ultraviolett

Vorbemerkung

Hinweise auf andere Textstellen werden durch die Dezimalgliederung der Kapitel und Abschnitte in Klammern gegeben, zum Beispiel (▶ 6.7.1).

Abbildungen und Tabellen sind in jedem Kapitel neu durchnummeriert. Hinweise darauf lauten (▶ Abb. 6.15) bzw. (▶ Tab. 4.2).

Merksätze, wichtige Ergebnisse, Regeln oder Definitionen sind durch einen blau umrandeten Kasten mit einem blauen Balken am linken Rand gekennzeichnet.

Beispiele, Kommentare und Ausarbeitungen, die nicht zum laufenden Text gehören, werden in blau hinterlegten Kästen ohne Rand gedruckt.

Für Anfänger können diese Textstellen sowie Teile des ersten Kapitels schwer verständlich sein. Sie können zunächst ausgelassen werden, da sie für das Verständnis der folgenden Kapitel nicht unbedingt erforderlich sind.

Bei Dezimalzahlen wird das Komma als Trennzeichen verwendet. Zur Gliederung von längeren Ziffernfolgen in Dreierblöcke (Tausendertrennung) dienen Punkte.

Die Wiedergabe von Warenbezeichnungen, Handelsnamen oder sonstigen Kennzeichen in diesem Buch berechtigt nicht zu der Annahme, dass diese von jedermann frei benutzt werden dürfen. Vielmehr kann es sich auch dann um eingetragene Warenzeichen oder sonstige gesetzlich geschützte Kennzeichen handeln, wenn sie nicht eigens als solche markiert sind.

Das vorliegende Buch wurde sorgfältig abgefasst. Dennoch übernehmen Autoren und Verlag für die Richtigkeit von Angaben, Hinweisen und Ratschlägen sowie für eventuelle Druckfehler in keinem Fall irgendeine Haftung.

1 Grundlagen der Organischen Chemie

1.1 Einleitung

In diesem Kapitel werden die Eigenschaften der Moleküle aus denen der Atome hergeleitet. Dann wird gezeigt, wie sich die – makroskopisch sichtbaren – physikalischen und chemischen Eigenschaften der organischen Stoffe durch das Zusammenwirken der mikroskopischen Charakteristika einer riesigen Zahl von Molekülen erklären lassen.

Nur wenige verschiedene Bausteine sind erforderlich, um die große Vielfalt der organischen Stoffe aufzubauen.

1.2 Was ist „Organische Chemie"?

Chemie ist die Lehre von den Stoffen und ihren Umwandlungen.

Der Name **Organische Chemie** grenzte ursprünglich die Chemie des Pflanzen- und Tierreichs von der Anorganischen Chemie, der Chemie des Mineralreichs, ab. Man nahm nämlich – bis ca. 1850 – an, dass organische Substanzen nur von der lebenden Zelle unter Mitwirkung einer besonderen Lebenskraft aufgebaut werden könnten. Auch nachdem F. Wöhler 1824 die Säure des Sauerklees, die Oxalsäure, und 1828 den Harnstoff aus anorganischen Stoffen synthetisiert und dadurch diese Vermutung widerlegt hatte,* blieb man bei dieser Abgrenzung. Zwar gelten für den gesamten Bereich der Chemie die gleichen Naturgesetze; die Aufteilung in **Organische Chemie, die Chemie der Kohlenstoffverbindungen**, und **Anorganische Chemie, die Chemie aller anderen Elemente**, ist jedoch auch heute aus mehreren Gründen sinnvoll:

- Ein Kohlenstoffatom kann sich mit bis zu vier weiteren Kohlenstoffatomen verbinden, die ihrerseits mit weiteren Kohlenstoffatomen verknüpft sein können. Die Größe der aus Kohlenstoffatomen aufgebauten Moleküle ist praktisch nicht begrenzt. In diesen Molekülen können die Kohlenstoffatome zu unterschiedlich langen und verzweigten Ketten und zu Ringen oder Ringsyste-

* Wöhler schrieb an Berzelius: „... ich muss Ihnen sagen, dass ich Harnstoff machen kann, ohne dazu Nieren oder überhaupt ein Thier, sey es Mensch oder Hund, nöthig zu haben."

men zusammengefügt sein. Atome anderer Elemente können sich nicht so vielfältig zu stabilen Verbindungen verknüpfen.

- Am Aufbau der organischen Verbindungen sind – außer Kohlenstoff – nur wenige andere Elemente beteiligt. Dies sind Wasserstoff, Sauerstoff, Stickstoff und seltener die Halogene, sowie Schwefel und Phosphor. Infolge der mannigfaltigen Verknüpfungsmöglichkeiten dieser Elemente kennt man heute (Dezember 2008) über 40 Millionen verschiedene Kohlenstoffverbindungen. Das sind weitaus mehr als die Anzahl der bekannten Verbindungen aller anderen Elemente zusammen.
- Im Gegensatz zu vielen anorganischen Verbindungen zeigen die Kohlenstoffverbindungen im Allgemeinen keine Neigung zur Dissoziation in Ionen, d. h. zum Zerfall in geladene Teilchen.
- Die meisten organischen Verbindungen *zersetzen* sich bei Temperaturen im Bereich 200–500 °C, und sie *verbrennen* bei Gegenwart von Sauerstoff. Anorganische Verbindungen sind oft thermisch beständiger und meistens nicht brennbar.

Die Oxide des Kohlenstoffs, die Carbonate, die Carbide und die Cyanide rechnet man zum Gebiet der Anorganischen Chemie.

Die **Chemie der Lebensvorgänge** – ein sehr wichtiges Gebiet der Organischen Chemie – wird heute als **Biochemie** bezeichnet.

Geschichte der Organischen Chemie

Die **Organische Chemie** ist als eine Teildisziplin der Chemie im später 18. und im frühen 19. Jahrhundert entstanden. Der schwedische Chemiker T. Bergman unterschied im Jahre 1780 erstmals die Anorganische und die Organische Chemie, und sein Landsmann J. J. Berzelius veröffentlichte in seinem Lehrbuch von 1827 die erste eigenständige Abhandlung über organische Verbindungen.

Von den Verbindungen, die man heute als *organisch* bezeichnet, haben schon viele existiert, bevor das Leben auf der Erde begann. Die Untersuchung der organischen Verbindungen hinkte weit hinter derjenigen der anorganischen her, weil die natürlich vorkommenden organischen Stoffe viel komplizierter aufgebaut sind, ihre Reaktionen daher viel schwerer zu verstehen waren und weil sie gewöhnlich nicht in reiner Form, sondern in komplexen Gemischen vorliegen, die nicht so leicht zu trennen sind wie anorganische Gemische. So wurden früher z. B. Holz und Gummi als typische organische Verbindungen angesehen.

Schon seit dem Altertum wurden bestimmte organische Verbindungen wie Wein, Essig und einige organische Farbstoffe verwendet. Um 300 wurde in Indien Rohrzucker als eine der ersten organischen Verbindungen in reiner Form isoliert. Im 16. Jahrhundert folgten Benzoesäure und Bernsteinsäure, im 17. Jahrhundert Methanol, Traubenzucker und Milchsäure, im 18. Jahrhundert zahlreiche weitere wie Diethylether, Essigsäure, Oxalsäure, Weinsäure, Harnsäure, Harnstoff, Zitronensäure, Äpfelsäure, Acetaldehyd und 1,2,3-Propantriol (Glycerol).

Viele wichtige **Synthesemethoden** wurden in der zweiten Hälfte des 19. Jahrhunderts entwickelt.

In den Jahren 1858–1865 ermöglichte A. Kekulés Strukturtheorie die Aufstellung der noch heute üblichen **Strukturformeln**. Und 1874 entwickelten J. H. van't Hoff und

J. A. LeBel das **Tetraedermodell des vierbindigen Kohlenstoffatoms**. Dies ermöglichte Stereoformeln für die räumliche Gestalt von Molekülen. Im 20. Jahrhundert folgten physikalische Methoden zur Strukturanalyse und die Deutung der chemischen Bindung auf quantenmechanischer Grundlage.

Die Aufklärung des Verlaufs organischer Reaktionen und die Reaktionsmechanismen wie S_N1, S_N2, E1, E2, A_E, gehen auf C. K. Ingold, seit etwa 1930, zurück.

Besondere Probleme bereitet die Organische Chemie auf Grund ihrer Stoffvielfalt mit häufig komplexen Strukturen, deren Kenntnis zum Verständnis ihrer Eigenschaften erforderlich ist. Die Reaktionen organischer Verbindungen können sehr kompliziert und für Anfänger schwer verständlich sein.

Hinzu kommen Nomenklaturprobleme. Die systematischen Namen, insbesondere größerer Verbindungen, sind oft umständlich und unhandlich. Deshalb gibt es kein einheitliches Nomenklatursystem für alle Substanzen, sondern für viele Verbindung sind mehrere verschiedene Namen, einschließlich Trivialnamen, traditionellen (historischen) und Handelsnamen, häufig auch Abkürzungen, im Gebrauch. So bezeichnen beispielsweise 2-Acetoxybenzoesäure, Acetylsalicylsäure, ASS und Aspirin dieselbe Verbindung (▶ 2.7.4).

1.3 Atome und Moleküle

In diesem Abschnitt werden wichtige Begriffe und Tatsachen zur Natur der Atome und Moleküle erklärt. Darauf aufbauend erläutert der nächste Abschnitt (1.4) die Valenzelektronenhülle, den Träger der chemischen Eigenschaften.

Alle irdische Materie ist aus **Atomen** aufgebaut. Man bezeichnet die Stoffe aus gleichartigen Atomen als elementare Stoffe oder einfach **Elemente**. Chemische **Verbindungen** bestehen aus Atomen, die durch chemische Bindungen verknüpft sind. Mit Hilfe **chemischer Reaktionen** lassen sich Moleküle aus Atomen aufbauen, in andere Moleküle umwandeln oder in Atome zerlegen.

Ein **Atom** besteht aus dem **Atomkern** und der **Elektronenhülle**. Unter Bedingungen, wie sie auf der Erde herrschen, sind die Atomkerne stets von Elektronen umgeben. Ausnahmen bilden die bei radioaktiven Prozessen entstehenden Spaltprodukte, z. B. α-Teilchen und Protonen (Helium- bzw. Wasserstoffkerne). Die Atomkerne sind positiv geladen und vereinigen praktisch die gesamte Masse der Atome in sich. Die Elektronenhülle ist negativ geladen und besitzt nur eine sehr geringe Dichte. Der Durchmesser der Atomkerne ist von der Größenordnung 10^{-15} m, derjenige der Elektronenhülle ist 100.000-mal größer: etwa 10^{-10} m (Größenvergleich: Stecknadelkopf und Kuppel des St. Peters-Doms in Rom).

Die **Atomkerne** sind aus **Protonen** und **Neutronen** zusammengesetzt. Beide haben nahezu die gleiche Masse; sie unterscheiden sich aber durch die Ladung: nur das Proton ist elektrisch geladen – es trägt eine positive Elementarladung. Ihr Betrag ist gleich der (negativen) Ladung eines Elektrons.

Die Masse des Protons beträgt 1,00728, die des Neutrons 1,00866 und die des Elektrons 0,00055 Atom-Masseneinheiten.

> Die **Atom-Masseneinheit** *u* ist definiert als 1/12 der Masse des Kohlenstoffisotops ^{12}C; $1u = 1{,}6605 \cdot 10^{-24}$ g = 1 Da (Dalton).

Eine **Elementarladung**, d. h. die positive Ladung des Protons und die negative des Elektrons, ist gleich $1{,}6022 \cdot 10^{-19}$ Coulomb. Die Anzahl der Elementarladungen im Kern eines Atoms wird auch Kernladungs- oder **Ordnungszahl** genannt, sie ist gleich der Anzahl der Protonen im Kern. Ein Atom im elementaren Zustand ist elektrisch neutral, da es in seiner Elektronenhülle genauso viele Elektronen besitzt, wie die Ordnungszahl seines Kerns angibt. Die Anzahl der Elektronen in der Hülle ist also gleich derjenigen der Protonen im Kern.

Die Atome in **Molekülen** sind durch **chemische Bindungen** (▶ 1.6, 1.7) miteinander verknüpft. In Molekülen bestehen chemische Bindungen aus Elektronen, die gleichzeitig der Elektronenhülle beider beteiligten Atome angehören.

Die chemischen Bindungen bewirken, dass die Energie zweier gebundener Atome um die sog. **Bindungsenergie** niedriger ist als diejenige der einzelnen, nicht gebundenen Atome.

> **Chemische Reaktionen** sind Vorgänge, bei denen chemische Bindungen gelöst oder geknüpft werden.

Chemische Reaktionen verändern die Verteilung der Elektronen in den Hüllen der beteiligten Moleküle und Atome, wie zum Beispiel bei der Verbrennung von Methan:

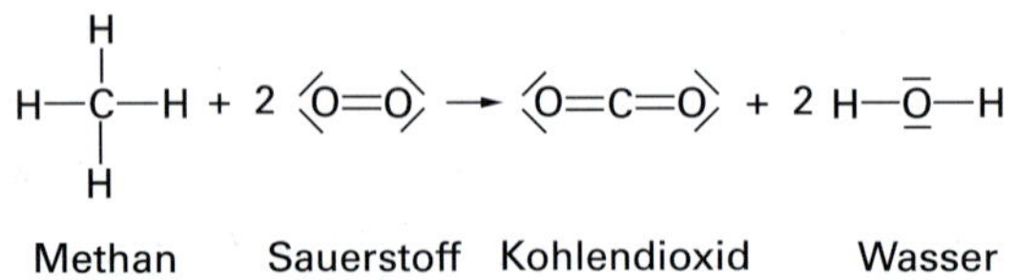

In dieser Reaktionsgleichung symbolisiert jeder Strich ein **Valenzelektronenpaar**.

Von der Elektronenanordnung in der Hülle eines Atoms hängt es ab, ob es als einzelnes, elektrisch geladenes Teilchen, als **Ion**, stabiler ist oder eher als Bestandteil eines **Moleküls** oder eines **Kristallgitters**. Auch die Eigenschaften eines Moleküls werden nur durch seine Elektronenhülle bestimmt, die ja aus der Elektronenhülle aller beteiligten Atome entsteht. Die chemischen Reaktionen eines Elements oder einer Verbindung sind, wie wir im Einzelnen noch sehen werden, ein makroskopisch sichtbarer Ausdruck der mikroskopischen Eigenschaften der Elektronenhülle der beteiligten Atome.

Die **Atomkerne** haben nur insofern einen Einfluss auf die chemischen Eigenschaften der Atome und Moleküle, als sie die Anzahl der Elektronen festlegen, die in der Elektronenhülle vorhanden sein müssen, damit Atome und Moleküle elektrisch neutral werden.

> Die Anzahl der Elektronen im neutralen Atom allein bestimmt dessen chemische Eigenschaften.

Dies wird noch in den Abschnitten 1.6 und 1.7 eingehender erklärt.

Die Anzahl der **Neutronen** im Kern hat keinen wesentlichen Einfluss auf die chemischen Eigenschaften, da nur die Anzahl der Protonen im Kern, die Ordnungszahl, ein Element charakterisiert. Atome mit der gleichen Zahl von Protonen, aber mit verschiedener Zahl von Neutronen im Kern gehören zum gleichen Element, obwohl sie verschiedene Masse besitzen. Sie heißen **Isotope** (isotope Atome). Zum Beispiel können in einem Atomkern sechs Protonen gemeinsam mit sechs, sieben oder acht Neutronen angeordnet sein. Ein Kern mit der Kernladung sechs gehört zum Element Kohlenstoff – es gibt also die Kohlenstoffisotope mit der Masse von ca. 12, 13 und 14 Atom-Masseneinheiten.

Bei manchen Reaktionen und Eigenschaften der Atome und Moleküle hat die Masse einen Einfluss. Dann geben isotope Atome Anlass zu sog. **Isotopeneffekten**. Diese werden in diesem Buch nicht näher behandelt.

Die Ordnungszahl wird einem Elementsymbol als linker Subskript angefügt: $_6C$, die Masse als linker Superskript: $^{12}_{6}C$, $^{13}_{6}C$, $^{14}_{6}C$. Als rechten Subskript gibt man die Anzahl der gleichen Atome in einem Molekül an (z. B. C_6H_6 für Benzen) und als rechten Superskript die Ladung des Atoms oder seinen Zustand, den Radikal- ($^\bullet$), Anregungs- (*) oder den Übergangszustand (‡) bei einer Reaktion. Beispiele: Chloridanion $Cl^\ominus$, Chlorradikal (Atom) $Cl^\bullet$, Wasserstoffkation (Proton) $H^\oplus$.

Das für den analytisch arbeitenden Chemiker wichtige **Atomgewicht**, oder die relative **Atommasse**, ist der Durchschnittswert der relativen Masse der in der Natur auftretenden Mischung von isotopen Atomen des betreffenden Elements, bezogen auf die Masse des Kohlenstoffisotops $^{12}C = 12{,}00000$ (▶ Tabelle 1.2).

Auf der Erde kommen fast alle Elemente mit den Ordnungszahlen 1–92 natürlich vor; einige wenig stabile Elemente mit höherer Ordnungszahl wurden mit den Verfahren der Kernphysik künstlich erzeugt.

Die Atome der natürlichen Elemente haben eine Hülle aus 1–92 Elektronen. Schon im Jahre 1869 hatten unabhängig voneinander J. L. Meyer und D. I. Mendelejew festgestellt, dass sich bestimmte Eigenschaften der Elemente mit steigendem Gewicht periodisch wiederholen. In den Jahren 1910–1930 erkannte man, wie diese Periodizität und überhaupt das chemische Verhalten von Elementen und Verbindungen von der Elektronenhülle der Atome bestimmt werden (▶ 1.4, 1.5).

Bei mehratomigen Gebilden ergibt sich deren Masse aus der Summe der Massen ihrer Atome; Moleküle sind also durch ihr **Molekulargewicht** oder ihre **Molekülmasse** (▶ 7.5) charakterisiert.

1.4 Atom- und Molekülorbitale

E. Rutherford untersuchte 1911 die Streuung von α-Teilchen (Heliumkernen) an den Atomen von Metallfolien. Da nur relativ wenige α-Teilchen aus ihrer Bahn abgelenkt wurden, schloss er daraus, dass der Atomkern im Vergleich zur Elektronenhülle äußerst klein sein muss.

N. Bohr erklärte 1913 diesen Befund mit Hilfe des Planetenmodells des Atoms: Wie Planeten umkreisen die Elektronen den Kern auf Bahnen, die dadurch bestimmt sind, dass die Zentrifugalkraft entgegengesetzt gleich ist der anziehenden Kraft zwischen dem positiv geladenen Kern und den negativ geladenen Elektronen. Mit Hilfe des **Bohr'schen Atommodells** ließen sich wesentliche Eigenschaften der Atomspektren erklären. Trotzdem ist dieses Modell jedoch nicht stichhaltig: Ein Gebilde, bei dem eine negative Ladung um eine positive periodisch kreist, muss – wie die Dipolantenne eines Rundfunksenders – elektromagnetische Strahlung aussenden. Dadurch müsste die kinetische Energie des Elektrons solange abnehmen, bis es in den Kern stürzt. Tatsächlich sind die Elektronenbahnen jedoch stabil! Diese Tatsache kann das Bohr'sche Atommodell nicht erklären.

Entdeckungen von L. de Broglie und W. Heisenberg zum **Welle-Teilchen-Dualismus** lösten das Rätsel. Schon 1905 hatte A. Einstein gezeigt, dass Licht – eine Erscheinungsform elektromagnetischer Wellen – ebenfalls Eigenschaften von Materieteilchen, sog. **Quanten**, zeigt. In seiner Doktorarbeit erklärte de Broglie 1924, dass andererseits Materieteilchen die Eigenschaften von Wellen haben. Sie werden tatsächlich – wie Wellen – gebeugt! Die Wellenlänge λ eines Teilchens ist umgekehrt proportional seiner Masse m und seiner Geschwindigkeit v:

$$\lambda = \frac{h}{mv}$$

Proportionalitätskonstante ist die **Planck'sche Konstante** $h = 6{,}63 \cdot 10^{-34}$ Js. Die de-Broglie-Wellenlänge λ ist für Gegenstände des täglichen Lebens viel zu klein, um beobachtbar zu sein. Die Wellenlänge eines scharf getretenen Fußballs ist 10^{-36} m, also viel kleiner als der Durchmesser eines Atomkerns. Dagegen haben jedoch Elektronen unter den Bedingungen in der Elektronenhülle Wellenlängen von ca. 10^{-10} m, also gleich der Größenordnung der Atomdurchmesser. Damit war nahegelegt, dass die **Elektronen in der Umgebung der Atomkerne stehende Wellen bilden**. Da somit keine scharfen Umlaufbahnen existieren, wird auch keine Dipolstrahlung ausgesandt.

W. Heisenberg zeigte 1925 mit Hilfe seiner **Unschärferelation**, dass man Geschwindigkeit v und Ort x eines Teilchens nie gleichzeitig beliebig genau angeben kann. Das Produkt der Abweichungen Δv und Δx ist größer oder mindestens gleich h/m.

$$\Delta v \cdot \Delta x \geq \frac{h}{m}$$

Für ein Elektron bedeutet dies: Falls man Δx exakt auf den Kerndurchmesser begrenzte, so müsste seine Geschwindigkeit so groß sein, dass es den Kern sofort verlassen würde. Die Elektronen in den Atomhüllen können also nicht in den Kern fallen, sie bilden stehende räumliche Wellen im Bereich um den Atomkern.

E. Schrödinger gelang es 1926, die Welleneigenschaften der Materie in Atomen und Molekülen korrekt mathematisch zu beschreiben. Die Lösungen der sog. **Schrödinger-Gleichung** erlauben grundsätzlich die Berechnung aller physikalischen und chemischen Eigenschaften von Atomen und Molekülen. Schrödinger begründete mit dieser Gleichung die Quantenmechanik. Ihre Anwendung auf chemische Probleme ist Gegenstand der **Quantenchemie**. Die Schrödinger-Gleichung ist zwar nur für ganz einfache Gebilde aus Atomkernen und Elektronen exakt lösbar; man verfügt jedoch heute über Näherungsverfahren, die recht genaue Daten auch für größere Moleküle zu berechnen gestatten.

Im Folgenden werden die im Rahmen dieses Buches wichtigsten Aussagen der Quantenchemie beschrieben.

> Die zur Hülle eines Atoms gehörenden Elektronen bilden stehende räumliche Wellen mit dem Atomkern als Zentrum. Man bezeichnet sie als **Atomorbitale** (von lat. *orbis*: Kreis, Bahn, Bereich; als Abkürzung verwendet man AO, Mehrzahl AOs). Sie werden durch **Wellenfunktionen** Ψ mathematisch beschrieben.

Solche Atomorbitale sind in den Abbildungen 1.2 und 1.4 gezeichnet.

Nach einem von W. Pauli gefundenen Prinzip (**Pauli-Verbot**) können jeweils höchstens zwei Elektronen das gleiche Orbital ausbilden, dann müssen sie jedoch entgegengesetzten Spin besitzen.

> Als **Elektronenspin** bezeichnet man den *Eigendrehimpuls des Elektrons*. Er äußert sich darin, dass einzelne Elektronen sich in einem Magnetfeld wie kleine Magnete verhalten. Zwei Elektronen mit *antiparallelem Spin* in einer Bahn kompensieren ihre magnetischen Eigenschaften.

Orbitale unterscheiden sich durch die Anzahl und Form ihrer *Knotenflächen*. Dies kann an einem makroskopischen Analogon verdeutlicht werden (▶ Abb. 1.1).

Stehende Wellen als Modelle für Atomorbitale

Im Zentrum einer gasgefüllten Hohlkugel sei eine Schallquelle (z. B. ein Lautsprecher) angebracht. Falls diese Quelle in alle Richtungen gleich intensiv mit gleicher Phase strahlt, so bilden sich bei bestimmten Frequenzen stehende *Kugelwellen* aus. Zu einem tiefsten Grundton gibt es Obertöne, bei ihnen treten im Inneren des Hohlraums stehende Wellen mit einer oder mehreren *Knotenkugeln* auf. In der Abbildung symbolisiert ein + oder − die relative Schwingungsphase.

Strahlt die Quelle jedoch wie eine Lautsprechermembran in zwei entgegengesetzte Richtungen Wellen mit entgegengesetzter Phase aus, so bildet sich senkrecht zu den Ausstrahlungsrichtungen eine *Knotenebene* aus. Die stehende Welle hat dann eine

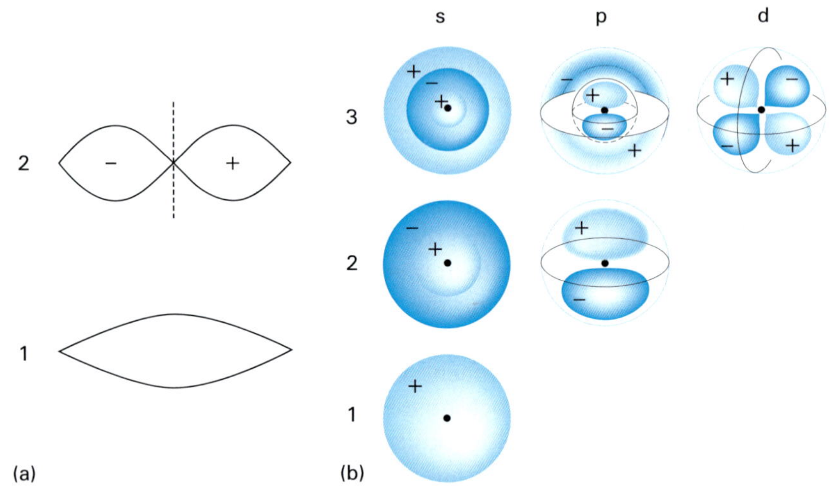

Abb. 1.1 (a) Schwingungen einer Saite.
1 Grundton, 2 Oberton. Mit + und – ist die relative Richtung der Auslenkung in jedem Augenblick der Schwingung gekennzeichnet. ----- bezeichnet den Schwingungsknoten, hier wird die Saite nicht ausgelenkt. Man beobachtet eine „stehende" Welle.
(b) Stehende Schallwellen in einem gasgefüllten Hohlraum.
Spalte s: Die Schallquelle strahlt in alle Richtungen mit gleicher Phase aus. 1s: Grundton, 2s und 3s: Obertöne. 2s hat eine, 3s zwei Knotenkugeln.
Spalte p: Die Schallquelle strahlt nach oben und unten Wellen mit entgegengesetzter Phase aus. 2p: Grundton, 3p: Oberton. 2p hat eine Knotenebene, 3p eine Knotenebene und eine Knotenkugel.
Spalte d: Die Schallquelle strahlt in einer Ebene in vier zueinander senkrechten Richtungen Wellen mit entgegengesetzter Phasenlage aus. 3d: Grundton. 3d hat zwei senkrecht aufeinander stehende Knotenebenen.

Form ähnlich einer 8. Bei den zugehörigen Obertönen findet man zusätzlich Knotenkugeln.

Schließlich kann man auch ein Lautsprechersystem in das Zentrum der Kugel bringen, das in einer Ebene in vier zueinander senkrechten Richtungen strahlt, wobei die Wellen in jeweils um 90° verschiedenen Richtungen entgegengesetzte Phasenlage zeigen. Jetzt bilden sich stehende Wellen aus, die Ähnlichkeit mit einem Blatt des Glücksklees (Rosette) besitzen. Zwei Knotenebenen stehen nun senkrecht aufeinander.

Die Schrödinger-Gleichung lässt sich für das Wasserstoffatom oder andere Atome mit einem Elektron exakt lösen. Abbildung 1.2 zeigt die Wellenfunktionen Ψ_{1s}, Ψ_{2s} und Ψ_{2p} und die zugehörige Gestalt der Atomorbitale eines Wasserstoffatoms.

Ψ_{1s} hat keine Knotenfläche, Ψ_{2s} eine kugelförmige Knotenfläche und Ψ_{2p} eine ebene Knotenfläche.

Das *Vorzeichen* einer Wellenfunktion ändert sich an einer Knotenfläche. Vorzeichen und Wert der Wellenfunktion haben keine anschauliche Bedeutung; da-

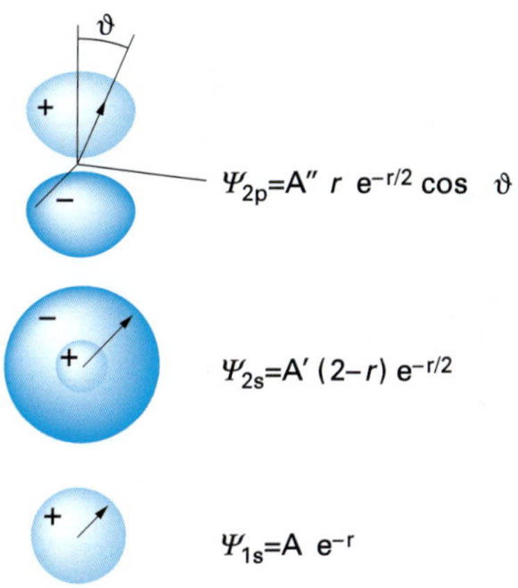

Abb. 1.2 Wellenfunktionen, welche die Atomorbitale der Elektronen des Wasserstoffatoms beschreiben.
A, A′ und A″ sind Konstanten, *r* ist der Abstand vom Kern, gemessen in Bohr-Radien (Einheiten von 52,92 pm), ϑ ist der Winkel zwischen der Richtung des Vektors $\vec{r}$ und einer Achse.

gegen hat der Wert des Quadrates der Wellenfunktion, Ψ^2, für einen bestimmten räumlichen Bereich die Bedeutung der Wahrscheinlichkeit, hier ein Elektron treffen zu können. Ψ^2 verdeutlicht somit die **Elektronendichteverteilung** für das Orbital Ψ.

Die Quadrate der Wellenfunktionen beschreiben also den Aufenthaltsbereich der Elektronen eines Atoms, die – wegen ihrer negativen Ladung – vom Atomkern angezogen werden: Infolge ihrer Wellennatur bilden sie im Bereich um den Atomkern stehende Wellen aus.

Die Wellenfunktionen lassen sich durch sog. **Haupt-** und **Nebenquantenzahlen** (▶ 1.5) klassifizieren. Man findet, dass die Quadrate der Wellenfunktionen *höherer* Hauptquantenzahlen n eine Elektronenverteilung beschreiben, bei welcher der mittlere Abstand vom Kern *größer* ist. Da man Energie aufwenden muss, um ein Elektron vom Kern weg zu bewegen, wächst die Energie eines Elektrons in einem Orbital mit wachsender Hauptquantenzahl n. Weiter findet man, dass die Anzahl der Knotenflächen immer um 1 kleiner ist als die Hauptquantenzahl n.

Untersuchungen der **Atomspektren** haben bewiesen, dass Elektronen aus Orbitalen höherer Quantenzahl in solche niedrigerer Quantenzahl, also von Zuständen höherer Energie in Zustände niedrigerer Energie springen, sofern diese noch nicht voll besetzt sind. Dabei wird die Energiedifferenz in Form von Licht abgestrahlt. Dieses **Energieprinzip** – „Jedes System ist bestrebt, in einen Zustand niedrigster Energie überzugehen“ – bestimmt, wie wir im folgenden Abschnitt 1.5 sehen werden, den Aufbau des Periodensystems der Elemente.

Die **Elektronenhülle eines Moleküls** befindet sich im Anziehungsbereich mehrerer Atomkerne. Die Wellenfunktionen für Elektronen im Bereich mehrerer Kerne beschreiben sog. **Molekülorbitale** (abgekürzt MO, Mehrzahl MOs). Das

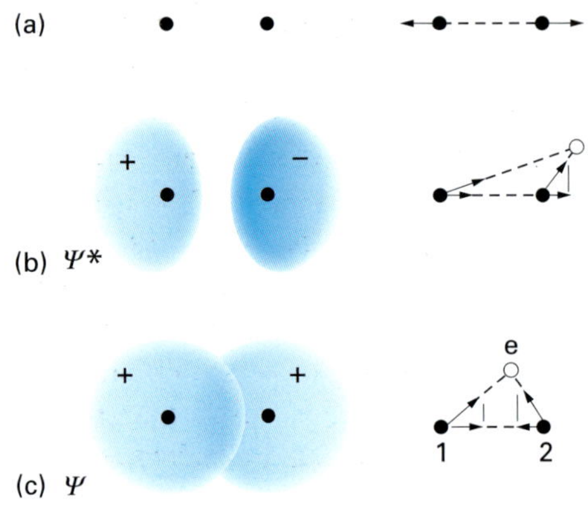

Abb. 1.3 Molekülorbitale und Vektordiagramm der abstoßenden und anziehenden Kräfte für ein Elektron e im Bereich zweier einfach geladener Atomkerne 1 und 2.
(a) Zwei Kerne und das Vektordiagramm der Abstoßungskräfte zwischen den positiven Ladungen.
(b) Ein Elektron im Bereich außerhalb des Gebiets zwischen den Kernen wirkt nicht stabilisierend.
(c) Ein Elektron im Bereich zwischen den Atomkernen zieht beide Kerne an. Die Komponenten dieser anziehenden Kräfte von 1 nach 2 und von 2 nach 1 sind größer als die Abstoßung entsprechend Bild a).
Ψ ist ein bindendes Molekülorbital, Ψ^* ein antibindendes Molekülorbital.

Molekülorbital niedrigster Energie hat keine Knotenfläche. Mit zunehmender Anzahl der Knotenflächen steigt auch die Energie der Molekülorbitale. Abbildung 1.3 zeigt das Molekülorbital niedrigster Energie des Wasserstoffmoleküls, Ψ, ohne Knotenfläche, sowie das folgende Molekülorbital höherer Energie, Ψ^*, mit einer Knotenebene.

Man kann sich vorstellen, dass beide Molekülorbitale des **Wasserstoffmoleküls** aus den Ψ_{1s}-Atomorbitalen der *Wasserstoffatome* 1 und 2 hervorgegangen sind. Einmal wurden sie mit gleicher Phase, einmal mit entgegengesetzter Phase kombiniert.

$$\Psi \approx \Psi_{1s}(1) + \Psi_{1s}(2)$$
$$\Psi^* \approx \Psi_{1s}(1) - \Psi_{1s}(2).$$

Aus Abbildung 1.3 geht aber noch weiter hervor, weshalb das Molekülorbital Ψ eine chemische Bindung bildet, Ψ^* aber nicht. Nach dem **Coulomb'schen Gesetz** stoßen sich Teilchen i und j mit den Ladungen q_i und q_j ab, wenn sie gleichartig geladen sind, und ungleich geladene Teilchen ziehen sich an, jeweils um so stärker, je kleiner ihr Abstand r_{ij} ist:

$$K \sim \frac{q_i q_j}{r_{ij}^2}$$

Die Kraft K nimmt einen positiven Wert an, wenn sie bestrebt ist, den Abstand zu vergrößern. Abbildung 1.3a stellt, symbolisiert durch Vektoren, die Abstoßungskraft zwischen zwei Atomkernen mit der Ladung 1 dar. Erst dann entsteht ein stabiles Molekül, wenn diese Abstoßungskraft kompensiert wird. Das Vektordiagramm Abbildung 1.3c beschreibt, wie dies geschieht: Ein Elektron im Bereich zwischen beiden Wasserstoffkernen zieht beide Kerne an (und wird von beiden angezogen) und zwar so stark, dass jeweils die anziehende Komponente in Richtung zum anderen Kern größer ist als die Abstoßung im Fall a.

Betrachten wir nun, was im Falle der Abbildung 1.3a geschieht, wenn sich ein Elektron *nicht* in der Nähe *beider* Kerne aufhält: Das Vektordiagramm in Abbildung 1.3b zeigt, dass das Elektron den am nächsten befindlichen Kern stärker anzieht als den weiter entfernten. Dies führt wie im Falle der Abbildung 1.3a dazu, dass sich die Kerne voneinander entfernen. Wir haben also gesehen:

> Ein Gebilde aus zwei einfach positiv geladenen Atomkernen wird dann stabilisiert, wenn ein Elektron sich im Bereich zwischen den Kernen aufhält.

Im Vergleich zu der Elektronendichteverteilung Ψ^2_{1s} eines einzelnen Wasserstoffatoms hat Ψ^2 für das Wasserstoffmolekül im Bereich zwischen den Kernen einen erhöhten Wert, Ψ^{*2} dagegen hat einen erniedrigten Wert: Ψ beschreibt ein **bindendes Molekülorbital**, Ψ^* ein **antibindendes**. Das Experiment zeigt, dass bereits *ein* Elektron in Ψ eine Bindung mit einer Bindungsenergie von 270 kJ/mol erzeugt, *zwei* Elektronen in Ψ bilden sogar eine Bindung mit einer Bindungsenergie von 452 kJ/mol. Diese Energie muss also aufgebracht werden, um beim $H_2^{\oplus}$-Molekülion bzw. beim H_2-Molekül beide Kerne voneinander zu trennen.

Genau das gleiche Prinzip liegt sämtlichen chemischen Bindungen zugrunde. Da besonders Kohlenstoffatome, wie wir in Abschnitt 1.7 sehen werden, stabile chemische Bindungen mit zwei, drei oder vier anderen Atomen auszubilden vermögen, erkennen wir damit schon jetzt die wichtigste Grundlage der Organischen Chemie. Die wesentlichsten Eigenschaften der Atom- und Molekülorbitale sind hier zusammengestellt:

Atom- und Molekülorbitale

- Die – negativ geladenen – Elektronen werden durch die – positiv geladenen – Atomkerne angezogen. Sie bleiben in der Umgebung eines Kerns im Atom oder mehrerer Kerne im Molekül und bilden dort stehende Wellen.
- Die Aufenthaltsbereiche der Elektronen eines Atoms nennt man **Atomorbitale**, die der Elektronen im Bereich der Kerne eines Moleküls **Molekülorbitale**.
- Mathematisch werden die Orbitale durch **Wellenfunktionen** beschrieben. Man findet sie als Lösungen der für das betreffende Atom oder Molekül angesetzten **Schrödinger-Gleichung**. Makroskopisch kann man sich die Orbitale mit dem Bild dreidimensionaler stehender Wellen verdeutlichen.

- Die Wahrscheinlichkeit, ein Elektron in einem Raumelement eines Orbitals zu treffen, ist gegeben durch das Quadrat der Wellenfunktion in diesem Raumelement.
- Orbitale unterscheiden sich durch die Anordnung und die Anzahl von **Knotenflächen** (Knotenebenen, Knotenkegelflächen oder Knotenkugelflächen). Knotenflächen trennen Bereiche unterschiedlichen Vorzeichens der stehenden Welle bzw. der Wellenfunktion.
- Je mehr Knotenflächen ein Orbital hat, umso höher ist die **Energie** eines Elektrons in diesem Orbital.
- Jedes Orbital kann höchstens zwei Elektronen aufnehmen, die entgegengesetzten **Spin** (Eigendrehimpuls) besitzen müssen (**Pauli-Verbot**).
- Haben zwei oder mehr Orbitale den gleichen Energiewert, so werden sie zunächst mit je einem Elektron besetzt; alle haben jeweils gleichen Spin (nach dem Entdecker F. Hund **Hund'sche Regel** genannt).
- Die Elektronen besetzen – jeweils paarweise – die verfügbaren Orbitale niedrigster Energie (**Aufbauprinzip**).
- Ein Elektron in einem Molekülorbital wirkt dann für zwei Atomkerne bindend, wenn es zwischen den Kernen eine höhere Elektronendichte erzeugt als die Atomorbitale der einzelnen Atome, aus denen es sich zusammensetzt.
- Für **chemische Reaktionen** und für die **Farbe** (Lichtabsorption) besonders wichtig sind das energiereichste besetzte und das energieärmste unbesetzte Orbital. Solche Molekülorbitale nennt man **Grenzorbitale** und bezeichnet sie als **HOMO** (*Highest Occupied Molecular Orbital*) und **LUMO** (*Lowest Unoccupied Molecular Orbital*).

1.5 Eigenschaften der Atomorbitale und das Periodensystem

Atomorbitale unterscheiden sich durch ihre Energie, ihre Größe sowie die Anzahl und die räumliche Anordnung der Knotenflächen. Man kennzeichnet die verschiedenen Orbitale mit Hilfe von Quantenzahlen. Die Elektronen besitzen einen Eigendrehimpuls (Spin), den man mit Hilfe der Spinquantenzahl kennzeichnet.

Die **Hauptquantenzahl** $n = 1, 2, 3, ...$ schafft eine grobe Ordnung der möglichen Atomorbitale; von ihr hängt in erster Linie die **Energie** der Elektronen ab, die das jeweilige Orbital besetzen. Die Anzahl der **Knotenflächen** ist gleich $n - 1$. Jeweils alle Atomorbitale der gleichen Hauptquantenzahl bilden die einzelnen **Schalen** der Elektronenhülle. Die Schalen mit der Hauptquantenzahl $n = 1, 2, 3, ...$ werden auch mit Großbuchstaben als K-, L-, M-, ... -Schale bezeichnet.

Die **Nebenquantenzahl** l bestimmt die **Gestalt** des jeweigen Atomorbitals. Orbitale mit der Nebenquantenzahl $l = 0$ sind **kugelschalenförmig**, mit $l = 1, 2, 3, \ldots$

tropfen- oder **ringförmig**. Man bezeichnet sie auch mit kleinen Buchstaben: für l = 0, 1, 2, 3 als s-, p-, d-, f-Orbital. Für jede Hauptquantenzahl gibt es Orbitale mit verschiedenen Nebenquantenzahlen; dabei ist die Nebenquantenzahl immer kleiner als die Hauptquantenzahl. Für n = 3 sind z. B. Orbitale mit den Nebenquantenzahlen 0, 1, und 2 möglich. Zu jeder Nebenquantenzahl gehören verschiedene, im Raum anders gerichtete Orbitale: *ein* Orbital für l = 0; *drei* Orbitale für l = 1; *fünf* Orbitale für l = 2; *sieben* Orbitale für l = 3. Die einzelnen Orbitale einer Nebenquantenzahl werden durch die sog. **magnetische Quantenzahl** gekennzeichnet.

In jedem Orbital können zwei Elektronen untergebracht werden; diese müssen aber entgegengesetzten Spin (Eigendrehimpuls) aufweisen, d. h. eine **Spinquantenzahl** von +1/2 sowie von −1/2. Das Symbol für Elektronen mit positiver bzw. negativer Spinquantenzahl ist ↑ und ↓.

In einem Atom können niemals mehrere Elektronen mit gleichem Spin das gleiche Orbital besetzen (**Pauli-Verbot**). Mit anderen Worten:

> Das Orbital, in dem sich ein Elektron befindet, muss sich von allen Orbitalen der anderen Elektronen der gleichen Hülle in mindestens einer Quantenzahl unterscheiden.

Für die Hauptquantenzahlen 1–4 sind also die in Tabelle 1.1 zusammengestellten Orbitale und Elektronenplätze verfügbar.

Die Formen der in Tabelle 1.1 beschriebenen 1s-, 2s-, 2p-, 3s- und 3p-Orbitale sind in Abbildung 1.4 dargestellt. Knotenflächen trennen Teile der Orbitale mit entgegengesetzter Phase der stehenden Welle. Zeichnet man das Quadrat der in Abbildung 1.4 dargestellten Atomorbitale, so erhält man die Verteilung der Wahrscheinlichkeitsdichte oder einfach ein Bild der Elektronendichteverteilung.

Tab. 1.1 Verfügbare Atomorbitale der Hauptquantenzahl 1–4.

Bezeichnung der Schale	Quantenzahl		Atomorbitale		Knotenebenen Kegel*)	Knotenkugeln*)	Gesamtzahl der Elektronenplätze	
	Haupt- n	Neben- l	Bezeichnung	Anzahl				
K	1	0	1s	1	0	0	2	
L	2	0	2s	1	0	1	2	8
		1	2p	3	1	0	6	
M	3	0	3s	1	0	2	2	18
		1	3p	3	1	1	6	
		2	3d	5	2	0	10	
N	4	0	4s	1	0	3	2	32
		1	4p	3	1	2	6	
		2	4d	5	2	1	10	
		3	4f	7	3	0	14	

*) Genauer: Kugel- bzw. Kegeloberflächen.

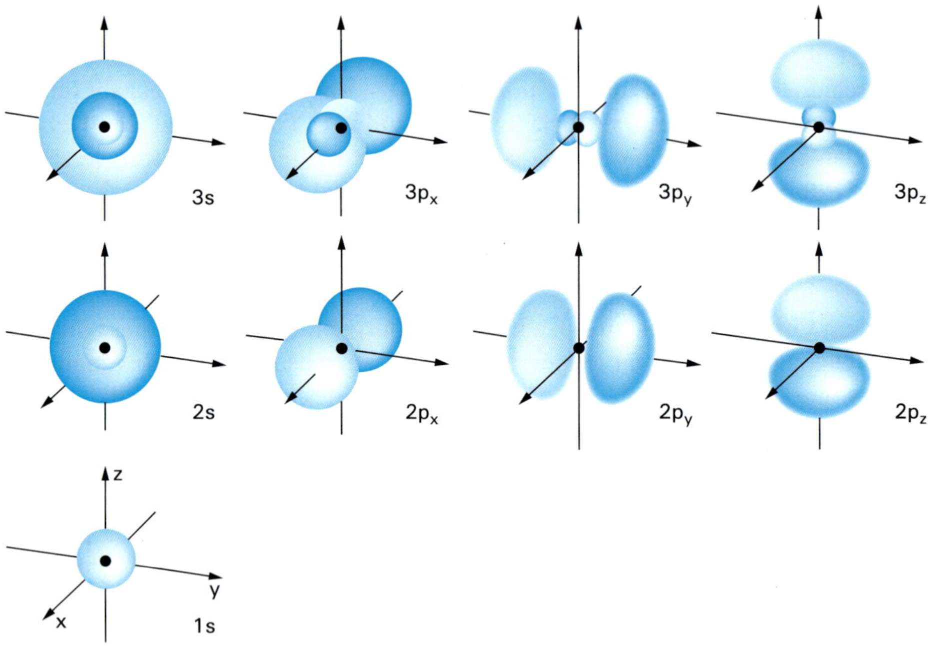

Abb. 1.4 Atomorbitale der Hauptquantenzahlen n = 1, 2 und 3 (K-, L- und M-Schale). Die Elektronendichteverteilung ist dieser Darstellung analog.

Sie unterscheidet sich nicht von der Form der Wellenfunktionen nach Abbildung 1.4. Alle Bereiche haben nun natürlich positives Vorzeichen.

Die Energie der Elektronen in den Orbitalen wächst mit der Haupt- und der Nebenquantenzahl. Dabei besitzen im Allgemeinen die Bahnen der größeren Hauptquantenzahl eine höhere Energie als alle Bahnen der nächstniedrigeren Hauptquantenzahl. Das ist schematisch in Abbildung 1.5 gezeigt. Bei den d- und f-Orbitalen der Hauptquantenzahl 3, 4 usw. ist diese Regel nicht erfüllt. Im Rahmen dieses Buches ist dies aber nicht von Bedeutung.

Die Atomorbitale der Elemente des Periodensystems werden nach folgendem **Aufbauprinzip** mit Elektronen besetzt:

- Freie Orbitale niedrigster Energie werden zuerst besetzt.
- In jedem Orbital haben nur zwei Elektronen mit entgegengesetztem Spin Platz (**Pauli-Verbot**).
- Energiegleiche Orbitale werden zunächst einzeln mit Elektronen gleichen Spins besetzt (**Hund'sche Regel**).

Nach diesen Regeln werden die Atomorbitale aller Atome mit so vielen Elektronen besetzt, wie durch die Kernladungszahl angegeben ist. Dadurch entsteht die in Tabelle 1.2 verdeutlichte Besetzung der Atomorbitale, die man auch als **Elekt-**

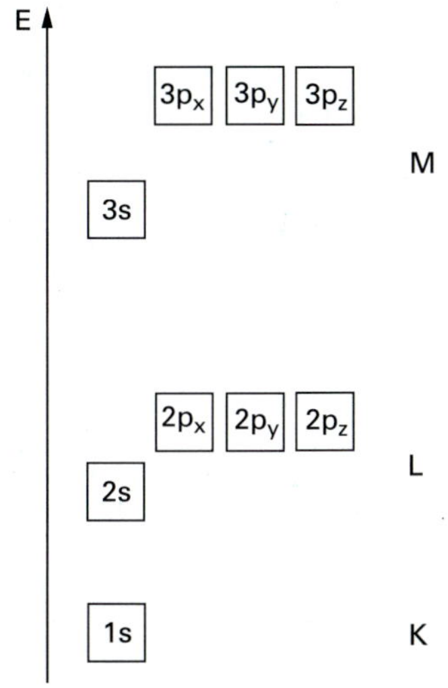

Abb. 1.5 Relative Energie der s- und p-Atomorbitale der Hauptquantenzahl 1, 2 und 3 (Kästchenmodell).

Tab. 1.2 Elemente und Elektronenkonfiguration der Atome mit der Ordnungszahl 1–18.

Kern-ladung	Symbol	Name	Masse der Isotopen	Atom-gewicht	Elektronenkonfiguration Besetzung der Orbitale[b]								
					1s	2s	$2p_x$	$2p_y$	$2p_z$	3s	$3p_x$	$3p_y$	$3p_z$
1	H	Wasserstoff	1, 2, 3[a]	1,00797	↑								
2	He	Helium	4, 3	4,0026	↑↓								
3	Li	Lithium	7, 6	6,941	↑↓	↑							
4	Be	Beryllium	9	9,122	↑↓	↑↓							
5	B	Bor	11, 10	10,811	↑↓	↑↓	↑						
6	C	Kohlenstoff	12, 13, 14	12,01115	↑↓	↑↓	↑	↑					
7	N	Stickstoff	14, 15	14,0067	↑↓	↑↓	↑	↑	↑				
8	O	Sauerstoff	16, 17, 18	15,9994	↑↓	↑↓	↑↓	↑	↑				
9	F	Fluor	19	18,9984	↑↓	↑↓	↑↓	↑↓	↑				
10	Ne	Neon	20, 21, 22	20,183	↑↓	↑↓	↑↓	↑↓	↑↓				
11	Na	Natrium	23	22,9898	↑↓	↑↓	↑↓	↑↓	↑↓	↑			
12	Mg	Magnesium	24, 25, 26	24,312	↑↓	↑↓	↑↓	↑↓	↑↓	↑↓			
13	Al	Aluminium	27	26,9815	↑↓	↑↓	↑↓	↑↓	↑↓	↑↓	↑		
14	Si	Silicium	28, 29, 30	28,086	↑↓	↑↓	↑↓	↑↓	↑↓	↑↓	↑	↑	
15	P	Phosphor	31	30,9718	↑↓	↑↓	↑↓	↑↓	↑↓	↑↓	↑	↑	↑
16	S	Schwefel	32, 33, 34, 36	32,064	↑↓	↑↓	↑↓	↑↓	↑↓	↑↓	↑↓	↑	↑
17	Cl	Chlor	35, 37	35,453	↑↓	↑↓	↑↓	↑↓	↑↓	↑↓	↑↓	↑↓	↑
18	Ar	Argon	36, 38, 40	39,948	↑↓	↑↓	↑↓	↑↓	↑↓	↑↓	↑↓	↑↓	↑↓

[a] Masse 2: Deuterium (D), Masse 3: Tritium (T).
[b] Hier bedeutet ↑ ein Elektron, ↑↑ zwei Elektronen mit gleichem, ↑↓ zwei Elektronen mit entgegengesetztem Spin.

ronenkonfiguration bezeichnet. Die Elektronenkonfiguration des Kohlenstoffatoms wird durch folgende Bezeichnung vereinfacht beschrieben: $1s^22s^22p_x2p_y$.

- Die dem Atomkern am nächsten liegende **K-Schale** mit der Hauptquantenzahl 1 kann maximal zwei Elektronen aufnehmen (1s in Abb. 1.5). Beim Wasserstoffatom ist sie mit einem und beim Heliumatom mit zwei Elektronen besetzt.
- Die der K-Schale nach außen folgende **L-Schale** mit der Hauptquantenzahl 2 bietet insgesamt Platz für acht Elektronen, welche die 2s- und die $2p_x$-, $2p_y$- und $2p_z$-Orbitale besetzen. So entsteht die Periode der Elemente vom Lithium bis zum Neon.
- Die **M-Schale** wird zunächst auch nur mit acht Elektronen aufgefüllt (3s, $3p_x$, $3p_y$ und $3p_z$); dabei werden die Elemente Natrium bis Argon durchlaufen.
- Im System der Elemente (**Periodensystem**) werden alle Elemente, deren äußerste Elektronenschale (**Valenzelektronenschale**) zur gleichen Hauptquantenzahl gehört, als **Periode** zusammengefasst.
- Eine **Gruppe** bilden alle Elemente mit der gleichen Anzahl und Art von Valenzelektronen, aber verschiedener Hauptquantenzahl.

Bei der Einwirkung von Energie, z. B. durch Licht oder Stoß mit anderen Teilchen, können Elektronen auf unbesetzte Bahnen höherer Energie angehoben werden. Beim Zurückfallen der Elektronen auf die normalen Bahnen wird die überschüssige Energie, z. B. als Licht, abgegeben. Auf diese Weise entstehen die **Linienspektren** der Elemente. Die Energie der Lichtquanten dieser Linien ist gleich dem Energieunterschied der Elektronen in den unterschiedlichen Bahnen. Der Versuch zur Deutung dieser Spektren hat Anfang des 20. Jahrhunderts zu den Vorstellungen über den Atombau geführt, die in diesem Abschnitt beschrieben wurden.

1.6 Eigenschaften der Atome als Folge ihrer Elektronenkonfiguration

> Die chemischen und wichtige physikalische Eigenschaften der Elemente werden durch die Besetzung der äußeren Elektronenschale ihrer Atome, der sog. **Valenzelektronenschale**, bestimmt.

Aus der Tabelle 1.2 kann man den Aufbau der Valenzelektronenschale der Atome mit den Ordnungszahlen 1–18 ablesen. Die einzelnen Orbitale, die den Elektronen zur Verfügung stehen, unterscheiden sich typisch in ihrer Energie. Man sieht mit Hilfe von Abbildung 1.5, dass die Valenzelektronen der Atome der Ordnungszahl 1 und 2 ein Orbital mit niedriger Energie besetzen. Ein drittes Elektron – des Elements Lithium – kann nur in einem wesentlich energiereicheren Orbital untergebracht werden. In Orbitalen etwa gleicher Energie finden auch die Valenzelektronen der Atome mit der Ordnungszahl 4–10 Platz. Das

Valenzelektron des Atoms der Ordnungszahl 11, Natrium, hat wiederum nur ein energiereicheres Orbital zur Verfügung. Bis zum Elektron 18 ändert sich danach die Orbitalenergie nicht mehr sehr wesentlich.

Zur **M-Schale** mit der Hauptquantenzahl 3 gehören auch die 3d-Orbitale (▶ Tabelle 1.1). Elektronen in diesen Orbitalen haben jedoch eine wesentlich höhere Energie als die in den 3p-Orbitalen. Daher werden sie erst dann mit Elektronen besetzt ($^{21}Sc - {}^{30}Zn$), nachdem die 4s-Orbitale besetzt sind (^{19}K, ^{20}Ca). Siehe hierzu die Lehrbücher der Anorganischen Chemie und Tabellen des Periodensystems der Elemente.

Die Elektronenhüllen der Atome mit den Ordnungszahlen 2, 10 und 18 zeichnen sich dadurch aus, dass bei ihnen die s- bzw. p-Orbitale einer Schale gerade voll mit Elektronen besetzt sind. Dies bestimmt das chemische Verhalten der Elemente Helium, Neon und Argon. Deren Atome zeigen wenig Neigung, ihre Elektronenschale durch chemische Reaktionen zu verändern: Ihre Elektronendichteverteilung ist kugelsymmetrisch. Die Abgabe eines Elektrons erfordert hier besonders hohe Energie, da diese Elemente die höchste Kernladung in ihrer Periode besitzen. Ein zusätzliches Elektron müsste ein wesentlich energiereicheres Orbital besetzen. Es könnte aber nicht vom elektrisch neutralen Atomrumpf gebunden werden. Die kugelsymmetrische Elektronenverteilung hat zur Folge, dass sich die Atome dieser Elemente nur schwach anziehen. Diese Elemente sind daher bei Raumtemperatur gasförmig. Wegen ihrer äußerst geringen Reaktivität bezeichnet man sie als **Edelgase**.

> Reaktionen der Atome anderer Elemente verlaufen häufig derart, dass dabei die volle Besetzung der noch freien Orbitale niedriger Energie erreicht wird, wodurch sie die für die Edelgasatome typischen Orbitale voll besetzen und auf diese Weise die sog. **Edelgaskonfiguration** ausbilden.

Mit Ausnahme des Heliums besitzen die Edelgasatome acht s- und p-Elektronen in ihrer Valenzelektronenschale. Den Trend zur Ausbildung der Edelgaskonfiguration (ns^2, np^6 mit $n = 2-6$ als höchste besetzte Atomorbitale) als besonders energiearme Elektronenanordnung bezeichnet man als **Oktettregel** (▶ Abb. 1.6).

Für die Atome, die keine Edelgaskonfiguration besitzen, gibt es drei Möglichkeiten **chemischer Reaktionen**, die zur Edelgaskonfiguration führen:

- Elektronen aus energiereichen Bahnen werden abgegeben, bis die Schale des Edelgasatoms mit der nächsten niedrigeren Ordnungszahl freigelegt wird: Es bilden sich **positiv geladene Ionen** (Kationen), z. B. $Na \rightarrow Na^{\oplus} + e^{\ominus}$.
- Elektronen werden aufgenommen, bis die Elektronenanordnung des Edelgasatoms der nächsten höheren Ordnungszahl aufgefüllt ist: Es bilden sich **negativ geladene Ionen** (Anionen), z. B. $Cl + e^{\ominus} \rightarrow Cl^{\ominus}$.
- Verschiedene Atome vereinigen ihre Valenzelektronenhüllen derart, dass sie alle gleichzeitig die Edelgaskonfiguration besitzen: Es bilden sich **ungeladene Moleküle**, z. B. $H + H \rightarrow H_2$.

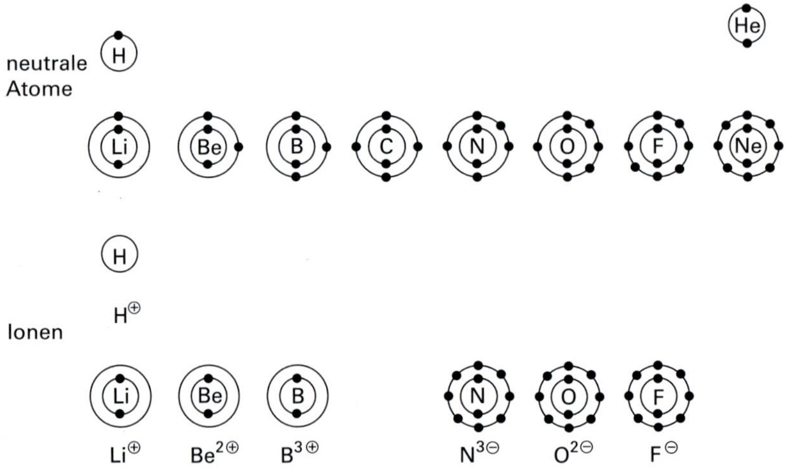

Abb. 1.6 Ionen der Atome mit der Ordnungszahl 1 und 3–10.
Symbolische Darstellung der Elektronenkonfiguration. Jeder Punkt stellt ein Elektron dar.

Bei den Atomen der **Alkali-** und **Erdalkalimetalle**, z. B. Lithium (Li) und Beryllium (Be), beobachtet man den ersten Reaktionsweg: Durch Abgabe von einem bzw. zwei Elektronen aus energiereichen Bahnen an einen geeigneten Reaktionspartner bilden sich einfach bzw. zweifach positiv geladene Ionen mit der Elektronenkonfiguration eines Edelgases, in diesem Beispiel Helium. Prinzipiell könnte diese Abgabe von Elektronen auch bei den folgenden Elementen, z. B. Bor (B) und Kohlenstoff (C), eintreten. Die dabei entstehenden dreifach und stärker positiv geladenen Atomrümpfe üben aber eine viel größere Anziehung auf die Elektronen aus als die ursprünglichen Atome. Dadurch würde die Abgabe der Elektronen zunehmend erschwert, und es erscheint praktisch unmöglich, ein vierfach positiv geladenes C-Atom zu bilden.

Einen ähnlichen Gang findet man bei dem zweiten Reaktionsweg: Die Halogenatome nehmen von einem geeigneten Reaktionspartner ein Elektron auf und bilden dabei einfach negativ geladene Ionen mit der Edelgaskonfiguration (z. B. $F + e^{\ominus} \rightarrow F^{\ominus}$). Analog erfolgt die Bildung zweifach negativ geladener Ionen (z. B. von $O^{2\ominus}$).

Typische aus Ionen aufgebaute Verbindungen sind Salze wie das Kochsalz (Natriumchlorid, $Na^{\oplus}Cl^{\ominus}$).

> Dieser Bindungstyp wird als **ionische Bindung** (*heteropolare Bindung*) bezeichnet.

Die Bildung von dreifach und vierfach negativ geladenen Ionen aus den Atomen der Stickstoff- und Kohlenstoffgruppe kann kaum noch stattfinden, da die dadurch gebildeten mehrfach negativ geladenen Ionen ihre – gleichnamig geladenen – Elektronen zu stark abstoßen. Die Ausbildung einer Edelgaskonfiguration durch Bildung vierfach positiv oder negativ geladener Ionen ist aus diesen Gründen beim Kohlenstoffatom und den anderen Atomen der 4. Hauptgruppe nicht möglich.

Nach dem oben angegebenen dritten Reaktionsweg können zwei oder mehrere Atome die Elektronenkonfiguration eines Edelgases ausbilden, indem sie jeweils die Elektronen anderer Atome in ihre Valenzelektronenhülle aufnehmen und dabei gleichzeitig die anderen Atome an den eigenen Valenzelektronen teilhaben lassen. Dadurch erlangen alle Atome die Elektronenkonfiguration des Edelgases mit der nächsthöheren Ordnungszahl. Dabei werden, wie anhand von Abbildung 1.3 beschrieben, chemische Bindungen gebildet, und es entstehen **Moleküle**.

Bei der Annäherung eines Chloratoms an ein Wasserstoffatom zum Beispiel nimmt das Chloratom das Elektron des Wasserstoffatoms in seine M-Schale auf, ohne dass dieses vom Wasserstoffatom gelöst wird. Das Wasserstoffatom seinerseits bezieht ein Elektron des Chloratoms in seine Elektronenhülle ein und füllt damit seine K-Schale auf. Durch diese gemeinsame Nutzung der verfügbaren Valenzelektronen erhalten die beteiligten Atome die Edelgaskonfiguration des Argons (Ar) bzw. des Heliums (He) (▶ Abb. 1.7).

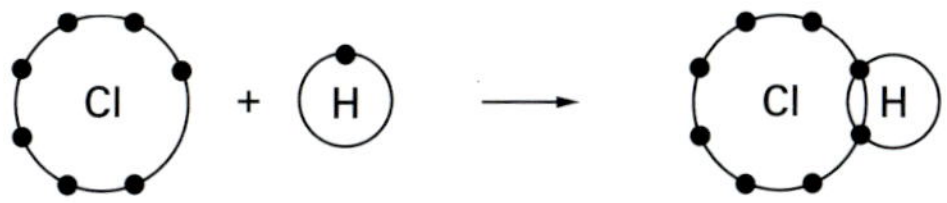

Abb. 1.7 Bildung des HCl-Moleküls.
Beim Chloratom ist nur die äußerste, die Valenzelektronenschale gezeichnet.

Bei dem Zusammentritt der Atome zu diesem **Chlorwasserstoffmolekül** wird die potentielle Energie erniedrigt; Energie wird also frei. Diese **Bindungsenergie** muss wieder aufgebracht werden, um die Atome zu trennen und in den ungebundenen Zustand zu überführen. Beide Atome trennen sich also nicht mehr freiwillig; sie sind durch die beiden, ihnen jetzt gemeinsam gehörenden Elektronen aneinander gebunden.

Diese Art der Bindung wird als **kovalente Bindung** (*homöopolare Bindung* oder auch *Elektronenpaarbindung*) bezeichnet.

Die sechs Valenzelektronen des Chloratoms, die an der Bindung nicht beteiligt sind, bezeichnet man als **freie Elektronenpaare**. Alle Elektronenpaare, die der kovalenten Bindung und die nichtbindenden Elektronenpaare, stellt man in den Formeln oft durch einen Strich dar, z. B. für Chlorwasserstoff (▶ Abb. 1.8).

Löst man gasförmigen Chlorwasserstoff in Wasser auf, so dissoziiert die kovalente Bindung des Moleküls H—Cl, und es entstehen die im wässrigen Medium stabileren Ionen $Cl^{\ominus}$ und $H_3O^{\oplus}$.

Das Chloratom bildet also, je nach den Reaktionsbedingungen, entweder eine kovalente Bindung aus, oder es bildet das Chloridion. Auf beiden Wegen erreicht es die Elektronenkonfiguration des Argonatoms.

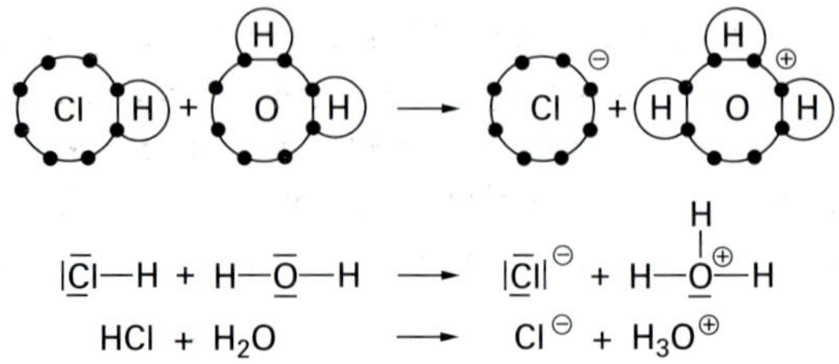

Abb. 1.8 Reaktion von Chlorwasserstoff mit Wasser. Drei verschiedene Formulierungen der gleichen Reaktion.

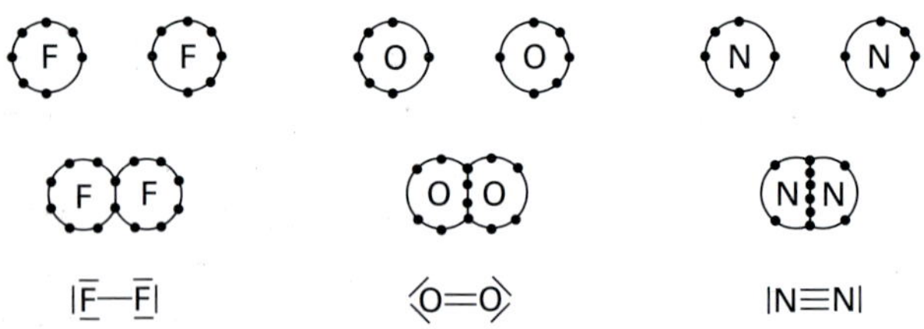

Abb. 1.9 Bildung des Fluor-, des Sauerstoff- und des Stickstoffmoleküls. Symbolische Beschreibung von Bindungs- und freien Elektronenpaaren.

Kovalente Bindungen können auch zwischen gleichartigen Atomen ausgebildet werden, z. B. beim F_2-, beim O_2- und beim N_2-Molekül (▶ Abb. 1.9). In diesen Fällen ist es zur Erfüllung der Oktettregel erforderlich, dass beim Fluor *ein* Elektronenpaar, beim Sauerstoff *zwei* und beim Stickstoff *drei* Elektronenpaare beiden Atomen gemeinsam angehören; es bilden sich also **Einfach-**, **Doppel-** und **Dreifachbindungen**. Nur selten findet man Moleküle, in denen mehr als zwei gleichartige Atome verknüpft sind – diese sind dann meistens recht energiereich und damit reaktionsfreudig, wie z. B. Ozon (O_3).

Kohlenstoffatome besitzen *vier* Elektronen in ihrer Valenzelektronenschale; sie benötigen also noch *vier* Elektronen zur Ausbildung der Elektronenkonfiguration des Neons. Daher kann ein Kohlenstoffatom mit vier Partnern je eine Einfachbindung, mit drei Partnern eine Doppelbindung und zwei Einfachbindungen und mit zwei Partnern entweder je zwei Doppelbindungen oder eine Dreifachbindung und eine Einfachbindung ausbilden.

Da diese Partner wiederum Kohlenstoffatome mit entsprechenden Bindungsmöglichkeiten sind, erklärt sich damit die Vielfalt der Molekülgerüste, die aus Kohlenstoffatomen aufgebaut werden können. Einzelheiten werden im folgenden Abschnitt 1.7 beschrieben.

Die große Vielfalt der Kohlenstoffverbindungen und die Variationsbreite ihrer Eigenschaften deutet sich schon in den beiden wichtigsten Modifikationen dieses

Elements an: Der **Diamant** ist der härtetste aller Stoffe, ein elektrischer Isolator, aber ein guter Wärmeleiter. Demgegenüber ist der **Graphit** weich, elektrisch leitend, aber ein Wärmeisolator (Näheres ► Lehrbücher der Anorganischen Chemie). Weiterhin können Verbindungen mit definierter Struktur wie die Fullerene (► 2.7.2) als Modifikationen des elementaren Kohlenstoffs (Allotrope) bezeichnet werden.

1.7 Chemische Bindungen des Kohlenstoffatoms

Als Element der 4. Hauptgruppe des Periodensystems kann der **Kohlenstoff** eine Edelgaskonfiguration nicht durch Bildung von vierfach positiv oder negativ geladenen Ionen bilden (► 1.6), sie wären aus energetischen Gründen nicht stabil. Vielmehr bildet das Kohlenstoffatom **vier kovalente Elektronenpaarbindungen** aus, die aus jeweils einem eigenen Elektron und einem Elektron des Bindungspartners bestehen. Alle beteiligten Atome erhalten eine Edelgaskonfiguration; dabei wird die Elektronendichte in bindenden Bereichen – wie in Abbildung 1.3c – konzentriert. Dieser „Atomverband" geht dadurch in einen Zustand niederer Energie über. Es entsteht ein stabiles, elektrisch neutrales Molekül.

Da Kohlenstoffatome für die Ausbildung kovalenter Bindungen Elektronen in verschiedenartigen Orbitalen (2s und 2p) zur Verfügung haben, ist es zunächst erstaunlich, dass auf diese Weise **vier völlig gleichartige Bindungen**, zum Beispiel im Methan oder dem Tetramethylmethan, gebildet werden:

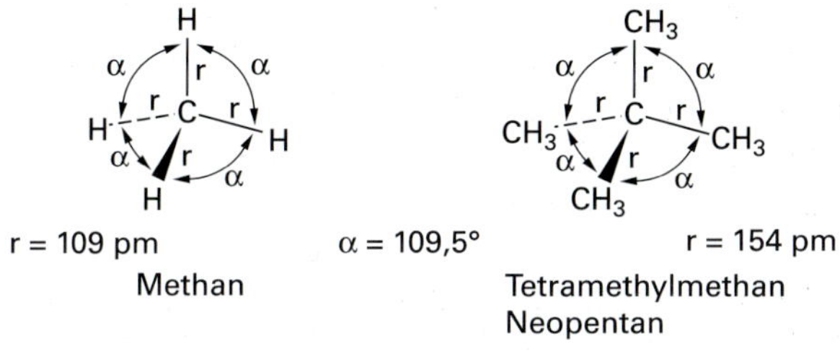

In dieser Darstellung symbolisieren Striche Bindungen in der Papierebene, keilförmige Bindungen zeigen mit ihrem breiten Ende nach vorn, gestrichelte zeigen nach hinten. r bezeichnet die Bindungslänge, α den Bindungswinkel.

Nicht weniger überraschend ist es, dass das Kohlenstoffatom auch **Zweifach-** oder **Dreifachbindungen** ausbildet, wobei wiederum bei allen ähnlichen Verbindungen die gleichen Bindungswinkel gefunden werden. Alle Bindungspartner eines doppelt gebundenen Kohlenstoffatoms befinden sich in derselben Ebene mit ihm; der Bindungswinkel beträgt 120°. Schließlich liegen die beiden Bindungspartner eines dreifach gebundenen Kohlenstoffatoms mit ihm auf einer Geraden; der Bindungswinkel beträgt also 180°.

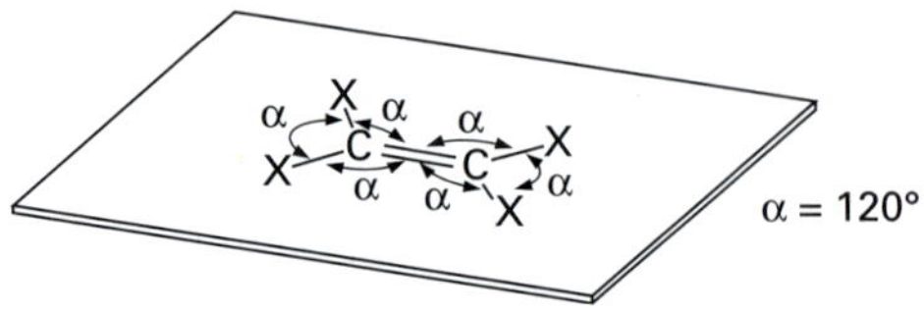

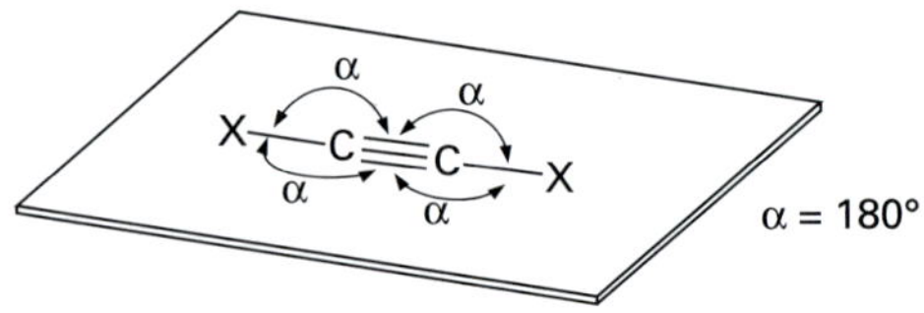

Bevor wir diese Tatsachen erklären können, müssen wir zunächst allgemein klären, welche Atomorbitale miteinander zu chemischen Bindungen kombinieren können und welche Eigenschaften diese Bindungen haben. In Abbildung 1.3c haben wir bereits gesehen, dass durch Überlappung von 1s-Orbitalen eine Anreicherung von Elektronendichte in der Nähe beider Kerne auftritt, also eine stabile Bindung gebildet wird. Ebenso ist es einzusehen, dass auch 2s-Orbitale stabile bindende Molekülorbitale bilden (▶ Abb. 1.10a). Aber auch ein p_y-Orbital kann mit einem zweiten zu einer starken Bindung kombinieren, die **rotationssymmetrisch** um die Kernverbindungsachse, die y-Achse, ist (▶ Abb. 1.10b). Rotationssymmetrisch ist ein Gebilde dann bezüglich einer Achse, wenn es sich nach beliebig großer Drehung um diese Achse nicht vom ursprünglichen Zustand unterscheiden lässt. Rotationssymmetrische Bindungen nennt man **σ-Bindungen**. Schließlich bilden auch p_z-Orbitale eine Bindung, jedoch ist diese nicht rotationssymmetrisch um die Atomverbindungsachse. Eine solche Bindung nennt man **π-Bindung** (▶ Abb. 1.10c).

> Ein Molekül ist dann am stabilsten, hat also dann die niedrigste potentielle Energie, wenn
>
> 1. einerseits nicht direkt miteinander verknüpfte Atomkerne sowie andererseits die freien Elektronenpaare einen möglichst großen Abstand voneinander haben und
> 2. in den Bindungen eine möglichst hohe Elektronendichte auftritt.

Der Punkt 1 erklärt, dass **vier Liganden** (Bindungspartner) an einem Kohlenstoffatom **tetraedrisch** angeordnet sind, **drei** sich **in einer Ebene unter einem Winkel von 120°** befinden und dass **zwei Liganden in einer geraden Linie** mit dem Kohlenstoffatom angeordnet sind.

Durch die sog. **Hybridisierung** wird es möglich, dass zusätzlich die Forderung 2 erfüllt wird. Als Hybridisierung bezeichnet man die **Erzeugung neuer Atomorbitale durch Vermischung von s-**, **p-**, ggf. auch **d-** und **f-Orbitalen**. Aus Abbildung 1.11 geht hervor, dass ein s- und ein p-Orbital durch Kombination zwei sog. **sp-**

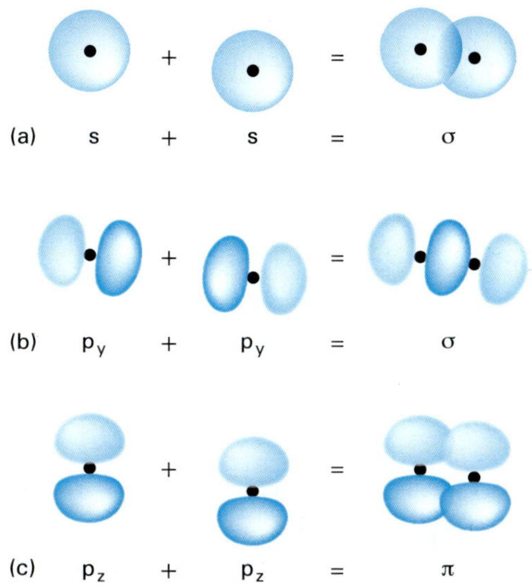

Abb. 1.10 Kombination von Atomorbitalen zu bindenden σ- und π-Molekülorbitalen.
(a) σ-Bindung aus zwei 2s-Orbitalen.
(b) σ-Bindung aus zwei $2p_y$-Orbitalen.
(c) π-Bindung aus zwei $2p_z$-Orbitalen.
Die Bezeichnung der Orbitale entspricht derjenigen in Abb. 1.4. Die beiden Atomkerne liegen auf der hier nicht gezeichneten y-Achse. Die innere Knotenkugel des 2s-Orbitals ist bei (a) nicht eingezeichnet.

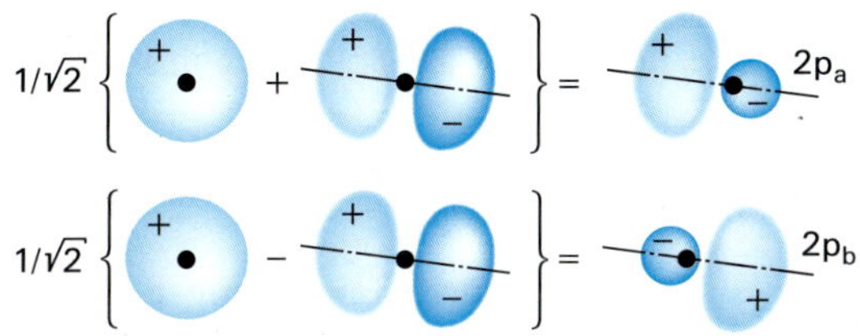

Abb. 1.11 Bildung von zwei sp-Hybridatomorbitalen durch Kombination von einem 2s- und einem $2p_y$-Atomorbital.

Hybridorbitale bilden, die sehr gut zur Ausbildung von σ-Bindungen geeignet sind, die einen Winkel von 180° miteinander bilden. In Abbildung 1.12 ist die entsprechende Kombination von einem s- und drei p-Orbitalen zu vier **sp^3-Hybridorbitalen** gezeigt, die vier gleichwertige starke σ-Bindungen ausbilden mit einem Winkel von 109,5° zueinander. Die Wellenfunktionen dieser Hybridorbitale erhält man durch Linearkombination der Wellenfunktionen der entsprechenden s- und p-Orbitale.

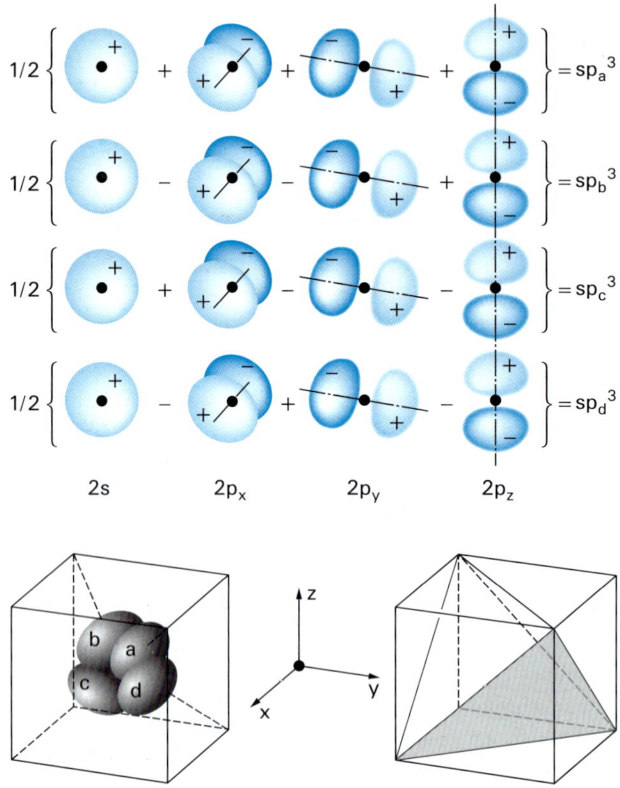

Abb. 1.12 Bildung von vier gleichartigen sp^3-Hybridatomorbitalen.
Die sp^3-Hybridorbitale sind jeweils rotationssymmetrisch zu Achsen, die vom Mittelpunkt des Würfels zu vier nicht benachbarten Ecken zeigen. Die Winkel zwischen diesen Achsen betragen 109,5°. Die Achsen weisen vom Mittelpunkt in die Ecken eines Tetraeders.

Die Hybridorbitale bilden die – unter den durch Forderung 1 gegebenen Voraussetzungen – bestmöglichen σ-Bindungen (entsprechend Forderung 2), schaffen also die Bedingungen für die Bildung stabiler Moleküle.

Wir können nun die in Abbildung 1.13 dargestellte Entwicklung der Kohlenstoffatomorbitale verstehen und einsehen, wie sie sich mit vier, mit drei bzw. mit zwei Bindungspartnern zu stabilen Gebilden zusammensetzen.

Abbildung 1.13a zeigt links die Elektronenkonfiguration des freien Kohlenstoffatoms. Es könnte, da nur zwei p-Orbitale einfach besetzt sind, nur zwei σ-Bindungen ausbilden, aber dadurch nicht die Edelgaskonfiguration erreichen. Man stellt sich vor, dass zunächst eines der beiden 2s-Elektronen in das freie $2p_z$-Orbital springt; man bezeichnet dies als „Promotion“. Nun können diese vier einfach besetzten Atomorbitale in verschiedener Weise hybridisieren (▶ Abb. 1.13b). Die mit den dadurch gebildeten Orbitalen ausgestatteten Kohlenstoff-

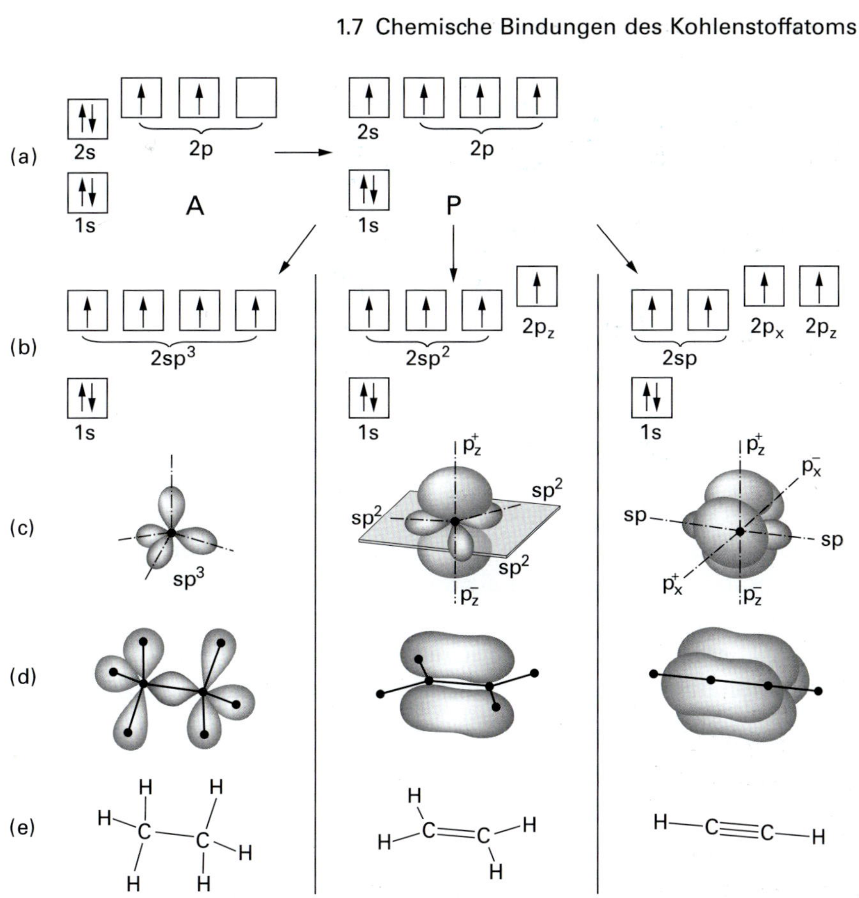

Abb. 1.13 Orbitale der Einfach-, Doppel- und Dreifachbindungen des Kohlenstoffatoms.
(a) Anregung des atomaren Zustandes A zum hypothetischen Zustand P.
(b) Bildung der sp^3-, sp^2- und sp-Hybridatomorbitale.
(c) Atomorbitale des Kohlenstoffatoms im sp^3-, sp^2- und sp-Zustand.
(d) Bildung der einfachsten Moleküle aus zwei Kohlenstoffatomen im jeweiligen Zustand: Ethan, Ethen, Ethin.
(e) Zugehörige perspektivische Strichformeln.
Die durch (b) und (c) gekennzeichneten Zustände existieren nicht für freie Kohlenstoffatome. Sie verdeutlichen aber die Elektronenstruktur der Kohlenstoffatome als Bauelemente organischer Moleküle.

atome (▶ Abb. 1.13c) lassen sich damit wie Bausteine zu Molekülen, den Bauwerken der Organischen Chemie, zusammenfügen.

In der ersten Spalte von Abbildung 1.13 ist die schon in Abbildung 1.12 deutlich gemachte **sp^3-Hybridbildung** dargestellt. Das Kohlenstoffatom ist damit zur Bildung von **vier gleichartigen σ-Bindungen** befähigt. Das einfachste Molekül aus zwei Kohlenstoffatomen in diesem Zustand ist das Ethan, $H_3C—CH_3$. In ihm sind die beiden Kohlenstoffatome durch eine **Einfachbindung** verbunden.

Die mittlere Spalte von Abbildung 1.13 zeigt die **sp^2-Hybridisierung**. Es bilden sich drei **sp^2-Hybridorbitale** aus dem 2s- und den $2p_x$- und $2p_y$-Orbitalen, die also **drei σ-Bindungen** ermöglichen, welche im Winkel von 120° zueinander in einer Ebene liegen (▶ Abb. 1.13c). Das p_z-Orbital ist am Prozess der Hybridisierung nicht beteiligt; es steht für die Bildung **einer π-Bindung** mit einem anderen Atom mit geeigneter Elektronenkonfiguration zur Verfügung. Das einfachste Molekül aus zwei derartigen Kohlenstoffatomen ist das Ethen, $H_2C{=}CH_2$. Man sieht, dass die π-Bindung symmetrisch oberhalb und unterhalb der Ebene liegt, in der alle Atome des Moleküls angeordnet sind. Die Kohlenstoffatome in diesem Molekül sind also durch eine σ- und eine π-Bindung, also eine **Doppelbindung**, miteinander verknüpft.

In der letzten Spalte von Abbildung 1.13 ist die **sp-Hybridisierung** verdeutlicht; die Bildung der sp-Hybridorbitale wurde schon in Abbildung 1.11 gezeigt. Zwei p-Orbitale sind an der Hybridisierung nicht beteiligt; daher kann das Kohlenstoffatom nun zusätzlich **zwei π-Bindungen** ausbilden. Auf diese Weise entsteht die **Dreifachbindung** im Ethin, H—C≡C—H.

Wir sehen, dass die in den üblichen Strichformeln benutzten Symbole für Doppel- und Dreifachbindungen, = und ≡, nicht ausdrücken, dass diese Bindungen in Wirklichkeit aus einer σ-Bindung und einer bzw. zwei zusätzlichen π-Bindungen bestehen.

Tab. 1.3 Eigenschaften der Einfach- und Mehrfachbindungen zwischen zwei Kohlenstoffatomen.

Bindung	Bindende Orbitale	Natur der Bindung	Winkel zwischen den σ-Bindungen	Bindungslänge [pm]	Bindungsenergie [kJ/mol]	Freie Drehbarkeit
—C—C— (mit je zwei weiteren Bindungen)	sp^3	σ	109,5°	154	348	ja
\C=C/ (mit je einer weiteren Bindung oben und unten)	sp^2, p_z	σ, π_z	120°	133	595	nein
—C≡C—	sp, p_x, p_z	σ, π_x, π_z	180°	120	780	(nein)

Tabelle 1.3 stellt die wichtigsten Eigenschaften der Einfach-, Doppel- und Dreifachbindungen zwischen zwei Kohlenstoffatomen zusammen. Die Bindungen, die von zwei einfach durch eine σ-Bindung miteinander verknüpften Kohlenstoffatomen ausgehen, sind *nicht zueinander fixiert*. Die beiden CH_3-Gruppen im Ethan (▶ Abb. 1.13e) sind gegeneinander also weitgehend frei drehbar (▶ 2.2.3). Sehr wichtig ist, dass infolge der π-Bindung die räumliche Anordnung der Substituenten an der Doppelbindung *festgelegt* wird. Sie sind also nicht gegeneinander frei drehbar. Die beiden folgenden Moleküle sind also stabil, sie lagern sich normalerweise nicht ineinander um:

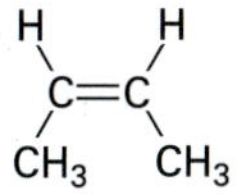

cis-2-Buten

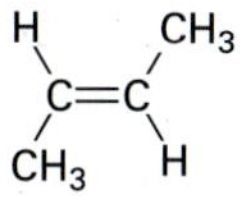

trans-2-Buten

Mit *cis* und *trans* (lat.: diesseits und jenseits) wird die relative Stellung der Methylgruppen an der Doppelbindung gekennzeichnet.

Die Frage, ob ein Kohlenstoffatom in sp-Hybridisierung die freie Drehbarkeit behindert, ist bei Ethinderivaten sinnlos. Beim 1,2-Propadien (Allen, ▶ Abb. 1.16) blockiert jedoch das mittlere sp-hybridisierte Kohlenstoffatom eine Verdrehung der beiden CH_2-Gruppen.

Aus Tabelle 1.3 kann man weiter entnehmen, dass Mehrfachbindungen kürzer sind und eine größere Bindungsenergie besitzen (diese Energie muss aufgewandt werden, um die Bindung zu lösen) als Einfachbindungen.

1.8 Molekülgerüste und funktionelle Gruppen organischer Verbindungen, Heteroatome

Es hat sich als zweckmäßig erwiesen, als **Gerüste** organischer Verbindungen die aus Kohlenstoffatomen zusammen mit sog. Heteroatomen, nämlich Stickstoff-, Sauerstoff- oder anderen Atomen, aufgebauten Ketten oder Ringe zu bezeichnen. In den einfachsten Verbindungen, die diese Gerüste enthalten, sind alle anderen Bindungen nur mit Wasserstoffatomen verknüpft. Man nennt solche Verbindungen mit Gerüsten aus Kohlenstoffatomen **Kohlenwasserstoffe**, solche mit Heteroatomen in Ringen **Heterocyclen**.

Durch den Einbau von **Heteroatomen** in organische Verbindungen werden deren Eigenschaften wesentlich erweitert, so u. a. in Bezug auf ihre Schmelz- und Siedepunkte, ihre Azidität und Basizität, ihre Löslichkeit in polaren Lösemitteln (z. B. Wasser), die Ausbildung von Molekülassoziaten (z. B. über Wasserstoffbrücken, ▶ 1.12).

Im Abschnitt 1.7 wurde erläutert, dass Kohlenstoffatome sich mit zwei, drei oder vier anderen Kohlenstoff- oder Wasserstoffatomen verbinden können. Da diese wiederum Bindungen mit anderen Atomen bilden können und da außerdem die Größe solcher Ketten oder Ringstrukturen praktisch unbegrenzt ist, ergibt sich eine riesige Anzahl verschiedenartiger Kohlenwasserstoffe, die man aus einer begrenzten Zahl von Atomen aufbauen kann. So gibt es allein 366.319 verschiedene offenkettige Kohlenwasserstoffe der Formel $C_{20}H_{42}$. Ersetzte man hierbei einzelne Kohlenstoffatome durch Heteroatome, so würde die Anzahl der möglichen verschiedenen Verbindungen mit 20 Gerüstatomen unvorstellbar groß.

Je nach der mit einer Abbildung der Moleküle verbundenen Absicht kann man Gerüste und Moleküle durch mehrere verschiedenartige **Formelbilder** darstellen

– von der maßstabgerechten **perspektivischen Abbildung** bis zur einfachsten **Strichformel**, bei der jede Ecke ein Kohlenstoffatom symbolisiert und bei der H-Atome nicht gezeichnet werden. Alle folgenden Formeln symbolisieren Propan, C_3H_8:

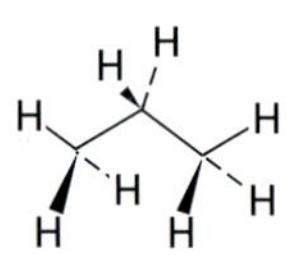
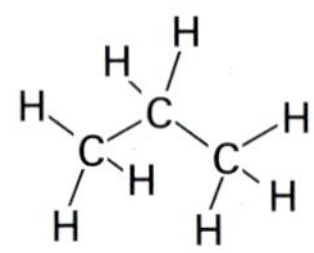
$CH_3—CH_2—CH_3$
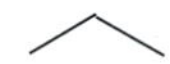

In der linken Formel führen keilförmige oder gestrichelte Bindungen zu H-Atomen, die vor bzw. hinter der Zeichenebene liegen, während ausgezogene Bindungen zu Atomen in der Zeichenebene gehören. Die zweite und die dritte Formel von links kennzeichnen lediglich die Atomverknüpfung. Häufig – insbesondere bei größeren Molekülen – lässt man die H-Atome weg und zeichnet nur das Molekülgerüst (rechte Formel), wobei die Linien Bindungen zwischen C-Atomen bedeuten.

In Tabelle 1.4 sind die wichtigsten **Gerüsttypen** zusammengestellt. Man unterscheidet zunächst **offenkettige** und **cyclische** Verbindungen, darüber hinaus **verzweigte** und **unverzweigte** und solche mit einer oder mehreren **Mehrfachbindungen**. Schließlich teilt man die cyclischen Verbindungen ein in **isocyclische** (sie enthalten nur Kohlenstoffatome im Ring) und **heterocyclische** (sie enthalten auch andere Atome im Ring).

Tab. 1.4 Gerüste organischer Verbindungen.

Offenkettige (acyclische) Verbindungen		Isocyclische Verbindungen	Heterocyclische Verbindungen
gesättigte Gerüste $CH_3–(CH_2)_3–CH_3$ geradkettiges Alkan (n-Pentan)	$CH_3–CH(CH_3)–CH_2–CH_3$ verzweigtes Alkan (2-Methylbutan)	 Cycloalkan (Cyclohexan)	 Hetero-Cycloalkan (Tetrahydrofuran)
ungesättigte Gerüste $CH_3–C(CH_3){=}CH–CH_3$ verzweigtes Alken (2-Methyl-2-buten)	$CH_3–C{\equiv}C–CH_2–CH_3$ geradkettiges Alkin (2-Pentin)	 Cycloalken (Cyclohexen)	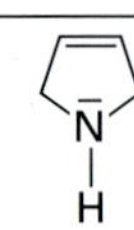 heterocyclisches Alken (Dihydropyrrol)
$CH_3–CH{=}CH–CH{=}CH_2$ Alkadien (1,3-Pentadien)	$HC{\equiv}C–CH{=}CH–CH_3$ Alkenin (3-Penten-1-in)	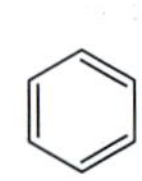 Aren, aromat. Isocyclus (Benzen)	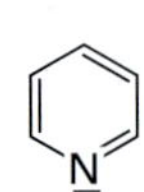 Hetaren, aromat. Heterocyclus (Pyridin)

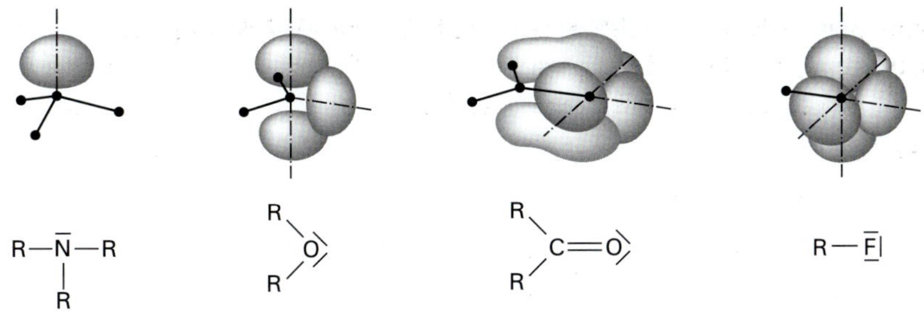

Abb. 1.14 Typische funktionelle Gruppen.
σ-Bindungen sind als Striche gezeichnet. Die „Wolken" stellen die freien Elektronenpaare an N, O und F, sowie bei der C=O-Gruppe die π-Bindung dar. R ist ein Symbol für ein Wasserstoffatom, eine Molekülkette oder einen Ring.

Jedes der (in Tabelle 1.4 zum Teil nicht gezeichneten) Wasserstoffatome dieser Gerüste kann durch Substituenten ersetzt werden.

> **Substituenten** sind einzelne Atome oder Atomgruppen, die Heteroatome, also andere Atome als C und H enthalten. Dadurch entstehen **Derivate** der Kohlenwasserstoffe.

Da Substituenten an verschiedene Kohlenstoffatome eines Gerüstes geknüpft werden können, gibt es mehrere Verbindungen gleicher Atomzusammensetzung (Bruttoformel), jedoch mit verschiedener Anordnung der Atome. Diese **isomeren** Verbindungen werden in Abschnitt 1.9 beschrieben.

Viele Substituenten enthalten Sauerstoff und Stickstoff. Häufig findet man auch Schwefel und Phosphor oder die Halogene (Fluor, Chlor, Brom, Iod). Da sie das chemische Verhalten wesentlich bestimmen, nennt man sie auch **funktionelle Gruppen**.

Die Abbildung 1.14 zeigt die elektronische Struktur einiger wichtiger funktioneller Gruppen. Dabei steht R für eine Kette, einen Ring oder ein Wasserstoffatom. Die Heteroatome in diesen Gruppen – Stickstoff, Sauerstoff und Fluor (als einfachster Vertreter der Gruppe der Halogene) – müssen zum Aufbau der Edelgaskonfiguration kovalente Bindungen bilden (▶ Tabelle 1.2). **Stickstoff** besitzt *fünf* Valenzelektronen und kann *drei* kovalente Bindungen bilden; er erhält damit eine Valenzelektronenhülle mit acht Elektronen. **Sauerstoff** enthält *sechs* Valenzelektronen und bildet *zwei* kovalente Bindungen, und die **Halogenatome** mit *sieben* Valenzelektronen bilden *eine* kovalente Bindung. Im gebundenen Zustand tragen diese Atome daher noch **freie Elektronenpaare**, die nicht zu einer Bindung beitragen. Da diese sehr wesentlich die chemische Reaktivität bestimmen – sie sind der Anknüpfungsort einiger chemischer Reaktionen – zeigt Abbildung 1.14 die von diesen Elektronen besetzten Orbitale. Bei der Carbonylgruppe, >C=O, ist auch das Molekülorbital der π-Bindung eingezeichnet. Alle σ-Bindungen sind als Striche symbolisiert, damit die Zeichnungen übersichtlich bleiben.

Tab. 1.5 Funktionelle Gruppen und wichtige Verbindungsklassen.

Halogenverbindungen

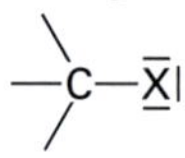

Halogen (Fluor, Chlor, Brom, Iod)
Halogenalkan (Fluor-, Chlor-, Brom-, Iodalkan)

Sauerstoffverbindungen

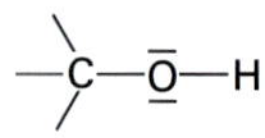	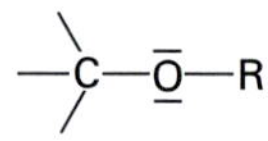	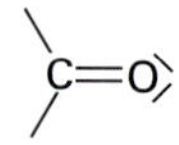	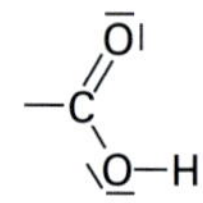
Hydroxygruppe Alkohol	Alkoxygruppe Ether	Carbonylgruppe Aldehyd, Keton	Carboxygruppe Carbonsäure

Stickstoffverbindungen

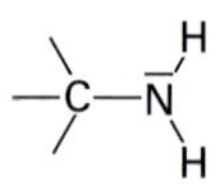	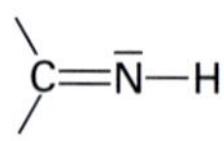	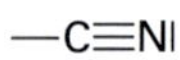	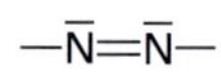
Aminogruppe Amin	Iminogruppe Imin	Cyanogruppe Nitril	Azogruppe Azoverbindung
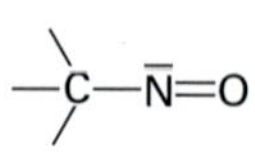	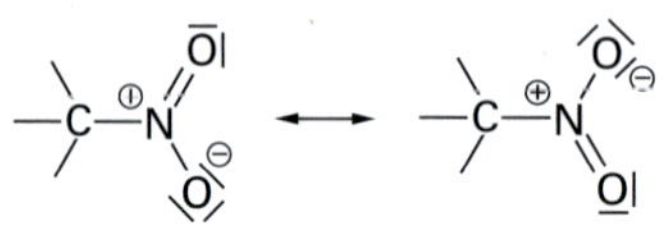		
Nitrosogruppe Nitrosoverbindung	Nitrogruppe* Nitroverbindung		

Schwefelverbindungen

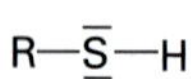	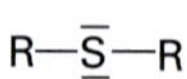	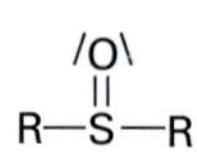	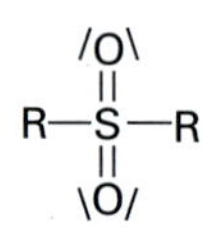	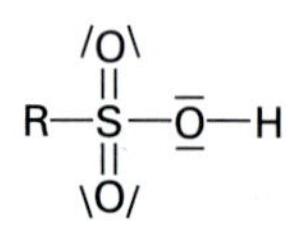	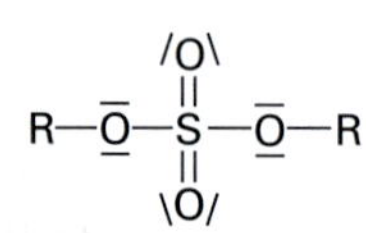
Thiol- gruppe Thiol	Sulfid- gruppe Thioether	Sulfoxid- gruppe Sulfoxid	Sulfon- gruppe Sulfon	Sulfonsäure- gruppe Sulfonsäure	Schwefelsäure- ester Sulfat

*) Der Doppelpfeil ⟷ gibt an, dass die wahre Struktur einer Überlagerung der beiden Strichformeln entspricht (Mesomerie ▶ 1.10).

Die Namen und Formeln häufig anzutreffender **funktioneller Gruppen** und der dadurch gebildeten Verbindungen sind in Tabelle 1.5 zusammengestellt. Darüber hinaus agieren auch C-C-Mehrfachbindungen als funktionelle Gruppen. Sie sind Bestandteil des Gerüsts, gelten also nicht als Substituenten.

Diese **funktionellen Gruppen** können nebeneinander einzeln und mehrfach in einem Molekül auftreten. Daneben gibt es eine Fülle von Kombinationen (z. B. ▶ Tabelle 1.6), sowie weitere Varianten, in denen z. B. Sauerstoff durch Schwefel ersetzt ist (▶ 2.21).

Tab. 1.6 Funktionelle Gruppen, die eine Carbonylgruppe enthalten.

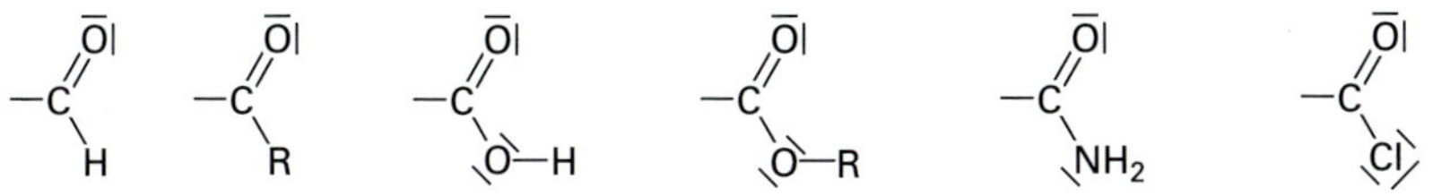

Aldehyd	Keton	Carbonsäure	Carbonsäure-ester	Carbonsäure-amid	Carbonsäure-chlorid

Die **chemischen** und **physikalischen Eigenschaften** der organischen Verbindungen werden sowohl von den Gerüsten als auch den funktionellen Gruppen bestimmt.

- Die **funktionellen Gruppen** bestimmen besonders den chemischen Charakter der Substanzen.
- Von den Gerüsten hängt es ab, ob ein Molekül *beweglich* oder *starr* ist, wo Substituenten angeordnet sein können, ob das Elektronensystem mehrerer Substituenten sich beeinflussen kann oder ob es mit demjenigen des Gerüstes in Wechselwirkung tritt: Hierdurch wird die **Reaktivität der funktionellen Gruppen** verändert. Löslichkeit und Flüchtigkeit wird vor allem bestimmt durch die Molekülgröße und die zwischenmolekularen Wechselwirkungen.

Aus dem Vorstehenden wird deutlich, dass die Einführung einer bestimmten funktionellen Gruppe in ein organisches Molekül, ihre gezielte Umwandlung in eine andere und ihre Entfernung aus dem Molekül in der organischen Synthese eine wichtige Rolle spielen. Bei einzelnen Synthesestufen kann es erforderlich sein, eine funktionelle Gruppe reversibel zu schützen, wenn Reaktionsbedingungen gewählt werden müssen, die sie sonst in Mitleidenschaft ziehen würden. Die Präparative Organische Chemie hat ein breites Spektrum solcher Methoden (**Schutzgruppenchemie**) entwickelt.

1.9 Isomerien

Die große Mannigfaltigkeit in der Struktur organischer Verbindungen lässt sich darauf zurückführen, dass ein bestimmter Satz von Atomen verschiedenartig miteinander verknüpft und räumlich angeordnet werden kann, sodass *isomere* Moleküle entstehen. Da sich isomere Verbindungen in ihren Eigenschaften wenig, aber auch stark unterscheiden können, ist die Kenntnis ihrer strukturellen Unterschiede in der Organischen Chemie, vor allem aber in der Biochemie von sehr großer Bedeutung.

- Als **Isomere** bezeichnet man Moleküle mit der *gleichen Summenformel*, aber *verschiedener Anordnung von Bindungen oder Atomen.*
- Man teilt die Isomeren in zwei Gruppen ein:
  Konstitutionsisomere unterscheiden sich in der Anordnung der Bindungen, also im *Verknüpfungsmuster* der Atome.
  Stereoisomere besitzen die gleiche Konstitution, unterscheiden sich aber in der *räumlichen Anordnung* der Atome.
- Konstitutionsisomere kann man in drei Klassen einteilen:
  Funktionsisomere besitzen verschiedene funktionelle Gruppen,
  Gerüstisomere besitzen verschiedene Molekülgerüste,
  Stellungsisomere unterscheiden sich hinsichtlich der Stellung der Substituenten am gleichen Gerüst.

Als **Tautomere** werden zwei Funktionsisomere dann bezeichnet, wenn sie sich reversibel ineinander umwandeln können, wenn sich also ein Gleichgewicht beider Spezies einstellt (vgl. Keto-Enol-Tautomerie, ▶ 2.12.1). Dabei unterscheiden sich Tautomere nur in der Position von einzelnen Atomen (zumeist H-Atomen) und Mehrfachbindungen.

Stereoisomere klassifiziert man nach zwei verschiedenen Gesichtspunkten, hinsichtlich der Möglichkeit, sie ineinander umzuwandeln und hinsichtlich ihrer Symmetrie.

- **Konformationsisomere** (Konformere) lassen sich durch Verdrehung um Einfachbindungen ineinander umwandeln. Man bezeichnet sie deshalb auch als **Rotationsisomere** (Näheres ▶ 2.2.3, 2.2.6).
- **Konfigurationsisomere** lassen sich nur dadurch ineinander umwandeln, dass mindestens eine Bindung gelöst wird.

Auf der Basis ihrer Symmetrie lassen sich Paare von Stereoisomeren eindeutig zwei Klassen zuordnen:

- Stereoisomerenpaare, die sich zueinander verhalten wie ein Gegenstand und sein Spiegelbild, nennt man **Enantiomere**.
- Stereoisomerenpaare, bei denen dies nicht zutrifft, nennt man **Diastereomere**.

In Tabelle 1.7 sind die verschiedenen Arten der Isomerie durch Beispiele erläutert, weiterhin sind dort ihre wesentlichen Charakteristika zusammengestellt.

Enantiomere Moleküle besitzen die Eigenschaft der **Chiralität** (Händigkeit), sie verhalten sich nämlich wie die rechte Hand zur linken Hand, wie eine Schraube mit Rechtsgewinde zu einer mit Linksgewinde. Beispiele für derartige schraubenförmige Molekülketten sind die Proteine und die Nucleinsäuren (▶ α-Helix, Doppelhelix, Abb. 6.7 und 6.9). Neben diesen Molekülen mit einer **Chiralitätsachse** findet man vor allem Moleküle mit **Chiralitätszentren** (stereogenen Zentren). Zumeist handelt es sich um Moleküle mit einem *asymmetrischen* (genauer: *asymmetrisch substituierten*) *Kohlenstoffatom* – sie besitzen ein Kohlenstoffatom, das vier verschiedene Substituenten trägt:

Tab. 1.7 Isomerien.

Bezeichnung	Gemeinsames Merkmal der Isomeren	Unterschiede im Molekülbau	Physikalische Eigenschaften der Substanzen	Chemische Eigenschaften der Substanzen	Beispiele
Konstitutionsisomerie	Summenformel	Molekülgerüst	Die physikalischen Daten der Isomeren sind verschieden. Sie lassen sich daher durch Destillation oder Kristallisation trennen.	Unterschiedliche Reaktivität	$CH_3-\overline{\underline{O}}-CH_3$ $CH_3-CH_2-\overline{\underline{O}}H$ 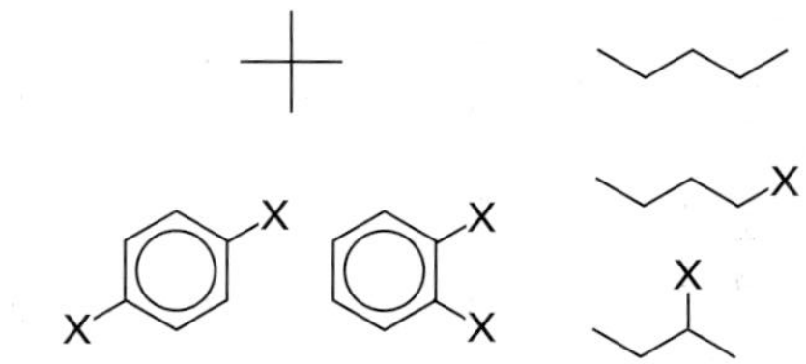
Stereoisomerie Konfigurationsisomerie – *cis-trans-Isomerie* an Doppelbindungen (E-Z-Isomerie)	Konstitution	Anordnung der Substituenten an – einer Doppelbindung		Konfigurationsisomere lassen sich nur ineinander überführen, indem mindestens eine Bindung gebrochen wird.	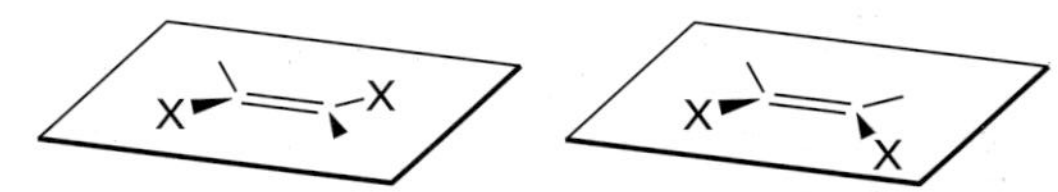
– *cis-trans-Isomerie an Ringen*		– einem Ring			
– *Diastereo(iso)merie bei mehreren chiralen Gruppen*		– zwei äquivalenten Chiralitätszentren			
– *Enantiomerie* (optische Isomerie)		Chirale Molekülpaare mit Anordnung der Atome wie Gegenstand und Spiegelbild	Nur die optische Aktivität ist verschieden.	Verschiedene Reaktivität nur bei chiralen Reaktionspartnern.	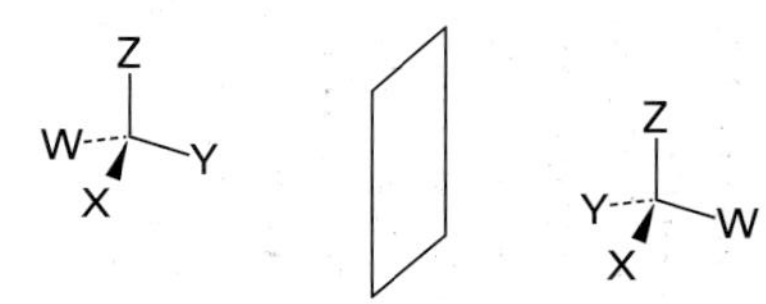
Konformationsisomerie (Rotationsisomerie)		Verschiedene Torsionswinkel	Physikalische Daten sind verschieden. Isomere sind nur trennbar, wenn die Verdrehung stark behindert ist.	Isomerisierung erfolgt ohne Bindungsbruch.	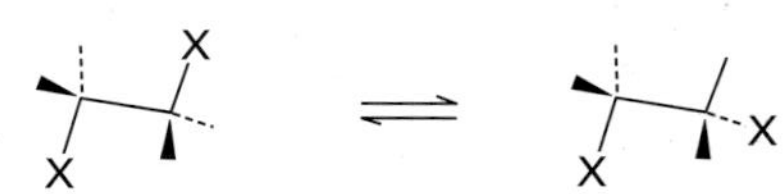

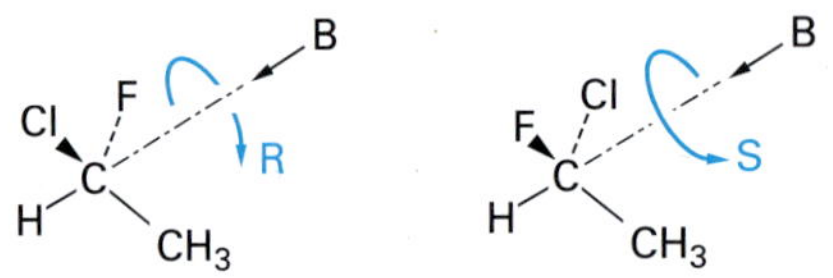

Abb. 1.15 Definition der absoluten Konfiguration bei Molekülen mit einem asymmetrischen Kohlenstoffatom nach Cahn, Ingold und Prelog.
Das Atom mit der niedrigsten Ordnungszahl ist vom Beobachter B entfernt angeordnet. Die absteigende Reihenfolge der Ordnungszahlen der anderen Substituenten ergibt (linkes Molekül) eine Rechtsschraube: R-Konfiguration, bzw. (rechtes Molekül) eine Linksschraube: S-Konfiguration.

Man kennzeichnet die chiralen Moleküle mit einem asymmetrischen C-Atom, C^*, indem man die vier Liganden (Substituenten) nach ihrem Rang ordnet. Dabei richtet man sich nach den Ordnungszahlen der an das C^* gebundenen Atome oder, falls dies noch zu keiner eindeutigen Reihung führt, zusätzlich denen der nächsten Nachbarn. Der Substituent mit dem niedrigsten Rang wird von einem gedachten Beobachter aus nach hinten angeordnet (▶ Abb. 1.15). Wenn die anderen Substituenten, nach *abnehmendem Rang* gereiht, vom Beobachter als *Rechtsschraube* gesehen werden, so hat das Molekül eine **R-Konfiguration** (von lat. *rectus*: rechts). Ergeben sie eine *Linksschraube*, so hat es eine **S-Konfiguration** (von lat. *sinister*: links). Neben dieser von *Cahn, Ingold und Prelog* eingeführten Bezeichnung gibt es historisch überlieferte, die sich auf Bezugssubstanzen beziehen (z. B. D- und L-Gycerolaldehyd, ▶ Tabelle 6.1 und Abb. 6.4).

Enantiomere unterscheiden sich nur in einem *chiralen Medium* voneinander und lassen sich einzeln physikalisch nur mit *chiralen Methoden* nachweisen. Sie besitzen gleiche Schmelz- und Siedepunkte sowie gleiche Löslichkeit, unterscheiden sich jedoch in ihrer *optischen Aktivität*: Sie drehen die Polarisationsebene linear polarisierten Lichts entweder nach rechts oder nach links. Die *Enantiomerie* nennt man daher auch *optische Isomerie* und die Enantiomeren nennt man *optische Antipoden*.

Synthesen optisch aktiver Verbindungen in der Natur liefern meistens reine Enantiomere; im Labor dagegen bildet sich im Allgemeinen das sog. **racemische Gemisch**, das 1 : 1-Gemisch beider Enantiomeren. Da Enantiomere übereinstimmende Schmelz- und Siedepunkte sowie gleiche Löslichkeiten besitzen, lassen sie sich nur auf Umwegen aus dem racemischen Gemisch abtrennen. Mit Hilfe einer **chiralen Hilfssubstanz** R′ bildet man zum Beispiel aus dem Gemisch der Enantiomeren R und S die diastereomeren Verbindungen R—R′ und S—R′. Diese besitzen wie alle Diastereomeren verschiedene physikalische Eigenschaften, wie Schmelz- und Siedepunkte sowie Löslichkeiten. Man kann sie daher voneinander trennen. Schließlich spaltet man die chirale Hilfssubstanz wieder ab und erhält so die reinen Enantiomeren R bzw. S.

Wenn ein Molekül **mehrere stereogene Zentren** C* besitzt, so gibt es für jedes C* die R- und die S-Konfiguration, für zwei C* also vier Stereoisomere, nämlich RR, RS, SR und SS. Von diesen sind RR/SS und RS/SR Enantiomerenpaare, während die übrigen Paare, also RR/RS, RR/SR, SR/SS, Diastereomere darstellen. Ein Molekül mit n Chiralitätszentren besitzt 2^n Konfigurationsisomere. Davon sind die Hälfte, also 2^{n-1}, Enantiomerenpaare.

Eine Besonderheit gibt es bei symmetrischen Molekülen XYZC—CZYX mit zwei gleichen C* (▶ Tab. 1.7). Bei ihnen sind die Formen RS und SR identisch und optisch inaktiv. Man nennt sie die ***meso*-Form** (Mesoverbindung).

> **Meso-Formen** besitzen äquivalente stereogene Zentren mit entgegengesetzter Konfiguration. Sie sind optisch inaktiv.

Ein Beispiel ist die Weinsäure mit zwei äquivalenten C*:

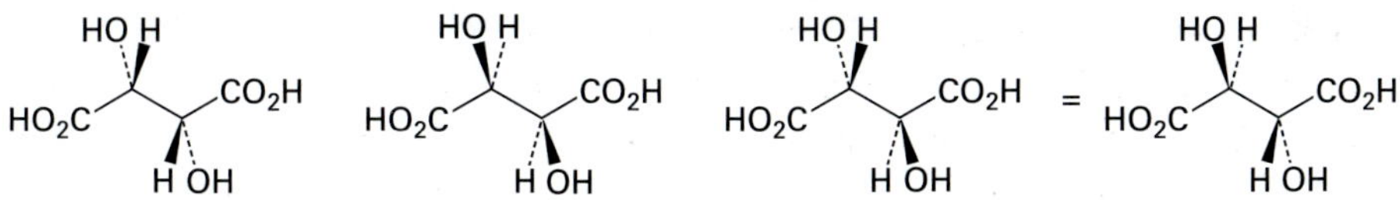

R, R (–)-Weinsäure | S, S (+)-Weinsäure | R, S = S, R meso-Weinsäure, optisch inaktiv

Das bekannteste Beispiel der Diastereoisomerie ist die ***cis-trans*-Isomerie** bei zwei Substituenten an einer Doppelbindung. Beim *cis*-Isomeren stehen die Substituenten auf der gleichen Seite, beim *trans*-Isomeren stehen sie sich gegenüber.

Wenn mehr als zwei Substituenten an einer Doppelbindung stehen, so verwendet man zur Kennzeichnung der Isomeren die **E-Z-Nomenklatur**: Man sucht sich die Substituenten der benachbarten C-Atome heraus, die jeweils die höchste Ordnungszahl besitzen. Stehen sie auf der gleichen Seite (**zusammen**), bezeichnet man sie als **Z-Isomere**, stehen sie **entgegengesetzt**, als **E-Isomere**:

(*Z*)-1-Brom-1, 2-dichlor-2-fluorethen | (*E*)-1-Brom-1, 2-dichlor-2-fluorethen

Genügt, z. B. bei Kohlenstoffketten, das erste Atom nicht zur Festlegung der höchsten Priorität, so wertet man, wie auch bei der oben besprochenen Cahn-Ingold-Prelog-Nomenklatur, die Ordnungszahlen der nächsten Nachbarn aus:

(*Z*)-3-Methyl-2-penten | (*E*)-3-Methyl-2-penten

Die ***cis-trans*-Isomerie** von Molekülen mit Doppelbindungen ist eine Folge davon, dass die beiden durch die Doppelbindung verknüpften Molekülteile nicht gegeneinander verdreht werden können. Zwei Molekülteile können aber auch dann nicht gegeneinander verdreht werden, wenn sie durch eine Einfachbindung verknüpft sind, die Bestandteil eines Ringes ist. Man nennt diesen Fall der Diastereoisomerie die ***cis-trans*-Isomerie an Ringen**. Ein Beispiel dieser Isomerie am dreigliedrigen Ring ist in Tabelle 1.7 gegeben.

> Alle **Diastereomeren** besitzen verschiedene physikalische Eigenschaften. Man kann sie daher mit den üblichen Methoden – Destillation oder Kristallisation – voneinander trennen.

Die Beschäftigung mit Isomeriefragen hat im Laufe der Chemiegeschichte häufig neue Impulse zur Weiterentwicklung der Strukturtheorie ausgelöst, die Entwicklung neuer analytischer Methoden sowie die Darstellung neuer und neuartiger Verbindungen angeregt. Isomerieprobleme treten in nahezu allen Bereichen der Chemie in vielfältiger Weise auf. Gegenwärtig gelten die wohl anspruchsvollsten Strukturanalysen der Konformationsisomerie von großen Biomolekülen wie Proteinen (▶ 6.4.3) in Flüssigkeit und Lösung.

1.10 Wechselwirkungen zwischen Mehrfachbindungen: Mesomerie, Aromatizität

Zwei Doppel- oder Dreifachbindungen in einem Molekül, die durch *mehrere Einfachbindungen getrennt* sind, beeinflussen sich praktisch nicht; man bezeichnet sie als **isolierte** Doppel- oder Dreifachbindungen.

$$\underset{①}{CH_2}=\underset{②}{CH}-\underset{③}{CH_2}-\underset{④}{CH}=\underset{⑤}{CH_2}$$

1,4-Pentadien
(isolierte Doppelbindungen)

Gehen zwei Doppelbindungen vom *gleichen Kohlenstoffatom* aus, so bezeichnet man die Bindungen als **kumulierte** Doppelbindungen. Das einfachste derartige Molekül, 1,2-Propadien, ist in Abbildung 1.16 dargestellt.

Das mittlere C-Atom ist sp-hybridisiert, und die beiden äußeren sind sp^2-hybridisiert. Die drei beteiligten Kohlenstoffatome sind daher linear angeordnet, die endständigen CH_2-Gruppen stehen senkrecht aufeinander und sind nicht gegeneinander verdrehbar.

Falls nur *eine Einfachbindung zwischen zwei Doppelbindungen* vorhanden ist, so nennt man dies ein **konjugiertes** Doppelbindungssystem. Man hat festgestellt, dass konjugierte Doppelbindungen starke Wechselwirkungen aufeinander ausüben.

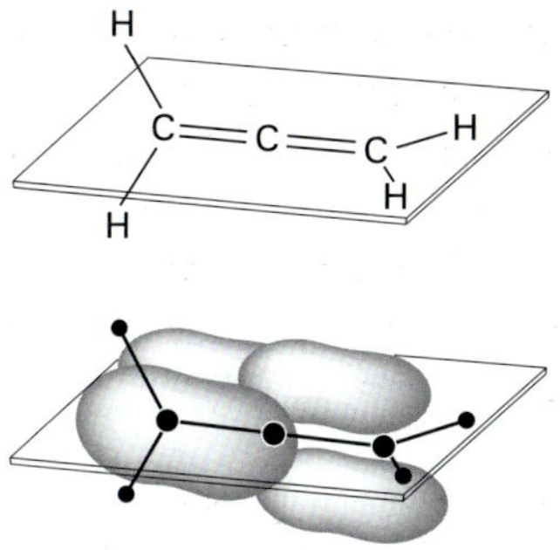

$H_2C=C=CH_2$

Abb. 1.16 1,2-Propadien (Allen), das einfachste Molekül mit kumulierten Doppelbindungen.
Die Kohlenstoffatome sind linear angeordnet. Die Ebenen der CH_2-Gruppen stehen senkrecht aufeinander. Dies ist darauf zurückzuführen, dass die äußeren Kohlenstoffatome sp^2-hybridisiert sind und das mittlere sp-hybridisiert ist (▶ Abb. 1.13).

$CH_2{=}CH{-}CH{=}CH_2$
① ② ③ ④

1,3-Butadien
(konjugierte Doppelbindungen)

Die besonderen Eigenschaften derartiger Systeme rühren daher, dass nicht nur die p_z-Orbitale der Atome 1 und 2 sowie 3 und 4, wie durch die Strichformel suggeriert wird, zu π-Bindungen überlappen, sondern dass alle p_z-Atomorbitale der Atome 1, 2, 3 und 4 gemeinsam π-Molekülorbitale bilden.

Abbildung 1.17 zeigt das Bindungssystem des 1,3-Butadienmoleküls. Die sp^2-Hybridorbitale der C-Atome bilden zusammen mit den 1s-Orbitalen der H-Atome das σ-Elektronensystem des Moleküls. Die σ-Bindungen liegen alle in einer Ebene, die Winkel zwischen den σ-Bindungen betragen 120°. Das σ-Bindungssystem des 1,3-Butadiens ist durch Striche angedeutet. Oberhalb und unterhalb der Ebene der σ-Bindungen liegen in Abbildung 1.17a die beiden Bereiche der p_z-Orbitale der vier C-Atome. Da sie sich gegenseitig berühren, können sie π-Molekülorbitale ausbilden, die sich über das ganze Molekül erstrecken. Die beiden in Abbildung 1.17b und c dargestellten π-Molekülorbitale lassen sich als stehende Wellen auffassen, ähnlich dem Grund- und dem Oberton einer schwingenden Saite; sie sind jeweils mit zwei Elektronen besetzt. Das Molekülorbital in Abbildung 1.17b entspricht der oben gezeichneten üblichen Valenzstrichformel des 1,3-Butadiens mit Doppelbindungen zwischen den C-Atomen 1 und 2 sowie 3 und 4. Die Besetzung der Molekülorbitale in Abbildung 1.17b und c mit je zwei Elektronen hat zur Folge, dass auch die Bindung zwischen den C-Atomen 2 und

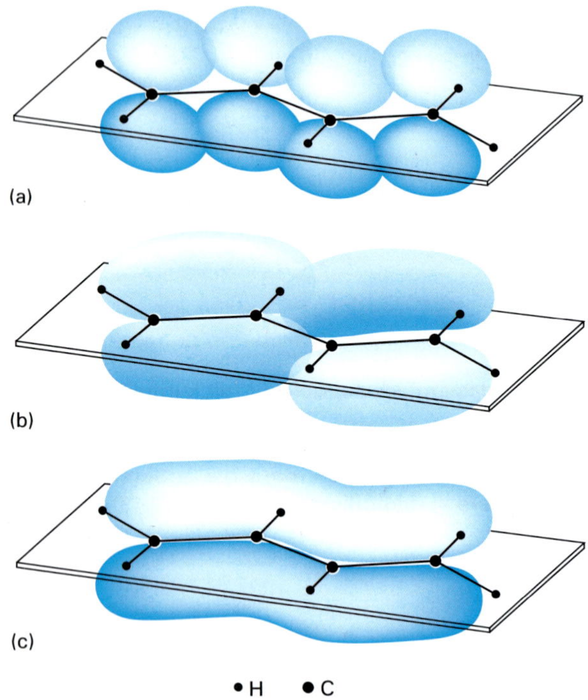

Abb. 1.17 Elektronenstruktur des 1,3-Butadiens.
(a) zeigt die p_z-Orbitale der vier Kohlenstoffatome.
(b) und (c) sind die beiden mit je zwei Elektronen besetzten π-Molekülorbitale.
Das σ-Elektronensystem ist durch Striche dargestellt.

3 Eigenschaften einer schwachen Doppelbindung erhält, sodass z. B. hier die Drehbarkeit behindert ist.

Tatsächlich beobachtet man, dass 1,3-Butadien (wie andere Moleküle mit konjugierten Doppelbindungen) in zwei Konformeren auftritt, als ***syn-*** und ***anti-*** **Form**:

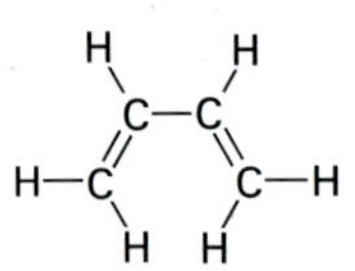

syn-1,3-Butadien

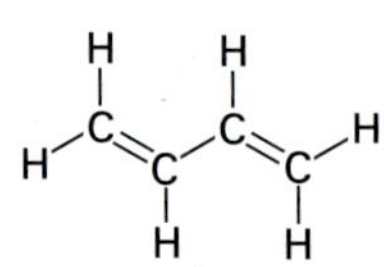

anti-1,3-Butadien

Das Molekülorbital in Abbildung 1.17c erklärt auch, dass bei chemischen Reaktionen, die sonst nur eine Doppelbindung angreifen, das konjugierte System als Einheit reagiert (▶ 2.13.3).

Man bezeichnet derartige bei einem konjugierten Mehrfachbindungssystem auftretenden Wechselwirkungen, die von den klassischen Strichformeln nicht widergespiegelt werden, als **Mesomerie** (griech.: zwischen den Teilen). Damit soll ausgedrückt werden, dass der wahre Zustand des Moleküls nicht durch *eine* Valenzstrichformel angegeben werden kann, sondern dass man dazu *mehrere* **Grenzformeln** benötigt und er zwischen diesen Formeln liegt.

Früher hat man versucht, den durch die π-Molekülorbitale 1.18b und c erzeugten Bindungszustand mit folgenden Strichformeln zu beschreiben:

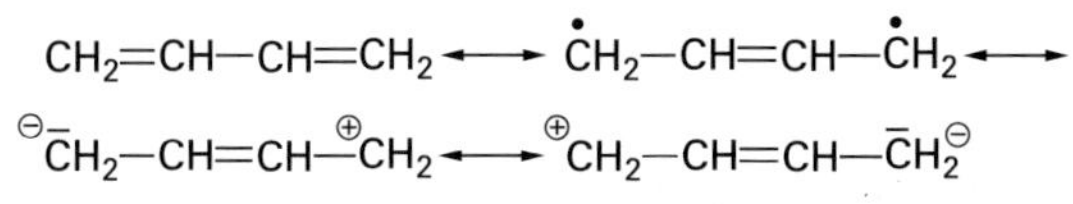

Die **Mesomeriepfeile** ←→ deuten an, dass der tatsächliche Zustand des Moleküls eine Mesomerie zwischen diesen Grenzstrukturen bildet.

Eine besonders starke Wechselwirkung zwischen Doppelbindungen tritt bei einigen cyclischen Molekülen wie dem **Benzen** (Benzol) auf. Beim Benzen lassen sich zwei gleichwertige Grenzstrukturen aufschreiben, zwischen denen Mesomerie herrscht:

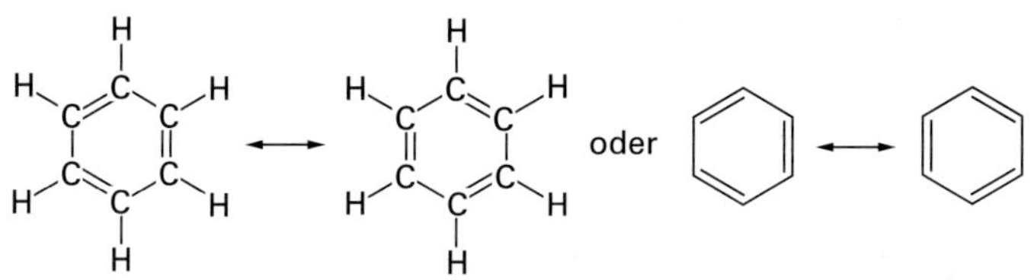

Benzen, Schreibweise nach A. Kekulé als 1,3,5-Cyclohexatrien.

Der Doppelpfeil soll wieder ausdrücken, dass keine der Valenzstrichformeln den wahren Zustand beschreiben kann; er ist vielmehr als Überlagerung beider Formeln zu verstehen. Tatsächlich sind alle C-C-Bindungen beim Benzen gleich lang; mit 139 pm sind sie länger als isolierte Doppelbindungen (133 pm) und kürzer als Einfachbindungen (154 pm). Die Überlagerung der Elektronendichteverteilung aller drei π-Molekülorbitale des Benzens ist in Abbildung 1.18 dargestellt. Alle Kohlenstoffatome sind sp^2-hybridisiert. Oberhalb und unterhalb der Ebene, in der sich alle Atomkerne und die σ-Bindungen befinden, sind die beiden Ladungswolken der π-Molekülorbitale angeordnet.

Im Kapitel 2.7 wird im Einzelnen gezeigt, dass Benzen infolge der Mesomerie wesentlich reaktionsträger ist als offenkettige Moleküle mit drei konjugierten Doppelbindungen, wie zum Beispiel:

$$CH_2{=}CH{-}CH{=}CH{-}CH{=}CH_2$$

1,3,5-Hexatrien

Das Mehrfachbindungssystem des Benzens addiert andere Moleküle wesentlich weniger leicht als offenkettig konjugierte Doppelbindungen. Benzen ist um

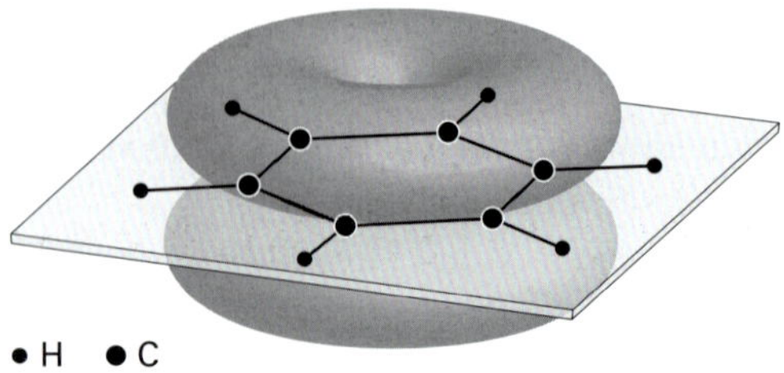

Abb. 1.18 Elektronenstruktur von Benzen.
Überlagerung der Elektronendichte aller drei π-Molekülorbitale.

151 kJ/mol energieärmer als ein – nicht existierendes – 1,3,5-Cyclohexatrien, bei dem keine Wechselwirkungen der Doppelbindungen auftreten. Diese Energiedifferenz wird als **Mesomerieenergie** bezeichnet (▶ Abschnitt 2.7.1). Die besondere Struktur des Benzens lässt sich durch Formeln mit einem Kreis, der das π-Elektronensextett symbolisiert, ausdrücken:

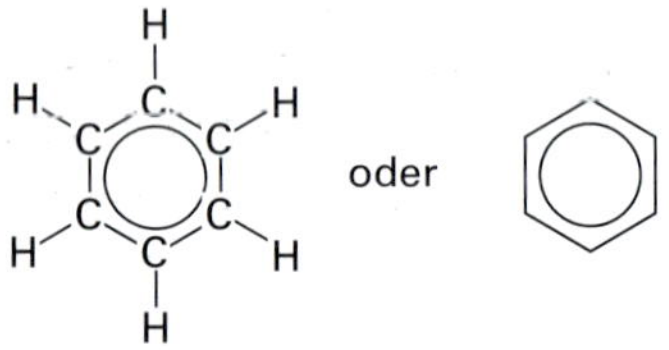

Da ein derartiges Ringsystem mit vollständigem Bindungsausgleich zuerst bei aromatisch riechenden Stoffen (Benzoeharz, Vanillin) gefunden wurde, bezeichnet man es als **aromatisch**. Aromatische Moleküle können auch mehrere Ringe und Heteroatome (also andere Atome als Kohlenstoff) enthalten:

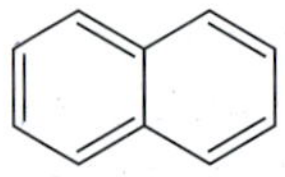

Naphthalen

Pyridin

Allerdings verzichtet man bei mehrkernigen Aromaten wie dem Naphthalen in der Regel auf Strukturformeln mit einbezogenen Kreisen (Näheres ▶ 2.7.2). Nach einer von E. Hückel anhand quantenchemischer Berechnungen aufgestellten Regel sind ebene cyclische Moleküle nur dann aromatisch, wenn sie ein geschlossenes System aus (4n + 2) π-Elektronen besitzen. Dabei ist n = 0, 1, 2, ... (**Hückel-Regel**). Für Benzen und Pyridin ist n = 1; für Naphthalen ist n = 2: diese Moleküle besitzen also 6 bzw. 10 π-Elektronen. Cyclobutadien und Cyclooctatetraen sind *nicht* aromatisch:

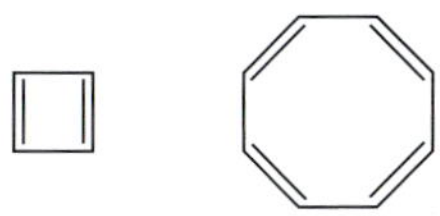

Sie besitzen 4 bzw. 8 π-Elektronen und verhalten sich daher chemisch wie Polyenmoleküle mit offener Kette.

1.11 Dipolmoment, induktive und mesomere Effekte

Moleküle, die nur kovalent gebundene Atome enthalten, sind im Allgemeinen nicht elektrisch geladen, weil alle Atome zusammen so viele Elektronen um sich geschart haben wie der Summe ihrer Kernladungen entspricht. Jedes Atom hat aber, für sich betrachtet, so viele Elektronen in seiner Valenzschale wie die Atome des ihm im Periodensystem folgenden Edelgases. Bei einer C—F-, C—O- oder C—N-Bindung haben beide Atome jeweils die gleiche Anzahl von Elektronen wie das Edelgas Neon. Die Zahl der Kernladungen beträgt aber beim Kohlenstoff 6, beim Stickstoff, Sauerstoff, Fluor und Neon jedoch 7, 8, 9 und 10. Infolgedessen wird die Elektronenhülle am stärksten vom Neon angezogen, weniger stark in fallender Reihenfolge vom Kern des Fluors, des Sauerstoffs, des Stickstoffs und des Kohlenstoffs. Dadurch ergibt es sich, dass die Valenzelektronen in diesen Bindungen stärker zum Atomkern mit der höheren Kernladung verschoben werden. Deshalb ist das Atom mit der höheren Kernladung etwas dichter von Elektronen umgeben, als es seiner Kernladung entspricht; es erscheint also als Träger einer negativen Teilladung.

Das Atom mit der niedrigeren Kernladung, also hier das Kohlenstoffatom, besitzt eine kleinere Elektronendichte, erscheint also als Träger einer positiven Teilladung. Der Bindungspartner erhält somit eine höhere Elektronendichte, und die Ladungsverteilung in der Bindung wird also unsymmetrisch. Diese Erscheinung wird mit dem Begriff **Elektronegativität** beschrieben. Die Elektronegativität nimmt zu in der Reihe C < N < O < F. In den C—F-, C—O- und C—N-Bindungen ist daher der Schwerpunkt der positiven Ladungen gegenüber dem Schwerpunkt der negativen Ladungen verschoben. Es entsteht ein **Dipol**, charakterisiert durch sein **Dipolmoment**. Der *positive Pol* liegt in der Nähe des Kohlenstoffatoms und der *negative Pol* nahe am elektronegativeren F-, O- bzw. N-Atom.

- Atome mit unterschiedlicher Elektronegativität sind durch **polare kovalente Bindungen** verknüpft.
- Ein **elektrisches Dipolmoment** μ ist definiert als das Produkt aus der Größe der Ladungen q und dem Abstand r ihrer Schwerpunkte: $\vec{\mu} = q\vec{r}$.
- Das Dipolmoment hat die Eigenschaften eines Vektors: es besitzt eine Größe und eine Richtung.

Molekulare Dipolmomente werden in Debye-Einheiten (D) gemessen. Bei je einer positiven und einer negativen Elementarladung in einem Abstand von

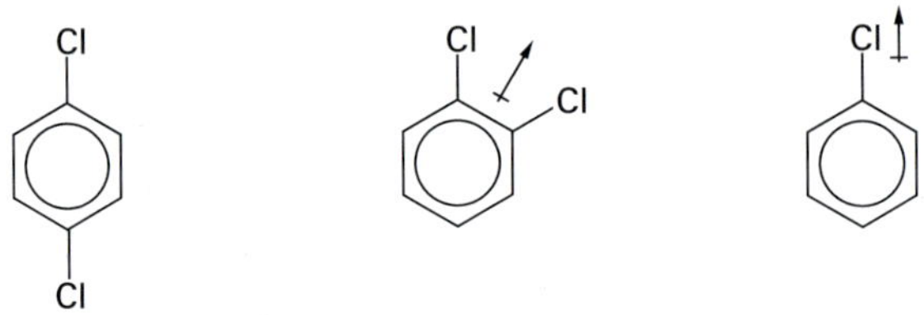

1,4-Dichlorbenzen $\mu = 0$ D — 1,2-Dichlorbenzen $\mu = 2{,}27$ D — Chlorbenzen $\mu = 1{,}59$ D

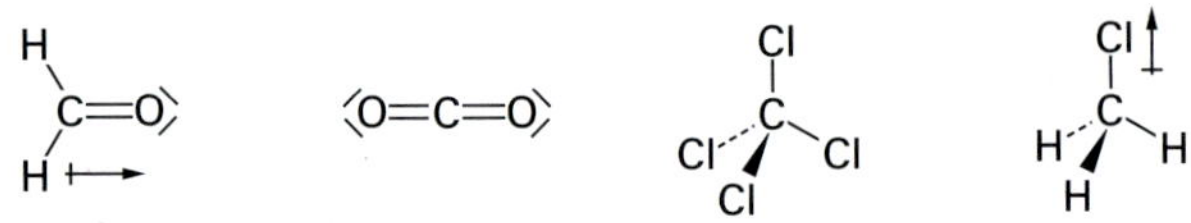

Formaldehyd $\mu = 2{,}17$ D — Kohlendioxid $\mu = 0$ D — Tetrachlormethan $\mu = 0$ D — Chlormethan $\mu = 1{,}87$ D

Abb. 1.19 Elektrische Dipolmomente μ (Beträge) verschiedener Moleküle.

100 pm beträgt das Dipolmoment 4,8 D. Die Beträge der Dipolmomente von Molekülen liegen üblicherweise im Bereich zwischen 0 und 10 D.

> Falls in einem Molekül mehrere Gruppen ein Dipolmoment besitzen, ergibt sich das **molekulare Dipolmoment** durch vektorielle *Addition aus den einzelnen Gruppendipolmomenten.*

Infolgedessen besitzt 1,4-Dichlorbenzen das Dipolmoment 0 D, während 1,2-Dichlorbenzen ein höheres Dipolmoment besitzt als Monochlorbenzen (▶ Abb. 1.19).

Der Vektorpfeil gibt die Richtung und die Größe des Dipolmoments an. Das positive Ende des Pfeils kennzeichnet man durch ein Kreuz. Atomgruppierungen, die ein Dipolmoment besitzen, nennt man **polare Gruppen**, Moleküle mit einem Dipolmoment **polare Moleküle**.

Die Ladungsverteilung in einer Gruppierung mit einem Dipolmoment beeinflusst die Elektronenverteilung in benachbarten Bindungen. Sie induziert auch dort ein Dipolmoment (▶ Abb. 1.20).

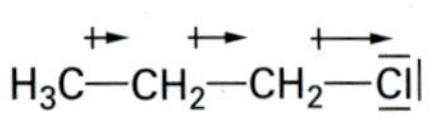

Abb. 1.20 Induktiver Effekt einer C—Cl-Bindung im 1-Chlorpropan (–I-Effekt des Cl-Atoms).

Man bezeichnet diese Erscheinung als **induktiven Effekt** (I-Effekt). Dieser Effekt reicht im Allgemeinen nur über ein bis zwei Einfachbindungen hinweg; konjugierte Mehrfachbindungen leiten ihn jedoch weiter. Falls dadurch der induzierende Substituent positiver wird, heißt er **+I-Effekt** (und umgekehrt). Die Halogenatome, Sauerstoff und Stickstoff üben einen −I-; CH_3- und andere Alkylgruppen einen +I-Effekt aus.

Daneben üben Substituenten mit freien, nichtbindenden Elektronenpaaren einen weiteren Einfluss auf Molekülgerüste oder andere Substituenten mit Mehrfachbindungen aus: den **mesomeren Effekt** (M-Effekt). Die Orbitale der freien Elektronenpaare von Atomen, die direkt an Mehrfachbindungssysteme geknüpft sind, treten mit der π-Bindung in Wechselwirkung. Dadurch wird die Elektronendichte in ihrer Umgebung geringer, die Atome werden durch den mesomeren Effekt positiviert. Man bezeichnet diesen Effekt daher als **+M-Effekt**. In der Sprache der Valenzstrukturformeln stellt man die Wirkung des +M-Effektes wieder durch Grenzformeln dar, zwischen denen Mesomerie herrscht. Der wahre Zustand des Moleküls liegt zwischen den hypothetischen Grenzstrukturen. Die Elektronen des Chlorethens sind nur wenig im Sinne der rechts gezeichneten Grenzformel verschoben (▶ Abb. 1.21)

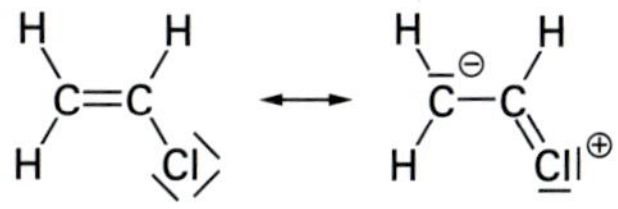

Abb. 1.21 Mesomerer Effekt einer C—Cl-Bindung im Chlorethen (+M-Effekt des Cl-Atoms).

Hierbei ist jedoch der Anteil der rechts gezeichneten Struktur so klein, dass das Cl-Atom wegen seines −I-Effekts noch partiell negativ geladen bleibt. Als Folge der Überlagerung des +M-Effekts mit dem −I-Effekt sind die Dipolmomente von Chlorethen (μ = 1,44 D) und Chlorbenzen (μ = 1,59 D) jedoch kleiner als dasjenige des Chlormethans (μ = 1,87 D), bei dem kein mesomerer Effekt auftreten kann. Selbst Alkylgruppen können mit Doppelbindungssystemen mesomere Wechselwirkungen zeigen (sog. **Hyperkonjugation**).

1.12 Zwischenmolekulare Kräfte

Die Wirkung eines **elektrischen Feldes** reicht zwar theoretisch bis ins Unendliche, die von einer Ladung auf eine andere ausgeübte Kraft nimmt jedoch mit wachsender Entfernung schnell (proportional zu $1/r^2$) ab. Man kann aber erwarten, dass die zwischen Atomkernen und Elektronen verschiedener, einige hundert Picometer entfernter Atome herrschenden elektrischen Felder sich untereinander beeinflussen. Solche Wechselwirkungen treten, wie wir im vorigen Abschnitt gesehen haben, als intramolekulare Wechselwirkungen zwischen den Bindungen in einem Molekül auf, als induktive und mesomere Effekte. Sie treten jedoch auch zwischen Bindungen verschiedener Moleküle, als intermolekulare Wechselwirkungen oder **zwischenmolekulare Kräfte** in Erscheinung.

Die **zwischenmolekularen Kräfte** bedingen den Zusammenhalt der Moleküle in den Flüssigkeiten, den festen Körpern und selbst Wechselwirkungen zwischen den Molekülen in Gasen.

Sie bestimmen damit die physikalischen Eigenschaften, zum Beispiel Dampfdruck, Siedepunkt, Schmelzpunkt, Viskosität und Löslichkeit der Verbindungen sowie die mechanischen Eigenschaften der Kunststoffe und die Eigenschaften oberflächenaktiver Substanzen. Von Anwendungen zwischenmolekularer Kräfte handelt das Kapitel 4 (▶ 4.2, Tab. 4.1).

Die Größe der zwischenmolekularen Kräfte hängt von der Art der am Aufbau der Moleküle beteiligten Atome und ihrer Bindung ab. Offensichtlich sind also auch die physikalischen Eigenschaften von Substanzen im Wesentlichen durch die Valenzelektronen der Moleküle bestimmt. Bei größerer Entfernung zweier Moleküle überwiegen die anziehenden Kräfte. Da sie die in der van-der-Waals-Gleichung berücksichtigten Abweichungen vom idealen Gasgesetz verursachen, nennt man sie **van-der-Waals'sche Kräfte**.

Sehr starke abstoßende Kräfte werden wirksam, wenn sich zwei Moleküle so weit nähern, dass die Elektronenwolken sich berühren. Voll besetzte Atom- oder Molekülorbitale verschiedener Atome können sich nämlich – dem Pauli-Prinzip zufolge – nicht durchdringen oder verschmelzen; sie stoßen sich ab.

Elektrisch geladene Teilchen üben, je nach dem Vorzeichen der Ladung, Anziehungs- oder Abstoßungskräfte aufeinander aus. Die Größe dieser Kräfte wird vom **Coulomb'schen Gesetz** beschrieben.

$$K \sim \frac{q_1 \cdot q_2}{r^2}$$

Dies besagt, dass die Kraft K proportional dem Produkt der Größe beider Ladungen q_1 und q_2 und umgekehrt proportional dem Quadrat ihres Abstandes r ist. Dieses Gesetz gilt zunächst für geladene Moleküle oder Atome, also für Ionen. Die Kräfte, die Ionen aufeinander ausüben, die **Coulomb'schen Kräfte**, gehören zu den stärksten zwischenmolekularen Wechselwirkungen. Beispiele für Moleküle, deren besondere Eigenschaften auf Coulomb'sche Kräfte zurückzuführen sind, werden in Kapitel 4 dieses Buches beschrieben.

In **polaren Molekülen**, also solchen mit endlich großen Dipolmomenten (▶ 1.11), treten gleichzeitig Zentren positiver und negativer Ladung auf. Zwei Dipolmoleküle werden, abhängig von der gegenseitigen Orientierung, einander also abstoßen oder anziehen. Statistisch überwiegt die Anziehung, und die Moleküle treten zu losen Aggregaten, **Dipolschwärmen**, zusammen, weil deren Energie niedriger ist als diejenige der freien Dipolmoleküle (▶ Abb. 1.22).

Die zwischen Dipolmolekülen herrschenden Kräfte nennt man **Dipolrichtkräfte**.

Da die Atomkerne und die Elektronen nicht starr miteinander verbunden sind, werden sie durch ein von außen angelegtes elektromagnetisches Feld gegeneinan-

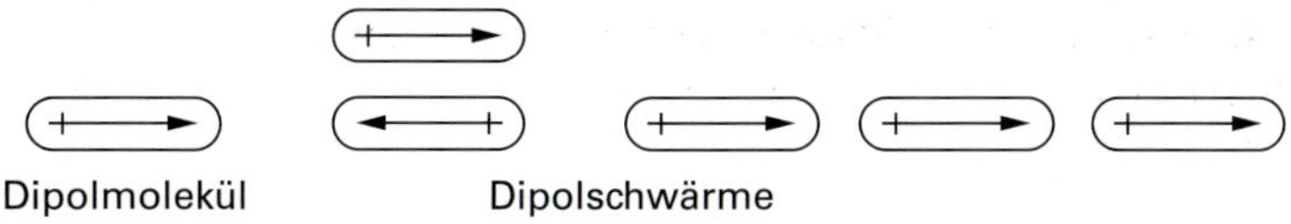

Abb. 1.22 Schwarmbildung bei Molekülen mit Dipolmoment.

der verschoben. Diesen Vorgang nennt man **Polarisation** (▶ 7.10.2); hierdurch wird ein Dipolmoment induziert.

Auch das molekulare Feld eines Dipolmoleküls wirkt, wie jedes äußere Feld, polarisierend auf benachbarte Moleküle. Hierdurch werden auch in dipolfreien Molekülen antiparallel gerichtete Dipole induziert. Diese **Dipolinduktionskräfte** ergeben immer eine gegenseitige Anziehung (▶ Abb. 1.23).

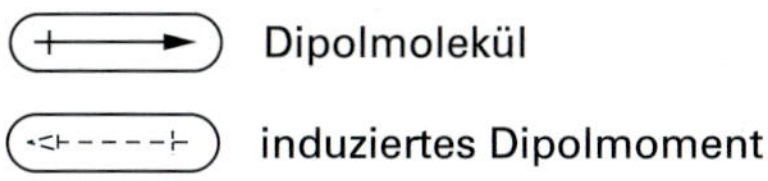

Abb. 1.23 Induktion eines Dipolmoments in einem unpolaren Molekül.

Schließlich üben auch Moleküle ohne Dipolmoment (unpolare Moleküle) Anziehungskräfte aufeinander aus. Das erklärt sich dadurch, dass solche Moleküle nur im zeitlichen Mittel dipolfrei sind. Wegen der in ihren Bahnen oszillierenden Elektronen sind jedoch ständig Dipole mit schnell veränderlichen Richtungen und Vorzeichen vorhanden, wodurch ebenfalls entgegengesetzte Momente in den Nachbarmolekülen induziert werden, die zu einer Anziehung führen. Diese **Dispersionskräfte** treten zwischen allen Molekülen und Atomen, selbst in Edelgasen, auf. Der Name erinnert an die *Dispersion*, die Abhängigkeit des Brechungsindex von der Wellenlänge, die ebenfalls auf einer Wechselwirkung der Valenzelektronen mit äußeren Feldern beruht. Diese Wechselwirkung wird durch die molekulare Größe *Polarisierbarkeit* beschrieben (▶ 7.10.2).

Eine besondere Art von zwischenmolekularen Kräften ist so stark und derart gerichtet, dass man schon von einer Bindung sprechen kann. Diese Kräfte treten dann auf, wenn einerseits **aktive Wasserstoffatome**, das sind solche, die an Stickstoff- oder Sauerstoffatome gebunden sind, und andererseits **Atome mit freien Elektronenpaaren** vorhanden sind. Derartige **Wasserstoffbrückenbindungen** treten vor allem zwischen folgenden Gruppen auf:

Wasserstoffbrücken-Donatoren	Wasserstoffbrücken-Akzeptoren
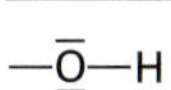	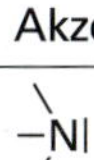
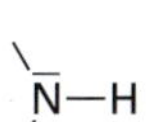	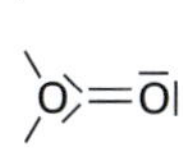

Wasserstoffbrückenbindungen haben folgende Struktur:

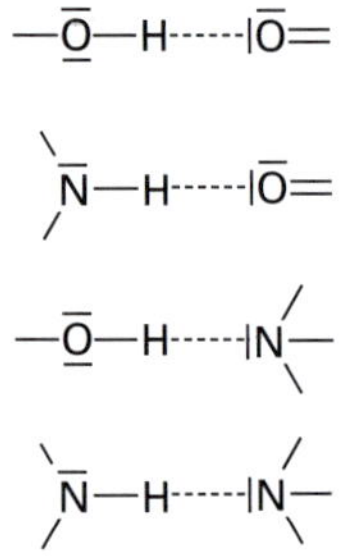

Dabei ist es möglich, dass der **Wasserstoffbrückenakzeptor** selbst ein aktives H-Atom besitzt, also gleichzeitig auch **Wasserstoffbrückendonator** ist. Dann kann es zur Bildung von Kettenassoziaten kommen, wie z. B. bei Alkoholen:

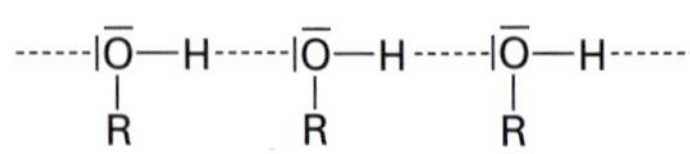

Daneben bilden sich ringförmige Molekülanordnungen, zwei- und dreidimensionale Netzwerke und schraubenförmige Assoziate (Helices).

Als **Assoziate** bezeichnet man Molekülanhäufungen, Aggregate mit *definierter* Struktur. Dagegen nennt man lose, nicht genau zu definierende Anhäufungen **Schwärme**. Auf die Wasserstoffbrücken zwischen den H_2O-Molekülen ist es zurückzuführen, dass Wasser einen hohen Siedepunkt von 100 °C besitzt. Methan mit nahezu der gleichen Molmasse siedet dagegen bei −161 °C!

Die **Bindungsenergie** der Wasserstoffbrückenbindungen liegt in der Größenordnung von 12−25 kJ/mol. Falls sich zwischen zwei Molekülen mehrere Wasserstoffbrücken gleichzeitig ausbilden können, erreicht die Stärke der zwischenmolekularen Kräfte die Größenordnung von kovalenten Bindungen. Solche Bindungen spielen eine wichtige Rolle bei vielen biochemischen Vorgängen (▶ Abb. 6.6). Besondere Eigenschaften vieler Moleküle sind auf Wasserstoffbrücken zurückzuführen, so z. B. diejenigen der Alkohole, Carbonsäuren und der oberflächenaktiven Substanzen (▶ 4.5).

1.13 Lichtabsorption und Farbe organischer Verbindungen

Licht ist elektromagnetische Strahlung, es besteht aus Energiepaketchen, sog. **Quanten**, deren Energie E der Frequenz der Lichtquelle ν proportional und der Wellenlänge λ umgekehrt proportional ist:

$$E = h\nu = \frac{hc}{\lambda}$$

Hierbei ist h die **Planck'sche Konstante** ($h = 6{,}63 \cdot 10^{-34}$ Js) und c die **Lichtgeschwindigkeit** ($c = 2{,}998 \cdot 10^{8}$ m/s).

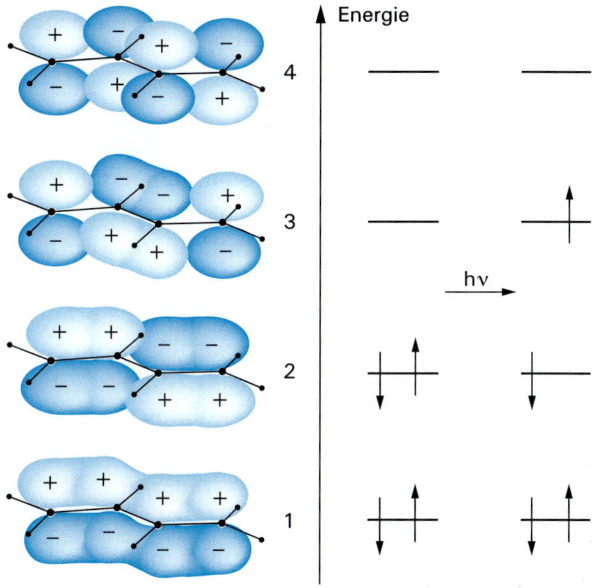

Abb. 1.24 π-Molekülorbitale (MOs) des 1,3-Butadiens.
Die Energie der Orbitale steigt mit zunehmender Anzahl von Knotenflächen, also von 1 nach 4. Im Grundzustand befinden sich jeweils zwei Elektronen in den bindenden MOs 1 und 2; die antibindenden MOs 3 und 4 sind unbesetzt. Durch Lichtabsorption kann ein Elektron auf das energiereichere MO 3 angehoben werden.

> Damit eine Substanz **farbig** erscheint, müssen ihre Moleküle Strahlung aus dem sichtbaren Bereich des Spektrums (λ = 400–700 nm) absorbieren.

Abbildung 1.24 soll den Vorgang der Absorption elektromagnetischer Strahlung am Beispiel des 1,3-Butadiens veranschaulichen. Die Molekülorbitale (MOs) 1 und 2 sind – wie schon in Abbildung 1.17 gezeigt – jeweils mit zwei π-Elektronen besetzt. Das MO 1 besitzt nur eine Knotenebene der stehenden Elektronenwelle – die Molekülebene. Das energiereichere MO 2 besitzt eine zusätzliche Knotenebene, senkrecht zur Molekülebene. Die MOs 3 und 4 besitzen weitere Knotenebenen, und sie befinden sich auf noch höheren Energieniveaus, sind aber normalerweise nicht mit Elektronen besetzt. Bestrahlt man das 1,3-Butadien nun mit Licht aus dem UV-Bereich, so kann durch die **Absorption** je eines Lichtquants geeigneter Energie (λ = 220 nm) jeweils ein Elektron eines Moleküls aus dem MO 2 (HOMO) auf das MO 3 (LUMO) angehoben werden.

Moleküle, die nur σ-Bindungen besitzen, haben ihre Absorptionsbanden im fernen UV-Bereich (λ < 200 nm), da die Anhebung eines σ-Elektrons in eine unbesetzte σ-Elektronenbahn sehr viel Energie erfordert, die nur durch die hohe Energie der Lichtquanten aus dem fernen UV-Bereich aufgebracht werden kann.

Substanzen mit konjugierten Mehrfachbindungen absorbieren Lichtquanten aus dem mittleren UV-Bereich (200–400 nm) oder dem sichtbaren Bereich des Spektrums.

Je ausgedehnter ein konjugiertes π-Elektronensystem ist, umso geringer ist der Energieunterschied zwischen dem höchsten besetzten und dem niedrigsten unbesetzten Molekülorbital (HOMO und LUMO, ▶ 1.4), und umso langwelliger liegt seine Absorptionsbande. Moleküle mit mehr als acht konjugierten Kohlenstoff-Kohlenstoff-Doppelbindungen absorbieren bereits im sichtbaren Bereich des Spektrums (Hexadeca-octaen, $C_{16}H_{18}$: λ = 410 nm). Die Farbstoffe der Karotte und der Tomate, Caroten und Lycopen, zeigen Absorptionsbanden bei knapp 500 nm, da sie elf konjugierte C-C-Doppelbindungen besitzen. Auch größere konjugierte aromatische Systeme absorbieren im sichtbaren Bereich des Spektrums. Substituenten mit Mehrfachbindungen verschieben dabei die Absorption ins langwelligere Gebiet, z. B. die Azogruppe (—$\overline{N}$=$\overline{N}$—), die Nitro- (—NO_2) oder die Carbonylgruppe (>C=O).

Das farbgebende Elektronensystem eines Moleküls nennt man das **chromophore System**. Damit ein farbiges Molekül als Farbstoff angewandt werden kann, muss es lichtbeständig sein und, falls es als Textilfarbstoff dienen soll, muss es auf der Faser gut haften. Im Kapitel 5 werden einige natürliche und technisch wichtige Farbstoffe näher beschrieben.

1.14 Chemische Reaktionen, mikroskopisch und makroskopisch betrachtet

In diesem Abschnitt werden einige Ergebnisse der Physikalischen Chemie, speziell der Thermodynamik und der Reaktionskinetik, behandelt, die für das Verständnis von Reaktionsabläufen wichtig sind. Weitergehende Informationen finden sich in den Lehrbüchern der Physikalischen Chemie.

1.14.1 Triebkräfte, Gleichgewichte

Zunächst sollen in einem idealisierten **mikroskopischen Bild** anhand von Diagrammen der potentiellen Energie einige **Charakteristika von Reaktionen** erläutert werden.

In einem Molekül A—B sind die beiden Atome, A und B, durch eine chemische Bindung verknüpft. Das Molekül sei stabil, die Anordnung der Atomkerne und der Bindungselektronen definiert einen Zustand minimaler potentieller Energie. Jede Veränderung der Bindungslänge r_0 erfordert einen Energieaufwand; die potentielle Energie des Moleküls erhöht sich dabei. Die Abbildungen 1.25a und b zeigen Energiediagramme für zwei Moleküle, A—B und B—C. Man

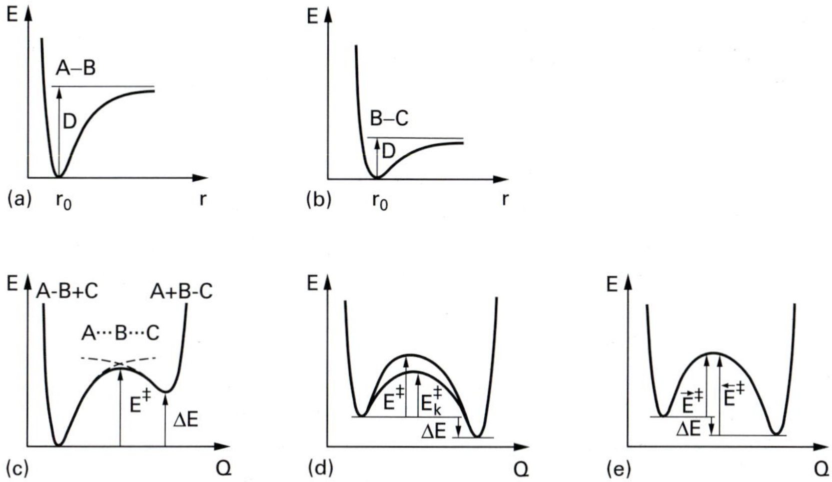

Abb. 1.25 Konstruktion des Potentialenergiediagramms einer Reaktion.
(a), (b) Potentialenergiekurven der Moleküle A—B und B—C. r = Atomabstand.
(c) Potentialenergiediagramm für die Reaktion A—B + C → A + B—C. Q = Reaktionskoordinate.
(d) Aktivierungsenergie einer Reaktion ohne ($E^{\ddagger}$) und mit Katalysator ($E_k^{\ddagger}$).
(e) Bei einer exothermen Reaktion ist $\vec{E}^{\ddagger}$ kleiner als $\overleftarrow{E}^{\ddagger}$. Infolgedessen wird die Reaktion bevorzugt von links nach rechts verlaufen; das Gleichgewicht liegt daher auf der rechten Seite.

sieht, dass die Energie bei Verminderung der Bindungslänge steil ansteigt. Auch bei Dehnung der Bindung steigt die Energie – hier erreicht sie bei großem Abstand einen Grenzwert: Man kann das Molekül zerreißen, wenn man die für die Spaltung der Bindung erforderliche Energie zuführt. Diese **Bindungs-Dissoziationsenergie** D ist offensichtlich für das Molekül A—B (Abb. 1.25a) größer als für B—C (Abb. 1.25b).

Wir betrachten nun eine **chemische Reaktion**. Aus den links stehenden **Edukten** bilden sich die rechts stehenden **Produkte**:

A—B + C → A + B—C

Aus dem Molekül A—B und einem Atom C entstehen ein Atom A und ein Molekül B—C. Bei der Reaktion nähert sich zunächst C dem Atom B von Molekül A—B; dabei bildet sich die Bindung B—C, während gleichzeitig die Bindung A—B gelockert wird:

A—B + C → A—B····C → A···B···C → A····B—C → A + B—C

Man kann die Energie aller reagierenden Teilchen gemeinsam in einem Diagramm darstellen (Abb. 1.25c). Abszisse ist die **Reaktionskoordinate**. Sie beschreibt gleichzeitig die Verlängerung des Abstands A—B und die Verkürzung des Abstands B—C. Das System der drei Atome A, B und C hat offensichtlich zwei **stabile Zustände**: A—B + C und A + B—C. Dazwischen liegt ein Energie-

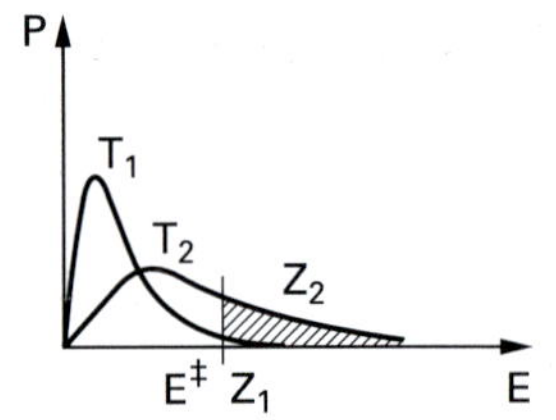

Abb. 1.26 Verteilung der kinetischen Energie von Atomen oder Molekülen bei zwei Temperaturen, $T_1 < T_2$.
P ist die Wahrscheinlichkeit, mit der ein bestimmter Wert der kinetischen Energie auftritt. Z_1 und Z_2 geben die Anzahl der Teilchen an, deren kinetische Energie einen bestimmten Betrag, $E^‡$, überschreitet. Es ergibt sich: $Z_1 << Z_2$.

berg: der labile **Übergangszustand** A···B···C. Die Höhe des Energieberges über dem Potentialminimum A—B + C sei $E^‡$. Das Gipfelkreuz ‡ kennzeichnet die Daten des labilen Übergangszustandes. Die Energie $E^‡$ muss aufgebracht werden, damit die Reaktion überhaupt ablaufen kann; man nennt sie **Aktivierungsenergie**. Da sich im Übergangszustand die Bindung A—B etwas gelockert hat, während B—C schon etwas gefestigt ist, hat die Aktivierungsenergie $E^‡$ einen kleineren Wert als die Dissoziationsenergie für diese Bindung.

Bei den meisten chemischen Reaktionen wird die **Aktivierungsenergie** $E^‡$ aus der kinetischen Energie der Reaktionspartner aufgebracht.

Die **Temperatur** eines Stoffes ist ein Maß für die kinetische Energie seiner Moleküle. Abbildung 1.26 zeigt die *Verteilung der kinetischen Energie* von Molekülen oder Atomen für zwei Temperaturen $T_1 < T_2$. $E^‡$ sei die erforderliche Aktivierungsenergie. Die Fläche Z_1 unter der Kurve T_1 ist proportional der Anzahl der Teilchen, welche die erforderliche kinetische Energie besitzen. Man sieht, dass eine Temperaturerhöhung auf T_2 die Zahl der Teilchen mit der erforderlichen Mindestenergie, Z_2, drastisch erhöht. Eine Temperaturerhöhung ist also offensichtlich ein Weg zur Erhöhung der Reaktionsgeschwindigkeit − ein anderer ist die Verminderung von $E^‡$ durch Zuhilfenahme eines **Katalysators**.

Ein **Katalysator** beeinflusst die Geschwindigkeit einer chemischen Reaktion, ohne dabei selbst dauernd verändert zu werden.

Ein Katalysator kann, wie Abbildung 1.25d zeigt, die Höhe des „Energieberges" auf $E_k^‡$ durch Komplexbildung mit den reagierenden Molekülen vermindern: Eine Erniedrigung der Aktivierungsenergie durch einen Katalysator von 100 auf 75 kJ/mol erhöht z. B. die Anzahl der Moleküle, die bei Raumtemperatur die Aktivierungsenergie besitzen, auf das 10^4-fache. Dadurch verändert sich die für eine bestimmte Reaktion erforderliche Zeit, z. B. von der Größenordnung Stunden auf die von Sekunden. Schon eine geringe Menge Katalysator genügt, um eine viel größere Substanzmenge umzusetzen. Ein Katalysator beeinflusst nur die Geschwindigkeit thermodynamisch möglicher Reaktionen (siehe hierzu die Diskussion über ΔG am Ende dieses Kapitels).

Bei der Reaktion nach Abbildung 1.25c wurde die Aktivierungsenergie aufgewandt, um die Bindung A—B zu sprengen. Durch Bildung von B—C wird nur ein Teil dieser Energie wieder frei; der Betrag ΔE wird im Reaktionsgemisch als Energie der Bindung B—C gespeichert. Das Reaktionsgemisch verliert also kinetische Energie, es kühlt sich ab, die Reaktion verläuft **endotherm**. Bei der Reaktion Abbildung 1.25d dagegen ist ΔE negativ, und die potentielle Energie der gebildeten Bindung ist kleiner, die kinetische Energie der Partikel steigt, das Gemisch erwärmt sich: die Reaktion ist **exotherm**.

Die Reaktion A—B + C → A + B—C kann aber auch in umgekehrter Richtung ablaufen, nämlich dann, wenn Partikel A und B—C zusammenstoßen, welche die erforderliche Aktivierungsenergie besitzen. Es stellt sich ein **Reaktionsgleichgewicht** ein:

$$\text{A—B} + \text{C} \rightleftharpoons \text{A} + \text{B—C}$$

Abbildung 1.25e zeigt, dass bei einer exothermen Reaktion offensichtlich die Aktivierungsenergie der Hinreaktion immer kleiner ist als die der Rückreaktion. Demnach liegt bei einer exothermen Reaktion das Gleichgewicht auf der Seite der Produkte, bei einer endothermen auf der Seite der Edukte. Wie weiter unten gezeigt wird, reicht diese Art der Betrachtung nicht aus für eine quantitative Beschreibung von Reaktionen.

Die für einzelne Moleküle dargestellte Energiebilanz gilt grundsätzlich auch für die riesige Zahl der Moleküle, die sich bei Reaktionen im Labor oder in der Technik gleichzeitig im Reaktionsgefäß befinden. Die für *ein Mol Umsatz* auftretenden Energiebeträge entsprechen den mittleren molekularen Energiebeträgen, multipliziert mit der Anzahl der Moleküle pro Mol, ca. $6 \cdot 10^{23}$. Man nennt diese Größe die Änderung der **inneren Energie**, ΔU, und misst sie in kJ/mol. Hierbei betrachtet man die von einer Substanz *abgegebenen* Energiebeträge als *negative* Größen, die *zufließenden* als *positive*. Mit Δ wird die Änderung einer thermodynamischen Größe gekennzeichnet, die bei einem Umsatz von einem Mol auftritt.

Neben U werden in diesem Kapitel die **thermodynamischen Größen** H, S und G beschrieben. Zur richtigen Beschreibung der makroskopischen Energiebilanz und zur Beantwortung der Frage, ob und in welcher Richtung eine Reaktion ablaufen wird, müssen noch zwei weitere Aspekte beachtet werden.

1. Die meisten Reaktionen im Labor und in der Industrie werden bei konstantem Druck durchgeführt. Wenn bei einer Gasreaktion die Zahl der Moleküle zunimmt, z. B. bei der Reaktion von Methan mit Wasserdampf:

$$\underset{\text{2 Mole}}{CH_4 + H_2O} \underset{\text{ADAM}}{\overset{\text{EVA}}{\rightleftharpoons}} \underset{\text{4 Mole}}{CO + 3\,H_2} \qquad \Delta H = +205 \text{ kJ/mol,}$$

so ist von der Substanz mechanische Arbeit zu leisten, um gegen den Atmosphärendruck Platz für die entstehenden Moleküle zu schaffen.

Es handelt sich um die EVA-Reaktion zur Umwandlung von thermischer Energie aus Kernreaktoren in chemische Energie. Das CO/H_2-Gemisch wird in Fernleitungen zum Verbraucher geleitet, wo es exotherm an einem Katalysator in H_2O und CH_4 gespalten wird (ADAM-Reaktion), das zum Reaktor zurückfließt, in dem wieder die EVA-Reaktion endotherm abläuft.

Pro Mol Gas ist bei Normalbedingungen (25 °C, 1013 hPa) 22,4 Liter Raum in der Atmosphäre zu schaffen. Das erfordert eine Volumenarbeit von 22,4 Literatmosphären, l · atm, oder 2,5 kJ/mol. Die beobachtete Reaktionswärme ist um diesen Betrag geringer als ΔU. Im praktischen Gebrauch rechnet man daher zweckmäßig mit einer Größe, die direkt als Wärmemenge bei Reaktionen gemessen werden kann, die bei *konstantem Druck* ablaufen: der **Enthalpie** H. Bei einem Umsatz von einem Mol misst man also die Reaktionswärme ΔH:

ΔH	=	ΔU	+	$p\Delta V$
Änderung der Enthalpie		Änderung der inneren Energie		Volumenarbeit

2. Eine andere Triebkraft chemischer Reaktionen zeigt sich z. B. darin, dass zwei Gase, die in verschiedene Raumbereiche des gleichen Gefäßes gefüllt wurden, sich schnell vermischen, sich aber nie von selbst wieder entmischen. Man kann dies quantitativ mit Hilfe der **Entropie** beschreiben.

> Jedes System strebt einem Zustand höherer **Entropie** zu.

Die **Entropie** eines Systems kann von selbst nie kleiner werden. Man interpretiert Entropie als ein **Maß für die Wahrscheinlichkeit**, mit der ein bestimmter Zustand verwirklicht werden kann. Der Zustand der entmischten Gase ist wenig wahrscheinlich, derjenige der vollständig gemischten Gase hat eine hohe Wahrscheinlichkeit. Bei der Vermischung nimmt also die Entropie zu.

Die Entropie nimmt auch dann zu, wenn bei einer Reaktion aus einem Teilchen zwei gebildet werden. Sie nimmt ferner zu, wenn ein starrer Ring geöffnet wird und sich daraus eine flexible Kette bildet. Man kann die **Entropie als Maß für die Unordnung** ansehen: Jedes System geht freiwillig nur von einem geordneten in einen weniger geordneten Zustand über.

Folgende Gleichung verknüpft Enthalpie- und Entropieänderung:

ΔG	=	ΔH	+	T	·	ΔS
Freie Enthalpie-Änderung		Enthalpie-Änderung		Absolute Temperatur		Entropie-Änderung

Dadurch wird eine neue Größe definiert, die **Freie Enthalpie** G. Sie hat tatsächlich die Eigenschaft, dass sie angibt, in welcher Richtung eine chemische Reaktion abläuft:

- Alle Reaktionen verlaufen in die Richtung, in der die **Freie Enthalpie** abnimmt.
- Ein Reaktionsgleichgewicht ist dadurch gekennzeichnet, dass dann $\Delta G = 0$ ist.

Selbst dann, wenn die Reaktionsenthalpie $\Delta H = 0$ ist, kann eine Reaktion trotzdem von selbst in einer bestimmten Richtung ablaufen, nämlich dann, wenn dabei die Entropie zunimmt:

$$\Delta G = -\ T\Delta S$$

Da $T\Delta S$ in der Gleichung

$$\Delta G = \Delta H - T\Delta S$$

die Dimension einer Energie hat, nennt man $T \cdot S$ **gebundene Energie**. $T\Delta S$ ist deren Änderung bei einem Umsatz von einem Mol. ΔG, die **Änderung der Freien Enthalpie**, ist nun der Anteil der Energiebilanz einer chemischen Reaktion, der in jede beliebige Form umgewandelt werden kann: in mechanische Arbeit, in elektrische Energie oder in Wärme. Man kann daher bei einigen Reaktionen ΔG auch mit Hilfe einer galvanischen Zelle messen: die beobachtete Spannung ist ΔG proportional. Eine Reaktion, bei der G abnimmt (ΔG ist dann negativ), nennt man **exergonisch**, solche, bei der G zunimmt (ΔG ist dann positiv), **endergonisch**.

Von großer Bedeutung ist, dass man aus der für ein Mol Umsatz unter Standardbedingungen ermittelten Größe $\Delta G°$, der **Freien Standard-Reaktionsenthalpie**, direkt schließen kann, ob eine Reaktion bei anderen Bedingungen überhaupt in der gewünschten Richtung ablaufen kann und wie das Gleichgewicht sich einstellt.

Eine Reaktionsgleichung

$$A + B \rightleftarrows C + D$$

beschreibt ein Gleichgewicht, wenn die Geschwindigkeiten der Hin- und der Rückreaktion gleich geworden sind. Die Geschwindigkeit der Gesamtreaktion geht nämlich dann gegen Null, und die Konzentration aller Reaktionspartner wird konstant. Die Lage des Gleichgewichts wird durch die **Gleichgewichtskonstante** K im **Massenwirkungsgesetz** beschrieben:

$$K = \frac{[C][D]}{[A][B]} = \frac{\vec{k}}{\overleftarrow{k}}$$

Hierbei ist [X] die Konzentration des Partners X, und $\vec{k}$ bzw. $\overleftarrow{k}$ sind die Geschwindigkeitskonstanten der Hin- und der Rückreaktion, die weiter unten erklärt werden. K ist dann sehr groß, wenn die Reaktion „vollständig" nach rechts abläuft. Mit der freien Standard-Reaktionsenthalpie $\Delta G°$ besteht folgender Zusammenhang:

$$\Delta G° = -\ RT \ln K$$

Mit den Zahlenwerten für die Gaskonstante R und für die Raumtemperatur, $T = 298{,}15$ K, erhält man, wenn man $\Delta G°$ in kJ/mol einsetzt:

$$K = 10^{\frac{-\Delta G^\circ}{5,7}} = e^{\frac{-\Delta G^\circ}{2,5}} = \frac{[C][D]}{[A][B]}$$

Für $\Delta G^\circ = 0$ ist $K = 1$: das Produkt der Konzentrationen der Edukte und dasjenige der Produkte im Gleichgewicht ist dann gleich groß. Für $\Delta G^\circ = -22{,}8$ kJ/mol ist $K = 10^4$, d. h. im Gleichgewichtsgemisch stehen 99,99 % der Produkte 0,01 % der Edukte gegenüber! Für $\Delta G^\circ = +22{,}8$ kJ/mol ist es genau umgekehrt: das Gleichgewicht liegt bei dieser endergonischen Reaktion ganz auf der linken Seite. Entsprechend ist für $\Delta G^\circ = -11{,}4$ kJ/mol die Gleichgewichtskonstante $K = 10^2$ und für $\Delta G^\circ = -5{,}7$ kJ/mol ist $K = 10$.

Die Größe ΔG° sagt nur etwas darüber aus, wie eine Reaktion ablaufen würde, wenn die Reaktionsgeschwindigkeit groß genug wäre. Viele Stoffe unserer Umwelt wie Kunststoffe, Lebensmittel, Benzin sind als organische Substanzen in einer Atmosphäre mit 20 % Sauerstoff thermodynamisch instabil: ΔG° einer Reaktion dieser Moleküle mit Sauerstoff liegt bei negativen Werten von einigen Hundert kJ/mol! Da diese Verbrennungsreaktionen jedoch bei Raumtemperatur offensichtlich zu langsam ablaufen, sind die meisten organischen Substanzen an der Luft, wie man es ausdrückt, zwar **thermodynamisch instabil**, aber **kinetisch stabil**.

1.14.2 Reaktionsgeschwindigkeit

Wovon hängt die **Reaktionsgeschwindigkeit** ab? Im vorigen Abschnitt haben wir schon von der Bedeutung der Aktivierungsenergie $\Delta E^\ddagger$ gehört, die wir nun für makroskopische Systeme in der Form der **Freien Aktivierungsenthalpie** $\Delta G^\ddagger = \Delta H^\ddagger - T\Delta S^\ddagger$ schreiben (▶ Abb. 1.27). Es hat sich gezeigt, dass die Reaktionsgeschwindigkeit, d. h. die Anzahl der zur Reaktion führenden Zusammenstöße pro Zeiteinheit, von drei Faktoren bestimmt wird:

- Der erste Faktor ist die **Anzahl der Zusammenstöße** von Molekülen, die miteinander prinzipiell reagieren können. Man nennt ihn den **Häufigkeitsfaktor**.
- Der zweite Faktor beschreibt die Anzahl der Teilchen, welche die notwendige kinetische Energie besitzen, um die **erforderliche Aktivierungsenthalpie** $\Delta H^\ddagger$ aufzubringen. Man nennt diesen stark temperaturabhängigen Faktor den

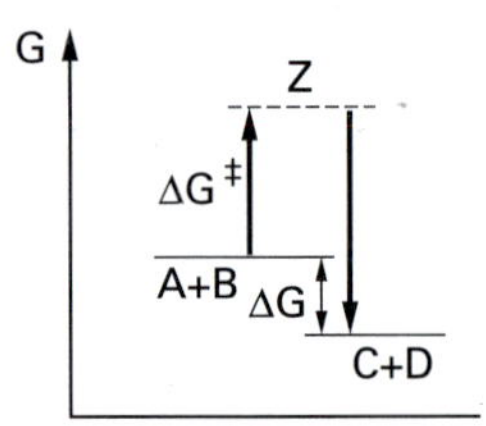

Abb. 1.27 Freie Reaktionsenthalpie ΔG und Freie Aktivierungsenthalpie $\Delta G^\ddagger$ des geschwindigkeitsbestimmenden Schrittes einer Reaktion A + B ⇄ C + D, die über ein Zwischenprodukt Z abläuft.

Energiefaktor; er hat meistens den größten Einfluss auf die Reaktionsgeschwindigkeit.

- Schließlich muss man im dritten Faktor, insbesondere bei komplizierten organischen Molekülen, in Betracht ziehen, dass nur ein Bruchteil der Zusammenstöße in einer **günstigen gegenseitigen Orientierung** erfolgt. Man nennt diesen Faktor, der die Freie Aktivierungsentropie $\Delta S^{\ddagger}$ bestimmt, den **Wahrscheinlichkeitsfaktor**.

Einzelheiten über den Energie- und den Wahrscheinlichkeitsfaktor findet man in den Lehrbüchern der Physikalischen Chemie.

Im Folgenden wollen wir diese Faktoren in der **Reaktionsgeschwindigkeitskonstante** k zusammenfassen.

- Eine Reaktion nennt man **unimolekular**, wenn sich die Produkte aus *einem* Eduktmolekül entwickeln:
  $A \rightarrow B + \ldots$
  Beispiele sind Isomerisierungen oder Dissoziationen.
- Sehr häufig sind Reaktionen, bei denen sich ein Produkt durch Zusammenstoß von *zwei* Eduktmolekülen bildet, **bimolekulare Reaktionen**:
  $A + B \rightarrow C$
- Recht selten sind Reaktionen, die den Zusammenstoß von *mehreren* Teilchen erfordern, z. B. **termolekulare Reaktionen** (latein. *ter*: dreimal):
  $A + B + C \rightarrow D$
- Die **Molekularität** einer Reaktion charakterisiert den *mikroskopischen Elementarschritt*, der den zeitlichen Ablauf einer Reaktion bestimmt.
- Die **Reaktionsordnung** beschreibt die *makroskopisch* beobachtete Abhängigkeit der Reaktionsgeschwindigkeit von den *Konzentrationen der Reaktionspartner*.

Eine Reaktion verläuft dann nach der **1. Ordnung**, wenn die Geschwindigkeit, die Abnahme der Eduktkonzentration pro Zeiteinheit, proportional der Konzentration nur *eines* Stoffes ist:

$$-\frac{d[A]}{dt} = k\,[A]$$

Bei einer Reaktion **2. Ordnung** ist die Geschwindigkeit der Konzentration *zweier* Edukte, A und B, proportional:

$$-\frac{d[A]}{dt} = k\,[A]\,[B]$$

Beispiele für solche Reaktionen werden in Abschnitt 1.15.2 diskutiert.

Eine Reaktion **3. Ordnung** ist definiert durch:

$$-\frac{d[A]}{dt} = k\,[A]\,[B]\,[C]$$

Gelegentlich findet man Reaktionen **nullter Ordnung**; die Geschwindigkeit ist konstant und überhaupt nicht von der Konzentration eines Reaktanden abhängig. Dies ist der Fall bei katalytischen Reaktionen, wenn bei hoher Konzentration der

Reaktanden nur eine kleine Menge eines Katalysators vorhanden ist, die nur eine bestimmte Reaktionsgeschwindigkeit ermöglicht.

Geht man von einem Ansatz geeigneter Konzentrationen aus, so verläuft eine unimolekulare Reaktion nach 1. Ordnung, eine bimolekulare nach 2. Ordnung usf. Häufig beobachtet man jedoch Reaktionsordnungen, welche die Molekularität der Elementarschritte nicht richtig widerspiegeln. Bei Reaktionen mit dem Lösemittel L, A + L → B + ..., dessen hohe Konzentration [L] sich im Verlauf der Reaktion praktisch nicht ändert, zeigt eine bimolekulare Reaktion **pseudo-1. Ordnung**:

$$-\frac{d\,[A]}{d\,t} = k\,[A]\,[L] = k'\,[A] \quad \text{mit} \quad k' = k\,[L]$$

Komplikationen treten auf, wenn Reaktionen hintereinander ablaufen. Dann bestimmt die langsamste Reaktion in dieser Folge die beobachtete Ordnung. Gelegentlich überlagern sich auch Konkurrenzreaktionen; sie erschweren die Interpretation der kinetischen Daten.

Kinetische Messungen sind sehr wichtig auf vielen Gebieten der Organischen Chemie: bei der Optimierung großtechnischer Reaktionen wie auch zum Auffinden des Reaktionsmechanismus bei Reaktionen im Labor oder bei biochemischen Reaktionen in lebenden Organismen.

> Der **Reaktionsmechanismus** beschreibt die Details aller Teilschritte einer Reaktion hinsichtlich der Energiebilanz sowie der Natur und der Struktur aller beteiligten Moleküle.

1.15 Reaktionen in der Organischen Chemie

1.15.1 Namen und Definitionen

Reaktionen werden nach verschiedenen Gesichtspunkten benannt: nach den Produkten, dem Mechanismus, dem sterischen Verlauf, nach energetischen Gesichtspunkten oder auch nach dem Namen des Entdeckers.

Die reagierenden Teilchen nennt man **Reaktanden** oder **Edukte**. Oft unterscheidet man auch zwischen dem angreifenden Partner, dem **Reagenz**, und dem angegriffenen Partner, dem **Substrat**. Aus den Reaktionspartnern entstehen das **Reaktionsprodukt** oder die **Produkte**.

Chemische Reaktionen werden durch **Reaktionsgleichungen** dargestellt, wobei anstelle des Gleichheitszeichens ein Pfeil → steht, der die Richtung der Reaktion angibt. *Gleichgewichte* werden durch Doppelpfeile, ⇌ oder ⇄, dargestellt, wobei verschiedene Längen der Pfeile zeigen können, dass das Gleichgewicht sich einer Seite zuneigt: $\rightleftharpoons$. Eine *Umlagerung* wird durch $\xrightarrow{\circlearrowleft}$ ausgedrückt. Der Mesomerie-Doppelpfeil ↔ drückt keine Reaktion aus, sondern einen Zustand zwischen zwei Grenzformeln. Zur Vereinfachung der Reaktionsgleichungen schreibt man häufig Reagenzien, zuweilen auch einzelne Edukte und Produkte mit positivem bzw. negativem Vorzeichen oder andere Charakteristika der Reaktion, z. B. Wärme Δ oder Licht *hν*, auf oder unter den Reaktionspfeil. Wird eine erwartete Reaktion nicht beobachtet, so streicht man den Reaktionspfeil doppelt durch: ⇸.

Im Folgenden werden Beispiele wichtiger Typen organisch-chemischer Reaktionen aufgeführt.

- Als **Synthese** bezeichnet man allgemein den Aufbau einer Verbindung.
- Bei **Abbaureaktionen** werden Teile des Moleküls abgespalten. Bei **Zersetzungsreaktionen** wird eine Verbindung zerstört, ohne dass dabei genau definierte Produkte entstehen müssen.
- Bei einigen Reaktionen werden in einem Molekül Bindungen gespalten und an anderen Stellen des gleichen Moleküls neu geknüpft. Das Produkt besitzt die gleiche Summenformel, aber eine andere Struktur. Dies sind **Umlagerungsreaktionen** oder **Isomerisierungen**.
- Bei **Anlagerungs-** oder **Additionsreaktionen** wird ein Molekül A—B von einem anderen Molekül mit einer Doppelbindung aufgenommen:

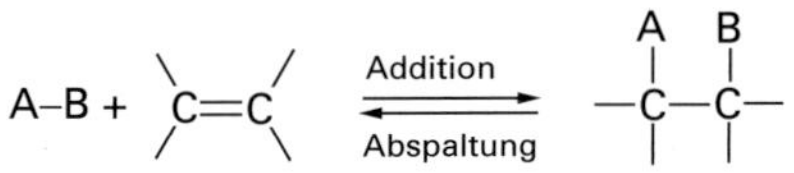

Ein auch technisch wichtiges Beispiel einer Additionsreaktion ist die **Hydrierung** (Addition von Wasserstoff):

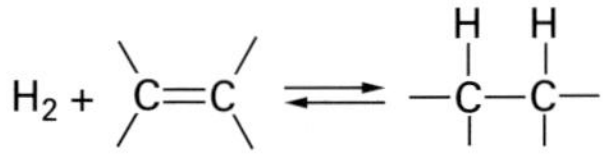

- Den umgekehrten Prozess nennt man **Abspaltung** oder **Eliminierung** (z. B. **Dehydrierung**, Abspaltung von Wasserstoff).
- Bei einer **Polymerisation** wird eine Reihe von Molekülen, die eine Doppelbindung besitzen, unter Aufspaltung dieser Bindung miteinander verknüpft:

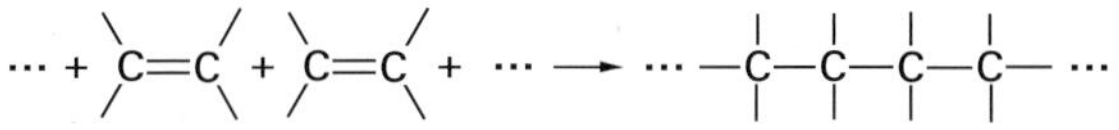

Der Unterschied zu Additionsreaktionen ist dabei, dass addierendes und addiertes Molekül identisch sind. In bestimmten Fällen kommt es nicht zur Polymerisation, sondern durch Zusammenlagerung von zwei Molekülen nur zur **Dimerisation**:

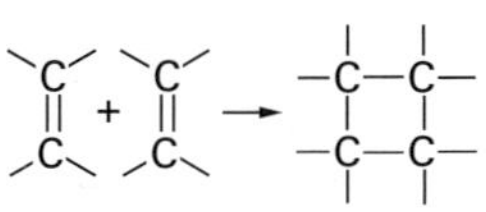

In ähnlicher Weise können auch drei Moleküle zu einem *trimeren* Molekül zusammentreten.

- Bei einer **Kondensation** werden zwei Moleküle unter Austritt von kleineren Molekülen wie Wasser, HCl u. ä. miteinander verknüpft:

$$—\mathrm{C—OH} + \mathrm{HO—C}— \rightarrow —\mathrm{C—O—C}— + \mathrm{H_2O}$$

  Moleküle mit mehreren kondensationsfähigen Reaktionsstellen können durch **Polykondensation** Kettenmoleküle bilden (► 3.5.3).

- Unter **Dissoziation** versteht man die Spaltung einer Bindung. Bei der **Homolyse** wird das Bindungselektronenpaar gleichmäßig aufgeteilt, und es entstehen zwei Radikale. Bei der **Heterolyse** verbleibt das Bindungselektronenpaar bei einem Bruchstück, es entsteht ein Anion und ein Kation.

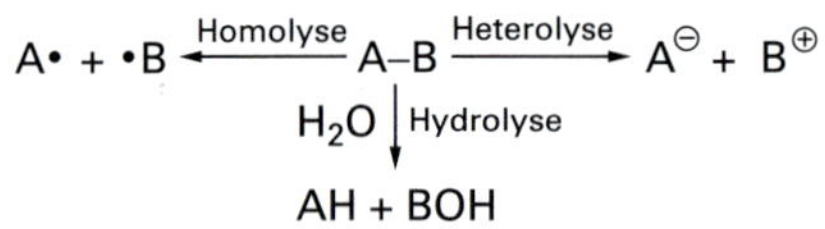

  Bei der **Hydrolyse** wird eine Bindung durch Wasser gespalten. An die Bruchstücke treten $H^{\oplus}$ und $OH^{\ominus}$. Die Umkehrung der Reaktion heißt **Dehydratisierung**.
  Allgemein heißt eine Spaltung, bei der ein Lösemittelmolekül angelagert wird, **Solvolyse**. Die *Dissoziation* kann auch durch Strahlung, Licht, elektrischen Strom oder Wärme ausgelöst werden: **Radiolyse**, **Photolyse**, **Elektrolyse**, **Pyrolyse**.

- Bei einer **Substitution** erfolgt der Austausch eines Atoms oder einer Atomgruppe (Substituenten) durch eine andere:

$$—\mathrm{C—X} + \mathrm{Y} \rightarrow —\mathrm{C—Y} + \mathrm{X}$$

  Die Namen einiger Substitutionsreaktionen drücken aus, welche Bindungen neu entstehen:
  Chlorierung: C—H → C—Cl
  Nitrierung: C—H → $\mathrm{C—NO_2}$
  Sulfonierung: C—H → $\mathrm{C—SO_3H}$

- Reaktionen, die Bindungen mit Sauerstoff bilden oder solche mit Wasserstoff lösen, bezeichnet man als **Oxidationen** oder **Dehydrierungen**. Und Reaktionen, die Bindungen mit Wasserstoff bilden oder solche mit Sauerstoff lösen, bezeichnet man als **Reduktionen** oder **Hydrierungen**.
  Reagenzien, die diese Reaktionen bewirken, nennt man **Oxidations-** bzw. **Reduktionsmittel**.

Ganz allgemein ist eine **Oxidation** mit einer Abgabe von Valenzelektronen, eine **Reduktion** mit einer Aufnahme von Elektronen verknüpft. Eine Oxidationsreaktion ist immer mit einer Reduktionsreaktion gekoppelt: Das Oxidationsmittel wird reduziert, das Reduktionsmittel oxidiert. Ein solches **Redoxsystem** kann durch den Wert der Gleichgewichtskonstante (bzw. des sog. Redoxpotentials) beschrieben werden.

Nach den Regeln der Redoxreaktionen verändern sich die Oxidationsstufen der beteiligten Atome, je nachdem wie viele Elektronen aufgenommen bzw. abgegeben werden. Die Oxidationsstufe des Kohlenstoffs in den folgenden Verbindungen liegt zwischen −3 und +4: $H_3C{-}CH_3$ (−3), $H_2C{=}CH_2$ (−2), $HC{\equiv}CH$ (−1), $H_2C{=}O$ (0), HCO_2H (+2), CO_2 (+4). Bei den Chlormethanen $CH_{4-n}Cl_n$ ($n = 0 \rightarrow 4$) ändert sie sich in Zweierschritten von −4 bis +4. Der Ersatz von Wasserstoff durch Chlor oder ein anderes elektronegatives Atom stellt also eine Oxidation dar. Umgekehrt bedeutet die Einführung eines Metallatoms, wie z. B. bei der Darstellung von Methyllithium aus Chlormethan, eine Reduktion:

$$\overset{-2}{C}H_3{-}Cl + 2\,Li \rightarrow \overset{-4}{C}H_3{-}Li + Li^{\oplus}Cl^{\ominus}$$

Bei der **Klassifikation der Reaktionen nach der Natur des Reagenzes** unterscheidet man folgende Fälle:

- Ist das Reagenz ein Kation, $X^{\oplus}$, oder eines mit einer Elektronenpaarlücke, wie z. B. BF_3 und $AlCl_3$ (**Lewis-Säuren**), so nennt man es ein **elektrophiles** (elektronenliebendes) Reagenz, denn es bevorzugt die Stellen hoher Elektronendichte im Substrat. Weitere wichtige **Elektrophile** sind z. B.: $Br^{\oplus}$, $NO^{\oplus}$, $NO_2^{\oplus}$, SO_3 und $R_3C^{\oplus}$ (Carbeniumionen). Zumeist nennt man auch die Reagenzien, aus denen sich unter den Reaktionsbedingungen solche Teilchen bilden, Elektrophile. Dazu gehören beispielsweise die Halogene und alle Halogenalkane (Alkylhalogenide).
- Ist das Reagenz ein Anion, $Y^{\ominus}$, oder ein Molekül mit einem freien Elektronenpaar, wie z. B. $—C{\equiv}N|$ (**Lewis-Base**), so bevorzugt es die Stellen niedriger Elektronendichte im Substrat. Es ist ein **nucleophiles** (kernliebendes) Reagenz. Wichtige **Nucleophile** sind z. B.: $H^{\ominus}$, Halogenidionen, $CN^{\ominus}$, $OH^{\ominus}$, H_2O, Alkohole, NH_3, Amine, metallorganische Verbindungen.
- Besitzt das Reagenz ein ungepaartes Elektron, so nennt man es ein **Radikal** und bezeichnet seine Reaktionen als **Radikalreaktionen**. Radikale sind meistens sehr energiereiche und daher auch reaktionsfreudige und kurzlebige Zwischenprodukte. Da ihnen ein Elektron an der Edelgaskonfiguration fehlt, ist ihre Reaktivität mit derjenigen des atomaren Fluors vergleichbar. Die Produkte von Radikalreaktionen sind oft wieder Radikale. Sie können dann weiterreagieren, wodurch es zur **Radikalkettenreaktion** kommt (▶ 2.2.5).

Die **Stereochemie**, bei der es um den dreidimensionalen Aufbau der Moleküle geht, ist auch bei vielen Reaktionen wichtig:

- Eine Reaktion, die ein bestimmtes von mehreren grundsätzlich möglichen Stellungsisomeren (▶ 1.9) liefert, nennt man **regiospezifisch** (von latein. *regio*: die Richtung), zum Beispiel:

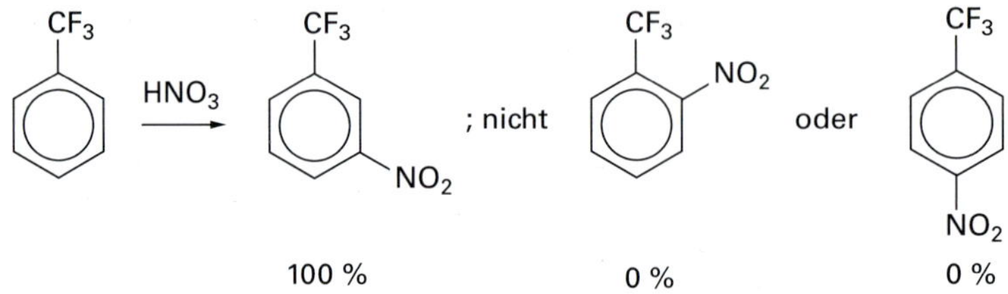

- Bildet sich bevorzugt eines von mehreren möglichen Stereoisomeren, so nennt man die Reaktion **stereoselektiv**. Beispiele hierfür sind Enzymreaktionen, die nur jeweils eines der möglichen Enantiomeren bilden (► Kapitel 6).
- Bildet sich aus einem bestimmten Stereoisomeren nur eines von mehreren möglichen Stereoisomeren, aus einem anderen Stereoisomeren jedoch ein Produkt, das stereoisomer zum ersten Produkt ist, so nennt man die Reaktion **stereospezifisch** (► 2.3.3).

1.15.2 Reaktionsmechanismen, Zwischenprodukte

Als ein Beispiel für einen wichtigen Reaktionstyp, sollen hier der Mechanismus und der sterische Verlauf einer **Substitutionsreaktion** anhand folgender Reaktion beschrieben werden:

$$CH_3\text{—}CH_2\text{—}Cl + OH^{\ominus} \rightarrow CH_3\text{—}CH_2\text{—}OH + Cl^{\ominus}$$

Es handelt sich hier um den Angriff durch ein Anion, das ein anderes verdrängt, also um eine **nucleophile Substitution**. Für den Reaktionsablauf gibt es zunächst zwei Möglichkeiten: die Zweistufenreaktion (1) oder die Einstufenreaktion (2):

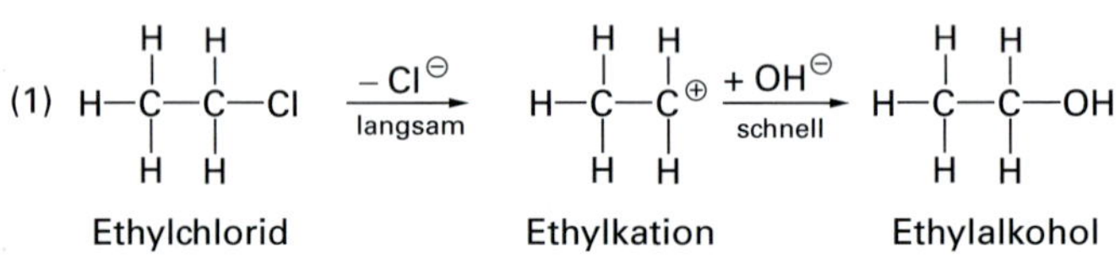

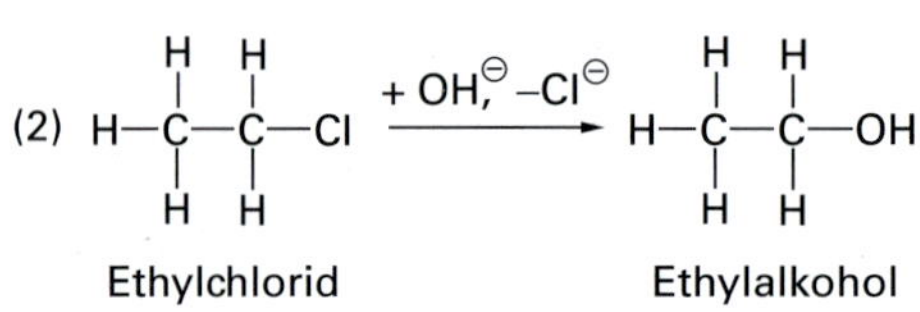

Da Alkylkationen (Carbeniumionen) energiereich sind und schnell weiter reagieren, ist bei (1) die Dissoziation des Halogenalkans der langsamste, also der **geschwindigkeitsbestimmende Schritt**. Die Reaktionsgeschwindigkeit wäre also in diesem Falle nur der Konzentration des Halogenalkans proportional. Daher handelt es sich bei der Reaktion (1) um eine **unimolekulare nucleophile Substitution**, eine **S_N1-Reaktion**. Sie verläuft im Idealfall nach einem Geschwindigkeitsgesetz 1. Ordnung.

Die Reaktion (2) entspricht einer **bimolekularen nucleophilen Substitution**. Daher nennt man sie **S_N2-Reaktion**. Die Geschwindigkeit ist im Idealfall sowohl der Konzentration der $OH^{\ominus}$-Ionen als auch der des Halogenalkans proportional.

Mit Hilfe von **kinetischen Messungen**, bei denen man die Abhängigkeit der Reaktionsgeschwindigkeit von der Konzentration der Reaktanden feststellt, kann man experimentell entscheiden, dass in unserem Beispiel bevorzugt die Reaktion (2) abläuft, also die S_N2-Reaktion.

Über den **sterischen Verlauf** dieser Reaktion ist damit noch nichts ausgesagt. Dafür gibt es wieder zwei Möglichkeiten, die in den Gleichungen (3) und (4) dargestellt sind:

(3) 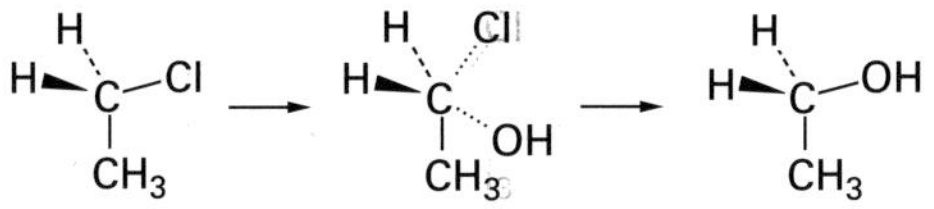

(4) 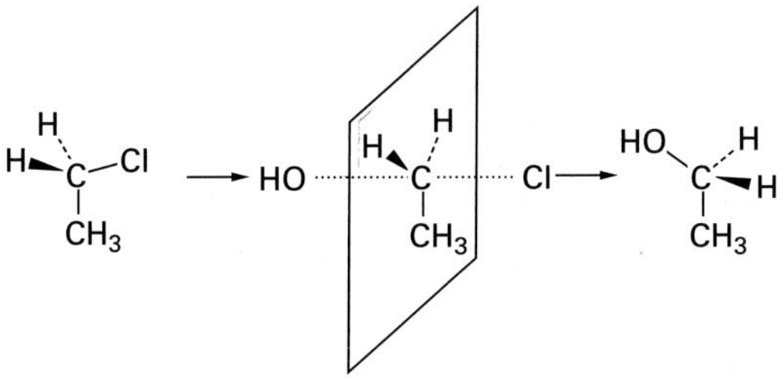

Die Reaktionsprodukte sind in unserem Beispiel identisch. Zwischen beiden Fällen kann man nur entscheiden, wenn man die Reaktion an einem **asymmetrischen C-Atom** durchführt:

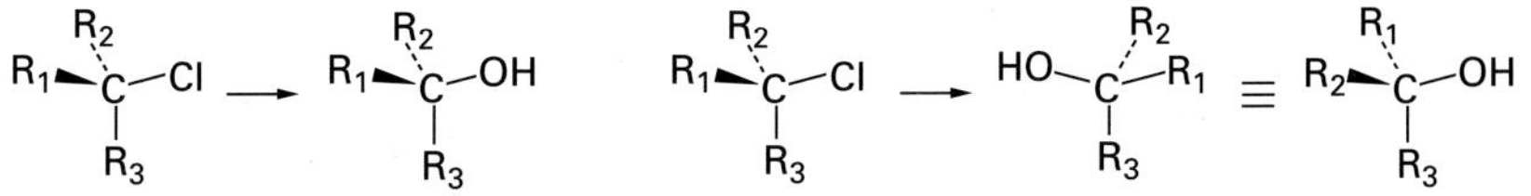

(5) Konfigurationserhaltung (Retention)

(6) Konfigurationsumkehr (Inversion)

Im ersten Fall (5) bleibt die Anordnung am asymmetrischen C-Atom erhalten (**Retention der Konfiguration**). Dagegen erfolgt im zweiten Fall (6) eine Umkehrung, **Inversion der Konfiguration**. Beide Reaktionen wurden von P. Walden im Jahre 1899 studiert. Da meistens eine **Inversion** oder sog. **Walden'sche Umkehr** eintritt, ist bewiesen, dass die S_N2-Reaktion nach dem Mechanismus (4) abläuft.

Bei einigen Reaktionen hat man aber auch beobachtet, dass weder Konfigurationserhaltung noch Konfigurationsumkehr am Reaktionszentrum stattfindet und das Produkt der Reaktion von chiralen Molekülen nicht mehr optisch aktiv ist. Es ist eine **Racemisierung** eingetreten, das heißt, das Produkt enthält beide Enantiomere in der gleichen Konzentration. Ein solcher Verlauf ist ein Beweis für eine Reaktion nach Beispiel (1). Hier tritt dann als Zwischenprodukt ein **Carbeniumion** auf, bei dem das Kohlenstoffatom nur dreibindig ist. Es ist sp^2-

hybridisiert, besitzt nur sechs Valenzelektronen, also ein Elektronensextett, und ist eben gebaut. Dabei ist das p-Orbital unbesetzt. Die OH-Gruppe lagert sich mit gleicher Wahrscheinlichkeit von „oben" oder von „unten" an eines der beiden Bereiche des unbesetzten p-Orbitals an:

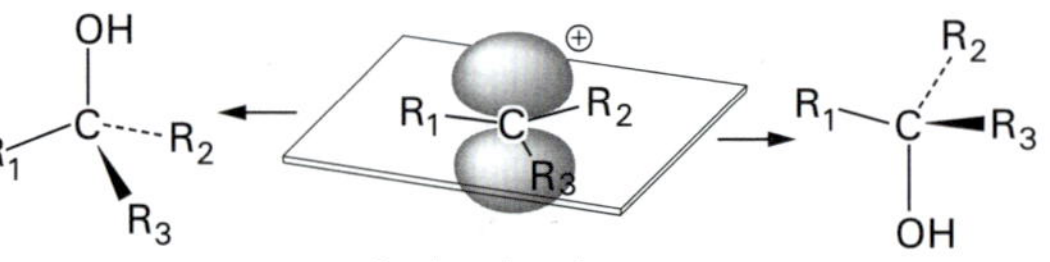

Dadurch wandelt sich das Valenzelektronensystem wieder in den sp^3-Zustand um, und es entsteht das 1 : 1-Gemisch beider Enantiomeren, das **Racemat**. Die Racemisierung beweist damit eine Reaktion vom S_N1-Typ, also mit einem Carbeniumion als Zwischenprodukt.

Ob eine Reaktion nach dem S_N1- oder dem S_N2-Mechanismus abläuft, hängt entscheidend von der Stabilität des Carbeniumions ab, die allerdings auch von der Polarität des Lösemittels beeinflusst wird. In der Regel tritt der S_N1-Verlauf nur dann ein, wenn sich ein *tertiäres Carbeniumion* $R_3C^{\oplus}$, in dem das Reaktionszentrum also dreifach substituiert ist, bilden kann. Primäre und sekundäre Halogenalkane reagieren demnach nach dem S_N2-Mechanismus und nur tertiäre Alkylhalogenide nach dem S_N2-Mechanismus.

Sofern das bei der S_N1-Reaktion als Zwischenprodukt auftretende Carbeniumion am benachbarten C-Atom ein H-Atom besitzt, kann es sich durch Abgabe dieses Protons zu einem ebenfalls stabilen Endprodukt, einem *Alken*, stabilisieren:

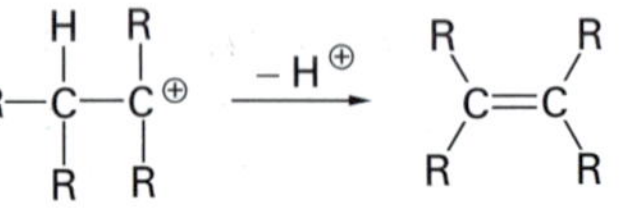

Insgesamt wird dann vom Ausgangsmaterial ein Molekül Halogenwasserstoff abgespalten. Dabei handelt es sich um eine **Eliminierungsreaktion**, die ebenfalls eine Kinetik 1. Ordnung besitzt und deshalb als **E1-Reaktion** bezeichnet wird. Das abgespaltene Proton wird von einer Base aufgenommen, als solche kann ggf. auch das Nucleophil fungieren. Wie bei der nucleophilen Substitution gibt es auch eine bimolekulare Eliminierungsreaktion, die **E2-Reaktion**. Substitution und Eliminierung treten häufig gleichzeitig, als *Konkurrenzreaktionen*, auf. Das Produktverhältnis kann aber durch Variation der Reaktionsbedingungen beeinflusst werden.

Die Umkehrung der Eliminierungsreaktion, bei der also ein Reagenz wie z. B. HBr an eine C=C-Doppelbindung addiert wird, verläuft in der Regel ebenfalls über ein Carbeniumion als Zwischenstufe. Die elektrophile Additionsreaktion (**A_E-Reaktion**) wird bei den Alkenen behandelt (▶ 2.3.3).

Neben den Carbeniumionen gibt es weitere **reaktive Zwischenprodukte**, die im Verlauf von Reaktionen auftreten. Einige wichtige sind in der Abb. 1.28 zu-

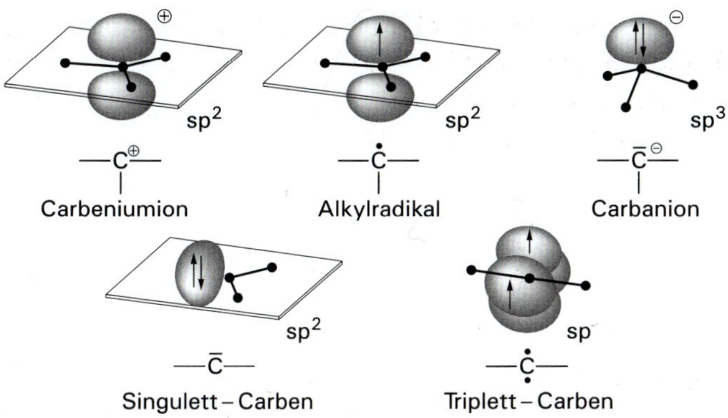

Abb. 1.28 Konfiguration des Kohlenstoffatoms in reaktiven Zwischenprodukten.

sammengestellt. Im Kapitel 2 werden verschiedene Reaktionen beschrieben, in deren Verlauf sie auftreten. Der Nachweis und das Studium reaktiver Zwischenprodukte sind für die Aufklärung von Reaktionsmechanismen sehr wichtig.

1.15.3 Nucleophile, Elektrophile, Lösemittel

Nucleophile können sich in ihrer Reaktivität bei S_N2-Reaktionen stark unterscheiden, und eine Erklärung für diesen Befund ist zum Verständnis organischer Reaktionen sehr wichtig.

In erster Linie richtet sich die **Nucleophilie** eines Teilchens nach seiner *Basizität*. Dementsprechend sind die Anionen von Brönsted-Säuren $Y^{\ominus}$ bessere Nucleophile als die konjugierten Säuren HY. $OH^{\ominus}$ ist also reaktiver als H_2O. Nucleophilie und Basizität sind jedoch nicht identisch, auch nicht einander direkt proportional, denn die Basizität gibt die Stärke zur Aufnahme eines Protons an, während die Nucleophilie die Tendenz zur Ausbildung einer Bindung mit einem C-Atom bedeutet.

Das HSAB-Prinzip

Nach dem von R. G. Pearson im Jahre 1963 eingeführten Prinzip der harten und weichen Säuren und Basen (HSAB: *Hard and Soft Acids and Bases*) sind *weiche*, d. h. gut polarisierbare Anionen wie z. B. $RS^{\ominus}$, $I^{\ominus}$ und $^{\ominus}SCN$ stärkere Nucleophile als **harte**, schlecht polarisierbare Basen wie z. B. $RO^{\ominus}$, $Cl^{\ominus}$ und $^{\ominus}OCN$. Erstere besitzen ein niedriges Ionisationspotential, was gleichbedeutend mit einem hoch liegenden HOMO ist, während letztere durch ein hohes Ionisationspotential und ein tief liegendes HOMO gekennzeichnet sind.

Analog lassen sich harte und weiche Elektrophile (Lewis-Säuren) nach der relativen Energie ihres LUMOs unterscheiden: weiche haben ein niedrig und harte ein hoch liegendes LUMO.

Bei Reaktionen mit Nucleophilen (Basen) und Elektrophilen (Säuren) reagiert, formal betrachtet, stets eine Lewis-Base mit einer Lewis-Säure. Nach dem **HSAB-Prinzip** paaren sich bevorzugt Teilchen gleicher Qualität miteinander, also weiche Nucleophile mit weichen Elektrophilen und harte Nucleophile mit harten Elektrophilen. Das HSAB erklärt auch, dass die Nucleophilie der Halogenidionen mit ihrer Größe $F^{\ominus}$ < $Cl^{\ominus}$ < Br < $I^{\ominus}$ zunimmt. Diese Reihenfolge gilt jedoch nicht allgemein, sondern kann sich beim Wechsel des Lösemittels ändern. Für Dimethylformamid findet man z. B. folgende Reihenfolge: $Cl^{\ominus}$ > $Br^{\ominus}$ > $I^{\ominus}$.

Generell haben sich für die nucleophile Substitution **polare Lösemittel** (▶ 4.3) wie Wasser, Alkohole, Aceton, Dimethylsulfoxid, sowie Mischungen aus Wasser mit Alkoholen, Aceton, Dioxan oder Dimethylformamid bewährt. Unpolare Lösemittel wie Alkane, Benzen oder Tetrachlormethan eignen sich schlecht als Medien für diese Reaktionen. Jedoch laufen auch in diesen Lösemitteln bestimmte nucleophile Substitutionen rasch ab, wenn man z. B. als Nucleophil $F^{\ominus}$-Ionen in Form von KF oder $OH^{\ominus}$ als KOH einsetzt und ihre Löslichkeit durch den Zusatz von Kalium-spezifischen *Komplexbildnern* wie Kronenethern erhöht.

Substitutionen mit *wasserlöslichen* Nucleophilen lassen sich in **Zweiphasenreaktionen** in zwei nicht miteinander mischbaren Lösemitteln wie Wasser und Toluen unter Zusatz von bestimmten Tetraalkylammoniumsalzen als Katalysatoren durchführen. Die Kationen mit einem langen, lipophilen Alkylrest transportieren die Anionen aus der wässrigen in die organische Phase mit dem Substrat, wo sie als Nucleophile reagieren können. Diese Technik nennt man **Phasentransferkatalyse**.

1.16 Zusammenfassung

- **Atome** bestehen aus den Elementarteilchen: positiv geladenen Protonen, elektrisch neutralen Neutronen und negativ geladenen Elektronen. Protonen und Neutronen bilden den Atomkern, der von den Elektronen umgeben ist.
- Die **Ordnungszahl** eines Elements ist gleich der Anzahl der Protonen und der Elektronen. Die **Isotope** eines Elements unterscheiden sich in der Anzahl der Neutronen.
- Die **Elektronen** befinden sich in Atomorbitalen (AOs), deren Energie und Gestalt durch die **Quantenzahlen** bestimmt werden. Man unterscheidet die Haupt-, die Neben-, die magnetische und die Spinquantenzahl. Die wichtigsten AOs werden mit den Buchstaben s, p und d bezeichnet.
- Jedes **Atomorbital** kann maximal zwei Elektronen mit entgegengesetztem **Elektronenspin** aufnehmen (Pauli-Prinzip).
- Die **Elektronenkonfiguration** mit der niedrigsten Energie entspricht dem Grundzustand des Atoms, andere gehören zu angeregten Zuständen.
- In **Molekülen**, die aus mehreren durch chemische Bindungen verknüpften Atomen bestehen, besetzen die Elektronen **Molekülorbitale**, bei denen man σ- und π-MOs unterscheidet. Neben diesen bindenden MOs gibt es antibindende σ*- und π*-MOs, die nur in angeregten Zuständen mit Elektronen besetzt sind. Einsame Elektronenpaare besetzen nichtbindende n-MOs.
- In **Konstitutionsformeln** von Molekülen, die nur die Atomverknüpfung, nicht aber die räumliche Gestalt angeben, symbolisiert man die Valenzelektronen mit Strichen, die jeweils ein Elektronenpaar mit antiparallelem Spin bedeuten. Die

Bindigkeit eines Atoms richtet sich nach der **Oktettregel**, nach der die Atome der zweiten Periode des Periodensystems eine Edelgas-Ektronenkonfiguration anstreben. Für das Wasserstoffatom in einem Molekül gilt entsprechend ein Elektronendublett.

- Als **Isomere** bezeichnet man Moleküle mit der gleichen Summenformel, aber verschiedener Anordnung der Atome. Dabei kann man mehrere Isomerieformen unterscheiden: Konstitutions-, Konfigurations- und Konformationsisomerie.
- Als **Stereoisomere** bezeichnet man Isomere, die sich nicht in der Konstitution, aber in der räumlichen Gestalt unterscheiden.
- Stereoisomere, die sich wie Bild und Spiegelbild unterscheiden, bezeichnet man als **Enantiomere**. Diese Moleküle sind **chiral**.
- Die **Stereochemie** befasst sich mit dem dreidimensionalen Aufbau der Moleküle.
- Bei einer **Reaktion** organischer Verbindungen werden einzelne Bindungen gespalten und neue geknüpft. Es erfolgt also eine Umordnung von Valenzelektronen.
- Die **Reaktivität** von Verbindungen hängt eng mit ihrer Molekülstruktur zusammen. Substanzen mit polaren kovalenten Bindungen und Mehrfachbindungen sind reaktiver als unpolare, gesättigte Verbindungen.
- Die mit einer Reaktion verbundenen makroskopischen Energieänderungen werden durch die **Thermodynamik** beschrieben. Wichtige Größen sind die **Enthalpie**, die **Freie Enthalpie** und die **Entropie**.
- Die **Reaktionskinetik** gibt Auskunft über die Abhängigkeit der **Reaktionsgeschwindigkeit** von der Konzentration der Ausgangsstoffe und Parametern wie Druck und Temperatur.
- Bei den **Reaktionen** kann man verschiedene Typen unterscheiden: Additions-, Eliminierungs-, Substitutions- und Umlagerungsreaktionen.
- Der **Reaktionsmechanismus** gibt eine detaillierte Beschreibung der Reaktion auf molekularer Ebene an.
- Nach der Art der eine Reaktion auslösenden Reagenzien klassifiziert man Reaktionen als **nucleophil**, **elektrophil** oder **radikalisch**.
- Reaktionen, die unter dem Einfluss stereochemischer Gegebenheiten selektiv zu Produkten führen, nennt man **stereoselektiv**.

2 Systematische Organische Chemie

2.1 Einleitung

Organische Verbindungen kann man formal zerlegen in **Molekülgerüste** und **Substituenten** (▶ 1.8). Verbindungen, deren Gerüste nur aus Kohlenstoffatomen bestehen und die sonst nur Wasserstoffatome enthalten, heißen **Kohlenwasserstoffe**. In den Abschnitten 2.2 bis 2.7 werden die Kohlenwasserstoffe beschrieben, deren Gerüste aus offenen Ketten bzw. Ringen von Kohlenstoffatomen bestehen: die **acyclischen** und die **cyclischen Kohlenwasserstoffe**. Daneben können die Gerüste auch noch andere Atome wie Stickstoff, Sauerstoff, Schwefel, sog. **Heteroatome**, enthalten. Cyclische Verbindungen mit Heteroatomen im Ring nennt man **Heterocyclen**. Sie werden im Abschnitt 2.8 behandelt. In den Abschnitten 2.9 bis 2.23 schließlich werden Verbindungen, die wichtige **funktionelle Gruppen** (▶ Tabelle 1.5) enthalten, behandelt.

In jedem Abschnitt werden zunächst kurz die Strukturmerkmale, physikalische Eigenschaften und die Namen der betreffenden Substanzen mit den wichtigsten Nomenklaturregeln beschrieben. Dabei werden zumeist neben dem von der *International Union of Pure and Applied Chemistry* (IUPAC) festgelegten **systematischen Namen** auch die gebräuchlicheren, aber nicht strengen Regeln entsprechenden Namen angegeben, bei denen es sich auch um **Trivialnamen** handeln kann. Typische Methoden zur Darstellung dieser Verbindungen schließen sich an. Danach folgen ihre wichtigsten chemischen Reaktionen. Hervorgehoben werden Verbindungen und Reaktionen, die besondere praktische, technische oder biologische Bedeutung besitzen.

Die **acyclischen (offenkettigen) Kohlenwasserstoffe**, die in den Abschnitten 2.2 bis 2.5 behandelt werden, gehören nach Menge und Wert zu den industriell wichtigsten Grundstoffen und Produkten der Organischen Chemie. Man findet sie als wesentlichen Bestandteil von Erdgas und Erdöl, von Benzin und Mineralöl, von Kautschuk und verschiedenen Kunststoffen. Je nachdem, ob in den Molekülen nur Einfachbindungen oder auch Doppel- und Dreifachbindungen vorhanden sind, unterscheidet man Alkane, Alkene und Alkine.

Isocyclische Verbindungen bestehen aus Molekülen, in denen ausschließlich Kohlenstoffatome ringförmig verknüpft sind, **heterocyclische** enthalten daneben **Heteroatome**, vor allem N-, O- oder S-Atome, in den Ringen.

Nichtaromatische Verbindungen mit Ringen aus Kohlenstoffatomen nennt man **alicyclisch**, um die chemische Verwandtschaft mit den aliphatischen, offenkettigen Kohlenwasserstoffen anzudeuten. Daneben nennt man Verbindungen mit Ringen aus vollständig konjugierten π-Elektronensystemen, wenn sie 2, 6, 10, 14 usw. π-Elektronen enthalten, **aromatisch** (▶ 1.9, 2.7.1). Auch hier kann man Isocyclen (**Arene**, ▶ 2.7) und Heterocyclen (**Hetarene**, ▶ 2.8) unterscheiden.

Obwohl die ursprüngliche Bedeutung der Begriffe aliphatisch („fettartig") und aromatisch („wohlriechend") nicht mehr zutrifft, werden sie doch wegen der Unterschiede im chemischen Verhalten derartiger Verbindungen beibehalten.

2.2 Alkane

2.2.1 Struktur, Nomenklatur

Die Gerüste der **Alkane** bestehen aus Kohlenstoffatomen, die nur durch Einfachbindungen verknüpft sind.

Kohlenstoffatome bilden vier kovalente Einfachbindungen, die beliebig mit anderen Kohlenstoffatomen oder mit Wasserstoffatomen zu verschieden verzweigten Ketten verknüpft sein können. Die Anzahl der dadurch möglichen Gerüstisomeren ist sehr groß: aus 10 Kohlenstoffatomen können 75 verschiedene Alkane aufgebaut werden, aus 20 über 300.000. Der Bindungswinkel unterscheidet sich nur wenig vom Tetraederwinkel (109,5°).

Da die einzelnen Verbindungen nur C—C- und C—H-Bindungen enthalten, die im Allgemeinen sehr reaktionsträge sind, nennt man die **Alkane** auch *gesättigte aliphatische (fettartige) Kohlenwasserstoffe* oder einfach: *Paraffine* (von latein. *parum affinis*: wenig reaktionsfähig).

Die Namen der einzelnen Verbindungen werden dadurch gebildet, dass man an einen Stamm die Silbe **-an** anhängt.

Die von den Chemikern verwendeten Schreibweisen schließen sich weitgehend an internationale Vereinbarungen an; sie stehen aber oft im Gegensatz zu den Empfehlungen des „Duden": Aceton und Calcium statt Azeton und Kalzium. Die veraltete Schreibweise „Äthan", „Äthyl" und „Äther", die man gelegentlich noch findet, wird heute in der Chemie nicht mehr verwendet, sondern ist durch „Ethan", „Ethyl" und „Ether" ersetzt.

Die Alkane mit ein bis vier C-Atomen haben historisch überlieferte *Trivialnamen*, z. B. erinnert Butan an Buttersäure. Es folgen systematisch aus griechischen und lateinischen Zahlworten gebildete Namen (▶ Tabelle 2.1).

Die allgemeine Formel der Alkane lautet C_nH_{2n+2}. Eine derartige Reihe von Verbindungen, deren Glieder sich jeweils voneinander um eine CH_2-Gruppe unterscheiden, nennt man eine **homologe Reihe**.

Die **unverzweigten** Isomeren heißen **n-Alkane** (*n* für *normal*). Das größte, als Einzelverbindung synthetisierte n-Alkan ist vermutlich das Nonacontatrictan mit der Formel $C_{390}H_{782}$. Im Namen der n-Alkane wird das „n-“ in der Regel weggelassen, also z. B. für *n-Butan* nur *Butan* geschrieben. Bei **verzweigten** Alkanen bestimmt die längste unverzweigte Kette den Namen der Verbindung; die Seitenketten werden als **Substituenten** betrachtet, die an die fortlaufend nummerierten C-Atome der Hauptkette geknüpft sind. Die Namen der Seitenketten leiten sich von denen der unverzweigten Alkane mit der gleichen Anzahl der C-Atome ab, von denen ein Wasserstoffatom entfernt ist. Im Namen wird dies durch die Endung **-yl** ausgedrückt. Gibt es verschiedene Möglichkeiten der Nummerierung, so wählt man diejenige, welche die niedrigsten Zahlen ergibt:

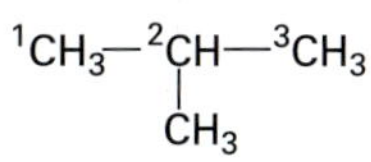

2-Methylpropan
Isobutan

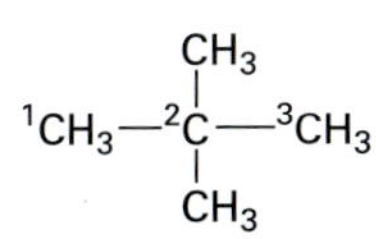

2,2-Dimethylpropan
Neopentan

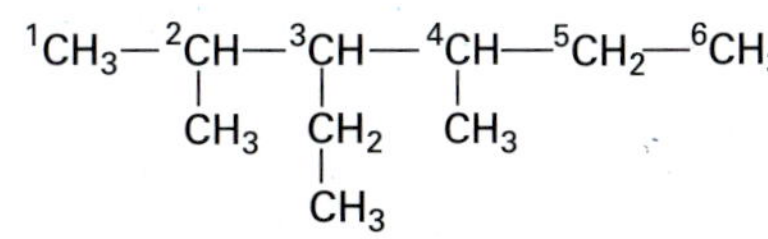

3-Ethyl-2,4-dimethylhexan

Die Anzahl gleicher Substituenten in einem Molekül wird durch die Vorsilben **di-**, **tri-**, **tetra-**, **penta-**, **hexa-** usw. für zwei- bis sechsfache Substitution angegeben. Eine einfach substituierte Verbindung kann mit dem Präfix **mono-** gekennzeichnet werden. Neben den systematischen Namen sind für einige Verbindungen weitere historisch überlieferte Namen im Gebrauch, Beispiele sind Isobutan oder Neopentan. Die Vorsilbe **Iso-** wird für Verbindungen gebraucht, die zwei Methylgruppen am Ende einer sonst unverzweigten Kette tragen, **Neo-** entsprechend für drei Methylgruppen.

2.2.2 Physikalische Eigenschaften

Tabelle 2.1 zeigt, dass die Alkane C_nH_{2n+2} bis n = 4 bei Raumtemperatur Gase sind; es folgen Flüssigkeiten und schließlich feste Stoffe. Die flüssigen Alkane haben zum Teil einen angenehmen Blütengeruch. Die Alkane lösen sich praktisch nicht in polaren Lösemitteln, jedoch gut in unpolaren. Der Anstieg der **Siedepunkte** (Sdp.) wie auch der **Schmelzpunkte** (Schmp.) mit der Kettenlänge ist auf die Molmasse und die Wirkung der zwischenmolekularen Kräfte zurückzuführen (▶ 1.11). Die Tabelle 2.1 zeigt, dass die Schmelz- und Siedepunkte der verzweigten Alkane oft von denen ihrer geradkettigen Isomeren abweichen. Neopentan als fast kugelförmiges Molekül bildet ein stabiles Kristallgitter, das eine günstige (energiearme) Packung der Moleküle gestattet; daher ist sein Schmelzpunkt um 110 °C höher als der vom isomeren n-Pentan und um 140 °C höher als der von Isopentan. Der Siedepunkt des Neopentans ist dagegen niedriger als der seiner Isomeren, da seine Oberfläche – die Angriffsfläche der zwischenmolekularen Kräfte – klein ist.

Tab. 2.1 Alkane.

Summenformel	Name	Strukturformel	Schmp. [°C]	Sdp. [°C]
CH_4	Methan	CH_4	−182	−161
C_2H_6	Ethan	$CH_3{-}CH_3$	−172	−89
C_3H_8	Propan	$CH_3{-}CH_2{-}CH_3$	−189	−42
C_4H_{10}	Butan	$CH_3{-}(CH_2)_2{-}CH_3$	−138	0
C_4H_{10}	2-Methylpropan Isobutan	$H_3C{-}CH{-}CH_3$ | CH_3	−159	−12
C_5H_{12}	Pentan	$CH_3{-}(CH_2)_3{-}CH_3$	−130	+36
C_5H_{12}	2-Methylbutan Isopentan	$H_3C{-}CH{-}CH_2{-}CH_3$ | CH_3	−160	+28
C_5H_{12}	2,2-Dimethylpropan Neopentan	CH_3 | $H_3C{-}C{-}CH_3$ | CH_3	−18	+10
C_6H_{14}	Hexan	$CH_3{-}(CH_2)_4{-}CH_3$	−94	+69
C_7H_{16}	Heptan	$CH_3{-}(CH_2)_5{-}CH_3$	−91	+98
C_8H_{18}	Octan	$CH_3{-}(CH_2)_6{-}CH_3$	−57	+126
$C_{10}H_{22}$	Decan	$CH_3{-}(CH_2)_8{-}CH_3$	−30	+174
$C_{12}H_{26}$	Dodecan	$CH_3{-}(CH_2)_{10}{-}CH_3$	−10	+216
$C_{16}H_{34}$	Hexadecan	$CH_3{-}(CH_2)_{14}{-}CH_3$	+18	+287

Im **Kristallgitter** bilden die n-Alkane parallel angeordnete, gestreckte Zickzackketten. Die n-Alkane mit gerader Anzahl von Kohlenstoffatomen ordnen sich kompakter in einem Kristallgitter an als die mit ungerader. Infolgedessen steigen die Schmelzpunkte der n-Alkane nicht gleichförmig mit der Kettenlänge: die geradzahligen haben relativ höhere Schmelzpunkte als ihre Nachbarn in der Reihe mit einer ungeraden Zahl von C-Atomen.

2.2.3 Konformationsisomerie

Die Atomgruppen in den Alkanmolekülen sind im flüssigen und gasförmigen Zustand um die Einfachbindungen drehbar; man findet daher verschiedene Konformere (► 1.9). Bei der Verdrehung machen sich abstoßende Kräfte zwischen den Elektronen der anliegenden Bindungen bemerkbar.

Beim **Ethan** gibt es anziehende und abstoßende Wechselwirkungen zwischen den CH-Bindungen der beiden Methylgruppen. Das Konformer, bei dem die C—H-Bindungen der beiden Methylgruppen **gestaffelt** (auf Lücke, engl. *staggered*) stehen ($\alpha = 60°$), ist das energieärmste (► Abb. 2.1, rechts); die meisten Moleküle befinden sich daher in diesem stabilsten Zustand. Die **ekliptische** (verdeckte, engl. *eclipsed*) **Konformation** (► Abb. 2.1, links, $\alpha = 0°$), hat die größte Energie, sie ist labil. Daneben gibt es unendlich viele Formen mit $0 < \alpha < 60°$.

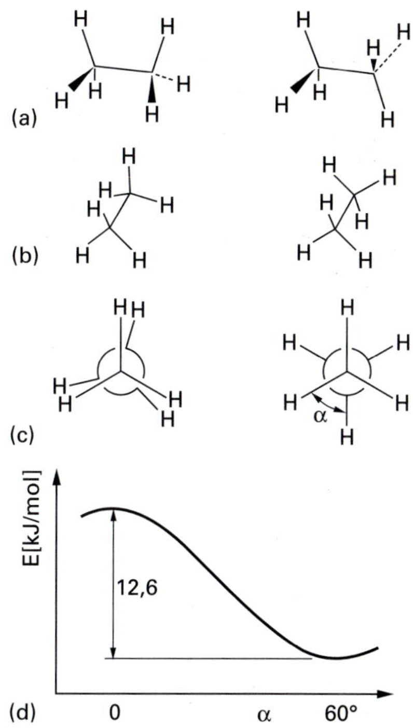

Abb. 2.1 Konformationsisomerie des Ethans.
(a) Perspektivische Darstellung.
(b) Sägebock-Darstellung.
(c) Newman-Projektion. Links ist die ekliptische (verdeckte) Konformation gezeigt, rechts die gestaffelte (auf Lücke). Das bei (a) linke C-Atom steht bei (b) und (c) vorn.
(d) Änderung der potentiellen Energie mit dem Diederwinkel α.

In den Abbildungen 2.1 und 2.2 werden verschiedene Verfahren zur zeichnerischen Darstellung von Konformeren gegenübergestellt. Oben werden die Moleküle **perspektivisch** gezeichnet, wobei die nach vorn stehenden Bindungen keilförmig verdickt und die nach hinten zeigenden Bindungen gestrichelt gezeichnet werden. In der Mitte findet sich die sog. **Sägebockdarstellung** und unten die Projektion des Moleküls in Richtung der drehbaren Achse, die sog. **Newman-Projektion**.

Bei Molekülen mit längerer Kette gibt es mehrere gestaffelte und ekliptische Formen. Beim **n-Butan** hat diejenige gestaffelte Form die niedrigste Energie, bei der die Methylgruppen am weitesten voneinander entfernt sind (▶ Abb. 2.2, Mitte). Man nennt dieses Konformer die ***antiperiplanare-*** oder kurz ***anti*-Form**. Daneben gibt es gestaffelte Formen, bei denen der Abstand der Methylgruppen geringer ist (▶ Abb. 2.2, rechts und links); dies sind die ***synclinalen* Formen**, die auch als ***gauche*-Formen** (franz. *gauche*: schief) bezeichnet werden.

Die kinetische Energie der Moleküle bei Zimmertemperatur ist groß genug, um die Energiebarrieren zwischen verschiedenen Konformationen zu überwin-

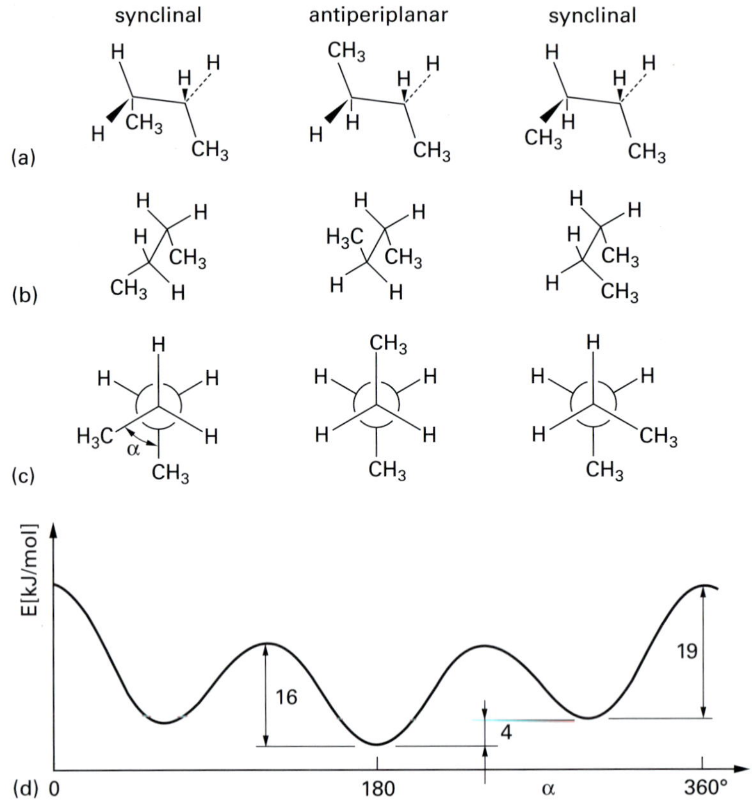

Abb. 2.2 Konformationsisomerie des n-Butans.
Drei gestaffelte Konformere sind (a) perspektivisch, (b) in der Sägebock-Darstellung und (c) in der Newman-Projektion gezeigt.
(d) Änderung der potentiellen Energie mit dem Diederwinkel α. Das *anti*-Konformer (α = 180°) besitzt die niedrigste Energie. Die beiden *synclinalen* Konformeren sind um 4 kJmol energiereicher.

den. **Man kann daher die Konformeren bei Raumtemperatur nicht voneinander trennen**. Ungefähr die Hälfte der Butanmoleküle befindet sich in der *anti*-Form, die andere Hälfte verteilt sich auf beide *synclinalen* Formen. Die Bestimmung der Energiebarrieren und der Häufigkeit der Konformeren nennt man **Konformationsanalyse**. Hierzu kann man physikalische Daten und Spektren der Verbindungen auswerten.

2.2.4 Darstellung

In der chemischen Industrie und in Erdölraffinerien werden Alkane in riesigem Maßstab verarbeitet (▶ 2.5). Oft werden dabei Substanzgemische produziert.

Im Folgenden werden Verfahren beschrieben, mit denen man – z. B. im kleinen Maßstab im Labor – reine Verbindungen herstellen kann.

1. Katalytische Hydrierung von Alkenen und Alkinen

Ungesättigte Kohlenwasserstoffe addieren Wasserstoff nur dann, wenn dieser durch Katalysatoren, wie Nickel, Platin oder Palladium, aktiviert wird:

$$\underset{\text{2-Pentin}}{CH_3{-}C{\equiv}C{-}CH_2{-}CH_3} \xrightarrow[\text{Kat}]{H_2} \underset{\text{2-Penten}}{CH_3{-}CH{=}CH{-}CH_2{-}CH_3} \xrightarrow[\text{Kat}]{H_2}$$

$$\underset{\text{n-Pentan}}{CH_3{-}CH_2{-}CH_2{-}CH_2{-}CH_3}$$

2. Wurtz-Synthese

Bei der Einwirkung von metallischem Natrium auf Halogenalkane (Alkylhalogenide) werden Alkane mit der doppelten Zahl von Kohlenstoffatomen sowie Natriumhalogenid gebildet (R = Alkyl):

$$2\,R{-}I + 2\,Na \rightarrow R{-}R + 2\,NaI.$$

Wahrscheinlich läuft die Reaktion in zwei Stufen ab, wobei zumindest eine Metall-Kohlenstoffbindung gebildet wird:

$$1.\quad \underset{\text{Iodmethan}}{CH_3{-}I} + \underset{\text{Natrium}}{2\,Na} \longrightarrow \underset{\text{Methylnatrium}}{CH_3{-}Na} + \underset{\text{Natriumiodid}}{NaI}$$

$$2.\quad \underset{\text{Methylnatrium}}{CH_3{-}Na} + \underset{\text{Iodmethan}}{CH_3{-}I} \longrightarrow \underset{\text{Ethan}}{CH_3{-}CH_3} + \underset{\text{Natriumiodid}}{NaI}$$

Diese Reaktion kann man zum Beweis der Struktur von Alkanen und von Halogenalkanen benutzen. Bringt man zwei verschiedene Halogenalkane zur Reaktion, so entstehen Gemische:

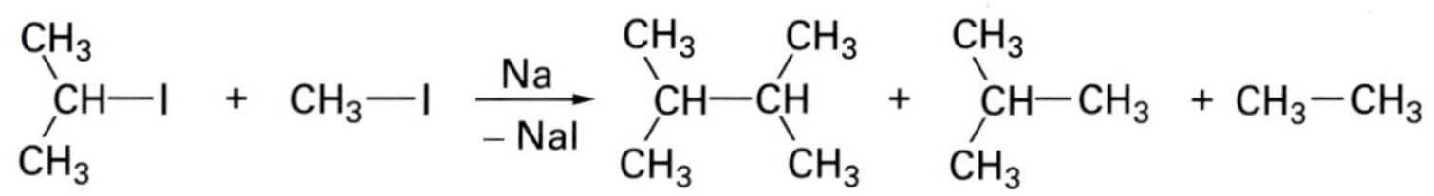

2-Iodpropan Iodmethan 2,3-Dimethylbutan Isobutan Ethan

Wäre man von Iodpropan, $CH_3{-}CH_2{-}CH_2{-}I$, und Iodmethan, $CH_3{-}I$, ausgegangen, so hätte man Hexan, Butan und Ethan erhalten.

3. Hydrolyse von Grignard-Verbindungen

Die Reaktion von Halogenalkanen mit Magnesium ergibt ebenfalls eine Metall-Kohlenstoff-Bindung. Die nach dem Entdecker V. Grignard benannten metallorganischen Verbindungen sind wichtige Zwischenprodukte der präparativen Chemie:

$$\underset{\substack{\text{1-Iodbutan}\\ \text{(Butyliodid)}}}{CH_3{-}(CH_2)_3{-}I} + Mg \rightarrow \underset{\substack{\text{Butylmagnesiumiodid}\\ \text{(Grignard-Verbindung)}}}{CH_3{-}(CH_2)_3{-}Mg{-}I}$$

Durch Hydrolyse entstehen daraus Alkane:

$$CH_3—(CH_2)_3—Mg—I + H_2O \rightarrow CH_3—(CH_2)_3—H$$

Butan

Reaktionen mit Grignard-Verbindungen werden in absolutem – also völlig wasserfreiem – Diethylether als Lösemittel durchgeführt. Damit verhindert man die zumeist unerwünschte Hydrolyse. Die meisten Reaktionen der Grignard-Verbindungen lassen sich dadurch erklären, dass die Bindungselektronen der Kohlenstoff-Metall-Bindung vom elektropositiveren Metall zum elektronegativeren Kohlenstoffatom verschoben sind. Diese polare Bindung spaltet daher heterolytisch und bildet dabei Carbanionen, die zu nucleophilen Reaktionen fähig sind (▶ 1.15.2).

4. Kolbe-Synthese

Elektrolysiert man Lösungen von Salzen der Carbonsäuren (R = Alkylrest),

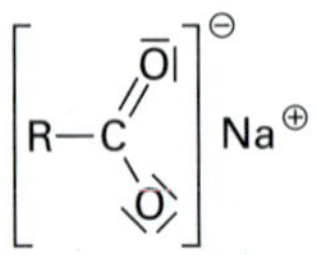

so wandern die Moleküle wegen der negativen Ladung des Carboxylations an die Anode, wo sie durch Elektronenabgabe zum neutralen Radikal entladen werden, das schnell CO_2 abgibt. Die sehr instabilen Alkylradikale dimerisieren zum Alkan R—R:

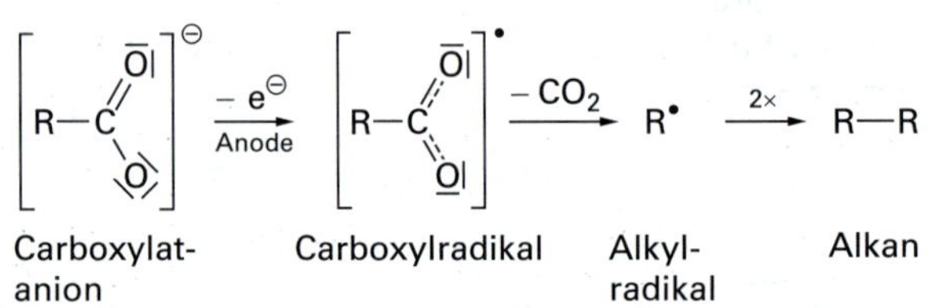

2.2.5 Reaktionen

Bei Raumtemperatur sind Alkane beständig gegen die meisten Reagenzien; eben deswegen nennt man diese Verbindungen **Paraffine**. Da die C—C- und die C—H-Bindungen wenig bzw. nicht polar sind, spalten diese Bindungen, z. B. bei starker Erwärmung (Crackreaktionen), meistens homolytisch in Radikale – nicht jedoch heterolytisch in Ionen. **Die meisten Reaktionen der Alkane verlaufen** daher **über radikalische Zwischenstufen.**

1. Verbrennung

Der größte Teil der aus Erdgas, Erdöl oder Kohle gewonnenen Alkane wird verbrannt – als Heizöl, im Otto- oder Dieselmotor oder in Turbinen-Triebwerken. Da es sich dabei meistens um Gemische von gesättigten, ungesättigten, offenkettigen und cyclischen Verbindungen handelt, verwenden wir hier die Formel für einen beliebigen Kohlenwasserstoff C_mH_n:

$$\underset{\text{Kohlenwasserstoff}}{C_mH_n} + \underset{\text{Sauerstoff}}{\left(m + \frac{n}{4}\right) O_2} \longrightarrow \underset{\text{Kohlendioxid}}{m\,CO_2} + \underset{\text{Wasser}}{\frac{n}{2}\,H_2O}$$

Die Verbrennung ist eine komplizierte Radikalkettenreaktion, die nur bei hoher Temperatur abläuft. Bei Zimmertemperatur ist die Reaktionsgeschwindigkeit so klein, dass dann Alkane beständig gegenüber Sauerstoff zu sein scheinen.

Die Produkte der vollständigen Verbrennung sind aus toxikologischer Sicht relativ harmlos. Dagegen bildet sich aber bei Sauerstoffmangel das sehr giftige Kohlenmonoxid:

$$\underset{\text{Kohlenwasserstoff}}{C_mH_n} + \underset{\text{Sauerstoff}}{\left(\frac{m}{2} + \frac{n}{4}\right) O_2} \longrightarrow \underset{\text{Kohlenmonoxid}}{m\,CO} + \underset{\text{Wasser}}{\frac{n}{2}\,H_2O}$$

Kohlenmonoxid und andere Abgase

Kohlenmonoxid blockiert die Sauerstoffübertragung durch das Hämoglobin in den roten Blutkörperchen (► 6.10.1), da es ungefähr 200 mal fester daran haftet als der Sauerstoff. Als maximale Arbeitsplatzkonzentration (MAK) gilt 33 mg/m^3 Luft (das sind 0,003 %). Beim normalen Betrieb des Ottomotors entstehen zwischen 1 und 8 % CO. Durch die Abgasnorm Euro 4 (gültig seit 2005) wird die CO-Emission für Personenkraftwagen mit geregeltem Abgaskatalysator auf 0,3 % oder 1,0 g/km begrenzt. Daneben finden sich in den Abgasen der Ottomotoren Stickoxide sowie unverbrannte Kohlenwasserstoffe, die zum „Sauren Regen" und „Smog" beitragen. Bei unvollständiger Verbrennung entstehen oft teerartige Produkte, die Ruß bilden. Man hat darin – wie auch im Steinkohlenteer – in geringer Menge auch aromatische Kohlenwasserstoffe gefunden, die krebsauslösend (karzinogen) wirken. Mit Hilfe von Katalysatoren kann man Kohlenmonoxid, Kohlenwasserstoffe und Stickoxide in CO_2, H_2O und N_2 umwandeln. Da solche Katalysatoren durch Bleiverbindungen unwirksam („vergiftet") werden, muss bleifreies Benzin verwendet werden (► 2.5.2). Schließlich findet man, insbesondere bei der Verbrennung von Heizöl, im Abgas das giftige SO_2, das aus organischen Schwefelverbindungen entsteht, die im Heizöl enthalten sind. Daraus bildet sich in der Atmosphäre Schwefelsäure, eine Komponente des „Sauren Regens".

2. Radikalische Chlorierung

Technisch wird die radikalische Chlorierung zur Herstellung der Chlormethane aus Methan genutzt (► 2.9).

Diese Reaktion ist ein weiteres Beispiel einer **Radikalkettenreaktion**. Hierbei unterscheidet man die Startreaktion, die Kettenreaktion und den Kettenabbruch.

Durch Einwirkung von energiereichem (blauem) oder UV-Licht oder durch Erwärmung werden Chlormoleküle homolytisch in Chloratome gespalten. Diese besitzen ein ungepaartes Elektron, sie sind also Radikale. Sie leiten die Kettenreaktion ein.

Startreaktion:

$$Cl_2 + h\nu \rightarrow 2\,Cl^\bullet$$

Bei den nun folgenden Reaktionsschritten werden immer wieder Radikale gebildet.

Kettenreaktion:

$$R{-}H + Cl^\bullet \rightarrow HCl + R^\bullet$$
$$R^\bullet + Cl_2 \rightarrow R{-}Cl + Cl^\bullet$$

Das gebildete Chloratom reagiert wieder mit dem Kohlenwasserstoff und so weiter. Die Reaktionskette wird dadurch abgebrochen, dass zwei Radikale miteinander kombinieren:

Kettenabbruch:

$$R^\bullet + Cl^\bullet \rightarrow R{-}Cl$$
$$R^\bullet + R^\bullet \rightarrow R{-}R$$
$$Cl^\bullet + Cl^\bullet \rightarrow Cl_2$$

Brom reagiert ähnlich, jedoch träger; Fluor reagiert heftig und spaltet auch C—C-Bindungen. Dies wird deutlich, wenn man die folgende Tabelle 2.2 der Bindungsenergien betrachtet, d. h. der Energie, die man aufwenden muss, um eine Bindung zu spalten.

Tab. 2.2 Bindungsenergien [kJ/mol].

X	X—X	H—X	C—X
F	155	569	441
Cl	243	431	328
Br	193	364	276
I	151	297	240
H	435	413	348

3. Sulfochlorierung

Durch gemeinsame Einwirkung von Cl_2 und SO_2 entstehen unter den Bedingungen der radikalischen Chlorierung aus Alkanen **Sulfonylchloride**. Die Kettenreaktionen lauten jetzt:

$$R{-}H + Cl^\bullet \rightarrow H{-}Cl + R^\bullet$$
$$R^\bullet + SO_2 \rightarrow R{-}SO_2^\bullet$$
$$R{-}SO_2^\bullet + Cl_2 \rightarrow R{-}SO_2{-}Cl + Cl^\bullet$$

Alkansulfonylchloride

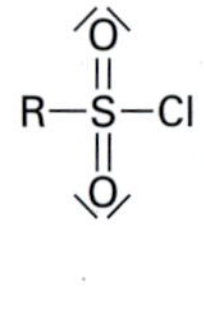

sind wichtige Zwischenprodukte der Petrochemie zur Herstellung von Waschmitteln, Emulgatoren und Weichmachern (▶ 4.4). Bei den technisch wichtigen Produkten ist R ein Alkylrest mit 12 bis 18 C-Atomen.

4. Sulfoxidation

Auch die Sulfoxidation ist eine radikalische Reaktion. Mit Sauerstoff und Schwefeldioxid entstehen bei 50 °C unter Einwirkung von Licht **Alkansulfonsäuren**:

$$R{-}H + SO_2 + \frac{1}{2}\,O_2 \xrightarrow{h\nu} R{-}SO_3H$$

Die Natriumsalze der Alkansulfonsäuren werden als Waschmittel (▶ 4.5.3) verwendet:

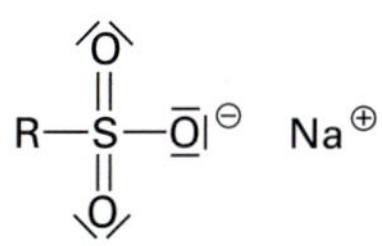

5. Nitrierung in der Gasphase

Bei 200−400 °C entstehen aus Alkanen mit Salpetersäure **Nitroalkane**:

$$R{-}H + HNO_3 \rightarrow R{-}NO_2 + H_2O$$

Nitroalkane finden Verwendung als Acklösemittel und als Zwischenprodukte zur Herstellung von Aminen.

6. Crackreaktion

Diese Reaktion dient zur Darstellung von Alkenen, sie wird dort beschrieben (▶ 2.3.2).

2.3 Alkene

2.3.1 Struktur, Nomenklatur und Eigenschaften

> Offenkettige Kohlenwasserstoffe mit mindestens *einer* C=C-Doppelbindung pro Molekül heißen **Alkene** oder Olefine; ihre Summenformel lautet C_nH_{2n}.

Ihre Namen unterscheiden sich von denen der Alkane, indem die Endung **-an** durch **-en** ersetzt wird. Sind mehrere Doppelbindungen vorhanden, so lautet die Endung **-adien**, **-atrien** usw. Die Lage der Doppelbindungen in den verschiedenen Strukturisomeren wird durch die Nummer der Kohlenstoffatome gekennzeichnet, an denen die Bindungen beginnen. Die Kette wird so nummeriert, dass möglichst niedrige Zahlen erhalten werden. Einige strukturisomere Hexene, C_6H_{12}, seien benannt:

$CH_2{=}CH{-}(CH_2)_3{-}CH_3$

1-Hexen

$CH_3{-}CH_2{-}CH{=}CH{-}CH_2{-}CH_3$

3-Hexen

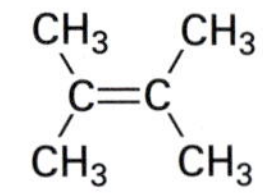

2,3-Dimethyl-2-buten

Ältere Namen wie Ethylen, Propylen und Butylen werden nach wie vor verwendet.

Zwei durch Doppelbindung verknüpfte Molekülteile sind nicht gegeneinander verdrehbar; alle Substituenten der Doppelbindung liegen in einer Ebene. Infolgedessen tritt, wenn an beiden C-Atomen jeweils zwei verschiedene Substituenten vorhanden sind, ***cis-trans*-Isomerie** auf (▶ 1.9):

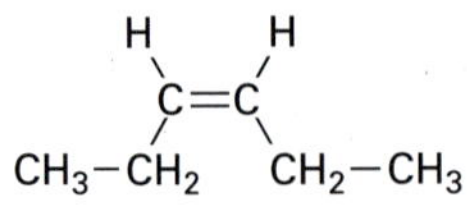

cis-3-Hexen

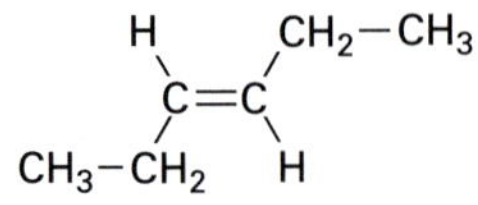

trans-3-Hexen

Der Vergleich der **Schmelz-** und **Siedepunkte** in den Tabellen 2.1 und 2.3 zeigt, dass die Alkene sich in ihren physikalischen Eigenschaften nur wenig von den Alkanen unterscheiden.

Alkene sind, wie unten gezeigt wird, **chemisch recht aktiv; sie verhalten sich „ungesättigt", sie neigen zu Additionsreaktionen.** Die elektronenreichen π-Bin-

Tab. 2.3 Alkene.

Summenformel	Name	Strukturformel	Schmp. [°C]	Sdp. [°C]
C_2H_4	Ethen	$CH_2{=}CH_2$	−169	−104
C_3H_6	Propen	$CH_2{=}CH{-}CH_3$	−185	−48
C_4H_8	1-Buten	$CH_2{=}CH{-}CH_2{-}CH_3$	−185	−7
	cis-2-Buten	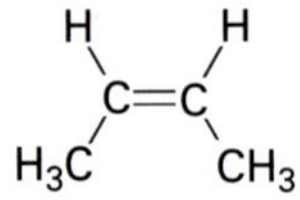	−139	+4
	trans-2-Buten	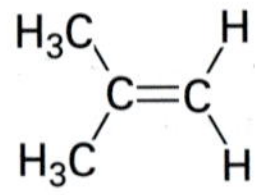	−106	+1
	2-Methylpropen Isobuten	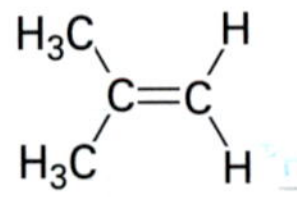	−140	−7
C_4H_6	1,3-Butadien	$CH_2{=}CH{-}CH{=}CH_2$	−109	−4
	1,2-Butadien	$CH_2{=}C{=}CH{-}CH_3$	−136	+11
C_5H_8	2-Methyl-1,3-butadien, Isopren	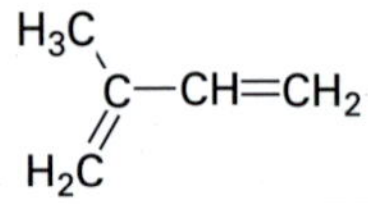	−146	+34

dungen werden leicht durch elektrophile Agenzien angegriffen. Als Ausgangsmaterial zur Herstellung vieler Kunststoffe durch **Polymerisation** haben insbesondere Ethen, Propen, 1-Buten, Isobuten, 1,3-Butadien und Isopren große technische Bedeutung (▶ 3.4). Durch Crackreaktionen (▶ 2.3.2) entstehen Alkene aus den Erdölfraktionen, daher sind sie wichtige Zwischenprodukte der Petrochemie. Ethen spielt als **Reifungshormon** bei Pflanzen eine wichtige Rolle. Alkene mit vielen konjugierten C=C-Bindungen, **Polyene**, sind in der Biochemie wichtig (z. B. Vitamin A, β-Caroten, ▶ 6.9).

2.3.2 Darstellung

Bei allen Verfahren zur Darstellung der Alkene werden einfache Moleküle aus Alkanen oder ihren Substitutionsprodukten abgespalten. Bei der Crackreaktion werden längere Kohlenstoffketten gespalten.

1. Cracken von Alkanen (▶ auch 2.5.2)
Alkanmoleküle zerfallen beim Erhitzen in ein Alkan- und ein Alkenmolekül. Als Beispiel sei die thermische Spaltung von Pentan genannt:

$$\underset{\text{Pentan}}{CH_3{-}CH_2{-}CH_2{-}CH_2{-}CH_3} \xrightarrow{500\,°C} \underset{\text{Propen}}{CH_3{-}CH{=}CH_2} + \underset{\text{Ethan}}{CH_3{-}CH_3}$$

$$\text{oder} \quad \underset{\text{Propan}}{CH_3{-}CH_2{-}CH_3} + \underset{\text{Ethen}}{CH_2{=}CH_2}$$

$$\text{oder} \quad \underset{\text{1-Buten}}{CH_3{-}CH_2{-}CH{=}CH_2} + \underset{\text{Methan}}{CH_4}$$

$$\text{oder} \quad \underset{\text{1-Penten}}{CH_3{-}CH_2{-}CH_2{-}CH{=}CH_2} + \underset{\text{Wasserstoff}}{H_2}$$

Die Reaktion läuft über radikalische Zwischenprodukte ab. Technisch wird die Crackreaktion bei Erdölfraktionen durch kurzzeitiges Erhitzen (ca. 1 Sekunde) auf 700–800 °C durchgeführt.

2. Abspaltung von Wasser aus Alkoholen
Unter der Wirkung von konzentrierter Schwefelsäure wird aus Alkoholen Wasser abgespalten. Man nennt dies eine **Eliminierung** von Wasser oder Dehydratisierung:

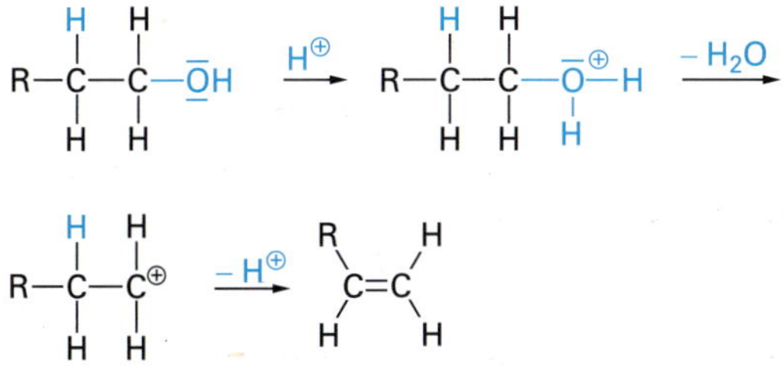

Können bei der Eliminierung zwei verschiedene Alkene gebildet werden, so entsteht das Alken, das die meisten Alkylgruppen an der Doppelbindung trägt (**Saytzeff-Regel**).

Man führt dies auf eine mesomere Wechselwirkung (Hyperkonjugation) der Alkylgruppen mit der Doppelbindung zurück. Daher hat das Produkt mit den wenigsten H-Atomen an der Doppelbindung die niedrigste Energie, es bildet sich in wesentlich höherer Ausbeute als das andere mögliche Produkt:

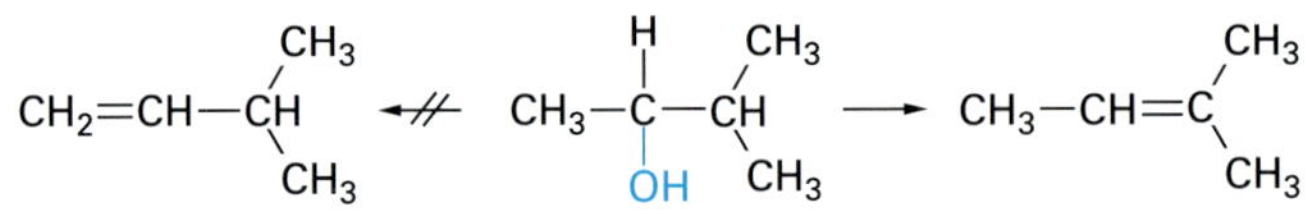

3-Methyl-1-buten   3-Methyl-2-butanol   2-Methyl-2-buten

Technisch führt man die Dehydratisierung von Alkoholen zu Alkenen in der Gasphase bei 400 °C mit Hilfe von Aluminiumoxid-Katalysatoren aus.

3. Abspaltung von Halogenwasserstoff aus Halogenalkanen

Diese Reaktion wird am häufigsten zur präparativen Darstellung von Alkenen genutzt. Statt der Alkalihydroxide verwendet man auch die Alkalialkoxide (Alkalialkoholate) (► 2.10.4):

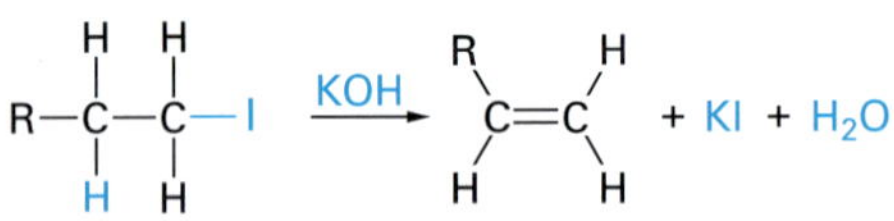

4. Abspaltung von Halogen aus vicinalen Dihalogenalkanen

Aus Dihalogenalkanen, bei denen die Halogenatome an benachbarte Kohlenstoffatome gebunden sind, lassen sich mit Hilfe von Zink die Halogenatome abspalten. Die Nachbarstellung wird als **vicinale** Stellung, abgekürzt *vic.* (von latein. *vicinus*: benachbart) bezeichnet.

vic-Dihalogenalkan   Alken

2.3.3 Reaktionen

Die Doppelbindung in den Alkenen ist der Angriffsort vieler Additionsreaktionen, die zumeist mit guter Ausbeute verlaufen. Alkene sind daher wichtige Zwischenprodukte von Synthesen im Labor und in der Technik. Technisch größte Bedeutung haben **Polymerisationsreaktionen**; sie werden ausführlich in Kapitel 3 erörtert. Die meisten Additionsreaktionen der Alkene verlaufen nach dem Mechanismus einer **elektrophilen Addition** (A_E); dieser wird im folgenden Beispiel ausführlich behandelt.

1. Addition von Brom (Bromierung)

Lässt man eine verdünnte Lösung von Brom in CCl_4 auf Alkene einwirken, so entfärbt sich die zunächst braune Lösung schnell. Diese Reaktion kann zum Nachweis von Alkenen dienen. Als Reaktionsprodukt isoliert man das Dibromalkan. Genauere Untersuchungen legen folgenden Reaktionsmechanismus nahe (▶ Abb. 2.3):

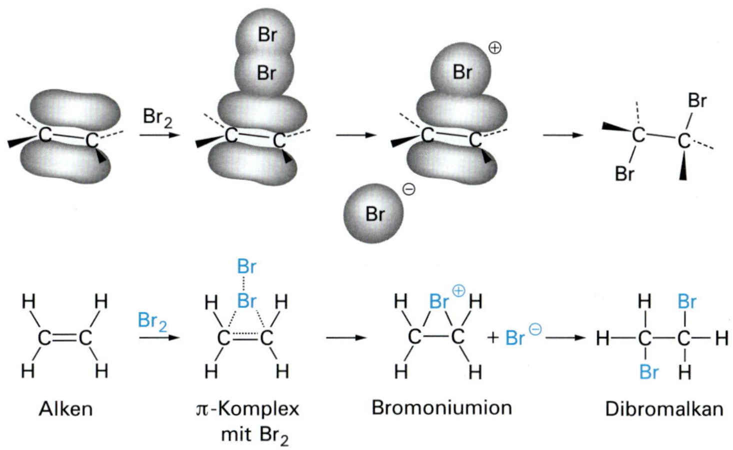

Abb. 2.3 Addition von Brom an ein Alken.

Das Brommolekül bildet zunächst einen sog. **π-Komplex** mit dem Alken. Dabei wird das Br_2-Molekül so polarisiert, dass es in $Br^{\oplus}$ und $Br^{\ominus}$ zerfällt. Das $Br^{\oplus}$ bildet mit der π-Elektronenwolke des Alkenmoleküls ein positives Ion mit einem dreigliedrigen Ring, ein **Bromoniumion**.

Das $Br^{\ominus}$ greift dieses Ion von der Rückseite her an, dadurch bildet sich das Dibromalkan (genauer: das vicinale Dibromalkan).

Bei dieser **stereospezifischen Reaktion** bildet sich das *anti*-Additionsprodukt (▶ Abb. 2.3). Beweisen lässt sich dies z. B. durch eine Additionsreaktion an cyclische Alkene; dabei entsteht nur ein Diastereomeres, das *trans*-Additionsprodukt.

1,3-Diene bilden bei dieser Reaktion sowohl das 1,2- als auch das 1,4-Dibromderivat.

2. Addition von Halogenwasserstoff (Hydrohalogenierung)

Polare Moleküle $A^{\delta\oplus}-B^{\delta\ominus}$, die in $A^{\oplus}$ und $B^{\ominus}$ dissoziieren können, addieren besonders leicht an Alkenmoleküle. Hier bildet zunächst das Kation $A^{\oplus}$ mit dem Alken ein Carbeniumion (▶ 1.15.2). Das $B^{\ominus}$ greift dann im 2. Reaktionsschritt an, wobei das Produkt gebildet wird:

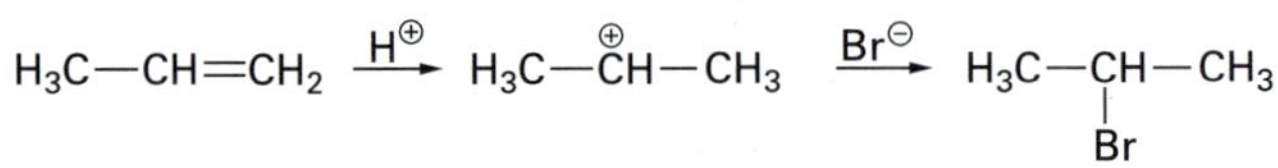

Propen Carbeniumion 2-Brompropan

V. V. Markownikow hat gefunden, dass hierbei das 2-Brompropan, nicht jedoch 1-Brompropan gebildet wird. Bei der Reaktion tritt dasjenige Carbeniumion bevorzugt auf, das am $C^{\oplus}$ die meisten Alkylgruppen enthält, also energieärmer ist:

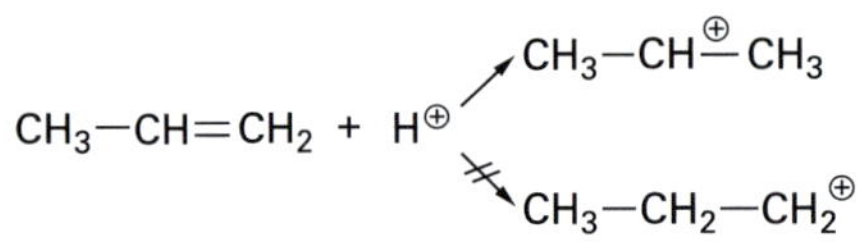

Das $Br^{\ominus}$ greift anschließend den Ort der größten positiven Landung an.

> Bei der Addition von $H^{\delta\oplus}—X^{\delta\ominus}$ bindet sich das elektronegativere Atom (X) an dasjenige C-Atom der Doppelbindung eines Alkens, das weniger H-Atome trägt (**Markownikow-Regel**).

Reaktionen, die ein bestimmtes von mehreren möglichen stellungsisomeren Produkten bilden, nennt man **regiospezifisch**. Die Markownikow-Regel gibt ein Beispiel für eine regiospezifische Reaktion.

3. Polymerisation

Bei der Polymerisation werden fortlaufend Alkene an Alkene addiert; es entstehen langkettige, makromolekulare Alkane (Beispiele und Mechanismen in Kapitel 3):

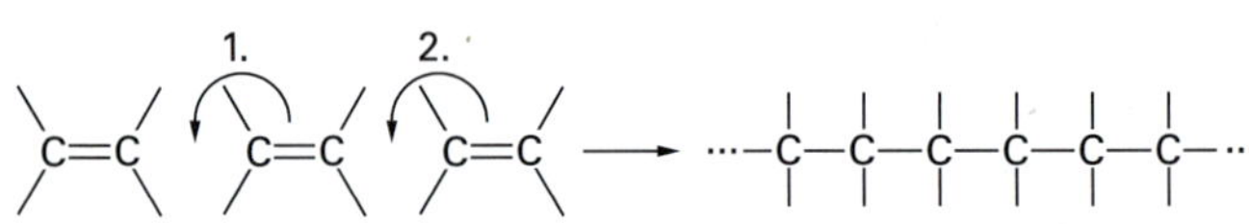

4. Addition von Wasser (Hydratisierung)

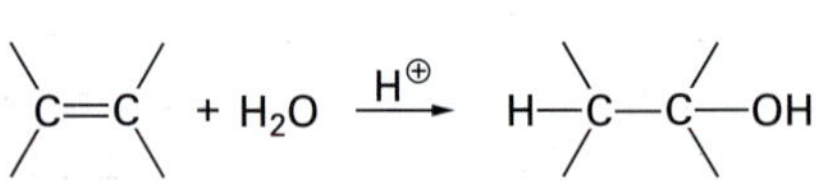

Alkanol

Die Addition von Wasser an Alkene erfordert eine Katalyse durch $H^{\oplus}$-Ionen, da H_2O kein Elektrophil, sondern ein Nucleophil ist. Als Katalysatoren verwendet man z. B. Schwefel- oder Phosphorsäure. Die Addition erfolgt im Sinne der Markownikow-Regel. Bei Alkenen mit einer endständigen Doppelbindung wird also der sekundäre Alkohol gebildet.

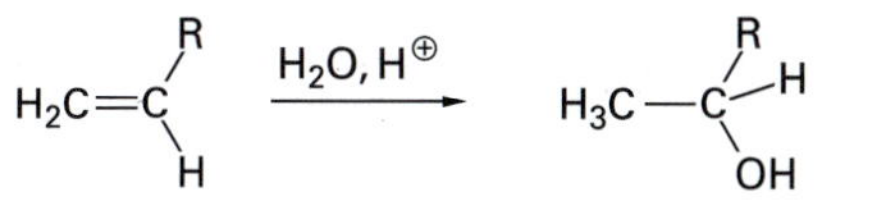

sekundärer Alkohol

Auf analoge Weise kann auch ein Alkohol R^2OH addiert werden, und es entsteht ein Ether:

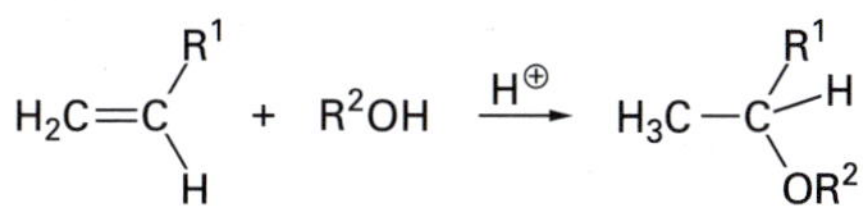

Ether

5. Addition von Boran (Hydroborierung)
Bei der Addition von Boran, BH_3, das im freien Zustand dimer als Diboran, B_2H_6, vorliegt, entsteht ein Trialkylboran, das mit H_2O_2 in alkalischer Lösung zum primären Alkohol und Borsäure oxidiert wird. Die Gesamtreaktion stellt formal eine **anti-Markownikow-Addition** von Wasser dar.

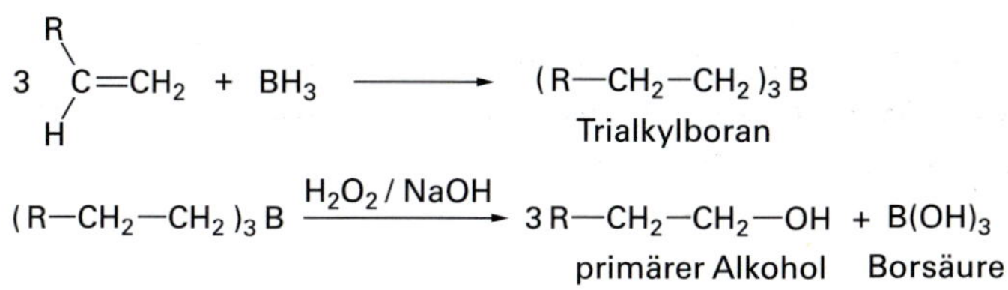

6. Addition von Wasserstoffperoxid (*trans*-Dihydroxylierung)
Mit Hilfe von Peroxysäuren lässt sich H_2O_2 zum ***trans*-Diol** addieren:

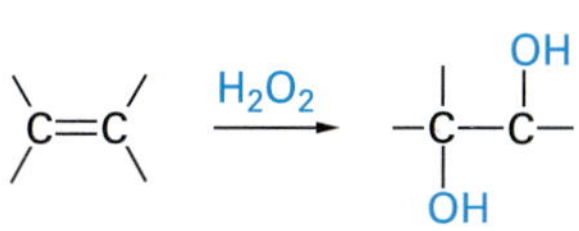

Alkandiol

7. Oxidation mit Kaliumpermanganat oder Osmiumtetroxid (*cis*-Dihydroxylierung)
Die Entfärbung von alkalischer $KMnO_4$-Lösung (Baeyer-Test) gilt ebenfalls, wie die Entfärbung einer Bromlösung, als Nachweis von C=C-Doppelbindungen. Präparativ verwendet man als Oxidationsmittel Osmiumtetroxid. Beide Reaktionen liefern **vicinale Diole**; bei Cycloalkenen entsteht stereospezifisch das *cis*-Additionsprodukt (***cis*-Diol**):

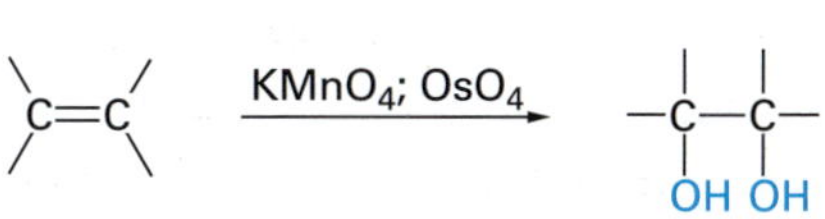

Alkandiol

8. Katalytische Hydrierung

Wasserstoff wird an die Doppelbindung von Alkenen addiert, wenn man fein verteiltes Palladium oder Nickel als Katalysator hinzufügt:

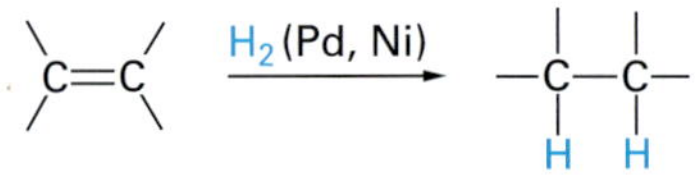

9. Spaltung mit Ozon (Ozonolyse)

Die Reaktion von Ozon kann zur Klärung der Struktur von Alkenen verwendet werden (z. B. bei Naturstoffen). Die Reaktion verläuft über mehrere Stufen. Die schließlich entstehenden Ketone bzw. Aldehyde lassen sich leicht identifizieren:

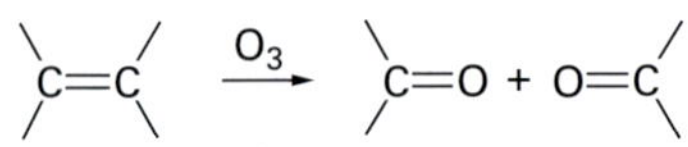

10. Addition von Carbenen (Cyclopropanierung)

Eine besonders elegante Synthese von **Cyclopropanen** erfolgt durch Addition von Carbenen an C=C-Doppelbindungen. Carbene besitzen sechs Valenzelektronen. Wegen ihrer Elektronenlücke reagieren sie – obwohl sie elektroneutral sind – elektrophil (► Abb. 1.28). Das einfachste Carben, CH_2, auch Methylen genannt, entsteht bei der Photolyse von Diazomethan oder Keten:

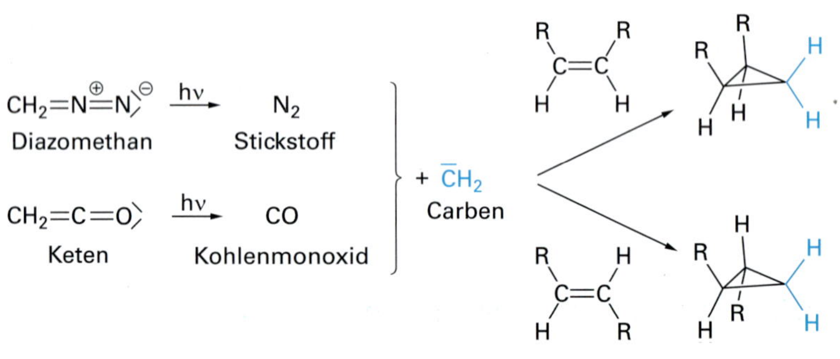

Je nach Reaktionsbedingungen entsteht das Singulett- oder das Triplett-Carben (► Abb. 1.28). Das Singulett-Carben reagiert, wie oben angedeutet, stereospezifisch, da beide σ-Bindungen gleichzeitig gebildet werden. Ebenso reagiert das Dichlorcarben:

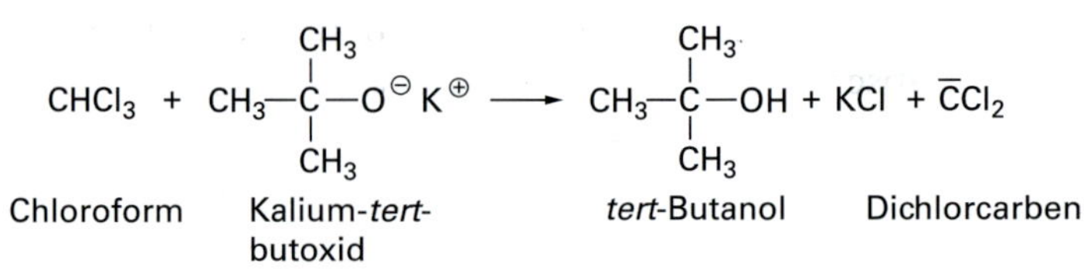

Man erhält es durch Abspaltung von HCl aus Trichlormethan (Chloroform) mit Hilfe starker Basen. Carbene reagieren auch mit Cycloalkenen:

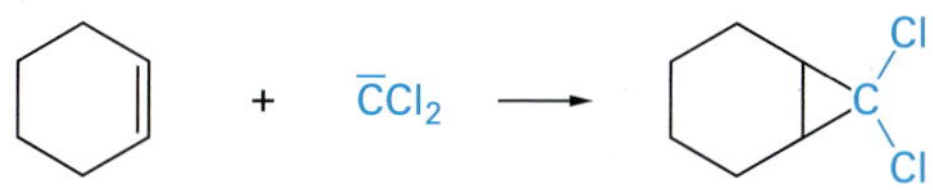

Cyclohexen Dichlorcarben 7,7′-Dichlornorcaran

11. Metathese

Unter dem Einfluss spezieller Katalysatoren (Kat) tauschen Alkene formal ihre Reste aus. Als Katalysatoren wirken Komplexe einiger Übergangsmetalle. Besonders bekannt sind der **Grubbs-** und der **Schrock-Katalysator**, ein Ruthenium- bzw. ein Molybdän-Komplex. Bei der Reaktion bildet der Katalysator mit dem Alken intermediäre Metall-Carben-Komplexe (Alkyliden-Komplexe).

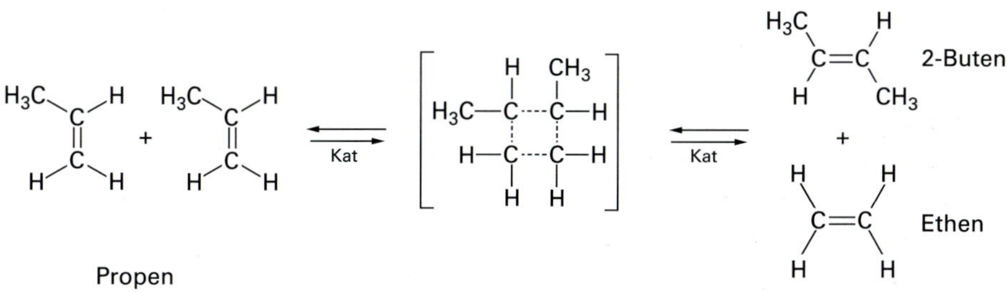

Die Metathese gehört zu den bedeutendsten Entdeckungen auf dem Gebiet der metallorganischen Katalyse; sie wurde ab 1965 systematisch untersucht und zur industriellen Reife gebracht. Die Umwandlung von Propen in 2-Buten und Ethen wird seit 1966 als großtechnisches Verfahren durchgeführt.

2.4 Alkine

2.4.1 Struktur, Nomenklatur und Eigenschaften

Offenkettige Kohlenwasserstoffe mit einer C≡C-Dreifachbindung im Molekül besitzen die Formel C_nH_{2n-2} und werden durch die Endung **-in** am Stammnamen für die Kette gekennzeichnet.

Einige Alkine haben technische Bedeutung, insbesondere der einfachste Vertreter, C_2H_2, der systematisch **Ethin** genannt wird, aber als **Acetylen** bekannter ist:

H—C≡C—H	CH_3—C≡C—CH_3
Ethin	2-Butin
Acetylen	

In vielen Pflanzen, insbesondere den Korbblütlern, findet man **Polyine**, die als Abwehrstoffe wirken, so z. B.

$CH_3—C≡C—C≡C—C≡C—C≡C—C≡C—CH=CH_2$
1-Tridecen-3,5,7,9,11-pentain

Eine Dreifachbindung kann zwei Moleküle A—B addieren. Alkine verhalten sich daher stark ungesättigt. Alkine sind zum Teil sehr explosiv, durch Stoß und Erwärmung ausgelöst, zerfallen sie dabei in exothermer Reaktion in die Elemente:

$$\frac{n}{2}\,C_2H_2 \rightarrow C_n + \frac{n}{2}\,H_2$$

Ethin Ruß Wasserstoff

Ethin kann daher nicht als Gas unter Druck aufbewahrt werden. Als Lösung in Aceton ist es jedoch handhabungssicher. Die Ethin-Aceton-Lösung kommt in gelben Stahlflaschen, die mit Kieselgur (sehr poröses SiO_2, entstanden aus Kieselalgen) gefüllt sind, in den Handel. Ethin verbrennt an der Luft mit stark leuchtender, rußender Flamme: Mit Sauerstoff ist die Flamme bläulich und ca. 3.000 °C heiß; man verwendet sie zum Schweißen und Schneiden. Sowohl das reine Ethin wie Ethin-Luft-Gemische von 2,3 bis 82 Vol % Ethin (größter Explosionsbereich aller Brenngase) explodieren nach Zündung heftig. Trotzdem beherrscht man große Industrieanlagen, in denen Ethin verarbeitet wird. Ethin löst sich, im Gegensatz zu anderen Kohlenwasserstoffen, etwas in Wasser. Es hat einen etherischen Geruch und wirkt narkotisch. Ethin wird heute überwiegend zur Synthese von Kunststoffen genutzt, aber auch in der Mikroelektronik zur Herstellung von Nanoröhrchen (► 2.7.2). Die industrielle Verwendung von Ethin ist zugunsten von Ethen stark zurückgegangen.

2.4.2 Darstellung

1. Synthese aus Koks und Kalk

Das in der Industrie benötigte **Ethin** wurde früher vor allem durch Reaktion von Calciumcarbid mit Wasser hergestellt. Calciumcarbid wird im Lichtbogenofen aus Koks und Kalk gewonnen:

$$CaO + 3\,C \xrightarrow{\text{Lichtbogen}} CaC_2 + CO$$

Calciumoxid, Kohlenstoff, Calciumcarbid, Kohlenmonoxid

$$CaC_2 + 2\,H_2O \longrightarrow Ca(OH)_2 + H—C≡C—H$$

Calciumcarbid, Wasser, Calciumhydroxid, Ethin

2. Pyrolyse von Alkanen

Heute stellt man einen großen Teil des Ethins durch Pyrolyse von Erdölfraktionen oder von Methan (aus Erdgas) im elektrischen Lichtbogen her:

$$2\,CH_4 \xrightarrow{\text{Lichtbogen}} H—C≡C—H + 3\,H_2$$

3. Eliminierungen

Zur Darstellung von Ethinderivaten im Labor verwendet man Abspaltungsreaktionen, z. B. von Halogenwasserstoff HX aus Dihalogenalkanen oder Halogenalkenen mit starken Basen oder von Halogen mit Zink aus Tetrahalogenderivaten:

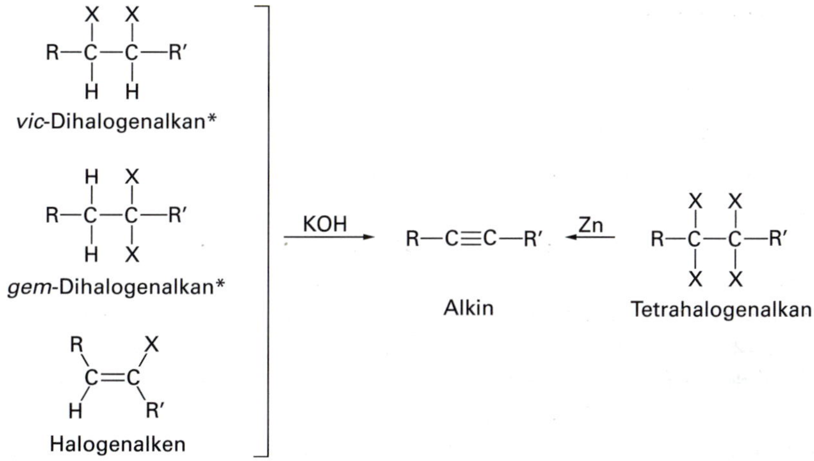

* *vic*, vicinal (von latein. *vicinus*: benachbart); *gem*, geminal (von latein. *geminus*: zweifach, Zwilling).

2.4.3 Reaktionen

Als ungesättigte Kohlenwasserstoffe zeigen Alkine ähnliche Reaktionen wie Alkene: Sie addieren Elektrophile. Ein wesentlicher Unterschied findet sich bei terminalen Alkinen, also solchen mit endständiger Dreifachbindung.

1. Bildung von Acetyleniden und Carbiden

Das Wasserstoffatom an einem dreifach gebundenen C-Atom ist „sauer", es lässt sich durch Metallatome ersetzen. Analog der Wurtz-Synthese (▶ 2.2.4) kann man höhere Alkine aufbauen:

$$\underset{\text{Alkin}}{R{-}C{\equiv}C{-}H} \xrightarrow[\text{in flüss. } NH_3]{Na^{\oplus}NH_2^{\ominus}} \underset{\text{Natriumacetylenid}}{[R{-}C{\equiv}C{:}^{\ominus}]Na^{\oplus}} \xrightarrow{R'{-}Cl} \underset{\text{höheres Alkin}}{R{-}C{\equiv}C{-}R'}$$

Mit Silber- oder Kupfersalzen bilden sich hochexplosive Carbide:

$$\underset{\text{Silbernitrat}}{2\,AgNO_3} + \underset{\text{Ethin}}{H{-}C{\equiv}C{-}H} \rightarrow \underset{\text{Silbercarbid}}{Ag{-}C{\equiv}C{-}Ag} + \underset{\text{Salpetersäure}}{2\,HNO_3}$$

Kupferacetylide können sich in Rohren und Ventilen von Ethinleitungen bilden, wenn diese Kupfer enthalten.

In der Industrie werden viele Additionsreaktionen mit Alkinen durchgeführt. Nur einige seien nachstehend genannt.

2. Addition von Halogen

$$H{-}C{\equiv}C{-}H \xrightarrow{Cl_2} CHCl{=}CHCl \xrightarrow{Cl_2} CHCl_2{-}CHCl_2$$

Ethin — 1,2-Dichlorethen — 1,1,2,2-Tetrachlorethan

3. Hydrierung

Durch katalytische Hydrierung mit Ni-, Pt- oder Pd-Katalysatoren entstehen Alkane:

$$R{-}C{\equiv}C{-}H \xrightarrow{2\,H_2} R{-}CH_2{-}CH_3$$

Alkin — Alkan

Bei Verwendung eines teilweise „vergifteten", d. h. in seiner Aktivität herabgesetzten Katalysators (z. B. $Pd/BaSO_4$, Lindlar-Katalysator) lässt sich die Hydrierung auf der Stufe des Alkens anhalten; es entstehen stereoselektiv *cis*-Alkene:

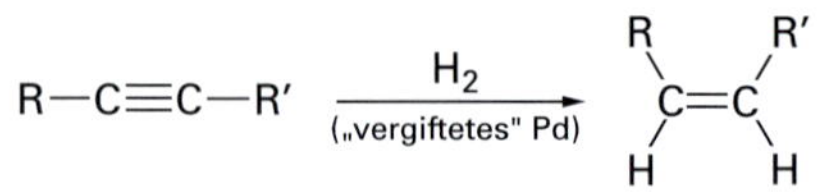

4. Addition von Wasser

Die Addition von Wasser unter der Wirkung von sauren Katalysatoren liefert zunächst Ethenol (Vinylalkohol), das sich aber schnell in das Strukturisomere, den Acetaldehyd, ein wichtiges industrielles Zwischenprodukt, umlagert (Keto-Enol-Tautomerie, ▶ 2.12.1):

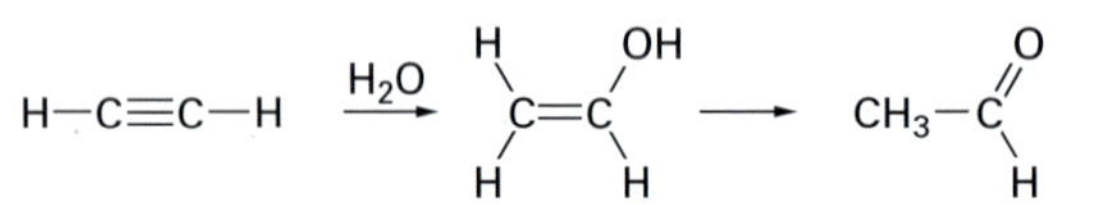

Ethin — Ethenol (instabil) — Acetaldehyd

5. Reppe-Chemie

Von W. Reppe bei der BASF wurde in den 1940-er Jahren eine Reihe technisch wichtiger Reaktionen des Ethins entwickelt:

Ethenylierung:

$$HC{\equiv}CH + CH_3{-}COOH \longrightarrow H_2C{=}CH{-}O{-}CO{-}CH_3$$

Ethin, Essigsäure — Vinylacetat

$$HC{\equiv}CH + H{-}C{\equiv}N \longrightarrow H_2C{=}CH{-}C{\equiv}N$$

Blausäure — Acrylnitril

Ethinylierung:

$$HC{\equiv}CH + CH_2O \longrightarrow HC{\equiv}C{-}CH_2{-}OH$$

Formaldehyd — 2-Propin-1-ol, Propargylalkohol

$$HC{\equiv}CH + 2\,CH_2O \longrightarrow HO{-}CH_2{-}C{\equiv}C{-}CH_2{-}OH$$

2-Butin-1,4-diol

Carbonylierung:

$$HC{\equiv}CH + CO + H_2O \longrightarrow H_2C{=}CH{-}COOH$$

Acrylsäure

Cyclisierung:

$4\,HC{\equiv}CH \longrightarrow$

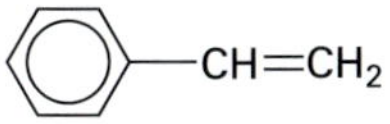

Styren

Viele dieser Produkte können zu makromolekularen Stoffen polymerisiert werden (▶ 3).

2.5 Fossile Brennstoffe

Die **fossilen organischen Stoffe** – Erdgas, Erdöl, Kohle, Ölschiefer und Ölsande – bilden die **Rohstoffgrundlage** der chemischen Industrie. In zunehmendem Maße werden auch pflanzliche und tierische Stoffe (Cellulose, Zucker, Fette usw.) als Rohstoffe genutzt. Ungefähr 95% der verbrauchten fossilen organischen Verbindungen, die in Millionen von Jahren mit Hilfe der Sonnenenergie entstanden, werden als **Energieträger** genutzt. Sie werden in Kraftwerken, Kraftfahrzeugen und in Heizanlagen in so großer Menge verbrannt, dass der Kohlendioxid-Gehalt der Atmosphäre stark angestiegen ist. Neben der Tatsache, dass es nur begrenzte Vorräte an **fossilen Brennstoffen** auf der Erde gibt, stößt ihr weltweit zunehmender Verbrauch wegen der **CO_2-Abgase**, das als eines der wichtigsten „Klimagase" gilt („Treibhauseffekt"), auf Grenzen, die globale Beschränkungen zwingend erfordern. In absehbarer Zeit lässt sich aber der Betrieb von Kraftfahrzeugen, insbesondere auch der von Flugzeugen, kaum auf einer anderen Basis als der von Verbrennungsmotoren und Triebwerken denken. Neben intensiven Bemühungen, den **Energieverbrauch zu mindern**, ist es deshalb unbedingt erforderlich, **alternative Energiequellen** wie Wasserkraft, Sonnen- und Windenergie, sowie – sofern sich Sicherheitsprobleme, besonders bezüglich der Endlagerung des radioaktiven Abfalls, lösen lassen – die Kernspaltung und die Kernfusion anstelle der fossilen organischen Verbindungen als primäre Energieträger zur Erzeugung von Strom und Wärme zu verwenden. Die auf der Erde einzige unerschöpfliche Energiequelle, die **Sonne**, liefert ein Vielfaches der Energie, die von den Menschen sinnvoll genutzt werden kann. Auf die Problematik der Verwendung von Nahrungsmitteln als Treibstoff oder zur Heizung sei hier nur am Rande hingewiesen.

2.5.1 Erdgas

Erdgas ist die wichtigste Quelle natürlicher **Kohlenwasserstoffe mit wenigen C-Atomen**. Man findet Erdgas – oft gemeinsam mit Erdöl – in der Erdkruste, z. B.

in den USA, Russland, der Sahara, im Nahen Osten, aber auch unter der Nordsee und in der Arktis. Ein Vergleich mit älteren Zahlen zeigt, dass einer Steigerung der **Erdgasförderung** in den letzten 30 Jahren ein Anstieg der **Erdgasreserven** infolge reger Prospektion und Neubewertung der Lagerstätten gegenübersteht. Eine ausführliche Studie zu den Reichweiten sagt eine sichere Erdgasversorgung bis weit in das 21. Jahrhundert voraus.

Erdgas enthält neben wechselnden Anteilen Stickstoff bis zu 85% Methan, ungefähr 10% Ethan, 3% Propan sowie wenig Butan und andere Kohlenwasserstoffe, gelegentlich auch Helium und Schwefelwasserstoff. „Nasses Erdgas" enthält etwas größere Mengen der Alkane Ethan bis Heptan.

Methan bildet mit Wasser bei einem Druck ab ca. 20.000 hPa eine Einschlussverbindung (Clathrat): **Methanhydrat** (▶ 5.2.1). In den Kontinentalabhängen der Meere, gewöhnlich in Tiefen von 500 bis 1.000 Metern, wo der Druck hoch und die Temperatur niedrig genug sind, findet man davon überraschend große Mengen, Schätzungen liegen bei zwölf bis dreißig Billionen Tonnen. Darin ist mehr als **doppelt so viel Kohlenstoff** gebunden als in allen Erdöl-, Erdgas- und Kohlevorräten der Welt.

Man verwendet Erdgas vor allem als **Brennstoff** – zur Zeit werden weltweit etwa 20% des Primärenergiebedarfs aus dem Erdgas gedeckt – zum kleineren Teil aber als Rohstoff in der Petrochemie, wo man es in eine Reihe von Produkten umwandelt: Ruß, Ethin, Ethen, Blausäure ($HC{\equiv}N$), Formaldehyd ($H_2C{=}O$), Halogenmethane (CH_3X, CH_2X_2, CHX_3, CX_4; X = Halogen) und Synthesegas ($CH_4 + H_2O \rightarrow CO + 3\,H_2$).

2.5.2 Erdöl

Erdöl ist ein kompliziertes **Gemisch aus Kohlenwasserstoffen** mit wenig Sauerstoff-, Stickstoff- und Schwefelverbindungen. Je nach Lagerstätte enthält es mehr oder weniger Alkane und Cycloalkane, aber auch aromatische Verbindungen. Es entstand wahrscheinlich aus Tieren und Pflanzen im Faulschlamm stehender Gewässer.

Das Rohöl wird nach der Entwässerung und Entsalzung destilliert. Unter **Destillation** versteht man die Verdampfung einer Substanz mit nachfolgender Kondensation. Hierdurch trennt man leichter flüchtige von schwerer flüchtigen Substanzen. Man enthält dabei Erdölfraktionen mit den folgenden Siedebereichen: *Heiz-* und *Treibgas* <30 °C, *Petrolether* 30–60 °C, *Fahrzeugbenzin* 35–200 °C, *Waschbenzin* 100–150 °C, *Lackbenzin* 150–200 °C, *Kerosin* (*Leichtöl*) 175–275 °C, *Heizöl, Dieselöl* (*Mittelöl*) 250–400 °C, *Schmieröl* (*Schweröl*) 300–500 °C. Als Rückstand bleibt *Pech*, das man als Isolieranstrich, Klebe- und Vergussmasse, zu Dachpappe und Straßenbelag verarbeitet.

Das durch Destillation aus dem Erdöl gewonnene *Benzin* reicht bei weitem nicht aus, um den Bedarf an Fahrzeugbenzin zu decken. Man verarbeitet daher den mengenmäßig größeren Anteil des Rohöls, das Schweröl, zu Benzin mit Hilfe der **Crackreaktion** (▶ 2.3.2).

Beim Erhitzen der Alkanmoleküle werden die C—C- und die C—H-Bindungen zu starken Schwingungen angeregt. Bei langkettigen Molekülen erreicht die im Molekül gespeicherte Schwingungsenergie schließlich den Betrag, der zur Spaltung von Bindungen erforderlich ist. Da die Bindungsenergie der C—H-Bindungen (ca. 410 kJ/mol) um 70 kJ/mol höher ist als die der C—C-Bindungen (ca. 340 kJ/mol), spalten zunächst die C—C-Bindungen, und zwar bevorzugt in der Mitte des Moleküls, zum Beispiel:

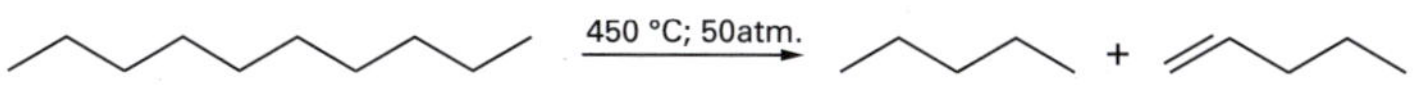

Decan $C_{10}H_{22}$ → Pentan C_5H_{12} + 1-Penten, C_5H_{10}

Durch sog. **Reforming-Verfahren** wird die Qualität des gebildeten Benzins erhöht. Die vorzeitige schlagartige Verbrennung im Zylinder des Ottomotors, das *Klopfen*, wird verhindert, indem man den Anteil an verzweigten, ungesättigten und aromatischen Kohlenwasserstoffen erhöht und außerdem **Antiklopfmittel** wie Alkohole (Methanol, Ethanol, 2-Propanol, *tert*-Butanol) und Ether (MTBE u. a.) zusetzt. Man misst die Klopffestigkeit mit Hilfe der **Octanzahl**. Reines Isooctan ist besonders klopffest; es hat die Octanzahl 100.

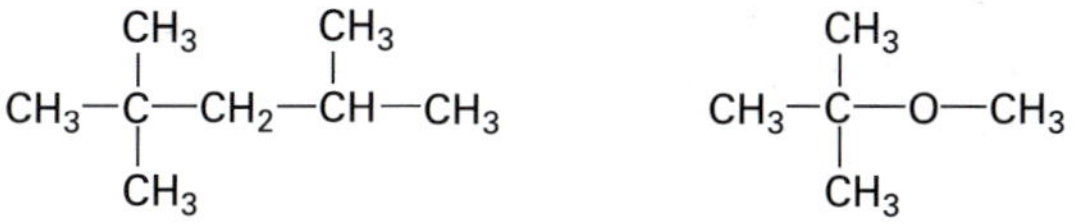

2,2,4-Trimethylpentan
Isooctan

Methyl-*tert*-butylether
(MTBE)

Das besonders „klopffreudige" Heptan hat definitionsgemäß die Octanzahl 0.

Die **Octanzahl** eines Kraftstoffs bestimmt man, indem man seine Klopffestigkeit in einem Prüfmotor mit derjenigen verschiedener Isooctan-Heptan-Gemische vergleicht. Die Octanzahl ist der Volumenanteil Isooctan in dem Gemisch mit der gleichen Klopfneigung. Das früher als Antiklopfmittel verwendete giftige und umweltschädliche Tetraethylblei, $Pb(C_2H_5)_4$, wird heute durch harmlosere Verbindungen (s. o.) ersetzt.

Bei den verschiedenen **Reformingverfahren** werden durch Erhitzen mit Katalysatoren aus den Alkanen und Alkenen des Crackverfahrens verzweigte Alkane und aromatische Kohlenwasserstoffe gebildet, wodurch die Octanzahl erhöht wird. Typische Beispiele von Reaktionen bei Reformingprozessen sind (jeweils unter der Wirkung von unterschiedlichen Drücken, Temperaturen und Katalysatoren):

Dehydrierung:

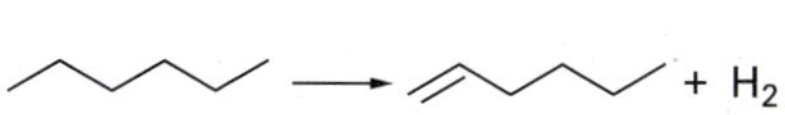

Hexan C_6H_{14} → 1-Hexen C_6H_{12} + H_2

Cyclisierung:

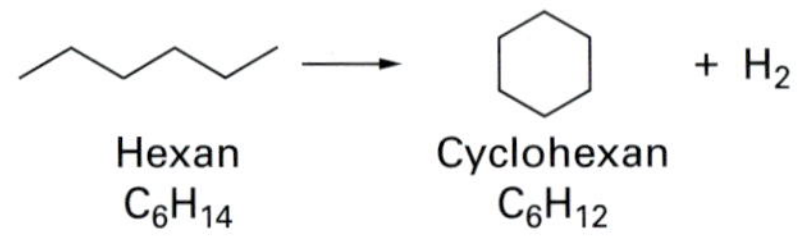

Aromatisierung:

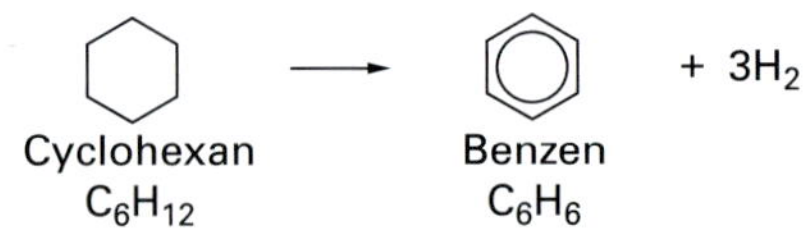

Isomeriesierung:

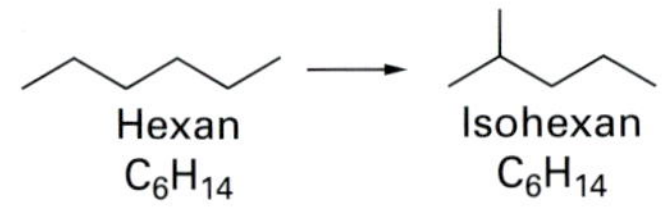

Alkylierung:

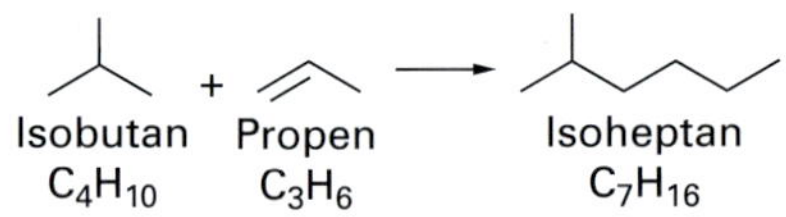

Dimerisation:

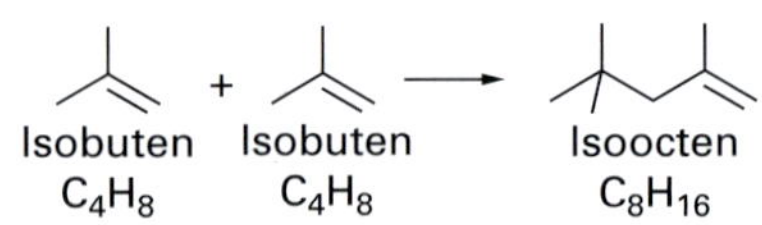

Zur Charakterisierung der Zündwilligkeit von **Diesel-Kraftstoffen** verwendet man die **Cetanzahl**. Cetan (Hexadecan, $C_{16}H_{34}$) hat die Cetanzahl 100, das besonders schlecht zündende 1-Methylnaphthalen die Cetanzahl 0. Schnell laufende Dieselmotoren benötigen schnell zündenden Kraftstoff, also höhere Cetanzahlen (über 40).

Die Produkte der Erdöldestillation enthalten, je nach Herkunft der Öle, bis zu 5% Schwefel. Bei den zur Verbrennung bestimmten Fraktionen (Heizöl, Kraftstoffe) wird durch hydrierende **Entschwefelung** der organische Schwefel (z. B. in Thiophenderivaten, ▶ 2.8.1) als H_2S abgespalten. Dadurch wird die in die Atmosphäre gelangende Menge an SO_2 gesenkt.

Aus Erdöl werden über 90% der in der chemischen Industrie erzeugten Produkte hergestellt (**Petrochemie**). Der Anteil des Erdöls, der in der chemischen Industrie in Deutschland im Jahre 2002 als Rohstoff verbraucht wurde, betrug etwa 14% des gesamten Mineralölkonsums. Weitaus größere Anteile wurden zu Heizöl (30%) und Treibstoffen (54%) verarbeitet.

2.5.3 Kohle

Kohle besteht aus einem **Gemisch alicyclischer und heterocyclischer gesättigter, ungesättigter und aromatischer Kohlenwasserstoffe hoher Molmasse**.

Es gibt eine Reihe verschiedener Verfahren zur **Kohleveredelung**, zur Gewinnung wichtiger chemischer Grundstoffe aus Kohle. Die Verfahren zur **Kohleverflüssigung**, der Herstellung von Benzin aus Kohle, werden heute nur noch selten angewandt, da das damit produzierte Benzin immer noch wesentlich teurer ist als das aus Erdöl. Man kann durch **Kohleextraktion** wachsartige Substanzen aus der Kohle herauslösen, die durch Cracken und Hydrierung zu Benzin verarbeitet werden können. Man hat zu diesem Zweck auch Kohle-Katalysatorgemische direkt hydriert (**Kohlehydrierung**).

Durch Erhitzen der Kohle auf 600 °C (**Verschwelen**) bzw. 1.000 °C (**Verkokung**) werden flüchtige Verbindungen gebildet und ausgetrieben (**Stadtgas**): ca. 25% Methan, 60% Wasserstoff, 5% Kohlenmonoxid, 8% Stickstoff und 2% Kohlendioxid. Hinzu kommen Wasser und Ammoniak sowie Teer; zurück bleibt **Koks**. Dieser besteht im Wesentlichen aus Kohlenstoff sowie anorganischer Asche. Der **Teer** wird durch Destillation insbesondere in aromatische Kohlenwasserstoffe (Benzen, Naphthalen, Anthracen, aber auch Pyridin und Phenol) zerlegt, die wichtige Grundstoffe der chemischen Industrie sind. Der Rückstand, **Pech**, wird wie bei der Erdöldestillation beschrieben verwendet.

Neben dieser **Entgasung** der Kohle betreibt man die **Vergasung**. Hierbei werden durch Einblasen von Luft oder Sauerstoff und Wasserstoff in glühenden Koks Gemische von CO und H_2 mit CO_2 und N_2 (**Generatorgas**, **Wassergas**) erzeugt.

$$C + O_2 \ (+ N_2) \rightarrow CO + CO_2 \ (+ N_2) \qquad \text{Generatorgas}$$
$$C + H_2O \rightarrow CO + H_2 \qquad \text{Wassergas}$$

Da der **Wassergasprozess** nur unter Wärmezufuhr abläuft, wird er im Allgemeinen mit dem ersten Prozess gekoppelt, bei dem Wärmeenergie freigesetzt wird. Wegen des hohen Stickstoff-Anteils ist Generatorgas für chemische Synthesen nicht geeignet. Mischungen aus CO und H_2, sog. **Synthesegas**, sind die Basis für eine Reihe wichtiger großtechnischer Synthesen, z. B. der Oxosynthese (► 2.12.2).

Aus Synthesegas entsteht an Cobalt- und Eisenkatalysatoren ein Gemisch aus Alkanen (**Fischer-Tropsch-Verfahren**):

$$2n\ CO + (n + 1)\ H_2 \rightarrow C_nH_{2n+2} + n\ CO_2 \quad \text{und}$$
$$n\ CO + (2n + 1)\ H_2 \rightarrow C_nH_{2n+2} + n\ H_2O$$

Diese dienen als Grundstoffe für technische Synthesen oder zur Herstellung von Treibstoffen. Bereits seit 1913 stellt man Methanol großtechnisch katalytisch aus Synthesegas her:

$$CO + 2\ H_2 \rightarrow \underset{\text{Methanol}}{CH_3OH}$$

2.6 Cycloalkane, Cycloalkene, Cycloalkine

2.6.1 Nomenklatur, Struktur und Isomerie, physikalische Eigenschaften der Cycloalkane

Man findet Verbindungen mit Cycloalkangerüsten in Erdöl und in Naturstoffen (Terpene ► 6.7). Ihr Name wird gebildet durch die Vorsilbe **Cyclo-** zusammen mit dem Namen des entsprechenden offenkettigen Alkans.

Bei den Ringen mit drei und vier Gliedern, **Cyclopropan** und **Cyclobutan**, weichen die Bindungswinkel an den Kohlenstoffatomen im Ring, von 60° bzw. ca. 90°, stark vom Tetraederwinkel, 109,5°, ab.

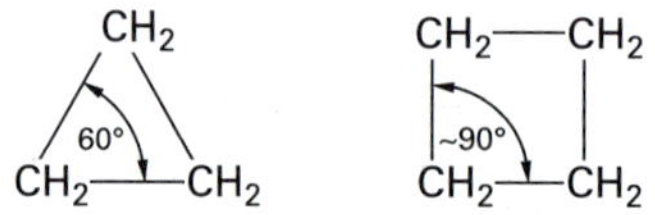

Dies äußert sich in einer erhöhten potentiellen Energie – der sog. **Ringspannung** – dieser Verbindungen. Man kann diese auf die Abweichung vom Valenzwinkel beruhende **Baeyer-Spannung** durch den Vergleich der Verbrennungswärmen pro CH_2-Gruppe zeigen (▶ Tabelle 2.4). Sie beträgt beim Cyclopropan 697 kJ/mol, 38 kJ/mol mehr als bei den n-Alkanen (659 kJ/mol). Cyclopropan hat also eine Ringspannung von $3 \cdot 38 = 114$ kJ/mol. Diese Spannung führt dazu, dass die **kleinen Ringe**, C_nH_{2n} mit n = 3 oder 4, reaktionsfreudiger sind als die **normalen Ringe** mit n = 5, 6 oder 7.

Aber auch die **mittleren Ringe**, n = 8–12, sind etwas energiereicher als die Fünf-, Sechs- und Siebenringe. Dies liegt an der gegenseitigen Störung der H-Atome bei diesen Ringen, der sog. **Pitzer-Spannung**, infolge der bei mittleren Ringen unvermeidlichen ekliptischen Anordnungen benachbarter CH_2-Gruppen. Als weiterer Faktor tritt bei den mittleren Ringen eine gegenseitige Behinderung nicht benachbarter H-Atome über den Ring hinweg auf, die **transannulare Wechselwirkung**, die ebenfalls eine Spannung im Molekül erzeugt und als **Prelog-Spannung** bezeichnet wird.

Große Ringe mit 13 und mehr Ringatomen sind wieder spannungsfrei (Verbrennungsenergie pro CH_2-Gruppe ca. 658 kJ/mol). Ihre chemischen und physikalischen Eigenschaften entsprechen denen der offenkettigen Alkane.

Abb. 2.4 zeigt perspektivisch die räumliche Struktur der Cycloalkane C_nH_{2n} mit n = 3–5. Der Ring des **Cyclobutans** und des **Cyclopentans** ist etwas gefaltet (Briefumschlag-Konformation), wodurch benachbarte CH_2-Gruppen sich aus der labilen ekliptischen Konformation herausdrehen.

Tab. 2.4 Cycloalkane.

Summenformel	Name	Schmp. [°C]	Sdp. [°C]	Verbrennungswärme pro CH_2-Gruppe[a)] [kJ/mol]
C_3H_6	Cyclopropan	−128	−33	697
C_4H_8	Cyclobutan	−90	12	686
C_5H_{10}	Cyclopentan	−94	49	664
C_6H_{12}	Cyclohexan	+6	81	659
C_7H_{14}	Cycloheptan	−13	118	662
C_8H_{16}	Cyclooctan	+14	149	663
$C_{10}H_{20}$	Cyclodecan	+11	201	665

a) Bei offenkettigen Alkanen 659 kJ/mol.

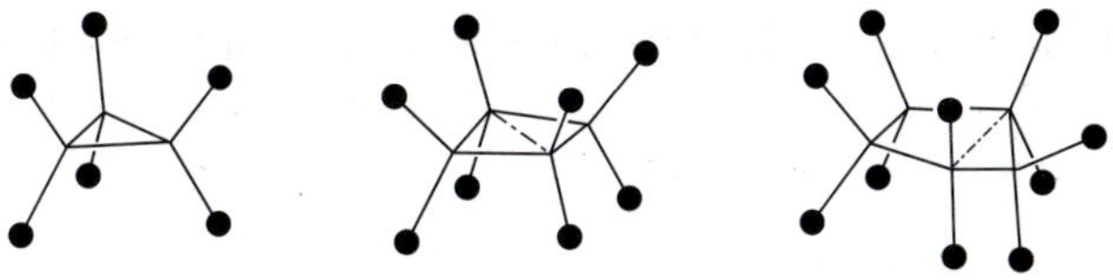

Abb. 2.4 Räumliche Struktur des Cyclopropans, -butans und -pentans.
Der Cyclopropanring ist eben, der Cyclobutan- und der Cyclopentanring sind leicht gefaltet (Briefumschlag-Konformation); dadurch weichen die CH_2-Gruppen der ekliptischen Anordnung aus.

Das Molekül des **Cyclohexans** C_6H_{12} kann in verschiedenen Konformeren auftreten. Am stabilsten ist die sog. **Sesselform**, da hier alle CH_2-Gruppen gestaffelt angeordnet sind. Cyclohexan liegt praktisch vollständig in dieser Konformation vor. Die Sesselform des Cyclohexans (S in Abb. 2.5) besitzt eine dreizählige Symmetrieachse. Sechs C—H-Bindungen liegen parallel zu dieser Achse. Man nennt sie daher auch **axiale** Bindungen (a in Abb. 2.5). Die anderen C—H-Bindungen nennt man **äquatorial** (e von engl. *equatorial*). Dieser Unterschied wird entscheidend, wenn man die Isomerie und die Eigenschaften von Cyclohexanderivaten verstehen will. Die Sesselform ist, wie man an Molekülmodellen feststellen kann, verhältnismäßig starr. Unter Aufwendung einer Aktivierungsenergie von ca. 45 kJ/mol kann eine CH_2-Gruppe umklappen, ohne dass die Bindungen gelöst werden. Dabei bilden sich aus der Sesselform (S) über die **Halbsesselform** (HS) die flexiblen Formen des Cyclohexans – die **Wannenform** (W) und die **Twistformen** (T, T′), die sich leicht ineinander umwandeln. Eine Aktivierungsenergie von ca. 20 kJ/mol ist erforderlich, um wieder zur stabilen Sesselform zu gelangen. Dabei können die ursprünglich axialen Bindungen wieder in den alten Zustand S zurückkehren, oder sie werden zu äquatorialen Bindungen in S′ (rechts in Abb. 2.5).

Die durch Substitution am Cyclohexanring gebildeten Verbindungen sind ein anschauliches Beispiel der bereits im Abschnitt 1.9 diskutierten Isomerien. In Abbildung 2.6 ist oben gezeigt, dass das **monosubstituierte Cyclohexan**, z. B. Chlorcyclohexan, in zwei Konformationen auftreten kann, die sich dadurch unterscheiden, dass die C—Cl-Bindung äquatorial (e) oder axial (a) angeordnet ist. Beide wandeln sich leicht ineinander um. Im Gleichgewicht wird das äquatoriale Konformere vorherrschen, da beim axialen der Substituent den beiden benachbarten axialen H-Atomen so nahe kommt, dass sie sich gegenseitig abstoßen.

Es gibt mehr isomere **zweifach substituierte Cyclohexanderivate** mit dem gleichen Substituenten, z. B. Dichlorcyclohexane, als man zunächst erwarten würde. Die Nummern der substituierten Kohlenstoffatome kennzeichnen zunächst die Stellungsisomeren: 1,1; 1,2; 1,3; 1,4 (▶ Abb. 2.6). Von den letzten drei gibt es jeweils zwei Diastereomere, die als *cis* (Substituenten auf der gleichen Seite) und als *trans* (Substituenten auf entgegengesetzten Seiten) bezeichnet werden. Diese Diastereomere sind chemische Individuen, die alle verschiedene Eigenschaften

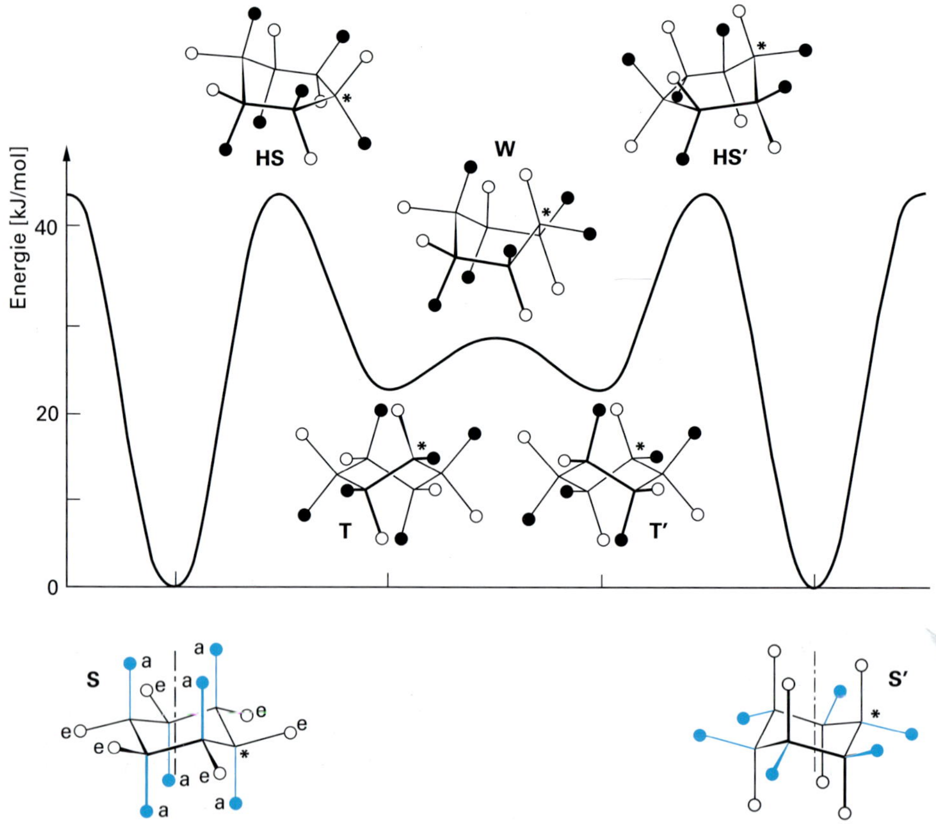

Abb. 2.5 Konformationsisomerie des Cyclohexans.
In der relativ starren Sesselform S (links im Bild) sind alle axialen H-Atome (a) durch gefüllte Kugeln, die äquatorialen (e) durch leere Kugeln gekennzeichnet. Durch Energiezufuhr entsteht die Halbsesselform HS, die sehr schnell in die Twistform T übergeht. Diese kann sich weiter sehr leicht über die Wannenform W in die andere Twistform T′ umwandeln. Über die Halbsesselform HS′ entsteht schließlich die Sesselform S′. Hier sind die ehemalig axialen H-Atome von S zu äquatorialen in S′ geworden und umgekehrt. Die gestrichelte Linie zeigt die dreizählige Symmetrieachse: Nach Drehung um 360°/3 = 120° um diese Achse ist das Molekül deckungsgleich. Zur Verdeutlichung der Konformationsänderung ist ein C-Atom durch einen * hervorgehoben.

haben. *Es gibt also sieben chemisch verschiedene Dichlorcyclohexane*: 1,1-, *cis*-1,2-, *trans*-1,2-, *cis*-1,3-, *trans*-1,3-, *cis*-1,4- und *trans*-1,4-Dichlorcyclohexan. Mit Ausnahme des 1,1-Isomers bilden sie außerdem eine Mischung von je zwei Konformeren, die sich jedoch so leicht ineinander umwandeln, dass man sie nicht voneinander trennen kann. Man kann sie jedoch, z. B. mit Hilfe ihrer Schwingungsspektren (▶ 7.8.1), nebeneinander beobachten. Die beiden Konformeren des 1,1-Dichlorcyclohexans sind identisch.

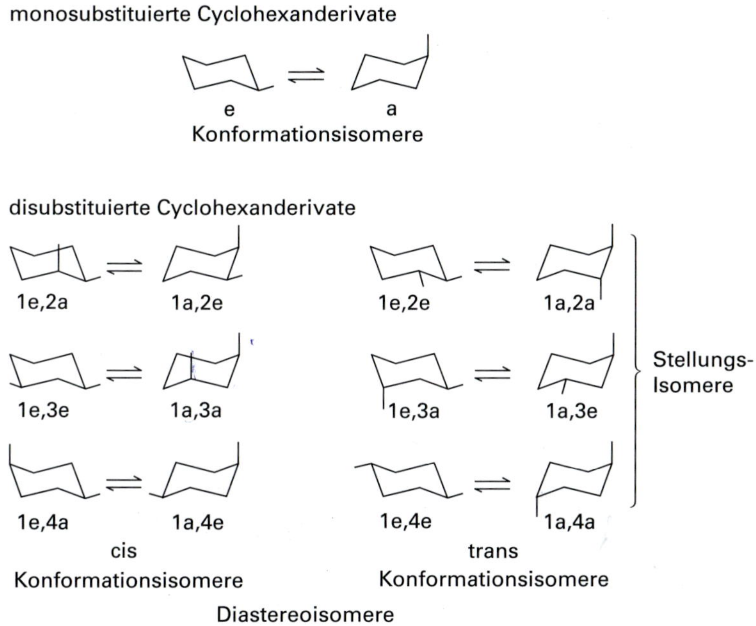

Abb. 2.6 Stellungsisomerie, Diastereoisomerie (*cis-trans*-Isomerie) und Konformationsisomerie bei Cyclohexanderivaten.
Bei monosubstituierten Cyclohexanderivaten liegt ein Gleichgewicht a ⇌ e vor. Die stellungsisomeren disubstituierten Cyclohexane unterscheidet man durch Nummerierung der C-Atome, die den Substituenten tragen (1,2; 1,3 und 1,4). Zusätzlich tritt Diastereo(iso)merie auf; man unterscheidet *cis*- und *trans*-Diastereomere. Schließlich gibt es bei jedem Diastereomeren zwei verschiedene Konformere.

2.6.2 Darstellung und Reaktionen der Cycloalkane

Die in den Erdölfraktionen vorkommenden Gemische von Alkanen und Cycloalkanen kann man meistens nur schwer voneinander trennen. Definierte Cycloalkane kann man darstellen, indem man Reaktionen, die C—C-Bindungen knüpfen, zwischen beiden Enden einer Kohlenstoffkette durchführt. Als Beispiel solcher **Ringschlussreaktionen** sei eine Reaktion genannt, die der Wurtz-Synthese (▶ 2.2.4) ähnlich ist, die Reaktion von α,ω-Dihalogenalkanen* mit Zinkstaub:

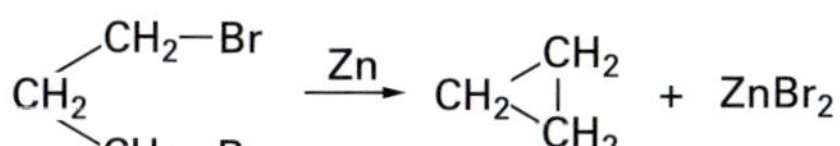

Die Darstellung von **Cyclopropanen** durch Addition von Carbenen an Doppelbindungen wurde bereits im Abschnitt 2.3.3 erwähnt.

---

* Mit der Bezeichnung α,ω- macht man deutlich, dass die Substituenten an die Enden einer Kette gebunden sind.

Die *großen Ringe* sind mit den gleichen chemischen Reaktionen zugänglich wie offenkettige Alkane. Die *kleinen Ringe* jedoch, wie der Cyclopropan- und der Cyclobutanring, sind wesentlich reaktiver, sie lassen sich wegen ihrer hohen Ringspannung relativ leicht öffnen, z. B. mit Brom oder katalytisch angeregtem Wasserstoff:

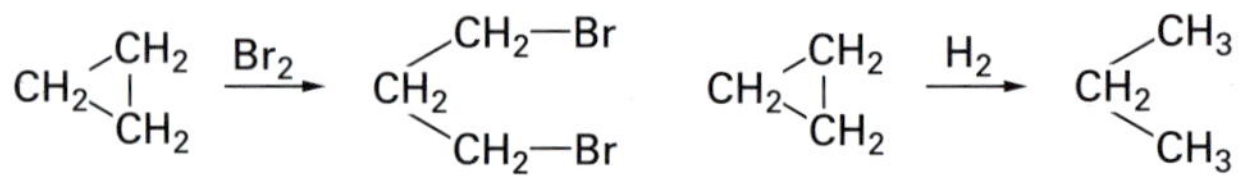

2.6.3 Cycloalkene und Cycloalkine

Durch Ringschlussreaktionen ungesättigter Ketten oder durch Abspaltungsreaktionen aus Derivaten gesättigter cyclischer Kohlenwasserstoffe bilden sich die ungesättigten carbocyclischen Verbindungen. Man benennt sie wie die offenkettigen Verbindungen, aber mit der Vorsilbe **Cyclo-**.

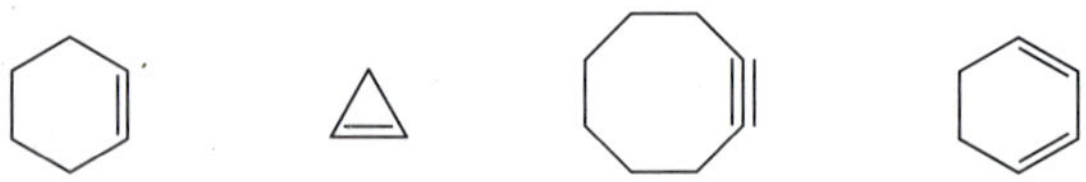

Cyclohexen Cyclopropen Cyclooctin 1,3-Cyclohexadien

Die ungesättigten carbocyclischen Kohlenwasserstoffe unterscheiden sich in ihren physikalischen und chemischen Eigenschaften grundsätzlich nur wenig von den analogen offenkettigen Verbindungen. Sie sind aber immer dann stärker reaktiv, wenn die Ringbildung die normalen Bindungswinkel der Substituenten an den Mehrfachbindungen deformiert. Daher ist **Cyclopropen** mit einem Bindungswinkel von ca. 60° statt 120°, dem natürlichen Bindungswinkel für Substituenten an Doppelbindungen, reaktiver als Propen, $CH_3—CH=CH_2$. **Cycloalkine** konnten bisher nur bei Ringen mit sieben und mehr Ringatomen hergestellt werden, da der natürliche Bindungswinkel an CC-Dreifachbindungen, 180°, sonst zu stark deformiert wird. Wie bei den Cycloalkanen erwähnt (▶ 2.6.2), werden bei den meisten Ringschlussreaktionen die Enden einer Kette miteinander verbunden.

Eine besonders elegante Synthese von **Cyclohexenderivaten** verknüpft eine 1,3-Butadien-Kette mit einem Ethenderivat, die **Diels-Alder-Reaktion**:

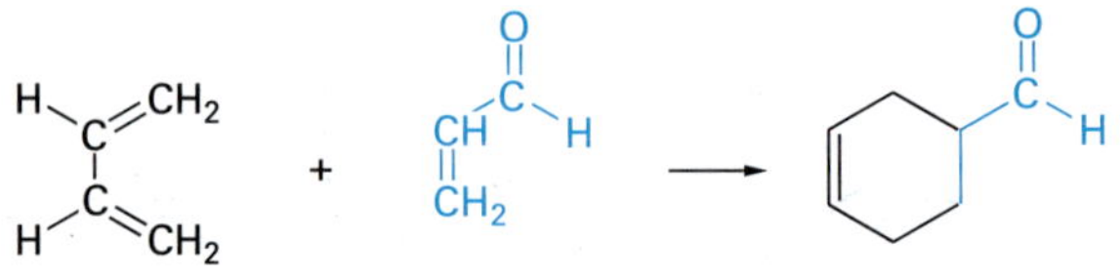

syn-1,3-Butadien 2-Propenal Acrolein 4-Formylcyclohexen

Das Acrolein fungiert als sog. **Dienophil**. Dabei wirkt sich die Carbonylgruppe günstig auf die Reaktivität aus, da sie als Elektronenakzeptor das π*-Orbital (LUMO) der CC-Doppelbindung absenkt. Andererseits wirken sich beim 1,3-

Dien Donorgruppen reaktivitätssteigernd aus, da sie das π_2-Orbital (HOMO) energetisch anheben. Bei dieser sog. **Cycloaddition**, die man nach der Anzahl der an der Ausbildung des Übergangszustands beteiligten π-Elektronen genauer als [4+2]-Cycloaddition klassifiziert, soll die Energiedifferenz zwischen dem HOMO des Diens und dem LUMO des Dienophils möglichst klein sein. Derartige Reaktionen nennt man auch *Orbital-kontrolliert.*

Ein anderes Reaktionsprinzip, das der **elektrocyclischen Reaktionen**, ermöglicht ebenfalls Ringschlussreaktionen:

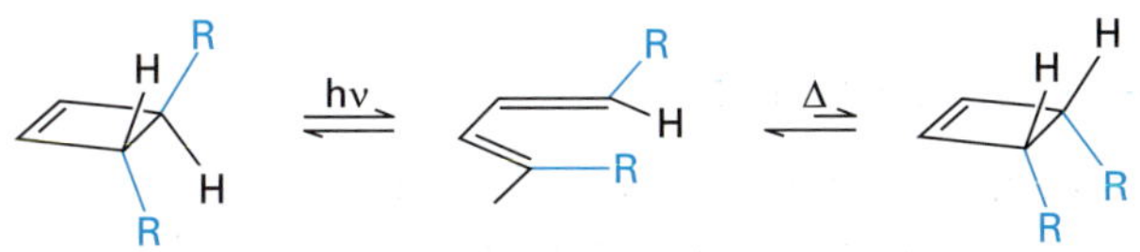

trans-3,4-Dialkylcyclobuten — *cis,trans*-1,4-Dialkyl-1,3-butadien — *cis*-3,4-Dialkylcyclobuten

Beide Reaktionstypen verlaufen streng stereospezifisch. R. B. Woodward und R. Hoffmann erklärten dies 1965 dadurch, dass bei derartigen Reaktionen die energetisch höchsten besetzten Molekülorbitale der Reaktanden sich kontinuierlich umwandeln in die neugebildeten Bindungsorbitale der Produktmoleküle. So bilden sich also σ-Bindungen aus den Orbitallappen der p-Orbitale, welche die gleiche Phase, also das gleiche Vorzeichen, besitzen. Wie in Abbildung 1.24 für das 1,3-Butadien gezeigt wurde, wird durch Lichtabsorption ein Elektron aus dem Molekülorbital 2 in das Orbital 3 angehoben. Bei der thermisch angeregten Reaktion ist daher das Orbital 2 das für die Reaktion entscheidende höchste besetzte Orbital, bei der Photoreaktion das Orbital 3.

Bei der **thermisch angeregten Reaktion** müssen sich die beiden CHR-Gruppen im gleichen Sinne (**konrotatorisch**) drehen, um die σ-Bindung im Cyclobuten aus dem höchsten besetzten π-Orbital 2 des 1,3-Butadien-Elektronensystems zu bilden. **Belichtet** man jedoch das 1,3-Butadien, so bildet sich die neue σ-Bindung aus dem Molekülorbital 3; dazu müssen sich die CHR-Gruppen im entgegengesetzten Sinn (**disrotatorisch**) drehen. In den Reaktionsgleichungen wird die thermisch angeregte Reaktion durch Δ, die photochemische Reaktion durch hν symbolisiert, im ersten Fall verläuft sie konrotatorisch, im zweiten disrotatorisch:

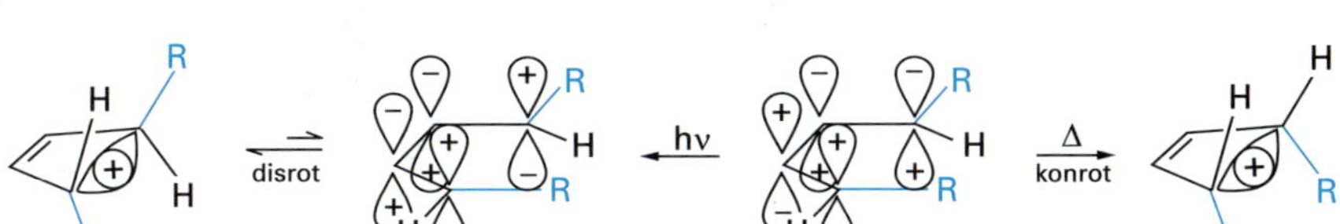

trans — höchste besetzte π-Orbitale — *cis*

Ungesättigte cyclische Kohlenwasserstoffe sind als chemische Zwischenprodukte wichtig. In der Natur findet man sie besonders in der Substanzklasse der Terpene (► 6.7).

2.6.4 Bicyclen und Polycyclen

Cyclische Alkane, in denen einzelne C—C-Bindungen gleichzeitig mehreren Ringen angehören, werden – je nach Anzahl der **anellierten Ringe** (von latein. *anellus*: kleiner Ring) – als **bicyclische**, **tricyclische** etc., sowie **polycyclische** Ringsysteme unterschieden.

Die einfachste derartige Verbindung besteht aus zwei Dreiringen mit einer gemeinsamen C—C-Bindung: **Bicyclobutan**. Das **Bicyclo[4.1.0]heptan** kann man durch Carbenaddition aus dem Cyclohexen herstellen (vgl. Kapitel 2.3.3).

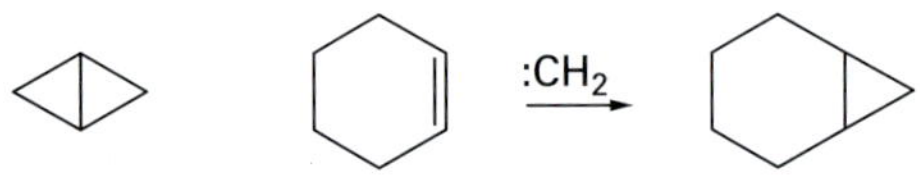

Bicyclobutan Cyclohexen Bicyclo[4.1.0]heptan

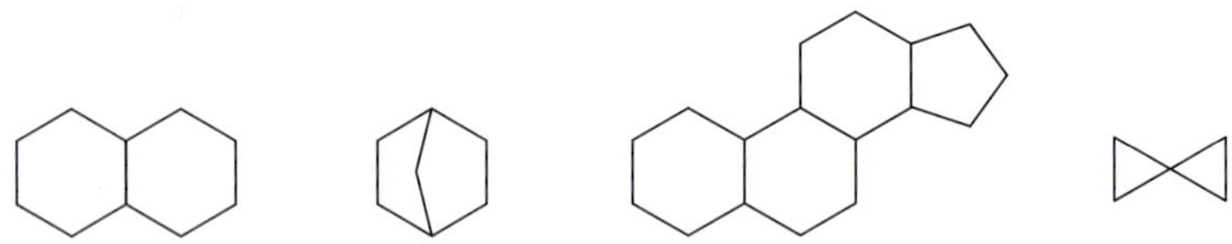

Bicyclo[4.4.0]decan Bicyclo[2.2.1]heptan Tetracyclus Steran Spiropentan

Im **Namen der Bicyclen** wird in der eckigen Klammer die Länge der von den Verzweigungsstellen (Brückenkopfatomen) ausgehenden Brücken angegeben; im **Bicyclo[2.2.1]heptan** sind dies zwei Zweier- und eine Einerbrücke. Bei **Polycyclen** wird diese Bezeichnungsweise sehr kompliziert, und man verwendet deswegen häufig *Trivialnamen*. Der Tetracyclus **Steran** bildet die Stammverbindung der Steroide (▶ 6.7).

Bicyclen, in denen die Ringe nur *ein* gemeinsames Atom besitzen, bezeichnet man als **Spiroverbindungen** (von griech. *speira*: Windung, Schlinge, Schleife); das einfachste Beispiel ist das **Spiropentan**.

Bi- und Polycyclen wie das Steran besitzen in der Regel ein starres Molekülgerüst. Dadurch können bestimmte flexible Konformere von Monocyclen fixiert werden:

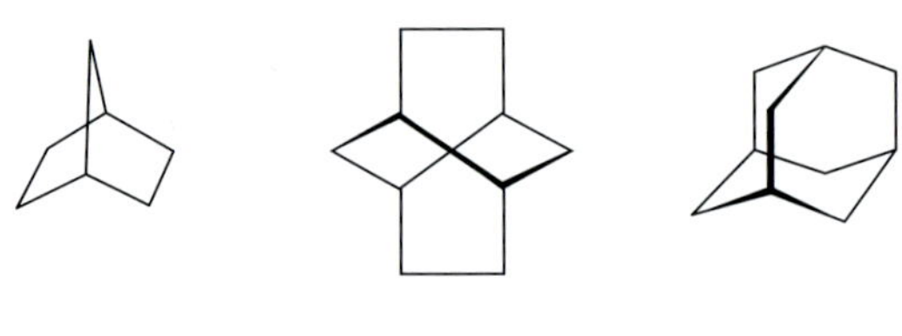

Bicyclo[2.2.1]heptan Twistan Adamantan

Im **Bicyclo[2.2.1]heptan** liegt der Sechsring in der Wannenform und im **Twistan** in der Twistform vor. Dem gegenüber besitzt das **Adamantan** ausschließlich sesselförmige Sechsringe.

2.7 Isocyclische aromatische Verbindungen: Arene

2.7.1 Eigenschaften

Bestimmte **cyclische Kohlenwasserstoffe, die ausschließlich aus konjugierten Doppelbindungen aufgebaut sind**, haben ganz besondere Eigenschaften. Es wurde bereits darauf hingewiesen (▶ 1.10), dass Voraussetzung für den vielen dieser Verbindungen eigentümlichen **aromatischen Charakter** ist, dass

- alle Ringatome in einer Ebene angeordnet und
- sie alle sp^2-hybridisiert sind.

Darüber hinaus müssen in dem Ringsystem $(4n + 2)$ π-Elektronen vorhanden sein, also 2, 6, 10, 14 usf. π-Elektronen (**Hückel-Regel**). Da diese Elektronen sich ausschließlich in bindenden MOs befinden, sind **aromatische Verbindungen stabiler** als solche, die nicht der Hückel-Regel genügen. Derartige Moleküle verhalten sich nicht wie gewöhnliche ungesättigte Verbindungen. Vielmehr findet man bei ihnen für alle CC-Bindungen eine mittlere Bindungslänge zwischen denen für reine Doppelbindungen (133 pm) und reine Einfachbindungen (154 pm), nämlich von ca. 140 pm. Brom wird von nichtaromatischen Verbindungen mit Mehrfachbindungen leicht addiert, von Benzen (Benzol) jedoch nicht (▶ 2.3.3, 2.7.2).

In Abbildung 2.7 sind die Formeln für einige aromatische Verbindungen gezeigt, die 2, 6, 10 bzw. 14 π-Elektronen besitzen. **Ferrocen** ist ein Beispiel einer aromatischen Verbindung mit Sandwichstruktur. Das zweifach positiv geladene Eisen-II-Ion (Fe^{2+}) verbindet sich mit den π-Elektronensystemen von zwei Cyclopentadienylanionen (mit jeweils 6 π).

Cyclisch konjugierte Verbindungen mit 4 und 8 π-Elektronen haben keine aromatischen Eigenschaften (▶ 1.10), ebenso wie Verbindungen, in denen die cyclische Konjugation durch CH_2-Gruppen unterbrochen ist.

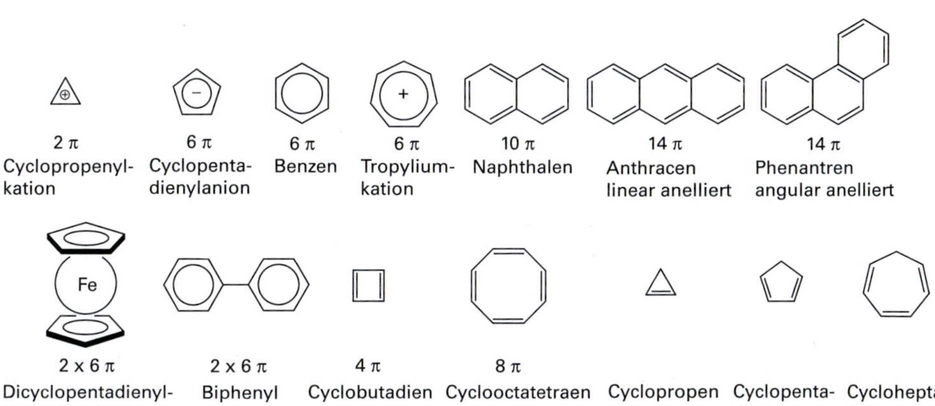

Abb. 2.7 Aromatische und nichtaromatische Kohlenwasserstoffe.

Verbindungen, die wie **Naphthalen** und **Anthracen** mehrere aromatische Ringe mit jeweils zwei gemeinsamen Atomen haben, nennt man „kondensiert" oder „anelliert" (vgl. 2.6.4). Dabei unterscheidet man lineare und angulare **Anellierung** (▶ Abb. 2.7).

Man nennt die carbocyclischen aromatischen Verbindungen allgemein **Arene**. Eine aromatische Gruppe als Substituenten nennt man **Arylgruppe**. In Kapitel 2.8 werden heterocyclische aromatische Verbindungen, die Hetarene, behandelt.

Die besondere Natur der **Arene** zeigt sich bei Betrachtung der Energie der Verbindungen. Man hat festgestellt, dass aromatische Verbindungen bedeutend energieärmer sind als hypothetische Verbindungen mit einem cyclischen System von isolierten Doppelbindungen.

Dies kann man dadurch experimentell verifizieren, dass man die Wärmemenge misst, die bei der katalytischen Hydrierung der Verbindungen Cyclohexen, 1,3-Cyclohexadien und Benzen zu Cyclohexan frei wird:

$$C_6H_{10} + H_2 \rightarrow C_6H_{12} \qquad \Delta H = -120\ \text{kJ/mol}$$
$$C_6H_8 + 2\ H_2 \rightarrow C_6H_{12} \qquad \Delta H = -232\ \text{kJ/mol}$$
$$C_6H_6 + 3\ H_2 \rightarrow C_6H_{12} \qquad \Delta H = -209\ \text{kJ/mol}$$

Die Hydrierungsenthalpie wird negativ gerechnet, weil diese Energie den Molekülen verloren geht und als Wärme auftritt.

Die erste Gleichung zeigt, dass bei der Hydrierung einer Doppelbindung 120 kJ/mol frei werden. Demnach sollten bei zwei Doppelbindungen 2 × 120 = 240 kJ/mol frei werden. Tatsächlich sind es aber nur 232 kJ/mol. Dies bedeutet, dass durch die Wechselwirkung der π-Elektronen beider konjugierten Doppelbindungen das 1,3-Cyclohexadien eine um 8 kJ/mol niedrigere Energie besitzt als ein hypothetisches Cyclohexadien ohne Konjugation (▶ Abb. 2.8). Diese Ener-

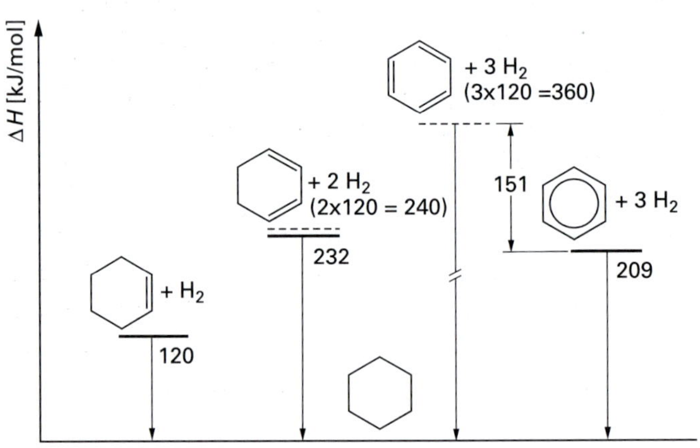

Abb. 2.8 Energiediagramm für die Hydrierung von Cyclohexen, 1,3-Cyclohexadien und Benzen zu Cyclohexan.
Da die Hydrierungsenthalpie des Cyclohexens 120 kJ/mol beträgt, die des Cyclohexadiens aber 232 und die des Benzens nur 209, bedeutet dies, dass Cyclohexadien eine Mesomerieenergie von 8, Benzen aber eine von 151 kJ/mol besitzt.

giedifferenz nennt man **Mesomerieenergie** (vgl. Abschnitt 1.9). Beim 1,3-Cyclohexadien beträgt die Mesomerieenergie also 8 kJ/mol. Bei drei Doppelbindungen im Molekül sollte die Hydrierenthalpie 3 × 120 = 360 kJ/mol betragen. Tatsächlich misst man aber beim Benzen nur 209 kJ/mol. Das Benzen ist also um 151 kJ/mol energieärmer als ein hypothetisches 1,3,5-Cyclohexatrien, bei dem keine Wechselwirkung der Doppelbindungen auftritt. Demnach beträgt die Mesomerieenergie beim Benzen 151 kJ/mol. Bei einer genauen Analyse des Energieunterschieds zwischen Benzen und 1,3,5-Cyclohexatrien ist auch der unterschiedliche Beitrag der σ-Elektronen in den CC-Bindungen zu berücksichtigen.

2.7.2 Polycyclische Arene, Fullerene

Aromatizität polycyclischer Arene
In polycyclischen Arenen sind nicht alle CC-Bindungen gleich lang und gleich reaktiv wie im Benzen. Dies lässt sich mit Hilfe der möglichen mesomeren Grenzformeln erklären, wie nachfolgend am Beispiel des *Naphthalens* gezeigt wird:

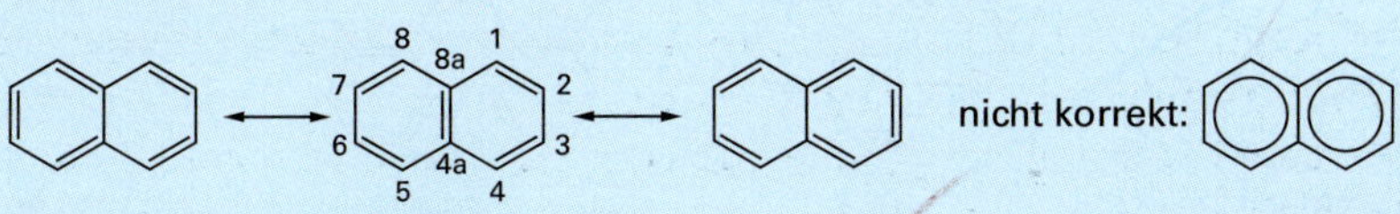

Nur in der linken und der rechten der drei Grenzformeln bilden die Doppelbindungen ein sich über den ganzen Bicyclus erstreckendes, durchgehend konjugiertes System mit 10 π-Elektronen, während in der mittleren Formel nur ein Ring ein dem Benzen analoges 6 π-System aufweist und der andere nur 4 π-Elektronen besitzt. Die ganz rechts gezeichnete Formel mit zwei Kreisen ist falsch und sollte nicht verwendet werden, da im Naphthalen nur in einem Ring ein vollständiges π-Elektronensextett vorliegt. Während zwei der drei mesomeren Grenzformeln eine Doppelbindung für die Atome 1-2, 3-4, 5-6 und 7-8 aufweisen, findet man für die übrigen CC-Bindungen nur eine Formel mit einer Doppelbindung. Dementsprechend unterscheiden sich die CC-Bindungen in ihrem Doppelbindungscharakter, was sich auch in den Bindungslängen und der Reaktivität widerspiegelt.

Das **Azulen** ist ein Isomeres des Naphthalens, in dem ein Fünfring mit einem Siebenring anelliert ist. Derartige Verbindungen, die sich nicht formal aus dem Benzen erzeugen lassen, bezeichnet man als **nichtbenzoide Arene**. Seinen Namen verdankt das natürlich in der Kamille vorkommende Azulen seiner azurblauen Farbe. Das Azulen ist weniger stabil als das Naphthalen, in das es sich bei höheren Temperaturen umlagert.

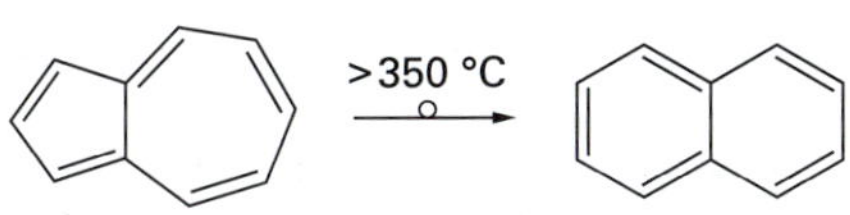

Azulen Naphthalen

Bei den benzoiden polycyclischen Arenen, die nur aus Sechsringen aufgebaut sind, unterscheidet man die linear anellierten **Acene** von den **Phenen** mit angularer Verknüpfung und den **Helicenen** mit einer helicalen Anellierung. Beispiele sind das **Anthracen** und das **Phenanthren** (▶ Abb. 2.7) sowie das **Hexahelicen**. Die Helicene sind ab der hier gezeichneten Verbindung mit sechs Ringen nicht planar, sondern sie besitzen eine schraubenartige, chirale Struktur. Das Hexahelicen ist ein Beispiel für eine optisch aktive Verbindung ohne stereogenes Zentrum.

Noch stärker kondensiert sind Verbindungen, in denen einzelne Ringe mit mehr als zwei anderen verknüpft sind. Sie besitzen relativ zur Anzahl ihrer Kohlenstoffatome weniger Wasserstoff als die vorherigen Verbindungen. Im Extremfall erhält man den (wasserstofffreien) **Graphit**, der ein Schichtengitter aus kondensierten Kohlenstoff-Sechsringen bildet. Diese Form der Anellierung bezeichnet man auch als Perikondensation. Als Beispiele sind das **Pyren**, das **Perylen** und das stark krebserregende **Benzo[a]pyren** aufgeführt:

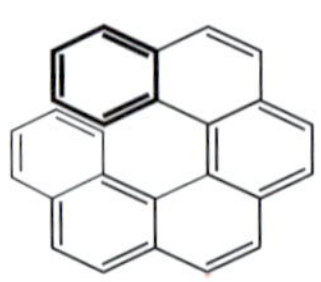

26 π
Hexahelicen $C_{26}H_{16}$
helical anelliert mit chiraler Molekülstruktur

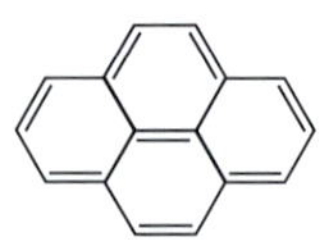

16 π
Pyren $C_{16}H_{10}$

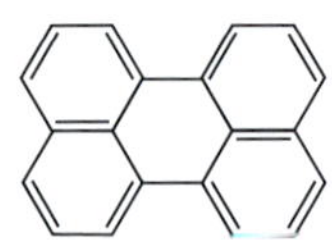

20 π
Perylen $C_{20}H_{12}$
perikondensierte Arene

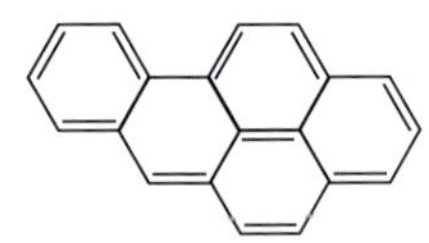

20 π
Benzo[a]pyren $C_{20}H_{12}$

Bei diesen Verbindungen gibt es keine Valenzstrukturformel, in der sämtliche Doppelbindungen in einem sich über den äußeren Perimeter erstreckenden Ring liegen, und die Hückel-Regel, gemäß der sie nicht aromatisch sein sollten, gilt für sie nicht. Nach E. Clar besitzen sie neben aromatischen Sechsringen auch nichtaromatische.

Ausschließlich aus Kohlenstoffatomen sind die **Fullerene** aufgebaut, die nach dem amerikanischen Architekten R. B. Fuller benannt wurden. Das bekannteste ist das $\mathbf{C_{60}}$, ein fußballförmiges Molekül aus 60 C-Atomen, in dem ausschließlich Fünf- und Sechsringe mit einander anelliert sind. Es ähnelt den geodätischen Domen von Buckminster Fuller und wurde deshalb von seinen Entdeckern H. W. Kroto und R. E. Smalley **Buckminsterfulleren** genannt. Weitere Beispiele sind C_{70} und C_{80}. Aber auch andere Gebilde wie röhrenförmige Moleküle (**Nanoröhrchen**) lassen sich ausschließlich aus C-Atomen aufbauen. Dies sind zylindrische Kohlenstoffröhren mit halbkugelförmigen Abschlüssen, die interessante mechanische und elektrische Eigenschaften besitzen. Neuerdings konnte auch das nur eine Atomlage dicke **Graphen** hergestellt werden, das einer einzelnen Schicht des Graphits entspricht. Reines Graphen leitet bei Raumtemperatur elektrischen Strom besser als jede andere Substanz.

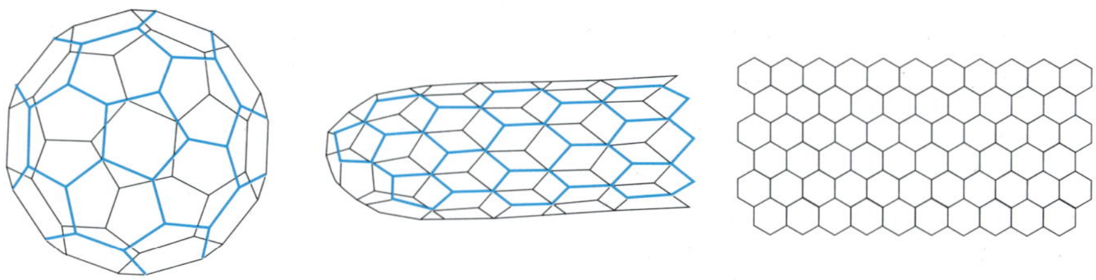

C_{60}-Fulleren Nanoröhrchen Graphen

2.7.3 Darstellung und Reaktionen

Arene findet man im Steinkohlenteer und in einigen Naturstoffen. Durch Eliminierungsreaktionen lassen sich aromatische Verbindungen aus gesättigten oder ungesättigten carbocyclischen Verbindungen herstellen. Interessant ist die Darstellung von Benzenderivaten durch Trimerisierung von Alkinen, z. B.:

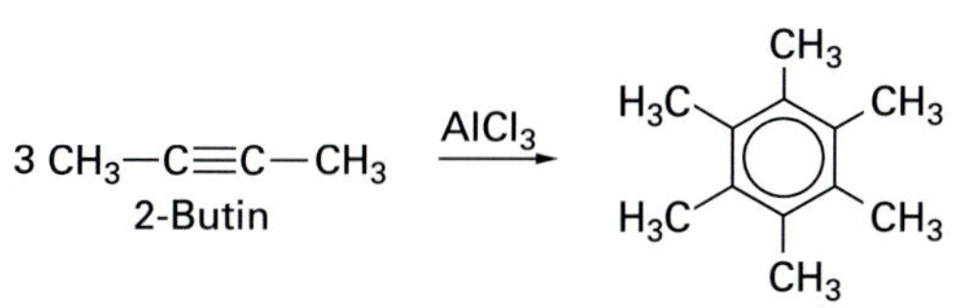

Hexamethylbenzen

Hier wird Aluminiumchlorid als Katalysator verwendet.

Benzen ist wie zahlreiche andere, insbesondere polycyclische Arene krebserregend. Es ist ein Blutgift und verursacht Leukämie. Bei vielen Anwendungen, z. B. als Lösemittel, kann es durch weniger giftige Stoffe wie Toluen oder Cyclohexan ersetzt werden.

Bei Benzenderivaten zeigt sich ein besonderer Typ von Strukturisomerie – die **Stellungsisomerie**. Es gibt drei verschiedene disubstituierte Benzenderivate. Die Stellung der Substituenten kennzeichnet man durch Bezifferung oder durch die Vorsilben *ortho-*, *meta-*, *para-*, abgekürzt *o-*, *m-* und *p-*. Es gibt also die folgenden Dichlorbenzene:

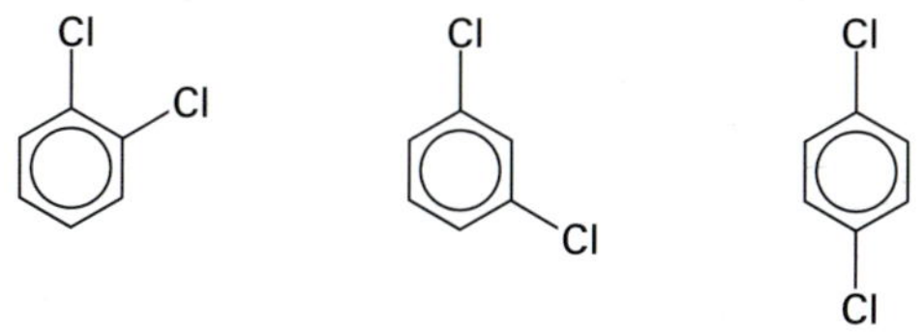

o-Dichlorbenzen 1,2-Dichlorbenzen

m-Dichlorbenzen 1,3-Dichlorbenzen

p-Dichlorbenzen 1,4-Dichlorbenzen

Man kann die Stellung der Substituenten durch spektroskopische Methoden (▶ 7.8) oder mit Hilfe des Dipolmoments (▶ Abb. 1.19) feststellen. Früher wandte man eine chemische Methode an: Man führte einen dritten Substituenten der gleichen Art ein.

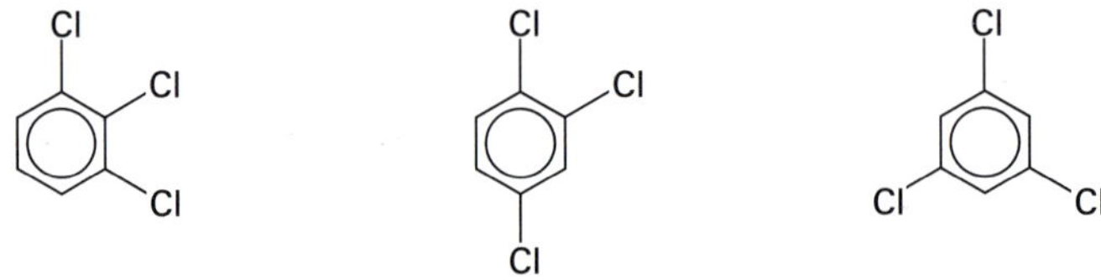

1,2,3-Trichlorbenzen (bildet sich aus *o* und *m*) | 1,2,4-Trichlorbenzen (bildet sich aus *o*, *m* und *p*) | 1,3,5-Trichlorbenzen (bildet sich nur aus *m*)

Das *o*-Derivat bildet also *zwei* Isomere, das *m*-Derivat *drei* und das *p*-Derivat nur *eines*. Man kann sie mit physikalischen Methoden (Destillation, Kristallisation, Chromatographie) trennen.

Tropft man in Benzen Brom ein, so beobachtet man keine Reaktion. Hierdurch unterscheidet sich Benzen von den Alkenen und Alkinen, die nämlich Brom schnell addieren. Fügt man aber etwas Eisen hinzu, so wirkt dies offensichtlich als Katalysator: Bromwasserstoff entweicht, und die Reaktionsmischung entfärbt sich:

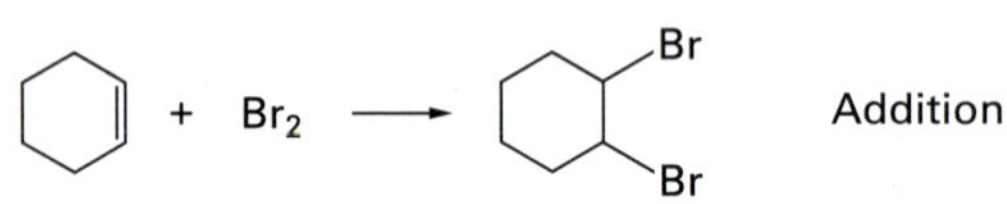

Cyclohexen 1,2-Dibromcyclohexan

Benzen

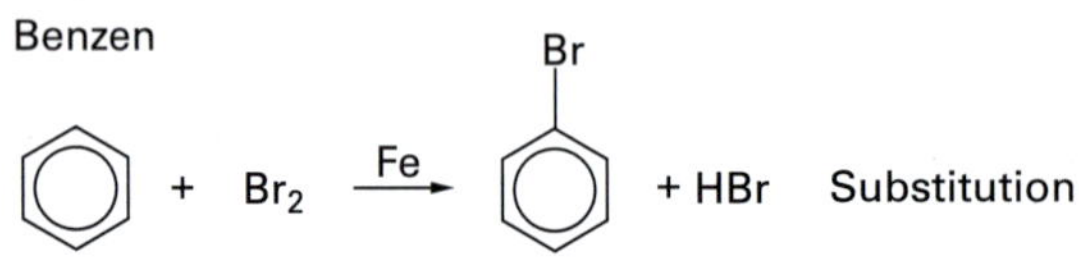

Benzen Brombenzen Bromwasserstoff

Die Entwicklung von Bromwasserstoff beweist, dass Brom nicht addiert wurde, sondern dass ein Wasserstoffatom des Benzens durch Brom ersetzt, also substituiert wurde.

> Typisch für **Arene** ist, im Vergleich zu nichtaromatischen ungesättigten Verbindungen, dass **Substitutionsreaktionen** meistens viel leichter als Additionsreaktionen verlaufen. Bei Substitutionsreaktionen bleibt nämlich das stabile aromatische π-Elektronensystem erhalten, bei Additionsreaktionen nicht.

Eine genauere Untersuchung zeigt, dass bei der Bromierung das Benzenmolekül von einem $Br^{\oplus}$-Ion angegriffen wird; es handelt sich also um eine **elektrophile Substitutionsreaktion** (S_E-Reaktion). Diese Reaktion läuft über mehrere Stufen. Zunächst bildet sich aus dem Eisen mit Brom Eisen(III)-bromid. Das $FeBr_3$ wirkt als Katalysator, es bildet mit Br_2 einen Komplex, der das Bromkation, das eigentliche elektrophile Agenz, freisetzt:

$$\left.\begin{array}{lll} 2\,Fe + 3\,Br_2 & \longrightarrow & 2\,FeBr_3 \\ FeBr_3 + Br_2 & \rightleftharpoons & [FeBr_4]^{\ominus} + Br^{\oplus} \\ Br^{\oplus} + C_6H_6 & \longrightarrow & C_6H_5Br + H^{\oplus} \\ H^{\oplus} + [FeBr_4]^{\ominus} & \longrightarrow & FeBr_3 + HBr \end{array}\right\} \; Br_2 + C_6H_6 \longrightarrow C_6H_5Br + HBr$$

In der Abbildung 2.9 ist dargestellt, dass das Bromkation zunächst einen π-Komplex, dann ein Carbeniumion (sog. σ-Komplex) bildet, ähnlich wie bei der Bromierung von Alkenen (► 2.3.3).

Statt $FeBr_3$ kann man andere Lewis-Säuren wie $AlCl_3$ verwenden. Die anderen elektrophilen Substitutionsreaktionen der Arene folgen einem ähnlichen Mechanismus. Typische Beispiele sind in der nachfolgenden Übersicht zusammengestellt.

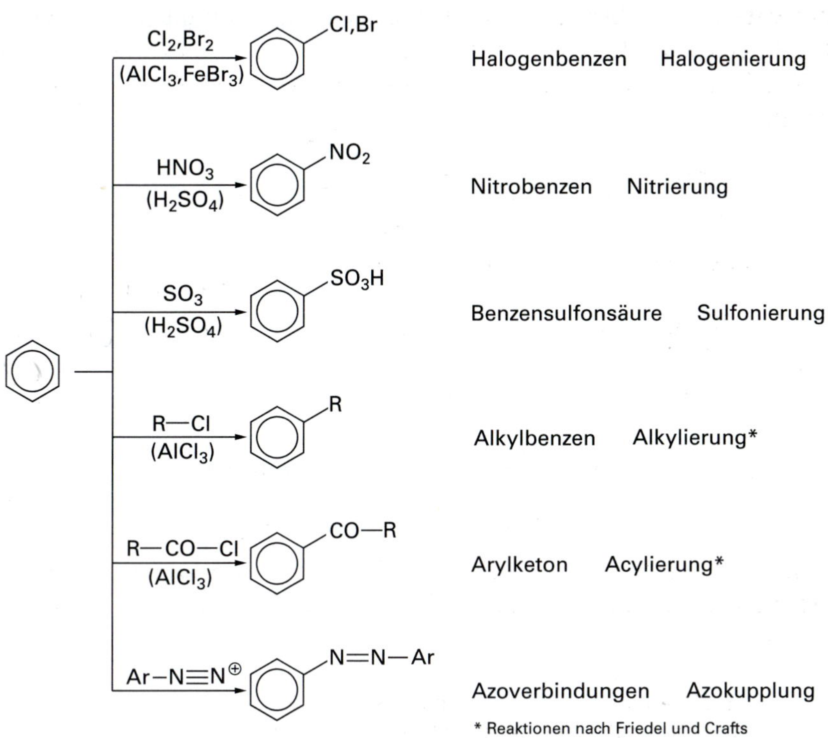

Befindet sich bereits ein Substituent an einem Aren, so übt dieser einen Einfluss auf den Ort des Angriffs einer weiteren Substitutionsreaktion aus sowie auf deren relative Geschwindigkeit. Es ist verständlich, dass das positiv geladene Agenz die Stelle höchster Elektronendichte sucht. Substituenten, die Elektronen aus dem Ring abziehen, also solche mit negativem induktivem oder mesomerem Effekt (−I- bzw. −M-Effekt, ► 1.11), erschweren die **Zweitsubstitution**, Substituen-

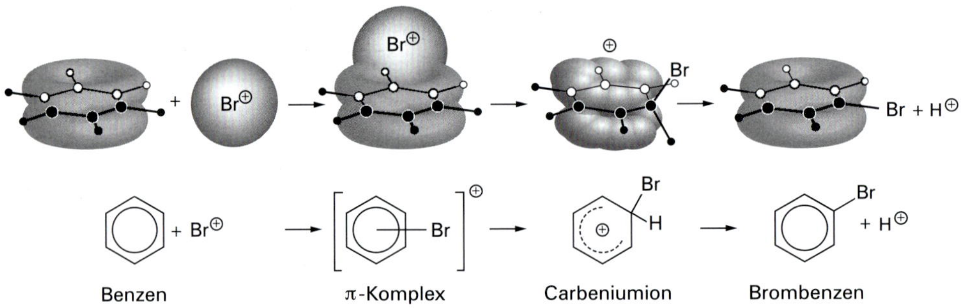

Abb. 2.9 Elektrophile Bromierung von Benzen.
Mit dem elektrophilen Reagenz, $Br^{\oplus}$, bildet sich zunächst ein π-Komplex und dann ein Carbeniumion (σ-Komplex), der schließlich $H^{\oplus}$ abspaltet und das stabile Brombenzen bildet.

ten mit +I- oder +M-Effekt erleichtern sie. Analoges gilt für hyperkonjugative Effekte von Alkylgruppen.

Donorsubstituenten, die in die o- und p-Stellung dirigieren, nennt man **Substituenten 1. Ordnung**. Beispiele sind: NH_2, OH, Cl, CH_3.

Akzeptorsubstituenten dirigieren in die meta-Stellung; man nennt sie **Substituenten 2. Ordnung**. Beispiele sind: NO_2, CN, CO-R, CF_3, $NR_3^{\oplus}$.

Dies Verhalten ist bei den Substituenten 1. Ordnung eine Folge des überwiegenden +M-Effektes, bei denen 2. Ordnung eine Folge des überwiegenden −M- bzw. des −I-Effektes. Diese für Chemiker wichtigen Tatsachen werden hier nicht eingehender behandelt.

2.7.4 Wichtige substituierte aromatische Verbindungen

Wie in der aliphatischen Reihe können auch bei den Aromaten verschiedene funktionelle Gruppen im gleichen Molekül vorhanden sein. Auch Seitenketten verschiedener Länge, geradkettig oder verzweigt, können die verschiedenartigsten funktionellen Gruppen tragen. Man kommt so zu einer sehr großen Zahl von **Derivaten des Benzens und seiner Homologen**. Einige praktisch wichtige sowie einige besonders gefährliche Verbindungen sind in Tabelle 2.5 zusammengestellt.

2.8 Heterocyclische Verbindungen

2.8.1 Einleitung

Cyclische Verbindungen, die anstelle von Kohlenstoffatomen Heteroatome wie Stickstoff, Sauerstoff, Schwefel oder andere als Bausteine der Ringe enthalten, nennt man heterocyclische Verbindungen.

Tab. 2.5 Wichtige aromatische Verbindungen.

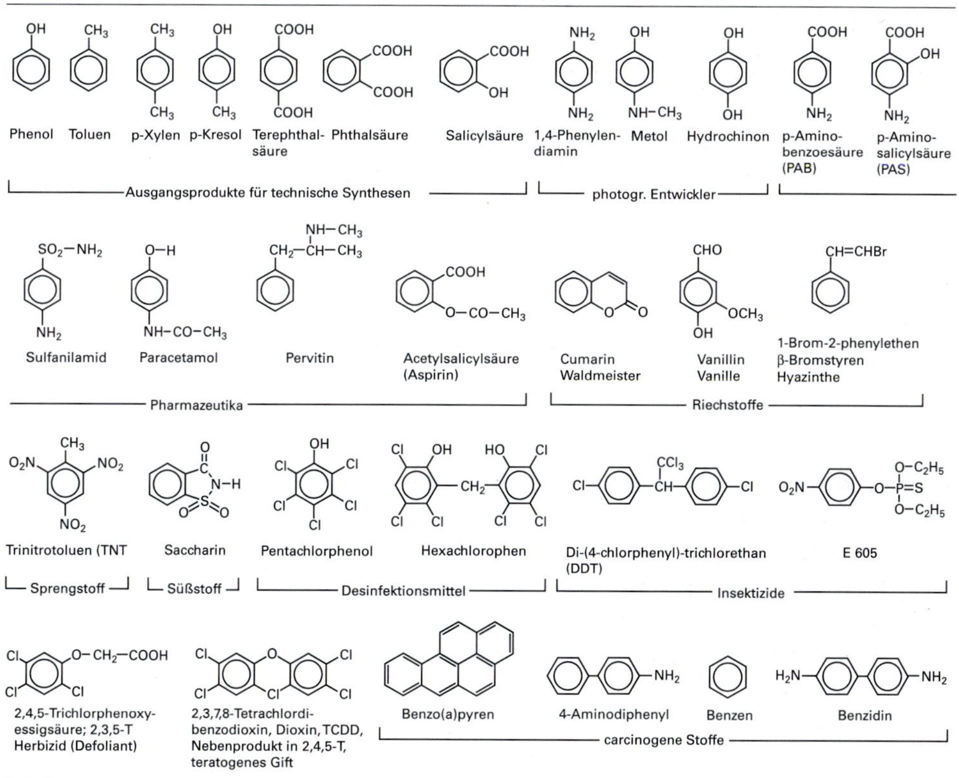

In jeder carbocyclischen Verbindung können einzelne, mehrere und evtl. auch alle Ringatome durch **Heteroatome** ersetzt werden.

Dementsprechend gibt es viel mehr **Heterocyclen** als cyclische Kohlenwasserstoffe; gemessen an ihrer Anzahl, bilden sie die größte Gruppe organischer Verbindungen.

Gesättigte heterocyclische Verbindungen, **Heterocycloalkane**, ähneln chemisch den offenkettigen Verbindungen mit den gleichen Heteroatomen, z. B. den Aminen, Ethern und Thioethern. Sie werden auch mit den entsprechenden Methoden hergestellt. Ausnahmen bilden stets die kleinen Ringe, also Dreiring- und Vierringverbindungen, die aufgrund der Ringspannung eine Sonderstellung einnehmen. Das **Oxiran**, der einfachste Sauerstoffheterocyclus, wird bei den Ethern (▶ 2.11.2) beschrieben. Die analoge Stickstoffverbindung, also das einfachste cyclische Amin, ist das **Aziridin**. **Heterocycloalkene** und **-alkine** werden in diesem Buch nicht näher behandelt.

Besondere Bedeutung haben die heterocyclischen aromatischen Verbindungen. In diesen **Heteroaromaten** oder **Hetarenen** können die Eigenschaften der Heteroatome zurücktreten gegenüber denen der aromatischen Systeme. Die Heteroatome bilden infolge ihrer im Vergleich zu den Kohlenstoffatomen meistens größeren Elektronegativität eine Störung im aromatischen π-Elektronensystem und damit sowohl einen Angelpunkt für Aufbau- und Abbaureaktionen als auch für zwischenmolekulare Wechselwirkungen in biologisch aktiven Substanzen. Solche Hetarene und ihre Funktionen werden in den Abschnitten 6.4.3 (Proteine), 6.5 (Nucleinsäuren), 6.8 (Alkaloide) und 6.10 (Enzyme, Vitamine) behandelt.

2.8.2 Nomenklatur und Eigenschaften

Auf relativ einfache Weise leitet man nach der sog. **Austauschnomenklatur** den Namen vom entsprechenden Kohlenwasserstoff ab, indem man den **Ersatz von Kohlenstoffatomen durch Heteroatome** mit den Präfixen **Oxa** für Sauerstoff, **Aza** für Stickstoff, **Thia** für Schwefel, **Phospha** für Phosphor, **Bora** für Bor usw. kennzeichnet. Wegen des charakteristischen Schluss-a der Präfixe für die Heteroatome wird dieses Nomenklaturverfahren auch **„a"-Nomenklatur** genannt. So kann man z. B. Oxiran (s. u.) auch als Oxacyclopropan bezeichnen, ein allerdings wenig gebrauchter Name. Bei Bi- und Polycyclen wird diese Methode jedoch häufig verwendet; ein Beispiel ist das **1,4-Diazabicyclo[2.2.2]octan**.

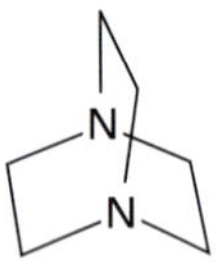

1,4-Diazabicyclo[2.2.2]octan

Für Heterocyclen gibt es eine spezielle Nomenklatur, die auf A. R. Hantzsch und O. Widman zurückgeht und später von der IUPAC ergänzt und modifiziert wurde. Nach dem **Hantzsch-Widman-System** gebildete Namen setzen sich zusammen aus dem Präfix der Heteroatome gemäß der Austauschnomenklatur und einem Stammnamen, der die Ringgröße und den Sättigungszustand ausdrückt. Die Namen für Dreiringe enden auf -iren bzw. -irin bei ungesättigten und -iran bzw. -iridin bei gesättigten Verbindungen, wobei die zweite Endung nur für Ringe mit Stickstoff gilt. Bei Vierringen enden die Namen auf -et, -etan bzw. -etidin, bei Fünfringen auf -ol, -olan bzw. -olidin und bei Sechsringen auf -in, -an bzw. -inan. Mehrere gleiche Heteroatome in einem Ring kennzeichnet man wie üblich mit Di-, Tri-, Tetra- usw. Wenn im Namen zwei Vokale aufeinander folgen, fällt der erstere weg. So wird z. B. aus „Oxa-aza-olidin" Oxazolidin. Details dieses und weitergehende Nomenklatursysteme können hier nicht dargelegt werden, zumal sich bei Polycyclen sehr komplexe Namen ergeben, die nur von Fachleuten beherrscht werden. Für viele wichtige Verbindungen werden häufig traditionelle (historische) oder *Trivialnamen* verwendet. Nachstehend sind einige Beispiele aufgeführt:

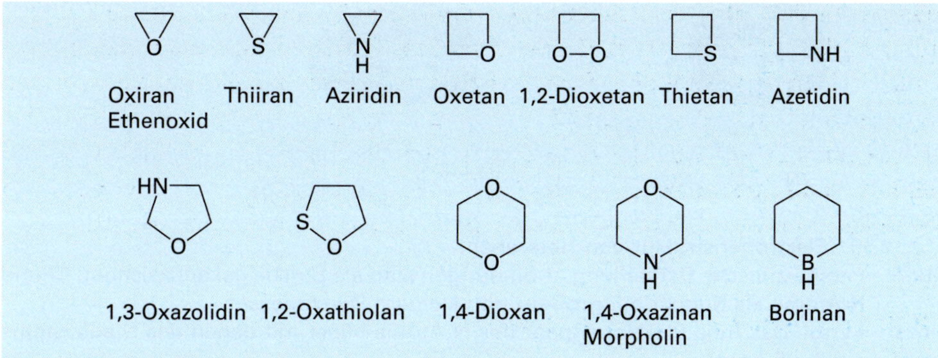

Tab. 2.6 Wichtige Hetarene.

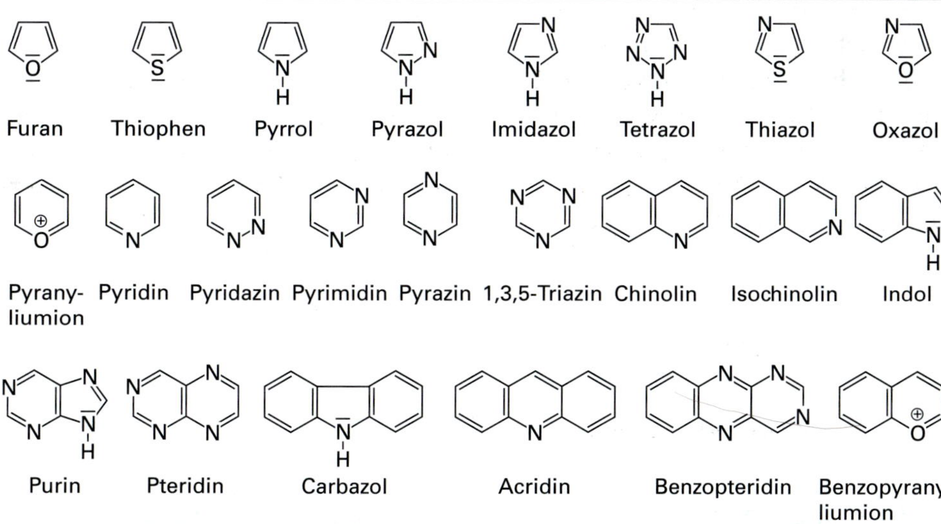

Tabelle 2.6 zeigt die wichtigsten heterocyclisch-aromatischen Verbindungen mit ihren *Trivialnamen*. In allen **Fünfring-Hetarenen** besteht das aromatische 6 π-System aus den vier π-Elektronen eines konjugierten Diens und einem freien Elektronenpaar eines Heteroatoms (▶ Abb. 2.10). Die Nummerierung der Ringatome erfolgt so, dass die Heteroatome möglichst kleine Zahlen erhalten. Die von den in Tabelle 2.6 gezeigten Grundkörpern abgeleiteten hydrierten Ringe kennzeichnet man mit den Vorsilben Dihydro-, Tetrahydro- usw.

Wird das freie Elektronenpaar des Heteroatoms in Fünfring-Hetarenen blockiert, so verliert die Verbindung ihren aromatischen Charakter. Versetzt man zum Beispiel **Pyrrol** mit Salzsäure, so wird der Ring protoniert:

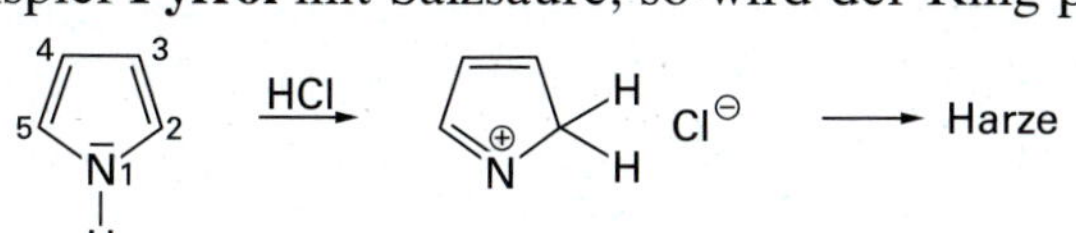

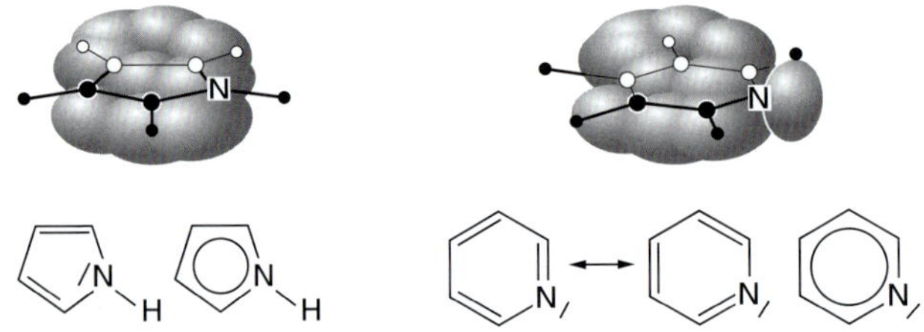

Abb. 2.10 Elektronenstruktur von Hetarenen.
Oben: Perspektivische Darstellung. σ-Bindungen sind als Striche gekennzeichnet, C- und H-Atome als Kugeln mit großem und kleinem Durchmesser.
Links: Pyrrol. Das freie Elektronenpaar des N-Atoms bildet mit denen des Diensystems ein 6 π-System.
Rechts: Pyridin. Hier ist das freie Elektronenpaar des N-Atoms nicht am 6 π-System beteiligt.
Unten: Strichformeln.

Damit ist das 6 π-System aufgehoben, und es entsteht ein sehr reaktives cyclisches Dien, das schnell zu undefinierbaren Polymeren verharzt.

Im neutralen und alkalischen Medium jedoch ist das aromatische System von Fünfring-Hetarenen stabil, und man kann leicht elektrophile Substitutionen durchführen. Dabei wird meistens das Wasserstoffatom am Ringatom Nr. 2 substituiert.

Durch katalytische Hydrierung entstehen aus den Fünfring-Hetarenen Dihydro- und Tetrahydro-Verbindungen:

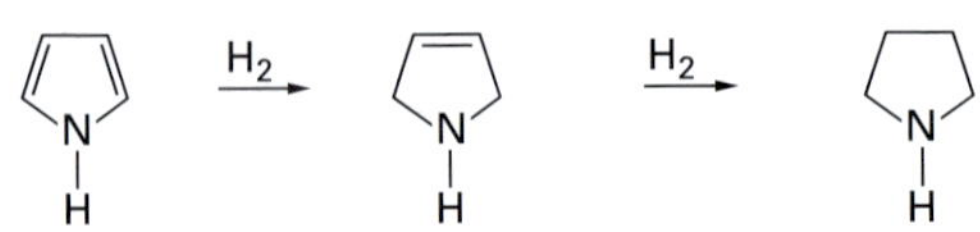

Pyrrol | Pyrrolin Dihydropyrrol | Pyrrolidin Tetrahydropyrrol

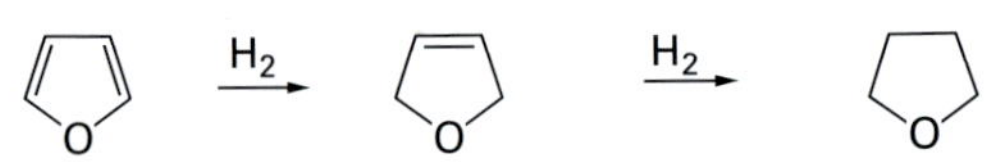

Furan | Dihydrofuran | Tetrahydrofuran (THF)

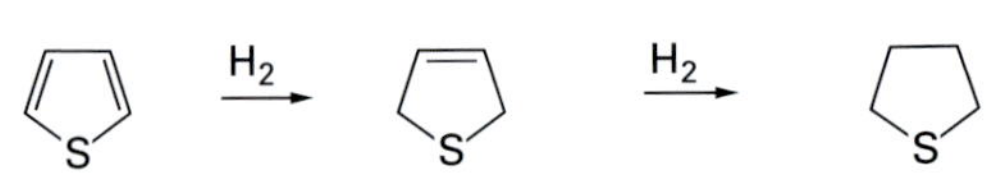

Thiophen | Dihydrothiophen | Tetrahydrothiophen Thiolan

Der Grundkörper mit einem Sauerstoffatom im sechsgliedrigen Ring, das **Pyran** (genauer 4*H*-Pyran), ist kein Aromat, das **Pyranyliumkation** mit seinem cyclischen 6 π-System hat dagegen aromatische Eigenschaften. Die im Kapitel 6.3.1 vorgestellten Monosaccharide sind Derivate des **Tetrahydrofurans** bzw. des **Tetrahydropyrans**. Sie heißen daher Furanosen bzw. Pyranosen.

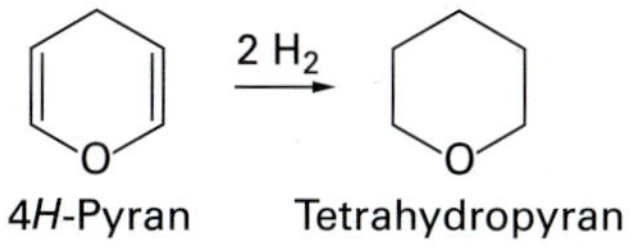

Die **sechsgliedrigen Stickstoff-Hetarene** leiten sich vom Benzen ab, indem C—H-Bausteine in sp^2-Hybridisierung durch N-Atome in der gleichen Hybridisierung ersetzt werden. Das freie Elektronenpaar des Stickstoffatoms nimmt nicht am 6 π-System teil (▶ Abb. 2.10). Im sauren Medium wird zwar ein Salz gebildet, das aromatische System bleibt aber (im Gegensatz zu den Fünfring-Hetarenen) stabil.

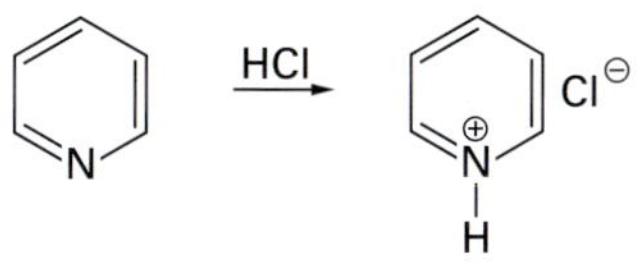

Die in Tabelle 2.6 gezeigten Hetarene sind Bestandteile vieler Naturstoffe und Heilmittel (▶ 6.10). Bei einigen von ihnen sind mehrere tautomere Formen (▶ 2.12.1) im Gleichgewicht vorhanden, z. B. bei der Barbitursäure:

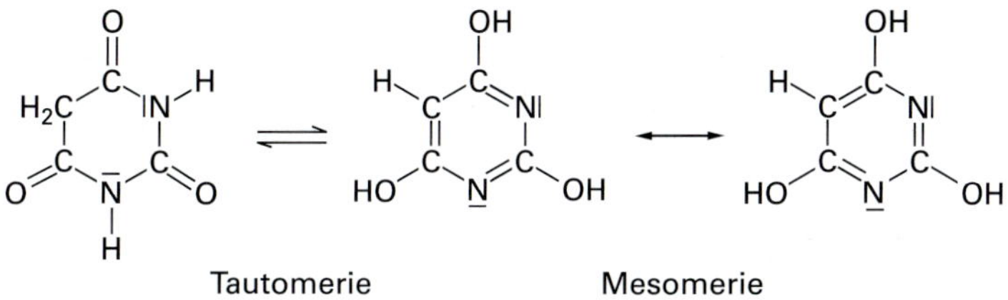

Substituierte **Barbitursäuren** finden (oder fanden) Verwendung als Schlafmittel (Luminal, Veronal, ▶ 2.15.2). In zahlreichen Pharmazeutika findet man weitere Sechsring- und Fünfring-Hetarene mit einem oder mehreren Stickstoffatomen im aromatischen Ring.

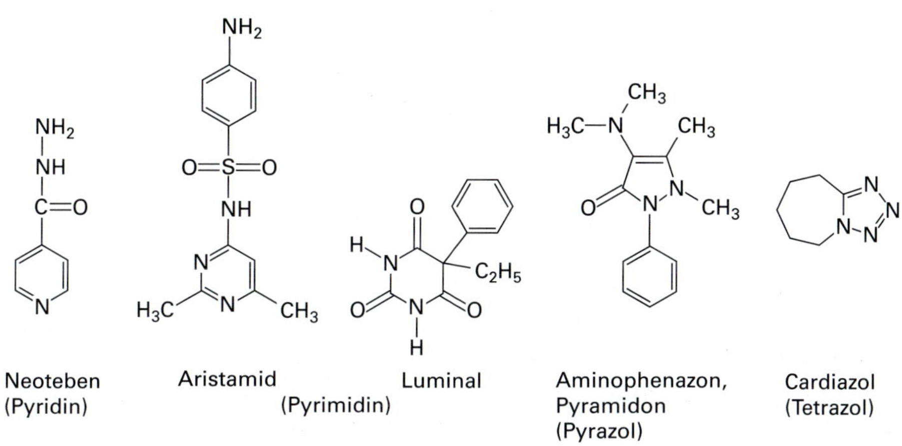

Vier Pyrrolringe, durch vier Methingruppen =CH— zu einem Ring verknüpft, heißen **Porphine**. Substituierte Porphine nennt man **Porphyrine**. Die Komplexe dieser Substanzen mit Eisen- und Magnesiumatomen spielen als Blut- und Blattfarbstoffe im biologischen Geschehen eine große Rolle (▶ Tabelle 6.6). Derartige Komplexe nennt man **Chelate** (von griech. *chele*: Krebsschere). Ein dem Porphin ähnliches Ringsystem, das **Phthalocyanin**, bildet mit Metallen sehr stabile Metallchelate, die Bedeutung als Farbstoffe (▶ Abb. 5.3) sowie als Katalysatoren besitzen. Phthalocyanine erhält man technisch in sehr einfacher Reaktion aus Phthalsäuredinitril.

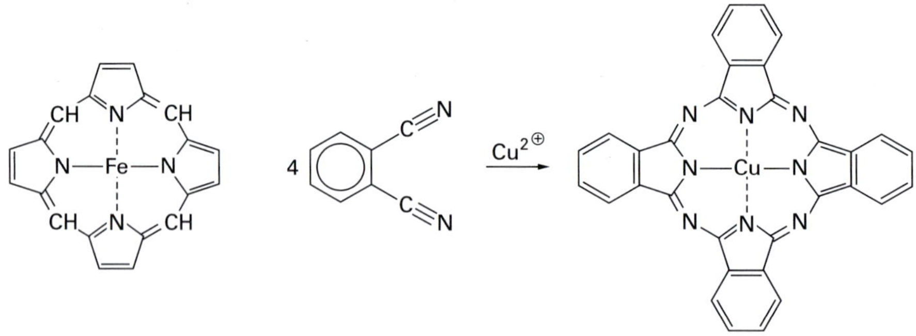

Eisen-Porphin-Komplex Phthalsäuredinitril Kupfer-Phthalocyanin

Das stickstoffreiche 2,4,6-Triamino-1,3,5-triazin, das **Melamin**, ist die Basis wichtiger Kunststoffe (▶ 3.5.3). Man stellt es technisch in überraschend einfacher Reaktion aus Harnstoff her.

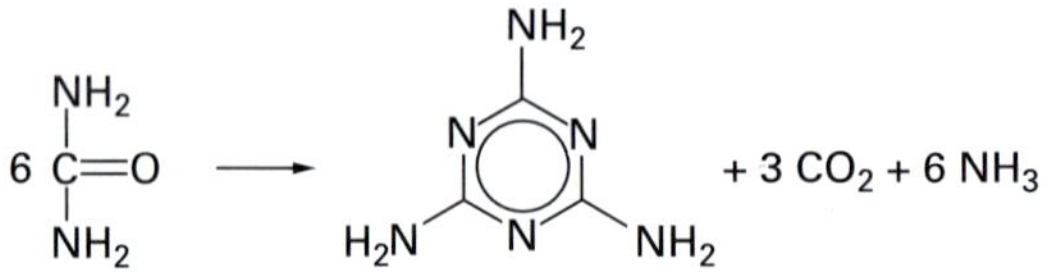

Harnstoff Melamin

Ein reaktionsfreudiges Derivat des **Furans**, der Furan-2-aldehyd, genannt **Furfural**, entsteht durch Erhitzen von Pentosen (▶ Tabelle 6.1), die z. B. in der Kleie enthalten sind.

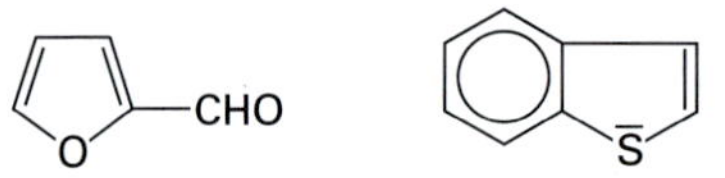

Furan-2-aldehyd
Furfural

Benzothiophen

Thiophen ist ein typischer Begleiter des Benzens aus Steinkohlenteer. Thiophenverbindungen sind zum Teil für den Schwefelgehalt von Erdöldestillaten (Heizöl) verantwortlich. Thiophenverbindungen kommen auch im **Ichthyol** vor, einem Destillat aus dem Seefelder bitumösen Schiefer, das man als Antiseptikum verwendet.

Die heterocyclischen Naturstoffe werden im Kapitel 6 noch eingehender behandelt.

2.9 Halogenverbindungen

Man kennt nur wenige Naturstoffe, die Halogene enthalten. Beispiele sind Chlor im **Chloramphenicol** und **Chlortetracyclin** (► 6.10.4), Brom im **Purpur** (► 5.3.2) und Iod im **Thyroxin** (► Tabelle 6.9). Jedoch gibt es eine Reihe von Halogenverbindungen, die als Stoffwechselprodukte in Meerespflanzen und -tieren, z. T. in großer Menge, vorkommen. Halogenalkane, wie **Bromoform**, **Iodoform** und **Halogenketone**, findet man in Algen und im Seetang.

In Labor und Industrie spielen die organischen Halogenverbindungen eine große Rolle: Sie dienen häufig als **Ausgangsstoffe** und **Reagenzien in Synthesen** oder treten als **Zwischenprodukte** auf. Praktisch alle Verbindungsklassen lassen sich aus Halogenkohlenwasserstoffen herstellen. Große Mengen werden als **Lösemittel**, für **Kunststoffe**, **Pestizide** und **technische Hilfsmittel** verwendet. Man wird nicht auf Halogenverbindungen verzichten können, muss jedoch die Gefahren einer Verbreitung einiger dem Biosystem fremden und damit biologisch schwer abbaubarer Substanzen beachten (► 2.9.4).

2.9.1 Nomenklatur und Eigenschaften

Bei der systematischen Nomenklatur der **Halogenkohlenwasserstoffe** gemäß den IUPAC-Regeln wird der **Name des Halogens als Substituent vor den Namen des Kohlenwasserstoffs** gestellt, z. B. Chlormethan für CH_3Cl. Die Anzahl der Halogenatome wird durch das griechische bzw. lateinische Zahlwort vor dem Namen gekennzeichnet, z. B. Dichlormethan für CH_2Cl_2. Die Kennzeichnung der Kohlenstoffatome, welche die Halogenatome tragen, geschieht durch arabische Zahlen, die vor den Namen gesetzt werden, z. B.:

$H_3C—CHCl_2$ 1,1-Dichlorethan	$BrCH_2—CH_2Br$ 1,2-Dibromethan	$H_3C—CHCl—CH_3$ 2-Chlorpropan Isopropylchlorid	$H_2C{=}CHCl$ Chlorethen Vinylchlorid	$Cl_2C{=}CCl_2$ Tetrachlorethen
$H_2C{=}CH—CH_2Cl$ 3-Chlorpropen Allylchlorid				

Daneben gibt es eine zweite Möglichkeit, indem man dem Namen des organischen Restes den Namen des Halogens mit der Endsilbe **-id** angehängt, z. B. Methylchlorid für CH_3Cl und Methylenchlorid für CH_2Cl_2. Dieses Verfahren findet man noch häufig bei Monosubstitutionsprodukten. Außerdem sind auch *Trivialnamen*, wie z. B. Chloroform für $CHCl_3$, in Gebrauch.

Tabelle 2.7 bringt Namen und Siedepunkte von **Halogenmethanen**, in denen nur jeweils eine Art von Halogenatomen vorhanden ist. Man sieht, dass allgemein in Bezug zum Methan (Sdp. −161 °C) der Siedepunkt mit der Anzahl und

Tab. 2.7 Siedepunkte [°C] von Halogenderivaten des Methans.

X =	F	Cl	Br	I
CH_3X Halogenmethan Methylhalogenid	−78	−24	4	43
CH_2X_2 Dihalogenmethan Methylenhalogenid	−52	40	97	181
CHX_3 Trihalogenmethan Haloform	−82	61	150	~218 (sublimiert)
CX_4 Tetrahalogenmethan (Tetrahalogenkohlenstoff)	−128	77	190	sublimiert

dem Atomgewicht der Halogenatome steigt. Beim Triiodmethan (Iodoform) und Tetraiodmethan ist die kristalline Substanz bis oberhalb 200 °C stabil, danach beobachtet man Sublimation (Verdampfung aus dem festen Zustand) und Zersetzung.

Einen eigenartigen Verlauf zeigen die Siedepunkte der **Fluormethan**e. Die Siedepunkte liegen sehr niedrig, steigen mit der Zahl der Fluoratome vom Methan (−161 °C) bis zum Difluormethan (−52 °C) an, zeigen aber dann einen Abfall über das Trifluormethan (−82 °C) zum Tetrafluormethan (−128 °C). Mit dem Verschwinden des molekularen Dipolmoments (1,65 Debye bei CHF_3) aus Symmetriegründen gehen offensichtlich die zwischenmolekularen Anziehungskräfte stark zurück, sodass CF_4, mit einer Molmasse von 88, einen äußerst niedrigen Siedepunkt besitzt im Vergleich zu Verbindungen mit ähnlich hoher Molmasse, z. B. Dichlormethan (Molmasse 85, Sdp. 40 °C), Hexan (Molmasse 86, Sdp. 69 °C) oder Benzen (Molmasse 78, Sdp. 80 °C). Diese erstaunlichen Eigenschaften von Fluorverbindungen erweisen sich bei einigen Anwendungen als nützlich − bei oberflächenaktiven Substanzen (► 4.5.2) und beim Polytetrafluorethen (Teflon, ► 3.5.2), einem Kunststoff mit extrem geringem Haftvermögen gegenüber anderen Materialien, sowie den Kälte- und Treibmitteln.

Von den **Monohalogenmethanen** ist nur das Iodmethan unter Normalbedingungen flüssig. Da flüssige Substanzen im Labor leichter zu handhaben sind als gasförmige, wird Methyliodid häufig als Methylierungsmittel verwendet.

Tabelle 2.8 bringt die Daten von einigen weiteren Halogenkohlenwasserstoffen. Einige anwendungstechnisch wichtige werden im Kapitel 2.9.4 beschrieben.

Tab. 2.8 Wichtige Halogenmethane, -ethane und -ethene.

Name	Formel	Sdp. [°C]	Verwendung
Dichlordifluormethan	CCl_2F_2	−30	Kältemittel, Treibmittel für Aerosoldosen und Schaumstoffe (heute verboten)
Trichlorfluormethan	CCl_3F	24	
1,2-Dichlor-1,1,2,2-tetrafluorethan	$CClF_2—CClF_2$	4	
Tetrachlorethen	$CCl_2=CCl_2$	121	Extraktionsmittel, Lösemittel zur chem. Reinigung
1,1,2-Trichlor-1,2,2-trifluorethan	$CCl_2F—CClF_2$	48	
1,2-Dibrom-1,1,2,2-tetrafluorethan *Halon 2402*	$CBrF_2—CBrF_2$	47	Feuerlöschmittel
2-Brom-2-chlor-1,1,1-trifluorethan *Halothan*	$CF_3—CHBrCl$	50	Inhalationsnarkotikum

2.9.2 Darstellung

Die folgenden Reaktionen wurden bereits in anderem Zusammenhang erwähnt:

1. Radikalische Chlorierung von Alkanen (▶ 2.2.5)

$$R—H + X_2 \xrightarrow{h\nu} R—X + HX$$

2. Addition von Halogenwasserstoff bzw. Halogen an Alkene und Alkine (▶ 2.3.3 und 2.4.3)

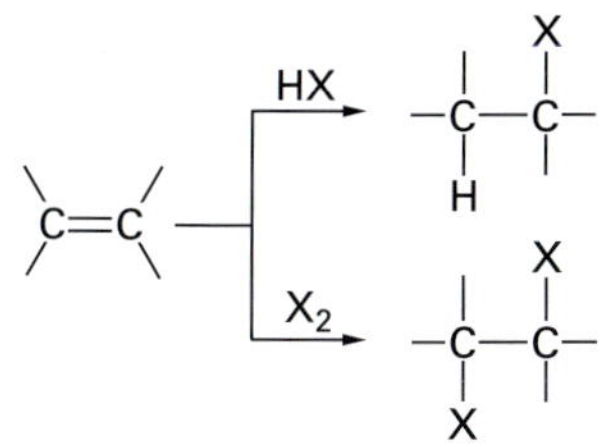

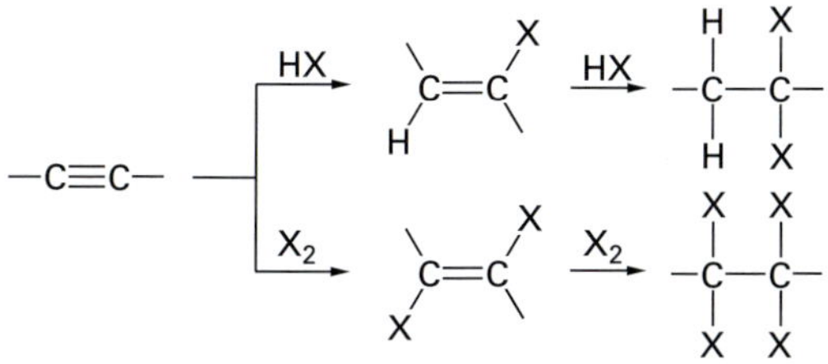

3. Nucleophile Substitution von Alkoholen
Die im Kapitel 1.15.2 besprochene nucleophile Substitution lässt sich zur Darstellung von Halogenverbindungen verwenden:

$$ROH + HX \rightarrow RX + HOH$$

4. Elektrophile Substitution von Arenen (► 2.7.3)

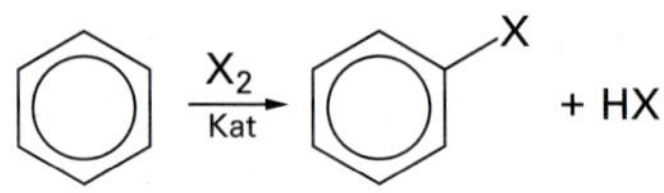

Neben den hier skizzierten Labormethoden gibt es eine Reihe von Verfahren der chemischen Industrie, die den günstigsten Rohstoffen angepasst sind. Wegen des niedrigen Preises von Chlor (aus der Chloralkali-Elektrolyse von NaCl) werden Chlorderivate weitaus häufiger hergestellt als die Verbindungen der anderen Halogene. Ein besonders wichtiges Verfahren ist die Umsetzung chlorhaltiger organischer Rückstände, die z. B. bei der Herstellung von Insektiziden und Kunststoffen wie Polyvinylchlorid anfallen, durch **Chlorolyse** zu wichtigen Lösemitteln:

$$\text{chlorhaltige organische Rückstände} \xrightarrow[\text{oder } Cl_2]{HCl,\ O_2} \underset{\text{Tetrachlormethan}}{CCl_4}, \quad \underset{\text{Tetrachlorethen}}{Cl_2C{=}CCl_2}, \quad \underset{\text{Trichlorethen}}{CHCl{=}CCl_2}$$

Mit diesem Verfahren konnten Probleme behoben werden, die dadurch entstanden, dass früher derartige Rückstände auf Halden deponiert wurden. Dabei bestand die Gefahr, dass sie das Grundwasser verunreinigen.

Fluorverbindungen werden mit Hilfe anorganischer Fluoride (Hg_2F_2, CoF_3, SbF_3) aus Chlorderivaten oder den Alkanen sowie durch Elektrolyse in flüssigem HF hergestellt. Besonders elegant ist die Substitution bei Aromaten bzw. die Addition an Alkene und Alkine mit Hilfe von Xenondifluorid, XeF_2.

2.9.3 Reaktionen

> Im Gegensatz zu anorganischen Halogenverbindungen besitzen organische Halogenverbindungen keinen Salzcharakter und neigen kaum dazu, Halogenidionen abzuspalten.

Iod- und weniger stark Bromverbindungen zeigen jedoch in geringem Ausmaß Dissoziation:

$$R{-}I \rightleftharpoons R^{\oplus} + I^{\ominus}$$

Deshalb kann man (abhängig vom Rest R) diese Halogenidionen z. B. mit alkoholischer Silbernitratlösung nachweisen; es bilden sich dann die schwer löslichen Silberhalogenide. Wie in Abschnitt 1.15.2 gezeigt wurde, tritt z. B. bei der S_N1-Reaktion eine derartige Dissoziation auf.

Halogenverbindungen kann man mit Hilfe eines einfachen Tests nachweisen, der **Beilsteinprobe**. Bringt man eine kleine Menge der Substanz auf einem Kupferdraht in eine Flamme, so zeigt eine blaugrüne Farbe Kupferhalogenid und damit die Anwesenheit von Halogen an.

Viele Reaktionen von Halogenverbindungen können als Umkehrung der Darstellungsreaktionen aufgefasst werden. So können, wie bereits bei den Alkenen und Alkinen gezeigt, durch Eliminierung von HX und X_2 Alkene und Alkine gebildet werden (▶ 2.3.2 und 2.4.2). Auch auf die Synthese von Alkanen aus Halogenverbindungen durch die Wurtz-Synthese wurde schon hingewiesen (▶ 2.2.4). **Aliphatische Halogenide können leicht durch nucleophile Substitution in andere aliphatische Verbindungen umgewandelt werden.** Präparativ höchst wichtige reaktive Zwischenprodukte sind Lithium- und Magnesiumverbindungen (▶ 2.2.4, 2.10.3, 2.12.3, 2.13.2).

1. Eliminierungsreaktionen

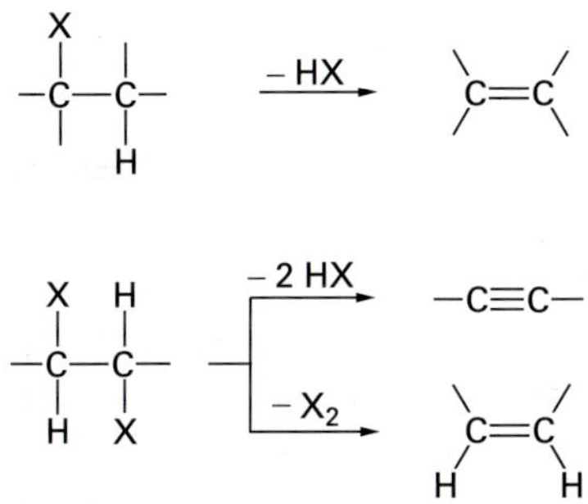

Da bei diesen Reaktionen Gruppen von benachbarten C-Atomen abgespalten werden, spricht man auch von einer **1,2-Eliminierung**.

2. Wurtz-Synthese

$$2\,R{-}I \xrightarrow{Na} R{-}R + 2\,NaI$$

3. Nucleophile Substitution und Reaktionen mit Metallen

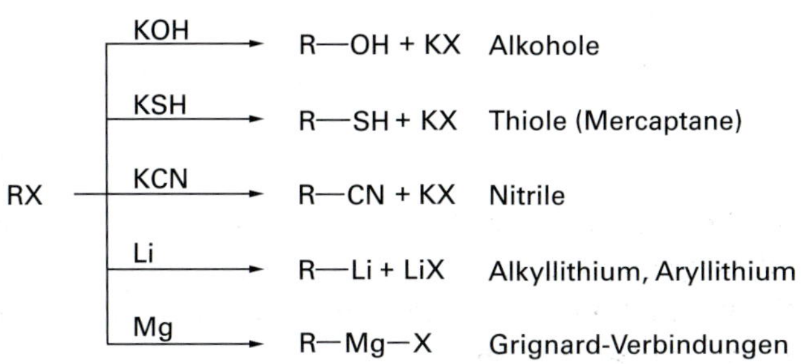

Bei diesen Reaktionen wird der Rest R des Halogenalkans auf das Nucleophil übertragen, letzteres wird also alkyliert. Alkylhalogenide sind deshalb vielfältig verwendbare **Alkylierungsmittel**.

2.9.4 Anwendungstechnisch wichtige Halogenverbindungen, Umweltprobleme

Aus verschiedenen Gründen finden Halogenderivate öffentliches Interesse:

- Als lipophile (fettlösliche) Verbindungen reichern sie sich, der Nahrungskette folgend, im Fettgewebe von Organismen an.
- Da sie in Naturstoffen nur selten vorkommen, können sie von Organismen nur schlecht abgebaut werden.
- Einige Halogenverbindungen sind giftig bzw. karzinogen.
- Man kann sie aus den verschiedensten Proben leicht durch Extraktion anreichern und sie mit modernen Analysenmethoden in niedrigster Konzentration nachweisen und quantitativ bestimmen.

Eine große Menge von Halogenverbindungen wird als **Lösemittel** für Polymere, zur Extraktion und zur chemischen Reinigung eingesetzt (▶ 4.3). Da Chloralkane physiologisch nicht unbedenklich sind, ersetzt man sie zunehmend durch die weniger bedenklichen Fluorverbindungen.

In Tabelle 2.8 sind einige derartige Verbindungen, die als **Kältemittel** für Wärmepumpen (Kühlschränke und Klimageräte), **Treibgase** und **Extraktionsmittel**, **Feuerlöschmittel** und **Narkosemittel** verwendet werden bzw. wurden, aufgeführt. Die früher in großer Menge als Treibmittel für Spraydosen gebrauchten Frigene 11 und 12 (CCl_3F und CCl_2F_2) reichern sich in der oberen Atmosphäre an und bauen dort die Ozonschicht ab, die das Leben auf der Erde vor schädlicher UV-Strahlung schützt. Die Verwendung von Fluorchlorkohlenwasserstoffen (FCKW) als Kälte- und Treibmittel ist weltweit verboten.

Wegen der toxischen Eigenschaften halogenhaltiger Lösemittel wird bei der Lebensmittelproduktion seit geraumer Zeit nach alternativen Verfahren gesucht. So wird z. B. zur Öl- und Fettextraktion Hexan verwendet, und zur Entcoffeinierung von Kaffe und Tee dient heute kaum noch Dichlormethan, sondern die Extraktion wird mit überkritischem Kohlendioxid durchgeführt.

Seit 1930 stellt man technisch **polychlorierte Biphenyle** (PCB) her:

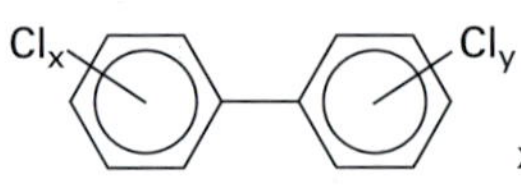

x = 1–5, y = 1–5

Diese Formel soll andeuten, dass jeder Benzenring ein bis fünf Chloratome an den verschiedenen möglichen Stellen enthalten kann. Die technisch angewandten Produkte sind Gemische der 209 möglichen Verbindungen. Die Produkte zeichnen sich aus durch hohen Siedepunkt, thermische und chemische Stabilität, hohe

Dielektrizitätskonstante und großen spezifischen Widerstand. Man verwendete PCB-Gemische als Isolier- und Kühlflüssigkeiten für Kondensatoren und Transformatoren, als Weichmacher, Heiz- und Hydraulikflüssigkeit sowie als Flammhemmmittel (z. B. für Packpapier). Da PCB-Derivate biologisch nur sehr langsam abgebaut werden, konnten sie sich auf der Erdoberfläche verbreiten, sodass man diese sog. **Xenobiotika** (Fremdstoffe in der Natur) selbst in der Sahara, den Aleuten und der Antarktis nachweisen kann. Heute ist die Produktion stark eingeschränkt. Herstellung und Gebrauch von PCB sind seit 2001 durch die Stockholmer Konvention weltweit verboten.

Andere biologisch schlecht abbaubare Stoffe wurden als **Insektizide** eingesetzt:

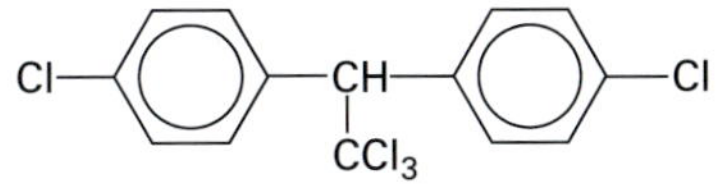

1,1,1-Trichlor-2,2-bis-(4-chlorphenyl)ethan, DDT.

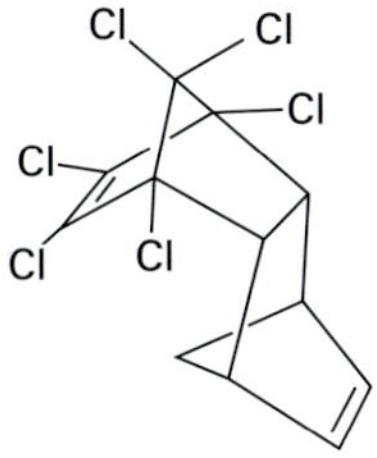

Aldrin

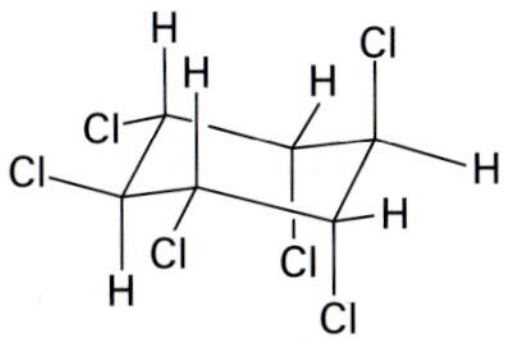

γ-Isomeres des Hexachlorcycohexans
Gammexan, Lindan

Auch sie verteilen sich über die Biosphäre. Obwohl die Konzentration dieser Stoffe im Fluss- und Meerwasser meistens gering ist, reichern sie sich in der Nahrungskette, Plankton − Fische − Warmblütler, zunehmend an, wo sie jeweils im Fettgewebe gespeichert werden. Sie zeigen bei Tieren hormonähnliche Wirkungen, die sich negativ auf die Vermehrung auswirken, und sind im Verdacht, beim Menschen karzinogen zu wirken. Man bemüht sich, derartige Stoffe durch leichter abbaubare zu ersetzen und unbeabsichtigte Kontamination, z. B. bei Unfällen und über Abfalldeponien, zu vermeiden. Der Einsatz von DDT ist seit 2001 nur noch in einigen Ländern sehr begrenzt erlaubt.

Bei der **Chlorierung** zum Zwecke der Entkeimung **von Trinkwasser** entstehen aus anderen organischen Verunreinigungen, auch solchen natürlichen Ursprungs, Chlorderivate, besonders Chlorphenole und vor allem Chloroform (▶ 2.12.3, Nr. 11). Da auch sie für den Menschen gefährlich werden können, wird die Chlorierung zunehmend durch die Ozonisierung ersetzt.

Auch das großtechnisch zur Herstellung des Kunststoffes Polyvinylchlorid (PVC, ▶ 3.5.2) produzierte **Vinylchlorid** (Chlorethen) hat sich als gefährlich für den Menschen herausgestellt. Im Tierversuch ist es karzinogen, und bei Menschen haben hohe Konzentrationen wahrscheinlich zu Lebertumoren geführt. Die Industrie hat daher Maßnahmen ergriffen, um Menschen am Arbeitsplatz vor diesem Stoff zu schützen. In PVC ist heute der Gehalt an dem gefährlichen Monomeren so niedrig, dass man es auch unbedenklich für Lebensmittelverpackungen verwenden kann.

Tränengas und chemische Keule

Offensichtlich als viel zu harmlos wurden lange Zeit die sog. **Tränengase** angesehen. Zu nennen sind die als CN und CS bekannten, die Schleimhaut reizenden Chlorverbindungen, die bei Demonstrationen und zur Selbstverteidigung eingesetzt werden:

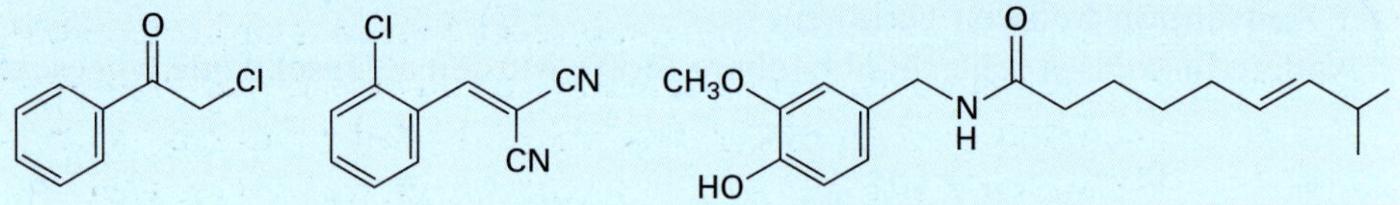

CN
2-Chlor-1-phenylethanon
Chloracetophenon

CS
(2-Chlorbenzyliden)-malonsäuredinitril

Capsaicin
8-Methyl-6-nonensäure-(4-hydroxy-3-methoxybenzylamid)

Die Bezeichnung *Tränengas* ist in sofern irreführend, als es sich bei den Verbindungen um Feststoffe handelt. Die Sicherheitsspanne zwischen „wirksamer" und schädlicher Dosis ist relativ klein, die Gefahr von Überdosierungen ist groß. Mehrfach wurde der Verlust des Augenlichts und Hautkrebs bekannt. Weniger problematisch ist offenbar *Pfefferspray*, das seit einigen Jahren weltweit von der Polizei, aber auch privat zur Selbstverteidigung eingesetzt wird. Es enthält als wirksame Substanz das Capsaicin, das den scharfen Geschmack der Paprikafrüchte, Chilischoten u. a. verursacht und kein Halogen enthält.

Bei der **Verbrennung von Halogenverbindungen** bilden sich Halogenwasserstoffe. Bei Bränden ist mit Vergiftungen, Umweltbelästigungen und Korrosion zu rechnen, in Müllverbrennungsanlagen muss für die Absorption des HCl gesorgt werden.

Im Rauch von **Müllverbrennungsanlagen** hat man darüber hinaus Spuren von Stoffen nachweisen können, die dem „Sewesogift" **TCDD** (▶ Tabelle 2.5) verwandt sind. Sie entstehen bei zu niedriger Verbrennungstemperatur im Feuer aus Rückständen von PCB, Desinfektionsmitteln (Pentachlorphenol und Hexachlorophen, ▶ Tabelle 2.5) und anderen organischen und anorganischen Chlorverbindungen. Das ist auch zu erwarten, wenn man (z. B. im Kamin) imprägniertes Holz, das früher zumeist Pentachlorphenol enthielt, verbrennt. Zur Vermeidung solcher Emissionen müssen die Verbrennungsanlagen so betrieben werden, dass derartige gefährliche Stoffe entweder gar nicht entstehen oder quantitativ aus den Abgasen entfernt werden. Die Verwendung von Pentachlorphenol ist in Deutschland wie in den meisten anderen Ländern seit etwa zwanzig Jahren verboten.

2.10 Alkohole, Phenole

2.10.1 Einleitung

In den Abschnitten 2.10–2.18 werden **Sauerstoffverbindungen** – Alkohole, Ether, Carbonylverbindungen wie Aldehyde und Ketone, Carbonsäuren und ihre Derivate wie Acylhalogenide, Ester, Anhydride und Amide sowie Kohlensäurederivate – behandelt. Sie repräsentieren unterschiedliche Oxidationsstufen von Kohlenstoffatomen in Molekülen. Mit seinen sechs Valenzelektronen kann das Sauerstoffatom zwei kovalente Bindungen, zwei σ-Bindungen oder eine σ- und eine π-Bindung, ausbilden. Wegen seiner höheren Kernladung ist der Sauerstoff wesentlich elektronegativer (▶ 1.11) als der Kohlenstoff, und er besitzt im zweibindigen Zustand zwei freie Elektronenpaare (▶ Abb. 1.14). Daher wirkt er selbst als Angriffsort elektrophiler Reagenzien, und er positiviert ein benachbartes Kohlenstoffatom, das dadurch nucleophilen Reaktionen leichter zugänglich wird. **Diese Verbindungen zeigen daher viele chemische Reaktionen**. Da CO- und OH-Bindungen ein Dipolmoment besitzen und da OH-Gruppen Wasserstoffbrücken bilden, zeichnen sich Sauerstoffverbindungen aus durch relativ hohe Schmelz- und Siedepunkte und durch Löslichkeit in polaren Lösemitteln, oft sogar in Wasser.

In lebenden Organismen spielen Sauerstoffverbindungen eine große Rolle; mengenmäßig bilden sie den größten Anteil. Synthetische Sauerstoffverbindungen bereiten weniger Umweltprobleme als zum Beispiel die Halogenverbindungen, da sie von Mikroorganismen meistens leichter abgebaut werden können und an das normale ökologische System assimiliert werden.

2.10.2 Struktur, Nomenklatur und Eigenschaften

Alkohole enthalten die Hydroxygruppe —OH an einem gesättigten Kohlenstoffatom, **Phenole** an einem aromatischen Ring und **Enole** an einer C=C-Doppelbindung:

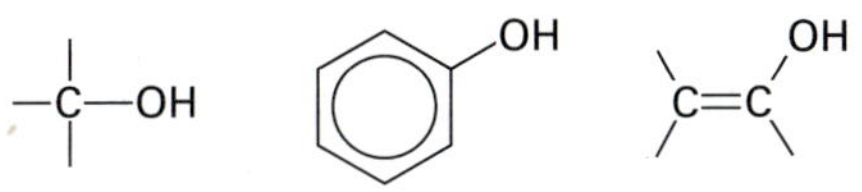

Alkohol Phenol Enol

Enole sind nur unter bestimmten Bedingungen beständig. Sie können sich in die isomeren Carbonylderivate umlagern (Keto-Enol-Tautomerie, ▶ 2.12.1). Mit Metallen bilden sich Alkoholate $R—O^{\ominus}M^{\oplus}$. Alkohole haben also Eigenschaften von Säuren. Ihre Acidität nimmt ab in der Reihe Enol > Phenol >> primärer > sekundärer > tertiärer Alkohol.

Primäre Alkohole enthalten die OH-Gruppe an einem Kohlenstoffatom, das nur mit *einem* weiteren Kohlenstoffatom verknüpft ist, bei s**ekundären Alkoholen** sind es *zwei* und bei **tertiären** (Vorsilbe *tert*) *drei* Kohlenstoffatome:

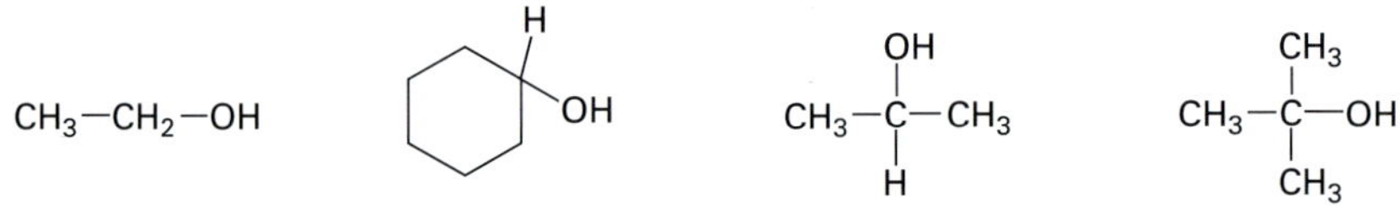

Ethanol, Ethylalkohol — Cyclohexanol — 2-Propanol, Isopropanol — *tert*-Butanol

primärer Alkohol — sekundärer Alkohol — tertiärer Alkohol

Einwertige Alkohole enthalten nur *eine* OH-Gruppe im Molekül, **zwei-**, **drei-** und **mehrwertige** eine entsprechend *höhere* Anzahl, wie z. B. der sechswertige Zuckeralkohol Hexitol, von dem es mehrere Stereoisomere gibt:

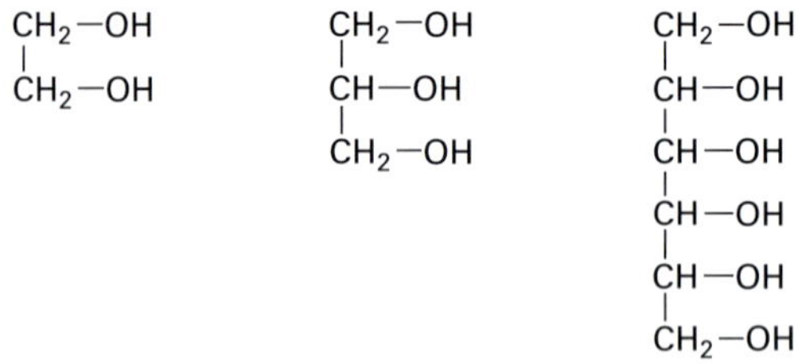

1,2-Ethandiol, Ethylenglycol — Propantriol, Glycerol — Hexanhexaol, Hexitol

Diole nennt man auch **Glycole**. Alkohole mit mehr als einer OH-Gruppe am gleichen C-Atom sind unbeständig: sie spalten H_2O ab und wandeln sich in Carbonylverbindungen um:

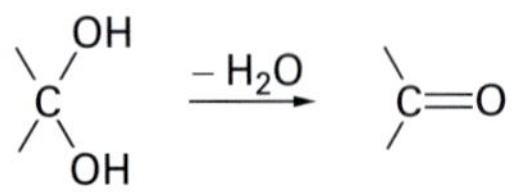

In der systematischen **Nomenklatur** werden die Alkohole durch die Endung **-ol** am Namen des Kohlenwasserstoffs bzw. durch die Endung **-alkohol** am Namen des organischen Restes (der Alkylgruppe) benannt: Methanol, Methylalkohol, CH_3OH.

Die OH-Gruppe in Alkoholen wirkt als Akzeptor und Donator starker **Wasserstoffbrücken** (▶ 1.12). Hierauf sind die relativ hohen Siedepunkte der Alkohole zurückzuführen und die Löslichkeit in polaren Lösemitteln.

Die folgende Tabelle 2.9 zeigt deutlich, dass die **Siedepunkte** der OH-Gruppen-haltigen Substanzen um ca. 100 °C höher liegen als die anderer Substanzen mit ähnlich großer Molmasse. Beim Vergleich mit den Kohlenwasserstoffen zeigt es sich, dass NH- und SH-Gruppen sowie die Ether-Gruppierung C—O—C eine leichte Erhöhung des Siedepunktes bewirken. Dies ist, wie man aus anderen Untersuchungen weiß, auf die schwachen NH- und SH-Wasserstoffbrücken sowie die molekularen Dipolmomente zurückzuführen.

Tab. 2.9 Siedepunkte von Verbindungen mit und ohne OH-Gruppe.

Name	Formel	Molmasse	Sdp. [°C]
Methan	CH_4	16	−161
Ammoniak	NH_3	17	−33
Wasser	H_2O	18	100
Ethan	$CH_3—CH_3$	30	−89
Schwefelwasserstoff	H_2S	34	−60
Methanol	$CH_3—OH$	32	65
Propan	$CH_3—CH_2—CH_3$	44	−42
Dimethylether	$CH_3—O—CH_3$	46	−23
Ethanol	$CH_3—CH_2—OH$	46	78

Den starken zwischenmolekularen Wechselwirkungen ist es auch zuzuschreiben, dass beim Mischen von Wasser und Ethanol Volumenkontraktion und Erwärmung auftritt.

Alkohole spielen eine große Rolle als Zwischenprodukte bei Synthesen, als umweltfreundliches Antiklopfmittel (▶ 2.5.2), als Lösemittel (▶ 4.3), in der Kosmetik, sowie als Gefrierschutzmittel und als Bremsflüssigkeit bei Kraftfahrzeugen.

2.10.3 Darstellung

Die Darstellung von Alkoholen kann, wie in Abschnitt 2.3.3 besprochen, von Alkenen ausgehen oder durch nucleophile Substitution des Halogens in Halogenverbindungen erfolgen (▶ 2.9.3). Carbonylverbindungen können zu Alkoholen reduziert werden. Präparativ wichtig sind auch Alkoholsynthesen, bei denen mit Hilfe von Grignard-Reagenzien Kohlenstoff-Kohlenstoff-Bindungen neu geknüpft werden (▶ 2.2.4). Großtechnisch wird Methanol durch katalytische Hydrierung von Kohlenmonoxid hergestellt (▶ 2.5.3).

Schließlich sei auf eine wichtige biologische Reaktion hingewiesen, bei der aus Kohlenhydraten Ethanol gebildet wird, die alkoholische Gärung (▶ 6.11.3).

1. Hydratisierung von Alkenen (▶ 2.3.3)

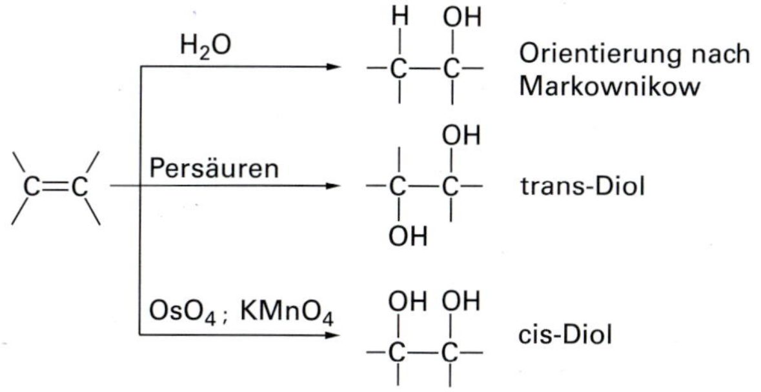

2. Nucleophile Substitution von Halogenalkanen (▶ 1.15.2)

$$R{-}X \xrightarrow{KOH} R{-}OH + KX$$

3. Reduktion von Carbonylverbindungen

Natriumborhydrid, $NaBH_4$, und Lithiumaluminiumhydrid (Lithiumalanat), $LiAlH_4$, sind Spender von Hydridionen, $H^{\ominus}$, die als reduzierende Reagenzien den Carbonylkohlenstoff angreifen und damit direkt ein Alkoholation bilden. Bei der nachfolgenden Hydrolyse wird ein $H^{\oplus}$-Ion angelagert und damit der Alkohol gebildet.

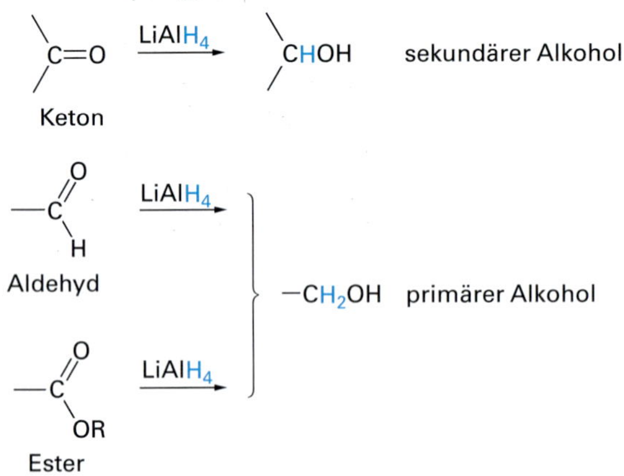

4. Reaktion von Carbonylverbindungen mit Grignard-Reagenzien (▶ 2.2.4)

Die R−MgX-Bindung reagiert, als spalte sie heterolytisch in $MgX^{\oplus}$ und ein Carbanion $R^{\ominus}$. Letzteres greift das C-Atom von Carbonylverbindungen nucleophil an.

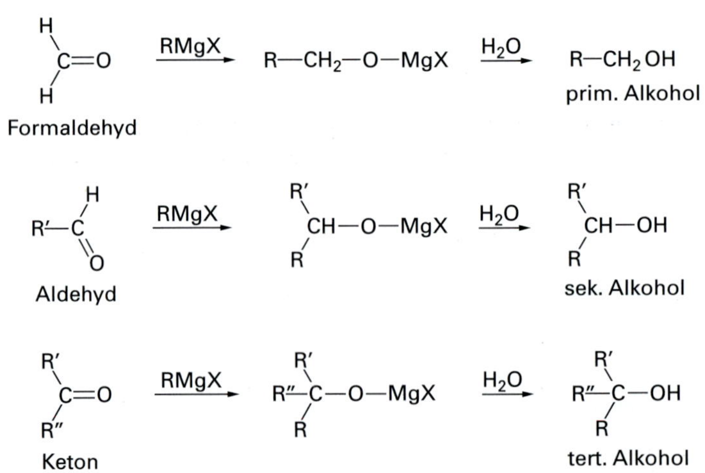

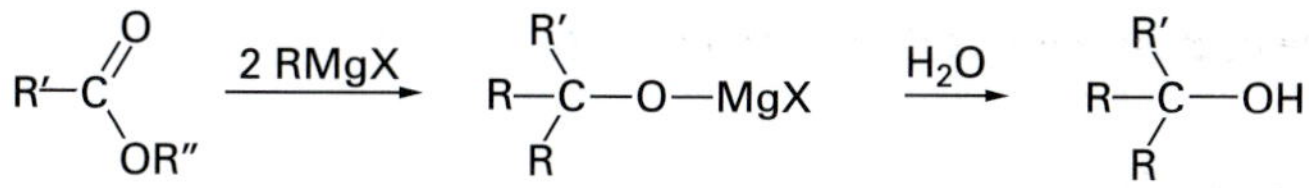

Ester — tert. Alkohol

5. Alkoholische Gärung (▶ 6.11.3)

$$C_6H_{12}O_6 \xrightarrow{\text{Hefe}} 2\,CH_3{-}CH_2{-}OH + 2\,CO_2$$

Zucker — Ethanol — Kohlendioxid

2.10.4 Reaktionen

Eine Reihe von Reaktionen der Alkohole wurden schon behandelt: Eliminierung von H_2O zu Alkenen und nucleophile Substitution zu Halogenverbindungen. Die alkoholische OH-Gruppe hat leicht saure Eigenschaften: Mit Alkalimetallen bilden sich Alkoxide (Alkoholate). Präparativ wichtig ist die Oxidation von primären Alkoholen zu Carbonsäuren und von sekundären zu Ketonen.

Schließlich sei die Bildung von Ethern und Estern erwähnt.

1. Eliminierung von H_2O (▶ 2.3.2, 2.)

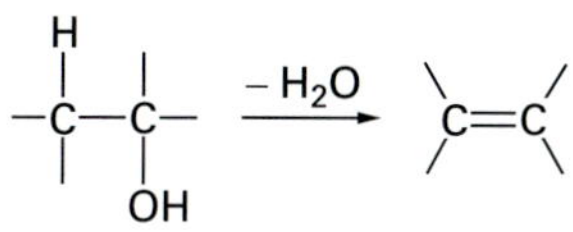

2. Nucleophile Substitution mit Halogenwasserstoff (X = Halogen)

$$ROH \xrightarrow{HX} RX + H_2O$$

3. Reaktionen mit Metallen

$$ROH \xrightarrow{Na} RO^{\ominus}\,Na^{\oplus} + 1/2\,H_2$$

4. Oxidation

Geeignete Oxidationsmittel Ox. wie Kaliumpermanganat, Chromtrioxid u. a. oxidieren primäre und sekundäre Alkohole zu Carbonsäuren bzw. Ketonen:

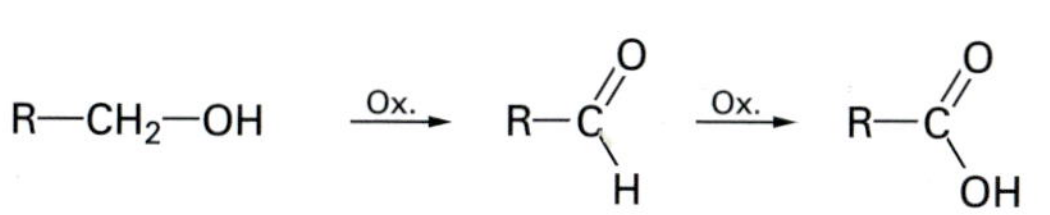

prim. Alkohol — Aldehyd — Carbonsäure

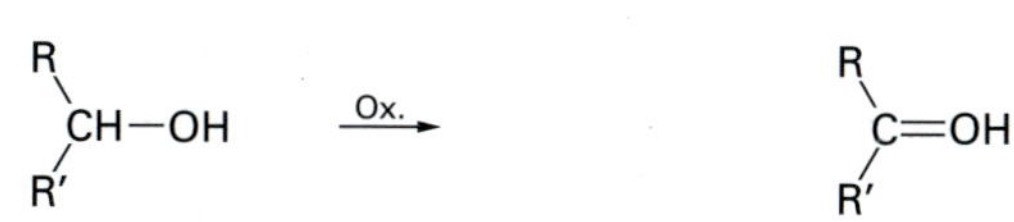

sek. Alkohol — Keton

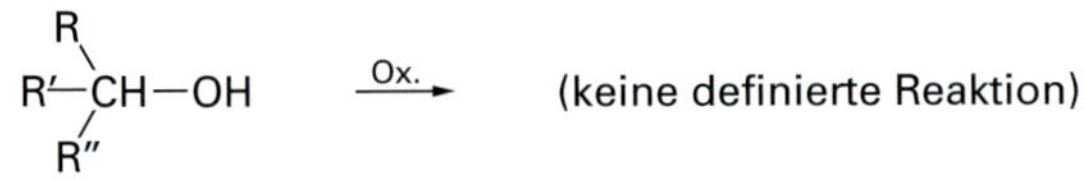

tert. Alkohol

5. Bildung von Ethern (▶ 2.11)

$$2\,ROH \xrightarrow{-H_2O} R{-}O{-}R$$

6. Veresterung mit Carbonsäuren

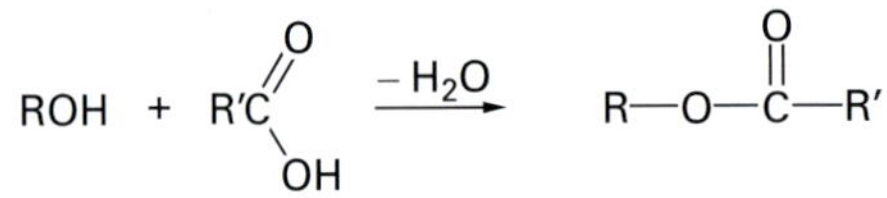

Der Mechanismus der Veresterung und ihrer Umkehrung (Esterhydrolyse, Verseifung) wird im Abschnitt 2.15 beschrieben. Eine Veresterung tritt auch mit Mineralsäuren auf. Mit **Schwefelsäure** bildet sich zunächst ein **saurer Halbester**, der sich je nach den Reaktionsbedingungen zum **Dialkylsulfat**, zum **Ether** oder zum **Alken** umsetzt:

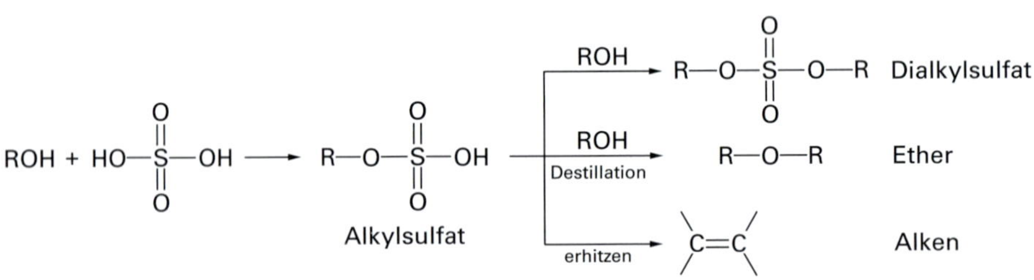

Mit Salpetersäure bilden sich aus Alkoholen **Salpetersäureester**, Nitrate, die als Sprengstoffe Bedeutung besitzen:

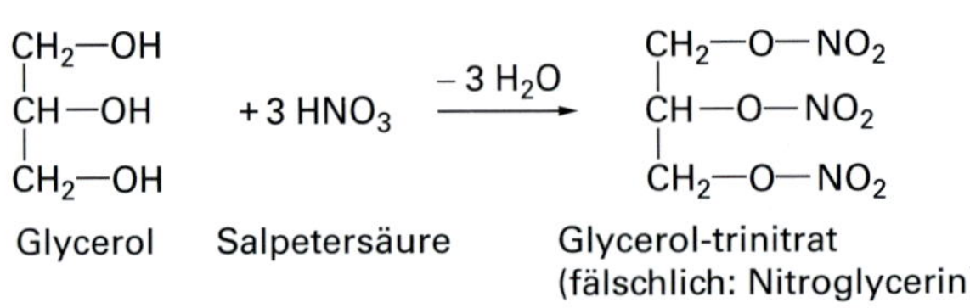

Ebenso bildet sich aus Cellulose (▶ 6.3.2) **Cellulosetrinitrat** (Schießbaumwolle).

Alkoholgenuss und Fahrtüchtigkeit
Die Wirkungen des **Ethanols als Genussmittel** sind allgemein bekannt: bei 1 ‰ Alkoholgehalt im Blut tritt Verlust der Selbstkontrolle, bei 4 ‰ Bewusstlosigkeit und bei 5 ‰ der Tod ein. Gefürchtet war bei Autofahrern die Oxidationsreaktion in den **Alcoteströhrchen**. Hierzu wird eine abgemessene Menge Atemluft durch ein Röhrchen geblasen, das Natriumhydrogensulfat, $NaHSO_4$, und Kaliumdichromat, $K_2Cr_2O_7$, enthält:

$$3\,CH_3{-}CH_2{-}OH + 8\,H^{\oplus} + Cr_2O_7^{2\oplus} \longrightarrow 3\,CH_3{-}C(=O){-}H + 2\,Cr^{3\oplus} + 7\,H_2O$$

orange (Dichromat) — grün ($Cr^{3\oplus}$)

Natriumhydrogensulfat löst sich im absorbierten Wasser der Atemluft zu stark saurer Lösung, parallel mit der Oxidation des Alkohols zum Aldehyd erfolgt die Reduktion des orangefarbenen Dichromats ($Cr^{6\oplus}$) zum grünen $Cr^{3\oplus}$, dessen Menge durch Farbvergleich ermittelt wird und einen quantitativen Rückschluss auf den Blutalkoholgehalt gestattet. Heute bestimmt man den Alkohol in der Atemluft mit infrarotoptischen und elektrochemischen Methoden.

Phenole sind stärker sauer als Alkohole, sie lösen sich z. B. in Natronlauge:

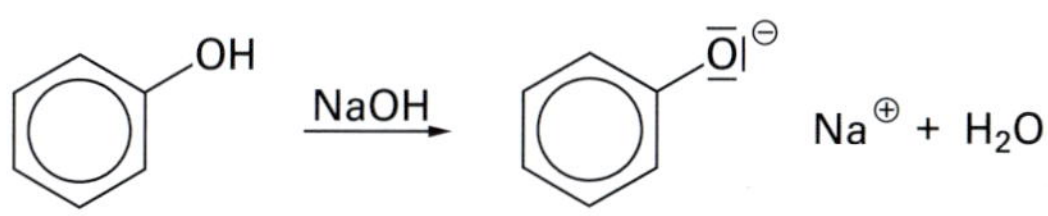

Phenole zeigen charakteristische Farbreaktionen mit $FeCl_3$ und sind dadurch leicht nachweisbar. Sie sind leichter oxidierbar als Alkohole, man verwendet sie sogar als Reduktionsmittel (fotografische Entwickler).

Die *Trivialnamen* einiger Phenole lauten:

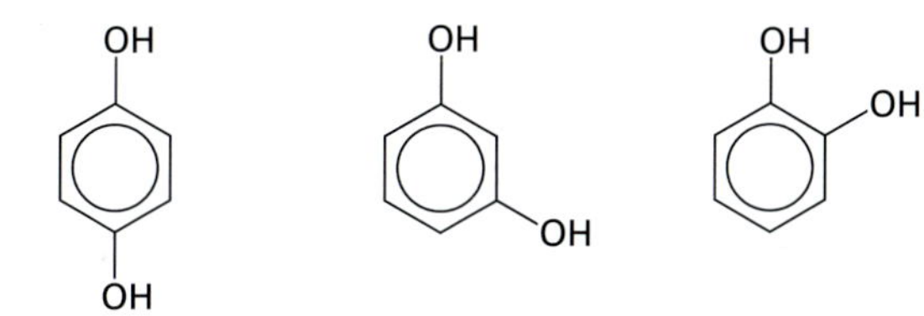

Hydrochinon　　Resorcin　　Brenzkatechin

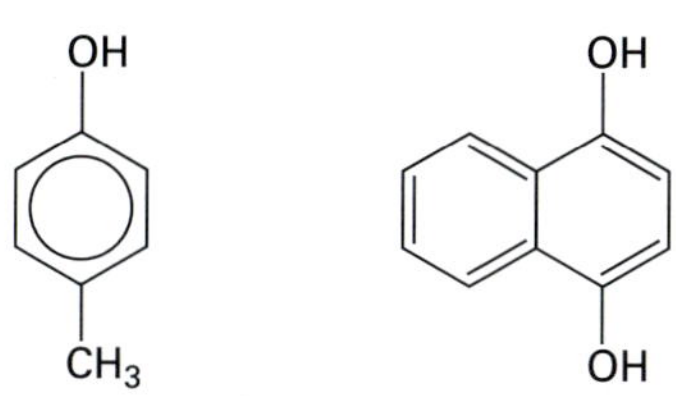

p-Kresol　　1,4-Naphthohydrochinon

Hydrochinon wird leicht reversibel zum Benzochinon oxidiert, zum Beispiel mit Hilfe von $Fe^{3\oplus}$-Salzen. Versetzt man Hydrochinon mit $FeCl_3$, so bildet sich zunächst ein Komplex aus Chinon und Hydrochinon, das grünschwarze **Chinhydron**, das man bei der elektrochemischen pH-Wert-Messung verwendet. Bei einem Überschuss von $FeCl_3$ bildet sich **Chinon**, ein goldgelbes, leicht sublimierendes ungesättigtes Keton:

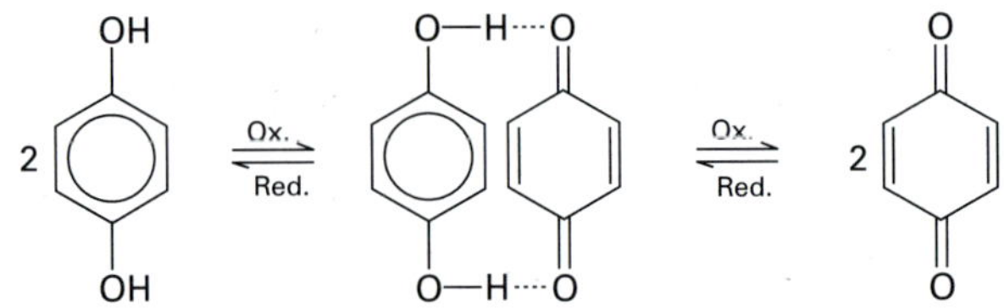

Hydrochinon
farblos

Chinhydron
grünschwarz

Chinon
(1,4-Benzochinon)
goldgelb

Enole haben ähnliche Eigenschaften wie Phenole. Sie stehen in Tautomerie zu Ketonen und bilden sich nur, wenn die C=C-Doppelbindung durch Konjugation stabilisiert wird (▶ 2.12.1).

2.11 Ether

2.11.1 Struktur, Nomenklatur und Eigenschaften

Ether besitzen die allgemeine Formel R^1—O—R^2. Ist $R^1 = R^2$, so spricht man von **einfachen** oder **symmetrischen**, bei Ungleichheit der Reste von **gemischten** oder **unsymmetrischen Ethern**.

Nach IUPAC bezeichnet man sie als **Alkoxyderivate der Alkane**, z. B. Methoxyethan für CH_3–O—C_2H_5. Die *Trivialnamen* beginnen mit den Namen der beiden Reste R^1 und R^2 in der Reihenfolge *zunehmender Größe*, auf welche die Endung **-ether** folgt, z. B. Methyl-*tert*-butylether (MTBE) für CH_3—O—C$(CH_3)_3$.

Ether sind leichter flüchtig als die isomeren Alkohole, da sie keine OH-Gruppen besitzen. Wegen ihrer polaren, gewinkelten C—O—C-Kette eignen sie sich gut als polare, inerte (d. h. reaktionsträge) **Lösemittel**. Neben Diethylether verwendet man hierzu die cyclischen Ether Tetrahydrofuran und 1,4-Dioxan.

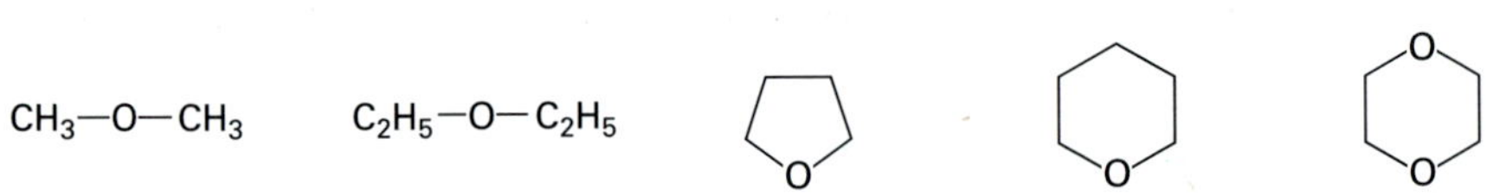

Dimethylether   Diethylether   Tetrahydrofuran   Tetrahydropyran   1,4-Dioxan

Diethylether oder einfach „Ether" wurde früher als **Narkosemittel** verwendet. Er wird als **Extraktionsmittel** benutzt, das sich wegen seines niedrigen Siedepunktes von 34 °C leicht destillativ wieder abtrennen lässt. Der gasförmige **Dimethylether** (Sdp. −23 °C) findet als **Treibgas** für Aerosole Verwendung.

Diethylether kann aus mehreren Gründen gefährlich sein:

1. Sein Dampfdruck bei Zimmertemperatur ist so groß, dass Etherdampf, der schwerer als Luft ist, beim Umfüllen des flüssigen Ethers auf dem Labortisch

oder dem Fußboden über größere Strecken „kriecht“. Dort entzündet er sich an offenen Flammen oder elektrischen Geräten mit Heizwicklungen oder Funkenentwicklung.

2. Die Entzündung kann aber auch durch Funken als Folge elektrischer Aufladung von Personen mit isolierenden Schuhsohlen, Wäsche aus Kunstfasern oder durch das Umfüllen des Ethers selbst erfolgen, wenn nichtleitende Gefäße verwendet werden.
3. Wenn man wässrige Lösungen mit Ether ausschüttelt, löst sich so viel Ether in der wässrigen Phase (6,5% bei 20 °C), dass auch sie entflammen kann.
4. Alle Ether bilden, wenn sie bei Raumtemperatur ohne Luftabschluss gelagert werden, Hydroperoxide, die zu den sehr explosiven **Peroxiden** kondensieren:

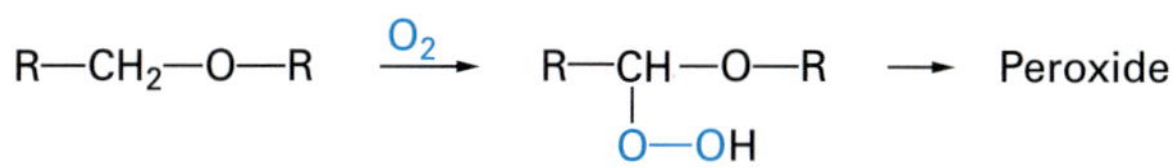

Ether Hydroperoxid

Bei der Destillation reichern die Peroxide sich im Rückstand an und können äußerst heftig explodieren.

Nachweis der Peroxide: Setzt man Essigsäure und Kaliumiodid zu, so wird Iod ausgeschieden, das durch den blauen Komplex mit Stärke nachgewiesen werden kann. Dazu gibt es auch entsprechende Teststreifen.

Die **Entfernung der Peroxide** erfolgt durch Schütteln mit $Fe^{2\oplus}$-Salz-Lösungen. Die Peroxidbildung kann durch Lagern in braunen Flaschen bei Luftabschluss sowie durch metallisches Kupfer verhindert werden.

5. Das Einatmen von Ether wirkt narkotisierend.

2.11.2 Darstellung und Reaktionen

Die Darstellung der Ether erfolgt aus den Alkoholen wie beschrieben durch Wasserentzug mit Schwefelsäure (▶ 2.10.4). Gemischte Ether stellt man eleganter nach A. W. Williamson aus Natriumalkoxid (Natriumalkoholat) und Halogenalkan dar:

$$R^1\text{—}O^{\ominus}\ Na^{\oplus} + R^2\text{—}X \rightarrow R^1\text{—}O\text{—}R^2 + NaX$$

Ether verhalten sich inert gegenüber Basen. Mit starken Säuren bilden sie jedoch Oxoniumsalze:

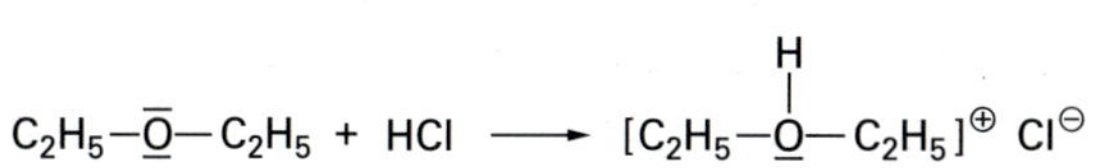

Diethyloxoniumchlorid

Großtechnisch wird ein cyclischer Ether, **Oxiran** (Ethylenoxid), durch katalytische Oxidation von Ethen hergestellt. Das gasförmige Oxiran (Sdp. 10,5 °C) wirkt stark alkylierend und ist dementsprechend sehr giftig, mutagen und krebserregend. Es kommt im Zigarettenrauch vor und wurde als Zwischenprodukt des Ethen-Abbaus in Pflanzen und Bakterien nachgewiesen. In geringem Umfang wird es als Insektizid und zum Sterilisieren von temperaturempfindlichen medizinischen Geräten verwendet. Seine überragende Bedeutung liegt in der Reaktivität des Oxiranringes, die es zu einer Schlüsselsubstanz für eine Vielzahl weiterer Zwischen- und Endprodukte macht. Aus Oxiran werden u. a. Polyethylenoxid (▶ 3.5.3) und Lösemittel wie Ethylenglycol und dessen Derivate hergestellt (▶ Abb. 4.1, Tabelle 4.2).

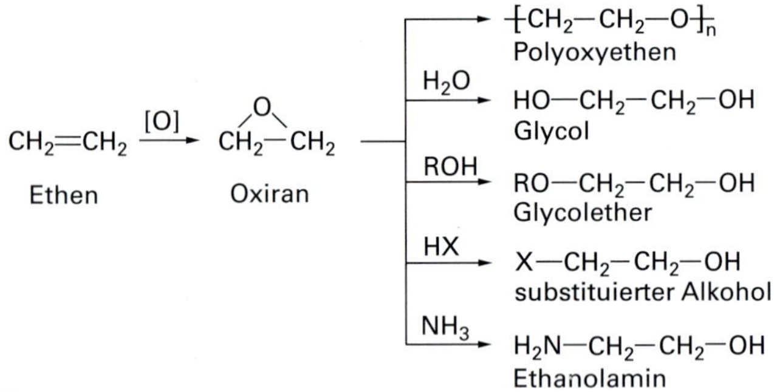

Das ebenfalls technisch wichtige **Chlormethyloxiran** (Epichlorhydrin, ▶ 3.5.3) wird aus Propen hergestellt:

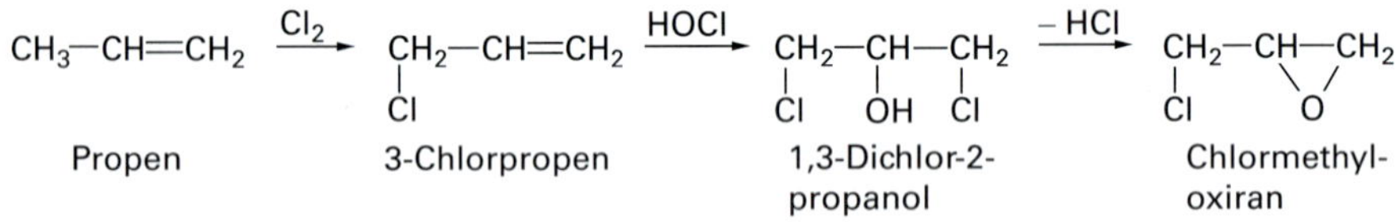

2.12 Aldehyde und Ketone

2.12.1 Nomenklatur und Eigenschaften, Keto-Enol-Tautomerie

> Verbindungen mit der Carbonylgruppe $>C=O$ heißen **Ketone**, wenn diese an zwei Kohlenstoffatome geknüpft ist, aber **Aldehyde**, wenn diese an mindestens ein H-Atom geknüpft ist.

Der Name „Ketone“ stammt vom einfachsten Vertreter dieser Verbindungsklasse, dem Aceton. Die Bezeichnung „Aldehyde“ (von ***Al****cohol* ***dehyd****rogenatus*) wurde von J. v. Liebig 1835 eingeführt, weil sie durch Dehydrierung aus Alkoholen gebildet werden. Auch Ketone entstehen durch Dehydrierung oder durch Oxidation von Alkoholen:

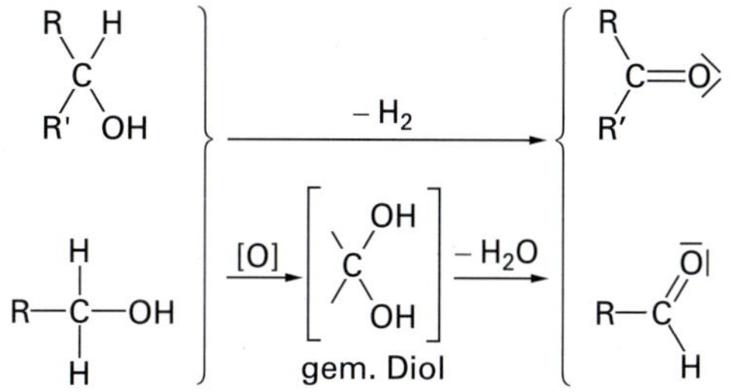

Alkohole mit zwei OH-Gruppen am gleichen C-Atom (geminales Diol) spalten spontan Wasser ab und bilden das Carbonylderivat. Bei Anwesenheit stark elektronenanziehender Gruppen ist die Diol-Form (hydratisierte Carbonylverbindung) stabil, wie z. B. beim Schlafmittel Chloralhydrat:

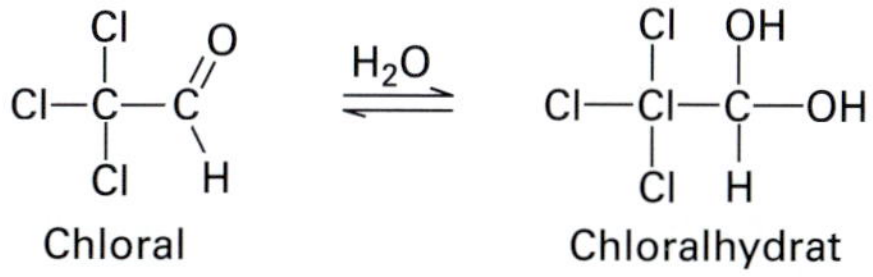

Auch der einfachste Aldehyd $H_2C{=}O$, Methanal (Formaldehyd), liegt in wässriger Lösung als Hydrat, $H_2C(OH)_2$, vor.

Die charakteristische Endung im systematischen Namen ist bei **Ketonen -on** und bei **Aldehyden -al**:

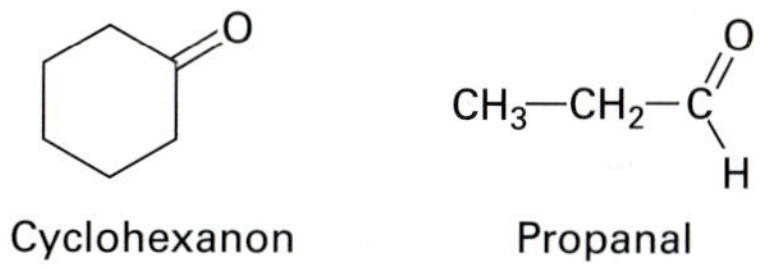

Sowohl bei Aldehyden wie auch Ketonen werden *Trivialnamen* verwendet, also z. B. Aceton statt Propanon. Bei den Aldehyden werden die Namen häufig von den lateinischen Namen der entsprechenden Carbonsäuren (▶ 2.13.1) hergeleitet, an welche die Endung **-aldehyd** angefügt wird, also Acetaldehyd statt Ethanal, Propionaldehyd statt Propanal. Bei Ketonen kann der Name auch aus den beiden Alkylresten (in der Reihenfolge *zunehmender Größe*) und der Endung **-keton** gebildet werden, also Dimethylketon für $(CH_3)_2C{=}O$, Methylethylketon für $CH_3{-}CO{-}C_2H_5$.

Die Wasserstoffatome am Kohlenstoffatom *neben* einer Carbonylgruppe – dem sog. **α-Kohlenstoffatom** – haben deutlich saure Eigenschaften (C—H-Acidität): sie werden durch starke Basen als $H^{\oplus}$ abgelöst. Das dadurch gebildete **Carbanion** wird durch mesomere Wechselwirkung mit der Carbonylgruppe stabilisiert:

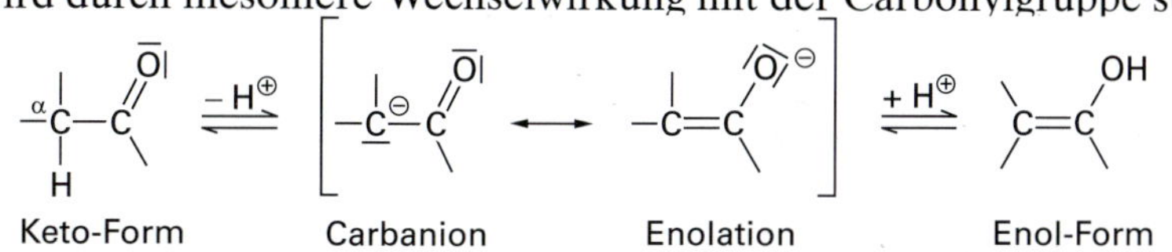

Infolge der negativen Teilladung am O-Atom bietet sich hier eine neue Anknüpfungsstelle für das Proton. So bildet sich aus der **Keto-Form** die **Enol-Form**.

Obwohl sie jeweils nur in geringer Konzentration vorliegt, ist die Enol-Form die Voraussetzung für einige Reaktionen von Carbonylverbindungen (Reaktionen 11 und 12 im Abschnitt 2.12.3).

Befindet sich eine weitere Carbonylgruppe in β-Stellung (also am übernächsten Kohlenstoffatom) neben einer Carbonylgruppe, so wird die Enol-Form durch Konjugation zweier Doppelbindungen und durch die dann mögliche Wasserstoffbrücke so stabilisiert, dass sie in hoher Konzentration entsteht.

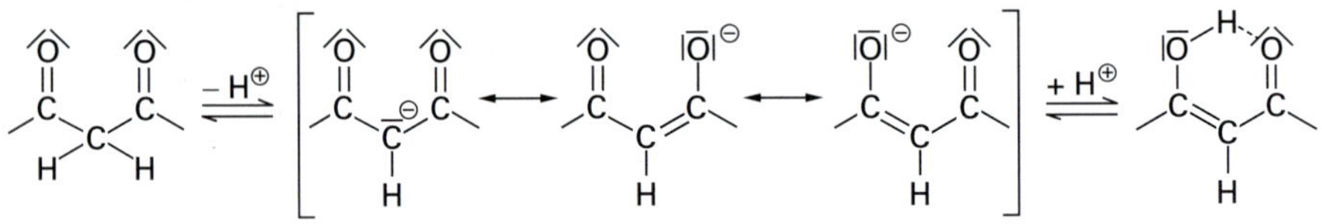

1,3-Dicarbonylverbindung Keto-Form

Grenzformeln des Enolations von 1,3-Dicarbonylverbindungen, zwischen denen Mesomerie besteht

1,3-Dicarbonylverbindung Enol-Form

Die Keto-Enol-Umlagerung (**Enolisierung**) erfordert katalytische Mengen von Säuren oder Basen, wie sie an den Wänden von Glasgefäßen vorkommen. Schließt man sie aus, so kann man, z. B. in Apparaturen aus Quarz, Keto- und Enol-Form durch Destillation voneinander trennen.

> Stehen zwei konstitutionsisomere Moleküle miteinander in einem dynamischen Gleichgewicht, so nennt man die Erscheinung **Tautomerie**; hier haben wir die **Keto-Enol-Tautomerie** kennengelernt.

Die **Tautomerie** beschreibt ein Gleichgewicht zwischen zwei isomeren Molekülen, also zwei isolierbaren Individuen. Dagegen beschreiben die Grenzformeln, mit denen man eine **Mesomerie** darstellt, keine individuellen Moleküle. Sie charakterisieren den Bindungszustand eines Moleküls durch Valenzstrichformeln, deren Überlagerung die Natur des Bindungssystems verdeutlichen soll, wenn es durch *eine* Strichformel nicht repräsentiert werden kann.

Einige ungesättigte Ketone entstehen durch Oxidation aus Dihydroxyaromaten (▶ 2.10.3), man nennt sie **Chinone**.

Wegen ihrer vielfältigen Reaktionen spielen Aldehyde und Ketone eine Hauptrolle in der präparativen Chemie im Labor, in der Technischen und der Biochemie. Viele Carbonylverbindungen besitzen einen starken Geruch. In Tabelle 2.10 sind einige Verbindungen aufgeführt.

Tab. 2.10 Aldehyde und Ketone, Chinone.

Aldehyde

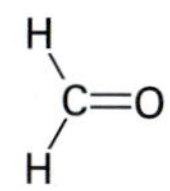
Methanal
Formaldehyd

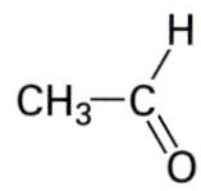
Ethanal
Acetaldehyd

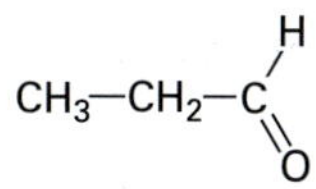
Propanal
Propionaldehyd

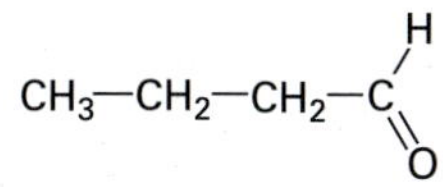
Butanal
Butyraldehyd

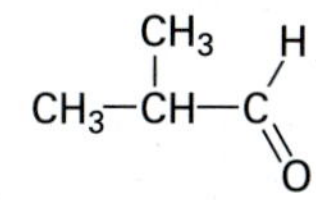
2-Methylpropanal
Isobutyraldehyd

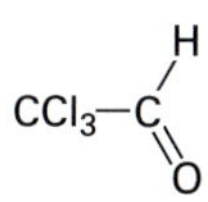
Trichloracet-
aldehyd

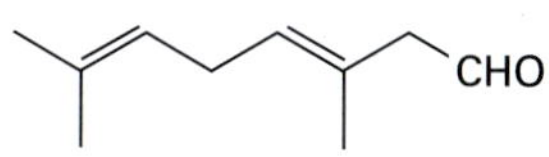
Citronellal
(Alarmstoff d. Ameisen)

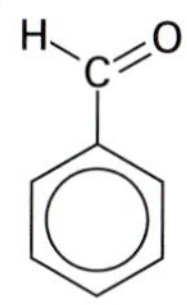
Benzaldehyd
(bittere Mandeln)

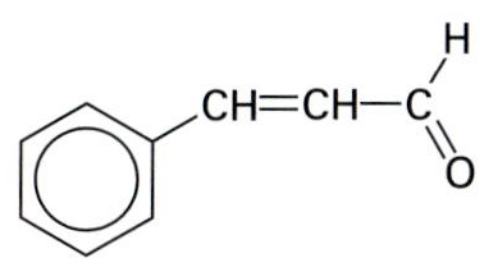
Zimtaldehyd
(Zimt)

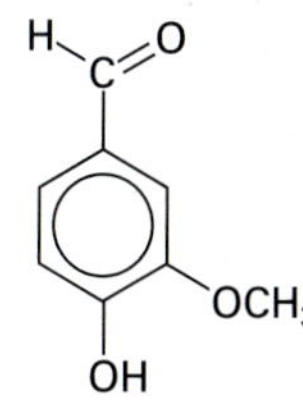
Vanillin
(Vanille)

Ketone

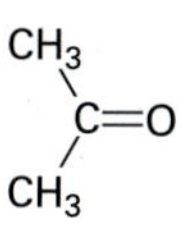
Aceton

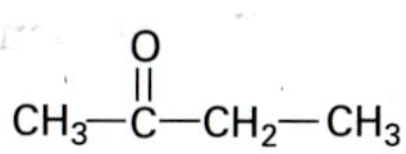
Butanon

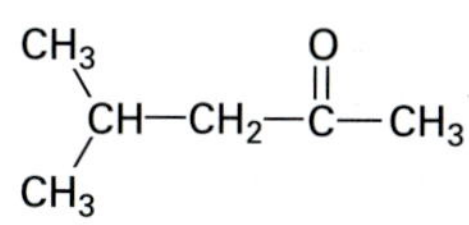
4-Methyl-2-pentanon
Methylisobutylketon

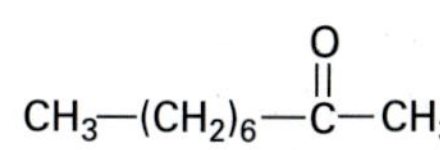
2-Nonanon
(Roquefort-Käse)

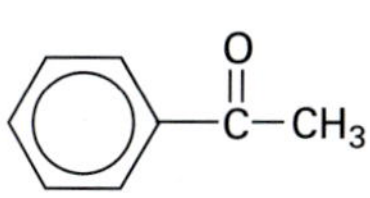
Acetophenon

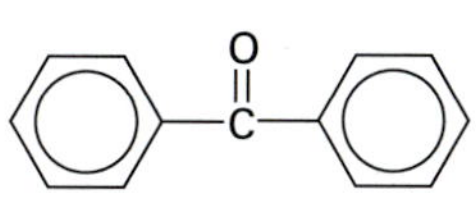
Benzophenon

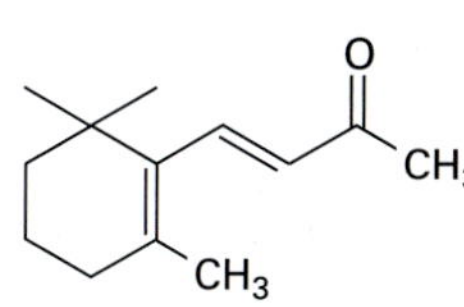
β-Jonon
(Veilchen)

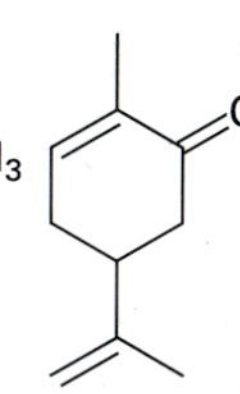
Carvon
(Kümmel

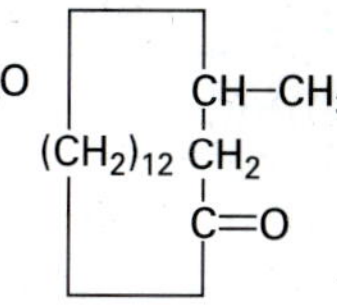
Muscon
3-Methylcyclo-
pentadecanon
(Moschus-Tier)

Chinone

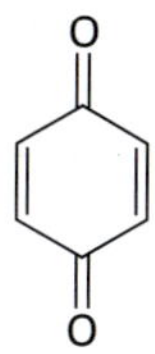
1,4-Benzochinon

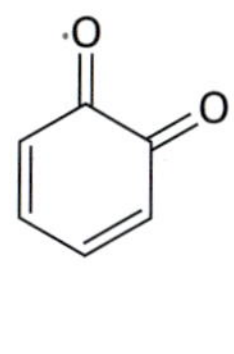
1,2-Benzochinon

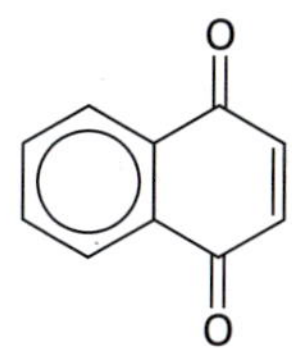
1,4-Naphthochinon

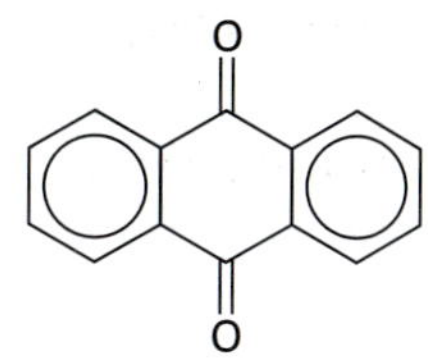
9,10-Anthrachinon

2.12.2 Darstellung

Aldehyde werden dargestellt durch Dehydrierung bzw. Oxidation von primären Alkoholen oder durch Reduktion von Carbonsäurechloriden durch Wasserstoff mit „vergiftetem“, d. h. mit Schwefel inaktiviertem Pd-Katalysator (Rosenmund-Reduktion):

1. Dehydrierung, Oxidation

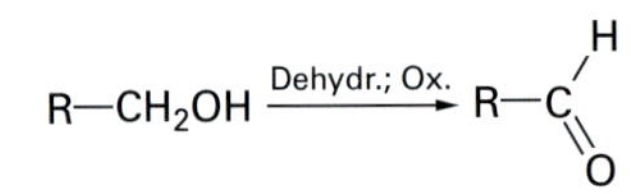

prim. Alkohol Aldehyd

2. Rosenmund-Reduktion

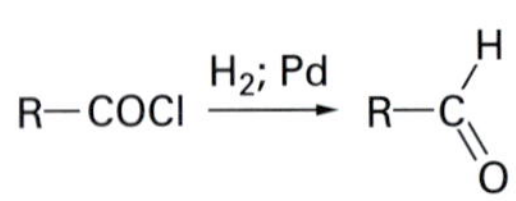

3. Oxo-Synthese, Hydroformylierung

Großtechnisch erhält man Aldehyde aus Alkenen durch katalytische Einwirkung von Synthesegas (CO und H_2):

$$\underset{\text{Alken}}{R{-}CH{=}CH_2} + CO + H_2 \xrightarrow{\text{Kat}} \underset{\text{Aldehyd}}{R{-}CH_2{-}CH_2{-}CHO}$$

4. Erhitzen mehrwertiger Alkohole

Erhitzt man 1,2,3-Propantriol (Glycerol), so entsteht Propenal (Acrolein), das stechend riecht, sehr giftig ist und leicht polymerisiert.

$$\underset{\text{Glycerol}}{CH_2OH{-}CHOH{-}CH_2OH} \xrightarrow[-\,2H_2O]{\Delta} \underset{\text{Acrolein}}{CH_2{=}CH{-}CHO} \longrightarrow \text{Polymere}$$

Diese Reaktion tritt auch beim Überhitzen (> 200°C) von Speisefett (► 6.6) und beim Verbrennen von Kerzenwachs oder Biodiesel auf.

Ketone werden durch Oxidation sekundärer Alkohole dargestellt, aliphatische Ketone aus Säurechloriden mit cadmiumorganischen Verbindungen und aromatische Ketone aus Säurechloriden mit Hilfe der Friedel-Crafts-Reaktion, einer elektrophilen aromatischen Substitution:

1. Oxidation sekundärer Alkohole

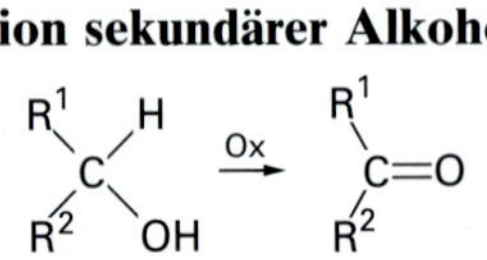

sek. Alkohol Keton

2. Ketonsynthese mit Cd-organischen Verbindungen

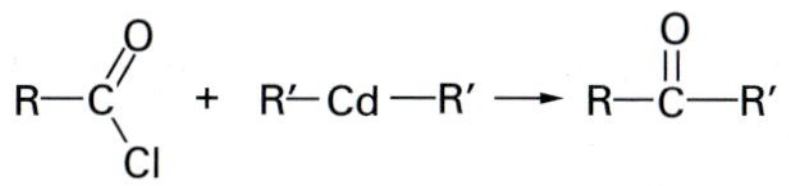

Carbonsäurechlorid — Dialkylcadmium — Keton

3. Friedel-Crafts-Reaktion

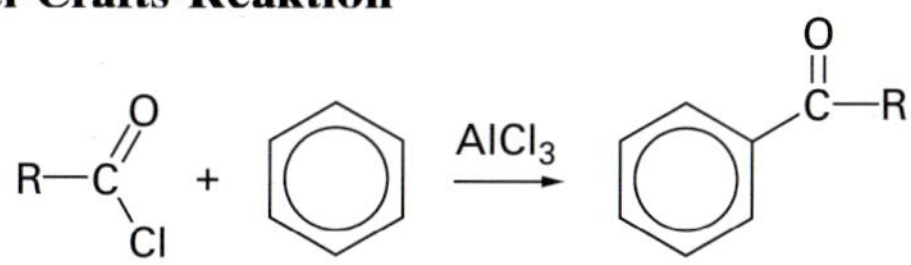

2.12.3 Reaktionen

Aldehyde und Ketone bieten vielseitige Reaktionsmöglichkeiten. Viele Reaktionen werden sowohl von Aldehyden wie Ketonen eingegangen, wobei Aldehyde – u. a. wegen der geringeren sterischen Behinderung der C=O-Gruppe durch ein H-Atom im Vergleich zur Gruppe R bei Ketonen – zumeist reaktionsfähiger sind. Ein wesentlicher Unterschied besteht aber hinsichtlich der Oxidation (dem Reduktionsvermögen) der Aldehyde. Aldehyde scheiden aus **Fehling'scher Lösung** Kupfer und aus ammoniakalischer Silbersalzlösung (**Tollens-Reagenz**) Silber metallisch ab, Ketone aber nicht.

Wie mehrfach angegeben, können Carbonylverbindungen zu den entsprechenden Alkoholen reduziert werden. Eine Reihe spezieller Reaktionen führt weiter zum Kohlenwasserstoff, wobei man, je nach der Empfindlichkeit der Verbindungen, spezielle Reaktionen für das saure, alkalische bzw. neutrale Medium zur Verfügung hat. Daneben kennt man die Disproportionierung zweier Moleküle Aldehyd in je ein Molekül Alkohol und Carbonsäure, die Cannizzaro-Reaktion.

1. Reduktion

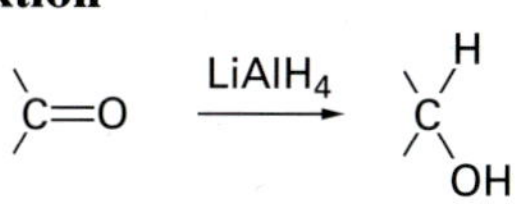

2. Umwandlung der C=O-Gruppe in eine CH_2-Gruppe

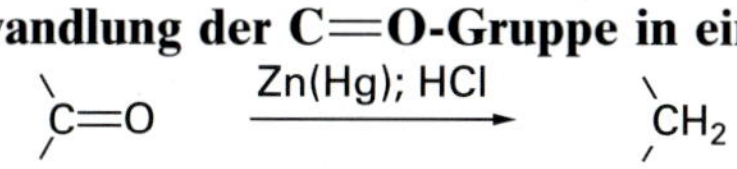

Clemmensen-Reduktion

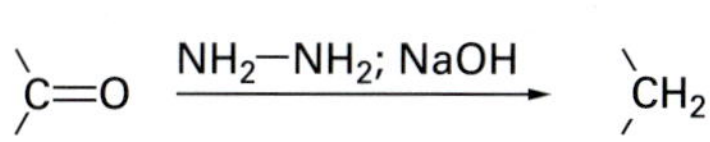

Wolff-Kishner-Reduktion

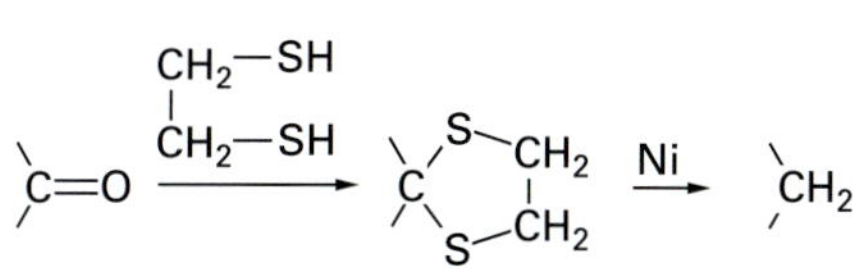

1,3-Dithiolan

3. Cannizzaro-Reaktion

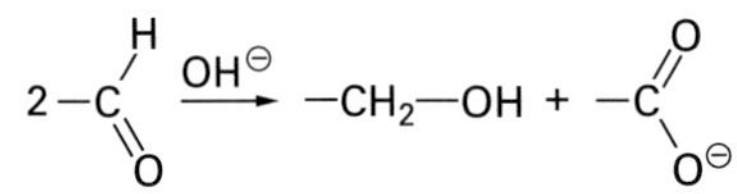

Aldehyd Alkohol Carboxylat

Die Elektronenstruktur der Carbonylgruppe ist in Abbildung 1.14 gezeichnet. Infolge der größeren Kernladung zieht das Sauerstoffatom die Bindungselektronen zu sich herüber:

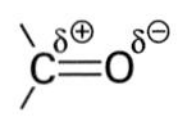

Man kann die Eigenschaften der C=O-Bindung durch Mesomerie zwischen folgenden Grenzstrukturen erklären:

Abbildung 1.15 verdeutlicht weiter, dass alle Liganden des C-Atoms der Carbonylgruppe mit ihm in einer Ebene liegen und dass die Bindungswinkel ca. 120° betragen. Die π-Elektronen sind so stark vom C-Atom abgezogen, dass es einem Angriff durch nucleophile Agenzien $Y^{\ominus}$ leicht zugänglich wird. Die Reaktion läuft, abhängig von der Natur des Nucleophils und vom Medium, nach einem der Wege in folgendem allgemeinen Schema ab:

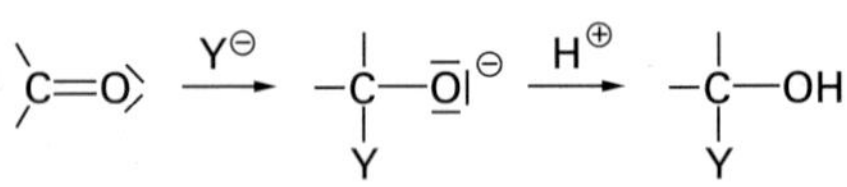

oder

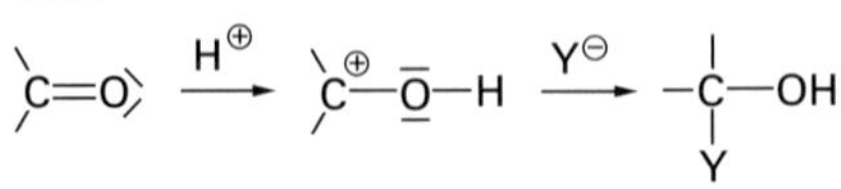

Darauf beruhen viele Reaktionen der Carbonylverbindungen, wie z. B. die folgenden, Nr. 4 bis 8, bei denen es sich um **nucleophile Additionen** (A_N) handelt:

4. Addition von HCN

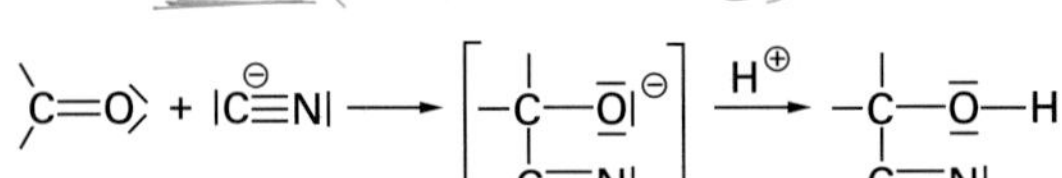

Cyanid Cyanhydrin

Durch Hydrolyse der Nitrilgruppe entstehen Hydroxycarbonsäuren:

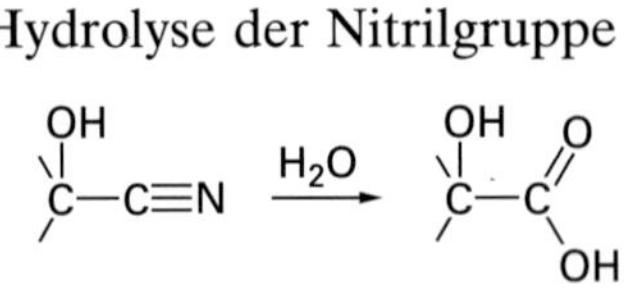

Cyanhydrin Hydroxycarbonsäure

5. Addition von Natriumhydrogensulfit (Natriumbisulfit), $NaHSO_3$

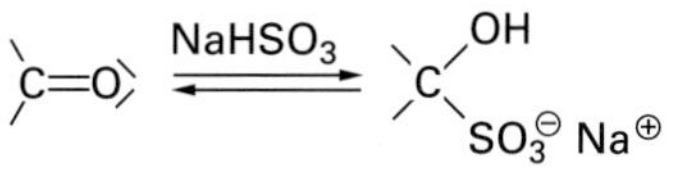

Bisulfit-
Additionsverbindung

Diese reversible Reaktion kann zur Abtrennung und Reinigung von Carbonylverbindungen dienen.

6. Addition von ROH

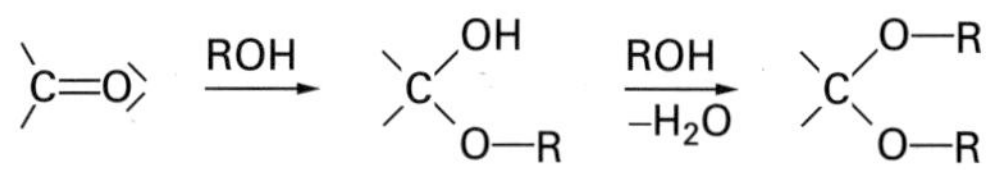

Aldehyd Keton	Halbacetal Halbketal	Acetal Ketal

Heute bezeichnet man auch die Halbketale und Ketale als Halbacetale und Acetale.

Acetale werden durch verdünnte Säuren wieder gespalten, jedoch sind sie gegenüber Alkali stabil; man verwendet sie daher zum Schutz von Carbonylgruppen in alkalischem Medium.

7. Addition von Ammoniak-Derivaten $H_2N—X$

In einer zweistufigen Reaktion erfolgt eine Kondensation unter Ausbildung einer C=N-Doppelbindung. Der erste Schritt ist eine nucleophile Addition und der zweite eine Eliminierung. Solche **Additions-Eliminierungsreaktionen** sind typisch für Carbonylverbindungen.

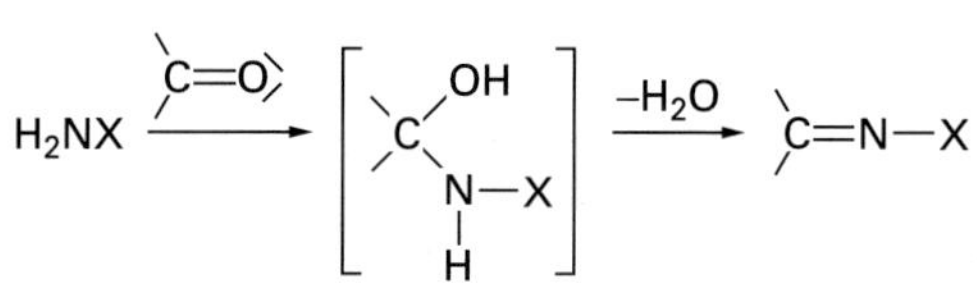

Ammoniak-Derivat		Produkt	
$H_2N—R$	Amin	$\rangle C=N—R$	Imin Schiffsche Base
$H_2N—OH$	Hydroxylamin	$\rangle C=N—OH$	Oxim*
$H_2N—NH_2$	Hydrazin	$\rangle C=N—NH_2$	Hydrazon
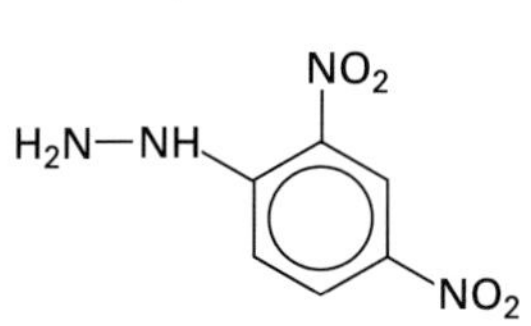	2,4-Dinitrophenylhydrazin	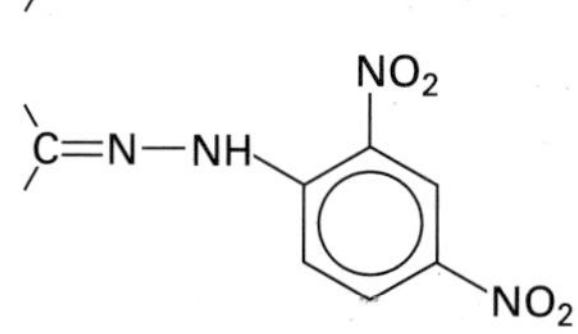	2,4-Dinitrophenylhydrazon*

Die mit * bezeichneten Derivate können zur Identifizierung der Carbonylverbindungen dienen.

Technisch verwendet man das **Oxim** des Cyclohexanons, Cyclohexanonoxim, als Ausgangsmaterial zur Synthese von Perlon (▶ 3.5.3).

Der einfachste Aldehyd, Formaldehyd, reagiert mit Ammoniak zu **Hexamethylentetramin** (Urotropin):

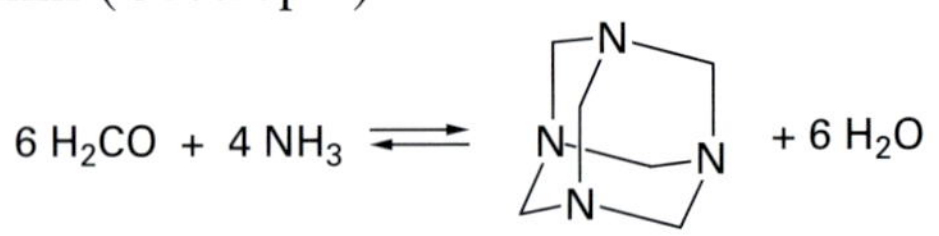

Da diese Reaktion reversibel verläuft, verwendet man Urotropin als Träger für Formaldehyd zur Desinfektion oder zur Herstellung von Kunstharzen (▶ 3.5.3).

8. Addition von Grignard-Verbindungen an C=O-Gruppen (▶ 2.2.4, 2.10.3)

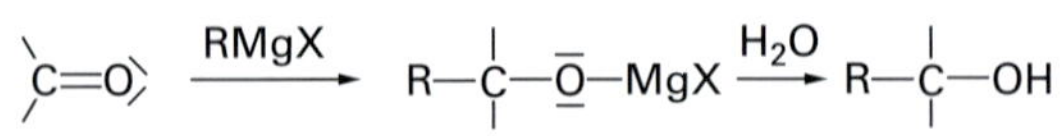

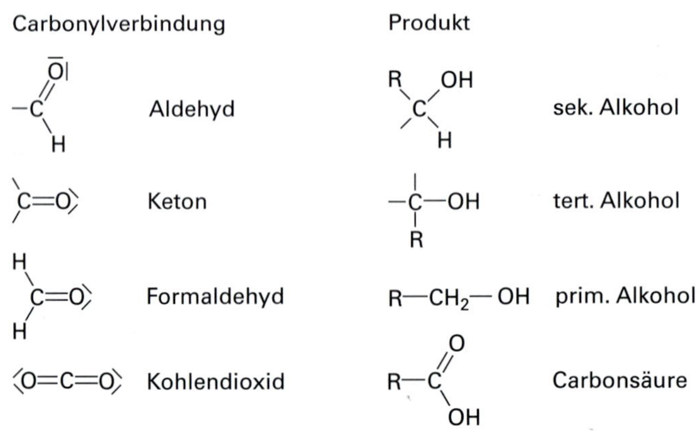

9. Wittig-Reaktion

Die Wittig-Reaktion ist besonders gut geeignet zur Darstellung definierter komplizierter Alkene aus einem Halogenalkan sowie einem Aldehyd oder Keton:

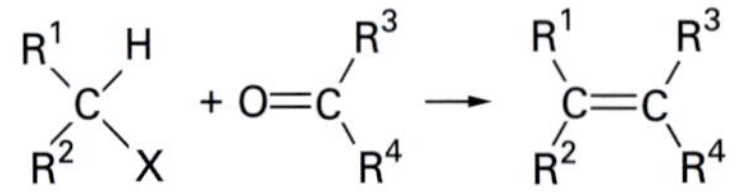

Hierbei wird das O-Atom der Carbonylgruppe durch R^1R^2C ersetzt; es handelt sich also um eine **Carbonyl-Alkenylierung**, und das Alken wird direkt an der CC-

Doppelbindung aufgebaut. Das Halogenalkan wird zunächst mit Triphenylphosphan zu einem Phosphoniumhalogenid umgesetzt, aus dem man mit einer starken Base HX eliminiert. Es entsteht das **Phosphorylid**, das sog. **Wittig-Reagenz**. Es bildet mit der Carbonylverbindung zunächst ein **1,2-Oxaphosphetan** als Zwischenstufe, das anschließend zum Alken und zu Triphenylphosphanoxid zerfällt. Mit Ph wird im folgenden Schema die Phenylgruppe, C_6H_5, bezeichnet.

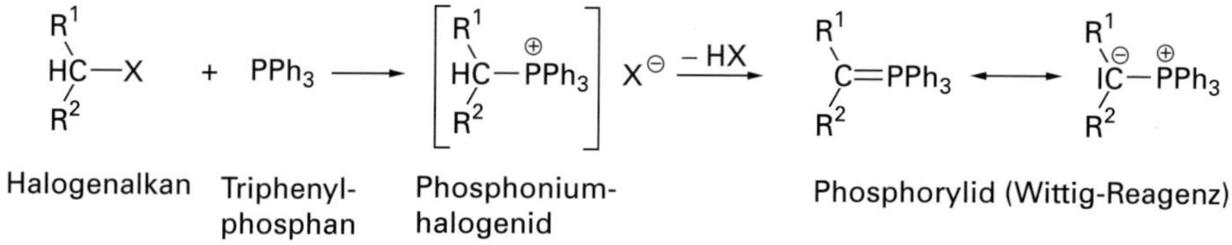

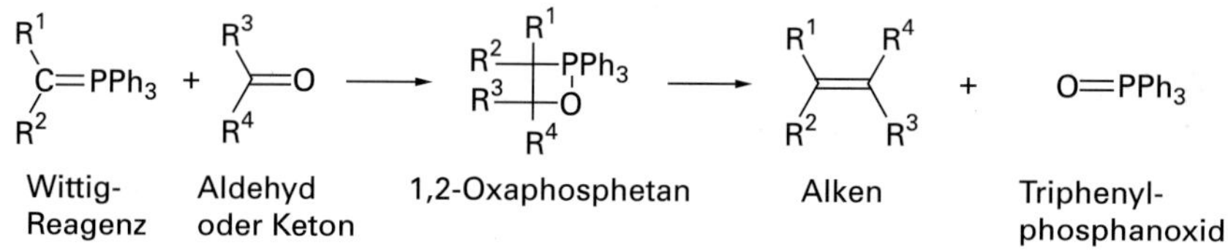

Auf weitere Einzelheiten der etwas komplizierteren Reaktionsfolge wird im Rahmen dieses Buches nicht eingegangen.

10. McMurry-Reaktion

Eine **reduktive Kupplung** von Carbonylverbindungen führt zu Alkenen, die an beiden Kohlenstoffatomen der Doppelbindung gleiche Substituenten tragen. Die Reaktion wird mit niedervalenten Titanverbindungen durchgeführt, die mit geeigneten Reduktionsmitteln aus Titan(III)- oder Titan(IV)chlorid erzeugt werden. Die Reaktion eignet sich auch für sperrige Reste R.

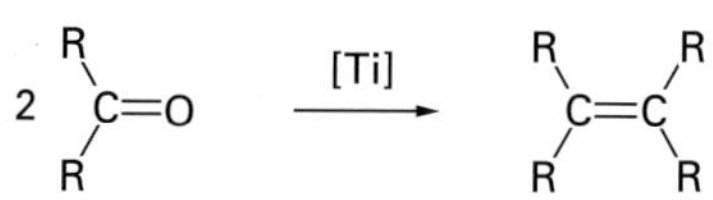

[Ti] = $TiCl_3$ oder $TiCl_4$
+ Zn, Li, K, Mg, $LiAlH_4$

Die folgenden Reaktionen knüpfen an die Acidität der α-Wasserstoffatome an. Sie erfolgen daher nur bei Verbindungen, bei denen mindestens ein H-Atom am Kohlenstoffatom benachbart zur C=O Gruppe vorhanden ist:

11. α-Halogenierung

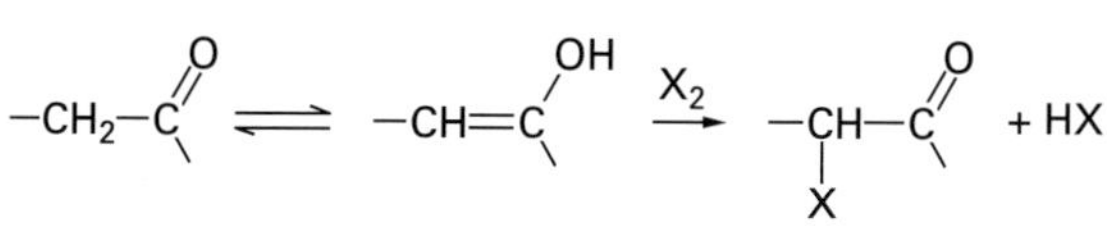

(X_2 = Cl_2, Br_2, I_2)

Befinden sich am α-C-Atom drei C—H-Bindungen (Methylgruppe), so erfolgt unter diesen Bedingungen die **Haloformreaktion**, die speziell als **Iodoformreaktion** zum Nachweis von Methylcarbonylverbindungen dient:

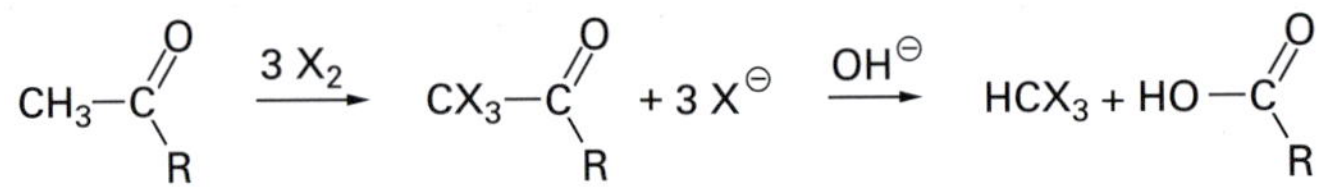

Carbonylverbindung R = H oder Alkyl — Trihalogenmethylcarbonylverbindung — Haloform Carbonsäure

Iod in Natriumhydroxid gibt mit Methylcarbonylverbindungen **Iodoform** (Triiodmethan) als gelben Niederschlag. Diese Reaktion zeigen auch sekundäre Alkohole der Struktur R—CHOH—CH_3. Sie werden durch Iod zunächst zum Keton oxidiert, das dann Iodoform bildet. Nach dieser Reaktion bildet sich **Chloroform** (Trichlormethan) bei der Chlorierung von verunreinigtem Wasser.

12. Aldol-Addition

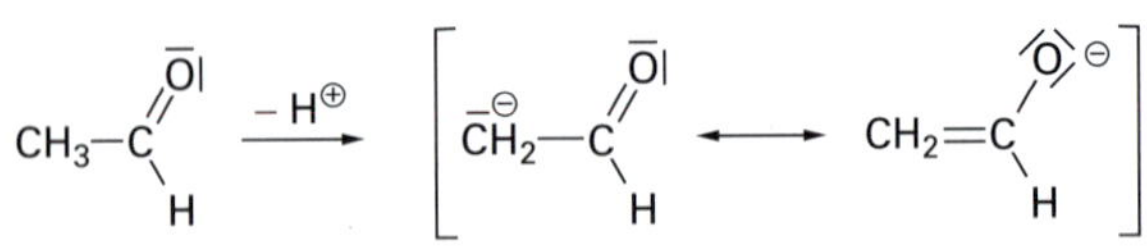

(a) Enolatanion

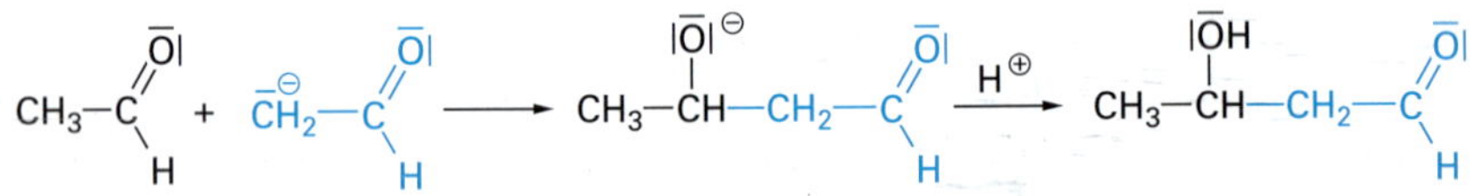

(b) 3-Hydroxybutanal Acetaldol

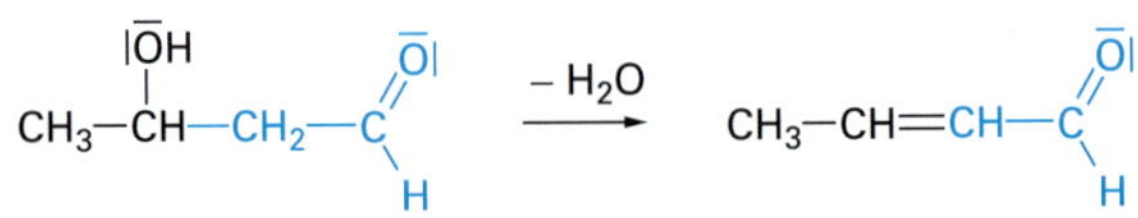

(c) 2-Butenal Crotonaldehyd

(a) Aus **Acetaldehyd** bildet sich mit einer Base das Enolation.
(b) Dieses greift als Nucleophil die Carbonylverbindung an.
(c) Aus dem gebildeten **Acetaldol** entsteht durch Abspaltung von Wasser die ungesättigte Carbonylverbindung **Crotonaldehyd** (2-Butenal).

Auf analoge Weise erhält man aus **Aceton Diacetonalkohol** und **Mesityloxid**:

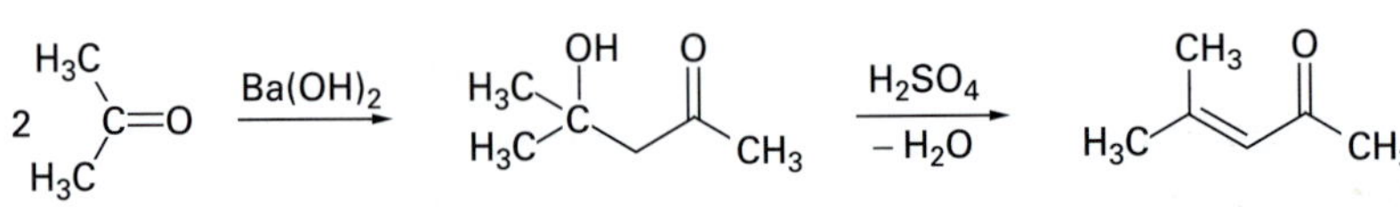

4-Hydroxy-4-methyl-pentan-2-on Diacetonalkohol — 4-Methyl-pent-3-en-2-on Mesityloxid

Die bei dieser Reaktion entstehenden Kondensationsprodukte sind α,β-ungesättigte Carbonylverbindungen. Die Konjugation der C=C- mit der C=O-Doppelbindung bewirkt einen Abzug von π-Elektronendichte aus der C=C-Bindung, die deshalb von Nucleophilen angegriffen werden kann. Dies zeigt die folgende Reaktion.

13. Michael-Reaktion

Wie bei 1,3-Dienen gibt es bei **α,β-ungesättigten Carbonylverbindungen** und ähnlichen Verbindungen neben der 1,2-Addition an die C=C- oder die C=O-Doppelbindung eine **1,4-Addition**. Dabei lagert sich ein Carbanion nucleophil an die π-Elektronen-arme C=C-Doppelbindung des „aktivierten" Alkens an, während sich das Kation an das elektronegative Sauerstoffatom der Carbonylgruppe addiert. Das nach der Hydrolyse gebildete Enol tautomerisiert zum Keton, sodass das Produkt einer formalen 1,2-Addition an die C=C-Doppelbindung erhalten wird. Auf diese Weise kann z. B. Malonester an Cyclohex-2-enon addiert werden.

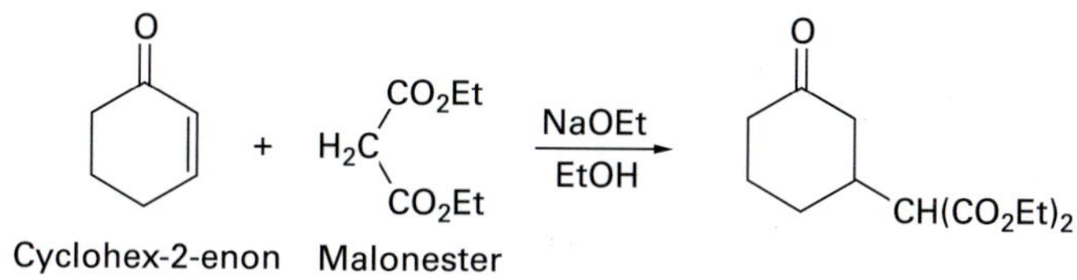

Das Verhältnis von 1,2- zu 1,4-Addition variiert je nachdem, welche Verbindung mit welchem Reagenz umgesetzt wird. Harte Nucleophile (z. B. RLi, ▶ 1.15.3) zeigen bevorzugt 1,2-Addition. Mit Grignard-Verbindungen erhält man ein Gemisch beider Reaktionswege, in dem das Michael-Addukt überwiegt:

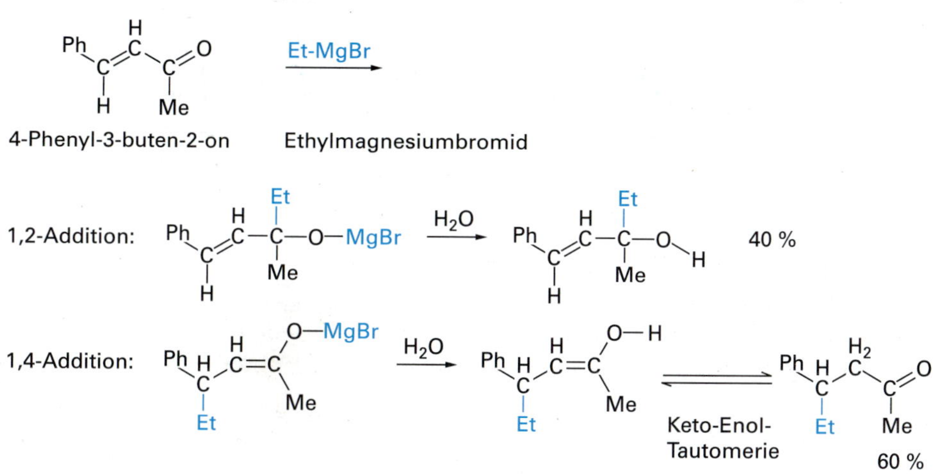

14. Mannich-Reaktion

Die Mannich-Reaktion ist eine Drei-Komponenten-Reaktion, bei der in einer **Aminoalklierung** aus einer Carbonylverbindung eine sog. **Mannich-Base** erzeugt wird. Letztere stellt eine difunktionelle Verbindung dar, die in β-Stellung zur Carbonylgruppe eine Aminogruppe besitzt. Neben der Ausgangs-Carbonylverbindung werden ein Amin und Formaldehyd eingesetzt:

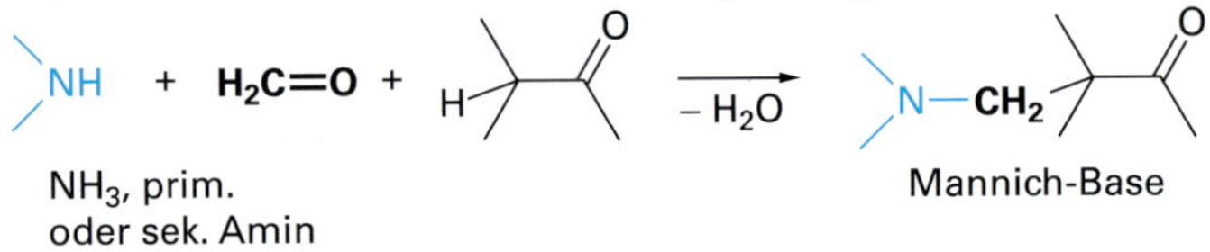

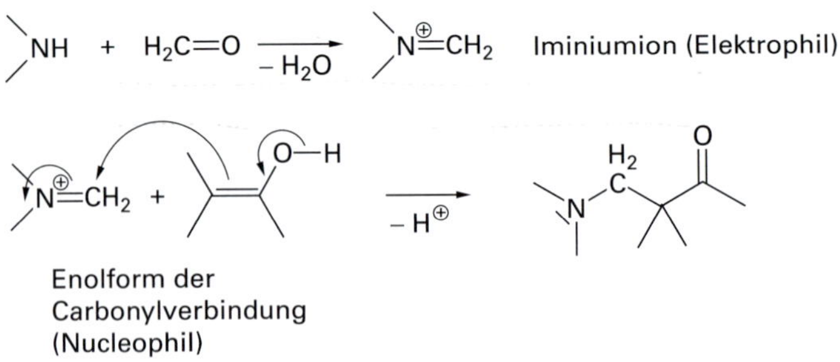

Die Reaktion wird in saurer oder alkalischer Lösung ausgeführt. Zunächst entsteht durch Kondensation des Amins mit dem Formaldehyd ein Iminiumion, an das sich die Enol-Form der Carbonylverbindung addiert.

2.13 Carbonsäuren

In Ketonen und Aldehyden ist das Kohlenstoffatom der Carbonylgruppe nur mit Kohlenstoff- oder Wasserstoffatomen verbunden.

> In den Carbonsäuren und ihren Derivaten sowie den Kohlensäurederivaten ist die Carbonylgruppe dagegen an Sauerstoff-, Stickstoff-, Halogen- oder Schwefelatome gebunden.

Auch in diesen Verbindungen dominiert der Einfluss der Carbonylgruppe, jedoch verändern die Heteroatome ihren Charakter.

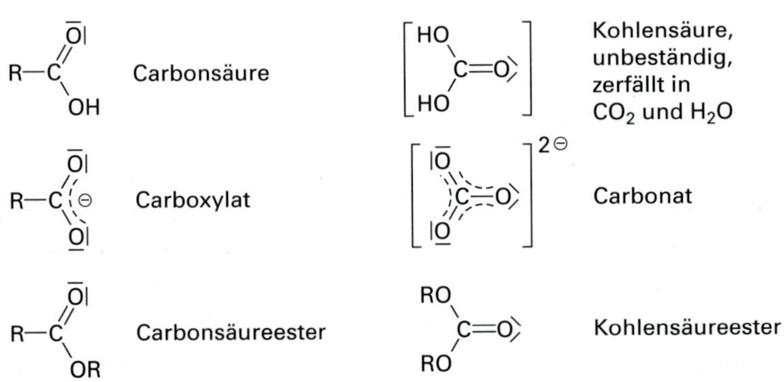

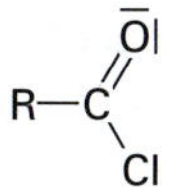
Carbonsäurechlorid

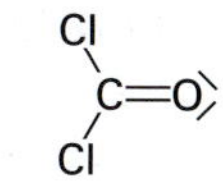
Phosgen

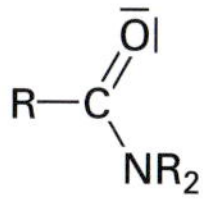
Carbonsäureamid

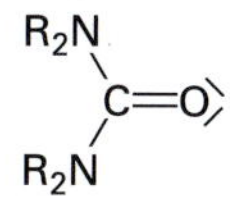
Harnstoff

Neben diesen Derivaten der Carbonsäuren und der Kohlensäure gibt es eine Fülle weiterer Verbindungen, bei denen der Sauerstoff durch Schwefel oder Stickstoff ersetzt ist, und weiterhin Kohlensäurederivate mit verschiedenen Substituenten. Im Rahmen dieses Buches werden aber nur einige technisch oder biochemisch wichtige Verbindungen dieser Familie behandelt.

2.13.1 Nomenklatur und Eigenschaften

Die **Carboxygruppe**, —CO_2H oder —COOH, ist die funktionelle Gruppe der Carbonsäuren. Carbonsäuren und ihre Salze finden sich mannigfaltig im Tier- und Pflanzenreich. Eine Reihe von Schlüsselprodukten des Zellstoffwechsels, aber auch die Säuren der Früchte gehören dazu. In Labor und Technik spielen Derivate der Carbonsäuren eine größere Rolle als die Carbonsäuren selbst und ihre Salze. Seife ist ein Beispiel eines seit über 4.000 Jahren (von den Sumerern um 2.500 v. Chr.) produzierten Carbonsäurederivats (► 4.5.3).

In Tabelle 2.11 sind einige wichtige Carbonsäuren, die auch weitere funktionelle Gruppen besitzen können, mit ihren gebräuchlichen Namen aufgeführt. Der IUPAC-Name einer Carbonsäure ergibt sich aus dem Kohlenwasserstoff gleicher Größe, einschließlich der Säuregruppe, an den die Endung **-säure** angefügt wird. Die einfachste Carbonsäure, HCO_2H, heißt also Methansäure und die nächste, CH_3CO_2H, Ethansäure. Diese Namen werden, im Gegensatz zu den *Trivialnamen* Ameisensäure und Essigsäure, kaum verwendet.

Carbonsäuren sind in der Lage, ein $H^{\oplus}$-Ion abzudissoziieren und auf eine Base zu übertragen, weil das Carboxylation mesomeriestabilisiert ist. Sie zeigen in wässrigem Medium saure Reaktion:

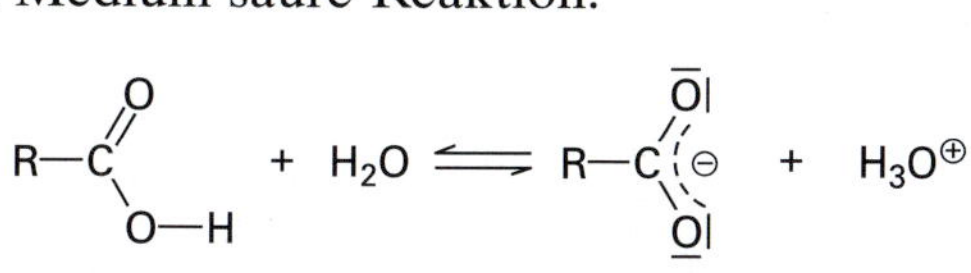
Carbonsäure HA — Carboxylat $A^{\ominus}$ — Hydroniumion

Je nach dem Medium und der Natur des Restes R ändert sich die Säurestärke. Die Lage des Dissoziationsgleichgewichtes wird mit Hilfe der Gleichgewichtskonstanten K_S beschrieben. Durch eckige Klammern wird jeweils die Konzentration des betreffenden Ions oder Moleküls in mol/l dargestellt.

$$K_S = \frac{[H_3O^{\oplus}][A^{\ominus}]}{[HA]}$$

Tab. 2.11 Wichtige Mono-, Di- und Tricarbonsäuren sowie Namen ihrer Salze (in Klammern).

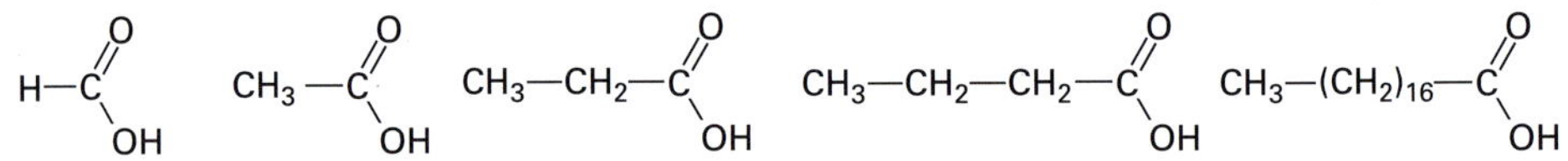

Ameisensäure (Formiat)	Essigsäure (Acetat)	Propansäure (Propionat)	Buttersäure (Butyrat)	Stearinsäure (Stearat)

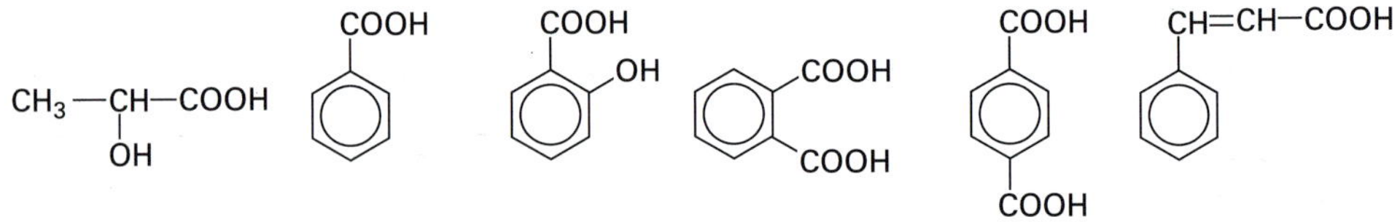

Milchsäure (Lactat)	Benzoesäure (Benzoat)	Salicylsäure (Salicylat)	Phthalsäure (Phthalat)	Terephthalsäure (Terephthalat)	Zimtsäure (Cinnamat)

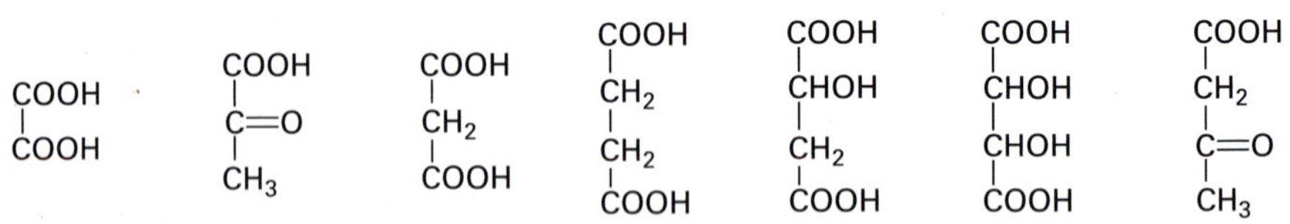

Oxalsäure (Oxalat)	Brenztraubensäure (Pyruvat)	Malonsäure (Malonat)	Bernsteinsäure (Succinat)	Äpfelsäure (Malat)	Weinsäure (Tartrat)	Acetessigsäure (Acetoacetat)

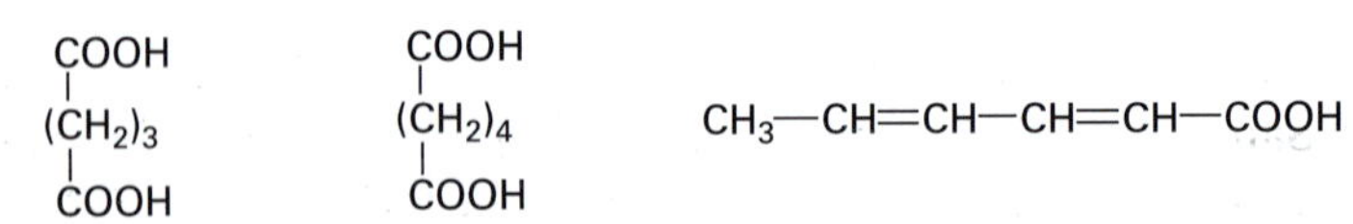

Glutarsäure (Glutarat)	Adipinsäure (Adipat)	Sorbinsäure (Sorbinat)

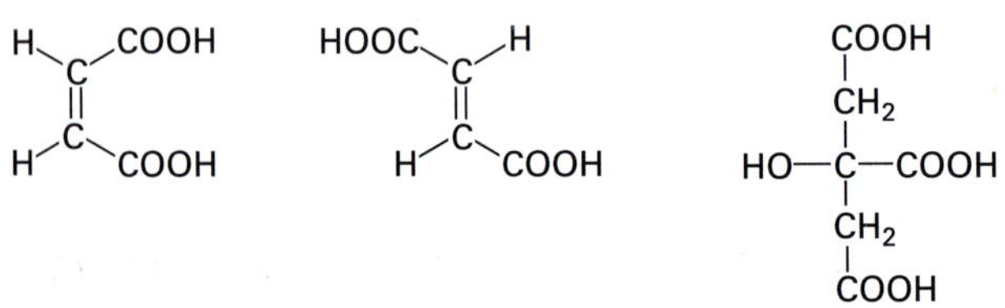

Maleinsäure (Maleinat)	Fumarsäure (Fumarat)	Citronensäure (Citrat)

Löst man nach der Konzentration des Hydroniumions auf und bildet den Logarithmus, so erhält man:

$$\log [H_3O^{\oplus}] = \log K_S + \log \frac{[HA]}{[A^{\ominus}]}$$

Nun ist (vgl. Lehrbücher der Anorganischen Chemie) der **pH-Wert** als der negative dekadische Logarithmus der Konzentration der Hydroniumionen definiert. In analoger Weise kann man einen pK_S-Wert definieren:

$$\mathrm{pH} = \mathrm{p}K_S + \log \frac{[\mathrm{A}^{\ominus}]}{[\mathrm{HA}]}$$

Die pK_S-Werte einiger Säuren sind in Tabelle 2.12 angegeben.

Tab. 2.12 pK_S-Werte einiger Carbonsäuren.

Name	Formel	pK_S	Induktiver Effekt
Schwefelsäure	H_2SO_4	−3,0	
Ameisensäure	$H{-}CO_2H$	3,74	↓
Essigsäure	$CH_3{-}CO_2H$	4,74	+I-Effekt
Pivalinsäure	$(CH_3)_3C{-}CO_2H$	5,03	↓
Chloressigsäure	$ClCH_2{-}CO_2H$	2,70	↓
Dichloressigsäure	$Cl_2CH{-}CO_2H$	1,26	−I-Effekt
Trichloressigsäure	$Cl_3C{-}CO_2H$	0,63	
Trifluoressigsäure	$F_3C{-}CO_2H$	0,23	↓
2-Chlorbuttersäure	$CH_3{-}CH_2{-}CHCl{-}CO_2H$	2,86	↑
3-Chlorbuttersäure	$CH_2{-}CHCl{-}CH_2{-}CO_2H$	4,05	−I-Effekt
4-Chlorbuttersäure	$CHCl{-}CH_2{-}CH_2{-}CO_2H$	4,52	
Buttersäure	$CH_3{-}CH_2{-}CH_2{-}CO_2H$	4,82	

Einem kleinen pK_S-Wert entspricht eine starke Dissoziation. Bei $pK_S = 0$ ist genau die Hälfte der Säure dissoziiert. Die Tabelle 2.12 zeigt, dass der −I-Effekt der Substituenten den pK_S-Wert erniedrigt, also die Säurestärke erhöht. Offensichtlich bewirkt der −I-Effekt einen Abzug von negativer Ladung aus der Carboxylatgruppe und damit eine Erniedrigung der potentiellen Energie des Anions:

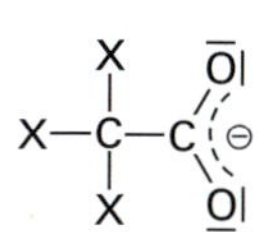

Mehrere Gruppen X bewirken einen stärkeren Ladungsabzug, wobei Fluor noch stärker wirkt als Chlor. Schließlich zeigen die pK_S-Werte der in 2-, 3- und 4-Stellung Halogen-substituierten Buttersäuren, dass der induktive Effekt auch dann noch wirkt, wenn das Halogenatom am β- und γ-Kohlenstoffatom angeordnet ist; der Effekt nimmt jedoch deutlich mit der Entfernung von der Carboxygruppe ab.

Carbonsäuren können ganz besonders gut **zwischenmolekulare Wasserstoffbrücken** ausbilden:

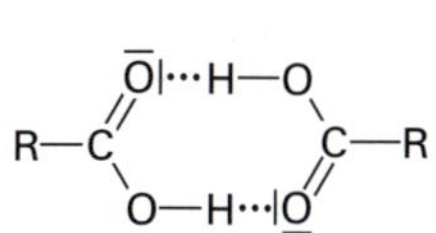

Im Kristallgitter, aber auch in manchen Lösemitteln und selbst im Gaszustand sind die Dimeren einiger Carbonsäuren beständig. Bei Di- und Polycarbonsäuren bilden sich im Kristallgitter Ketten, Schichten und sogar dreidimensionale Netzwerke aus. Dies äußert sich in besonders hohen Schmelz- und Siedepunkten dieser Verbindungen.

Die Salze langkettiger Monocarbonsäuren besitzen oberflächenaktive Eigenschaften. Man verwendet sie als Seifen (▶ 4.5.3). Aminosäuren und die für die Stoffwechselprozesse wichtigen Hydroxy- und Ketocarbonsäuren werden in Kapitel 6 behandelt.

2.13.2 Darstellung

Die Oxidation von primären Alkoholen und Aldehyden wurde bereits erwähnt (▶ 2.10.4, 2.12.2), hierzu verwendet man z. B. $KMnO_4$.

1. Oxidation von primären Alkoholen und Aldehyden

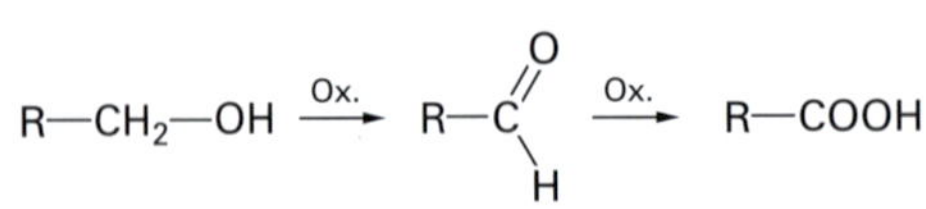

2. Oxidation von Methylbenzenen und von Naphthalen
Technisch sehr wichtig ist die katalytische Oxidation der Methylgruppen in Methylbenzenen und die von Alkenen und von Arenen mit Hilfe von Luftsauerstoff, zum Beispiel zur Herstellung der für Kunststoffe erforderlichen **Phthalsäure**:

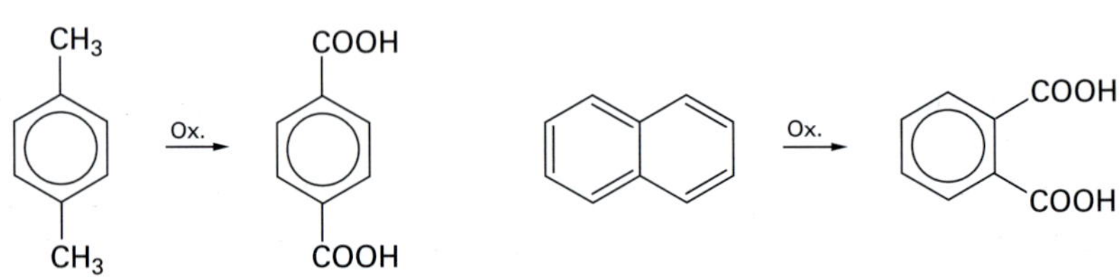

p-Xylen Terephthalsäure Naphthalen Phthalsäure

Bei den folgenden Reaktionen (3.–5.) wird das Carboxy-C-Atom an eine vorhandene Kette angefügt (Kettenverlängerung um ein C-Atom). Dieser Kohlenstoff stammt aus anorganischen Verbindungen: CO_2, KCN oder HCN.

3. Reaktion von Grignard-Verbindungen mit CO_2

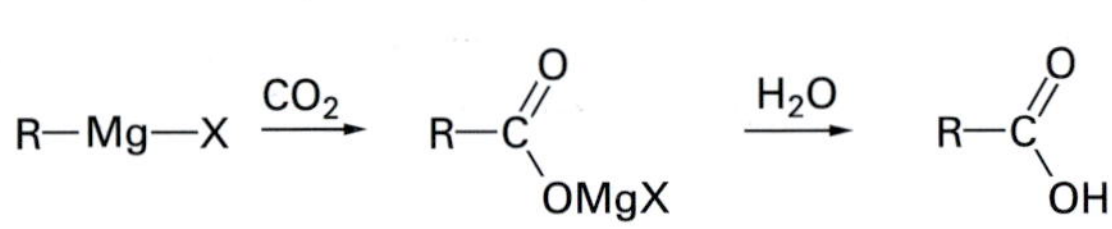

4. Hydrolyse von Nitrilen (aus Halogenalkanen und Cyanid)

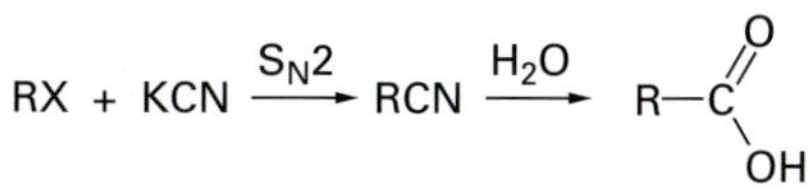

5. Hydrolyse von Cyanhydrinen (aus Aldehyden und Blausäure)

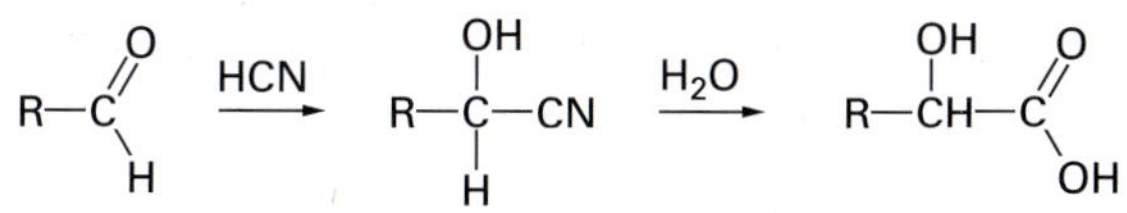

Aldehyd Cyanhydrin Hydroxycarbonsäure

6. Acetessigester- und Malonestersynthesen (Kettenverlängerung um zwei C-Atome)

Diese Verfahren werden in Abschnitt 2.15.2 dargestellt.

Essigsäure gehört zu den wichtigsten Zwischenprodukten der Technischen Chemie. Man stellt sie einerseits her durch katalytische Oxidation von Ethen zum Acetaldehyd und weiter zur Essigsäure:

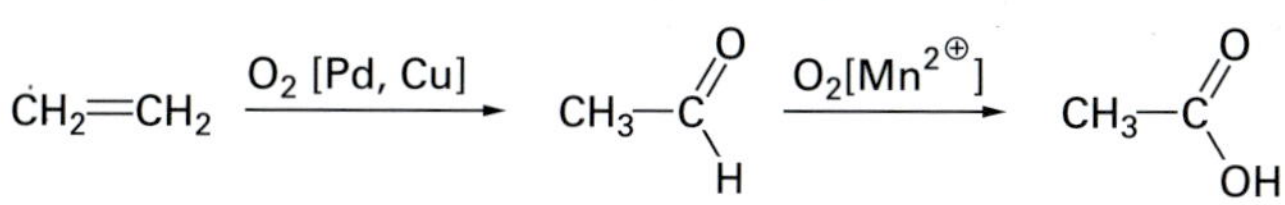

Ein anderer Weg führt vom Synthesegas zunächst zum Methanol (► 2.5.3), das danach mit CO zur Essigsäure umgesetzt wird.

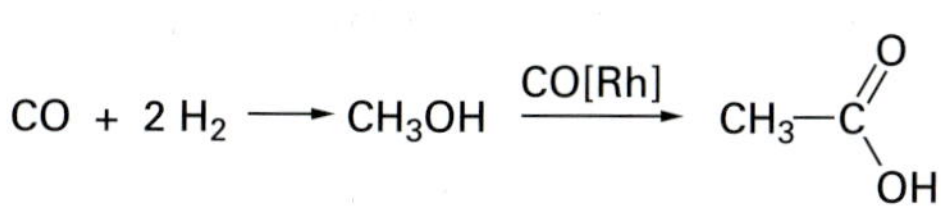

Schließlich werden kurzkettige Alkane und Alkene direkt zur Essigsäure oxidativ abgebaut.

Die Essigsäure wird vor allem zur Produktion von Polyvinylacetat und Acetylcellulose sowie zur Herstellung von Lösemitteln (u. a. Essigsäureethylester) verwendet.

Die Darstellung von Carbonsäurederivaten aus Carbonsäuren wird im Abschnitt 2.14 beschrieben.

2.13.3 Reaktionen

Je nach ihrer Struktur, dem Medium und den Reaktionsbedingungen decarboxylieren Carbonsäuren mehr oder weniger leicht, wenn man ihre Metallsalze erwärmt. Beim Erwärmen (Δ) des Calciumsalzes werden die Alkylreste der Carbonsäuren zum Keton verknüpft, bei der Elektrolyse nach Kolbe zum Kohlenwasserstoff.

1. Decarboxylierung

$$R{-}COOH \xrightarrow[300\,°C]{NaOH} RH + Na_2CO_3$$

$$CCl_3{-}COOH \xrightarrow[in\ H_2O]{NaOH} H{-}CCl_3 + Na_2CO_3$$

Trichloressigsäure — Chloroform

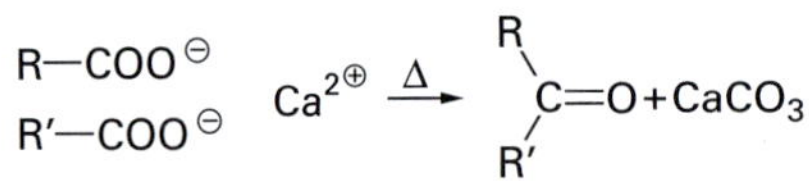

Calciumsalz — Keton

$$2\,R{-}COO^{\ominus} \xrightarrow{(Anode)} 2\,R{-}COO\bullet \xrightarrow{-CO_2} 2\,R\bullet \longrightarrow R{-}R$$

Carboxylation — Carboxyradikal — Alkylradikal — Alkan

2. Reduktion

Abhängig vom Katalysator oder dem Agenz (katalytisch angeregter Wasserstoff bzw. Hydridionen aus $LiAlH_4$) werden verschiedene Teile des Moleküls reduziert; die Reduktion der Carboxygruppe gelingt mit Lithiumaluminiumhydrid (Lithiumalanat, ▶ 2.10.3):

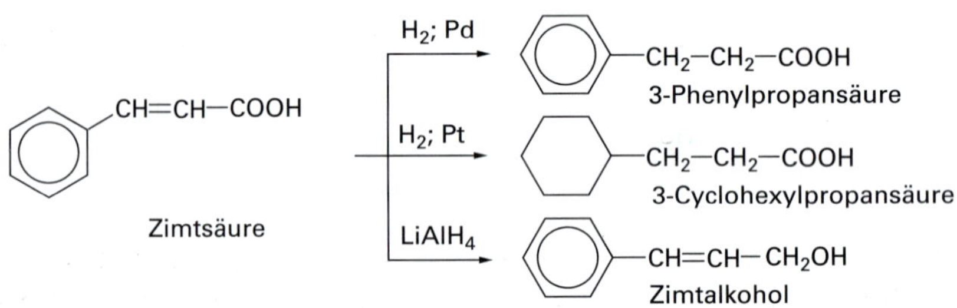

2.14 Carbonsäurehalogenide

Die reaktionsfähigsten Derivate der Carbonsäuren sind die Säurehalogenide, die auch **Acylhalogenide** genannt werden. Über sie lassen sich viele andere Derivate herstellen. Die einfachste stabile Chlorverbindung dieser Substanzklasse ist das **Acetylchlorid**, CH_3COCl. Carbonsäurehalogenide entstehen aus Carbonsäuren mit den Phosphorhalogeniden bzw. Thionylchlorid:

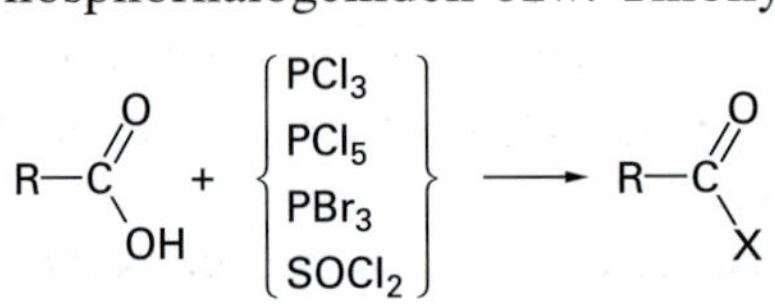

Carbonsäure — Carbonsäurehalogenid $X = Cl, Br$

Säurehalogenide reagieren leicht mit Wasser, Alkohol oder Ammoniakderivaten:

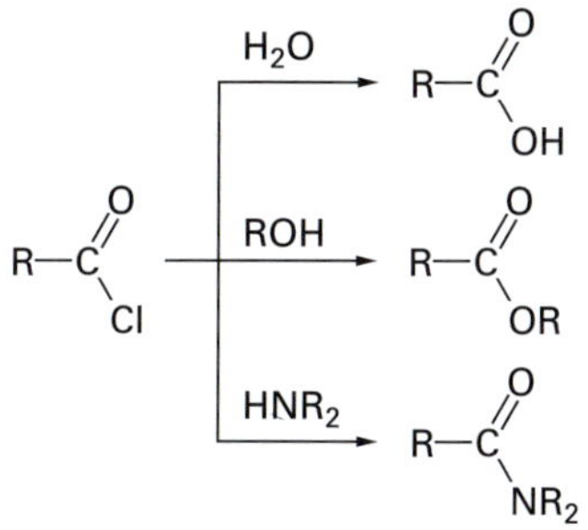

2.15 Carbonsäureester

2.15.1 Nomenklatur und Eigenschaften

Große Bedeutung im Labor, in Technik und Natur besitzen die Ester der Carbonsäuren.

Ester bilden sich aus Carbonsäuren und Alkoholen unter Austritt von Wasser:

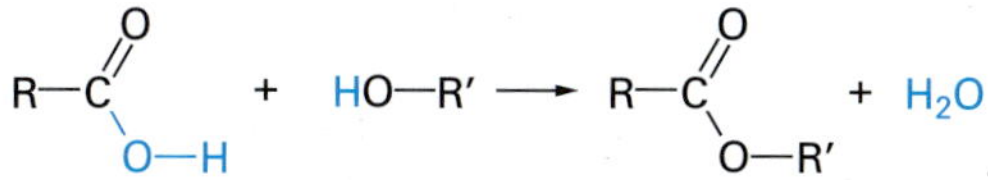

Wie Untersuchungen zum Reaktionsmechanismus (s. u.) zeigten, stammt das Sauerstoffatom des gebildeten Wassers nicht aus dem Alkohol sondern aus der Carbonsäure.

Es besteht nur eine scheinbare Analogie zur Neutralisationsreaktion:

Säure + Base → Salz + Wasser

Ester haben nämlich überhaupt keinen Salzcharakter, sie dissoziieren in Lösung also nicht in Ionen. Da in ihnen die —OH-Gruppen der Carbonsäuren und Alkohole fehlen, sind sie in Wasser nur schwer löslich oder unlöslich.

Die **Namen der Ester** werden aus dem **Namen der Alkylkette des Alkohols und dem Namen für die Salze der Carbonsäuren** gebildet, z. B. Ethylacetat, Methylformiat, oder aber aus dem Namen der Säure und dem der Alkylkette des Alkohols mit der Nachsilbe **-ester**, z. B. Essigsäureethylester, Ameisensäuremethylester. Tabelle 2.13 gibt einige Beispiele.

Verbindungen, die gleichzeitig eine Alkohol- und eine Carboxygruppe enthalten, können cyclische Ester, **Lactone**, bilden. Falls die Zahl der Ringglieder dabei zu klein ist, bilden sich cyclische Ester mit zwei Estergruppierungen, **Lactide**:

Tab. 2.13 Carbonsäureester.

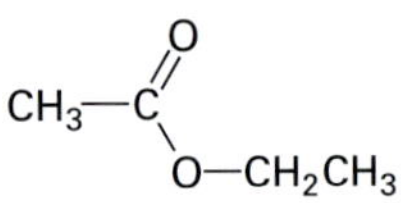
Ethylacetat

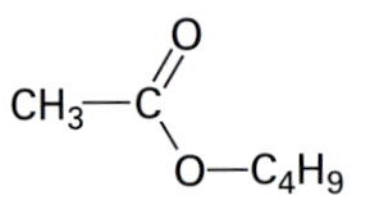
Butylacetat

Lösemittel

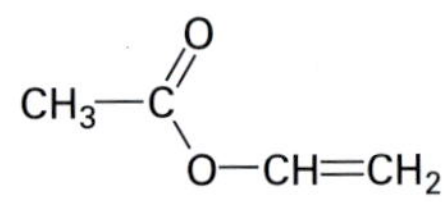
Vinylacetat

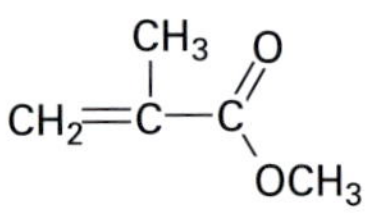
Methacrylsäuremethylester

Monomere von Kunststoffen

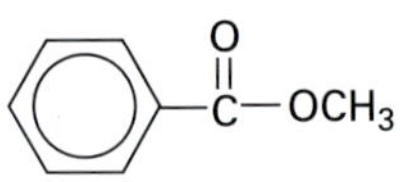
Methylbenzoat

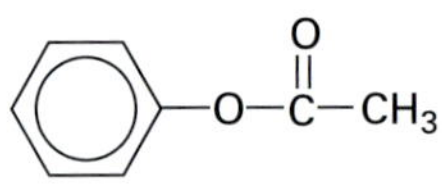
Phenylacetat

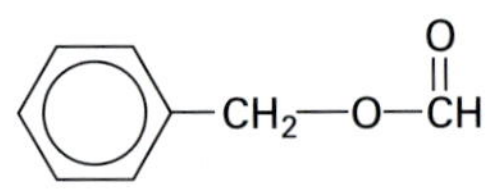
Benzylformiat

Isomere Ester der Bruttoformel $C_8H_8O_2$

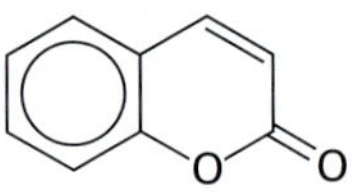
Lacton der 2-Hydroxy-*cis*-zimtsäure
Cumarin
(Waldmeister, Heu)

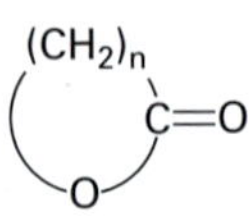
Lacton der ω-Hydroxycarbonsäuren*

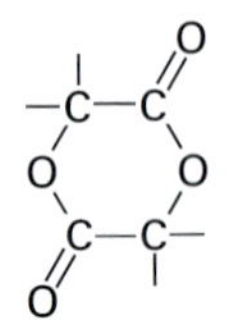
Lactid einer α-Hydroxycarbonsäure

* Die Stellung eines Substituenten am Ende einer Kette wird durch den Buchstaben ω symbolisiert.

Viele natürliche **Aromen**, Duft- und Geschmacksstoffe von Blüten und Früchten sowie auch Duftstoffe von Tieren enthalten Ester. Einige Beispiele sind in Tabelle 2.14 aufgeführt.

Fette bestehen aus den Estern von Fettsäuren und 1,2,3-Propantriol (Glycerol, ► 6.6); **Wachse** wie z. B. Bienenwachs sind Ester von Fettsäuren und Fettalkoholen.

Tab. 2.14 Aroma von einfachen Carbonsäureestern.

Ester	Aroma
Ameisensäureethylester	Rum
Essigsäurebutylester	Orange
Essigsäureisobutylester	Banane
Buttersäuremethylester	Apfel
Buttersäureethylester	Ananas
Buttersäureisopentylester	Birne

Ester entstehen aus Carbonsäure und Alkohol unter Katalyse durch $H^{\oplus}$-Ionen. Durch Anlagerung eines Protons an die Carbonylgruppe wird das Kohlenstoffatom der Carboxygruppe einem nucleophilen Angriff durch das Sauerstoffatom des Alkohols leichter zugänglich.

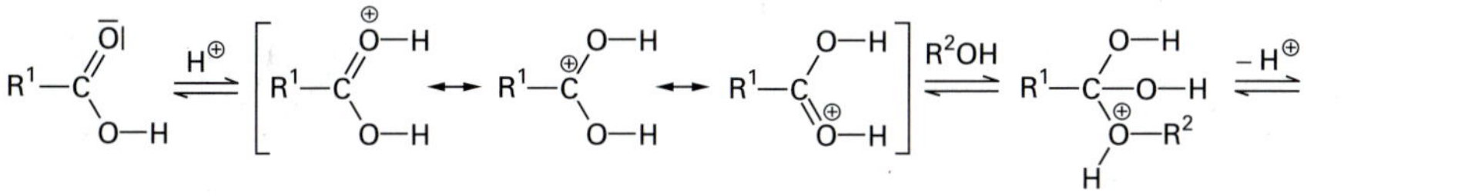

Da alle Schritte reversibel sind, verläuft die Reaktion auch rückläufig (Esterhydrolyse), und es stellt sich ein Gleichgewicht ein. Die Ausbeute der Veresterungsreaktion kann man daher verbessern, indem man z. B. durch Destillation Produkte aus der Reaktionsmischung entfernt, oder indem man das preiswerteste Edukt in großem Überschuss zusetzt.

Die Hydrolyse von Estern nennt man auch **Verseifung**.

Im alkalischen Medium ist keine Veresterung möglich, Ester werden aber in diesem Medium verseift.

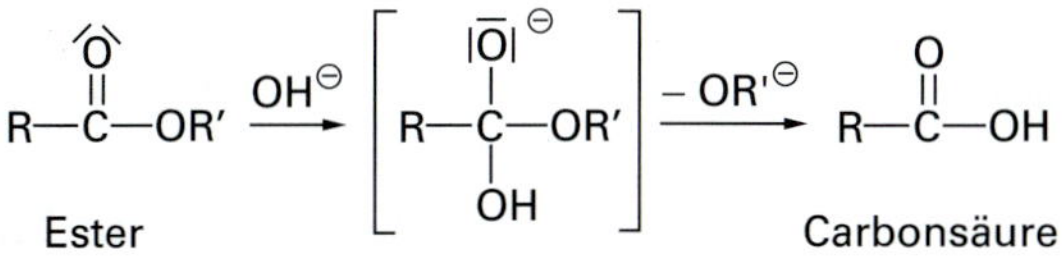

2.15.2 Synthesen mit Malonester und Acetessigester

Zwei Ester werden so häufig zu Synthesen eingesetzt, dass hier ein kurzer Abriss ihrer Reaktionsmöglichkeiten gerechtfertigt erscheint.

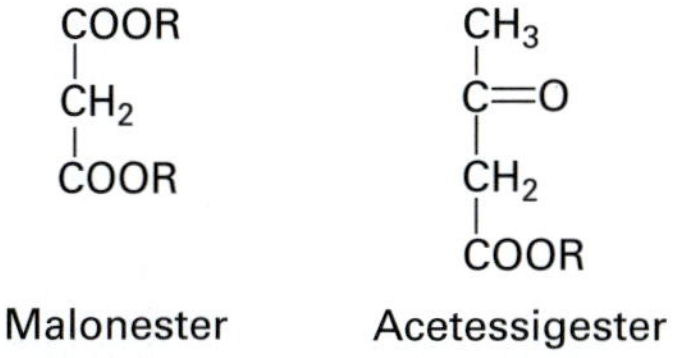

Meistens verwendet man die Ethylester, R = C_2H_5. Beide Verbindungen enthalten zwei Carbonylgruppen in β-Stellung zueinander; beim **Malonester** sind es zwei Estergruppen, beim **Acetessigester** ist es eine Keto- und eine Estergruppe. Zwischen beiden Gruppen liegt eine CH_2-Gruppe. Wegen ihrer α-Stellung zu *zwei* Carbonylgruppen sind die H-Atome besonders sauer (**C—H-Acidität**). Sie bilden deshalb leicht Enole (Tautomerie, vgl. Abschnitt 2.12.1). Beide Verbindungen geben mit Natriumalkoholat, $RO^{\ominus}Na^{\oplus}$, Natriumsalze (Enolate), die durch Mesomerie stabilisiert sind, wie für den Acetessigester gezeigt wird:

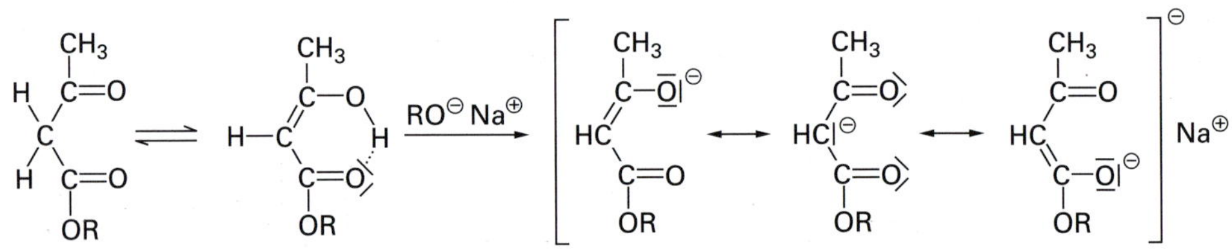

Keto-Form Enol-Form
Acetessigester
(Tautomerie)

Carbanion
Natrium-Acetessigester
(Mesomerie)

Die Enolate des Malonesters und des Acetessigesters reagieren leicht im Sinne einer S_N2-Reaktion mit Halogenalkanen RX. Dabei bildet das carbanionische C-Atom das nucleophile Zentrum, da es weicher ist als die benachbarten O-Atome (► 1.15.3, HSAB-Prinzip), und es werden neue C—C-Bindungen geknüpft:

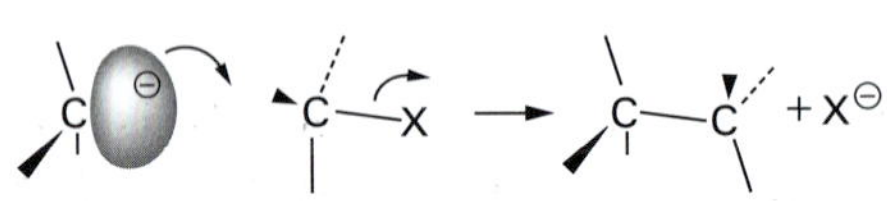

Carbanion Halogenalkan

Die Abbildung 2.11 zeigt die wesentlichen Stufen der Synthesen mit Malonester und Acetessigester. Die substituierten Ester werden mit verdünnter Säure oder Lauge hydrolysiert, die gebildeten Carbonsäuren decarboxylieren dann als freie β-Dicarbonsäuren sehr leicht.

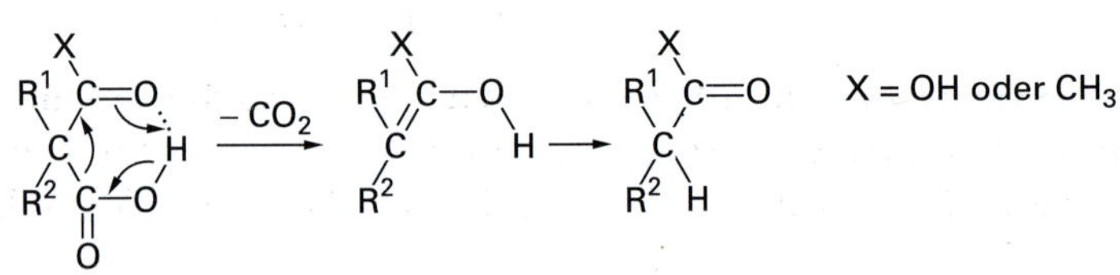

1,3-Dicarbonsäure,
3-Ketocarbonsäure

Enol

Carbonsäure
oder Keton

Auf diese Weise entstehen aus substituierten Malonestern Carbonsäuren, aus Acetessigestern Ketone. Neben dieser sog. **Ketonspaltung** zeigt der substituierte Acetessigester bei Behandlung mit starken Laugen die **Säurespaltung**: er zerfällt in ein Molekül Essigsäure und ein Molekül alkylierte Essigsäure. Auf diese Weise kann man eine große Zahl verschiedener Ketone und Carbonsäuren synthetisieren.

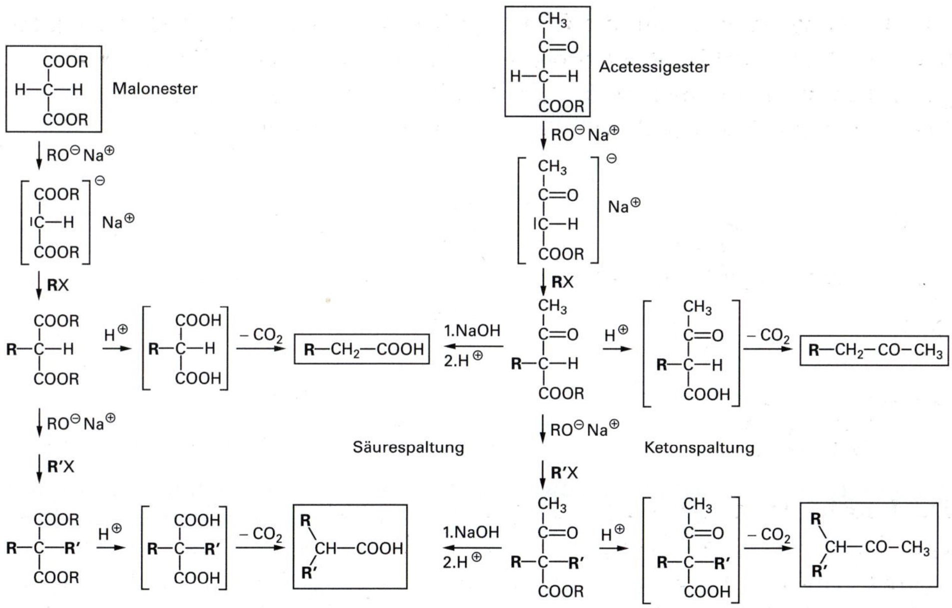

Abb. 2.11 Synthesen mit Malonester und Acetessigester.

Durch Umsetzung der nach Abbildung 2.11 dargestellten Alkyl- bzw. Dialkylmalonester mit Harnstoff bilden sich **Barbitursäurederivate**, bekannte Schlafmittel (▶ 2.8.2):

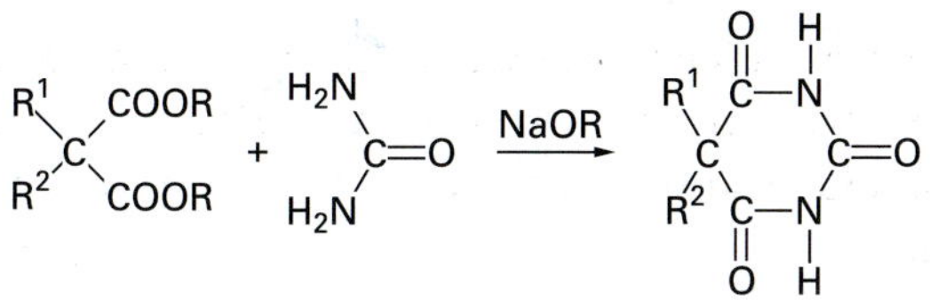

Dialkylbarbitursäure

Durch Variation der beiden Alkylreste erhält man Schlafmittel mit sehr unterschiedlicher Wirkungsdauer (Veronal: $R^1 = R^2 = C_2H_5$ und Luminal: $R^1 = C_2H_5$, $R^2 = C_6H_5$, haben lange Wirkung, Evipan: $R^1 = CH_3$, $R^2 = C_6H_5$, sehr kurze).

2.15.3 Claisen-Esterkondensation

Ebenfalls auf der C—H-Acidität von Wasserstoffatomen in α-Stellung zu einer Carbonylgruppe beruht die Esterkondensation nach L. Claisen. Durch eine starke Base wie NaOEt, $NaNH_2$ oder NaH erfolgt die Abspaltung des sauren Protons, und das gebildete, Mesomerie-stabilisierte Carbanion (Enolation) leitet an einem zweiten Estermolekül eine nucleophile Substitution an der Carbonylgruppe ein. Dabei entsteht ein β-Ketoester. Bei dieser Reaktion handelt es sich also um eine α-Acylierung eines Esters.

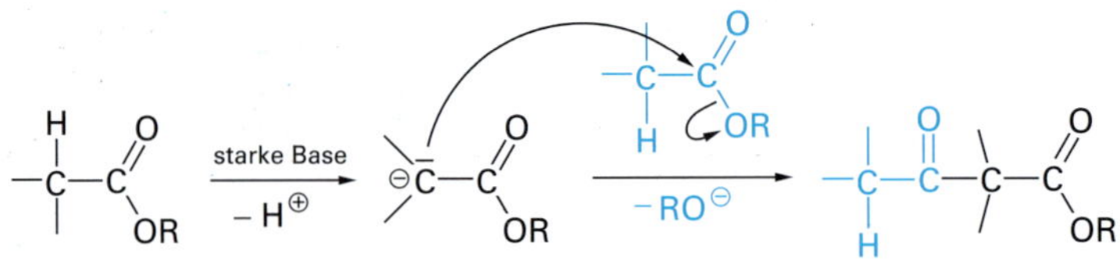

Ester β-Ketoester

Im einfachsten Fall wird Essigsäureethylester (Essigester) in 2-Acetylessigsäureethylester (Acetessigester) umgewandelt.

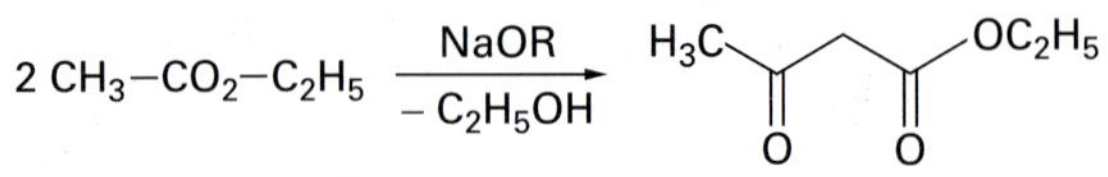

Essigester 2-Acetylessigsäureethylester Acetessigester

An dieser Stelle sei darauf hingewiesen, dass die Natur auf ähnliche Weise mit Acetyl-Coenzym A Acetylierungen durchführt und Ketten aus Kohlenstoffatomen aufbaut (▶ 6.11.3).

Führt man die Kondensationsreaktion mit einem Diester intramolekular durch (**Dieckmann-Cyclokondensation**), so entsteht ein **cyclischer Ketoester**. Diese Methode ist besonders geeignet für Fünf- und Sechsringe (n = 3 und 4). Der cyclische Ketoester lässt sich hydrolysieren, und anschließend kann die Carboxygruppe thermisch (Δ) abgespalten (decarboxyliert) werden, sodass ein cyclisches Keton (Cycloalkanon) erhalten wird.

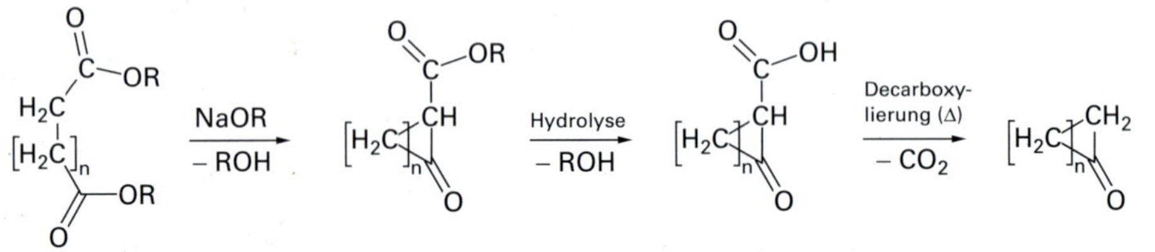

Diester cyclischer Ketoester cyclische Ketosäure Cycloalkanon

2.16 Carbonsäureanhydride

Durch Wasserabspaltung bilden sich aus Carbonsäuren deren Anhydride:

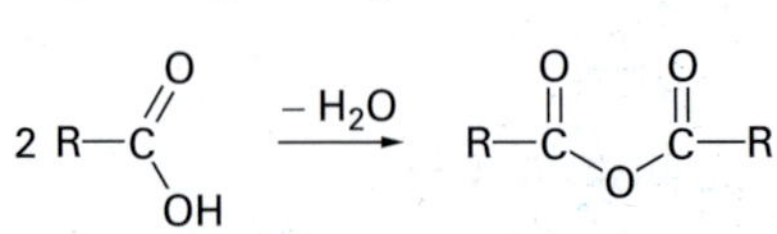

Carbonsäureanhydride besitzen ähnliche Reaktionsfähigkeit wie Carbonsäurehalogenide und sind damit reaktiver als die Carbonsäuren. Da die Hydroxygruppe

der Carbonsäuren verschwunden ist, sind sie besser als diese in unpolaren Lösungsmitteln löslich.

Dicarbonsäuren bilden cyclische Anhydride, falls die räumlichen Voraussetzungen erfüllt sind.

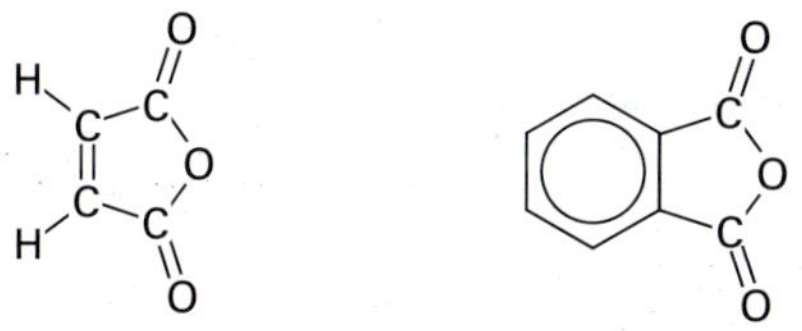

Maleinsäureanhydrid   Phthalsäureanhydrid

2.17 Carbonsäureamide

Carbonsäureamide bilden sich aus Carbonsäurehalogeniden und Ammoniak bzw. primären und sekundären Aminen:

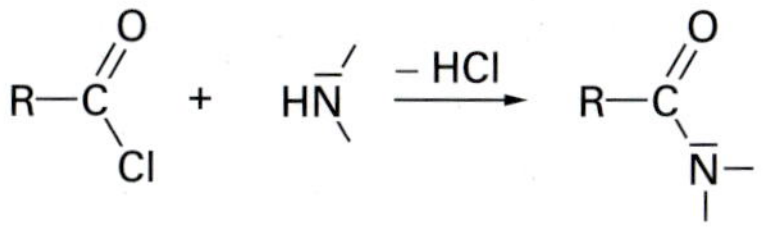

Befinden sich beide Gruppen an der gleichen Kette, so entstehen cyclische Amide, sog. **Lactame**:

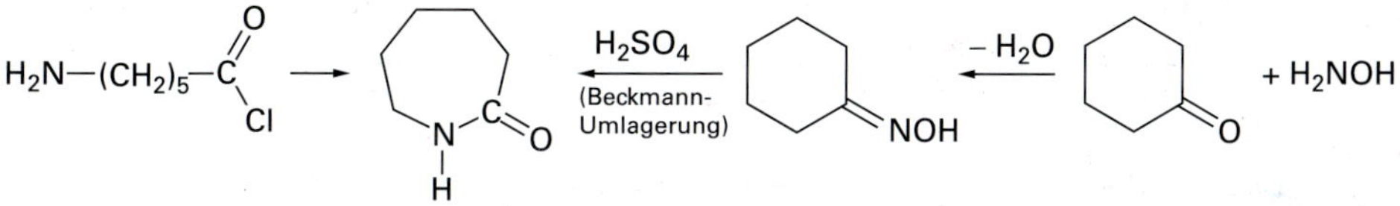

ε-Aminocapronsäurechlorid   ε-Caprolactam   Cyclohexanonoxim   Cyclohexanon   Hydroxylamin

Technisch wichtig ist die Synthese von **ε-Caprolactam**, dem Ausgangsmaterial für Perlon, aus Cyclohexanonoxim mit Hilfe der sog. **Beckmann-Umlagerung** (▶ 3.5.3). Dabei wird ein Proton an das Sauerstoffatom des Oxims angelagert. H_2O wird abgespalten, wodurch das Stickstoffatom eine Elektronenpaarlücke erhält. Diese stabilisiert sich durch Einbau in den Ring. Durch Anlagerung von H_2O und Abspaltung von $H^{\oplus}$ entsteht ein Enol, das sich zum Amid stabilisiert:

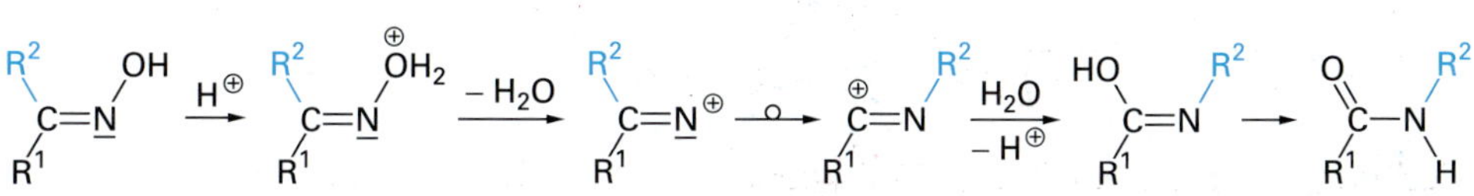

Oxim   Amid

In der Amidgruppe findet eine interessante Wechselwirkung des freien Elektronenpaares am Stickstoffatom mit der Carbonylgruppe statt, die **Amidmesomerie**:

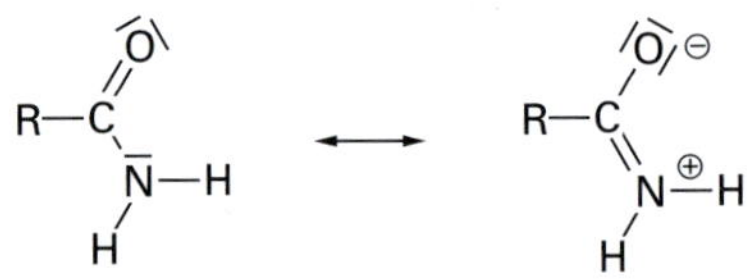

Die Konjugation des einsamen Elektronenpaares am N-Atom mit der Carbonylgruppe führt zu einer weitgehenden Einebnung der gezeichneten Atome, die CN-Bindung wird gestärkt und die CO-Bindung geschwächt. Die CN-Bindung erhält einen partiellen Doppelbindungscharakter von etwa 40%, und sie verliert ihre freie Drehbarkeit. Das freie Elektronenpaar am Stickstoffatom besitzt kaum noch basische Eigenschaften.

Als Bestandteil der Polyamide und der Proteine besitzen Carbonsäureamide Bedeutung in der Polymertechnologie (▶ 3.5.3) und der Biochemie (▶ 6.4.3).

2.18 Derivate der Kohlensäure

Die Kohlensäure selbst ist bei Raumtemperatur nicht beständig, sie verliert H_2O und geht in CO_2 über:

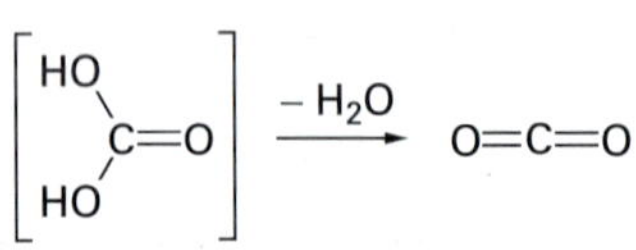

Dimethyldicarbonat – ein unauffälliges Konservierungsmittel
Dimethyldicarbonat, $CH_3O—CO—O—CO—OCH_3$, der Dimethylester des Kohlensäureanhydrids, wird zur Kaltsterilisierung von Erfrischungsgetränken verwendet. Es tötet Bakterien und Hefen und hydrolysiert schnell zu Methanol und CO_2. Die dabei entstehende Methanolkonzentration ist kleiner als die natürliche in Säften, sie ist nicht toxisch. Man nennt dieses verschwindende Konservierungsmittel einen **Verschwindestoff.**

Beide Hydroxygruppen der Kohlensäure können unabhängig voneinander durch Alkoxy-, Halogen- oder Aminogruppen ausgetauscht werden:

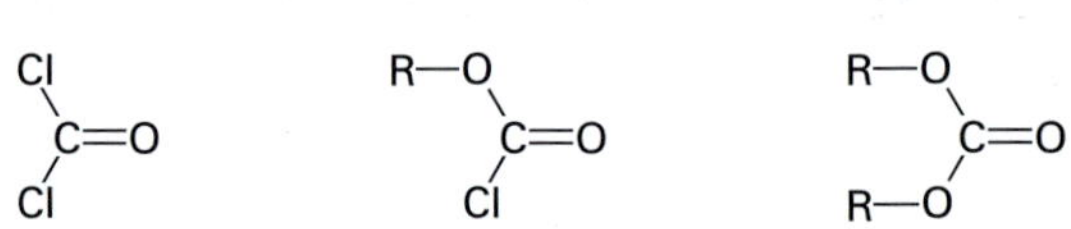

Phosgen | Chlorkohlensäureester | Kohlensäuredialkylester

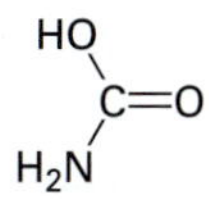	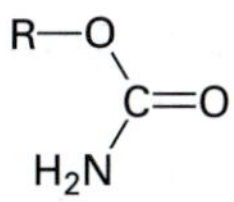	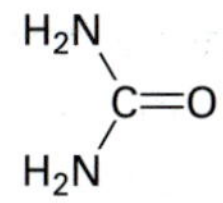
Carbamidsäure (instabil)	Carbamidsäure-ester Urethan	Harnstoff
[HO—C≡N]	[HN=C=O]	R—N=C=O
Cyansäure	Isocyansäure	Isocyansäureester Isocyanat

Einige dieser Derivate mit biologischer oder technischer Bedeutung werden in den folgenden Kapiteln wieder erwähnt, insbesondere die Isocyanate, die Urethane (▶ 3.5.3) und der Harnstoff (▶ 3.5.3, 6.11.4).

2.19 Amine

2.19.1 Einleitung

Stickstoff steht im Periodensystem in unmittelbarer Nachbarschaft zum Kohlenstoff. Er bildet daher kovalente Bindungen mit anderen Stickstoffatomen und den Atomen anderer Elemente, vor allem Kohlenstoff, Wasserstoff und Schwefel. Das Stickstoffatom kann mit seinen fünf Valenzelektronen drei kovalente Bindungen bilden und besitzt dann noch ein freies Elektronenpaar. Da es eine höhere Kernladung als Kohlenstoff besitzt, sind **C—N-Bindungen** polar: Sie besitzen ein Dipolmoment mit dem negativen Pol am Stickstoffatom.

Daher und wegen der Möglichkeit, als Wasserstoffbrückendonator und -akzeptor zu wirken, haben Stickstoffverbindungen meistens höhere Siede- und Schmelzpunkte als vergleichbare Kohlenstoffverbindungen, und sie sind auch in polaren Lösemitteln besser löslich.

Man findet Stickstoff als Bestandteil vieler Molekülgerüste, z. B. in den Heterocyclen (▶ 2.8) und in vielen funktionellen Gruppen. Stickstoffverbindungen zeigen vielfältige Reaktionsmöglichkeiten, sie gehören zu den wichtigsten Verbindungen in der Industriellen und der Biochemie. Hier können nur wenige Stickstoffverbindungen mit ihren wichtigen Reaktionen beschrieben werden. Bereits erwähnt wurden die stickstoffhaltigen Heterocyclen (▶ 2.8), die Derivate von Carbonylverbindungen (▶ 2.12.3) und die Nitrile, Cyanhydrine und Carbonsäureamide (▶ 2.13.2, 2.17) sowie stickstoffhaltige Derivate der Kohlensäure (▶ 2.18): Biochemisch wichtigen Stickstoffverbindungen werden im Kapitel 6 behandelt.

2.19.2 Struktur, Nomenklatur und Eigenschaften

Amine lassen sich als Derivate des Ammoniaks verstehen; ein, zwei oder drei Wasserstoffatome sind durch Alkyl- oder Arylreste R ersetzt:

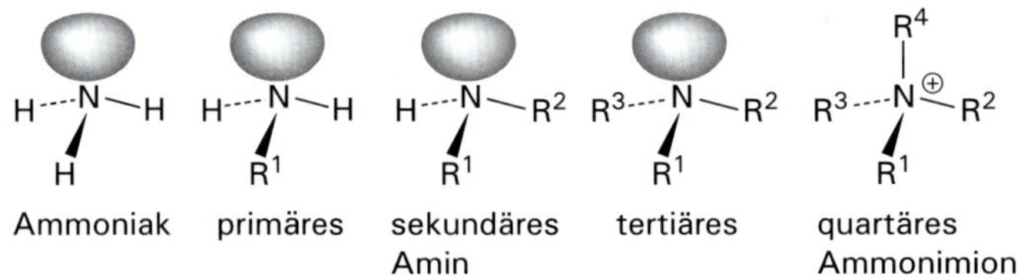

Man beachte die logisch schwer zu rechtfertigende, aber übliche, andersartige Definition der primären, sekundären und tertiären Alkohole (▶ 2.10.1). Die Amine besitzen eine **pyramidale Struktur** mit dem einsamen Elektronenpaar an der Spitze. Bei vierfacher Substitution entstehen die quartären Ammoniumionen mit tetraedrischer Struktur.

Einfache Amine werden als Alkyl-, Diaalkyl- oder Trialkylamine bezeichnet, also z. B. Methylamin, Dimethylamin und Trimethylamin. Sind die Alkylreste verschieden, so werden diese nach *zunehmender Größe* der Endung **-amin** vorangestellt, also z. B. Methylethylisopropylamin für das tertiäre Amin mit je einer Methyl-, Ethyl- und Isopropylgruppe.

Wie Ammoniak haben auch die Amine basische Eigenschaften:

$$\underset{\text{Base}}{R{-}NH_2} + \underset{\text{Säure}}{HA} \rightleftharpoons \underset{\text{Salz}}{R{-}NH_3^{\oplus}A^{\ominus}}$$

Die basischen Eigenschaften werden – wie bei den Carbonsäuren (▶ 2.13.1) – durch die Lage des Gleichgewichts charakterisiert:

$$\underset{\text{protoniertes Amin}}{R{-}NH_3^{\oplus}} + H_2O \rightleftharpoons \underset{\text{Amin}}{R{-}NH_2} + \underset{\text{Hydroniumion}}{H_3O^{\oplus}}$$

also auch durch eine Gleichgewichtskonstante K_S und einen pK_S-Wert:

$$K_S = \frac{[RNH_2][H_3O^{\oplus}]}{[RNH_3^{\oplus}]} \qquad pK_S = \log\frac{[RNH_3^{\oplus}]}{[RNH_2][H_3O^{\oplus}]}$$

Das Gleichgewicht verschiebt sich mit dem pH-Wert des Mediums. Allgemein gilt: Ist der pH-Wert des Mediums *kleiner* als der pK_S-Wert, so überwiegt die *protonierte* Form ($R{-}NH_3^{\oplus}$ bzw. bei Carbonsäuren $R{-}CO_2H$), ist er *größer*, die *deprotonierte* Form ($R{-}NH_2$ bzw. $R{-}CO_2^{\ominus}$). Löst man also Amine bzw. Carbonsäuren in Wasser (pH = 7):

$$R{-}NH_2 + H_2O \rightleftharpoons R{-}NH_3^{\oplus} + OH^{\ominus}$$

$$R{-}CO_2H + H_2O \rightleftharpoons R{-}CO_2^{\ominus} + H_3O^{\oplus}$$

so reagieren die Lösungen der Amine alkalisch, die der Carbonsäuren sauer.

Tab. 2.15 pK_S-Werte und Siedepunkte organischer Basen.

Name	Formel	pK_S	Sdp. [°C]
Ammoniak	NH_3	9,25	−33
Methylamin	$CH_3—NH_2$	10,66	−6
Dimethylamin	$(CH_3)_2NH$	10,73	+7
Trimethylamin	$(CH_3)_3N$	9,81	+3
Anilin	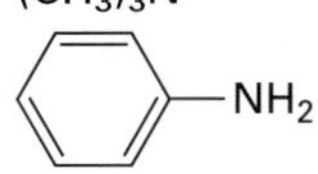	4,63	184
Acetamid	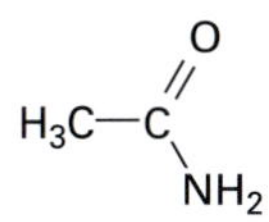	0,63	221
Pyridin	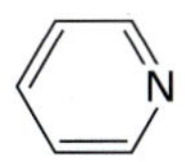	5,25	115

In Tabelle 2.15 sind die Daten einiger Amine aufgeführt. Je größer der pK_S-Wert ist, umso größer ist die Basizität. Der +I-Effekt der Methylgruppen erhöht die Elektronendichte am N-Atom; daher steigt die Basenstärke vom Ammoniak zum Dimethylamin. Beim Trimethylamin ist die Basenstärke wieder geringer, offensichtlich macht sich hier eine **sterische Behinderung der Solvatation** bemerkbar: Die Ammoniumionen werden durch eine Hülle aus H_2O-Molekülen stabilisiert, das Trimethylammoniumion ist aber durch die drei Methylgruppen stark abgeschirmt.

Beim **Anilin** ist die Basizität besonders gering, da eine mesomere Wechselwirkung des freien Elektronenpaares mit dem aromatischen π-Elektronensystem auftritt und es daher weniger gut für eine Protonierung zur Verfügung steht.

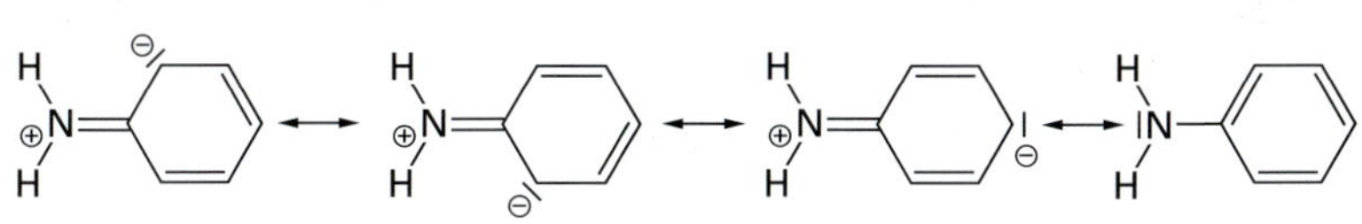

Auch bei **Amiden** wird die Basizität durch mesomere Wechselwirkung (die Amidmesomerie) stark gemindert (▶ 2.17).

Die geringe Basizität des **Pyridins** ist darauf zurückzuführen, dass hier das freie Elektronenpaar ein sp^2-Hybridorbital besetzt (▶ Abb. 2.10). Wegen des höheren s-Orbital-Anteils in diesem Hybridorbital ist das Elektronenpaar stärker an das N-Atom gebunden und daher weniger gut protonierbar als ein freies Elektronenpaar in einem sp^3-Hybridorbital bei den Aminen.

Die Amine mit niedriger Molmasse sind gut wasserlöslich. Sie riechen nach Ammoniak bzw. Fisch. Die Wasserstoffbrücken in Aminen sind schwächer als in Alkoholen. Daher liegen ihre Siedepunkte zwar höher als die der entsprechenden Kohlenwasserstoffe, aber niedriger als diejenigen der analogen Alkohole.

2.19.3 Darstellung

1. Nucleophile Substitution

Das Stickstoffatom von Ammoniak und von Aminen kann das Halogenatom in Halogenalkanen nucleophil verdrängen:

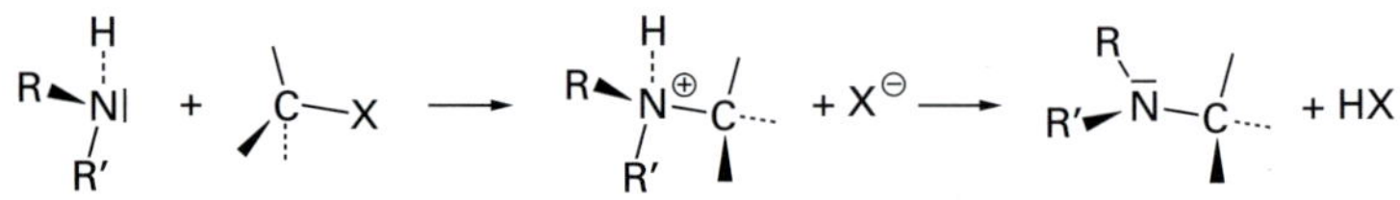

Bei dieser Reaktion bilden sich jedoch Gemische verschieden stark substituierter Ammoniakderivate.

$$NH_3 \xrightarrow{RX} RNH_2 \xrightarrow{RX} R_2NH \xrightarrow{RX} R_3N \xrightarrow{RX} R_4N^{\oplus}X^{\ominus}$$

2. Reduktive Aminierung von Carbonylverbindungen

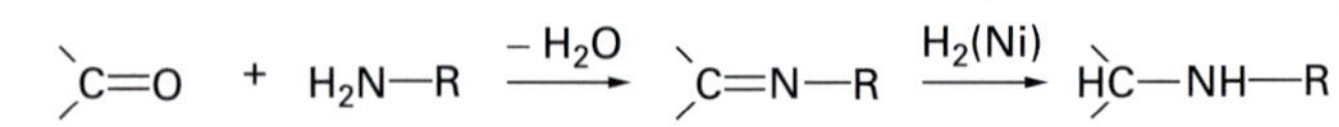

Aldehyd oder Keton | primäres Amin | Imin (Schiffsche Base) | sekundäres Amin

Mit Ammoniak entsteht durch analoge Reaktion ein primäres Amin.

3. Reduktion von Amiden und Nitrilen

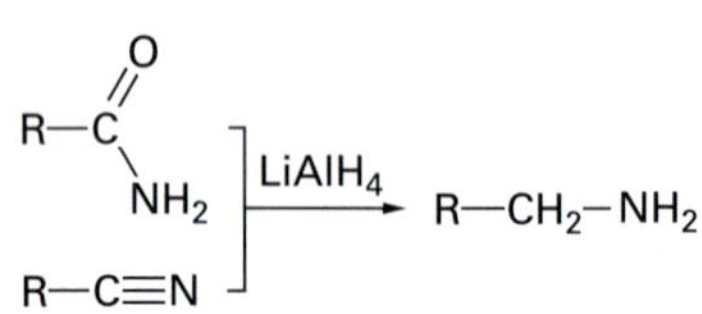

4. Hofmann'scher Abbau von Carbonsäureamiden

Bei dieser Reaktion erhält man das primäre Amin mit einer um ein Kohlenstoffatom verkürzten Kette:

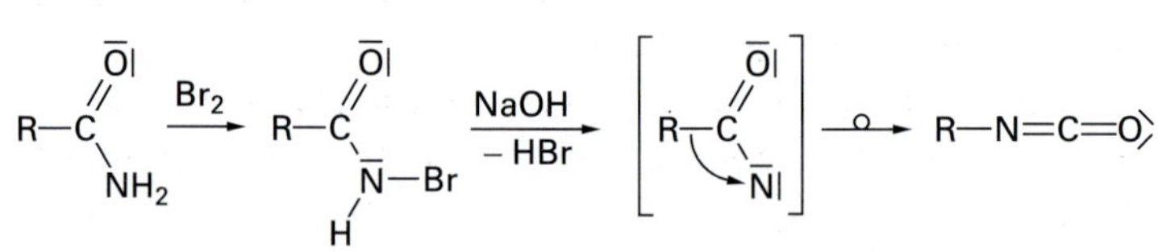

Amid | *N*-Bromamid | Nitren | Isocyanat

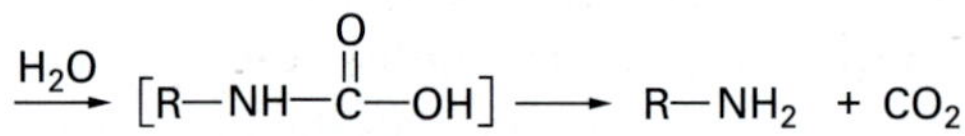

Carbamidsäure | Amin

Mit NaOH wird aus dem *N*-Bromamid HBr abgespalten; es entsteht ein Nitren, das wie ein Carben (▶ 2.3.3) eine Elektronenpaarlücke besitzt. Diese füllt sich durch Wanderung des Restes R, und es bildet sich das **Isocyanat**. Im wässrigen Medium lagert das Isocyanat Wasser an. Die entstehende Carbamidsäure ist unbeständig und spaltet leicht CO_2 ab, wodurch ein primäres Amin entsteht.

5. Reduktion von Nitroverbindungen

$$R{-}NO_2 \xrightarrow{6[H]} R{-}NH_2 + 2\,H_2O$$

Diese Reaktion wird großtechnisch, z. B. zur Herstellung von Anilin aus Nitrobenzen, verwendet. Als Reduktionsmittel verwendet man „nascierenden" Wasserstoff, wie er bei der Reaktion von Zink oder Eisen mit Salzsäure gebildet wird.

2.19.4 Reaktionen

Die Bildung sekundärer und tertiärer Amine aus primären Aminen wurde im vorigen Abschnitt erwähnt (Darstellungsreaktion 1). Weiterhin wurden schon zwei wichtige Reaktionen besprochen: Die Reaktion mit Carbonylverbindungen zu Iminen (Azomethinen) (▶ 2.12.3) sowie mit Carbonsäurehalogeniden zu Carbonsäureamiden (▶ 2.14).

1. Isocyanate
Aus Aminen bilden sich mit Phosgen Isocyanate:

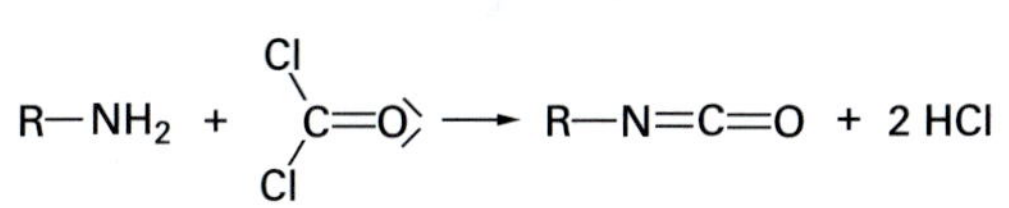

Amin Phosgen Isocyanat Salzsäure

Isocyanate addieren leicht Alkohole, dadurch werden die recht stabilen **Urethane** gebildet:

$$R^1{-}N{=}C{=}O + R^2OH \rightarrow R^1{-}NH{-}CO{-}OR^2$$

Isocyanat Alkohol Urethan

Als Urethane bezeichnet man die Ester der instabilen Carbamidsäure, die man als Monoamid der Kohlensäure auffassen kann.

Diese glatte Additionsreaktion wird als Verknüpfungsreaktion zur Bildung von **Polyurethanen**, einer wichtigen Klasse von Kunststoffen, angewandt (▶ 3.5.3).

2. Reaktion mit salpetriger Säure
Salpetrige Säure, HNO_2, ist wenig stabil; man stellt sie im Reaktionsgemisch aus (dem stabilen) Natriumnitrit, $NaNO_2$, mit Mineralsäure her.

Primäre Amine geben mit salpetriger Säure **Diazoniumsalze**.

$$R{-}NH_2 + NaNO_2 \xrightarrow{HCl} [R{-}\overset{\oplus}{N}{\equiv}N|]\,Cl^{\ominus} \xrightarrow{-N_2} R{-}OH,\ R{-}Cl \text{ u.a.}$$

Aliphatische Diazoniumsalze sind instabil und spalten sofort N_2 ab. Durch volumetrische Bestimmung der Menge des Stickstoffs kann man damit – z. B. in biologischem Material – die Menge primärer Aminogruppen bestimmen (Van-Slyke-Methode). Präparativ ist diese Reaktion wenig interessant, da sich Gemische von Alkohol, Halogenalkan und ungesättigten Kohlenwasserstoffen bilden.

Aromatische Diazoniumsalze lassen sich zwar als Feststoffe isolieren, sie neigen jedoch zu heftigen Explosionen. In Lösung bei niedriger Temperatur sind sie stabil und zu einer Reihe präparativ und technisch wichtiger Reaktionen geeignet:

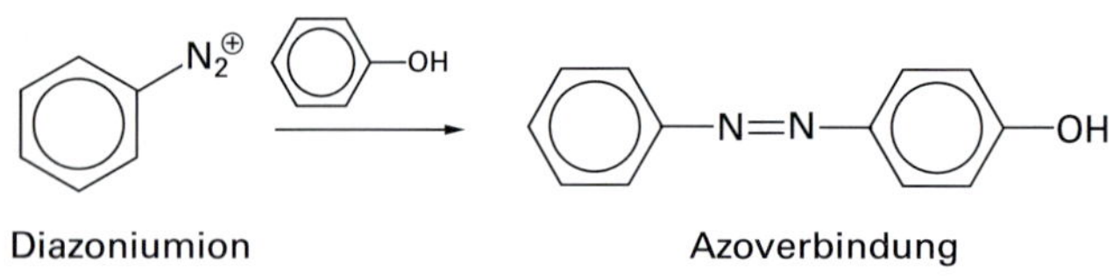

Diese **Kupplungsreaktion** ist eine elektrophile Substitution einer aromatischen Verbindung durch das Diazoniumion. Es bilden sich aromatische **Azoverbindungen**, die stark farbig sind und als farbgebender Bestandteil (Chromophor) von vielen Farbstoffen fungieren (▶ 5.3).

Verschiedene aromatische Verbindungen lassen sich herstellen, indem man zu der Lösung von Diazoniumsalzen ein Reagenz zusetzt und sie langsam erwärmt. Die Position der Diazoniumgruppe wird dabei substituiert. Die Reaktion mit Kupfer(I)-Verbindungen nennt man nach dem Entdecker **Sandmeyer-Reaktion**.

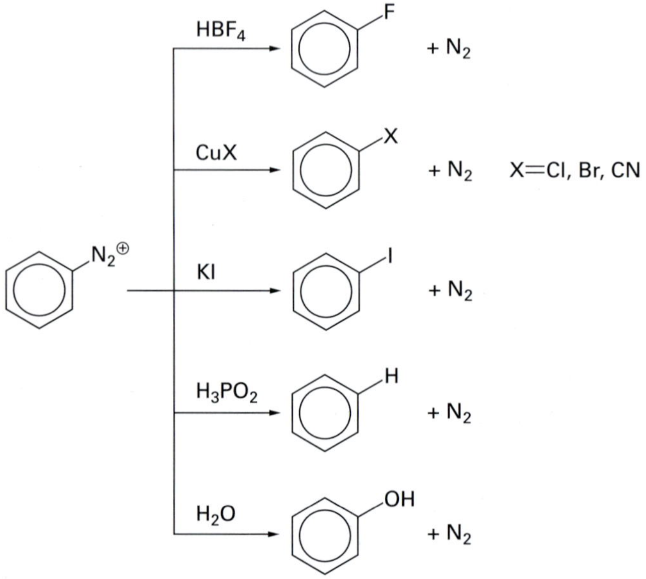

Auf diese Weise kann man eine Nitrogruppe, die man leicht durch Nitrierung in Aromaten einführen kann, nach Reduktion und Diazotierung durch andere funktionelle Gruppen ersetzen.

Sekundäre Amine geben mit salpetriger Säure ***N*-Nitrosamine**, tertiäre Amine *N*-Nitrosoammonium-Verbindungen und Folgeprodukte. Sie wirken zum Teil als starke Karzinogene. Sie können auch aus dem Nitrit im Pökelsalz durch Reaktion mit den Aminen in Fleisch oder Käse entstehen. Die Vitamine C und E können dies als Nitritfänger verhindern.

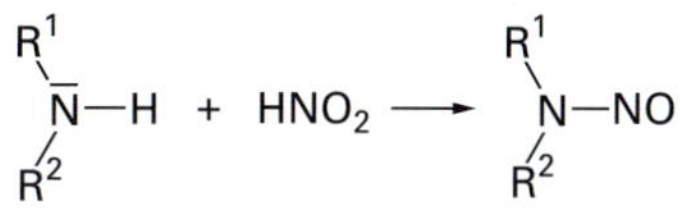

sek. Amin *N*-Nitrosodialkylamin

$$R_3N| + HNO_2 \xrightarrow{HX} R_3N^{\oplus}-NO\ X^{\ominus} + H_2O$$

tert. Amin — *N*-Nitrosoammonium-Verbindung

2.20 Nitroverbindungen

Aliphatische Nitroverbindungen lassen sich präparativ aus Halogenalkanen und Silbernitrit gewinnen; dabei bilden sich jedoch neben den **Nitroverbindungen** auch **Alkylnitrite**:

$$R—X + AgNO_2 \longrightarrow R—NO_2 + R—O—N{=}O + AgX$$

Technisch stellt man aliphatische Nitroverbindungen aus Alkanen und Salpetersäure in der Dampfphase her:

$$RH + HNO_3 \xrightarrow{450\ °C} R—NO_2$$

Weitaus größere Bedeutung besitzen aromatische Nitroverbindungen. Sie gewinnt man durch Nitrierung von aromatischen Verbindungen, wozu man meistens ein Gemisch von HNO_3 und H_2SO_4 (sog. **Nitriersäure**) einsetzt. Es handelt sich um eine elektrophile Substitution, das elektrophile Agenz ist das $NO_2^{\oplus}$-Ion (▶ 2.7.2).

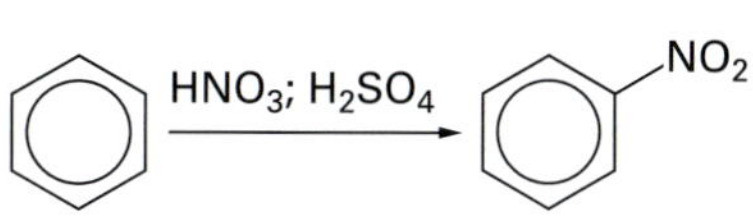

Bestimmte aromatische Nitroverbindungen werden als Sprengstoffe oder als Moschus-ähnliche, billige Riechstoffe verwendet:

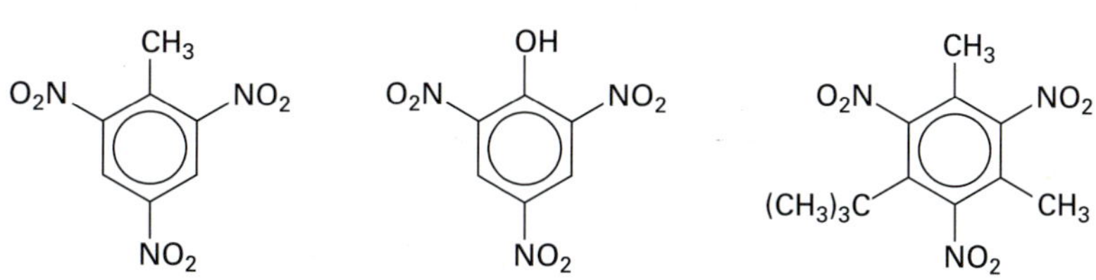

2,4,6-Trinitrotoluen (TNT) — Pikrinsäure 2,4,6-Trinitrophenol — Xylenmoschus Riechstoff

Besonders wichtig ist die Reduktion zu den reaktionsfähigen aromatischen Aminen, die bereits behandelt wurde (► 2.19.3).

2.21 Organische Schwefelverbindungen

In den meisten sauerstoffhaltigen organischen Verbindungen kann Schwefel den Sauerstoff ersetzen: Thioalkohole, Thioether, Thiocarbonsäuren. Darüber hinaus kann Schwefel in verschiedenen Oxidationsstufen auftreten. Eine Fülle verschiedener Schwefelverbindungen findet Anwendung in der präparativen Chemie und in der Technik. Einige haben Bedeutung als Katalysatoren biochemischer Reaktionen (z. B. Coenzym A, ► Tabelle 6.7). Wegen ihres intensiven, unangenehmen Geruchs (faule Eier) setzt man niedere Thioalkohole und Thioether wie z. B. Propanthiol, Diethylsulfid und Tetrahydrothiophen dem Erdgas als Alarmstoffe zu (Gasodorierung).

2.21.1 Thiole und ihre Oxidationsprodukte

Schon in der Alchimie waren **Thiole** (Thioalkohole, Mercaptane, R—SH) bekannt als übelriechende Stoffe, die schwerlösliche Quecksilberverbindungen bilden (lat. *Mercurium captans*: Quecksilber bindend). Sie lassen sich leicht durch nucleophile Substitution aus Halogenalkanen darstellen:

R—X + NaSH		→	R—S—H + NaX
	Natriumhydrogen-sulfid		Thiol (Mercaptan)

Thiole sind saurer als die entsprechenden Alkohole. Mit Alkalien bilden sich lösliche Salze, die Thiolate. Durch Oxidation entstehen einerseits **Disulfide**:

$$2\ \text{R—S—H} \underset{[\text{H}]}{\overset{\text{Ox.}}{\rightleftharpoons}} \text{R—S—S—R}$$

Thiol   Disulfid

andererseits die in freier Form nicht beständigen Sulfen-, sowie die Sulfin- und **Sulfonsäuren**:

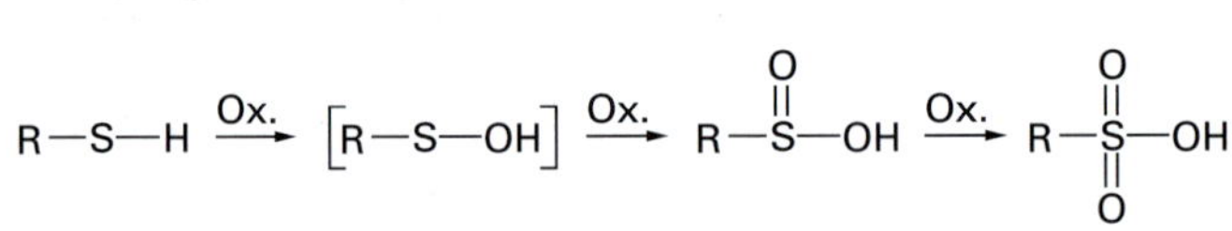

Thiol   Sulfensäure   Sulfinsäure   Sulfonsäure

Aromatische Sulfonsäuren werden durch direkte Sulfonierung von Aromaten mit Hilfe von Schwefelsäure dargestellt:

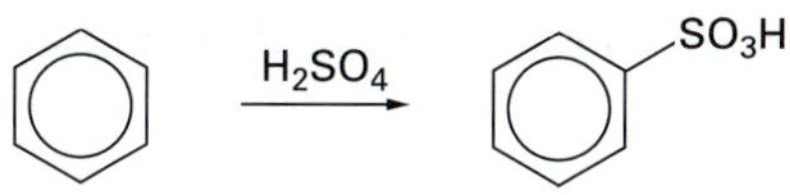

Benzen Benzensulfonsäure

Die Amide der Sulfonsäure, die **Sulfonamide**, besitzen Bedeutung als Heilmittel (▶ 6.10.5), der Süßstoff **Saccharin** ist gleichzeitig Amid einer Sulfon- und einer Carbonsäure (▶ Tabelle 2.5).

2.21.2 Weitere organische Schwefelverbindungen

Thioether (Dialkylsulfide) entstehen aus Thiolaten und Halogenalkanen:

$$R^1—S^{\ominus}Na^{\oplus} + R^2—X \rightarrow R^1—S—R^2 + NaX$$

Durch Oxidation bilden sich **Sulfoxide** und **Sulfone**:

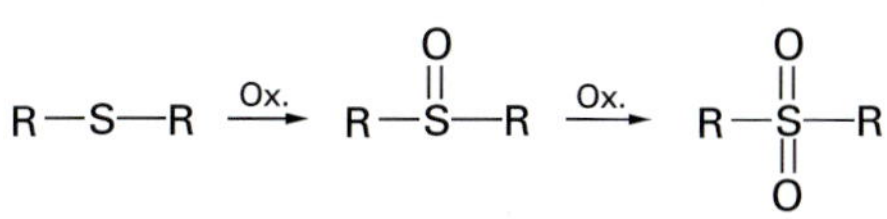

Dialkylsulfid -sulfoxid -sulfon

Dimethylsulfoxid ist ein sehr vielseitiges polares Lösemittel, das man, da es die Haut leicht durchdringt, auch als „Vehikel“ für Arzneimittel verwendet kann. Dementsprechend findet es sich als Bestandteil von Salben, vorwiegend in der Veterinärmedizin. Thioether stellen die wesentlichen Träger des Schwefels in Mineralölen dar. Sie bilden bei der Verbrennung SO_2, das zum „Sauren Regen“ beiträgt.

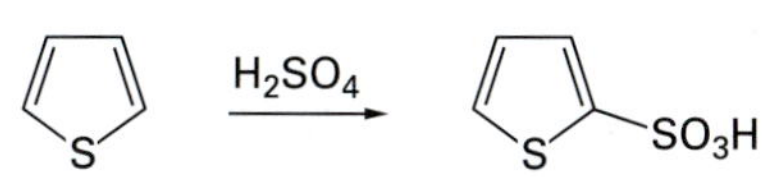

Thiophen Thiophen-2-sulfonsäure

Thiophen ist zu ca. 0,15% in Benzen enthalten, das man bei der Verkokung von Kohle gewinnt. Man entfernt es durch Schütteln mit H_2SO_4, hierbei wird Thiophen schneller als Benzen sulfoniert, die Thiophensulfonsäure ist in Wasser löslich. Durch „hydrierende Entschwefelung“ kann der Schwefel als H_2S abgespalten werden.

Eine Reihe von Schwefelverbindungen sind Analoga von Carbonylverbindungen und Carbonsäuren.

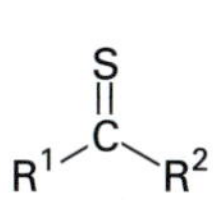

Thion
Thioketon

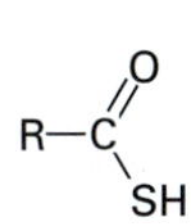

Thiocarbonsäure

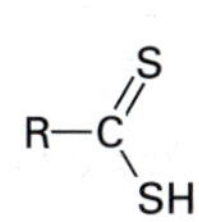

Dithiocarbonsäure

Schließlich bilden die verschiedenen Schwefelsäuren (▶ Lehrbücher der Anorganischen Chemie) Ester mit Alkoholen.

$CH_3CH_2{-}O{-}SO_3H$	$CH_3O{-}SO_2{-}OCH_3$
Ethylsulfat	Dimethylsulfat

Man verwendet sie als **Alkylierungsmittel**. Dabei ist allerdings zu berücksichtigen, dass Schwefelsäureester wie die meisten anderen alkylierenden Substanzen **stark krebserregend** sind. Die Alkalisalze der Monosulfate höherer Alkohole dienen als Tenside (▶ 4.4.3).

Das **Allicin**, 2-Propen-1-thiosulfinsäure-*S*-2-propenylester, kommt in Pflanzen wie Knoblauch, Bärlauch und Zwiebeln vor. Es wirkt antibakteriell, antiviral sowie fungizid und greift durch Hemmung der Acetyl-CoA-Synthase und der 5-Lipoxygenase in die Biosynthese von Fettsäuren und Cholesterol ein.

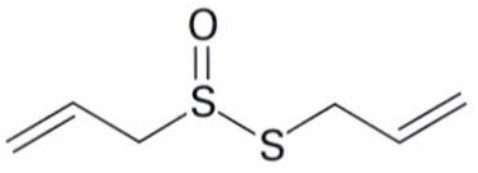

2.22 Organische Verbindungen mit anderen Elementen, metallorganische Verbindungen

Zur Vielzahl der organischen Verbindungen trägt bei, dass zusätzlich zu den bisher besprochenen **Heteroatomen** auch Vertreter der höheren Perioden des Systems der Elemente in organischen Verbindungen auftreten können. Ebenso wie man die Elemente der Halogengruppe, vom Fluor bis zum Iod, in organischen Verbindungen findet, gibt es auch Verbindungen, die anstelle von Sauerstoff und Schwefel Selen oder Tellur, statt Stickstoff und Phosphor Arsen, Antimon oder Bismut, aber auch die Homologen des Kohlenstoffs – Silizium, Germanium, Zinn oder Blei – enthalten. Auch die Elemente Lithium, Natrium, Kalium, Bor, Aluminium, Gallium, Indium und Thallium sowie Zink, Cadmium und Quecksilber findet man in organischen Verbindungen.

Viele solcher Verbindungen werden als Reagenzien in der organischen Synthese angewendet. Oder man verwendet sie zu verschiedenen speziellen Zwecken, z. B. als Katalysatoren oder Polymerisationsinitiatoren (▶ 3.3), Stabilisatoren von Polymeren, als Zusätze zu Schmiermitteln und als Pestizide. Einige organische **Natriumverbindungen** wurden in den Abschnitten 2.2.4, 2.4.3 und 2.15.2 kurz erwähnt, **Trialkylborane** in Abschnitt 2.3.3. Auf **Grignard-Verbindungen** wurde wiederholt hingewiesen (▶ 2.2.4, 2.10.3, 2.12.3, 2.13.2).

Falls Atome metallischer Elemente direkt an Kohlenstoff kovalent gebunden sind, nennt man die Stoffe **metallorganische Verbindungen**. Daneben gibt es viele Verbindungen, die metallische Elemente als Ion oder in einem Komplex enthalten, also Salze, z. B. der Carbonsäuren, oder Metallchelate (▶ 2.8.2) sind. Diese Substanzen bezeichnet man nicht als metallorganische Verbindungen.

Die Verbindungen der stark elektropositiven Alkali- und Erdalkalimetalle liegen überwiegend ionisch vor. Dem gegenüber besitzen die C—M-Bindungen der übrigen Hautgruppenmetalle und -halbmetalle überwiegend kovalente Bindungen. Letzteres gilt auch für einige Übergangsmetalle wie Cu, Au und Hg.

Da Kohlenstoff elektronegativer ist als ein Metall M (▶ 1.10), kommt in einer C—M-Bindung dem Metallatom ein positiver induktiver Effekt (+I-Effekt) zu, und die C—M-Bindung ist stark polar mit erhöhter Elektronendichte am C-Atom. In metallorganischen Verbindungen R—M besitzen die Reste R deshalb **nucleophilen Charakter** und können C-Atome mit niedriger Elektronendichte, z. B. in Carbonylverbindungen, angreifen (▶ 2.12.3).

> **Metallorganische Verbindungen reagieren als Nucleophile** und unterscheiden sich also grundsätzlich von den meisten anderen organischen Verbindungen mit Heteroatomen wie Hal, O, S oder N, die eher als Elektrophile reagieren.

Da es sehr viele verschiedene Metalle gibt, unterscheidet sich auch die Reaktivität ihrer organischen Derivate, die daher ein großes Spektrum häufig sehr selektiver Reagenzien bilden. So sind z. B. Alkalimetall-organische Verbindungen harte Nucleophile, während Grignard-Verbindungen, Zinn- und Bleiverbindungen weich sind.

Ein Nachteil vieler metallorganischer Verbindungen ist ihre Empfindlichkeit gegenüber Wasser und Sauerstoff, mit denen sie sehr heftig, häufig explosionsartig oder unter Feuererscheinung reagieren. Sie müssen deshalb unter einer Inertgasatmosphäre in absolut wasserfreiem Medium gehandhabt werden. Hinzu kommt, dass einige metallorganische Verbindungen sehr giftig sind, z. B. Quecksilber-, Cadmium-, Zinn-, Bleiverbindungen.

2.23 Kombinationen funktioneller Gruppen

Eine weitere Dimension in der Systematik organischer Verbindungen erschließt sich, wenn mehrere gleiche oder verschiedenartige funktionelle Gruppen in einem Molekül auftreten. Dabei kann es sich dann um **di-**, **tri-** oder **polyfunktionelle Verbindungen** handeln. Sehr häufig zeigen diese Verbindungen nicht die Summe der Eigenschaften der funktionellen Gruppen, sondern sie besitzen neuartige Eigenschaften, die sich durch intramolekulare Wechselwirkung oder als Folge der räumlichen Anordnung dieser Gruppen ergeben. Beispiele solcher Verbindungen sind die 1,3-Diketone (▶ 2.12.1) und β-Ketosäuren (▶ 2.15.2) sowie die Kohlenhydrate (▶ 6.3), Aminosäuren und Proteine (▶ 6.4). Auch mehrere Substituenten an einem aromatischen Ring beeinflussen sich gegenseitig.

Man kennt viele Reaktionen, die mehrere funktionelle Gruppen im gleichen Molekül intramolekular verknüpfen. Auf diese Weise lassen sich aus offenkettigen Verbindungen ringförmige bilden: **Hydroxycarbonsäuren** können, je nach der

Stellung der Hydroxy- und der Carboxygruppe, aus einem oder zwei Molekülen cyclische Ester bilden:

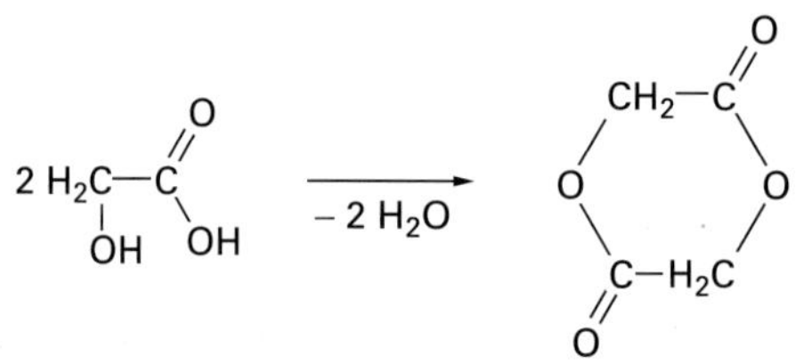

Hydroxyessigsäure
Glycolsäure

1,4-Dioxan-2,5-dion,
Glycolid
Lactid

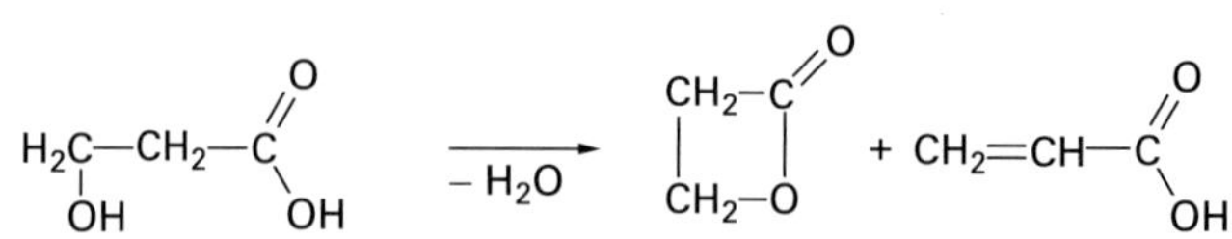

3-Hydroxypropansäure

β-Lacton

Acrylsäure

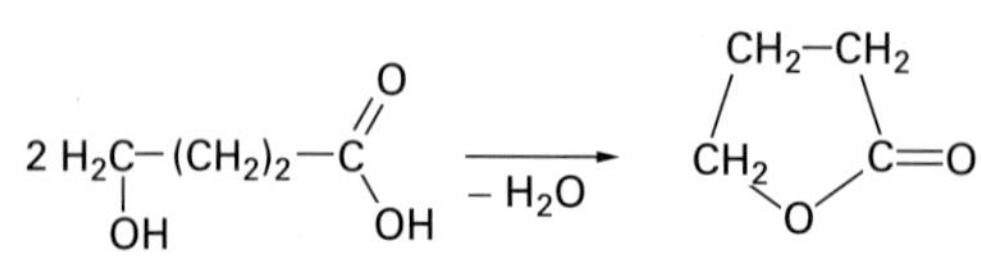

4-Hydroxybuttersäure

Butyrolacton
γ-Lacton

Die Ausbeute derartiger Veresterungsreaktionen hängt auch davon ab, in welcher Konzentration sich die Moleküle im Reaktionsmedium befinden. Falls man längerkettige Hydroxycarbonsäuren in hoher Konzentration verestert, entstehen meistens kettenförmige Verbindungen; **cyclische Ester** (Lactone) erhält man nur, wenn die Substanzen in hoher Verdünnung gelöst sind (Verdünnungsprinzip nach K. Ziegler):

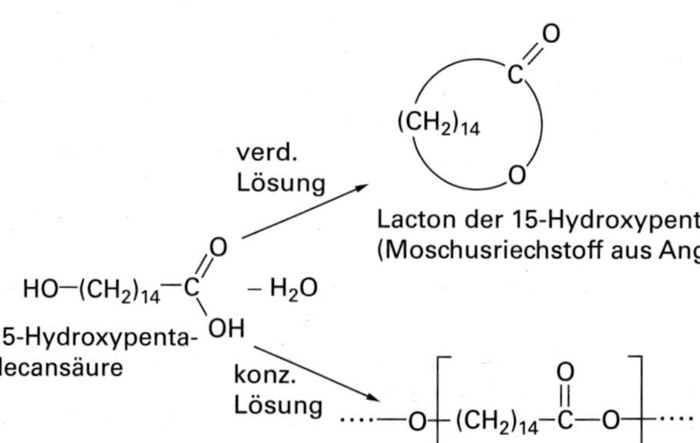

15-Hydroxypentadecansäure

Lacton der 15-Hydroxypentadecansäure
(Moschusriechstoff aus Angelicaöl)

Polyester der 15-Hydroxypentadecansäure

Analoges gilt auch für ähnliche Reaktionen zweier Gruppen an der gleichen Kette, wodurch cyclische Ether, cyclische Amine und cyclische Amide, sog. **Lactame**, gebildet werden.

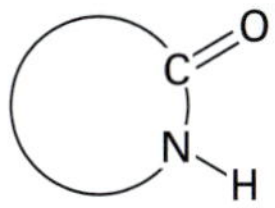

Lactam

Das 6-Aminohexansäurelactam (ε-Caprolactam) wurde bereits in Abschnitt 2.17 erwähnt. Es dient zur Herstellung des Perlons (▶ 3.5.1). In den Kapiteln 3–6 finden sich viele weitere Beispiele von industriell hergestellten oder biologischen Verbindungen, die ihre wesentlichen Eigenschaften durch Kombination mehrerer funktioneller Gruppen erhalten.

2.24 Zusammenfassung

Angesichts der großen Stofffülle dieses Kapitels können hier nur die wichtigsten Aspekte aufgeführt werden. Bei den einzelnen Substanzklassen werden weniger die Synthesen als die Reaktionen berücksichtigt.

- Die **Kohlenwasserstoffe**, das sind alle Verbindungen, die nur aus den Elementen Wasserstoff und Kohlenstoff bestehen, bilden die Stammverbindungen der Organischen Chemie. Alle übrigen organischen Verbindungen lassen sich, zumindest formal, als Derivate der Kohlenwasserstoffe auffassen.
- **Kohlenwasserstoffe** können ein offenkettiges (acyclisches) oder eine cyclisches Molekülgerüst besitzen. In einem Molekül können auch mehrere Ringe auftreten; die Verbindung kann also **bi-**, **tri-** ... **polycyclisch** sein.
- **Kohlenwasserstoffe** besitzen große Bedeutung als Brenn- und Treibstoffe sowie als Ausgangsstoffe für zahlreiche Synthesen und Rohstoffe für die Petrochemie.
- In **Alkanen** sind die C-Atome ausschließlich durch Einfachbindungen verknüpft. Alkane sind unpolar und sehr reaktionsträge.
- **Alkene** besitzen C═C-Doppelbindungen, die sie zu vielfältigen Reaktionen befähigen. Über **elektrophile Additionsreaktionen** mit zahlreichen Reagenzien können u. a. funktionalisierte Alkane erzeugt werden.
- Die Diels-Alder-Reaktion ist eine **Cycloaddition**, in der ein **1,3-Dien** mit einem **Dienophil** zu einem cyclischen Addukt umgesetzt wird. Auf diesem Wege können größere Molekülgerüste hergestellt werden.
- **Alkine** besitzen C≡C-Dreifachbindungen. In ihrem chemischen Verhalten ähneln sie den Alkenen.
- **Aromatische Kohlenwasserstoffe** (**Arene**) besitzen ein cyclisch-konjugiertes Doppelbindungssystem mit $4n+2$ π-Elektronen (**Hückel-Regel**), das ihnen eine besondere Stabilität verleiht. Dementsprechend sind für sie nicht Additions- sondern **elektrophile Substitutionsreaktionen** typisch.
- **Heterocyclen** besitzen Ringe, die anstelle von C-Atomen N-, O-, S- oder andere Atome enthalten. Zahlreiche **aromatische Heterocyclen** (**Hetarene**) besitzen Fünf- oder Sechsringe.

- **Halogenalkane** R—Hal, bei denen formal einzelne H-Atome des Alkans durch Halogenatome ersetzt sind, sind polare Verbindungen, die hauptsächlich **nucleophile Substitutionsreaktionen** und **1,2-Eliminierungsreaktionen** zeigen. Bei letzteren werden CC-Mehrfachbindungen erzeugt.
- Als Derivate des Wassers, bei dem eines oder beide H-Atome durch organische Reste ersetzt wurden, unterscheiden sich **Alkohole** R—OH stark von den **Ethern** R^1—O—R^2. Erstere sind polare Verbindungen, die bei kleinem Alkylrest gut wasserlöslich sind. Letztere sind dagegen unpolar und mit Wasser kaum mischbar.
- **Aldehyde** und **Ketone** können durch Oxidation von primären bzw. sekundären Alkoholen erzeugt werden. Als funktionelle Gruppe besitzen sie eine C=O-Doppelbindung, also eine **Carbonylgruppe**, die sie zu zahlreichen Reaktionen mit Nucleophilen befähigt. Dabei können Additions- und Kondensationsprodukte erhalten werden.
- **Carbonsäuren** besitzen eine **Carboxygruppe**, —CO_2H, als funktionelle Gruppe, die ihnen Wasserlöslichkeit und schwache saure Eigenschaften verleiht.
- Durch eine Kondensationsreaktion einer Carbonsäure mit einem Alkohol werden **Ester**, mit einem Amin **Amide** erhalten.
- **1,3-Dicarbonylverbindungen** können über die **Keto-Enol-Tautomerie Enole** bilden, die ihrerseits als Nucleophile mit anderen Carbonylverbindungen umgesetzt werden können.
- Als Derivate des Ammoniaks NH_3, bei dem eines, zwei oder alle drei H-Atome durch organische Reste ersetzt wurden, besitzen die **Amine** Eigenschaften, die denen der Stammverbindung mehr oder weniger entsprechen.
- **Primäre** (R—NH_2), **sekundäre** (R_2NH) und **tertiäre Amine** (R_3N) unterscheiden sich in ihren Reaktionen mit salpetriger Säure. Dabei ergeben primäre aromatische Amine **Diazoniumsalze**, die mit Aromaten zu **Azoverbindungen** gekuppelt werden können.
- Sekundäre Amine bilden mit salpetriger Säure stark krebserregende **Nitrosamine** R_2N—NO.
- Durch den Ersatz der O- durch S-Atome werden formal aus sauerstoffhaltigen Verbindungen die analogen Schwefelverbindungen erhalten: **Thioalkohole** R—SH, **Thioether** R^1—S—R^2, **Thiocarbonsäuren** R—COSH, R—CS_2H. Sie besitzen einen unangenehmen Geruch.
- In den **Sulfoxiden** R^1—SO—R^2, **Sulfonen** R^1—SO_2—R^2, **Sulfonsäuren** R^1—SO_3H und **Sulfaten** R^1O—SO_2—OR^2 tritt Schwefel in einer höheren Oxidationsstufe auf.
- Auch mit zahlreichen weiteren Heteroatomen sind organische Verbindungen bekannt. Organische **Phosphorverbindungen**, hauptsächlich solche, die sich von der Phosphorsäure herleiten, sind in der Biochemie wichtig.
- **Metallorganische Verbindungen** besitzen stark vom jeweiligen Metall abhängige Eigenschaften. Sie dienen vor allem als **nucleophile Reagenzien** in der organischen Synthese sowie als Initiatoren und als Katalysatoren in technischen Verfahren.
- Für organische Verbindungen sind verschiedene Formen der **Isomerie** bekannt. Die Isomeren können sich in der Atomverknüpfung (Konstitution) oder der räumlichen Anordnung einzelner Atomgruppen (Konformation, Konfiguration) unterscheiden.

3 Makromolekulare organische Stoffe

3.1 Einleitung

Die Moleküle makromolekularer Stoffe sind viele Tausend oder auch Millionen Mal größer als die einfacher Stoffe wie Wasser und Benzen. Die Molekülgröße bedingt, dass makromolekulare Stoffe völlig andere mechanische Eigenschaften zeigen als niedermolekulare. Während diese je nach dem Aggregatzustand kristallin-spröde, dünnflüssig oder gasförmig sind, zeigen **makromolekulare Stoffe** Eigenschaften wie: **lederartig-fest, gummielastisch** oder **klebrig-zäh**. Diese Stoffe sind nicht verdampfbar; höhere Temperatur führt zur Zersetzung, zum **Cracken** der Moleküle.

Makromolekulare Stoffe sind in der Organismenwelt weit verbreitet, ohne sie ist kein Leben möglich, alle Lebensvorgänge werden von ihnen gesteuert. Ebenso gehören hierzu die meisten **Gerüstsubstanzen** von Pflanzen und Tieren (▶ 6).

Viele **Roh-** und **Werkstoffe**, die der Mensch zum Teil seit frühester Zeit verwendet, sind makromolekulare Stoffe biologischer Herkunft: Wolle, Seide, Flachs, Baumwolle, Leder, Horn, Leim, Holz, Stärke, Kautschuk, Bernstein, Harze aus Pflanzen und Insekten.

Heute werden makromolekulare organische Stoffe in großen Mengen synthetisch hergestellt, mit zum Teil ähnlichen Eigenschaften wie die von Stoffen biologischer Herkunft, für die sie oft zunächst ein billiger Ersatz waren. Viele synthetische makromolekulare Stoffe besitzen hervorragende Eigenschaften, die bisher bei organischen Stoffen unbekannt waren.

Ohne makromolekulare organische Industrieprodukte ist unser heutiges Leben kaum mehr vorstellbar: Tausende von Produkten aus Kunststoffen und synthetischen Kautschuken begleiten uns nicht nur im Haushalt, in Fahrzeugen und im Büro.

> **Kunststoffe** sind synthetische makromolekulare organische Stoffe, die zu Werkstoffen verarbeitet werden. Allgemein werden synthetische makromolekulare Faserstoffe, Lacke, Kautschuke und Leime nicht als Kunststoffe bezeichnet.

Vom Magnetband und der Compactdisc über integrierte Schaltungen bis zu den Hochfrequenzkabeln der Sender reichen die Anwendungen in der **Elektronikindustrie**; ganz bestimmte Eigenschaften der makromolekularen Stoffe sind jeweils entscheidend für deren Anwendbarkeit. Auch die **Verpackungsindustrie**, das **Bauwesen** und die **Textilindustrie** gehören zu den Großverbrauchern makromolekularer Stoffe. In großem Umfang treten **Kunststoffe** an die Stelle von Metallen, z. B. im **Flugzeug-** und **Fahrzeugbau** sowie der **Raumfahrt**, weil sie leichter sind, sich einfacher verarbeiten lassen und bessere mechanische Eigenschaften besitzen. Darüber hinaus erschließen sich neue Kunststoffe auch neuartige Anwendungsfelder, z. B. in der **Medizintechnik**.

Viele Eigenschaften von Metallen, Gläsern und von Keramik, ja selbst von Holz, die essentiell für die Verwendung dieser Materialien waren, werden heute von Kunststoffen erreicht oder übertroffen, wie Zugfestigkeit, Beständigkeit gegenüber thermischen, atmosphärischen und chemischen Einflüssen, sowie Wärmeleitfähigkeit. Auch ihr Preis liegt oft niedriger.

Die mengenmäßig wichtigsten Kunststoffe sind Polyethen (PE), Polypropen (PP) und Polyvinylchlorid (PVC). Von ihnen werden weltweit ca. 50, 35 bzw. 30 Millionen Tonnen pro Jahr hergestellt. Das sind etwa 2/3 der Gesamtmenge an Kunststoffen.

3.2 Historisches

Schon im 19. Jahrhundert begannen die Chemiker mit der Entwicklung makromolekularer Stoffe für industrielle Produkte durch **Abwandlung von Naturprodukten**: die **Vulkanisation des Kautschuks** wurde in Deutschland (F. Lüdersdorf 1832) und den USA (C. Goodyear 1839) entdeckt. Auch die seit 1850 entwickelten Verfahren zur Herstellung löslicher Cellulosenitrate – der **Schießbaumwolle** (C. F. Schönbein 1846), des **Celluloids** (J. W. Hyatt 1869) und der **Nitroseide** (M. Chardonnet 1884) – und die um 1900 eingeführten Verfahren zur Verspinnung von Cellulose als **Kupferseide** und **Viskoseseide** bauten auf natürlichen makromolekularen Stoffen auf: dem Kautschuk und der Cellulose.

Zu den ersten im Labor aus kleinen monomeren Bausteinen synthetisierten makromolekularen Stoffen gehören das **Polyvinylchlorid** (H. V. Regnault 1838) und das Phenol-Formaldehydharz (A. Baeyer 1872), das 1909 von L. H. Baekeland als **Bakelit** eingeführt wurde. Das früher als Fußbodenbelag u. ä. vielfach verwendete **Linoleum** (von latein. *lini oleum*: Leinöl) wurde von F. E. Walton seit 1864 fabrikmäßig aus Leinöl hergestellt.

Aber erst um 1920 wurde die theoretische Basis der Forschung und für die Entwicklung der neuen Stoffe gelegt: H. Staudinger prägte den Begriff **Makromolekül** und setzte die Vorstellung von Kettenmolekülen durch. Für diese Arbeiten erhielt er 1953 den Nobelpreis.

Die Produktion vieler bekannter makromolekularer Stoffe im technischen Maßstab begann in den Jahren 1928–1939: **Plexiglas**, **synthetischer Kautschuk**, **Polyvinylchlorid**, **Polyvinylacetat**, **Polystyren**, **Polyacrylnitril**, **Polyethenoxid**, **Nylon** und **Perlon**.

Einige der wichtigen makromolekularen Stoffe wurden erst nach dem 2. Weltkrieg zur Produktionsreife entwickelt, zum Beispiel **Polyacrylnitril**, **Polyester**, **Polyurethane**, **Silicone** und **Polytetrafluorethen**. Meilensteine der neueren Entwicklungen sind die **Ziegler-Natta-Katalysatoren** zur Niederdruckpolymerisation von

Ethen und zur stereospezifischen Polymerisation von Propen (1953). Seit 1960 wurden – zum Teil zur Lösung technischer Probleme bei der Weltraumfahrt – eine Reihe hoch temperaturbeständiger, makromolekularer Stoffe entwickelt.

Man kann annehmen, dass die Entwicklung makromolekularer Stoffe zügig weitergeht: noch viele neue Stoffe mit speziellen Eigenschaften werden neue Anwendungsgebiete, z. B. in der Medizin, der Elektronik, der Energietechnik, bei der Wiedergewinnung von Rohstoffen und zur Meerwasserentsalzung erschließen.

3.3 Struktur und Eigenschaften

> Alle technisch interessanten Eigenschaften der makromolekularen Stoffe werden durch die mikroskopischen Eigenschaften der Makromoleküle bestimmt.

Die **mechanischen Eigenschaften der Makromoleküle** und ihre Änderung mit der Temperatur sind abhängig von Größe und Form der Makromoleküle, von der Flexibilität der Ketten und ganz wesentlich von den zwischenmolekularen Kräften zwischen verschiedenen Molekülketten. Die **elektrischen Eigenschaften** lassen sich zurückführen auf die Wechselwirkungen zwischen äußeren Feldern mit Ladungen und Dipolen in den Molekülbausteinen. Die **chemische Beständigkeit** (z. B. gegenüber Sauerstoff, Wasser, Säuren, Alkalien und Lösemitteln) wird bestimmt durch die chemische Reaktionsfähigkeit der einzelnen Bausteine, aber ebenfalls von den zwischenmolekularen Wechselwirkungen.

Die für die Beschreibung der Struktureigenschaften der Proteine entwickelten Begriffe Primär-, Sekundär-, Tertiär- und Quartärstruktur (▶ 6.4.3) erweisen sich auch auf dem Gebiet der makromolekularen Stoffe als nützlich: Die **Primärstruktur** gibt die *Konstitution* eines Makromoleküls an, also das Verknüpfungsschema aller Bausteine durch die chemischen Bindungen: die Reihenfolge der Bausteine, die Natur und Größe von Ketten und Ringen, von zwei- und dreidimensionalen Netzwerken. Als **Sekundärstruktur** bezeichnet man die *Konformation* einer Molekülkette, z. B. in linearer gestreckter Anordnung, als Helix oder in Zick-Zack-Anordnung. Als **Tertiärstruktur** bezeichnet man die regelmäßige (kristalline) oder statistische (amorphe) *gegenseitige Anordnung der Molekülketten*. Mit dem Begriff **Quartärstruktur** kann man hier die *Anordnung der Molekülaggregate* in Polymergemischen oder an Grenzflächen bezeichnen.

Die **Primärstruktur** eines makromolekularen Stoffes lässt sich wie folgt beschreiben: Makromolekulare Stoffe bestehen aus riesigen Molekülen mit Molmassen in der Größenordnung 1.000–1.000.000. Falls die Makromoleküle aus vielen *gleichartigen* Bausteinen bestehen, nennt man sie **Polymere**. Ein Protein besteht, wie in Kapitel 6 besprochen wird, aus Makromolekülen mit ca. 20 verschiedenen, nicht periodisch angeordneten Bausteinen. Proteine sind daher keine Polymeren im engeren Sinne. Die technisch wichtigen makromolekularen Stoffe enthalten jedoch meistens nur einen oder zwei Bausteine, periodisch vielfach zu

Ketten oder Ringen verknüpft. Man kann dann einen makromolekularen Stoff durch eine Summenformel $(C_iH_jO_kN_l\ ...)_n$ charakterisieren; bei einem **nieder-polymeren** Stoff liegt n bei 20−100, bei einem **hochpolymeren** oft weit über 1.000. **Homopolymere** bestehen aus einem Baustein oder zwei abwechselnd angeordneten.

··· —A—A—A—A—A—A— ··· ··· —A—B—A—B—A—B— ···

In **Copolymeren** treten zwei oder mehrere Grundbausteine *statistisch* verteilt in der gleichen Kette auf:

··· —A—B—B—A—B—A—A—A—B—A—B—B—A— ···

Blockpolymere enthalten verschieden homopolymere Kettenabschnitte bestimmter Länge:

··· —A—A—A—A—B—B—B—A—A—A—A—B—B—B— ···

und **Pfropfcopolymere** enthalten an einer polymeren Hauptkette Seitenketten aus andersartigen Bausteinen:

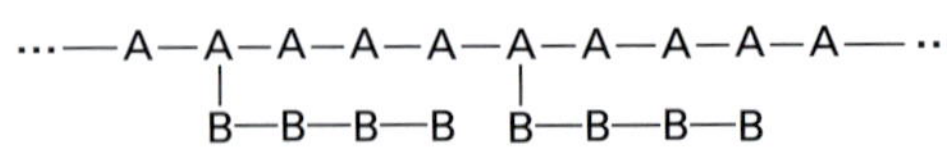

Gelegentlich macht sich bei Homopolymeren noch die räumliche Anordnung der einzelnen Bausteine in den makroskopischen Eigenschaften bemerkbar. Zur Beschreibung der Primärstruktur verwendet man dann Begriffe wie **Kopf−Kopf-** oder **Kopf−Schwanz-Verknüpfung**, **ataktische**, **syndiotaktische** oder **isotaktische Anordnung** (► 3.5.1).

Hinsichtlich der mechanischen Eigenschaften der makromolekularen Stoffe und ihrer Abhängigkeit von der Temperatur ist der wichtigste Aspekt der Primärstruktur die Form der Molekülketten: Ein Stoff mit einzelnen nicht verknüpften Molekülketten heißt **Thermoplast**, ein weitmaschig vernetzter **Elastomer** und ein engmaschig vernetzter **Duroplast** (► Abb. 3.2, 3.3, 3.4).

Bei tiefer **Temperatur** sind alle makromolekularen Substanzen glasartig spröde. Die Energie der Wärmebewegung der Molekülketten ist dann noch kleiner als die Energie der zwischenmolekularen Wechselwirkungen und die Potentialschwelle zwischen den verschiedenen Kettenkonformationen; das Molekulargebilde ist völlig starr. Bei **Temperaturanstieg** verhalten sich makromolekulare Stoffe, die zu verschiedenen Typen der Primärstruktur gehören, aber völlig verschieden. Abbildung 3.1 stellt die wichtigsten Eigenschaften der verschiedenen Typen makromolekularer Stoffe zusammen und vergleicht sie mit den Eigenschaften niedermolekularer Stoffe.

Thermoplaste

In den Thermoplasten gibt es bei tiefer Temperatur (ca. −100 °C) Bereiche mit stark geordneter *Tertiärstruktur*, kristalline Bereiche oder Micellen, daneben fin-

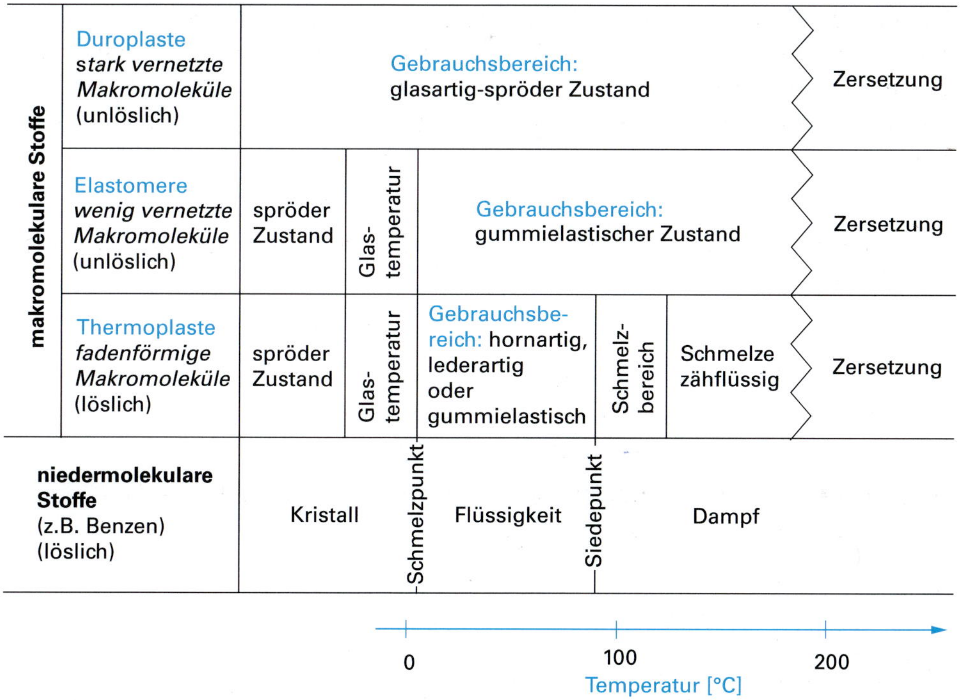

Abb. 3.1 Temperaturabhängigkeit der Eigenschaften nieder- und makromolekularer Stoffe.

det man amorphe Bereiche (▶ Abb. 3.2a). Erwärmt man den Stoff, so wird bei einer bestimmten Temperatur die Energie der Wärmebewegung so groß wie die Energie, welche die freie Drehbarkeit der Molekülketten behindert. Die amorphen Bereiche werden flexibel, die kristallinen Bereiche bleiben aber noch starr. Jetzt wurde die **Glastemperatur** erreicht. Unterhalb dieser Temperatur ist der Stoff glasartig spröde, darüber ist er nun hornartig hart bis lederartig zäh – je nach dem Anteil der kristallinen und der amorphen Bereiche. Oberhalb der Glastemperatur liegt der Gebrauchsbereich vieler makromolekularer Stoffe, wie Polyethen oder Polyvinylchlorid mit Weichmacher (▶ 4.4). Einige thermoplastische Stoffe wie Polystyren und Plexiglas haben jedoch eine Glastemperatur in der Nähe von 100 °C, ihr Gebrauchsbereich liegt also unterhalb der Glastemperatur. Bei weiterer Temperaturerhöhung verkleinern sich die kristallinen Bereiche, die amorphen werden größer, der Stoff wird dabei flexibler, weicher, elastischer, er verliert jedoch noch nicht seine äußere Form (▶ Abb. 3.2b). Schließlich, bei der **Schmelztemperatur**, verschwinden die kristallinen Bereiche völlig, die Molekülfäden gleiten aneinander ab, der Stoff zerfließt und bildet eine viskose Schmelze (▶ Abb. 3.2c).

Da die meisten Stoffe mit unvernetzten fadenförmigen Makromolekülen oberhalb einer bestimmten Temperatur plastisch verformt werden können, nennt man

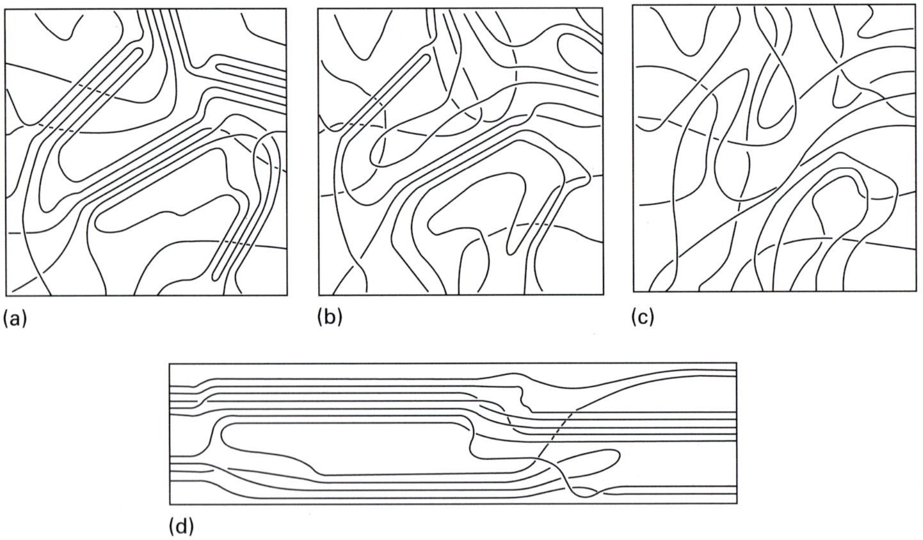

Abb. 3.2 Kettenstruktur der Thermoplaste.
(a) Bei tiefer Temperatur überwiegen die kristallinen (geordneten) Bereiche.
(b) Bei mittleren Temperaturen treten mehr amorphe (ungeordnete) Regionen auf. Der Stoff geht aus dem spröden in den lederartig-zähen Zustand über.
(c) Oberhalb des Schmelzbereiches gleiten die Ketten aneinander vorbei. Der Stoff fließt. Reckt man den Stoff jedoch im Zustand b), so ordnen sich viele Moleküle parallel an.
(d) Die kristallinen Bereiche nehmen zu. In Längsrichtung tritt hohe Zugfestigkeit auf.

sie alle Thermoplaste. Prinzipiell gehören hierzu auch die Stoffe, die, obwohl sie auch aus unvernetzten Molekülketten bestehen, einen so hohen Schmelzpunkt haben, dass sie sich vor Erreichen des Schmelzpunktes zersetzen. Hierzu gehören z. B. die Cellulose und die Stärke, das sind makromolekulare Stoffe aus Glucosebausteinen (▶ 6.3).

Durch eine mechanische Vorbehandlung kann man die Struktur eines Thermoplasten verändern: Falls man ihn kalt in einer Dimension streckt, legen sich mehr Fadenmoleküle in geordneten Bereichen parallel, die amorphen Bereiche werden kleiner (▶ Abb. 3.2d): die Zugfestigkeit steigt erheblich, die Bruchdehnung wird vermindert. Die meisten **Kunstfasern** werden auf diese Weise gleich nach der Herstellung gereckt. Auch **Folien** werden ein- oder zweidimensional gereckt. Bei Erwärmung gleiten die Ketten wieder in den ursprünglichen Zustand zurück, der Faden oder die Folie schrumpft (Schrumpfschlauch, Schrumpfverpackung).

Durch Zusatz von **Weichmachern** (▶ 4.4) zu thermoplastischen Stoffen werden die kristallinen Bereiche verkleinert, und die Glastemperatur wird herabgesetzt. Polyvinylchlorid hat z. B. eine Glastemperatur in der Größenordnung von 82 °C. Erst durch die Vermischung mit Weichmachern, wodurch die Glastemperatur auf ca. −50 °C abgesenkt werden kann, erschließt sich der große Anwendungsbereich von Weich-Polyvinylchlorid, z. B. in der Form von Dekorationsfolien.

(a)

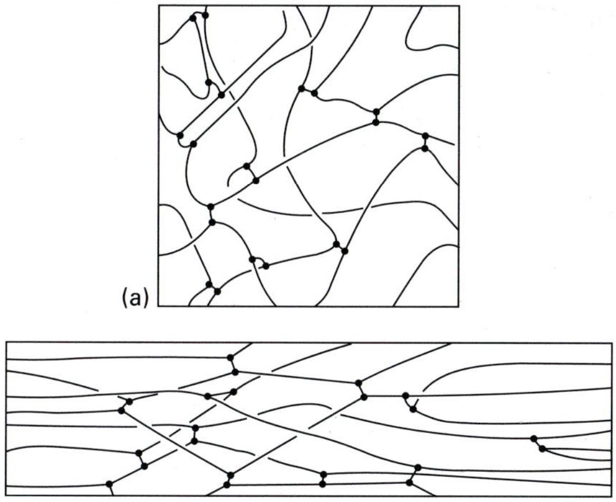

(b)

Abb. 3.3 Struktur der Elastomeren.
(a) Die Ketten sind wenig vernetzt, daher sind sie innerhalb bestimmter Grenzen beweglich.
(b) Bei der Dehnung ordnen sich die Fäden parallel an, sie können aber nicht auseinanderfließen. Nach Beendigung der Belastung federt der Stoff wieder in der Zustand a zurück.

Elastomere

Elastomere besitzen ein weitmaschiges Netzwerk aus Fadenmolekülen. Bei Raumtemperatur können Elastomere stark gedehnt werden, soweit, wie die Maschenweite des Netzwerks es erlaubt. Danach federt der Stoff wieder zurück in die ursprüngliche Form, er zeigt **Kautschukelastizität** (▶ Abb. 3.3).

Bei sehr tiefer Temperatur frieren auch kautschukelastische Stoffe ein, sie werden spröde. Bei höheren Temperaturen erfolgt aber kein Schmelzen. Infolge der Vernetzung können die Molekülfäden nicht aneinander vorbeigleiten. Bei weiterer Temperaturerhöhung zersetzen sich schließlich die Elastomeren.

Duroplaste

In den Duroplasten sind die Moleküle dreidimensional engmaschig miteinander vernetzt. Bei tiefen und mittleren Temperaturen bis hinauf zur Zersetzungstemperatur sind die Duroplaste hart und spröde. Die Vernetzung lässt praktisch keinerlei Beweglichkeit des dreidimensionalen Netzwerks zu (▶ Abb. 3.4).

Dreidimensional vernetzte Stoffe, also Elastomere und Duroplaste, lassen sich nicht bleibend verformen. Bei der Herstellung von Gegenständen aus diesen Stoffen, z. B. Autoreifen oder Glasfaser-Polyester-Boote, geht man daher von thermoplastischen Stoffen aus und vernetzt sie nach der Formgebung. Bei kautschukelastischen Stoffen nennt man dieses Verfahren **Vulkanisation**.

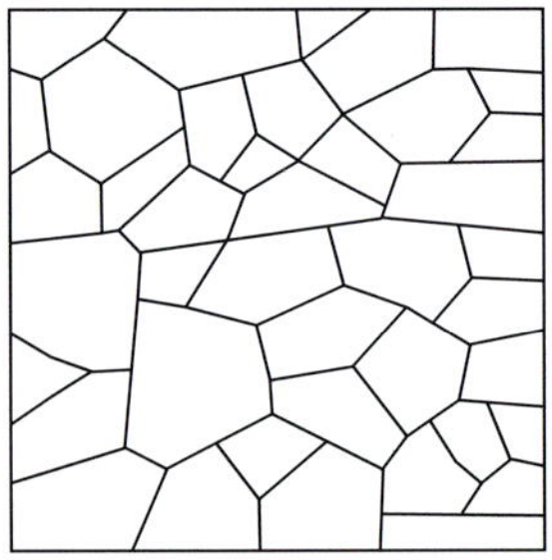

Abb. 3.4 Struktur der Duroplaste.
Unterhalb der Zersetzungstemperatur und bei jeder Belastung unterhalb der Bruchgrenze bleibt die engvernetzte Struktur starr.

Nur die thermoplastischen Stoffe sind wie niedermolekulare Stoffe in geeigneten Lösemitteln löslich. Vernetzte Stoffe können höchstens unter Gelbildung aufquellen. Kein makromolekularer Stoff lässt sich jedoch, wie niedermolekulare Stoffe, unzersetzt verdampfen.

3.4 Synthese

Makromolekulare Stoffe werden stets aus kleinen Molekülen, den Monomeren, aufgebaut.

Es gibt vier verschiedene Reaktionstypen zum Aufbau von Makromolekülen: die **Polymerisation** und die **Metathese** bilden Kohlenstoffketten, die **Polykondensation** und die **Polyaddition** dagegen Ketten aus Kohlenstoff- und Heteroatomen.

Bei der **Polymerisation** werden mehrere Moleküle mit jeweils einer CC-Doppelbindung zu gesättigten Molekülketten aneinander addiert. Ein durch einen Initiator oder einen Katalysator aktiviertes Alkenmolekül addiert sich an das nächste, das hierdurch selbst zur Addition befähigt wird. Je nach der Natur der Substituenten des Alkens verwendet man verschiedene Initiatoren, die eine **radikalische**, eine **kationische** oder eine **anionische Polymerisation** auslösen:

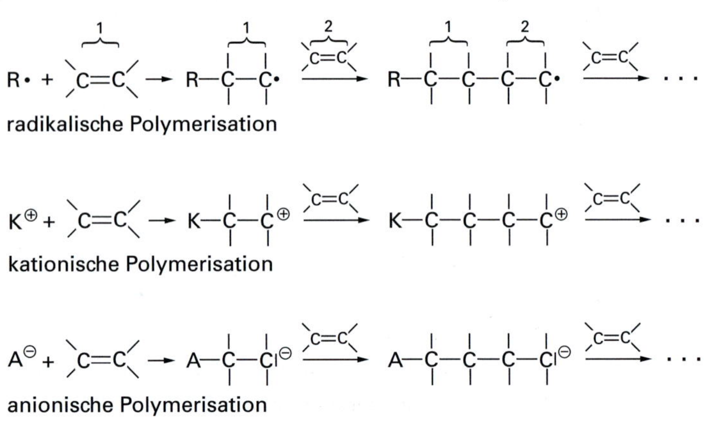

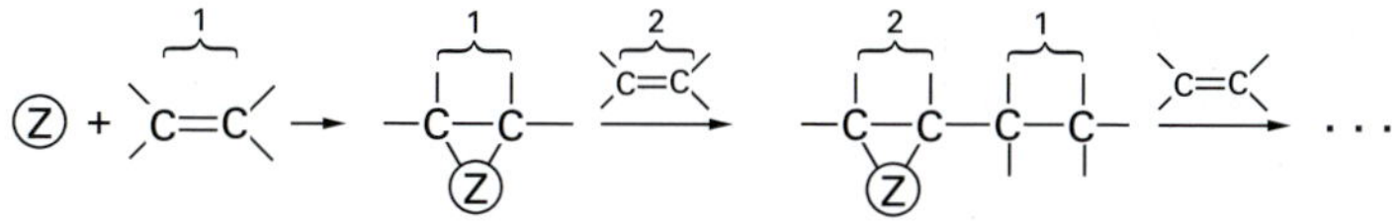

Polymerisation mit Ziegler-Natta-Katalysator

Zusätzlich zu den drei ersten, schon länger bekannten Verfahren wurde 1953 von K. Ziegler ein neues Verfahren zur Herstellung von hochmolekularem Polyethen bei Normaldruck und Raumtemperatur entdeckt, bei dem metallorganische Mischkatalysatoren aus Aluminiumalkyl- und Übergangsmetallverbindungen, sog. **Ziegler-Natta-Katalysatoren**, die Polymerisation katalysieren. Hier findet eine Einschiebung der Alkenmoleküle am Katalysator in die dort angeheftete Kette statt. Moderne Ziegler-Natta-Katalysatoren haben eine „Produktivität" von über 1.000.000, das heißt: 1 Gramm Katalysator kann 1 Tonne Polymer produzieren. Das Verfahren löste eine stürmische Entwicklung in der großtechnischen Herstellung von **Polyalkenen** aus, die als preiswerte Kunststoffe vielfältige Anwendung finden. Bis heute hat die Forschung und Entwicklung auf diesem Gebiet größte wirtschaftliche und technische Bedeutung behalten. K. Ziegler erhielt 1963 den Nobelpreis für Chemie gemeinsam mit G. Natta, der die Stereochemie der Polymerisation von Propen mit Ziegler-Katalysatoren aufklärte.

Die **Metathesereaktion** (▶ 2.3.3.11) wird erst in neuerer Zeit zur Herstellung von Polymeren eingesetzt: Es handelt sich hier nicht um eine Additionsreaktion, sondern um eine Umgruppierung von Bindungen an einem Übergangsmetallkatalysator. Dabei bilden sich aus Cycloalkenen, die an ihrer Doppelbindung geöffnet werden, sehr große ungesättigte Makrocyclen. Aus der **Ringöffnungspolymerisation** resultieren also stets ungesättigte Polymere; im Gegensatz zur Polymerisation von acyclischen Alkenen bleibt die Anzahl der CC-Doppelbindungen im Polymerisationssystem konstant. Durch Zusatz von geringen Mengen offenkettiger Alkene entstehen offene Ketten. Die **Polyalkenomere** sind wichtige Ausgangsprodukte für Elastomere.

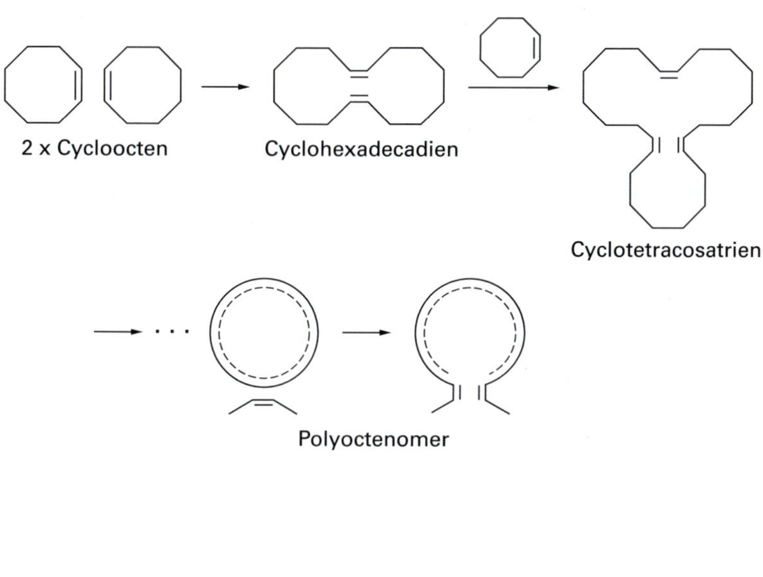

Eine neue Variante ist die acyclische Dien-Metathesepolymerisation, bei der Diene mit endständigen Doppelbindungen zu Polyenen umgesetzt werden.

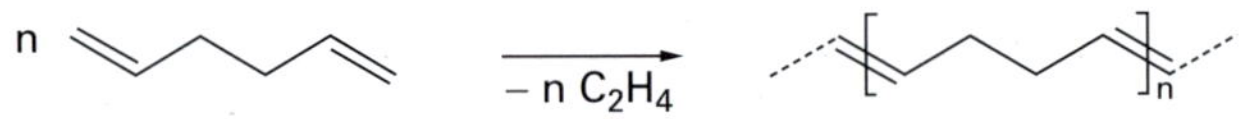

1,5-Hexadien — 1,4-Polybutadien

Durch Austreiben des im Gleichgewicht entstehenden Ethens kann die Reaktion weit auf die Seite der Polymeren getrieben werden.

Als Beispiel einer **Polykondensationsreaktion** sei die Bildung von Polyestern aus Diolen und Dicarbonsäuren erwähnt:

$$\underset{\text{Diol}}{H{-}O{-}(CH_2)_n{-}O{-}H} + \underset{\text{Dicarbonsäure}}{H{-}O{-}\overset{O}{\overset{\|}{C}}{-}(CH_2)_m{-}\overset{O}{\overset{\|}{C}}{-}O{-}H} + \underset{\text{Diol}}{H{-}O{-}(CH_2)_n{-}O{-}H} + \cdots$$

$$\longrightarrow \underset{\text{Polyester}}{\cdots{-}O{-}(CH_2)_n{-}O{-}\overset{O}{\overset{\|}{C}}{-}(CH_2)_m{-}\overset{O}{\overset{\|}{C}}{-}O{-}(CH_2)_n{-}O{-}\cdots} + \underset{\text{Wasser}}{x\ H_2O}$$

Bei solchen Polykondensationsreaktionen werden kleine Moleküle, meistens Wasser, aber auch Ammoniak oder Chlorwasserstoff, abgespalten.

Bei **Polyadditionsreaktionen** ist dies nicht der Fall; hier wird meistens eine OH- oder NH-Gruppe an eine CN- oder CO-Doppelbindung addiert. So liefert die Einwirkung von Diolen auf Diisocyanate Polyurethane (▶ 3.5.3):

$$x\,[\underset{\text{Diol}}{HO{-}(CH_2)_n{-}OH} + \underset{\text{Diisocyanat}}{O{=}C{=}N{-}(CH_2)_m{-}N{=}C{=}O}] \longrightarrow$$

$$\underset{\text{Polyurethan}}{\cdots{-}O{-}(CH_2)_n{-}O{-}\overset{O}{\overset{\|}{C}}{-}NH{-}(CH_2)_m{-}NH{-}\overset{O}{\overset{\|}{C}}{-}O{-}(CH_2)_n{-}O{-}\cdots}$$

Setzt man Moleküle mit *zwei* Verknüpfungsstellen den Bedingungen einer Verknüpfungsreaktion (Polymerisation, Polykondensation oder Polyaddition) aus, so entstehen **fadenförmige** Makromoleküle. Sind an der Reaktion jedoch Moleküle mit *drei* und *mehr* Verknüpfungsstellen beteiligt, so bildet sich ein räumliches **Netzwerk**.

Die Synthese **vernetzter Makromoleküle** wird oft in zwei Stufen durchgeführt. Setzt man z. B. das Gemisch einer ungesättigten Dicarbonsäure mit einem Diol den Bedingungen der Veresterungsreaktion aus, so entsteht ein Polyester mit fadenförmigen Makromolekülen. Die in den Ketten vorhandenen CC-Doppelbindungen werden dann weiter unter den Bedingungen der Polymerisationsreaktion miteinander verknüpft, und es entsteht ein räumlich vernetztes Gebilde. Bei dieser Polymerisationsraktion werden meistens andere polymerisationsfähige Monomere, wie Styren, zugesetzt. Die durch die Kondensationsreaktion entstandenen Fadenmoleküle werden dann durch Polymerisatketten miteinander verbunden. Dieses Verfahren wird z. B. bei Zweikomponenten-Gießharzen, -Klebern und -Spachtelmassen angewandt.

3.5 Polymerisationsprodukte

In Tabelle 3.1 sind wichtige Beispiele für Polymere und in Tabelle 3.2 für Polykondensations- und Polyadditionsprodukte mit ihren Ausgangsstoffen und wichtigen Anwendungen aufgeführt.

Bei der Bezeichnung verwenden wir, im Einklang mit der Praxis in den anderen Kapiteln, bevorzugt internationale Namen statt der sonst üblichen deutschen, also z. B. *Polyethen* statt *Polyethylen* und *Polystyren* statt *Polystyrol.* Aber auch wichtige Handelsnamen werden aufgeführt. Außerdem wird die nach DIN 7728 festgelegte Abkürzung angeben, die bei einigen Kunststoffen, wie z. B. PVC, bekannter ist als der Name.

Tab 3.1 Gebräuchliche Alkenpolymere und Polydiene.

Monomer	Polymer[a)]	Verwendung (Beispiele)
Kohlenwasserstoffe		
$H_2C{=}CH_2$ Ethen	Polyethen PE hoher Druck → LDPE niedriger Druck → HDPE	LDPE: weiche Folien, Filme, Fasern, Kabelmäntel, Drahtisolierungen HDPE: harte Folien, Behälter, Haushaltsgegenstände, Spielzeug, Rohre
$H_2C{=}CH{-}CH_3$ Propen	Polypropen PP	Fasermaterial für Teppichböden, sonst wie Polyethen
$H_2C{=}CH{-}CH_2{-}CH_3$ 1-Buten	Poly-1-buten PB	ataktisches: Schmelzkleber isotaktisches: Druckbehälter, Rohre
$H_2C{=}C(CH_3)_2$ Isobuten	Polyisobuten PIB	Beschichtungen, Schmieröladditive, Dichtungsmassen, Isolierfolien, Klebebänder, Kaugummi-Grundmasse
$H_2C{=}CH{-}CH{=}CH_2$ 1,3-Butadien	Polybutadien PBD	Synthesekautschuk (Buna)
$CH_2{=}CH{-}C_6H_5$ Styren (Styrol)	Polystyren (Polystyrol) PS	Packmaterial, Behälter aller Art, Wärmedämmung, Leichtbeton (Styropor), Harze für Ionenaustauscher u. ä.
Halogenverbindungen		
$H_2C{=}CHCl$ Chlorethen (Vinylchlorid)	Polyvinylchlorid PVC	Behälter, Rohre, Schläuche, Folien, Bodenbeläge, Beschichtungen
$H_2C{=}CCl_2$ 1,1-Dichlorethen (Vinylidenchlorid)	Polyvinylidenchlorid PVDC	Verpackungsfolien für Lebensmittel (Saran)

Tab 3.1 (Fortsetzung)

Monomer	Polymer[a)]	Verwendung (Beispiele)
$H_2C{=}CCl{-}CH{=}CH_2$ 2-Chlor-1,3-butadien (Chlorisopren)	Polychloropren	Synthesekautschuk (Neopren), Förderbänder, Schutzkleidungen, Schaumstoffe, Kontaktkleber für Holz und Kunststoffe (Pattex)
$ClCF{=}CF_2$ Chlortrifluorethen	Polychlortrifluorethen PCTFE	Dicht- u. Gleitelemente im chemischen Apparatebau, Laborgeräte, Armaturen, Rohre, Auskleidungen von Behältern, Folien für wasserdichte Verpackungen
$F_2C{=}CF_2$ Tetrafluorethen	Polytetrafluorethen PTFE	chemikalienfeste Beschichtung von Apparaturen, Antihaftbelag für Kochgeschirre und Bratpfannen, wartungsfreie Lager und Dichtungen (Teflon)
Stickstoff- und Sauerstoffverbindungen		
$CH_2{=}CH{-}CN$ Cyanethen (Acrylnitril)	Polyacrylnitril PAN	Fasern für Textilien (Dralon, Orlon), Asbestersatz
$CH_2{=}CH{-}CONH_2$ Acrylamid	Polyacrylamid	Hilfsmittel bei Filtration und Flotation, lösemittelfreie, wasserverdünnbare Dispersionsfarben u. -lacke (Acrylfarben)
$CH_2{=}CCH_3{-}CO_2CH_3$ Methacrylsäuremethylester	Polymethylmethacrylat PMMA	Acrylglas, Plexiglas
$CH_2{=}CH{-}O{-}CO{-}CH_3$ Essigsäurevinylester (Vinylacetat)	Polyvinylacetat PVAC	Klebstoffe (Alleskleber), Latexfarben
Hydrolyse von Polyvinylacetat	Polyvinylalkohol PVAL	Zusatz zu Tinten u. Druckfarben, kosmetische Präparate, Emulgatoren, Appreturen, Verpackungsfolien, Schläuche, Dichtungen, Photoresists, Vinal-Fasern, Asbestersatz
Polyvinylalkohol + kurzkettige aliphatische Aldehyde und Ketone	Polyvinylacetale PVA Polyvinylbutanal PVB	Kleber, Verpackungslack (Rostschutz), Verbundglasfolien, Lackrohstoffe, Haftgrundmitteln, Vinylal-Fasern
$CH_2{=}CH{-}CO_2H$ Acrylsäure	Polyacrylsäure PAA	Na-Salz: Quellfähige Polymere (Superabsorber), können ein Vielfaches ihres Eigengewichts an Wasser oder wässrigen Flüssigkeiten absorbieren (Babywindeln u. ä.)

[a)] Mit Abkürzung nach DIN 7728.

Tab. 3.2 Gebräuchliche makromolekulare Polykondensations- und Polyadditionsprodukte.

Ausgangsstoffe	Produkte[a)]	Verwendung (Beispiele)
	Polyamide PA	
ε-Caprolactam	Perlon, PA6, Nylon 6	Fasern, Spritzgussfabrikate (Ultramid), Maschinenbauteile (Zahnräder, Lager), Dübel, Heizöltanks, Kunstleder, Montageschmelzkleber, Folien, Aramidfasern (kugelsichere Westen, Bremsbeläge u. a., Kevlar)
ω-Laurinlactam	PA12, Nylon 12	
Hexamethylendiamin + Adipinsäure	PA66, Nylon 66	
Terephthalsäuredichlorid + 1,4-Phenylendiamin	Polyaramide	
	Polyester	
Terephthalsäure + Ethylenglycol	Polyethylenterephthalat PET, Diolen, Trevira	Flaschen, Folien, Filme, Fasern, Koch- und Bratfolien
Maleinsäureanhydrid + 1,4-Butandiol		Gießharze
	Polyurethane PUR	
Hexamethylendiisocyanat + 1,4-Butandiol	Desmodur, Moltopren	Harze, Schaumstoffe
	Epoxidharze EP	
Bisphenol A + Chlormethyloxiran		Klebstoffe (Araldit, UHU plus), Laminierharze
	Polycarbonate PC	
Bisphenol A + Phosgen	Makrolon	Spritzgussfabrikate, Maschinenteile, kochfeste Geräte (Milchflaschen für Babies), Compactdiscs, Massivplatten, Formteile und Isolierfolien für die Elektrotechnik, Schutzhelme
	Polyoxymethylen POM, Polyoxyethylen	
Formaldehyd	POM, Delrin	Maschinenteile (Lager, Zahnräder), Haushaltsgeräte
Oxiran	Polyoxyethylen	Salben, Kosmetika, Schmieröle

Tab. 3.2 (Fortsetzung)

Ausgangsstoffe	Produkte[a]	Verwendung (Beispiele)
	Phenolharze PF	
Phenol + Formaldehyd	Bakelite	Formmassen (Elektrotechnik, Haushaltsgeräte, Fahrzeugbau), Schnitz- und Drechselstoffe für Elfenbein- und Bernsteinähnliche Produkte, Ionenaustauscher
	Harnstoffharze UF	
Harnstoff + Formaldehyd	Aminoplaste	Schaumstoffe, Holzleim (Sperrholz, Spanplatten, Tischlerplatten), Formmassen (Sanitärgegenstände, Elektroartikel), Lackharze, Gießereiharze
	Melaminharze MF	
Melamin (2,4,6-Triamino-1,3,5-triazin) + Formaldehyd	Aminoplaste	Laminate, Formteile, Elektroisolierteile (Stecker, Schalter), Haushaltsgeräte, Verleimung von Spanplatten, Deckschichten von Dekorationsplatten (Resopal), Textilhilfsmittel
	Silicone SI	
Dialkyldichlorsilane, Alkylphenyldichlorsilane	Polydialkylsiloxane Polyalkylphenylsiloxane Siliconöle Siliconfette Silicongele Siliconharze Siliconkautschuke	Heizflüssigkeiten, Hydraulik-, Transformatoren-, Pumpenöle, Schmiermittel, Tenside, Entschäumer, Feuerlöschmittel, Imprägniermittel, Schutz- u. Dichtungspasten, Fugendichtungsmassen, Elastomerschläuche, medizinische Implantate, Bestandteil von Hautschutzsalben

[a] Mit Abkürzung nach DIN 7728.

3.5.1 Kohlenwasserstoffe

Polyethen (Polyethylen)

Ethen, der einfachste ungesättigte Kohlenwasserstoff, wird großtechnisch durch Cracken von Erdöl hergestellt. Die Polymerisation wird nach zwei verschiedenen Verfahren durchgeführt. Bei der **Niederdruckpolymerisation** nach K. Ziegler entstehen bei Raumtemperatur unter der Wirkung von titanhaltigen Aluminiumalkyl-Katalysatoren *unverzweigte* Produkte hoher Dichte (0,97 g/cm^3), HDPE (*High Density Polyethylene*).

$$\cdots —CH_2—CH_2—CH_2—CH_2—CH_2— \cdots$$

Beim **Hochdruckverfahren** bilden sich bei $2 \cdot 10^6$ kPa (ca. 2.000 atm) und 200 °C in einer Radikalkettenreaktion (vgl. Abschnitt 2.2.5) mit wenig Sauerstoff als Initiator Ketten mit *Verzweigungen*, wodurch das Produkt eine niedrige Dichte (0,91 g/cm^3) erhält, LDPE (*Low Density Polyethylene*).

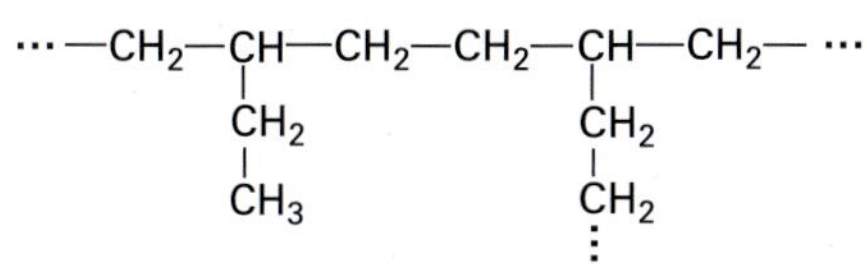

Niederdruckpolyethen ist **stärker kristallin** und daher **härter** als Hochdruckpolyethen, es besitzt einen höheren Schmelzpunkt (137 gegenüber 105 °C).

Polyethen (PE) ist *chemisch beständig* gegen Flusssäure, Alkalien und viele andere anorganische und organische Substanzen. Nur bei erhöhter Temperatur löst es sich in Kohlenwasserstoffen und Halogenkohlenwasserstoffen. Polyethen ist physiologisch *unschädlich*; Produkte aus Polyethen lassen sich daher unbedenklich zur Verpackung von Lebens- und Arzneimitteln verwenden. Da Polyethen rauchlos zu CO_2 und Wasser verbrennt, es sich aber auch leicht rezyklisieren lässt, bezeichnet man es als umweltfreundlich.

Mischpolymerisate mit anderen Alkenen und substituierten Alkenen, z. B. Methacrylaten und besonders Vinylacetat, werden zu Werkstoffen, Beschichtungen, Verpackungen und Schmelzklebstoffen verarbeitet.

Polypropen (Polypropylen)

Die Polymerisation von Propen (Propylen) erfolgt entweder radikalisch zu sog. ataktischen Polymeren oder aber mit Hilfe von Ziegler-Natta-Katalysatoren stereospezifisch.

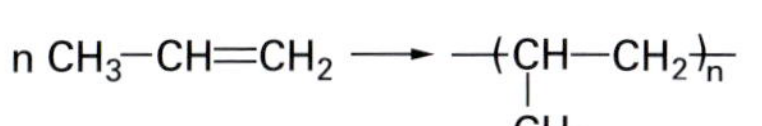

Man kennt, wie Abbildung 3.5 zeigt, drei verschiedene Polypropene (PP): im **ataktischen** (griech.: *ungeordneten*) Polypropen ändert sich die Konfiguration der —$CHCH_3$-Gruppe in der Kette unregelmäßig, im **syndiotaktischen** (griech.: *zusammengeordneten*) Polymeren ändert sie sich alternierend, im **isotaktischen**

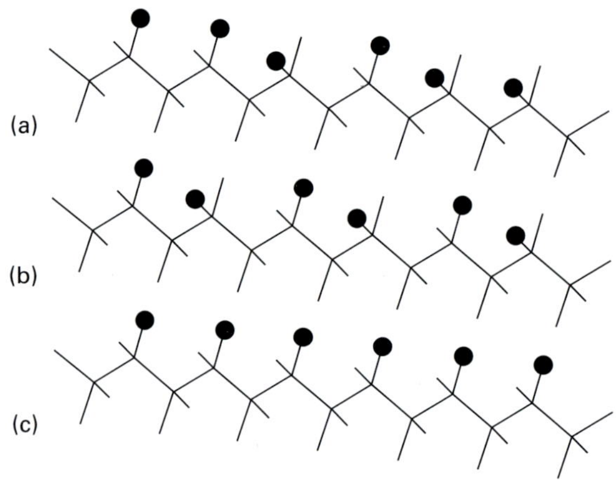

Abb. 3.5 Konfiguration der Ketten im (a) ataktischen (unregelmäßig), (b) syndiotaktischen (alternierend) und (c) isotaktischen (identisch) Polypropen.

(griech.: *gleichgeordneten*) ist sie bei allen aufeinanderfolgenden Gruppen identisch. Alle drei Produkte unterscheiden sich stark in ihren physikalischen Eigenschaften. Das isotaktische Polypropen wird heute großtechnisch produziert.

Das ataktische Produkt ist ölig und klebrig, während das isotaktische hart und stark kristallin ist. Letzteres besitzt eine niedrige Dichte (0,9 g/cm^3) und einen hohen Schmelzpunkt (175 °C). Das syndiotaktische zeigt einen Schmelzpunkt von 125 °C.

Wie Polyethen ist Polypropen bei Raumtemperatur beständig gegenüber fast allen Chemikalien und Lösemitteln. Neben ähnlichen Verwendungsmöglichkeiten wie Polyethen findet isotaktisches Polypropen wegen seiner größeren Härte und Temperaturbeständigkeit andere Anwendungsgebiete, z. B.: sterilisierbare Laborgeräte, standfeste Teile für die Elektrotechnik. Ataktisches Polypropen verwendet man als Schmelz- und Montagekleber.

Poly-1-buten (Polybuten)

Isotaktisches Poly-1-buten eignet sich hervorragend zur Herstellung von Druckbehältern und Rohren, die auch bei höheren Temperaturen über lange Zeit höheren Drücken standhalten müssen.

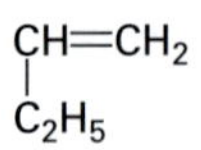

1-Buten

Polystyren (Polystyrol)

Styren (Styrol) entsteht durch Wasserstoffabspaltung aus Ethylbenzen, das seinerseits aus Benzen und Ethen mit Hilfe der Friedel-Crafts-Reaktion (▶ 2.7.3) dargestellt wird.

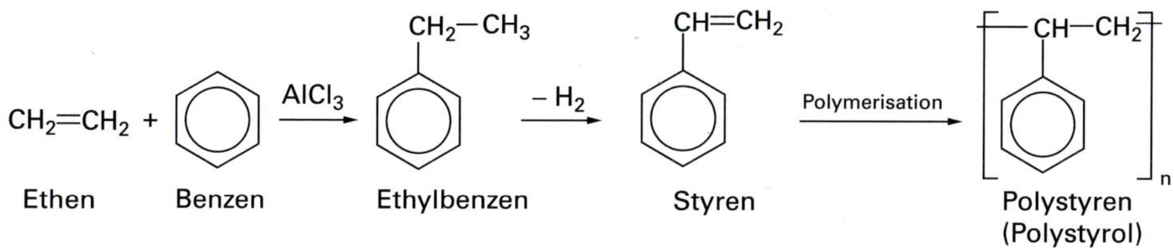

Die Polymerisation wird in einer Radikalkettenreaktion mit Hilfe von Peroxid-Initiatoren durchgeführt. Polystyren ist ein harter, glasklarer Stoff, der sich gut einfärben lässt. Zusätze von 1,4-Divinylbenzen führen zur Vernetzung; damit wird das Produkt unlöslich und unschmelzbar. Vernetzte Polystyrene werden als Gerüst von Ionenaustauschern verwendet (▶ 3.5.3).

Spritzgussartikel aus Polystyren haben weiteste Verbreitung gefunden für Verpackungen, Spielzeug und Haushaltsartikel. Wegen des niedrigen dielektrischen Verlusts (▶ 7.10.1) und guter Isolationswerte werden Polystyrenfolien und Spritzgussartikel in der Hochfrequenz- und Elektrotechnik vielfach angewandt.

Polystyren löst sich gut in aromatischen Kohlenwasserstoffen, Estern, Halogenverbindungen usw. Mit Hilfe dieser Lösemittel werden auch Teile aus Polystyren geklebt.

Polystyrenschaumstoff (Styropor) ist ein mit physikalischen oder chemischen Verfahren aufgeschäumtes Polystyren mit Dichten von 0,015–0,030 g/cm^3. Es findet als harter Isolierstoff zur Wärme- und Schallisolation Verwendung, weiterhin als Granulat zur Herstellung von Leichtbeton, isolierenden Ziegelsteinen und zur Bodenverbesserung.

Schaumstoffe werden nach drei Verfahren hergestellt: durch Einrühren von Luft oder Gasen in den flüssigen Kunststoff, durch physikalische Verfahren wie Verdampfen von im Kunststoff gelösten flüchtigen Substanzen (z. B. Pentan) bzw. von unter Druck gelösten Gasen (CO_2, N_2), sowie durch gasbildende chemische Reaktionen von im Kunststoff gelösten Stoffen (Hydride, Wasserstoffperoxid, Diazoverbindungen, Ammoniumhydrogencarbonat, Ammoniumnitrit) oder den Kunststoffkomponenten selbst (Polyurethanschaumstoffe ▶ 3.5.3).

Natur- und Synthesekautschuk

Naturkautschuk besteht im Wesentlichen aus *cis*-1,4-Polyisopren:

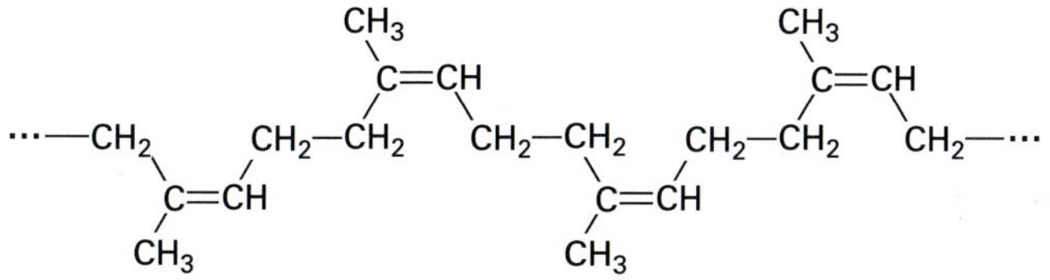

Er wird aus dem Latex, der Milch des Kautschukbaumes, einer kolloidalen Dispersion von Kautschukteilchen in wässrigem Medium, gewonnen. Der daraus ausgefällte **Crêpe-Kautschuk** ist ein Thermoplast, der bei Normaltemperatur elastisch ist. Er ist klebrig (Heftpflaster) und löslich (Gummilösung). **Guttapercha** und **Balata** bestehen aus 1,4-*trans*-Polyisopren.

Im Jahre 1840 erkannte C. Goodyear, dass man Kautschuk durch Erhitzen mit Schwefel **vulkanisieren** kann. Hierbei werden die Molekülketten miteinander durch Schwefelatome verknüpft. Der Kautschuk wandelt sich in ein Elastomer um; damit wird er unlöslich und unschmelzbar, er federt ohne bleibende Verformung zurück und ist nicht mehr klebrig. Die Vulkanisation ist eine *Vernetzungsreaktion*.

Die erwünschten technologischen Eigenschaften von Kautschukartikeln entstehen durch Einarbeiten von Füllmitteln (Ruß, Zinkoxid) in den unvulkanisierten Kautschuk. Dabei werden gleichzeitig die für die Vulkanisation notwendigen Verbindungen sowie Antioxidanzien, Stoffe, die Oxidation an der Luft verhindern, eingearbeitet. Nach der thermoplastischen Formung der Fertigprodukte wird die Vulkanisation durch längeres Erhitzen durchgeführt.

Die **Polymerisation von 1,3-Dienen** (z. B. Isopren)

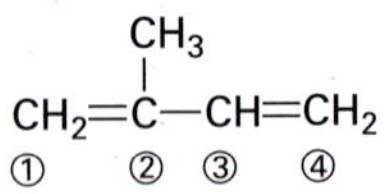

ist im Mechanismus grundsätzlich ähnlich der Polymerisation von Alkenverbindungen. Der wesentliche Unterschied ist, dass beim 1,3-Dien pro Molekül eine Doppelbindung erhalten bleibt, die als Anknüpfungsstelle von Vernetzungsreaktionen, wie die Vulkanisation, dienen kann. Man kann verschiedenartige Produkte erwarten, je nachdem, ob nur eine oder beide Doppelbindungen (▶ 1.9) des Monomeren an der Elektronenumgruppierung teilnehmen:

1,4-Addition

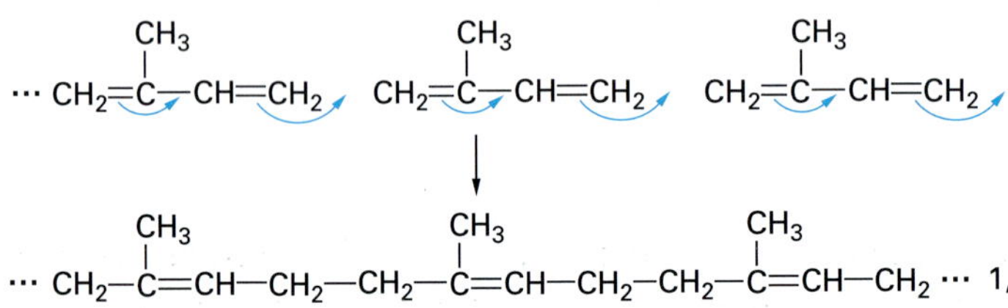

1,4-Polyisopren

1,2-Addition

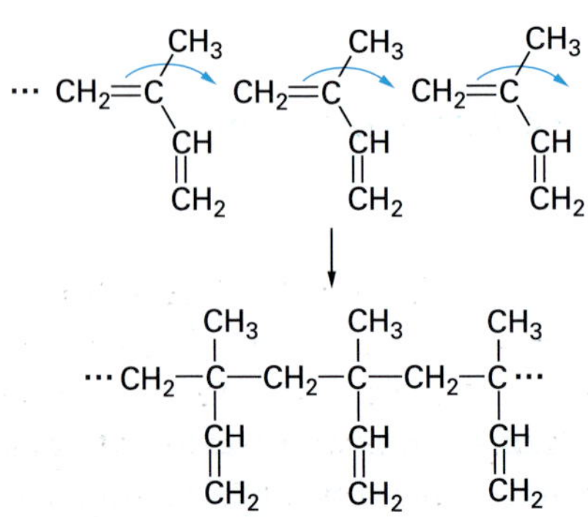

1,2-Polyisopren

Daneben können isomere Molekülketten entstehen, in denen die Moleküle nicht immer gleichartig in Kopf-Schwanz-Verknüpfung, sondern wechselnd angeordnet sind. Es ist nicht verwunderlich, dass Polymerisationsversuche früher nur Gemische von 1,4-, 1,2- und 3,4-Polymeren ergaben, jedoch nicht das Naturprodukt.

Durch Polymerisation von 1,3-Butadien, $CH_2{=}CH{-}CH{=}CH_2$, mit Natrium als Katalysator erhielt man vulkanisierbare **Kunstkautschuke** (**Buna**), die jedoch nur ein minderwertiger Ersatz des Naturkautschuks waren. Wesentlich günstigere Eigenschaften weist das Mischpolymerisat von 1,3-Butadien mit Styren (mit 30 % Styren), Buna S, auf. Dieses Produkt ist der derzeit wichtigste synthetische Kautschuk. Erzeugnisse aus Buna S sind solchen aus Naturkautschuk ähnlich, in mancher Beziehung (Hitzebeständigkeit) besser als diese.

Mit Ziegler-Natta-Katalysatoren (▶ 3.4) erhält man aus 1,3-Butadien *cis*-1,4-Polybutadien (Stereokautschuk, Buna CB), aus dem man Produkte mit hoher Abriebfestigkeit herstellen kann.

Nitrilkautschuk, ein Mischpolymerisat aus 1,3-Butadien mit Acrylnitril, $CH_2{=}CH{-}CN$, ist sehr beständig gegen Hitze und Lösemittel. Man verarbeitet ihn daher zu Schläuchen für Treibstoffe und Heißwasser und sowie zu Luftschläuchen.

Butylkautschuk ist ein Mischpolymerisat aus Isopren und Isobuten.

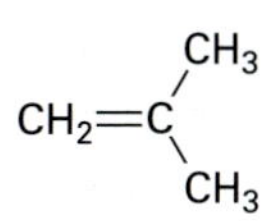

Polychloropren (Neopren) wird für hoch beanspruchte Förderbänder, Schutzkleidungen und technische Schaumstoffe verwandt. Polychloropren dient auch als Kontaktkleber (Pattex) für Holz und Kunststoffe.

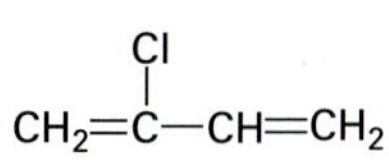

Chloropren

Die hier beschriebenen Kautschuke werden oft im Gemisch untereinander, aber auch mit anderen Kunststoffen und Lackrohstoffen sowie in Dispersionsanstrichen (▶ 3.5.2) verwendet.

3.5.2 Halogen-, Sauerstoff- und Stickstoffverbindungen

Polyvinylchlorid

Durch Anlagerung von Chlorwasserstoff an Ethin bzw. durch Addition von Chlor an Ethen und Abspaltung von Chlorwasserstoff entsteht Vinylchlorid (Chlorethen) (▶ 2.9.1), $CH_2{=}CHCl$, das leicht polymerisiert werden kann. Polyvinylchlorid (PVC) ist relativ billig, da der billige Chlorwasserstoff (Molmasse 36,5) 68 % des Gesamtgewichtes (Molmasse von Vinylchlorid 62,5) ausmacht.

Reines PVC wird zu säure- und alkalifesten Trögen, Rohrleitungen, Ventilen, Absaugeinrichtungen, Tisch- und Fußbodenbelägen usw. verarbeitet. Harte Folien aus reinem PVC dienen zur Herstellung von Buchbinder- und Täschnererzeugnissen, oft in Verbindung mit Weich-PVC.

Weich-PVC ist mit Weichmachern vermischtes PVC. Wie im Kapitel 4.4 dargelegt wird, kann man **Weichmacher** als hochsiedende Speziallösemittel ansehen, die eine Quellung des Stoffes, aber noch keine Auflösung bewirken. Durch Absenken der Glastemperatur unter die Gebrauchstemperatur wird Weich-PVC dadurch leder- bis kautschukartig.

Weich-PVC wird zu Folien, zu Regenbekleidung, weiterhin zu Kunstleder, Isolationsmaterial, Steckern, Stopfen, Schläuchen und zu unzähligen anderen Produkten verarbeitet. Bei Temperaturen von 50−80 °C verlieren die Produkte ihre Formbeständigkeit. Je nach Weichmacherart und -gehalt kann die Glastemperatur, die bei Hart-PVC bei 80 °C liegt, bis auf −50 °C herabgesetzt werden.

PVC neigt zur Abspaltung von Chlorwasserstoff bei der Einwirkung von Licht und Wärme; HCl-Spuren beschleunigen die Abspaltungsreaktion (Autokatalyse); dabei vergilben die Produkte. Zur Stabilisierung setzt man daher Soda und Epoxid-Weichmacher zu, wodurch HCl abgefangen wird.

Eine große Gefahr besteht darin, dass PVC bei Bränden große Mengen Chlorwasserstoff abspaltet. Dieser erschwert einerseits die Löscharbeiten und führt andererseits zu starken Korrosionen an Metallteilen und zur Verschmutzung der Atmosphäre. Das monomere Vinylchlorid ist karzinogen (▶ 2.9.4). Man erkennt halogenhaltige Polymere mit der Beilsteinprobe (▶ 2.9.3).

Polytetrafluorethen

Polymeres Tetrafluorethen (**Teflon**) gehört zur Klasse der Fluorkohlenstoff-Verbindungen

$$n\ CF_2{=}CF_2 \rightarrow \cdots -CF_2-CF_2-CF_2-CF_2- \cdots$$

Polytetrafluorethen ist ein wachsartig aussehender, harter Stoff, der von −200 bis +280 °C brauchbar und gegen alle Lösemittel sowie praktisch alle Chemikalien, außer Fluor und geschmolzenen Alkalimetallen, beständig ist. Bei 360 °C erweicht der Stoff, oberhalb 400 °C tritt Zersetzung, aber kein Schmelzen ein, daher bereitet das Verformen Schwierigkeiten.

Kompakte Formteile werden durch Pressen des Pulvers und anschließendes Sintern bei 380 °C hergestellt. Folien und Fasern erhält man durch Schälen eines Blocks, Rohre durch Strangpressen bei der Sintertemperatur. Trotz der schwierigen Bearbeitung werden sehr verschiedenartige Formteile hergestellt: Dichtungen, Balgen, Ventile, Membranen und viele Apparateteile für Chemie- und Elektrotechnik sowie Flugzeugbau und Raumfahrtindustrie. Polytetrafluorethen versprödet selbst in flüssigem Helium (4 K) nicht. Durch Einbrennen von Dispersionen lassen sich emailleartige Überzüge auf Metallen herstellen, z. B. als Antihaftbelag für Pfannen und Kochtöpfe.

Polymerisate aus und Copolymere mit Chlortrifluorethen, Kel-F, sind durch Spritzguss verarbeitbar. Teile aus diesem Stoff sind bis nahezu 200 °C formbeständig.

Polyvinylacetat

Durch Anlagerung von Essigsäure an Ethin entsteht Vinylacetat, das leicht polymerisiert:

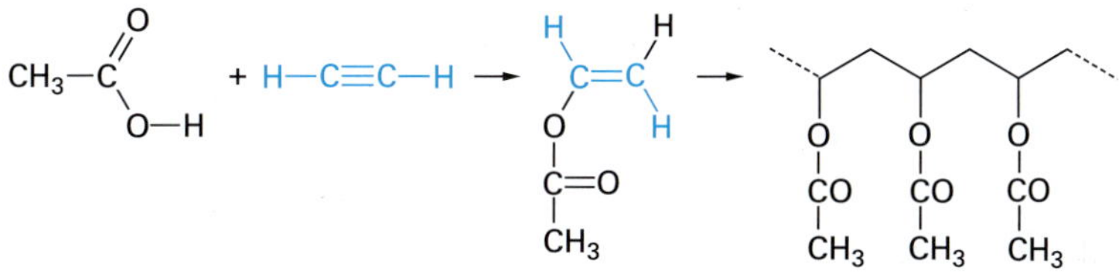

Polyvinylacetat ist lichtstabil und physiologisch harmlos. Vinylacetat wird mit Vinylchlorid, Ethen und anderen Monomeren zu Mischpolymerisaten verarbeitet, die als Kunststoffe, Verpackungsfolien, Lackrohstoffe und Schmelzkleber verwendet werden.

Reines Polyvinylacetat ist, je nach Molmasse, ein zäher bis spröder Kunststoff, der in Lösung als Alleskleber (UHU) benutzt wird. Von großer Bedeutung sind die wässrigen **Polyvinylacetat-Dispersionen**. Dies sind stabile Aufschlämmungen des Kunststoffes in Wasser, die direkt bei der Polymerisation (Emulsionspolymerisation) entstehen. Sie können beliebig mit Wasser verdünnt und mit Pigmenten und Füllstoffen vermischt werden. Sie dienen als Anstrichmittel für Mauerwerk und Holz. Dispersionsanstriche benötigen keine Lösemittel, die teuer, feuergefährlich und oft physiologisch nicht unbedenklich sind sowie die Umwelt belasten. Polyvinylacetat-Dispersionen dienen weiter als Holzkleber (Ponal).

Polyvinylalkohol

Durch Verseifung von Polyvinylacetat entsteht Polyvinylalkohol:

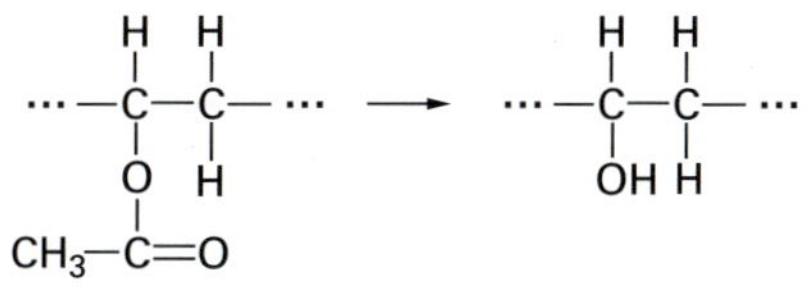

Auf direktem Wege ist Polyvinylalkohol nicht herstellbar, da der monomere Vinylalkohol, $CH_2{=}CHOH$, sich sofort in den tautomeren Acetaldehyd umlagert (▶ 2.12.1). Polyvinylalkohol ist in Wasser löslich, aber nicht in organischen Lösemitteln.

Mit Iodlösung behandelte, gereckte Folien aus Polyvinylalkohol polarisieren das Licht. Durch Einbetten zwischen zwei Glasscheiben erhält man großflächige, wetterbeständige Polarisatoren, die, z. B. durch Verdrehen zweier Scheiben gegeneinander, eine beliebige Abdunklung von Fenstern bei guter Durchsicht gestatten.

Verseifte Ethen-Vinylacetat-Copolymere eignen sich hervorragend als Korrosionsschutz von Metallteilen.

Polyvinylacetale

Beim Behandeln von Polyvinylalkohol-Lösungen mit Aldehyden und Ketonen tritt Acetalisierung (▶ 2.12.3) ein. Man erhält Polyvinylacetale, in denen, vorwiegend durch Reaktion mit zwei benachbarten Hydroxygruppen der gleichen Kette, 1,3-Dioxanringe vorhanden sind:

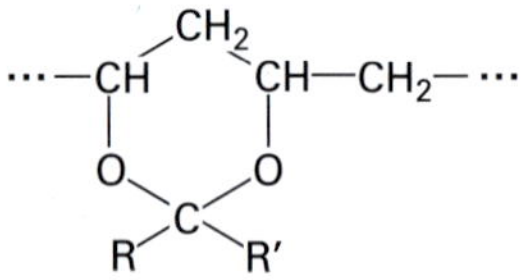

Hierdurch werden die Hydroxygruppen blockiert, die Produkte sind nicht mehr wasserlöslich wie Polyvinylalkohol.

Behandelt man hochgestreckte Fasern aus Polyvinylalkohol mit Formaldehyd, so tritt vorwiegend Vernetzung zwischen den durch die Verstreckung parallel gelagerten Fadenmolekülen ein; die Produkte werden unschmelzbar und sind nicht mehr in Wasser löslich. Auf diesem Wege erhält man die Vinylal-Faser, die leichter und fester als Baumwolle ist.

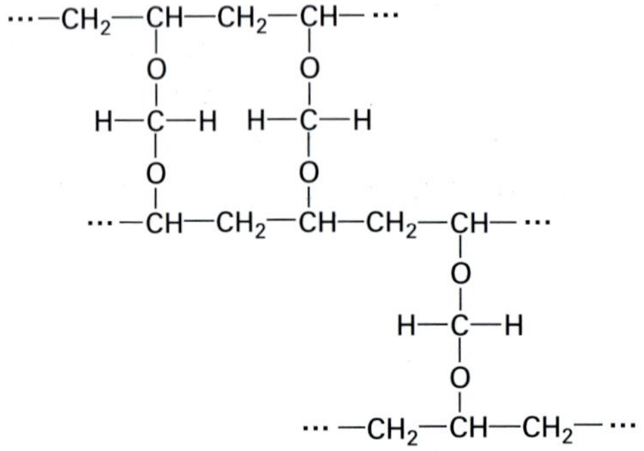

Vinylal-Faser

Polyacrylnitril

Durch Addition von Blausäure an Ethin entsteht Acrylnitril:

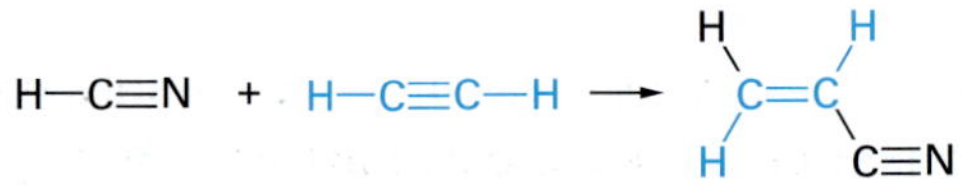

das in Mischpolymerisaten mit 1,3-Butadien und Styren (ABS-Kunststoff) oder mit Methacrylat Produkte hoher Lösemittel- und Wärmebeständigkeit ergibt.

Reines Polyacrylnitril wird zu Fasern verarbeitet, die auch als Asbestersatz in Bremsbelägen und Zementerzeugnissen verwendet werden.

Die Nitrilgruppen im Polyacrylnitril bewirken durch Dipol-Dipol-Wechselwirkungen eine starke, reißverschlussartige Bindung der Molekülketten untereinander, wodurch die hohe thermische, mechanische und chemische Widerstandsfähigkeit zu erklären ist.

Polymethacrylat, Polycyanacrylat, Polyacrylamid

Mit Blausäure bildet sich aus Aceton das Acetoncyanhydrin (▶ 2.12.3), das durch Behandlung mit Alkohol und Schwefelsäure verseift, verestert und dehydratisiert wird:

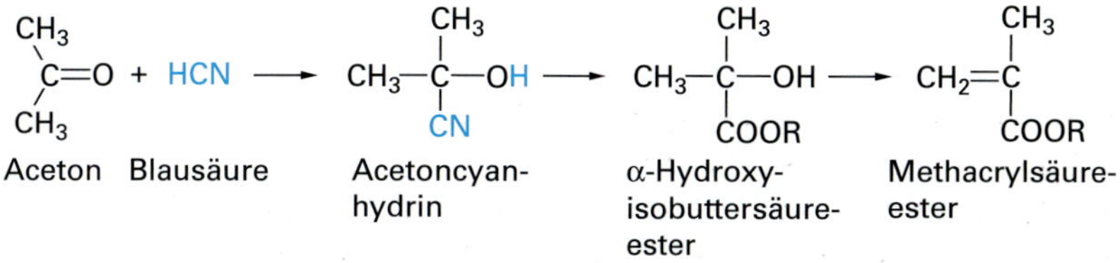

Die Methacrylsäureester sind besonders leicht polymerisierbar und ergeben glasklare, lichtstabile Polymerisate (**Plexiglas**).

Mischpolymerisate aus Methylmethacrylat, Ethylacrylat und Acryl- oder Methacrylsäuren werden als Bindemittel für Wasserlacke verwendet. Sie sind frei von organischen Lösemitteln und damit rohstoffsparend und umweltfreundlich.

Aus monomerem Cyanacrylsäureester entsteht, durch Spuren von Wasser katalysiert, in wenigen Sekunden ein stark klebendes, dann festes, farbloses Polymerisat. Man verwendet diesen Reaktionskleber als **Sekundenkleber** zum Verkleben von Wunden, für Gummi-Metall-Verbindungen etc.

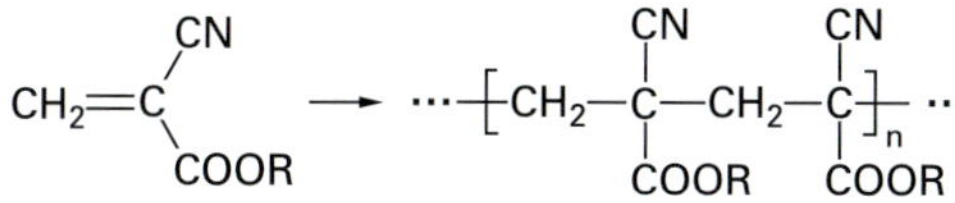

Cyanacrylsäureester Polycyanacrylat

Polyacrylamide sind, je nach ihrer Molekülgröße, in Wasser löslich oder gelartig.

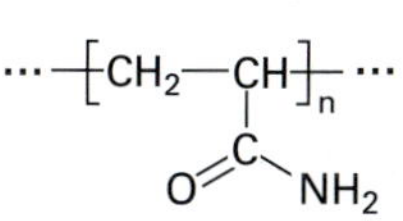

Polyacrylamid

Man verwendet die löslichen Produkte u. a. als Hilfsmittel bei Filtration und Flotation, die gelartigen als Trägermaterial bei der Elektrophorese (▶ 7.7).

Polyvinylether

Durch Anlagerung von Alkoholen an Ethin entstehen die ebenfalls polymerisierbaren Vinylether.

$$ROH + CH{\equiv}CH \rightarrow CH_2{=}CH{-}OR$$

Polyvinylether werden als Haftkleber (Heftpflaster) und zur Herstellung von Kaugummi verwendet.

Polyvinylpyrrolidon

Aus dem Lacton der 4-Hydroxybuttersäure, dem γ-Butyrolacton (▶ 2.15), Ammoniak und Ethin erhält man das leicht polymerisierbare Vinylpyrrolidon:

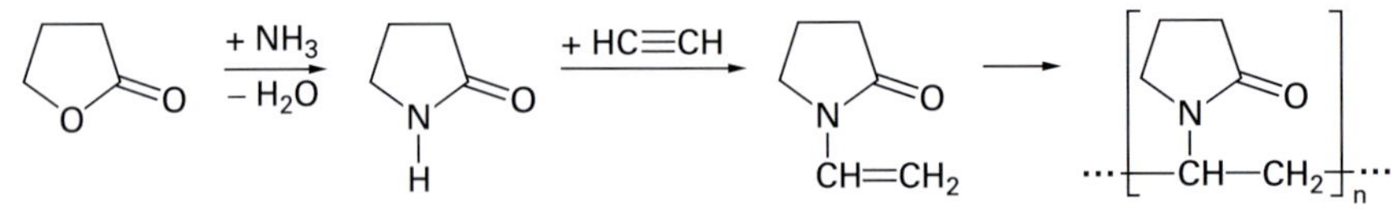

γ-Butyrolacton | Pyrrolidon | Vinylpyrrolidon | Polyvinylpyrrolidon

Polyvinylpyrrolidon ist wasserlöslich. Man verwendet es u. a. als Blutplasmaersatzmittel, für Haarfestiger und im Gemisch mit einer Seife als Bürokleber (Pritt-Stift).

3.5.3 Polykondensations- und Polyadditionsprodukte

Während die Produkte von Polymerisationsreaktionen aus Ketten von Kohlenstoffatomen bestehen, besitzen die Produkte von Polykondensations- und Polyadditionsreaktionen regelmäßig Heteroatome in der Kette. Neben kurzen Ketten aus einem bis sechs Kohlenstoffatomen, auch Benzenringen, treten

Estergruppen

Ethergruppen

und

Amidgruppen

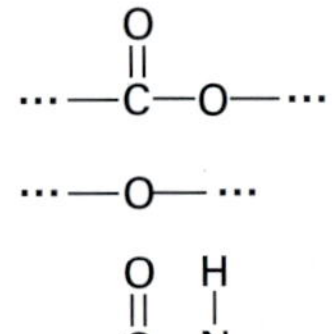

als periodisch wiederkehrende Bauelemente der Ketten auf.

Polymerisationsprodukte bestehen – abgesehen von den Copolymerisaten – aus gleichartigen Bausteinen.

> Polykondensations- und Polyadditionsprodukte werden aus zwei verschiedenen Verbindungen gebildet. Bei Polykondensationsreaktionen wird meistens Wasser abgespalten.

Unter den in diesem Kapitel beschriebenen Verbindungen finden sich alle Typen makromolekularer Stoffe: Thermoplaste, Elastomere und Duroplaste.

Polyamide

Die synthetischen Polyamide ähneln den natürlichen Polyamiden in den Proteinen (► 6.4). Bei den synthetischen, wie z. B. dem Perlon, stehen zwischen zwei Amidgruppen mehrere Kohlenstoffatome, bei den natürlichen immer nur eines. Die Proteine sind aus ca. 20 verschiedenen Bausteinen, den α-Aminosäuren, aufgebaut. Diese unterscheiden sich in den, hier nur mit R^1, R^2, R^3 ... bezeichneten, kurzen Seitenketten, die verschiedenartige funktionelle Gruppen enthalten.

Perlon $\cdots -CO-NH-(CH_2)_5-CO-NH-(CH_2)_5-CO-NH-(CH_2)_5- \cdots$

Proteine $\cdots -CO-NH-CHR^1-CO-NH-CHR^2-CO-NH-CHR^3- \cdots$.

Zur Synthese des **Perlons**, dessen technische Bezeichnung *Polyamid 6* (PA6) lautet, geht man vom Cyclohexanon aus, das man aus Phenol oder durch Oxidation von Cyclohexan gewinnt, wobei der folgende Weg beschritten wird:

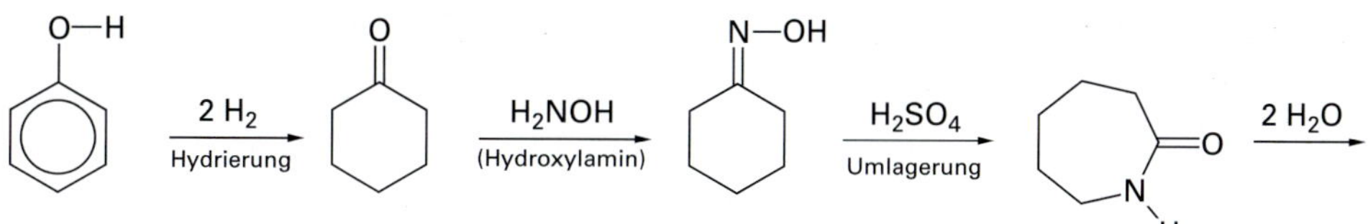

Phenol Cyclohexanon Cyclohexanonoxim ε-Caprolactam

$$H_2N-(CH_2)_5-COOH \xrightarrow{-H_2O} \left[NH-(CH_2)_5-CO \right]_n$$

ε-Aminocapronsäure Perlon (PA6)

Eine wesentliche Stufe ist die Umwandlung des Cyclohexanonoxims, das man heute auch durch direkte photochemische Nitrosierung aus Cyclohexan gewinnt, durch die Beckmann-Umlagerung (► 2.17) in 6-Aminohexansäurelactam (ε-Caprolactam), das Monomere des Perlons. Durch Erhitzen dieser Verbindung unter Druck mit Spuren von Wasser als Katalysator bildet sich intermediär die freie 6-Aminohexansäure (ε-Aminocapronsäure). Mehrere Moleküle davon kondensieren zur Polyamidkette, das dabei abgespaltene Wasser kehrt in den Kreislauf zurück. Auf analoge Weise dient 12-Aminododecansäurelactam (ω-Laurinlactam) zur Herstellung von *Polyamid 12* (PA12).

Im Gegensatz zum Perlon wird **Nylon** aus zwei verschiedenen Bausteinen aufgebaut, einer Dicarbonsäure und einem Diamin. Aus Hexandisäure (Adipinsäure) und Hexamethylendiamin entsteht das Polyamid mit der technischen Bezeichnung PA66. Dieser Name besagt, dass Diamin und Dicarbonsäure je sechs Kohlenstoffatome besitzen.

$$n\,H_2N{-}(CH_2)_6{-}NH_2 + n\,HO{-}CO{-}(CH_2)_4{-}CO{-}OH \xrightarrow{-2n\,H_2O}$$

Hexamethylendiamin Adipinsäure

$$\cdots{-}CO{-}\left[NH{-}(CH_2)_6{-}NH{-}CO{-}(CH_2)_4{-}CO\right]_n{-}NH{-}\cdots$$

PA 66

Als Rohstoffe werden u. a. Phenol bzw. Cyclohexan und Tetrahydrofuran eingesetzt:

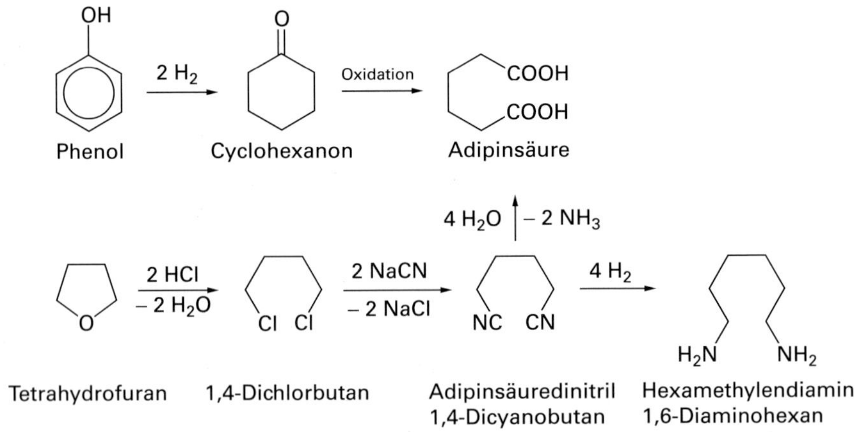

Perlon und Nylon besitzen gleichzeitig die hydrophilen Amidgruppen und die hydrophoben Kohlenwasserstoffketten. Die Substanzen sind dadurch sowohl in Wasser als auch in Kohlenwasserstoffen sowie den üblichen Lösemitteln unlöslich. Zwischen den NH- und CO-Gruppen benachbarter Ketten bilden sich starke Wasserstoffbrücken aus; dies erklärt den hohen Schmelzpunkt der Polyamide von 200 °C.

Vor einigen Jahren wurden Polyamide entwickelt, bei denen sämtliche Atome zwischen den Amidgruppen zu aromatischen oder heterocyclischen Ringsystemen gehören. Als Beispiel für solche **Aramide** (aromatische Polyamide) sei das Kevlar genannt:

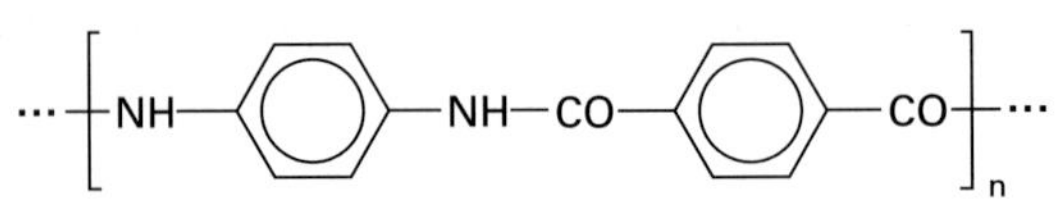

Poly-p-phenylenterephthalamid, PPD-T, Kevlar

Es entsteht aus Terephthalsäurechlorid und Benzen-1,4-diamin (1,4-Phenylendiamin).

Daraus stellt man **Aramidfasern** mit einer Reihe höchst bemerkenswerter Eigenschaften her. Sie zersetzen sich erst ab 550 °C, bei Flammeneinwirkung verkohlen die Fasern oberhalb 400 °C, sie schmelzen aber nicht. Im Vergleich zum Stahl ist die Zugfestigkeit größer, und der Elastizitätsmodul erreicht 60 %. Viele Anwendungen finden diese Werkstoffe in der Luft- und Raumfahrttechnik, z. B. für Ultraleichtflugzeuge, Rennwagen und Schutzhelme. Aramide ersetzen Asbest in Bremsbelägen und in Hitzeschutzkleidung.

Polyester

Bei der Veresterung von Terephthalsäure mit Glycol bildet sich der lineare Polyester **Polyethenterephthalat** (PET).

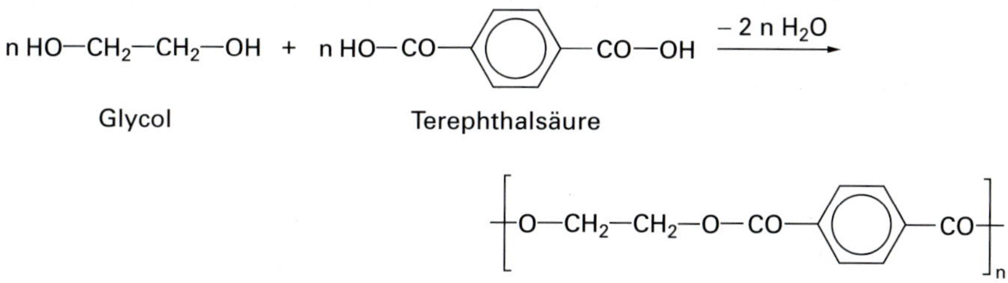

Glycol Terephthalsäure

Polyethenterephthalat

Er wird zu sehr reißfesten Folien und Fasern verarbeitet. **Polyesterfasern** sind als Spinnfasern (Diolen, Trevira) Hauptbestandteil hochwertiger Textilien. Bekannt sind die PET-Flaschen für Getränke.

Von größter Bedeutung sind weiter ungesättigten Polyester (PU) als **Gieß-** und **Lackharze**. Sie werden als Thermoplaste (flüssig oder gelöst) verarbeitet; die Endprodukte sind harte, vernetzte Stoffe. Polyester-Gießharze werden hergestellt aus den Estern ungesättigter Dicarbonsäuren mit zweiwertigen Alkoholen (Diolen), z. B. Maleinsäure, die als Anhydrid eingesetzt wird, und 1,4-Butandiol. Hierbei bilden sich lineare ungesättigte Polyesterketten.

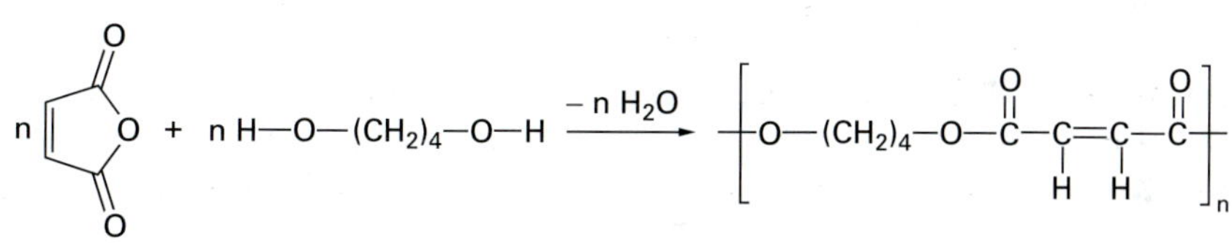

Maleinsäureanhydrid 1,4-Butandiol

Auch bei den Vorprodukten der Polyester-Lackharze liegen lineare Polyester-Makromoleküle mit latenten Verknüpfungsstellen vor. Diese sind nicht CC-Doppelbindungen wie bei den Gießharzen, sondern freie Hydroxygruppen, die bei der Veresterungsreaktion von Phthalsäure mit Glycerol zunächst nicht an der Reaktion teilnehmen:

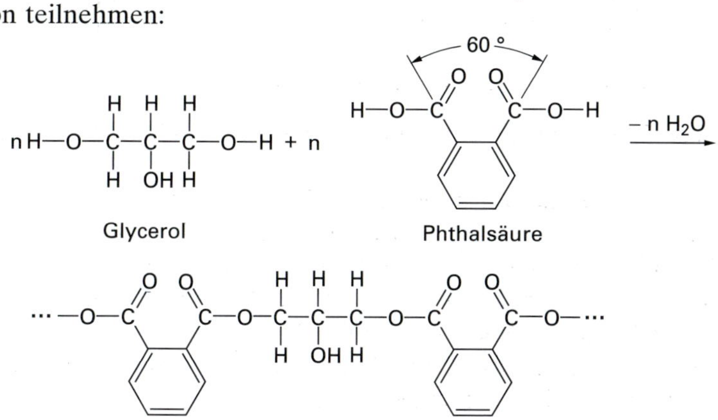

Glycerol Phthalsäure

Diese Makromoleküle haben Ähnlichkeit mit den Terephthalsäureglycolestern. Während bei diesen die Dipolmomente der Carboxygruppen antiparallel gerichtet sind, sich also kompensieren, haben die Phthalsäureester wegen des Winkels von 60° zwischen diesen Gruppen ein resultierendes Dipolmoment. Sie neigen wegen der Dipolwechselwirkungen zur Verknäuelung. Die makromolekularen Phthalsäureester sind im Gegensatz zu den Terephthalsäureestern daher schlechte Fadenbildner.

Polyurethane

Urethane sind gleichzeitig Ester und Amide der Kohlensäure. Sie bilden sich leicht durch Addition von Alkoholen an Isocyanate (▶ 2.19.4).

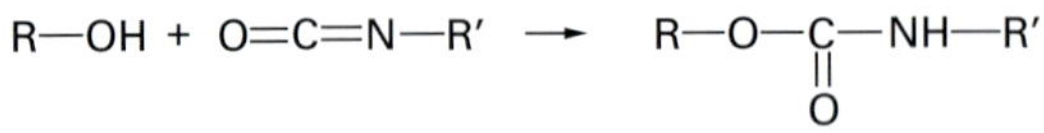

Lineare Polyurethane entstehen aus Diisocyanaten und Diolen; sie haben große Ähnlichkeit mit den Polyamiden und werden wie diese verarbeitet.

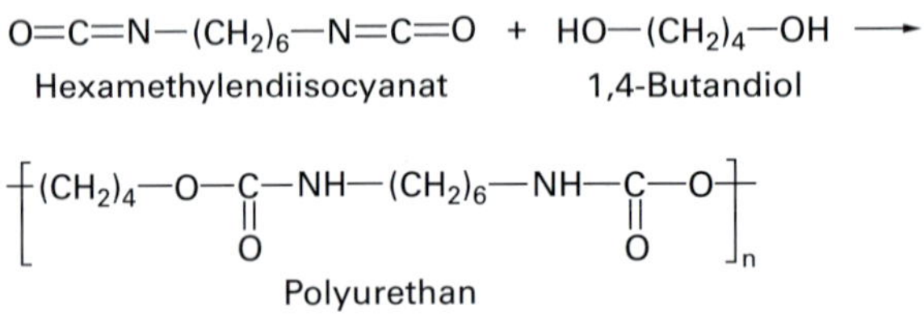

Mit verschiedenartigen Di- und Polyisocyanaten und Variation der Art und Menge der Alkoholkomponente, die zwei, drei oder mehrere OH-Gruppen an Polyether- oder Polyesterketten enthalten kann, erhält man sehr unterschiedliche Produkte: spröde, harte **Harze**, gummiartige und zäh-klebrige Substanzen. Sie dienen als hochwertige Gieß- oder Lackharze für lösemittelfreie Anstriche, als Ausgangsmaterial für **Fasern** sowie als **Kleber** für Metalle und Kunststoffe.

Polyurethane können biologisch verträglich und sogar abbaubar eingestellt werden; man stellt künstliche Herzen, Gefäße und Prothesen daraus her.

Ist beim Umsatz von Hydroxygruppen-haltigen Polyestern oder Polyethern mit Diisocyanaten auch Wasser vorhanden, so tritt neben der Vernetzung eine Zersetzung der Isocyanatgruppen durch Wasser ein:

$$R{-}N{=}C{=}O + H_2O \rightarrow R{-}NH_2 + CO_2$$

Das Kohlendioxid bildet Bläschen, man erhält **Schaumstoffe** (Moltopren). Je nach der Reaktionsführung, der Art und Menge der Ausgangsstoffe bilden sich weiche oder harte Schäume mit abgeschlossenen oder schwammartig verbundenen Poren.

Epoxidharze

Beim Umsatz von Diphenolen mit Chlormethyloxiran (Epichlorhydrin, ► 2.11.2) entstehen Verbindungen mit freien Hydroxygruppen in der Kette und endständigen Oxirangruppen:

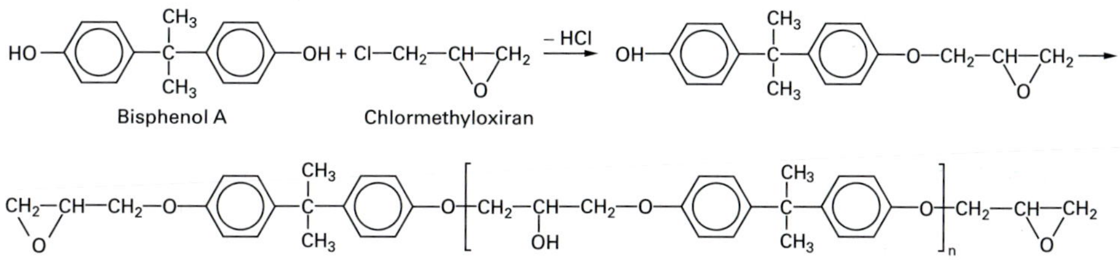

Ein älterer Name von Oxiranen lautet *Epoxide*, der sich in der Bezeichnung dieser Kunststoffe erhalten hat.

Das 2,2-Bis(4-hydroxyphenyl)propan, sog. Bisphenol A, entsteht durch Kondensation von Phenol mit Aceton:

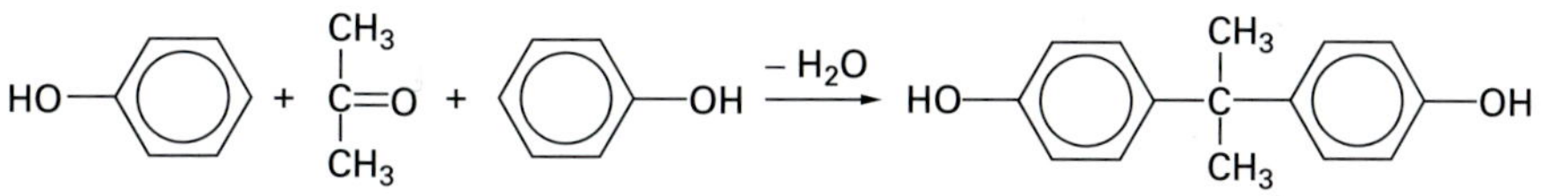

Gegen aus Bisphenol A hergestellte Haushaltsprodukte (z. B. Babyflaschen) werden gesundheitliche Bedenken erhoben. Durch Addition von Aminen oder Aminogruppen-haltigen Makromolekülen an die Oxirangruppen oder Umsatz mit Dicarbonsäureanhydriden bilden sich Duroplaste: vernetzte, harte Produkte.

Epoxidharze haften hervorragend auf glatten Flächen; sie werden für hochfeste, gegen Chemikalien und Wärme beständige Verklebungen von Metallen, Glas, Keramik und Kunststoffen verwendet. Als **Laminierharze** ergeben sie in Verbindung mit Glasfasereinlagen und neuerdings mit Aramiden großflächige Gegenstände höchster Festigkeit und Stabilität gegenüber vielen Chemikalien.

Polycarbonate

Durch Umsetzung von Diphenolen mit Phosgen bilden sich Polyester der Kohlensäure: Polycarbonate, hochwertige Thermoplaste mit hohem Schmelzpunkt (ca. 250 °C).

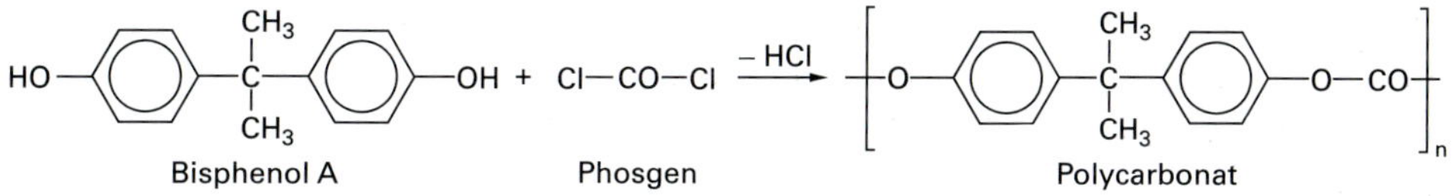

Polyoxymethylen, Polyoxyethylen

Polyformaldehyd, ein lange Jahre vergeblich gesuchtes Produkt, wird jetzt durch Polymerisation von Formaldehyd im wasserfreien Medium gewonnen:

$$2n\ CH_2O \rightarrow -[O-CH_2-O-CH_2]_n-$$

Polyoxymethylen ist bei Normaltemperatur in keinem Lösemittel löslich. Es ist ein billiger Kunststoff von hoher Standfestigkeit, hohem Schmelzpunkt und guten elektrischen Eigenschaften. Copolymerisate werden zu formbeständigen, abriebfesten Zahnrädern und **Maschinenteilen** verarbeitet.

Unter der katalytischen Wirkung von $H^{\oplus}$-Ionen entsteht aus Oxiran (Ethenoxid) Polyoxyethylen, auch Polyethylenglycol oder Polyethylenoxid genannt.

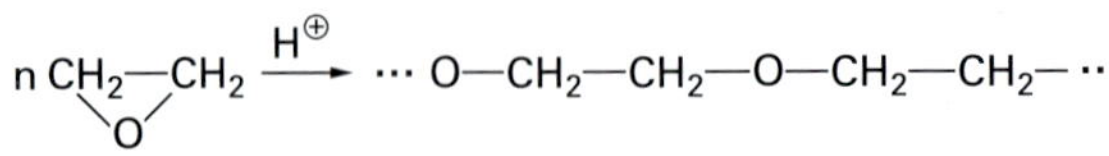

Die Produkte sind in Wasser löslich; sie werden als Grundlage für Salben, Kosmetika und Schmieröle verwendet. Ketten mit fünf bis zwanzig ($-O-CH_2-CH_2-$)-Einheiten dienen als hydrophile Reste in oberflächenaktiven Substanzen (▶ Tabelle 4.2).

Phenol-, Harnstoff- und Melaminharze

Die Kondensation von Phenol mit Formaldehyd ergibt unschmelzbare Harze, die Phenolharze, die, fertig gebildet, nicht mehr verformt werden können. Deshalb führt man die Reaktion in zwei Stufen durch und strebt zunächst die Bildung von löslichen und schmelzbaren Produkten an, die nach der Verformung ausgehärtet werden. Bei der vorsichtigen Kondensation im *sauren Medium* bilden sich die sog. **Novolake**, das sind Gemische, die mit 2,2′-Dihydroxydiphenylmethan, 4,4′-Dihydroxydiphenylmethan

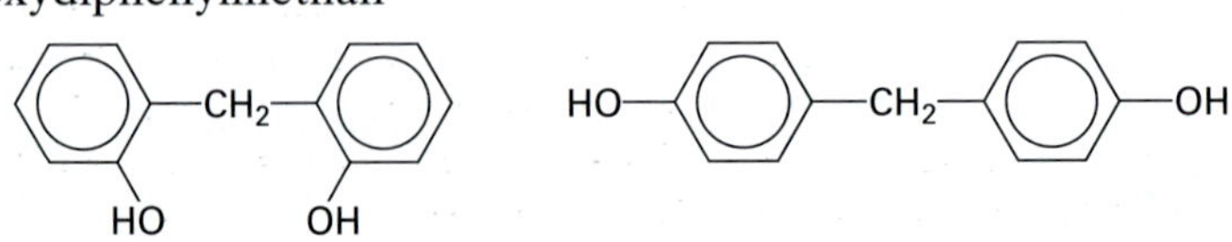

und ähnlichen Verbindungen erhalten werden. Sie besitzen eine mittlere Molmasse von etwa 400–5.000. Die Reaktion ist der Kondensation von Aceton mit Phenol, die zu den Ausgangsprodukten der Epoxidharze und Polycarbonate führt, analog. Im *alkalischen Medium* bilden sich bei vorsichtiger Kondensation mit Verbindungen des Typs:

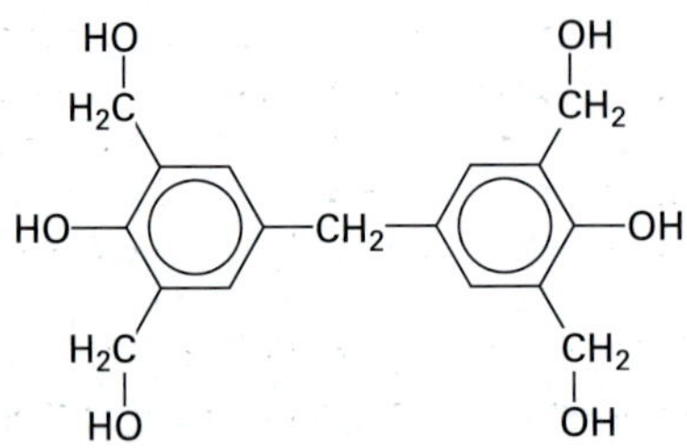

zunächst die **Resole**, ebenfalls Gemische mit einer mittleren Molmasse von 150–600. Beim Erhitzen der Resole oder der Novolake im Gemisch mit Formaldehyd und basischen Katalysatoren auf 150 °C bilden sich schließlich die **hochvernetzten Phenolharze** mit Strukturelementen der folgenden Art:

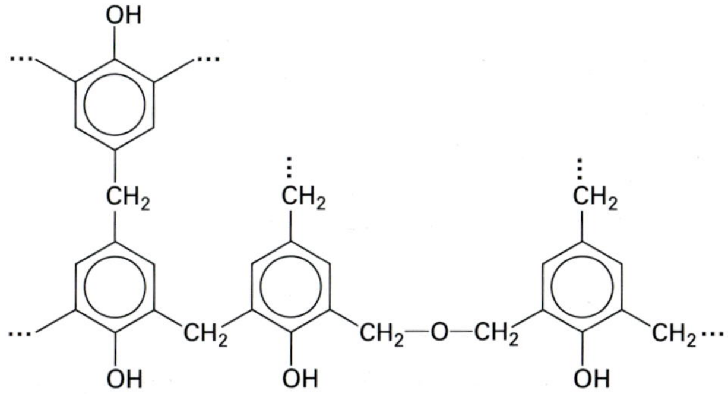

Jeder Benzenring kann an drei Stellen mit anderen verknüpft werden, entweder durch Methylengruppen oder Etherbindungen. Das Aushärten der Novolake wird oft mit Hexamethylentetramin (Urotropin, ► 2.12.3), durchgeführt, das durch Spaltung sowohl den notwendigen Formaldehyd als auch den basischen Katalysator, Ammoniak, liefert.

Das wichtigste Anwendungsgebiet der Phenolharze stellen die Pressmassen dar. Im Gemisch mit Füllmitteln (Holzmehl, Gesteinsmehl, Asbestfasern), waren diese als **Bakelite** bezeichneten Produkte die ersten technisch verwendbaren Kunststoffe. Aus ihnen werden billige Massenartikel jeder Art hergestellt.

Ionenaustauscher

Phenolharze spielen eine sehr wichtige Rolle als Ionenaustauscher. Diese bestehen aus Harzkörnern, denen man eine große mit aktiven (austauschenden) Gruppen versehene Oberfläche gegeben hat. Ein *Kationenaustauscher* wird durch Einbau von Phenolsulfonsäure, $HO{-}C_6H_4{-}SO_3H$, in Phenolharze oder durch Sulfonierung (► 2.7.3) von mit Divinylbenzen vernetztem Polystyren gewonnen. In beiden Fällen entstehen Makromoleküle mit fixierten SO_3H-Gruppen:

$$\underset{\text{saure Form}}{R{-}SO_3H} \underset{H^{\oplus}}{\overset{Ca^{\oplus\oplus}}{\rightleftharpoons}} \underset{\substack{\text{Ca-Salz}\\ \text{Kationenaustauscher}}}{[R{-}SO_3]_2^{\ominus}Ca^{\oplus\oplus}} \underset{Na^{\oplus}}{\overset{Ca^{\oplus\oplus}}{\rightleftharpoons}} \underset{\text{Na-Salz}}{[R{-}SO_3]^{\ominus}Na^{\oplus}}$$

Die SO_3H-Gruppen nehmen in einer Gleichgewichtsreaktion aus hartem Wasser Erdalkali- und Schwermetallionen auf und geben dafür $H^{\oplus}$-Ionen ab. Eine Regenerierung des Harzes erfolgt durch Zugabe von $H^{\oplus}$-Ionen (z. B. HCl) oder aber durch Kochsalz (NaCl). Dann bildet sich das Na-Salz des Kationenaustauschers. Auch dieses macht hartes Wasser weich (► 4.5.3), indem es die Kationen der Härtebildner des Wassers bindet und dafür $Na^{\oplus}$-Ionen abgibt.

Ionen-freies Wasser erzeugt man durch Vollentsalzung in zwei Stufen. Zunächst werden mit einem *Kationenaustauscher* in der sauren Form alle Kationen gegen $H^{\oplus}$-

Ionen ausgetauscht. Danach gibt man das Wasser in einen Anionenaustauscher, der z. B. mit Hilfe von Tetraalkylammoniumhydroxid-Gruppen an den aktiven Oberflächen des Harzes die Anionen aufnimmt und dafür OH-Ionen abgibt.

$$[R{-}N(CH_3)_3]^{\oplus}OH^{\ominus} \underset{OH^-}{\overset{Cl^{\ominus}}{\rightleftharpoons}} [R{-}N(CH_3)_3]^{\oplus}Cl^{\ominus}$$

Hydroxid-Form — Chlorid-Form

Anionenaustauscher

Aus den von den Austauscherharzen abgegebenen $H^{\oplus}$- und OH-Ionen bildet sich Wasser. Auf diese Weise kann man aus Meerwasser Trinkwasser erzeugen.

Harnstoff kondensiert mit Formaldehyd leicht zu engvernetzten Stoffen folgender Strukturen:

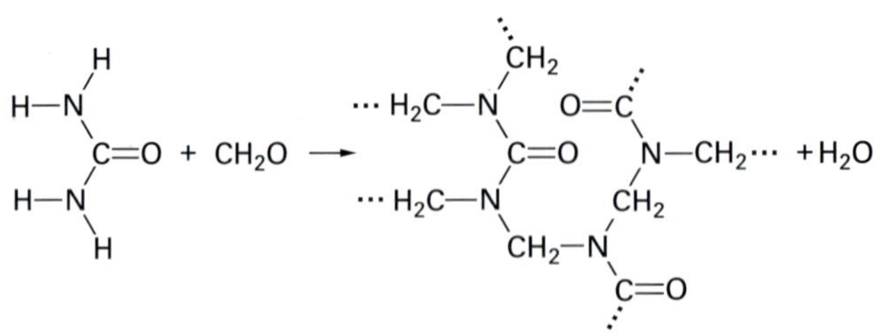

bei denen jedes Harnstoffmolekül mit vier anderen über Methylenbrücken verbunden ist.

Bei der Kondensation von Melamin (2,4,6-Triamino-1,3,5-triazin, ► 2.8.2) mit Formaldehyd kann ein Molekül Melamin mit sechs weiteren Molekülen verknüpft werden:

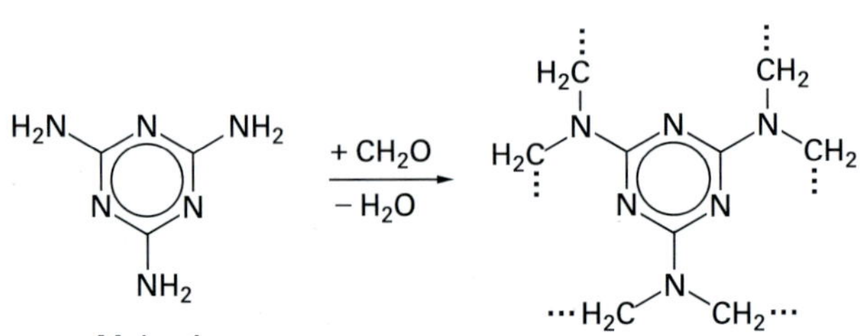

Melamin

Harnstoff- und **Melaminharze** sind hellfarbige bis weiße Produkte, die nicht zur Vergilbung neigen.

Silicone

In den Silicaten, anorganisch-makromolekularen Stoffen, die den größten Teil der Erdkruste aufbauen, sind Siliciumatome durch Sauerstoffatome zu Ketten-, Blatt- und räumlichen Netzstrukturen miteinander verknüpft.

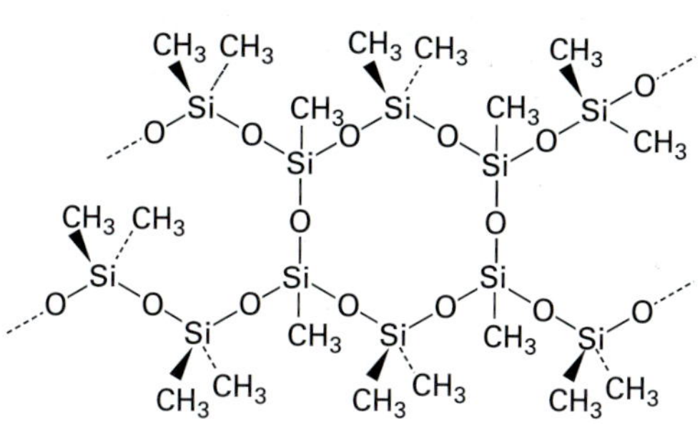

Strukturelement der Siliconharze

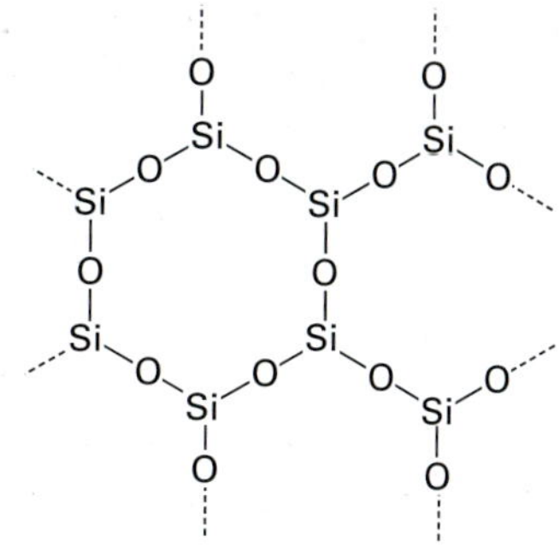

Strukturelemente des Glimmers
(die 4. Si-O-Bindung ist nach oben gerichtet)

Bei den Siliconen liegt eine ähnliche Struktur vor, hier sind jedoch einige der Si—O-Bindungen durch Si—CH_3 bzw. andere Si—Alkylgruppen ersetzt.

Die Herstellung geht vom Quarzsand, SiO_2, aus, der durch Kohle im Elektroofen zu Silicium reduziert wird. Durch Umsatz mit Chlormethan bildet sich $(CH_3)_2SiCl_2$ neben $(CH_3)_3SiCl$ und CH_3SiCl_3. Das Dichlordimethylsilan wird mit wenig Wasser umgesetzt, dabei entstehen Chlorwasserstoff und das Dihydroxydimethylsilan.

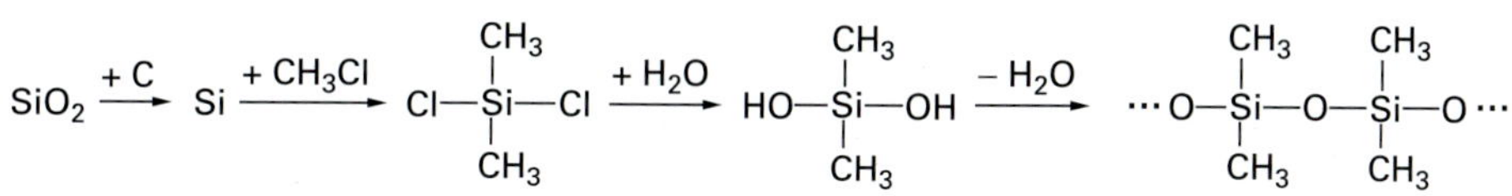

Polydimethylsiloxan

Dieses kondensiert unter Wasseraustritt zu öligen oder wachsartigen Polymeren mit —Si—O—Si-Ketten. Setzt man zu dem Reaktionsgemisch wenig Trichlormethylsilan zu, so erhält man ein weitmaschiges Molekülnetzwerk: **Siliconkautschuk**. Beim Zusatz von viel Trichlormethylsilan erhält man ein engmaschiges Netzwerk: **Siliconharze**.

Ihren Namen verdanken die Silicone dem Umstand, dass ihre Basiseinheit R_2SiO einem Keton R_2CO entspricht. Diese Analogie beschränkt sich jedoch auf die Summenformel, da eine SiO-Doppelbindung im Gegensatz zur CO-Doppelbindung nicht stabil ist.

Silicone sind bis zu 200 °C temperaturbeständig, sie sind stark hydrophob, die Viskosität der Öle ist weniger temperaturabhängig als die von Kohlenwasserstoffen. Mit Siliconschichten kann man organische Gläser aus Polymethacrylat und Polycarbonat kratzfest und unempfindlich gegen Bemalen machen.

3.6 Umwandlungsprodukte von Naturstoffen

3.6.1 Cellulose und Cellulosederivate

Cellulose, die Gerüstsubstanz der Pflanzen (► Abb. 6.3), ist der mengenmäßig wichtigste Naturstoff und seit langem Rohstoff für Textilien (Baumwolle) und

Papier. Sie ist eine Polyglucose und besteht aus unvernetzten Makromolekülen. Deshalb sollte sie prinzipiell ein Thermoplast sein. Die Molekülketten sind aber durch starke Wasserstoffbrückenbindungen miteinander verknüpft, und dadurch wird die Cellulose bis zur Zersetzungstemperatur nicht schmelzbar. Sie hat also die Eigenschaften eines Duroplasten.

Baumwolle, Jute und Flachs bestehen praktisch aus reiner Cellulose. Der Holzzellstoff ist die billigste Cellulosequelle. Holz besteht aus Cellulose und Lignin im ungefähren Verhältnis 2:1; daneben sind noch **Hemicellulosen** (Gemische verschiedener Polysaccharide, aus denen sich bei der Hydrolyse Pentosen und Hexosen bilden) und niedermolekulare Stoffe vorhanden.

Der Holzstoff **Lignin** besitzt eine komplizierte Struktur und kann als hochmolekularer Abkömmling des Propylbenzens aufgefasst werden. Zur Gewinnung der Cellulose muss das Lignin herausgelöst werden.

Lignin stellt einen an sich wertvollen, bisher noch nicht befriedigend genutzten Rohstoff dar, der bei der Papierproduktion als Abfall anfällt und Umweltprobleme erzeugen kann. Bei der trockenen Destillation von Holz ist das Lignin die Quelle für das Auftreten von Methanol, das deshalb auch *Holzgeist* genannt wurde. Vor der Herstellung im Hochdruckverfahren (▶ 2.10.3) war Holz die wesentliche Quelle für Methanol.

Mit Schwefelkohlenstoff und Natronlauge bilden sich **Cellulosexanthogenate**, das sind Salze des Dithiokohlensäureesters der Cellulose (R = Celluloserest):

$$R{-}OH + CS_2 + NaOH \xrightarrow[\text{(Auflösung)}]{-H_2O} R{-}O{-}\underset{\underset{S}{\|}}{C}{-}S{-}Na \xrightarrow[\text{(Ausfällung)}]{+H_2SO_4} R{-}OH + CS_2 + NaHSO_4$$

Cellulose — Schwefelkohlenstoff — Natronlauge — Cellulosexanthogenat — Cellulose

Die zähe, **Viskose** genannte Lösung wird durch Düsen in ein saures Fällbad gespritzt, dabei bildet sich die Cellulose zurück. Auf diese Weise werden Fasern (Viskoseseide, Reyon) hergestellt, die oft im Gemisch mit anderen Fasern verarbeitet werden. Beim Pressen der Viskoselösung aus Schlitzdüsen bildet sich Zellglasfolie (**Cellophan**), ein wichtiger Verpackungsstoff.

Mit Schweizers Reagenz, dem Kupfertetramminhydroxid $Cu(NH_3)_4(OH)_2$, bildet sich ein löslicher Kupferkomplex der Cellulose, der wie Viskose verarbeitet wird. **Kupferseide** dient zur Herstellung von Textilien.

Die in organischen Lösemitteln löslichen Salpetersäureester der Cellulose sind lange bekannt. **Schießbaumwolle**, der Cellulosetrisalpetersäureester, ist hochexplosiv und wurde bereits 1846 hergestellt. Der Disalpetersäureester ist weniger gefährlich, neigt aber noch zur Verpuffung. Er war unter dem Namen **Collodiumwolle** ein viel gebrauchter Lackrohstoff (Nitrolack); im Gemisch mit Weichmachern (Campher) wurde er als **Celluloid** zu Filmen und Gebrauchsartikeln verarbeitet.

Aus der Collodiumwolle hat M. Chardonnet 1881 die erste Kunstseide hergestellt, die sich jedoch wegen ihrer Feuergefährlichkeit nicht durchsetzen konnte.

Der Cellulose-Essigsäureester wird aus der Lösung in Aceton zu **Acetatseide** versponnen. Der Faden muss dann, um ihm die Löslichkeit in organischen Lösemitteln zu nehmen (chemische Reinigung), durch Verseifung teilweise entacetyliert werden. Fotografische **Sicherheitsfilme** bestehen aus Celluloseacetat oder aus Polyester.

Die **Ether der Cellulose** sind Lackrohstoffe (Ethyl- und Benzylcellulose). Der Methylether und die Carboxymethylcellulose, der Ether der Cellulose mit der Glycolsäure HO—CH_2—COOH, sind wasserlöslich; sie werden als Tapetenkleister, Textilhilfsmittel und Verdickungsmittel gebraucht.

Chitin, das Material der Außenskelette von Arthropoden (Gliederfüßer: Crustaceen, Insekten und Spinnentiere), ein Polysaccharid aus Glucosamin (▶ 6.3), kann durch Alkalien gelöst werden. Aus diesem **Chitosan** können Chitinfasern regeneriert werden, aus denen man verdaubare Wundverbände herstellt. Außerdem wird es zu Wursthüllen, Dialysemembranen und Klebstoffen verarbeitet.

3.6.2 Abgewandelte Eiweißstoffe

Casein, ein weißes bis gelbliches Pulver, ist der wichtigste Eiweißbestandteil der Milch; Kuhmilch enthält etwa 3 %. Bei der Herstellung von Käse wird das Casein mit dem Ferment Lab ausgefällt. Durch Einwirkung von Formaldehyd auf Casein entstehen duroplastische **Casein-Kunststoffe**. **Kunsthorn** war seit 1895 ein guter Schnitzstoff und wurde zu Knöpfen, Spielmarken, Schmuck und Gebrauchsgegenständen verarbeitet; inzwischen ist er weitgehend durch andere Kunststoffe ersetzt worden.

3.7 Spezielle Anwendungen und neuere Entwicklungen von makromolekularen organischen Stoffen

In vielen Forschungslaboratorien wird an der Verbesserung bereits bekannter und der Entwicklung neuer makromolekularer Stoffe gearbeitet.

Die Anwendungsmöglichkeiten von Stoffen, die bereits in großen Mengen und damit preiswert produziert werden, können durch Mischung zu **Legierungen** (*Blends*), durch chemische Reaktionen, durch Copolymerisation, durch physikalische Prozeduren oder mit Hilfe von Zusatzstoffen verbessert werden. So kann man die Querschnitte der Fasern verändern (Hohlfasern, Sternprofile), die Feinheit und die Kräuselung. Schlecht einfärbbare Fasern (Polyethen, Polypropen, Polyacrylnitril) werden färbbar gemacht (▶ 5.3.2), indem bei der Polymerisation Moleküle mit basischen oder sauren Gruppen eingebaut werden. Durch Chlorierung oder Sulfochlorierung von Polyethen erzeugt man ein wie ein gewöhnlicher Thermoplast durch Spritzguss verarbeitbares Material, das zur Herstellung von wertvollen Elastomeren (Hypalon) verwendet wird.

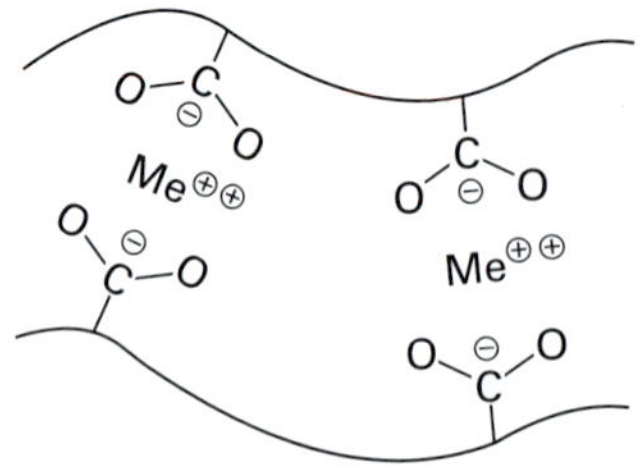

Abb. 3.6 Vernetzung in Ionomeren.

Aus Knochen, Haut, Knorpel u. Ä. gewinnt man durch Hydrolyse des **Kollagens** Gelatine und Knochenleim. **Gelatine** ist ein Protein, das vor allem Glycin und Prolin enthält und unverdaulich ist. Man benutzt sie u. a. zur Zubereitung von Lebensmitteln und Kosmetika sowie als Träger der lichtempfindlichen Schicht in der herkömmlichen Fotografie.

Ein ähnliches Ziel wird bei den **Ionomeren** erreicht. Hier werden durch Copolymerisation von Alkenen mit Acrylsäuren einzelne Carboxygruppen in die Kette eingebaut. Durch Salzbildung mit mehrwertigen Kationen werden die Ketten vernetzt (▶ Abb. 3.6).

Die Vernetzung kann auch durch Wasserstoffbrücken zwischen den Carboxygruppen (▶ 2.13.1) erfolgen. Dadurch werden diese Materialien bei normalen Temperaturen denen mit vernetzten Molekülen (Elastomeren oder Duroplasten) ähnlich. Durch Erwärmen können diese zwischenmolekularen Kräfte aber überwunden werden: Die Stoffe lassen sich wie Thermoplaste verformen. Ionomere sind meistens glasklar und zäh, haften gut auf Metallen und Glas, und sie lösen sich schwer in organischen Lösemitteln. Daher verwendet man sie als Folien für Verpackungs- und Beschichtungsmaterialien, z. B. für Arzneimittel und Kleinmaterialien für Supermärkte.

Von den Standard- oder Massenkunststoffen unterscheidet man **Hochleistungskunststoffe** und **Funktionskunststoffe**, die ganz bestimmten, häufig nur einem einzigen Anwendungszweck dienen. So wird z. B. ein Copolymerisat aus Ethen und Vinylalkohol, mit hohem Anteil an letzterem, nur als *Barrierefolie* für Gase und Aromastoffe in Verpackungen eingesetzt. Andere Funktionskunststoffe dienen z. B. als *Resists* in der Optoelektronik oder als piezoelektrische Materialien. Als Resists (engl. *resist*: widerstehen) bezeichnet man Beschichtungsmassen, die auf eine Substratoberfläche aufgebracht werden, um den von ihnen bedeckten Teil vor dem Angriff aggressiver Medien wie Ätzmitteln, chemischen oder galvanischen Metallisierungsbädern u. dgl. zu schützen.

Hochleistungskunststoffe besitzen verbesserte mechanische Eigenschaften, höhere Elastizität, größere Schlagzähigkeit, hohe Dauerwärmebeständigkeit, elektrische Leitfähigkeit (elektrisch leitfähige Polymere, „organische Metalle"), besondere optische Eigenschaften usw. Zu ihnen gehören u. a. Polyarylate, Polyetherimide, Polyimide, Polyetherketone, Polysulfone, flüssigkristalline Polymere und Polyacrylimide. Hochleistungskunststoffe werden oft in nur kleinen Mengen hergestellt. Haupteinsatzgebiete sind der Automobilbau, die Elektrotechnik, der Maschinenbau, das Telekommunikationswesen, der medizinische Bereich und die Luft- und Raumfahrt.

Schwer- oder **nicht brennbare Polymere** erschließen ganz neue Anwendungsbereiche von Polymeren.

Polyethersulfon ist ein Thermoplast, der sich zur Herstellung von chemikalienfesten Gegenständen eignet, die Dauertemperaturen von 150 °C ausgesetzt sind.

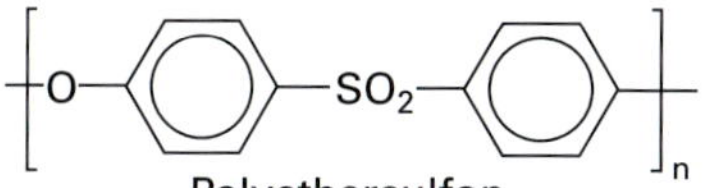

Polyethersulfon

Aus thermodynamischen Betrachtungen geht hervor, dass Polymere mit starren Ketten und starken zwischenmolekularen Wechselwirkungen besonders hohe Glastemperaturen besitzen müssen. Man hat daher versucht, derartige Stoffe zu entwickeln, die zudem noch als flammhemmend bekannte Gruppierungen enthalten. Abbildung 3.7 zeigt die Struktur derartiger Stoffe. Hierzu gehören auch die bereits erwähnten Aramide (▶ 3.5.3). **Polyimide** und **Polybenzimidazole** eignen sich für den Dauereinsatz über 250 °C; man verwendet sie für Kolbenringe und Ventilsitze, elektronische Bauteile, Kernreaktorteile und zur Drahtisolierung, sowie als Asbestersatz.

Polyterephthaloyloxamidrazon, ein Polymeres, dessen Ketten durch Chelatbildung (▶ 2.8.1) mit Metallatomen verknüpft sind, ist mit M = Zn, Sr oder Ca bis 1.000 °C absolut unbrennbar. Das je nach der Natur des Metallatoms verschiedenfarbige Material kann für flammfeste Gewebe verwendet werden. Derartige Materialien haben auch als Asbestersatz eine Bedeutung.

Durch vorsichtige Pyrolyse von Teilen aus organischen Polymeren unter Schutzgas kann man schließlich Gegenstände, Fasern, Vliese, Filme und Schaumstoffe herstellen, die aus glasartigem Kohlenstoff bestehen. Diese widerstehen einer Dauerbelastung an der Luft bis ca. 600 °C und unter Inertgas bis über 3.000 °C. Man verwendet **Kohlenstoffglas**(Glaskohlenstoff, Sigradur) für Schmelztiegel, zur Wärmeisolierung im Ofenbau, für stark belastete Konstruktionselemente in Überschallflugzeugen und Raketen, wegen des geringen Gewichts und der Zähigkeit auch in Verbundwerkstoffen mit organischen Polymeren oder mit Metallen zur Herstellung von Luftschrauben (z. B. für Hubschrauber).

Auf die Verwendung von **Polyvinylpyrrolidon** als Blutplasmaersatzmittel wurde bereits hingewiesen (▶ 3.5.2). Außerdem ist es in Augentropfen als Filmbildner gegen trockene Augen enthalten.

Ganz andere Entwicklungsrichtungen nutzen die Möglichkeiten aus, die reaktive Gruppen als Reagenzien und Katalysatoren bieten, die an Polymerketten fixiert sind (**funktionelle Polymere**). Man kann z. B. natürliche Enzyme oder synthetische Katalysatoren an Polymerketten fixieren. Sie lassen sich dadurch wiedergewinnen und vielfach verwenden.

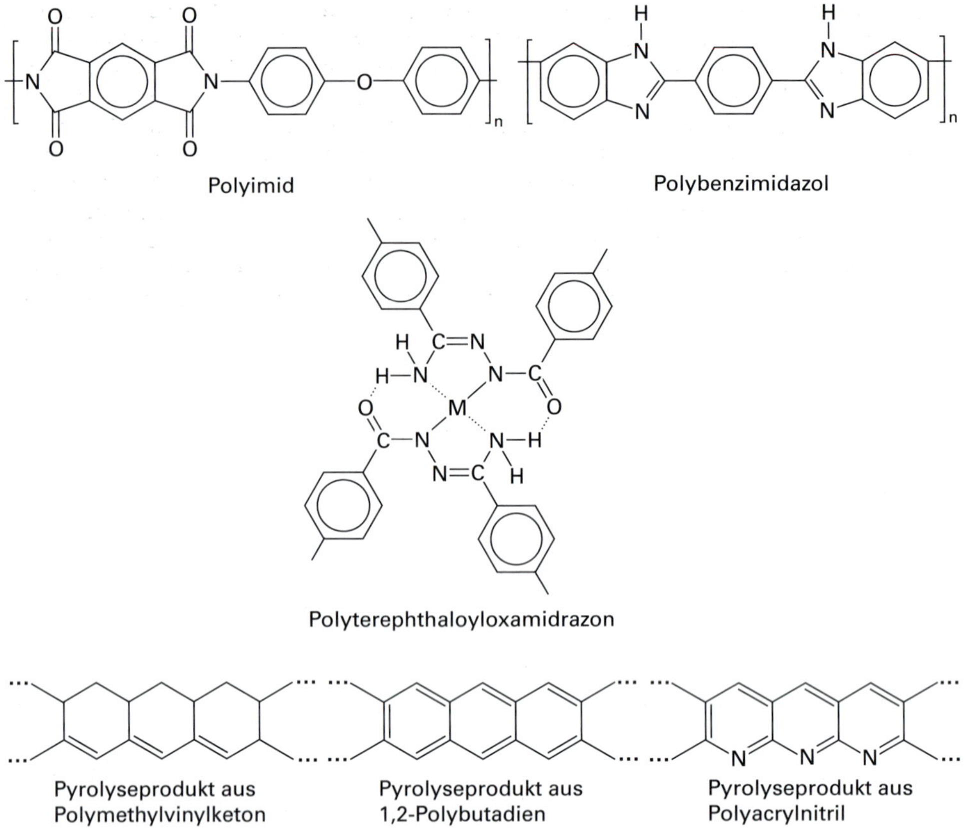

Abb. 3.7 Temperaturfeste Polymere.

Festphasensynthese
Eine 1962 von R. B. Merrifield (Nobelpreis 1984) eingeführte Methode, die Festphasensynthese, ermöglicht die definierte Synthese von Polypeptiden (▶ 6.4.3), wobei das Kettenende mit der ersten Aminosäure (farbig gezeichnet) über einen *Linker* (Verbinder) an Polymerkügelchen fixiert ist.

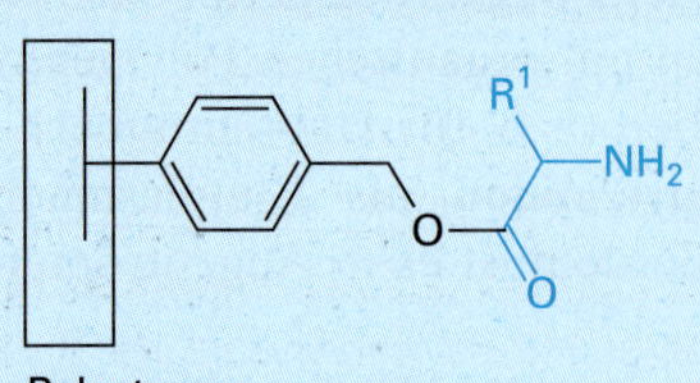

Polystyren

Während der vielen Synthesestufen mit verschiedenen Reagenzien bleibt die wachsende Molekülkette an der Unterlage haften, und erst nach Beendigung der Synthese wird sie durch eine spezielle Reaktion abgetrennt. Auf diesem Wege stellten Merrifield und Mitarbeiter 1969 das Enzym Ribonuclease, das aus 124 Aminosäureresten besteht, her. In analoger Weise werden auch Oligonucleotide (▶ 6.4.3) synthetisiert. Da immer wieder gleiche oder ganz ähnliche Syntheseoperationen durchgeführt werden, eignet sich das Verfahren sehr gut zum Einsatz von *Syntheseautomaten*. Die Attraktivität des automatisierten Verfahrens erklärt sich aus einem drastisch gesunkenen Zeitaufwand bei gleichzeitig deutlich gestiegener Ausbeute. Zur Immobilisierung der Ausgangsmaterialien sind zahlreiche neue Trägermaterialien (insbes. Polyacrylamide, aber auch Polyethylenglycol) eingeführt und methodische Verbesserungen z. B. dadurch erreicht worden, dass man die reaktiven Ketten nicht direkt auf den Kunstharzträger aufpfropft, sondern diese durch *Spacer* (Abstandshalter) vom Trägermaterial trennt. Dadurch wird erreicht, dass sich die Reaktionen nicht mehr an der Phasengrenze Träger/Lösemittel abspielen, sondern im homogenen System der Lösung.

Polymere mit Ionenaustauscher-Eigenschaften, die eine Affinität zu bestimmten Elementen besitzen, können zur Gewinnung dieser Elemente aus Ablaugen, Fluss- oder Meerwasser verwendet werden (Recycling). **Polymermembranen** basieren auf Polysulfon, Polyethersulfon oder Polyaramid. Sie besitzen Eigenschaften biologischer Membranen, die zu Pump- und Schaltvorgängen befähigt sind (Zellwände, Nervenzellen) und werden z. B. für die Ultra- und die Nanofiltration, zur Meerwasserentsalzung sowie in künstlichen Nieren verwendet.

Elektrisch leitfähige Polymere und **Halbleiter** werden entwickelt, die für Decken-, Fußboden- und Wandheizungen und in der Elektrotechnik (organische Leuchtdioden, OLEDs, ▶ 5.3.1) verwendet werden sollen. Besonders attraktiv ist die Entwicklung von Akkumulatoren, in denen Elektroden und Stromzuführungen aus Makromolekülen bestehen und die bei gleicher Kapazität ein Drittel des Volumens und ein Zehntel des Gewichts von Bleiakkumulatoren haben sollen. Auch makromolekulare Photoelemente (Solarzellen) wurden entwickelt.

Man verwendet **wasserlösliche Polyacrylamide** als Flockungsmittel zur Reinigung technischer Waschwässer und von Flüssen; sie bewirken, dass feine Schlämme zu Flocken zusammenballen, die sich schnell absetzen und einfach filtrierbar sind. **Polyethenoxide** werden eingesetzt zur Verminderung von Verlusten durch Turbulenzen in Wasser: Schiffe fahren schneller und Feuerwehren können weiter spritzen – bei gleichem Energieverbrauch.

Kontaktlinsen

Kontaktlinsen (Haftschalen) sind optische Sehhilfen, die auf einem Film von Tränenflüssigkeit über der Hornhaut des Auges (Cornea) schwimmen und deshalb auch *Cornealschalen* genannt werden. Die ersten, allerdings kaum verwendbaren Kontaktlinsen waren sog. *Skeralschalen* aus Glas, die auf der Lederhaut des Auges (Sklera) aufsaßen. Sie wurden gegen Ende des 19. Jahrhundert entwickelt und waren mit einem Durchmesser von 23 Millimetern wenig komfortabel. Ab etwa 1940 wurden Haftschalen aus hartem Plexiglas hergestellt. Mit einem Durchmesser von ca. 10 bis 15 Millimetern wurden Tragezeiten von 10–12 Stunden pro Tag möglich. Wie die Glaslinsen waren sie sauerstoffundurchlässig. Weniger augenreizend, bequemer anzulegen und abzunehmen sind die weichen, in Wasser quellbaren Cornealschalen aus verschiedenen anderen Kunststoffen wie z. B. Poly(2-hydroxyethyl)methacrylat, das aus dem Monomeren (2-Hydroxyethyl)methacrylat (HEMA), $CH_2=C(CH_3)—CO—O—CH_2—CH_2—OH$, hergestellt wird. Seit etwa 15 Jahren werden außerdem Siliconhydrogele verwendet. Diese weichen Kontaktlinsen können auch permanent getragen werden. So sind z. B. preiswerte *Monatslinsen* aus HEMA-Copolymer mit einem Wassergehalt von 55 % im Handel erhältlich. Maßgebend für die Verträglichkeit ist die Sauerstoffversorgung des Auges, die entweder durch Diffusion durch die Kontaktlinsen oder über den Tränenfilm erfolgen muss.

Mehr als die Hälfte der Menge aller organisch-chemischen Industrieprodukte sind makromolekulare Stoffe. Die meisten dieser Produkte zeichnen sich durch hohe Beständigkeit gegen Lösemittel, Licht und Mikroorganismen aus. Sie können daher auch nicht biologisch abgebaut werden und belasten deshalb die Umwelt. Zwar sind sie zunächst weniger gefährlich als niedermolekulare Stoffe, da sie geringeren Dampfdruck und geringere Löslichkeit besitzen. Außerdem sind manche von ihnen so inert, dass sie Jahrtausende überdauern können. Andere Polymere aber – gerade die biologisch abbaubaren – können in den Müllhalden niedermolekulare Verbindungen freisetzen, die in das Grundwasser gelangen können.

Korken aus Kunststoff
Seit Anfang der 1990er Jahre werden zum Verschließen von Weinflaschen in zunehmendem Umfang Kunststoffkorken verwendet. Damit lässt sich der beim Naturkork mögliche „Korkgeschmack", ein durch Mikroorganismen verursachter, intensiver widerlich-muffiger Geruch, für den das 2,4,6-Trichloranisol verantwortlich ist, vermeiden. Hierbei handelt es sich um den bedeutendsten olfaktorisch-gustatorischen Weinfehler, der den Wein ungenießbar machen kann. Es wird von Fehlerraten jenseits der 20 %-Quote berichtet. Durch den aus Polyethen hergestellten Kunststoffkorken lässt sich also auch ein enormer wirtschaftlicher Schaden vermeiden.

Biologisch abbaubare Kunststoffe werden aus nachwachsenden Rohstoffen wie Stärke (Kartoffel, Mais, Reis), Cellulose oder Zucker hergestellt. Sie werden von Mikroorganismen zu Biomasse, Wasser und Kohlendioxid abgebaut. Solche Materialien sind besonders für Anwendungen mit geringer Nutzungsdauer vorteilhaft wie Lebensmittelverpackungen für Obst und Gemüse oder Tragetaschen. Allerdings findet man sie erst vereinzelt auf dem Markt.

Einige polymere Stoffe machen Probleme bei der **Müllverbrennung**: Halogenverbindungen erzeugen giftige und korrosive Verbrennungsprodukte (▶ 2.9.4).

Die **Kohlendioxidproblematik** (▶ 2.5) führt dazu, dass CO_2 von Kraftwerken nicht mehr in beliebiger Menge unkontrolliert in die Atmosphäre abgegeben werden darf. Damit kann es auch als „billiges" Ausgangsmaterial für die Produktion von Kunststoffen zur Verfügung stehen. So ist es z. B. mit speziellen Übergangsmetallkatalysatoren bereits gelungen, CO_2 mit Oxiran (Ethenoxid), Methyloxiran (Propenoxid) oder anderen Alkenoxiden zu den entsprechenden Polyalkencarboxylaten umzusetzen. Polyethen- und Polypropencarboxylat bestehen zu 50 bzw. 43 % aus CO_2. Selbstverständlich kann man damit nicht das „Klimaproblem" lösen, da auf diesem Wege nur ein verschwindend kleines Teil des anthropogenen CO_2 gebunden werden könnte.

Die Kosten für **Lösemittel** und besonders die Umweltbelastung durch Lösemitteldämpfe zwingen zu wichtigen Entwicklungen bei Lacken und Klebstoffen: Pulver- und Wasserlacke, thixotrope Anstriche (▶ 6.3.2), elektrophoretische und autophoretische Beschichtungsverfahren für Automobile und lösemittelfreie Kleber, wie Reaktionskleber, Dispersionskleber und Schmelzkleber.

Schließlich werden die steigenden **Rohstoff-** und **Energiekosten** und die Preisexplosion bei Erdöl und Erdgas zu einer neuartigen Einstellung gegenüber den makromolekularen Stoffen zwingen: Man wird sie als wertvollen Rohstoff schätzen lernen und Verfahren des Recycling verbessern. Hierzu gehören auch die Erschließung **nachwachsender Rohstoffe** und die Verwendung von Kohlendioxid als Bestandteil makromolekularer Stoffe.

3.8 Zusammenfassung

- **Makromolekulare Stoffe** sind in der Natur weit verbreitet.
- **Kunststoffe** sind synthetische makromolekulare organische Stoffe, die zu Werkstoffen verarbeitet werden.
- Viele Eigenschaften makromolekularer Stoffe werden durch die Molekülstruktur der Makromoleküle bestimmt.
- Makromolekulare Stoffe werden aus kleinen Molekülen, den **Monomeren**, aufgebaut.
- Bei der **Polymerisation** werden mehrere Moleküle mit jeweils einer CC-Doppelbindung zu gesättigten Molekülketten miteinander verknüpft.
- Bei den **Polymerisationsprodukten** lassen sich Kohlenwasserstoffe, Halogenkohlenwasserstoffe, Sauerstoff- und Stickstoff-haltige Stoffe unterscheiden.
- Bei der **Polykondensation** reagieren di- oder polyfunktionelle Verbindungen miteinander. Dabei werden kleine Moleküle, meistens Wasser, aber auch Ammoniak oder Chlorwasserstoff, abgespalten, und aus den Ausgangsverbindungen entstehen lange Molekülketten oder -netze.
- Bei der **Polyaddition** werden di- oder polyfunktionelle Verbindungen miteinander umgesetzt, bei denen sich OH- oder NH-Gruppen der einen Komponente an CN- oder CO-Doppelbindung der anderen addieren.
- Die **Polyadditions-** und **Polykondensationsprodukte** enthalten stets Heteroatome.
- Ihrem molekularen Aufbau entsprechend besitzen die **Kunststoffe** ein weites Spektrum unterschiedlicher Eigenschaften, die ihnen ein großes Feld verschiedenster Anwendungen eröffnen. Dabei zeigen „Kunststoffe nach Maß" anwendungsbezogene technische Eigenschaften, die denen anderer Stoffe weit überlegen sein können.
- Aus **makromolekularen Naturstoffen** wie Cellulose und Milcheiweiß (Casein) wurden durch chemische Umwandlung die ersten halbsynthetischen Fasern (Kunstseide) und Kunststoffe hergestellt, die heute allerdings durch vollsynthetische weitgehend verdrängt wurden. Andere Cellulosederivate finden nach wie vor verbreitete Verwendung.

4 Lösemittel, Weichmacher, grenzflächenaktive Substanzen

4.1 Einleitung

Bei allen Substanzen, die im diesem Kapitel beschrieben werden, den Lösemitteln, den Weichmachern und den grenzflächenaktiven Substanzen, können die erwünschten Eigenschaften auf **zwischenmolekulare Wechselwirkungen** zurückgeführt werden. Es handelt es sich zwar um wenig beachtete, jedoch sehr nützliche und vielseitige **Gebrauchsstoffe** mit einer großen ökonomischen, aber auch ökologischen Bedeutung: Pro Jahr werden weltweit viele Millionen Tonnen **Lösemittel** und **Weichmacher** sowie etwa ebenso viel **Waschmittel** und andere **Tensidprodukte** produziert und zum großen Teil an die Umwelt abgegeben! Die meisten Menschen verbrauchen wenigstens einige dieser Gebrauchschemikalien ständig, in der Größenordnung von 20 kg pro Kopf und Jahr der Weltbevölkerung. Die Entwicklungen auf diesem Gebiet sind daher durch die drei E gekennzeichnet: *Ecology, Energy, Economy*. Die Nutzung **nachwachsender Rohstoffe** und das **Recycling** werden zunehmend wichtiger.

4.2 Allgemeines

> Eine **Lösung** ist eine flüssige, homogene Mischung eines gasförmigen, flüssigen oder festen Stoffes mit einer reinen Flüssigkeit.

Die Frage, warum ein Stoff in einem anderen löslich oder unlöslich ist, beantwortet am einfachsten die triviale Feststellung, die schon den Alchimisten bekannt war: *Similia similibus solvuntur*, auf Deutsch: *Ähnliches löst sich in Ähnlichem.* Dieser Satz sei an zwei entgegengesetzten Lösemitteln, Wasser und Kohlenwasserstoffen, erläutert. Als makroskopische Kenngröße der **Polarität** eines Stoffes verwenden wir hier die **Dielektrizitätskonstante** ε (▶ 7.10.1). Ihr Zahlenwert ist gleich dem Verhältnis der Kapazität eines Kondensators mit einer Substanz als Dielektrikum zu derjenigen des Vakuums (Näheres ▶ Lehrbücher der Physik).

Wasser ist stark polar ($\varepsilon = 80$), Kohlenwasserstoffe sind unpolar ($\varepsilon \sim 2$). **Wasser** ist daher das ideale Lösemittel für ionische Verbindungen (Salze), da die Wassermoleküle Ionen umhüllen und damit voneinander trennen. Die Moleküle der **Kohlenwasserstoffe** (▶ 2.2–2.7) sind dazu überhaupt nicht in der Lage, und daher lösen sich salzartige Verbindungen nicht in Kohlenwasserstoffen. Dagegen lösen Kohlenwasserstoffe unpolare Verbindungen. Wasser löst diese Verbindungen aber nicht. Wassermoleküle werden nämlich nur dann voneinander getrennt, wenn ähnlich große zwischenmolekulare Kräfte, wie sie zwischen Wassermolekülen bestehen, zum gelösten Stoff ausgebildet werden können.

Zwischen diesen beiden Extremen steht die Verbindungsklasse der **Alkohole** (▶ 2.10), die Hydroxygruppe ist **wasserähnlich**, der Alkylrest **kohlenwasserstoffähnlich**. Bei Alkoholen mit kleinem Alkylrest (Methanol: $\varepsilon = 34$) tritt die Wasserähnlichkeit in den Vordergrund; sie lösen sich gut in Wasser und schwer in Kohlenwasserstoffen. Bei wachsender Größe der Alkylreste (1-Decanol: $\varepsilon = 8$) kehren sich die Verhältnisse um.

Zwei Stoffe mischen sich nur dann homogen und stabil, wenn die Kräfte zwischen den verschiedenartigen Molekülen des Gemisches nach Art und Größe ähnlich sind wie die Kräfte zwischen den Molekülen der Komponenten. Das Lösungsverhalten wird also durch die zwischenmolekularen Kräfte bestimmt.

Die Formen der **zwischenmolekularen Kräfte** sind in Tabelle 4.1 zusammengestellt. Dazu sind Stoffe aufgeführt, deren Eigenschaften im Wesentlichen durch die Kräfte *einer Art* bestimmt werden (▶ 1.12 und Abb. 6.6).

Die Größe der zwischenmolekularen Kräfte steigt in der angegebenen Reihenfolge. Die zuerst genannten Wechselwirkungen treten allgemein zusätzlich auf: In einem Stoff, dessen Moleküle durch **Wasserstoffbrückenbindungen** verknüpft sind, wirken auch **Dipolrichtkräfte**, **Dipolinduktionskräfte** und **Dispersionskräfte**.

Die in Tabelle 4.1 unter 1–3 aufgeführten Wechselwirkungskräfte sind in ihrer Größenordnung in etwa gleich.

- Die Kräfte zwischen Dipolmolekülen können von dipolfreien Molekülen überwunden werden, da zwischen beiden Molekülarten neue Kräfte, die Dipolinduktionskräfte, auftreten können.

Die unter 4 und 5 aufgeführten Wechselwirkungskräfte sind wesentlich stärker als die unter 1–3 genannten.

- **Wasserstoffbrücken** werden nur gebrochen, wenn dafür neue Wasserstoffbrücken gebildet werden. Dazu müssen die Mischungspartner selbst Wasserstoffbrückendonatoren oder -akzeptoren sein, also NH- oder OH-Gruppen besitzen bzw. freie Elektronenpaare anbieten können wie z. B. Aceton und Pyridin.
- Moleküle, die durch **Coulomb-Kräfte** zusammengehalten werden, können nur durch Medien mit hoher Dielektrizitätskonstante wie z. B. Wasser ($\varepsilon = 80$) und *N*-Methylformamid ($\varepsilon = 182$) getrennt werden.

Organische Moleküle enthalten meistens verschiedenartige Gruppen; sie sind deshalb zu unterschiedlichen zwischenmolekularen Wechselwirkungen befähigt.

Tab. 4.1 Zwischenmolekulare Wechselwirkungen (▶ 1.12).

Art der Kräfte	Die Kräfte wirken zwischen	Beispiele	
		niedermolekulare Stoffe	makromolekulare Stoffe
1. Dispersionskräfte	Kohlenwasserstoffen	aliphatische: Octan: $CH_3—(CH_2)_6—CH_3$	Polyethen: $\cdots—CH_2—CH_2—\cdots$
		aromatische: Benzen: 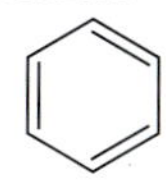	Polystyren: 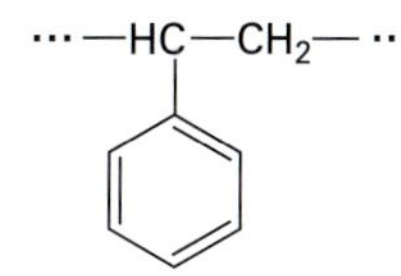
2. Dipolinduktions-kräfte	Dipolmolekülen und Kohlenwasserstoffen	Gemisch von Molekülen der Klassen 1 und 3	
3. Dipolrichtkräfte	Dipolmolekülen	Aceton: $CH_3—CO—CH_3$ Acetonitril: $CH_3—C{\equiv}N$ Trichlorethen: $CHCl{=}CCl_2$	Polyvinylacetat: $\cdots—CH(OAc)—CH_2—\cdots$[a] Polyvinylchlorid: $\cdots—CHCl—CH_2—\cdots$ Polyacrylnitril: $\cdots—CH(CN)—CH_2—\cdots$
4. Wasserstoff-brückenbindungen	Molekülen mit OH- und NH-Gruppen einerseits und Atomen mit freien Elektronenpaaren andererseits	Wasser: $\mathbf{H}_2O$ Methanol: $CH_3O\mathbf{H}$ Formamid: $H—CO—N\mathbf{H}_2$	Polyvinylalkohol: $\cdots—CH_2—CH(O\mathbf{H})—\cdots$ Eiweißstoffe: $\cdots—CHR—CO—N\mathbf{H}—\cdots$ Polyglucosen: Cellulose, Stärke
5. Coulomb-Kräfte	Ionen	Tetramethylammonium-chlorid: $(CH_3)_4N^{\oplus}Cl^{\ominus}$ Betain: $(CH_3)_3N^{\oplus}—CH_2—CO_2^{\ominus}$	Polyacrylat: 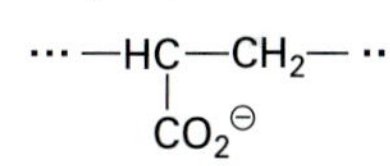

[a] Ac = $CH_3—CO—$

Die *Art*, die *Anzahl*, aber auch die *räumliche Anordnung* der Gruppen bestimmt dann die Eigenschaften der Verbindungen. Ein Beispiel hierfür: **Diethylether** ist in Wasser schwer löslich, **Tetrahydrofuran** (THF) mischt sich mit Wasser in jedem Verhältnis. Im THF sind die Bindungen durch die Festlegung im Ring starr, die einsamen Elektronenpaare des Sauerstoffs sind frei zugänglich und können als Wasserstoffbrückenakzeptoren fungieren. Beim Diethylether werden sie teilweise durch die beweglichen Ethylgruppen abgeschirmt.

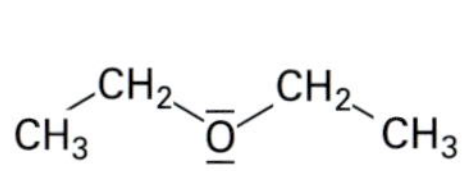

Diethylether

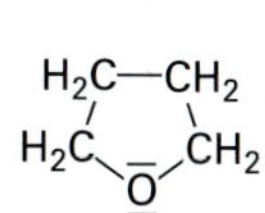

Tetrahydrofuran

Makromolekulare Stoffe verhalten sich häufig anscheinend anders als niedermolekulare Stoffe; sie werden oft von gleichartigen niedermolekularen Stoffen bei Raumtemperatur nicht gelöst. Dies liegt nicht an der Unverträglichkeit der Moleküle miteinander, sondern an der zu kleinen Auflösungsgeschwindigkeit der makromolekularen Stoffe: Die Lösemittelmoleküle können nur langsam in den „verfilzten" Verband der Makromoleküle eindringen. **Polyterephthalsäureglycolester** ist daher in Essigsäureethylester nicht löslich, **Polyethen** nicht in Benzin. Dagegen ist **Polystyren** in Benzen leicht löslich und **Polyvinylacetat** in Estern.

> Zum Auflösen von makromolekularen Stoffen eigenen sich kleine Lösemittelmoleküle besser als große, cyclische besser als lineare.

Tabelle 4.2 zeigt nur wenige Beispiele der sehr vielen gebräuchlichen **Lösemittel**. Einige von ihnen lösen bei höherer Temperatur selbst die sonst schwer löslichen Polyamide und Polyacrylnitrile, bei denen die Moleküle durch Wasserstoffbrücken bzw. Dipolkräfte wie bei einem Reißverschluss verzahnt sind: **Dimethylsulf-**

Tab. 4.2 Lösemittel mit Schmelz- und Siedepunkt sowie Dielektrizitätskonstante.

Name	Formel	Schmp. [°C]	Sdp. [°C]	ε
unpolare				
2,2,4-Trimethylpentan, Isooctan	C_8H_{18}	−108	99	1,9
Cyclohexan	C_6H_{12}	6	81	2,0
Toluen, Toluol	$C_6H_5CH_3$	−95	111	2,4
1,2,3,4-Tetrahydronaphthalen, Tetralin	$C_{10}H_{12}$	−31	207	2,8
Diethylether, Ether	$(C_2H_5)_2O$	−116	35	4,3
Trichlormethan, Chloroform	$CHCl_3$	−63	61	4,8
Essigsäureethylester, Ethylacetat	$CH_3CO_2C_2H_5$	−83	77	6,0
Tetrahydrofuran, THF	$(CH_2)_4O$	−108	66	7,6
Dichlormethan, Methylenchlorid	CH_2Cl_2	−95	40	9,1
polar-aprotische (keine NH_2-, NH- oder OH-Gruppen)				
Pyridin	C_5H_5N	−42	116	12,3
Propanon, Aceton	$(CH_3)_2C{=}O$	−95	56	20,7
Nitromethan	CH_3NO_2	−29	101	35,9
Dimethylformamid, DMF	$(CH_3)_2NCH{=}O$	−61	153	39,5
Acetonitril	CH_3CN	−45	82	36,0
Dimethylsulfoxid, DMSO	$(CH_3)_2C{=}S$	19	189	46,9
polar-protische (NH_2-, NH- oder OH-Gruppen)				
Ethylenglycolmonomethylether, Methylcellosolve	$CH_3O(CH_2)_2OH$	−85	124	17,0
2-Propanol, Isopropanol	C_3H_7OH	−88	82	18,3
Ethanol, Ethylalkohol	C_2H_5OH	−115	78	24,3
1,3-Propandiol, Propylenglycol	$C_3H_6(OH)_2$	−40	232	35,0
1,2-Ethandiol, Ethylenglycol	$C_2H_4(OH)_2$	−12	198	37,0

oxid und **Dimethylformamid**. Lösemittel, deren Moleküle zwei verschiedene funktionelle Gruppen enthalten, zeigen gutes Lösevermögen für recht verschiedenartige Stoffe; sie lassen sich aber auch mit vielen anderen (billigeren) Lösemitteln mischen (verschneiden), wie z. B. die Ether und Ester des Ethylenglycols.

4.3 Lösemittel

Viele chemische Reaktionen werden mit **gelösten Substanzen** durchgeführt. Das Lösemittel (eine ältere Bezeichnung lautet *Lösungsmittel*) soll die Reaktionspartner gut lösen und selbst nicht an der Reaktion teilnehmen.

> Lösemittel teilt man in **unpolare** und **polare** ein. Die ersteren besitzen kein Dipolmoment oder ein sehr kleines (μ < 2,5 D) und eine niedrige Dielektrizitätskonstante (ε < ca. 15). **Polare Lösemittel** sind entweder **protisch**, d. h., sie enthalten OH-, NH_2- oder NH-Gruppen, oder **aprotisch**, wenn sie keine solchen Gruppen besitzen.

- Zu den **unpolaren Lösemitteln** gehören z. B. die Alkane und die meisten anderen Kohlenwasserstoffe, aber auch Tetrachlormethan und Schwefelkohlenstoff (Methandithion, CS_2).
- **Polar-aprotische Lösemittel** sind z. B. Aceton, Acetonitril und Dimethylsulfoxid.
- Typische **polar-protische Lösemittel** sind die Alkohole.

Die in Tabelle 4.1 aufgeführten zwischenmolekularen Kräfte sind die Grundlage für **Löslichkeitsparameter**, mit denen man geeignete Lösemittel auswählt oder kombiniert. Man wählt die physikalischen Eigenschaften so, dass sich die Reaktionsprodukte leicht durch Destillation oder Kristallisation abtrennen lassen. Durch **Siedekühlung** kann man die Reaktionswärme mit dem Lösemitteldampf an einen **Rückflußkühler** abführen und dabei die Temperatur konstant halten (z. B. mit Diethylether, Sdp. 35 °C). Aus verschiedenen Gründen verwendet man zunehmend zweiphasig-flüssige Reaktionsmedien, die z. B. aus einer wässrigen und einer wasserunlöslichen Phase bestehen.

Man benötigt Lösemittel weiter als Hilfsmittel bei der **Reinigung fester Substanzen**. Durch **Filtration** der Lösung eines Stoffes befreit man ihn von festen Verunreinigungen. Lösliche Verunreinigungen werden durch **Umkristallisation** entfernt: Bei der Abkühlung einer heißen, gesättigten Lösung kristallisiert die reine Verbindung aus; sie wird durch Filtration von der **Mutterlauge**, welche die Verunreinigung enthält, getrennt. Lösemittel dienen zur **Extraktion** eines leicht löslichen Stoffes aus einem Gemisch mit schwer löslichen Substanzen. Stoffgemische werden getrennt durch gleichzeitige Behandlung mit zwei untereinander nicht mischbaren Lösemitteln, auch in einer vielstufigen Prozedur: **Gegenstromverteilung** (▶ 7.7, Chromatographie).

Lösemittel werden in großem Umfang von der Lack- und Klebstoffindustrie zum **Lösen makromolekularer Stoffe** gebraucht. Man verwendet dazu meistens Lösemittelgemische, da oft erst die Kombination mehrerer Lösemittel die angestrebten Löseeigenschaften oder die gewünschten Eigenschaften des Lackfilms ergibt.

Als Lösemittel werden hauptsächlich die folgenden Verbindungen in der **Lackindustrie** verwendet: **Ester** (Ethylacetat, Pentylacetat), **Ketone** (Aceton, Methylethylketon), **Alkohole** (Ethanol, Butanol), **Halogenkohlenwasserstoffe**, **aliphatische Kohlenwasserstoffe** (Testbenzin, Siedebereich 130−200 °C), **aromatische Kohlenwasserstoffe** (sog. BTX-Aromaten: Benzen, Toluen, Xylene), **Hydroaromaten** (Tetralin = Tetrahydronaphthalen, Decalin = Decahydronaphthalen), **Terpenkohlenwasserstoffe** (Terpentinöl).

Die Lösemittel sind mengenmäßig der Hauptbestandteil vieler **Anstrichmittel**. Da Lösemittel nicht billig sind, meistens verlorengehen und zusätzlich die Atmosphäre verschmutzen, führt man heute die Beschichtungen zumeist ohne Hilfe von Lösemitteln bzw. mit Wasser als Löse- oder Dispersionsmittel durch: **Lösemittelfreie Anstriche** mit ungesättigten Polyesterharzen (▶ 3.5.3) oder Polyurethanvorläufern (▶ 3.5.3), **Dispersionsanstriche** (▶ 3.5.2), **Wasserlacke** (▶ 3.5.2), sowie **Pulverbeschichtungsverfahren**.

Große Mengen Lösemittel werden u. a. bei der **Fettgewinnung** aus Knochen und Ölsaat sowie bei der **chemischen Reinigung** verwendet. Dabei werden die zu extrahierenden Substanzen durch Kohlenwasserstoffe (Benzinfraktionen von 60−140 °C), Dichlormethan, 1,1,1-Trichlorethan oder Tetrachlorethen gelöst. Die Lösemittel werden durch Destillation wiedergewonnen.

Zur **Reinigung von Bauteilen** der Elektronik, Optik und Feinmechanik hat sich das Dichlormethan bewährt. Es wird auch in Alkohol-Wasser-Emulsion, die mit Methylcellulose verdickt ist, als **Abbeizpaste** zum Entfernen alter Anstriche verwendet.

Ozon-abbauende Lösemittel wie Fluorchlorkohlenwasserstoffe (FCKW) und 1,1,1-Trichlorethan sind in Oberflächenbehandlungs-, Chemischreinigungs- und Extraktionsanlagen nicht mehr zugelassen. Heute dürfen keine anderen Halogenkohlenwasserstoffe als Tetrachlorethen, Trichlorethen oder Dichlormethan eingesetzt werden. Seit einigen Jahren verwendet man auch überkritisches Kohlendioxid als Extraktionsmittel, z. B. bei der Herstellung von coffeinfreiem Kaffee (▶ Ende dieses Abschnittes).

Dichlordifluormethan (Frigen 12) war früher das wichtigste Kühlmittel für Haushaltskühlschränke; es ist chemisch völlig beständig, unbrennbar, geruchlos und ungiftig. Es wurde als Lösemittel und Treibgas für Sprühdosen benutzt, jedoch wegen der Schädigung der schützenden Ozonschicht in der oberen Atmosphäre durch andere Stoffe wie Propan, Butan, Isobutan, Dimethylether oder CO_2, N_2 oder N_2O (Lachgas) ersetzt.

Alkohole, wie Ethanol und 2-Propanol, werden in großer Menge von der Kosmetik- und Parfümerie-Industrie verbraucht.

Viele **Lösemittel sind brennbar**, und mit Luft bilden sie explosionsfähige Gemische. Am Beispiel des Diethylethers wurde schon auf diese und andere Gefahrenquellen beim Umgang mit Lösemitteln hingewiesen (▶ 2.11.2). Die früher oft verwendeten Lösemittel Benzen, Tetrachlormethan, Trichlorethen und Chloroform werden, weil sie krebserzeugend (karzinogen) sind, von weniger gefährlichen Stoffen wie Toluen und Dichlormethan abgelöst.

Da praktisch alle **Lösemittel gesundheitsschädlich** sind, muss man die maximal zulässigen Arbeitsplatzgrenzwerte (AGW) bzw. die sog. MAK-Werte (*maximale Arbeitsplatzkonzentration*) beachten, die in Deutschland von der Bundesregierung bzw. der Deutschen Forschungs-Gemeinschaft festgelegt werden.

Ionische Flüssigkeiten, die ausschließlich aus Ionen bestehen, bieten bestimmte verfahrenstechnische Vorteile wie sehr niedrige Dampfdrücke, gute Löseeigenschaften und in vielen Fällen leichte Rückgewinnung durch Phasentrennung. Prinzipiell sind ionische Flüssigkeiten Salzschmelzen mit niedrigen Schmelzpunkten. Im Allgemeinen rechnet man nicht nur die bei Umgebungstemperatur flüssigen, sondern auch alle unter 100 °C schmelzenden Salzverbindungen dazu. Häufig kommen ionische Flüssigkeiten zum Einsatz, die aus Stickstoff oder auch Phosphor enthaltenden organischen Verbindungen bestehen. Dazu gehören z. B. quartäre Ammoniumverbindungen und Phosphoniumsalze.

Zum Schluss sollen die anorganischen Lösemittel der Organischen Chemie erwähnt werden: **Wasser** ist – als *das Lösemittel der Biochemie* – sicherlich das wichtigste Lösemittel. Zwar löst es keine unpolaren Verbindungen, die Natur fand aber Wege, um auch diese – als Emulsionen (▶ 4.5.1) – in Wasser zu transportieren (z. B. das Fett in der Milch). **Flüssiges Ammoniak** (Schmp. −78°, Sdp. −33 °C) hat große Bedeutung als spezielles Lösemittel in der präparativen Organischen Chemie; es löst Alkalimetalle, Salze, aber auch Kohlenhydrate sowie Benzen. Man verwendet es bei der Präparation thermisch empfindlicher Substanzen und von metallorganischen Verbindungen, vgl. z. B. die Darstellung disubstituierter Alkine über Natriumacetylid (▶ 2.4.3). **Kohlendioxid** unter hohem (überkritischem) Druck wird als inertes, physiologisch unbedenkliches Extraktionsmittel zur Gewinnung der Inhaltsstoffe von Pflanzen (Gewürze, Drogen) sowie zur Herstellung coffeinfreien Kaffees verwendet.

4.4 Weichmacher

Weichmacher kann man als schwerflüchtige Lösemittel ansehen. Man verwendet sie als Hilfsstoffe in der Kunststoffindustrie.

Viele bei Normaltemperatur spröde makromolekulare Stoffe werden durch Zusatz von Weichmachern zäh, biegsam, leder- bis kautschukartig. Auch die Be- und Verarbeitbarkeit des Materials lässt sich durch Weichmacher beeinflussen.

Weichmacher senken die **Glastemperatur** (▶ 3.3) eines makromolekularen Stoffes. Dabei ist wesentlich, dass der Schmelzpunkt möglichst wenig beeinflusst wird. Beim **Polyvinylchlorid** (PVC) kann durch Weichmacherzusatz die Glastemperatur von +80 auf −40 °C herabgesetzt werden, der Schmelzpunkt verschiebt sich dabei nur von 160 auf 140 °C. Hart-PVC enthält bis zu 12 %, Weich-PVC bis zu 60 % Weichmacher (meistens Dioctylphthalat, ▶ Tabelle 4.3).

Tab. 4.3 Weichmacher.

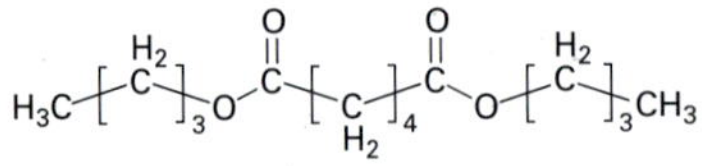	$(ClCH_2—CH_2—O)_3P{=}O$	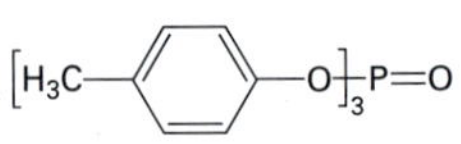
Adipinsäuredibutylester, Dibutyladipinat, Adimoll DB	Phosphorsäuretris(2-chlorethyl)-ester, Tris(2-chlorethyl)-phosphat, Genomoll P	Phosphorsäuretri-4-tolylester, Trikresylphosphat
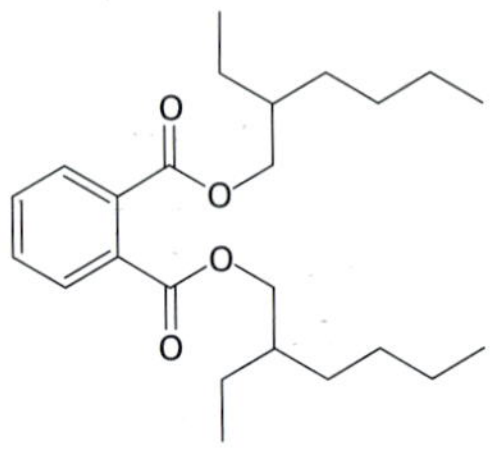	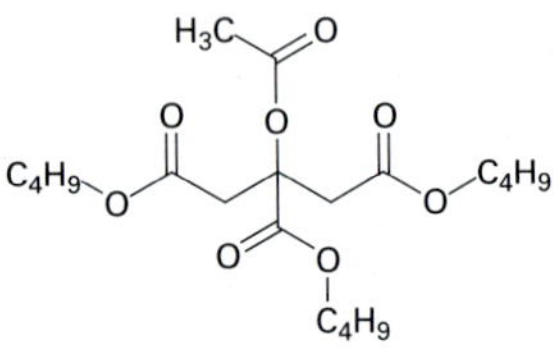	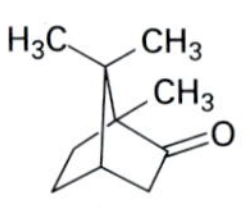
Bis(2-ethylhexyl)phthalat, Dioctylphthalat	Acetylcitronensäuretributylester, Acetyltributylcitrat	Campher

Weichmacher sollen mit dem makromolekularen Stoff stabil mischbar sein. Der Weichmacher bewirkt, dass die Makromoleküle nicht mehr direkt miteinander verzahnt sind. Sie werden auseinander gedrängt und – wie bei einem kautschukelastischen Stoff – lose vernetzt. Wichtig für brauchbare Weichmacher sind chemische Beständigkeit, geringe Brennbarkeit, Ungiftigkeit, Geruchs- und Geschmacksfreiheit. Die Ester der Phosphorsäure wirken flammenhemmend. Wegen ihrer physiologischen Unbedenklichkeit als Weichmacher für Verpackungsfolien sind Citronensäureester (z. B. Acetyltributylcitrat) wichtig. Campher ist der klassische Weichmacher für Cellulosedinitrat (Celluloid).

Polymere Weichmacher werden durch Lösemittel nicht extrahiert (benzinfeste PVC-Schläuche). Beispiele sind: Polyester aus Adipinsäure und Sebacinsäure mit Glycolen sowie 1,3-Butadien-Acrylnitril-Mischpolymerisate. Oxirangruppen enthaltende Weichmacher wirken bei Verarbeitung mit PVC gleichzeitig als Stabilisatoren (▶ 3.5.2). Sie binden HCl und verhindern so die autokatalytische Zersetzung des Kunststoffs.

4.5 Grenzflächenaktive Substanzen (Tenside)

4.5.1 Stabile Aggregate von Molekülen unterschiedlicher Natur

Substanzen, deren Moleküle aus einem **hydrophoben** (griech.: Wasser-meidend) und einem **hydrophilen** (griech.: Wasser-liebend) Teil bestehen, also z. B. einem Kohlenwasserstoffrest und einer polaren bzw. zur Bildung von Wasserstoffbrücken befähigten Gruppe, zeichnen sich durch eine Reihe besonderer Eigenschaften aus.

In wässriger Lösung werden die *hydrophilen* Teile der Moleküle von Wassermolekülen umgeben, die *hydrophoben* Reste sind nicht mit Wasser verträglich, sie haben die Tendenz, das wässrige Medium zu verlassen. Dies ist in Abbildung 4.1 schematisch dargestellt. Die hydrophilen Gruppen (symbolisiert durch o) sind dem Wasser, die Kohlenwasserstoffreste (|) dem nichtwässrigen Medium bzw. der Luft zugekehrt. **Die Moleküle reichern sich daher in der Grenzschicht (Grenzfläche) an.** Dabei bewirken die Dispersionskräfte zwischen den Kohlenwasserstoffresten eine Parallellagerung.

Die Energie, die zur Bildung neuer Grenzfläche benötigt wird, die **spezifische Grenzflächenenergie**, wird durch solche Verbindungen vermindert. Man nennt sie daher **grenzflächenaktive Substanzen** oder **Tenside**. Anschaulich kann man sich die Grenzflächenenergie als diejenige Energie vorstellen, die notwendig ist, um Moleküle aus dem Innern einer Phase in die Grenzschicht zu bringen.

Abb. 4.1 Ausrichtung von oberflächenaktiven Molekülen an der Wasseroberfläche.

Substanzen, die sich an Grenzflächen zu einem **gasförmigen Medium** anreichern, nennt man **oberflächenaktive Substanzen**. Sie bewirken Schaumbildung. Tenside, die sich an hydrophoben Teilchen anreichern, nennt man **Netzmittel**. Man verwendet sie als Emulgatoren und Waschmittel.

Waschmittel lösen hydrophobe Schmutzteilchen von Oberflächen ab und umgeben sie mit einer hydrophilen Hülle, sodass sie von der Lösung fortgeschwemmt werden können.

Die wichtigsten natürlichen und technischen **Emulsionen** bestehen aus Wasser und Öl oder Fett als nicht mischbare Phasen. In Abhängigkeit von der Zusammensetzung und dem Verhältnis der Phasen bestehen zwei Möglichkeiten der Verteilung (Abb. 4.2).

- Ist Öl die äußere und Wasser die innere Phase, liegt eine **Wasser-in-Öl-Emulsion** vor, wobei hier der Grundcharakter vom Öl bestimmt wird (z. B. Butter, Margarine, Salben).
- Ist Wasser die äußere und Öl die innere Phase, liegt eine **Öl-in-Wasser-Emulsion** vor, deren Grundcharakter durch das Wasser geprägt ist (z. B. Milch, Mayonnaise, Speiseeis).

Von der Molekülstruktur hängt es ab, ob die Tenside vorwiegend wasser- oder öllöslich sind und ob sie als Emulgatoren eher Wasser-in-Öl- oder Öl-in-Wasser-Emulsionen stabilisieren.

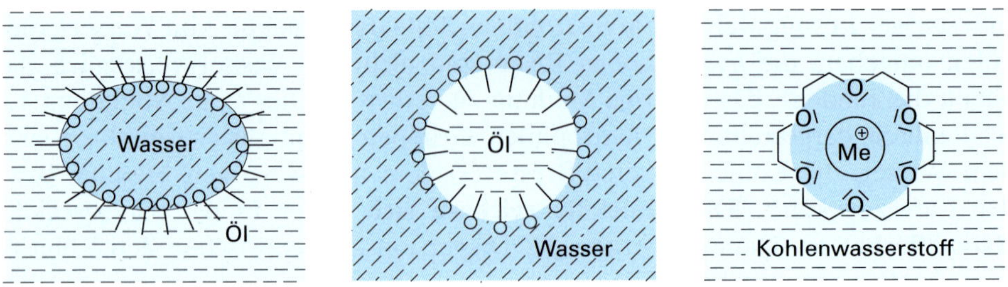

(a) (b) (c)

Abb. 4.2 Anordnung der grenzflächenaktiven Moleküle.
(a) Wasser-in-Öl-Emulsion.
(b) Öl-in-Wasser-Emulsion.
(c) Ionophor: Kronenether 18-Krone-6 mit Alkaliionen $Me^{\oplus}$ in hydrophobem Lösemittel.

In genügend konzentrierter Lösung kommt es zur Ausbildung regelmäßiger Aggregate aus Molekülschichten, deren Röntgendiagramme denen von Kristallen ähneln (Abb. 4.3). Diese können als **Doppelschichtmembranen** oder **Micellen** auftreten. **Vesikel** (Liposomen) sind kugelförmig angeordnete Doppelschichten, die im Inneren Wassermoleküle bzw. hydrophobe Substanzen enthalten. Dadurch werden organische Verbindungen, sogar Kohlenwasserstoffe, in wässrigen Lösungen oberflächenaktiver Substanzen löslich. Im Zellinnern von Organismen findet man sie häufig als Zellkompartimente, die Reaktionsräume darstellen. Derartige Lösungen sind im Gegensatz zu den milchigen Emulsionen völlig klar.

(a) 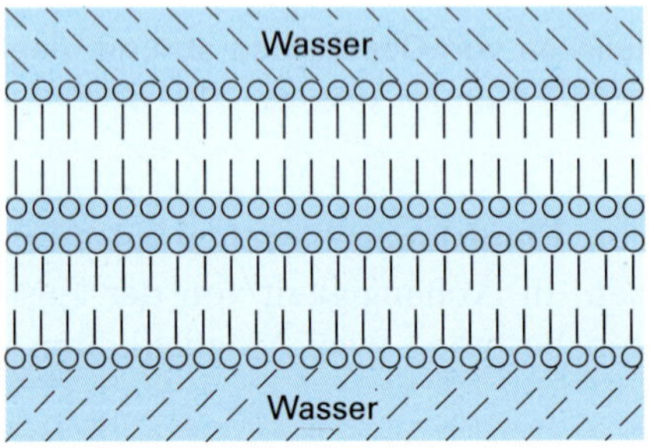

(b) 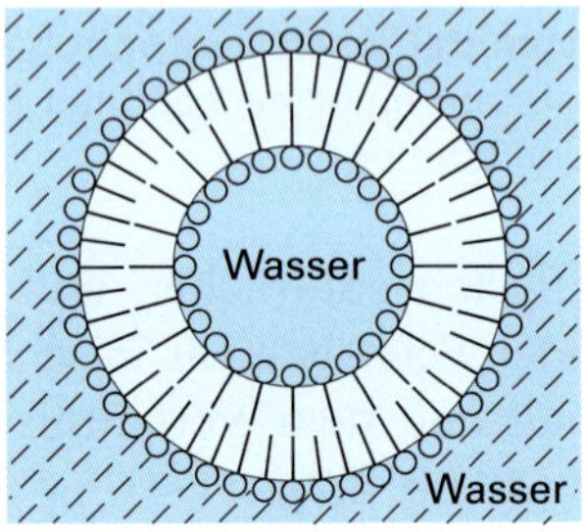

Abb. 4.3 Doppelschichten.
(a) Assoziation von zwei Doppelschichtmembranen.
(b) Vesikel (Liposom).

Als **Ionophore** bezeichnet man Moleküle, die Ionen einzeln in hydrophoben Lösemitteln lösen. In Abbildung 4.2c ist als Beispiel ein **Kronenether** gezeichnet. Man sieht die Analogie zu einem Tröpfchen einer Wasser-in-Öl-Emulsion. Die Grenzfläche zwischen hydrophilem und hydrophobem Medium wird hier von einem einzigen Molekül gebildet. Ionophore verwendet man als „Verpackung"

(Maskierung) von Ionen bei der Katalyse von Reaktionen in nichtwässrigen Medien, in denen sich die Ionen nicht lösen würden, sowie zur selektiven Anreicherung von Ionen.

Eine entfernte Verwandtschaft besteht zu den **Einschlussverbindungen**. Dies sind kristalline Stoffe, in denen Moleküle ein Gitter mit Hohlräumen oder Kanälen bilden (Wirtsgitter), in die „Gastmoleküle" geeigneter Größe aufgenommen werden können. So lagern die **Harnstoff-Einschlussverbindungen** lineare Kohlenwasserstoffmoleküle ein, verzweigte aber nicht. **Gashydrate** (► 2.5.1) schließen Edelgasatome, Chlor, Brom sowie Kohlenwasserstoffe in einem Gitter aus Wassermolekülen ein. Einschlussverbindungen existieren nur im kristallinen Zustand, beim Lösen oder Schmelzen zerfallen sie in die Komponenten.

4.5.2 Molekülstruktur grenzflächenaktiver Substanzen

Die **hydrophoben Reste** der „klassischen" Tenside, der **Seifen**, bestehen aus linearen Ketten mit 11−21 C-Atomen. In den 1950er Jahren wurde als waschaktive Substanz das **Tetrapropenbenzensulfonat** (TPS), eingeführt. Ausgangsmaterial war das technische Tetrapropen, ein stark verzweigtes Alken mit zwölf C-Atomen, das aus Propen hergestellt wurde. TPS hat zwar gute Wascheigenschaften; da aber verzweigte Ketten durch die Mikroorganismen in den Kläranlagen und Gewässern nur schwer abbaubar sind, führte es zur starken Verschmutzung der Flüsse. In den 1960er Jahren wurden daher lineare **Alkylbenzensulfonate** (ABS) eingeführt, welche die Forderungen des neuen Detergenziengesetzes von 1962 nach 80 %iger Abbaubarkeit erfüllten.

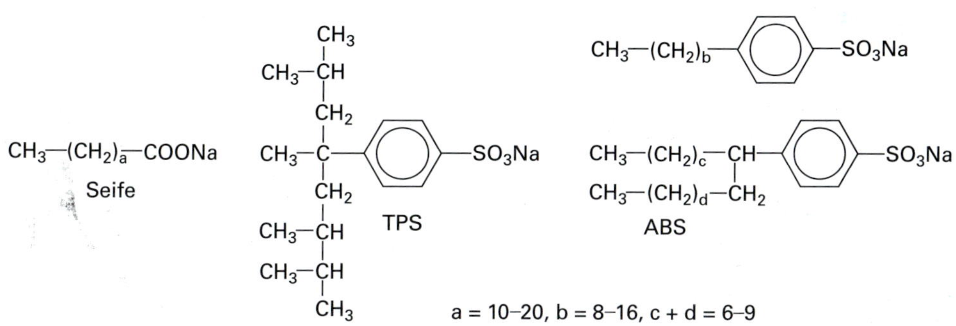

Neuerdings werden auch Silicon- und Fluorkohlenstoffketten als stark hydrophobe Molekülteile in Tenside für spezielle Zwecke eingebaut. **Perfluorierte Tenside** (PFT) sind allerdings giftig und werden biologisch nicht abgebaut. Sie sind ökologisch bedenklich und können das Trinkwasser gefährden.

Die **hydrophilen Molekülteile** können anionisch, kationisch, zwitterionisch oder nichtionisch sein. Beispiele grenzflächenaktiver Substanzen sind in Tabelle 4.4 zusammengestellt.

Tab. 4.4 Struktur von Tensiden.

Typ	Hydrophiler Rest	Beispiel		Name
Aniontenside	$-COO^{\ominus}$	$CH_3-(CH_2)_a-COO^{\ominus}$	$Na^{\oplus}$	Seifen, Na-Salze von Fettsäuren
	$-O-SO_2-O^{\ominus}$	$CH_3-(CH_2)_a-O-SO_2-O^{\ominus}$	$Na^{\oplus}$	Fettalkoholsulfate
	$-SO_2-O^{\ominus}$	$CH_3-(CH_2)_a-SO_2-O^{\ominus}$	$Na^{\oplus}$	Alkylsulfonate
		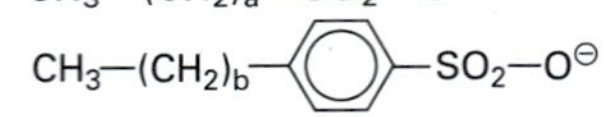	$Na^{\oplus}$	Alkylbenzensulfonate
	$-CO-N(R)-CH_2-CH_2-SO_2-O^{\ominus}$	$CH_3-(CH_2)_a-CO-N(R)-CH_2-CH_2-SO_2-O^{\ominus}$	$Na^{\oplus}$	Fettsäure-acylierte Aminoethylsulfonate
Kationtenside	$-N^{\oplus}(CH_3)_2-CH_3$	$CH_3-(CH_2)_a-N^{\oplus}(CH_3)_2-CH_3$	$Cl^{\ominus}$	Tetraalkylammoniumchlorid (Invertseife)
Amphotenside, zwitterionisch	$-N^{\oplus}(CH_3)_2-CH_2-CO-O^{\ominus}$	$CH_3-(CH_2)_a-N^{\oplus}(CH_3)_2-CH_2-CO-O^{\ominus}$		*N*-Alkylbetain
Nichtionische Tenside	$-O-(CH_2-CH_2-O)_c-H$	$CH_3-(CH_2)_a-O-(CH_2-CH_2-O)_c-H$		Fettalkoholethoxylate
		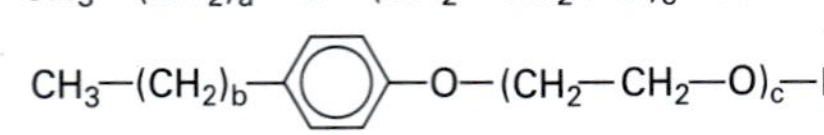		Alkylphenolethoxylate
	Alkylpolyglycoside	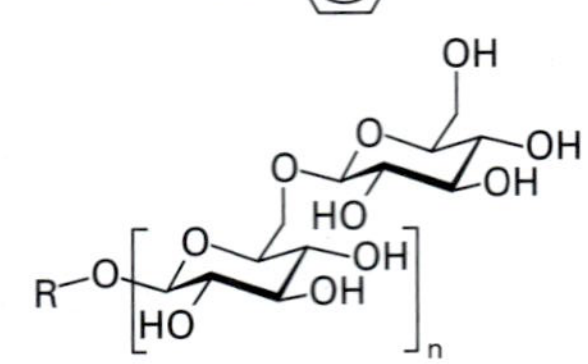		Alkylpolyglucosid
	$-CO-NH-CH_2-CH_2-OH$	$CH_3-(CH_2)_a-CO-NH-CH_2-CH_2-OH$		Fettsäureethanolamid

a = 10—20, b = 8—16, c = 2—20, R = $C_{12}H_{25}$ o. a., n = 0—6, zumeist 1

4.5.3 Waschmittel (Detergenzien) und Emulgatoren

Seifen, die Alkalisalze von Fettsäuren, werden von der Menschheit seit 4.000 Jahren als **Reinigungsmittel** gebraucht.

Die **Erdalkalisalze** der Fettsäuren sind unlöslich; daher werden Seifen in hartem Wasser teilweise unwirksam, und die entstehenden **Kalkseifen** verschmutzen die Textilien. Deshalb muss das **Waschwasser enthärtet**, die Erdalkalien (hauptsächlich Mg und Ca) müssen ausgefällt oder komplex gebunden werden, z. B. durch Citronensäure, Polycarboxylate, Polyphosphate u. a. Bereits im schwach sauren Bereich fallen die unlöslichen freien Fettsäuren aus; Seifen sind also nur im alkalischen Medium bei Abwesenheit von Erdalkaliionen als Waschmittel verwendbar.

Seifenpulver, d. h. pulverförmige Alkalisalze von Fettsäuren, werden heute kaum noch als Waschmittel benutzt; die **Stückenseife** wird allerdings wegen ihrer bequemen Handhabung auch in Zukunft für die Körperreinigung verwendet werden. Die **Alkalisalze** der **Alkyl-** und **Alkylarylsulfonsäuren** sowie die **Estersalze** der **Schwefelsäure** mit **Fettalkoholen** (**Monoalkylsulfate**) bilden in hartem Wasser keine schwer löslichen Kalkseifen und wirken auch im schwach sauren Bereich waschaktiv. Sie bilden die wesentlichen Bestandteile der modernen **Waschmittel**, die außerdem Polyphosphate zur Verbesserung der Waschwirkung, lösliche Cellulosederivate als Schmutzträger (Schutzkolloide), ein Peroxid wie Natriumperborat oder neuerdings Natriumpercarbonat (kein echtes Peroxid, sondern ein H_2O_2-Addukt) als oxidierendes **Bleichmittel**, das nicht auswaschbare, auf der Faser haftende Verunreinigungen oxidativ abbaut, enthalten. Dazu kommen schaumstabilisierende und Korrosionsschutz-Zusätze sowie Fluoreszenzfarbstoffe als **optische Aufheller** und weitere Komponenten. Ein Zusatz von Natriumsulfat dient zur Verbesserung der Korneigenschaften des Waschpulvers.

Kationische oberflächenaktive Substanzen wirken für Mikroorganismen stark giftig. Man benutzt diese Stoffe für desinfizierende Reinigungsmittel. Da sie den „Griff“ der Wäsche verbessern, verwendet man sie als **Weichspüler**.

Die **nichtionischen oberflächenaktiven Substanzen** verhalten sich im gesamten pH-Bereich gleich oberflächen- und waschaktiv. Sie haben eine hohe Waschaktivität, neigen aber weniger zur Schaumbildung und eignen sich deshalb als Waschmittel für Trommelwaschmaschinen sowie als Netz- und Abwaschmittel.

Ein weiterhin zunehmender Anteil der in den Waschmitteln verwendeten Tenside wird heute aus **nachwachsenden Rohstoffen**, tierischen und pflanzlichen Fetten, gewonnen.

Als **Emulgatoren** für medizinische und kosmetische Zwecke verwendet man besonders die physiologisch verträglichen partiellen Fettsäureester mehrwertiger Alkohole, wie Glycerol, die Hexitole (▶ 2.10.2) und Saccharose (▶ Abb. 6.2).

Zeolith 4A
Waschpulver enthielten bis in die 1980er Jahre neben ca. 15 % Tensiden und 25 % Natriumperborat bis zu 40 % **Natriumtriphosphat**, das die Calcium- und Magnesium-

ionen aus Wasser, Textilien und Schmutz durch Komplexbildung eliminiert und die Tensidwirkung unterstützt. Das Abwasser der Waschmaschinen lieferte 60 % der Phosphatfracht kommunaler Abwässer und damit den wesentlichen Beitrag zur Überdüngung (Eutrophierung) der Gewässer. Die Suche nach Phosphatersatzstoffen war lange Zeit unbefriedigend. Ein Durchbruch wurde mit der Entwicklung des **Zeoliths 4A** erreicht. Dies ist ein Natrium-Aluminium-Silikat, das aus unerschöpflichen einheimischen Rohstoffen gewonnen wird. Als sog. Porosilikat (oder Molekularsieb) enthält es viele Poren (innere Fläche 800 Quadratmeter pro Gramm), die zum Ionenaustausch besonders geeignet sind. Zeolith 4A wirkt nicht eutrophierend, tauscht die Erdalkalien gegen Natrium aus und unterstützt den Waschvorgang zusätzlich. Zeolith 4A ermöglichte damit die Entwicklung von phosphatarmen Waschmitteln bei vollem Erhalt des modernen Waschstandards. Als Ergänzung werden Natriumsilikate (Schichtsilikate) eingesetzt.

Bis zu etwa 2 % des Gewichtsanteils eines modernen Waschmittels sind **Enzyme** (Proteasen, Amylasen, Cellulasen, Lipasen, ▶ 6.10.1). Sie dienen dem Entfernen von hartnäckigen Flecken aus Ei, Blut, Kakao, Schokolade, Gras, Kosmetika (z. B. Lippenstift) u. a.

Nur 20 % der für den Waschprozess erforderlichen **Energie** werden für die Herstellung des Waschmittels benötigt, 80 % für das Aufheizen des Waschwassers. Man bemüht sich daher um wassersparende, bei niedriger Temperatur ablaufende Waschprozesse. Statt 90 °C sind inzwischen 60 °C ausreichend. Auch Waschmittel für 30 °C sind schon auf dem Markt. Dabei hilft der Austausch von Alkylbenzensulfonaten gegen nichtionische Tenside, wie die Alkoholethoxylate und die Alkylpolyglycoside.

Außer als Netz- und Waschmittel für den Haushalt und die Textilindustrie verwendet man oberflächenaktive Substanzen als technische Hilfsmittel. **Schaum-** und **Netzmittel** leisten wertvolle Dienste bei der Feuerbekämpfung; Netzmittel dienen zur Staubbekämpfung in Industrieanlagen und Bergwerken. Oberflächenaktive Substanzen benutzt man auch zur Vermeidung elektrostatischer Aufladungen und bei der Herstellung von Margarine, Eiskrem und Zahnpasta. Erwähnt sei auch die sog. tertiäre **Erdölförderung**: Man presst Tensidlösungen in das Gestein, in dessen Kapillaren sich noch ca. 20 % Öl befinden.

4.5.4 Schmierstoffe

30 % der gesamten erzeugten Energie gehen durch Reibung verloren!

Schmierstoffe haben die Aufgabe, zwischen gegeneinander bewegten Maschinenteilen einen Schmierfilm zu bilden, um Verschleiß und Reibungsverluste gering zu halten.

Mineralöle, reine Kohlenwasserstoffe, bilden den Hauptbestandteil der üblichen **Schmieröle**. Meist verwendet man jedoch „legierte Öle“, die Additive zur Verbesserung der Gebrauchseigenschaften enthalten.

Die **Viskosität** eines **Schmieröls** muss den Anwendungsbedingungen angepasst sein. Je höher der Lagerdruck ist, umso größer muss die Viskosität sein. Mit steigender Temperatur nimmt jedoch die Viskosität stark ab. Bei hohen Temperaturen, z. B. in Verbrennungsmotoren, kann daher die Schmierwirkung zu gering werden. Mit einem Trick kann man aber sog. **Mehrbereichsöle** für hohe und tiefe Temperaturbereiche gleich gut verwendbar machen. Man setzt dem Öl Polymethacrylate oder Polyalkylstyrene (▶ 3.5.3) zu. Bei tiefer Temperatur sind die Polymeren wenig löslich, und es bildet sich ein Gemisch relativ geringer Viskosität aus **knäuelartigen** Polymerteilchen und Schmieröl. Bei Temperaturerhöhung löst sich der polymere Stoff vollständig, die Moleküle strecken sich und umgeben sich mit einer Solvathülle. Man vermindert dadurch die Viskositätsabnahme bei Temperaturerhöhung.

Die heute verwendeten **synthetischen Motoröle** werden ausschließlich aus synthetischen Komponenten hergestellt. Sie besitzen eine verbesserte Viskosität in einem größeren Temperaturbereich sowie bessere chemische und thermische Beständigkeit, haben allerdings einen hohen Preis.

Den **Schmierölen** werden Antioxidanzien und Korrosionsschutzmitteln sowie Tenside zugesetzt, die Ruß, Wasser und andere Verunreinigungen emulgieren. Carbonsäuren und ihre Salze sowie Schwefel-, Phosphor- und Halogenverbindungen bilden feste Verbindungen mit Metalloberflächen und verbessern die Festigkeit des Schmierfilms auch bei hohem Druck. Gemische von 10–40 % Seifen, z. B. Lithiumsalze von Fettsäuren, mit Schmierölen ergeben **Schmierfette**. Die Seife bildet dabei ein Gitter, das ein Ausfließen des Öls verhindert; sie vermittelt aber auch eine Verbindung mit den Metalloberflächen. Andere Mischungen von Mineralölen mit Tensiden verwendet man als **Bohr-** und **Schneidöle** und – im Gemisch mit Wasser – als Bohr- und Schneid-Emulsionen.

Für extreme Bedingungen, z. B. für Strahltriebwerke und die Raumfahrt, wurden Schmiermittel für einen großen Temperaturbereich entwickelt, z. B. Perfluoralkoxy-Polymere (PFA) und Perfluorpolyether (Krytox). Manche Kompressoren dürfen nicht mit Kohlenwasserstoffen geschmiert werden; man verwendet dann z. B. Polyethylenglycole (▶ 3.5.3), z. T. im Gemisch mit Wasser.

4.5.5 Flotationshilfsmittel

Die **Flotation** ist eine wichtige Methode zur Trennung von Mineralen (Abb. 4.4). Das feingemahlene Material wird mit **Sammlern** behandelt. Das sind oberflächenaktive Substanzen, welche die Oberflächen bestimmter Minerale, z. B. der Metallsulfide, belegen und sie unbenetzbar machen. In einer wässrigen Lösung schäumender oberflächenaktiver Substanzen werden die mit dem Sammler belegten und daher hydrophoben Teilchen von den Gasbläschen an die Oberfläche getragen und auf diese Weise von der Gangart, also dem „tauben“ Gestein, getrennt, die hydrophil ist und deshalb nicht von den Gasbläschen getragen wird. Die Flotationsmethode ermöglicht die Ausnutzung sehr armer Erze.

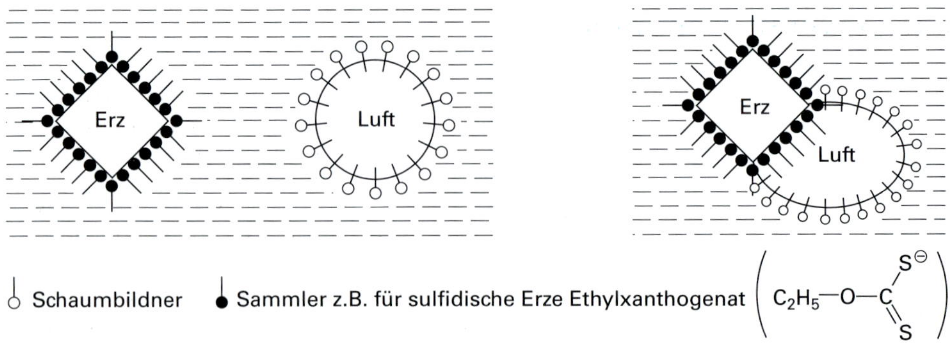

Abb. 4.4 Grenzflächenaktive Substanzen bei der Flotation.

4.5.6 Umweltbelastung durch Detergenzien, Eutrophierung

Große Mengen Wasch- und Spülmittel gelangen über die **Abwässer** in Kläranlagen, Seen und Flüsse. Die starke Verunreinigung der Flüsse in den 1950er Jahren, die auf biologisch schwer abbaubare, stark verzweigte hydrophobe Reste in den waschaktiven Substanzen zurückzuführen war, führte zum noch heute geltenden Detergenziengesetz, das 1962 deren 80 %ige biologische Abbaubarkeit forderte.

Das führte aber dazu, dass die Abwässer zu nahezu idealen Nährböden wurden: Vom Regen ausgeschwemmte stickstoffhaltige Düngemittel, die Phosphate aus den Waschmitteln und die nun abbaubaren waschaktiven Substanzen erlauben ein üppiges **Wachstum der Mikroorganismen**. Dadurch wird der Sauerstoff oft bereits in den Oberflächenschichten der Gewässer verbraucht. Die tieferen Schichten erhalten zu wenig Sauerstoff; Fische und aerobe Mikroorganismen sind dort nicht lebensfähig. Anaerobe Mikroorganismen vermehren sich stark und geben u. a. Schwefelwasserstoff ab, das ein starkes Zellgift für die übrigen Organismen ist; die Gewässer faulen. Man nennt diesen Vorgang **Eutrophierung**. Wie im Kapitel 4.5.3 beschrieben, gelang es, den Phosphatgehalt der Waschmittel zu reduzieren. Aber auch dadurch kann man nur etwa 60 % der Phosphate im Abwasser vermeiden. Der Rest stammt aus Fäkalien, Industrieabwässern und Düngern. Durch Belüftung der Gewässer kann man auch das Leben in tieferen Schichten der Gewässer erhalten.

Eine weitere wesentliche Verbesserung brachte das Wasserhaushaltsgesetz von 1976. Heute wird der größte Teil der Abwässer auch biologisch geklärt und ggf. noch weiter gereinigt. Dadurch gelingt es auch, den Stickstoff- und Phosphorgehalt weitgehend zu reduzieren.

4.6 Zusammenfassung

- **Zwischenmolekulare Wechselwirkungen** sind für wichtige Eigenschaften von Stoffen wie Schmelz- und Siedepunkte, Dichte und Viskosität verantwortlich. Von besonderer Bedeutung sind sie bei Lösemitteln, Weichmachern und grenzflächenaktiven Substanzen.
- Chemische Reaktionen werden zumeist in Lösung durchgeführt. Das **Lösemittel** soll die Reaktionspartner lösen, selbst nicht an der Reaktion teilnehmen, diese aber gut zu kontrollieren gestatten.
- Lösemittel benötigt man als Hilfsmittel bei der Reinigung fester Substanzen durch **Umkristallisation** und bei der **Extraktion** eines leicht löslichen Stoffes aus einem Gemisch.
- **Weichmacher** sind schwerflüchtige Lösemittel, die Kunststoffen zugesetzt werden, um deren Eigenschaften zu verbessern.
- **Tenside** sind grenzflächenaktive Substanzen, deren Moleküle aus einem **hydrophoben** und einem **hydrophilen** Teil bestehen.
- Tenside, die sich an hydrophoben Teilchen anreichern, nennt man **Netzmittel**. Man verwendet sie als Emulgatoren, als Flotationshilfsmittel bei der Gewinnung von Erzen und in Waschmitteln.
- **Waschmittel** enthalten anionische und nichtionische Tenside. Zu ersteren zählen Alkylbenzensulfonate, Alkylsulfate und Seifen, zu letzteren Alkoholethoxylate und Alkylpolyglycoside. Der Enthärtung des Wassers dienen Komplexbildner und Zeolithe. Weitere wichtige Komponenten sind Bleichmittel, optische Aufheller und Enzyme.
- Wichtige Gesichtpunkte bei der Herstellung und Verwendung von Tensiden liegen im Bereich der **Nachhaltigkeit** (regenerative Rohstoffe) und der **ökologischen Effizienz**.

5 Organische Farbstoffe

5.1 Einleitung

Die lebenden Organismen (Bakterien, Pflanzen und Tiere) haben in den Milliarden Jahren ihrer Evolution eine große Zahl von chemisch sehr verschiedenartigen **Farbstoffen** entwickelt, die vielen Zwecken dienen. Der wichtigste dürfte der grüne Blattfarbstoff, das **Chlorophyll**, sein, der die Umwandlung von Sonnenenergie in chemische Energie und damit das Leben auf der Erde überhaupt ermöglicht. Die lichtempfindlichen Farbstoffe unserer Augen bilden die Voraussetzung der Definition einer farbigen Substanz: Farbig erscheint eine Substanz dem Menschen dann, wenn sie in einem Teilbereich des vom Auge wahrgenommenen Spektralbereichs Strahlung absorbiert oder emittiert.

Viele Farbstoffe helfen den Tieren bei der Tarnung und Orientierung, chemische lichtemittierende Reaktionen ermöglichen die Orientierung bei Nacht oder in der Tiefsee. Andere, wie die Blutfarbstoffe **Hämoglobin** oder **Hämocyanin**, dienen zum Sauerstofftransport in den Organismen (▶ 6.10.1). Bei manchen anderen Farbstoffen in der Natur fällt es uns schwer, einen „Nutzen" zu definieren; sie machen die Welt vielgestaltiger, schöner für uns Menschen, dienen aber z. B. den Insekten zum Erkennen ihrer Futterpflanzen. Der Mensch hat seit Jahrtausenden versucht, die natürlichen Farbstoffe für sich zu nutzen. Erst in der Mitte des 19. Jahrhunderts glückte ihm die **technische Herstellung von Farbstoffen**. Farbenfabriken waren die Keimzellen der modernen chemischen Industrie.

In diesem Kapitel werden einige wichtige physikalische, chemische und technische Aspekte von Farbstoffen erläutert. Einige biochemisch wichtige Farbstoffe werden in Kapitel 6 besprochen. Grundsätzliches über die Zusammenhänge zwischen Struktur und Farbe organischer Verbindungen wurde bereits in Kapitel 1.13 ausgeführt.

5.2 Physikalische Eigenschaften

Eine Substanz erscheint dem menschlichen Auge **farbig**, wenn sie elektromagnetische Strahlung in einem Teilbereich der Wellenlängen von 400 bis 700 Nanometer (1 nm = 10^{-9} m) absorbiert oder emittiert. Sie erscheint **schwarz**, wenn sie die Strahlung in diesem Bereich gleichmäßig absorbiert, und **weiß**, wenn sie Strahlung in diesem Bereich gleichmäßig reflektiert. Absorbiert die Substanz in diesem Bereich nicht und ist sie durchsichtig, so bezeichnen wir sie als **farblos**.

Tab. 5.1 Farbeindruck bei Absorption und Emission in Teilbereichen des sichtbaren Spektrums.

Wellenlänge der elektromagnetischen Strahlung [nm]	400	500	600	700
Emittiertes Licht erscheint	violett blau blaugrün grün grüngelb gelb orange rot			
Falls Licht absorbiert wird, erscheint die Substanz	gelbgrün gelb orange rot purpur blau blaugrün grün			
Quantenenergie[a] [kJ/mol]	300	240	200	170

[a] 1 mol Lichtquanten der Wellenlänge λ (nm) entsprechen einer Energie von 120.000/λ (kJ/mol).

Je nachdem, ob eine Substanz in einem begrenzten Bereich des sichtbaren Spektrums **absorbiert** oder **emittiert**, nehmen wir verschiedene Farbeindrücke wahr (▶ Tabelle 5.1).

Bei der **Absorption von Strahlung** im sichtbaren und dem ultravioletten Bereich wird das **Elektronensystem** von Molekülen **angeregt**: Wie das Energiediagramm in Abbildung 1.24 zeigt, werden Elektronen dabei aus einem besetzten in ein unbesetztes Molekülorbital angehoben. Die dazu notwendige Energie liegt bei gesättigten Verbindungen, in denen nur σ-Bindungen vorhanden sind, im fernen UV-Bereich ($\lambda < 200$ nm), bei Substanzen mit einfachen π-Elektronensystemen, wie 1,3-Butadien oder Benzen, bei 200 bis 400 nm. Erst bei Substanzen mit ausgedehnteren π-Elektronensystemen wird der Energieunterschied zwischen dem höchsten besetzten (HOMO) und dem niedrigsten unbesetzten Molekülorbital (LUMO) so gering, dass Licht aus dem sichtbaren Bereich des Spektrums zur Anregung ausreicht. Näheres über Zusammenhänge zwischen dem Absorptionsspektrum und der Konstitution findet sich im Abschnitt 7.8.2.

Infolge der Lichtabsorption gelangt das Molekül A in den **angeregten Zustand** A*:

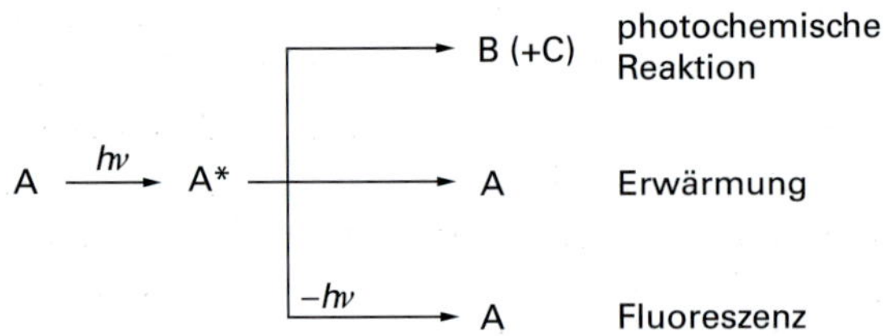

Es enthält hierdurch soviel zusätzliche Energie, dass damit die Aktivierungsenergie für Umlagerungen oder sogar die Dissoziationsenergie von Bindungen zur Verfügung stehen kann (▶ Tabelle 5.1). **Photochemische Reaktionen** können also eine Folge der Lichtabsorption sein, nämlich Umlagerungen, Eliminierungen oder Aufspaltung von Molekülen in Bruchstücke.

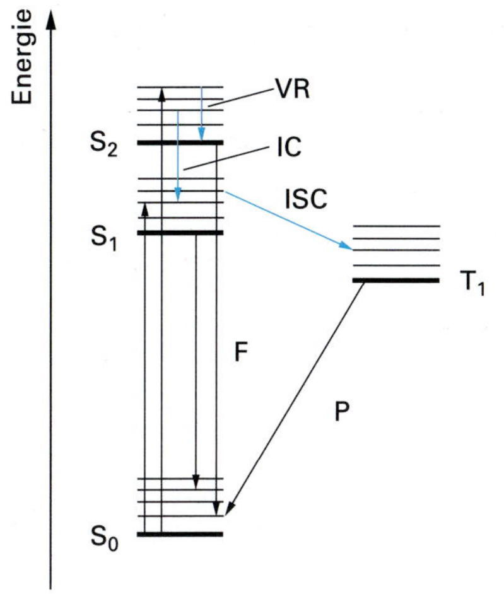

Abb. 5.1 Energiediagramm lumineszierender Moleküle (vereinfachtes Jabłoński-Diagramm).
Die Pfeile zeigen den Übergang von Elektronen zwischen Zuständen verschiedener Energie an. S_0 Grundzustand (Energieminimum); S_1, S_2 angeregte Singulettzustände; T_1 Triplettzustand. Die parallel über den dicken Balken gezeichneten dünnen Linien deuten Schwingungszustände an.
↑Lichtabsorption (Anregung); ↓ Emission: F Fluoreszenz, P Phosphoreszenz; ↓ strahlungslose Desaktivierung: VR Schwingungsrelaxation (*Vibrational Relaxation*), IC strahlungsloser Übergang (*Internal Conversion*), ISC verbotener Singulett-Triplett-Übergang unter Spinumkehr (*Intersystem Crossing*).

> Die **Photochemie** beschäftigt sich mit Reaktionen, die durch Licht ausgelöst werden.

Photochemische Reaktionen können in der präparativen Chemie erwünscht sein. Ein Farbstoff, mit dem ein Kleidungsstück gefärbt ist, darf sich jedoch nicht verändern. Man musste daher Stoffe entwickeln, in deren Molekülen die Anregungsenergie des Elektronensystems leicht in Schwingungsenergie der Moleküle umgewandelt wird, ohne dass sich der Farbstoff dabei verändert. Hierbei wird die *Lichtenergie in Wärmeenergie umgewandelt*, die Substanz wird **lichtecht**!

Es gibt einen dritten Weg, auf dem Moleküle die Anregungsenergie des Elektronensystems wieder abgeben können – sie können nämlich Strahlung aus dem sichtbaren Bereich emittieren. Abbildung 5.1 zeigt stark vereinfacht, wie man sich das Energiediagramm von **lumineszierenden** Molekülen vorstellen kann.

Durch Strahlungsabsorption können verschiedene unbesetzte Molekülorbitale mit Elektronen besetzt werden, die sich vorher in den besetzten Orbitalen befanden.

Der Strahlungsemission sind häufig Prozesse **strahlungsloser Desaktivierung** vorgeschaltet. Daher ist meistens die Energie der Lichtquanten der **Fluoreszenz-**

strahlung kleiner als diejenige der absorbierten Strahlung: Da die Energie der Lichtquanten umgekehrt proportional der Wellenlänge ist, $E \sim 1/\lambda$ (▶ 1.13), liegt die Fluoreszenzstrahlung bei größeren Wellenlängen als die absorbierte Strahlung.

Fluoreszenz
Die grünliche Fluoreszenz der Moleküle des **Fluoresceins** (▶ Abb. 5.3) in kosmetischen Flüssigkeiten oder die bläuliche Fluoreszenz des **Chinins** im Tonicwater ist wohl bekannt. Heute werden fluoreszierende Farbstoffe produziert, die als Tagesleuchtfarben oder Weißtöner verwendet werden. **Tagesleuchtfarben** sind Farbstoffe, die in dem Spektralbereich, in dem sie die Strahlung nicht absorbieren, durch Ausnutzung der Fluoreszenz mehr Strahlung aussenden, als sie dort empfangen. Die bekannten roten Tagesleuchtfarben absorbieren Strahlung im Bereich 400 bis 500 nm und wandeln sie in Fluoreszenzstrahlung im Bereich 600 bis 700 nm um, die sie zusätzlich zu der in diesem Bereich reflektierten Strahlung aussenden.

Ähnlich arbeiten die **optischen Aufheller** (Weißtöner), die heute den meisten Waschmitteln, dem Schreibpapier und Papiertaschentüchern zugesetzt werden: Strahlung aus dem UV-Bereich wird in bläulichweiße Fluoreszenzstrahlung umgewandelt. Dadurch wird ein Gelbstich überdeckt, und die Wäsche oder das Papier erscheint „weißer als weiß". Fluoreszenzstoffe wie z. B. Rhodamin 6G werden heute zur Erzeugung von Laserstrahlung verwendet: **Farbstofflaser**. Einige Bakterien, Glühwürmchen und Tiefseefische sind in der Lage, chemische Energie in Licht umzuwandeln. Bei diesen Reaktionen werden Moleküle im elektronisch angeregten Zustand gebildet, sie senden Licht aus und gehen dadurch in den Grundzustand über. Man wendet diese Chemilumineszenz für Notsignale z. B. für Schiffbrüchige an (▶ 5.4).

Als **Phosphoreszenz** bezeichnet man eine besondere Form der Lumineszenz, die eine lange Abklingzeit besitzt. Sie unterscheidet sich von der schnell abklingenden Fluoreszenz dadurch, dass sie nicht direkt aus dem angeregten Singulettzustand (S_1 oder S_2) erfolgt, sondern aus dem Triplettzustand (T_1). Dazu ist zunächst der eigentliche strahlungslose Übergang mit Spinumkehr (**Intersystem Crossing**) erforderlich, den man nur bei bestimmten Stoffen beobachtet. Da auch die Phosphoreszenz mit einer verbotenen Spinumkehr verbunden ist, handelt es sich hierbei um einen langsamen Prozess.

5.3 Struktur und Eigenschaften

Farbstoffe, mit denen Textilien gefärbt werden sollen, müssen außer der Farbigkeit eine Reihe weiterer Eigenschaften besitzen: sie müssen **lichtecht** sein, sie müssen auf der Faser so fest haften, dass sie nicht ausgewaschen werden, sie müssen also **waschecht** sein, sie dürfen sich nicht unter dem Einfluss des Luftsauerstoffs, von Schweiß, durch Meerwasser, bei der chemischen Reinigung oder beim Bügeln verändern, sie müssen also unter diesen Bedingungen **chemisch beständig** sein. Dies gilt selbstverständlich nur eingeschränkt, wenn ein ausgebleichter oder verwaschener Eindruck eines Textils absichtlich erzeugt werden soll wie z. B. bei Bluejeans, die mit dem auf Baumwolle schlecht haftenden und wenig lichtechten Farbstoff Indigo (▶ 5.3.2) gefärbt werden.

5.3.1 Farbtragende Gruppierungen (Chromophore)

Fast alle technisch genutzten Farbstoffe besitzen aromatische isocyclische oder heterocyclische Ringe mit farbtragenden, **chromophoren Gruppen** (▶ Abb. 5.3). Am häufigsten wird hierzu die Azogruppe verwendet (**Azofarbstoffe**), die zwei aromatische Ringe verknüpft:

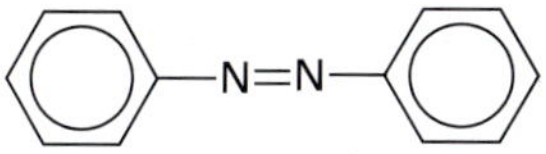

Azobenzen

Man gelangt auf folgendem Wege zu Verbindungen mit der Azogruppe:

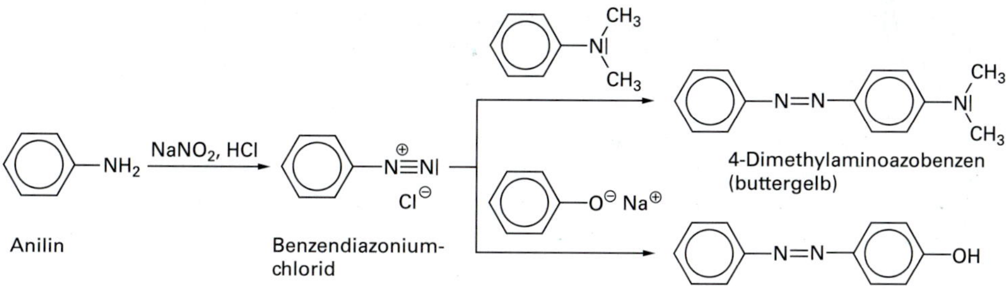

Aromatische Amine werden durch Reaktion mit salpetriger Säure (HNO_2), die aus Natriumnitrit im sauren Medium gebildet wird, in Diazoniumsalze umgewandelt. Diese sind zu elektrophilen Substitutionsreaktionen aromatischer Verbindungen fähig. Bei diesen sog. Kupplungsreaktionen wird vor allem die ortho- und para-Stellung zu Substituenten mit +M-Effekt angegriffen (▶ 2.6.3). Das oben dargestellte 4-Dimethylaminoazobenzen wurde früher als Butterfarbstoff verwandt, bis man gefunden hatte, dass es karzinogen wirkt.

Eine Reihe von Farbstoffen besitzt das **Anthrachinongerüst**, ein Homologes des 1,4-Benzochinons, das man zuerst im Alizarin, dem Farbstoff der Krappwurzel gefunden hatte (▶ Abb. 5.3). Dazu gehören auch die **Indanthrenfarbstoffe**, die bestimmte Mindestanforderungen hinsichtlich ihrer Licht-, Wasch- und Wetterechtheit erfüllen müssen.

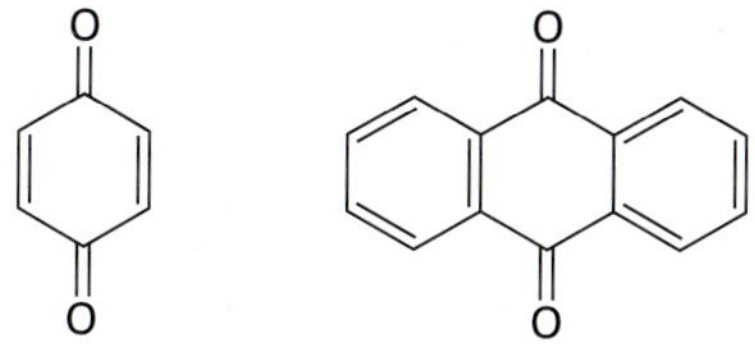

p-Benzochinon Anthrachinon

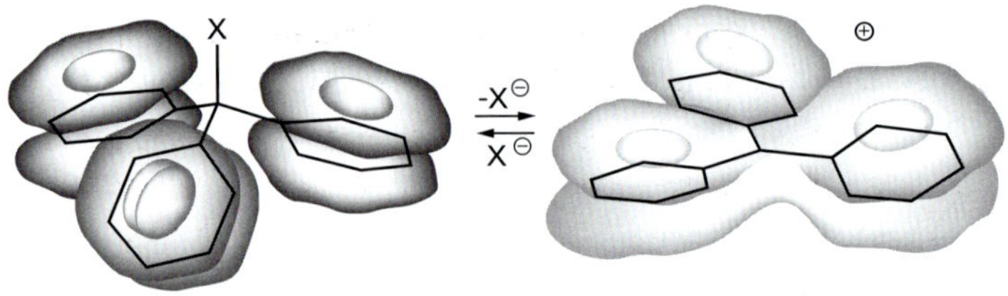

Abb. 5.2 π-Elektronensystem der Triphenylmethanfarbstoffe.
Rechts ist das zentrale C-Atom sp^2-hybridisiert, sämtliche Benzenringe bilden mit dem zentralen Atom ein gemeinsames π-Elektronensystem. Wegen der Behinderung der ortho-H-Atome sind die drei Benzenringe propellerartig verdrillt. Das Molekül ist farbig. Links ist das zentrale Atom vierbindig, also sp^3-hybridisiert. Dadurch werden die π-Elektronensysteme der einzelnen Benzenringe voneinander isoliert. Das Molekül ist farblos.

Eine große Zahl von Farbstoffen enthält das **Triphenylmethansystem**. Die farbtragende Gruppierung besteht aus drei Benzenringen, die in einer Ebene liegen und durch ein sp^2-hybridisiertes Kohlenstoffatom miteinander verknüpft sind (▶ Abb. 5.2 rechts). Wegen gegenseitiger sterischer Behinderung der ortho-H-Atome sind die drei Ringe leicht propellerartig verdrillt. Dies behindert jedoch die Mesomerie wenig. Bei den praktisch verwendeten Farbstoffmolekülen enthält dies System noch sog. **auxochrome Gruppen**, das sind Gruppen mit freien Elektronenpaaren (—NR_2, —OR), welche die Farbe verändern und das Haftvermögen verbessern. Am Beispiel des **Malachitgrüns** ist gezeigt, dass man vier Formeln aufschreiben muss, zwischen denen eine Mesomerie besteht, um das System zu beschreiben, das in Abbildung 5.2 rechts aufgezeichnet ist.

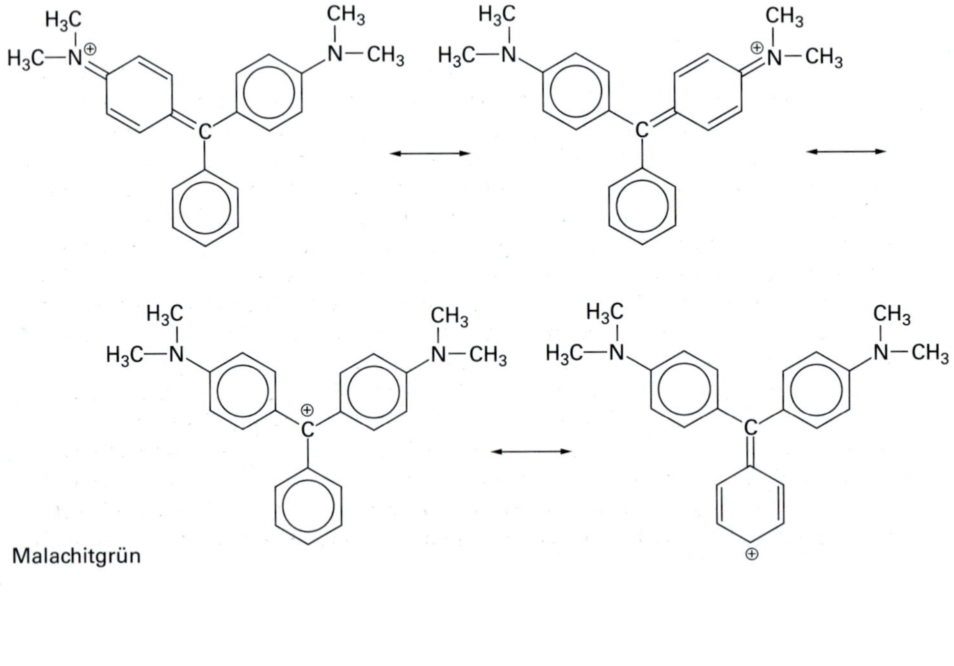

Malachitgrün

Die gleiche Struktureinheit findet man auch beim **Phenolphthalein** in alkalischer Lösung. Im sauren Medium geht das zentrale C-Atom in die sp^3-Hybridisierung über. Die π-Elektronensysteme der drei Benzenringe werden dadurch voneinander isoliert, damit wird das Molekül farblos. Man verwendet Phenolphthalein als **pH-Indikator**, z. B. bei Titrationen. Andere Triphenylmethanfarbstoffe sind in der Abbildung 5.3 aufgezeichnet.

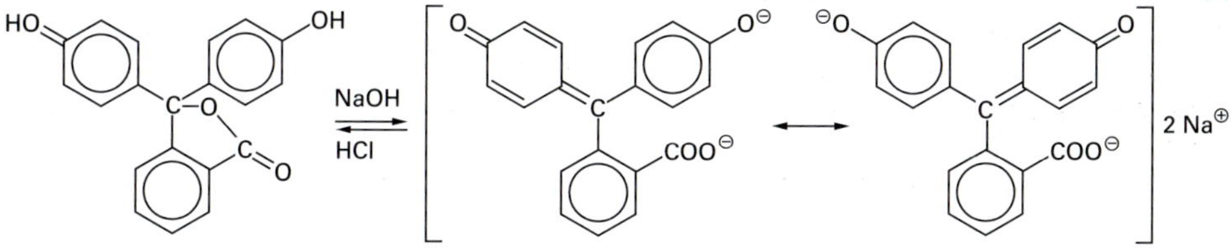

Phenolphthalein bei pH < 9 : farblos

Phenolphthalein bei pH > 9 : rot

Die sog. **Cyaninfarbstoffe** enthalten als chromophores System die Polymethingruppierung. Durch Überlagerung zweier gleichartiger Formeln, zwischen denen Mesomerie herrscht, findet dabei ein vollständiger Ausgleich der Bindungslängen (wie zum Beispiel beim Benzen) statt:

$$X{-}CH{=}CH{-}CH{=}CH{-}CH{=}X^{\oplus} \leftrightarrow X^{\oplus}{=}CH{-}CH{=}CH{-}CH{=}CH{-}X$$

gleichbedeutend mit:

$$[X{\cdots}CH{\cdots}CH{\cdots}CH{\cdots}CH{\cdots}CH{\cdots}X]^{\oplus}$$

Durch Verlängerung des mesomeren Systems kann man die Absorptionsbanden langwellig verschieben, bis hinein in den Infrarotbereich.

Fotografieren mit Chemie

Man verwendet **Cyaninfarbstoffe** vor allem in der herkömmlichen **Fotografie** mit fotografischen Filmen als sog. **Sensibilisatoren**. Die Silberbromidschicht ist an sich nur für blaues Licht empfindlich. Bringt man jedoch Sensibilisierungsfarbstoffe in die Schicht, so machen diese sie im Bereich ihrer Absorptionsbanden lichtempfindlich. Die Sensibilisierungsfarbstoffe absorbieren die Strahlung und übertragen ihre Anregungsenergie auf die Silberbromidkörnchen. Dort bewirkt sie die Spaltung von Silberbromid in Ag- und Br-Atome. Die Ag-Atome bilden nach der Belichtung das sog. latente Bild. Entwicklersubstanzen, wie zum Beispiel das Benzen-1,4-diamin (1,4-Phenylendiamin), reduzieren diejenigen AgBr-Körnchen, die die Silberkeime des latenten Bildes enthalten. Offensichtlich katalysiert das metallische Silber der Keime diese Reaktion. Auf diese Weise entsteht das Silberbild der **Schwarzweißfotografie**.

Bei der **Farbfotografie** trägt der Film drei Schichten, die für den blauen, den grünen und den roten Bereich sensibilisiert sind. Die bei der Entwicklung, der Reduktion des Silberbromids, entstehende oxidierte Form des Entwicklers wird als Kupplungskomponente zur Bildung von Farbstoffen in der Schicht verwendet. In der grün sensibilisierten Schicht bildet sich aus dem als Entwickler verwendeten *N,N*-Dimethyl-1,4-phenylendiamin das Chinondiimin, das den dort eingelagerten Purpurkuppler elektrophil

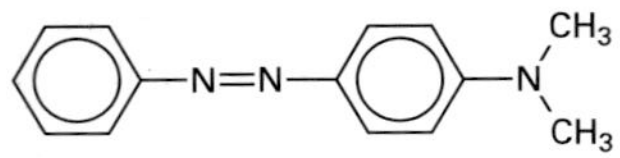

Buttergelb (carcinogen)

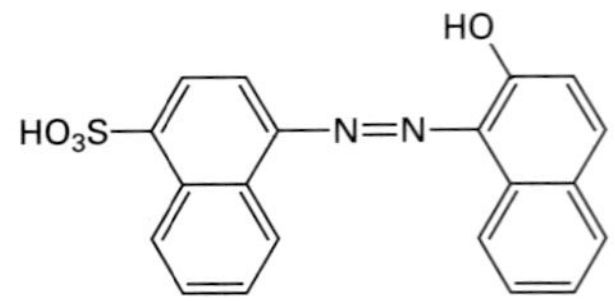

Echtrot A

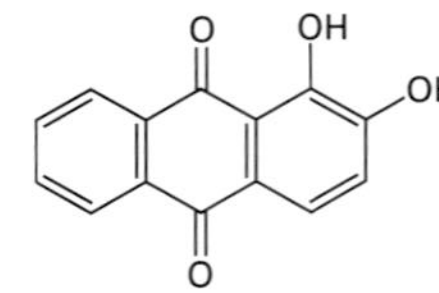

Alizarin
(Antrachinonfarbstoff
aus der Krappwurzel)

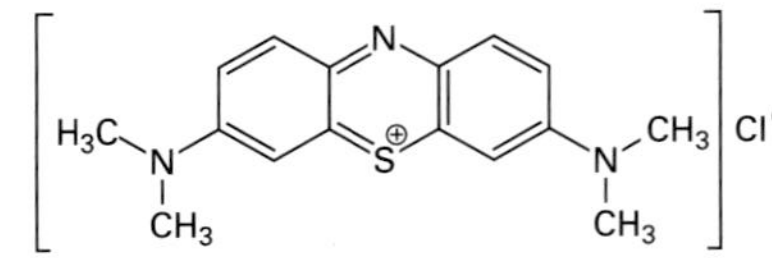

Methylenblau
(basischer Farbstoff)

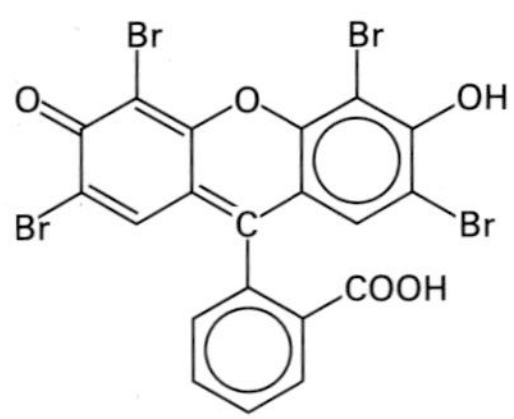

Eosin
(rote Tinte)

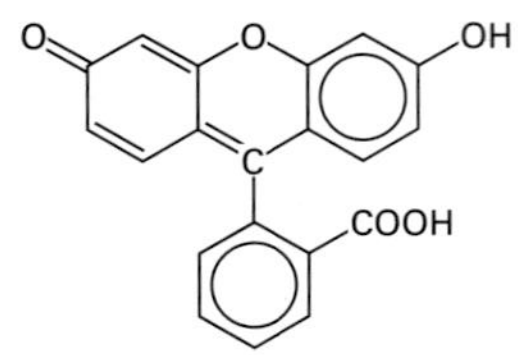

Fluorescein
(gelbgrün fluoreszierend)

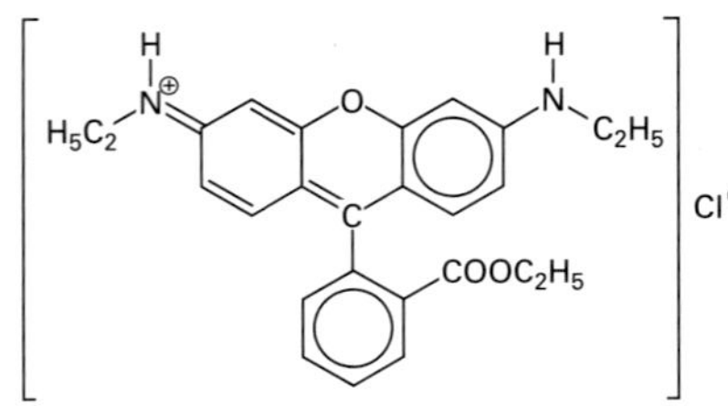

Rhodamin 6 G
(Farbstoff-Laser)

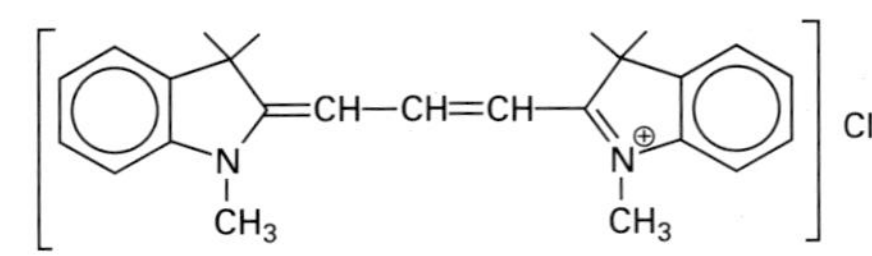

Astraphloxin
(Polymethinfarbstoff, Sensibilisator)

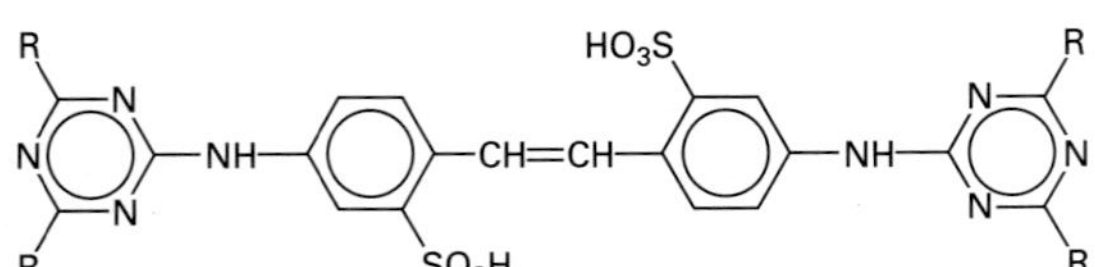

4,4′-Bis-(triazinylamino)-stilben-2,2′-disulfonsäure
Durch unterschiedliche polare Gruppen R
Anpassung an Verwendungszweck.
(Waschmittel-Weißtöner)

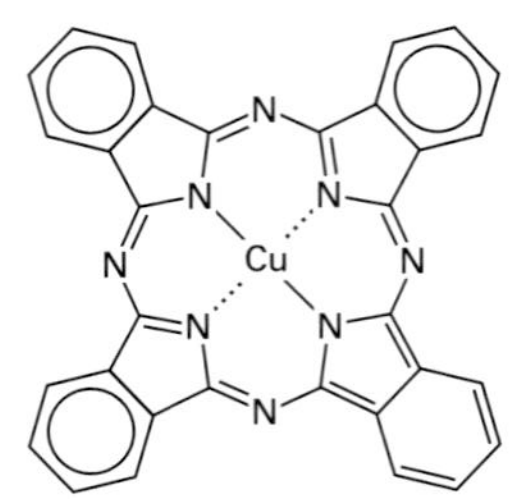

Phthalocyanin
(blaues Pigment)

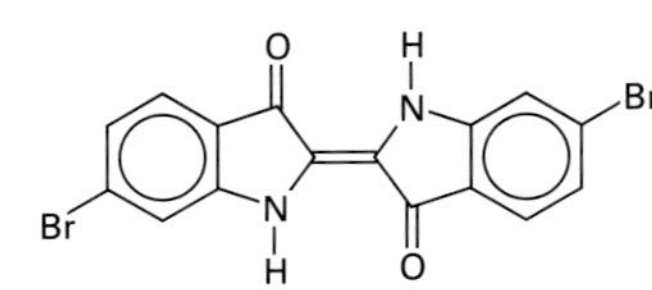

6,6′-Dibromindigo
(Antiker Purpur, Purpurschnecke)

Abb. 5.3 Farbige organische Substanzen.

substituiert und dadurch ein purpurnes, negatives Bild erzeugt. Mit einer Kaliumhexacyanoferrat(III)-Lösung wird das Silber zu $Ag^{\oplus}$ oxidiert und anschließend im Fixierbad, einer Lösung von Natriumthiosulfat, herausgelöst. Die bei der Entwicklung gebildeten Farbstoffe dürfen nicht innerhalb der Schicht oder aus ihr heraus diffundieren. Daher werden die Farbkuppler mit langkettigen Kohlenwasserstoffresten verknüpft, welche die farbigen Moleküle in der Gelatineschicht verankern. Entsprechend bildet sich in der blau und rot sensibilisierten Schicht gelber und blaugrüner Farbstoff.

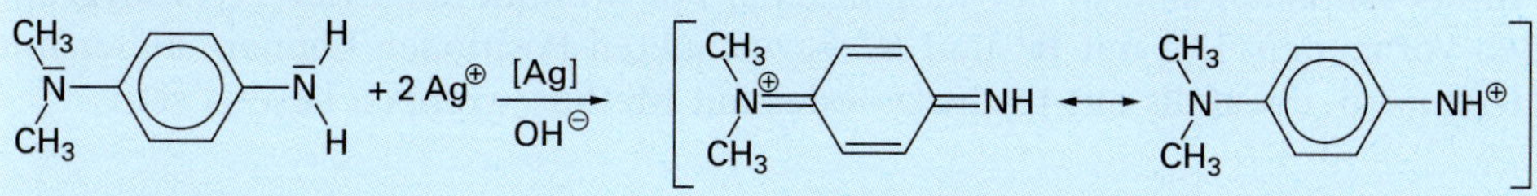

N,N-Dimethyl-1,4-phenylendiamin, E　　*N,N*-Dimethyl-1,4-benzochinondiimin, E′

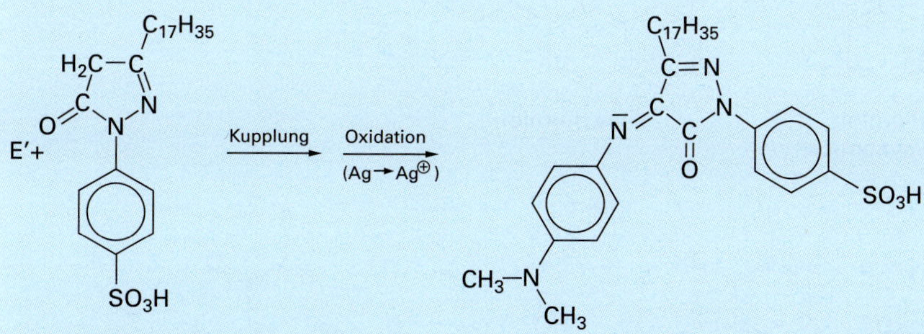

Purpur-Kuppler　　Purpurfarbstoff

Im **Kupferphthalocyanin** (▶ Abb. 5.3) wirkt das aromatische System mit 18 π-Elektronen als chromophores System, das auch dem Blatt- und dem Blutfarbstoff zugrunde liegt (▶ 6.10.1). Als Vertreter einer Reihe weiterer spezieller chromophorer Systeme sei noch der Chromophor des Indigos und des Purpurs (▶ 5.3.2 und Abb. 5.3) erwähnt.

In den **Carotenoiden**, z. B. den Farbstoffen der Karotte und der Tomate (Caroten und Lycopen) sowie des Sehpurpurs (▶ 6.10.2), ist das chromophore System eine Kette aus meistens elf bzw. sechs konjugierten Doppelbindungen (▶ Abb. 6.12 und 6.13). Diese **Polyenfarbstoffe** haben Bedeutung als fettlösliche, physiologisch unbedenkliche Farbstoffe für Lebensmittel und Kosmetika.

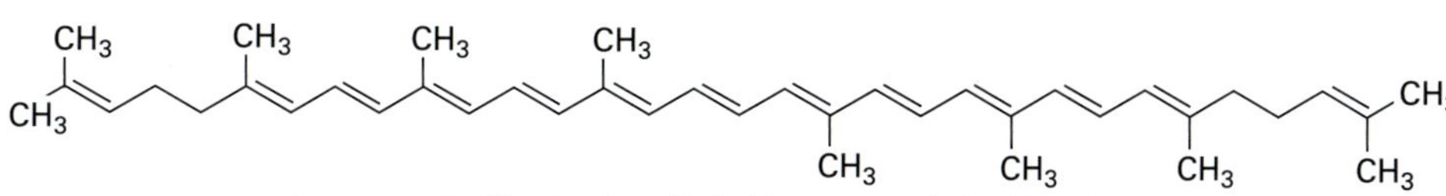

Lycopen, $C_{40}H_{56}$, Farbstoff der Tomate und der Hagebutte.

Viele Pflanzen enthalten in ihren Blüten, Früchten und Samen wasserlösliche, hauptsächlich rote, violette und blaue Farbstoffe, die **Anthocyane**, die auch als Flavyliumfarbstoffe bezeichnet werden. Diese liegen natürlich als Glycoside (▶ 6.3.1) vor; bei der Hydrolyse entstehen die entsprechenden **Anthocyanidine**. Das sind also die Aglycone der Anthocyane. Die Farbe kann vom pH-Wert abhängen: Kornblumen (blau) und Rosen (rot) enthalten das gleiche Anthocyan.

Den Chromophor der **Anthocyanidine** bilden hydroxylierte Derivate des **Flavyliumions**. Dieses ist das 2-Phenylderivat des Chromenyliumions (Benzopyranyliumion, ▶ 2.8.2, Tabelle 2.6). Es handelt sich also um einen mesomeriestabilisierten, aromatischen Heterocyclus mit mehreren auxochromen Gruppen. In den Anthocyanidinen sind in der kationischen Form mindestens vier Hydroxygruppen vorhanden. Die mit R^1 und R^2 bezeichneten Positionen können, außer mit H-Atomen, ebenfalls mit Hydroxy- oder mit Methoxygruppen besetzt sein.

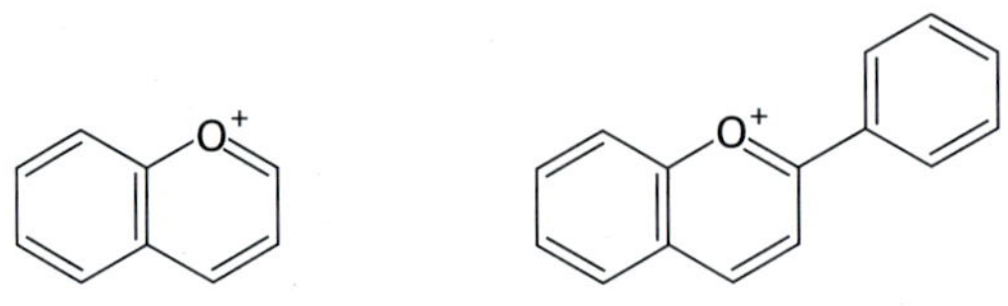

Chromenyliumion
Benzopyranyliumion

Flavyliumion

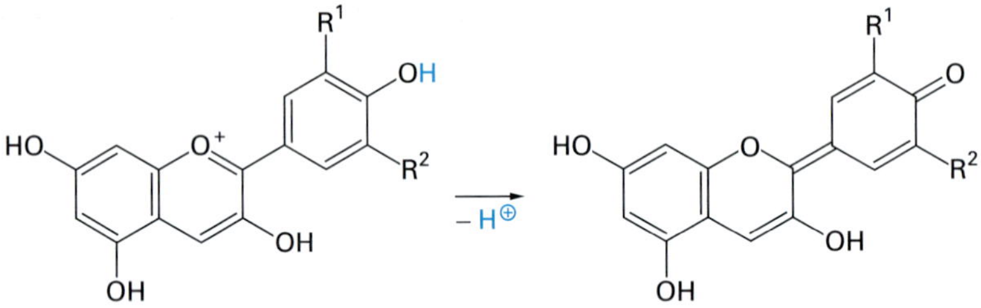

rot-violett

blau

Anthocyanidin	R^1	R^2	Farbe	Vorkommen
Cyanidin	OH	H	rot-violett	Kirsche, Pflaume, Brombeere
Delphinidin	OH	OH	blau-violett	Rittersporn, Stiefmütterchen, Trauben
Pelargonidin	H	H	rot-orange	Geranien, Erdbeere, Banane

Bei der Deprotonierung der 4-Hydroxyphenylgruppe bildet sich ein ungeladener, chinoider Sechsring, der über eine Doppelbindung mit dem Heterocyclus verbunden ist und eine andere Farbe besitzt.

Anthocyane spielen für die **Lebensmittelfärbung** eine bedeutende Rolle, da sie physiologisch unbedenklich sind. Sie stellen, wie viele andere Flavonoide auch, wirksame **Antioxidanzien** dar. Der Verzehr von Anthocyanen wird mit einer Reihe potentiell positiver Gesundheitseffekte assoziiert. Hierzu zählen therapeutische Wirkungen bei der Behandlung verschiedener mikrovaskulärer Erkrankungen sowie die Hemmung der Blutplättchenaggregation und die Verbesserung der Sehfähigkeit. Ähnliches gilt auch für Anthocyanidine als Lebensmittelbestandteile. Cyanidin und Delphinidin hemmen z. B. in niedrigen (mikromolaren) Konzentrationen das Wachstum von Tumorzellen. Anthocyanidine greifen ferner direkt und effektiv in die zelluläre Signalübertragung ein. Im Rotwein wurden Ester von Anthocyanen mit verschiedenen Carbonsäuren wie z. B. Essigsäure gefunden.

Eine vielversprechende Entwicklung findet gegenwärtig auf dem Gebiet **alternativer Lichtquellen** für die Beleuchtung statt, um Glühlampen und „Energiesparleuchten" durch Geräte mit größerer Energieeffizienz und Lebensdauer zu ersetzen. Dabei handelt es sich um **Leuchtdioden** (Licht-emittierende Dioden, LEDs). Bestimmte anorganische oder organische Halbleiter emittieren in einem elektrischen Feld sichtbares Licht. Anorganische ILEDs, von engl. *Inorganic* …, die man z. B. bereits in Verkehrampeln findet, verwenden Halbleiter wie das rotleuchtende Galliumarsenid. OLEDs, von engl. *Organic* …, benutzen als Halbleiter organische Farbstoffe wie **Chinoline** und **Chinacridone** oder Polymere wie Polyfluoren. Auch OLEDs finden bereits praktische Anwendung, z. B. in Displays von Handys, Kameras und MP3-Playern. In naher Zukunft wird ihr Einsatz auch in Fernsehern und PC-Bildschirmen gesehen. Um weißes Licht, wie es für Lampen benötigt wird, zu erzeugen, kann man z. B. ein Polymer, das blaues Licht emittiert, mit roten und grünen Chromophoren kombinieren.

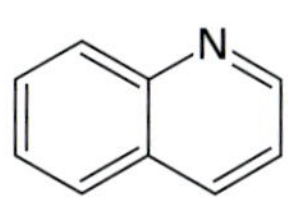

Chinolin

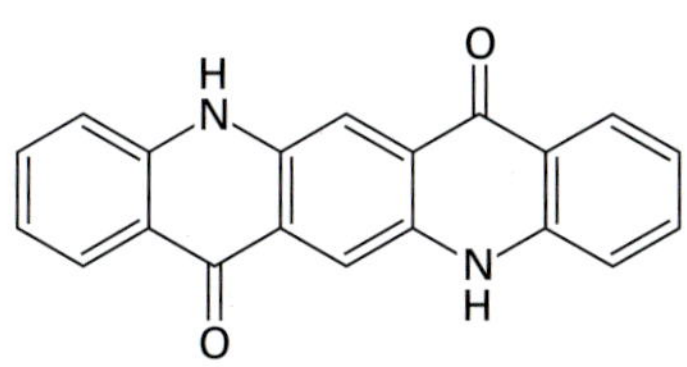

Chinacridon

5.3.2 Verbindung von Farbstoffen mit Textilfasern

Die **Haftung** der Farbstoffe auf der Oberfläche der Textilfaser wird durch zwischenmolekulare Kräfte (▶ 1.11) vermittelt, durch Salzbildung zwischen sauren und basischen Gruppen oder durch Komplexbildung an Metallatomen:

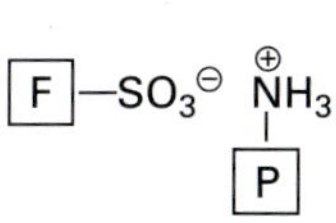

Haftung eines sauren Farbstoffs auf einer basischen Faser (Wolle, Seide, Polyamid)

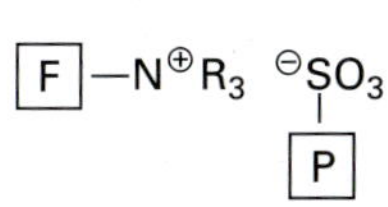

Haftung eines basischen Farbstoffs auf einer Faser mit $SO_3^{\ominus}$-(bzw. $CO_2^{\ominus}$-)Gruppen

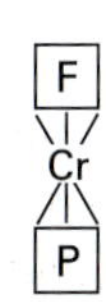

Komplexbildung zwischen Farbstoff und Faser (z.B. Wolle) durch Chromatome

F = Farbstoff, P = Makromolekül der Faser. Wolle, Seide und Polyamide sind zur Salzbildung mit „sauren" Farbstoffen befähigt.

Die **substantiven** oder **direktziehenden Farbstoffe** verbinden sich fest mit Baumwolle, wobei sie sich zwischen die Polymermoleküle einlagern und dort durch Wasserstoffbrücken verankert werden.

Ganz besonders fest haften Farbstoffmoleküle, wenn sie durch eine chemische Bindung mit der Faser verbunden sind. Einige derartige **Reaktivfarbstoffe** enthalten z. B. einen Chlortriazinrest. Mit dem in alkalischer Lösung entstehenden Celluloseanion der Baumwollfaser bildet sich eine Etherbrücke:

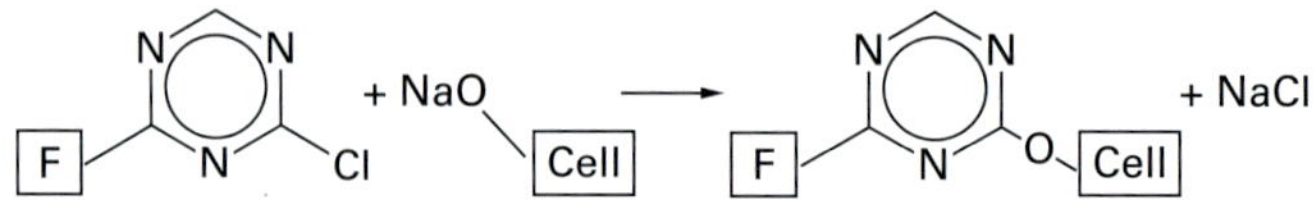

Bei anderen Färbeprozessen wird auch das Innere der Fasern gefärbt, entweder indem man das polymere Material vor der Verspinnung färbt (**Massefärbung**), oder indem man die Farbstoffmoleküle durch Erhitzen auf ca. 200 °C in die Faser hineindiffundieren lässt (**Thermosolverfahren** für Polyester).

Schließlich wird eine Reihe von schwerlöslichen Farbstoffen durch chemische Reaktion direkt auf der Faser erzeugt. Hierzu gehören Azofarbstoffe, die durch Kupplungsreaktion auf der Faser gebildet werden (**Entwicklungsfarbstoffe**), sowie die **Küpenfarbstoffe**, wie der **Indigo**, bei denen der unlösliche Farbstoff aus einer löslichen Vorstufe durch Oxidation an der Luft erzeugt wird. Dies Verfahren wurde schon vor 3.500 Jahren in Ägypten angewandt. Im Altertum wurde Indigo als blauer Farbstoff geschätzt und damals aus dem im Indigostrauch (*Indigofera tinctoria*) vorkommenden Glucosid (▶ 6.3.1) **Indican** gewonnen. In Europa wurde im Mittelalter und in der Neuzeit mit der Färberwaidpflanze (*Isatis tinctoria*) gefärbt. Nach der Synthese 1878 und Aufklärung seiner Struktur 1883 durch A. v. Baeyer begann im Jahre 1897 die technische Herstellung.

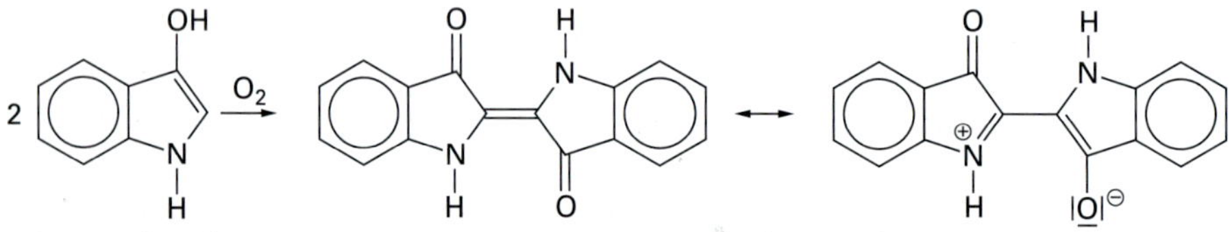

Indoxyl (gelb) Indigo (tiefblau)

Auch der berühmte antike **Purpurfarbstoff**, der aus Purpurschnecken gewonnen wurde, enthält das Indigogerüst (▶ Abb. 5.3).

Der Chromophor des Indigos wird durch das gekreuzt-kongugierte Doppelbindungssystem charakterisiert mit zwei Donor- und zwei Akzeptorgruppen an der zentralen Doppelbindung. Während die beiden Aminogruppen für das hoch liegende HOMO verantwortlich sind, bewirken die beiden Carbonylgruppen eine starke Absenkung des LUMOs, sodass der HOMO → LUMO-Übergang (▶ 1.13) nur wenig Energie erfordert und mit einer langwelligen Lichtabsorption verbunden ist.

5.4 Chemilumineszenz

Glühwürmchen und Tiefseefische erzeugen **kaltes Licht** mit Hilfe chemischer Reaktionen. Nach dem gleichen Prinzip entsteht die starke blaugrüne **Chemilumineszenz**, die bei der Oxidation des 3-Aminophthalsäurehydrazids auftritt und die man z. B. für Notsignale und als Notlicht verwendet. Die Reaktion findet auch zum Nachweis von Blutspuren in der Forensischen Chemie Anwendung. Hier wirkt der Eisen(III)-Komplex des roten Blutfarbstoffs Hämoglobin (▶ 6.15.1) als Katalysator.

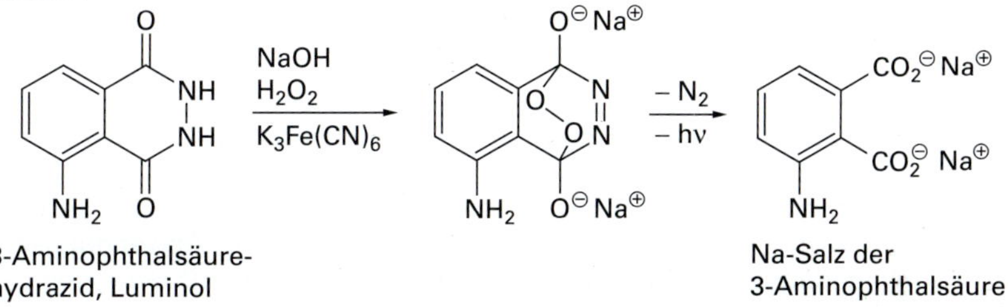

Bei der Abspaltung des Stickstoffs entsteht gleichzeitig das Anion der 3-Aminophthalsäure im elektronisch **angeregten Zustand**. Die Anregungsenergie wird als Licht abgegeben.

Chemilumineszenz ist eine besondere Art der Lumineszenz, bei der elektronisch angeregte Moleküle auf chemischem Wege erzeugt werden.

Die Chemilumineszenz bei Lebewesen wie Bakterien, Flagellaten (Meeresleuchten), Pilzen, Schwämmen, Quallen, Würmern, Krebsen und Tiefseefischen sowie Insekten bezeichnet man als **Biolumineszenz**. Dabei kommt die der Aussendung von Lichtquanten vorausgehende Anregung durch eine enzymatisch gesteuerte Oxidation zustande. Am besten untersucht ist der Vorgang beim Leuchtkäfer (*Photinus pyralis*) und beim Glühwürmchen (*Lampyris noctiluca*). Mit dem Licht locken sich Weibchen und Männchen zur Paarung an. Zum Reaktionseintritt müssen **Luciferin**, Magnesiumionen, ATP (▶ 6.10.1) und Sauerstoff vorliegen. Das Enzym (▶ 6.10.1) **Luciferase** katalysiert die Oxidation des Luciferins, wobei ein Photon emittiert wird. Luciferin wird zu einem α-Peroxylacton (1,2-Dioxetan-3-on) oxidiert, bei dessen Zerfall Lichtquanten ausgesandt werden.

Biolumineszenzreaktionen werden in der biologischen und chemischen Forschung verwendet, in der **Luminometrie** zur Bestimmung kleinster Mengen an ATP, O_2, NAD(P) oder Ca^{2+}-Ionen.

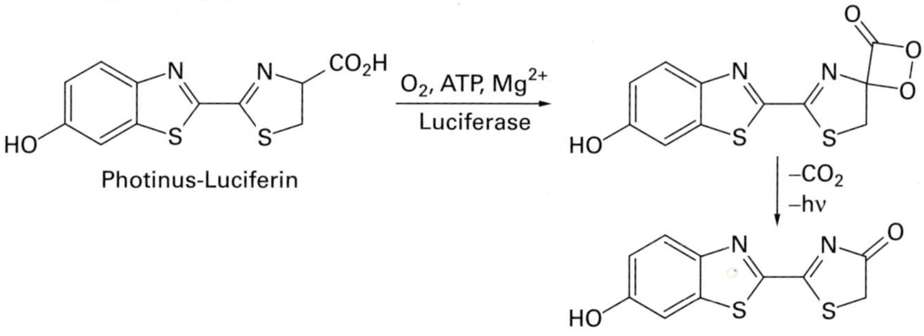

Die Luciferine der verschiedenen Organismen besitzen völlig unterschiedliche Strukturen.

5.5 Zusammenfassung

- Bei der **Lichtabsorption** werden einzelne Elektronen aus besetzten in unbesetzte Molekülorbitale angeregt. Dabei geht das Molekül in einen energiereichen, meistens kurzlebigen „angeregten" Zustand über.
- Am wenigsten Energie erfordert der **HOMO→LUMO-Übergang**, bei dem ein Elektron aus dem HOMO in das LUMO übergeht. Er entspricht der langwelligsten Absorption und entscheidet über die **Farbe der Verbindung**.
- In einer **farbigen Verbindung** liegt die Wellenlänge des absorbierten Lichts im sichtbaren Bereich des Spektrums.
- Viele **organische Farbstoffe** kommen in der Natur vor, oder sie werden synthetisch gewonnen. Neben ihrer Farbe müssen sie ihrem Anwendungszweck entsprechende Eigenschaften wie Lichtechtheit und Haftungsvermögen besitzen.
- Die meisten organischen Farbstoffe besitzen einen aromatischen oder heterocyclischen **Chromophor**.
- **Fluoreszierende** und **phosphoreszierende Stoffe** kehren nach der Anregung unter Lichtemission in den Grundzustand zurück.
- Bei bestimmten Reaktionen wird Energie in Form von sichtbarem Licht abgegeben (**Chemilumineszenz**). Dies wird auch bei einigen biochemisch wichtigen Reaktionen beobachtet (Biolumineszenz).
- Die **Photochemie** beschäftigt sich mit Reaktionen, die durch Licht ausgelöst werden.

6 Biochemie: die Organische Chemie der Organismen

6.1 Einleitung

„Nur die lebende Zelle ist imstande, Kohlenstoffverbindungen zu synthetisieren" – das war die Meinung der Naturforscher zu Beginn des 19. Jahrhunderts. Heute wird die Chemie der Kohlenstoffverbindungen in technischem Maßstab durchgeführt, sie heißt *Organische Chemie*.

> Die ursprüngliche *organische* Chemie, die **Chemie der Lebensvorgänge** oder **Biochemie**, gehorcht den gleichen Naturgesetzen und arbeitet mit den gleichen Verbindungen wie die vom Menschen durchgeführte Organische Chemie.

Sie unterscheidet sich jedoch in der Art und in den Bedingungen des Reaktionsverlaufs wesentlich von der üblichen „Reagenzglaschemie".

Die belebte Natur kennt keine Hoch- und Tieftemperatur-, Hochdruck- oder Vakuumprozesse, kaum Reaktionen in nichtwässrigen Lösemitteln. **Die biochemischen Reaktionen verlaufen unter physiologischen Bedingungen,** d. h. im Temperaturbereich 10–40 °C, im wässrigen Medium, bei mittleren pH-Werten. Im Laboratorium durchgeführte Synthesen ergeben zumeist optisch inaktive Substanzen (nämlich das 1:1-Gemisch der möglichen Enantiomeren, ▶ 1.9), die lebende Zelle synthetisiert in der Regel optisch aktive Verbindungen (also nur eines der Enantiomeren). Allerdings werden heute in zunehmendem Maße Stoffe, insbesondere Arzneimittel, enantiomerenrein hergestellt – entweder durch enantioselektive Synthese oder durch Racematspaltung – und auf den Markt gebracht.

Lebende Systeme befinden sich nicht im stationären Gleichgewicht. Alle Äußerungen des Lebens sind nur möglich, wenn das Individuum Energie und Materie mit der Umwelt austauscht und die Reaktionen im Fließgleichgewicht stehen: Das lebende Individuum ist ein offenes System. Die Konzentrationen der einzelnen Komponenten streben ständig das stationäre Gleichgewicht an, sie erreichen es aber nicht. Ein abgeschlossenes System geht in den Gleichgewichtszustand über, es ist dann tot.

Viele Reaktionen im Organismus sind mit anderen Reaktionen gekoppelt. Wird beim Abbau einer Verbindung Energie frei, so wird sie durch eine zweite, gleichzeitig ablaufende Reaktion in Form einer energiereichen Bindung gespeichert. Später oder an einem anderen Ort kann diese Energie in anderen gekoppelten Reaktionen zum Aufbau neuer Verbindungen genutzt werden. Vielfach sind Reaktionen zu Regelkreisen gekoppelt, die für die Aufrechterhaltung des lebensnotwendigen Milieus im Organismus sorgen, also zum Beispiel den pH-Wert, die Temperatur, den Wasserhaushalt regeln und die optimale Konzentration von Nähr- und Abfallstoffen überwachen.

In diesem Kapitel werden **biochemisch wichtige Verbindungen** sowie die chemischen **Prinzipien von Stoffwechsel- und anderen Lebensvorgängen** behandelt. Dabei kann nur ein knapper, orientierender Überblick mit dem Schwerpunkt im Bereich der Organischen Chemie gegeben werden. Für eine eingehendere Beschäftigung mit der Biochemie sollten ausführliche Werke studiert werden (▶ Anhang).

6.2 Allgemeines

Das wichtigste Merkmal der **Chemie im lebenden Organismus** ist, dass die Baupläne für die äußere Form der Lebewesen, ihr innerer Aufbau und ihre Organisation mit Hilfe der Struktur von großen Fadenmolekülen verschlüsselt sind – in ähnlicher Weise wie ein Rechenprogramm oder ein Text auf der Festplatte eines Computers. Diese Fadenmoleküle, die sog. **Nucleinsäuren**, steuern die Synthese von Eiweißstoffen, die als spezifische Katalysatoren (Enzyme) ganz verschiedenartiger chemischer Reaktionen, aber auch als Transporter von Substanzen entgegen dem Konzentrationsgefälle fungieren. Moleküle steuern also den Aufbau chemischer Fabriken in molekularen Dimensionen, und sie betreiben diese Fabriken, die dann ihresgleichen produzieren – in höchster Reinheit und mit nahezu idealen Stoff- und Energiebilanzen.

In den Nucleinsäuren einer befruchteten Eizelle sind die Rezepte für alle chemischen Reaktionen gespeichert, die zum Aufbau des vollständigen Organismus führen. Gleichzeitig sind aber auch die Informationen und die Methoden ihrer Verarbeitung gespeichert, die den geregelten Aufbau lenken und es dem Organismus ermöglichen, zu leben!

Bei jeder **Zellteilung** werden Kopien der ursprünglichen Nucleinsäuren hergestellt, sodass jede Zelle den vollständigen Satz der Erbanlagen besitzt. Die Verankerung der Erbanlagen in den **Genen** in Form der Nucleinsäuren erfolgt bei allen Lebewesen mit den gleichen Substanzen nach gleichen Regeln. Daher stimmen auch die wichtigsten chemischen Reaktionen in allen Organismen weitgehend überein. Daraus kann man schließen, dass alles Leben aus *einer* Zelle hervorgegangen ist.

Die Ergebnisse der biochemischen Forschung sind in mehrfacher Hinsicht für die Menschheit wichtig:

1. Die Menschheit lebt von biochemischen Prozessen: alle Lebensmittel, viele Rohstoffe und Materialien des täglichen Lebens – Wolle, Baumwolle, Holz,

Papier sowie die wichtigsten Energieträger – sind biologischen Ursprungs. Man muss wissen, wie man das seit einer Milliarde Jahren optimierte, aber sehr empfindliche biologische System auf diesem Planeten nachhaltig erhält und was vermieden werden muss, um auch zukünftigen Generationen einen ersprießlichen Lebensraum zu bewahren.

2. Die Ergebnisse der biochemischen Forschung haben naheliegende Auswirkungen hinsichtlich der Erkenntnisse über optimale Ernährung, der Entwicklung von Heilmitteln und Heilverfahren, der Pflanzen- und Tierzucht und der Schädlingsbekämpfung.
3. In der Natur gibt es viele Beispiele dafür, wie sich Reaktionen mit optimalen Ausbeuten und Ergebnissen durchführen lassen. Einige Prinzipien dieser Reaktionen lassen sich auch im Labor und in der Industrie anwenden.
4. Die Syntheseleistungen von Zellkulturen können im technischen Maßstab (**Biotechnologie**) genutzt werden zur Gewinnung von Heilmitteln und Lebensmitteln, aber auch zur Nutzung von Abfällen und zur Reinhaltung von Abwässern.
5. Heute kann man Organismen durch Modifikation der Gene veranlassen, bestimmte, für den betreffenden Organismus sinnlose, für den Menschen aber nützliche Produkte zu synthetisieren (**Gentechnik**).
6. **Biologische Systeme bieten Modelle für Regelprozesse, zur Datengewinnung, Datenverarbeitung und Speicherung.** Das Hören, das Sehen und Fühlen, das Erkennen von Bildern, das Lesen von Schrift, die Analyse des gesprochenen Wortes und das Gedächtnis funktionieren jeweils nach Verfahren, die mit den heute üblichen Computern noch nicht durchgeführt werden können. Die Datenverarbeitung im Gehirn gibt einen Anreiz zur Entwicklung von Computern mit molekularen Bausteinen.

Schließlich sollte jeder eine Vorstellung davon haben, welche organisch-chemischen Prozesse in seinem – gesunden oder kranken – Organismus ablaufen.

6.3 Kohlenhydrate

Kohlenhydrate spielen als Gerüstsubstanzen und im Energiestoffwechsel bei allen Lebewesen eine zentrale Rolle. Sie besitzen eine große strukturelle Vielfalt. Einerseits verfügen die Kohlenhydrateinheiten über mehrere stereogene Zentren, und andererseits können diese Bausteine auf verschiedene Weisen miteinander verknüpft werden, sodass Moleküle mit unterschiedlichen charakteristischen Eigenschaften entstehen. An der Oberfläche von Zellen aller Organismen sind sie z. B. verantwortlich für Zell-Zell-Wechselwirkungen, was besonders für die medizinische Forschung wichtig ist.

6.3.1 Monosaccharide

Die Substanzklasse der **Kohlenhydrate** (Kurzform von Kohlenstoffhydrat) verdankt ihren Namen der für die meisten Verbindungen dieser Klasse zutreffenden Formel $C_m(H_2O)_n$. In vielen Fällen ist m = n, und die Formel wird zu $(CH_2O)_n$; die wichtigsten Bausteine aller Kohlenhydrate sind mit n = 5 und 6 die **Pentosen** und **Hexosen**. Man nennt sie **Monosaccharide** oder *einfache Zucker*. Sie besitzen eine Kette aus fünf bzw. sechs Kohlenstoffatomen mit einer Aldehydfunktion (**Aldosen**) oder einer Ketofunktion am Kohlenstoffatom 2 (**Ketosen**). Tabelle 6.1 zeigt die wichtigsten Monosaccharide mit ihren meist drei oder vier stereogenen Zentren (asymmetrischen Kohlenstoffatomen C^*, ▶ 1.9) in der von E. Fischer eingeführten **Fischer-Projektion** (vgl. auch Abb. 6.4).

- Man denkt sich dabei die Kohlenstoffatomkette vertikal in die Papierebene gelegt und die H- und OH-Liganden nach vorn herausstehend. Die Carbonylgruppe liegt dabei am obersten bzw. zweitobersten Kohlenstoffatom. Das Chiralitätszentrum, welches am weitesten von der Carbonylfunktion entfernt ist – das ist das zweite Kohlenstoffatom von unten – gibt dem Monosaccharid die **Chiralitätskennzeichnung D-** oder **L-**, je nachdem, ob seine Konfiguration (▶ 1.9) derjenigen des D- oder L-Glycerolaldehyds entspricht. Die meisten natürlichen Monosaccharide gehören der D-Reihe an.
- Da man bei Verbindungen mit mehreren stereogenen Zentren C^* mit D oder L nur die Konfiguration am untersten C^* angeben kann, reicht diese Bezeichnung nur für *ein* Enantiomerenpaar. Diastereomere werden dann mit Trivialnamen, die im D/L-System unverzichtbar sind, unterschieden. Beispiele in Tabelle 6.1 sind Ribose, Arabinose und Xylose, für die es jeweils die D- und die L-Form gibt.

Monosaccharide lagern sich von selbst reversibel zu Ringen mit jeweils vier oder fünf Kohlenstoffatomen und einem Sauerstoffatom um. Sie bilden so cyclische Acetale bzw. Ketale (▶ 2.12.3), sog. **Furanosen** oder **Pyranosen** (Abb. 6.1). Diese Namen sind von den Grundkörpern, Tetrahydro**furan** bzw. Tetrahydro**pyran** (▶ 2.8.2), abgeleitet.

Infolge des Ringschlusses wird das Carbonylkohlenstoffatom nun ebenfalls asymmetrisch, es bilden sich also zwei weitere Diastereoisomere (▶ 1.9), die man hier **Anomere** nennt. Die anomere D-Glucopyranose, bei der die OH-Gruppe am C-Atom 1 in *cis*-Stellung (vgl. Abb. 2.6) zu derjenigen am C-Atom 2 steht, nennt man **α-D-Glucopyranose**; falls sie jedoch in *trans*-Stellung steht, **β-D-Glucopyranose**.

Beide **Anomere** lassen sich kristallin isolieren; als Diastereomere besitzen sie unterschiedliche Eigenschaften. In der **β-D-Glucopyranose** nehmen sämtliche Substituenten am Sechsring die energetisch bevorzugte equatoriale Lage ein. In wässriger Lösung stellt sich ein Gleichgewicht aus α- und β-Form ein. Ausgehend von der in der **Dextrose** rein vorliegenden α-Form beobachtet man eine Veränderung der spezifischen Drehung (**Mutarotation**): Anfangswert: +112°, Endwert (für das Gleichgewicht): +52.7°. Daraus ergibt sich für das Gleichgewicht: 36 %

Tab. 6.1 Natürlich vorkommende Pentosen und Hexosen in der offenkettigen Form, gezeichnet in der Fischer-Projektion.
Die an den nicht endständigen vierbindigen C-Atomen links und rechts stehenden Gruppen befinden sich *vor* der Papierebene. Bei den D-Zuckern ist die Konfiguration am zweituntersten C-Atom gleich der beim rechtsdrehenden D-Glycerolaldehyd. Diasteroisomere sind jeweils in einem Kasten zusammengefasst.

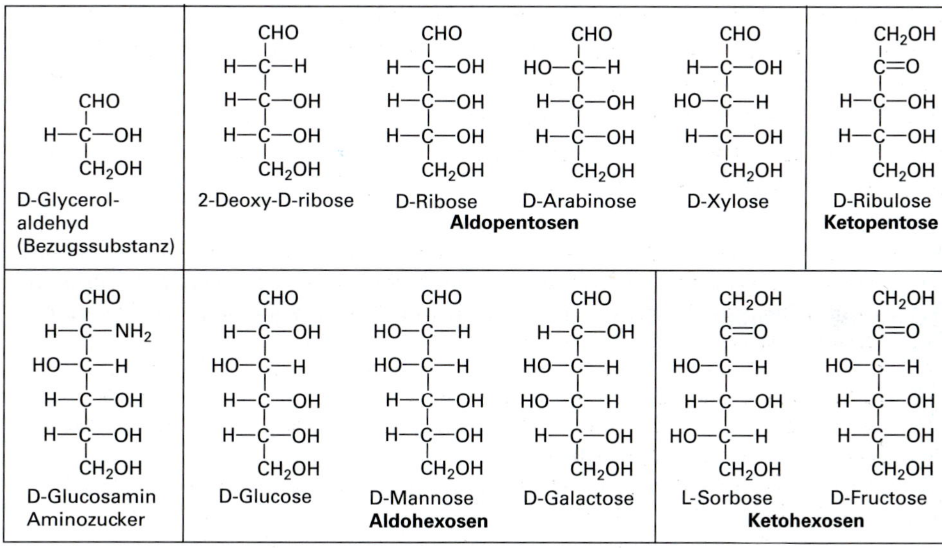

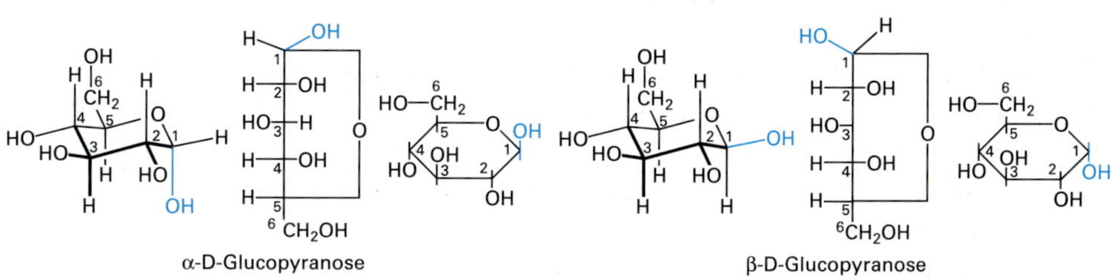

Abb. 6.1 Die stereoisomeren (anomeren) cyclischen Halbacetalformen des Glucosemoleküls. Jeweils links die räumliche Anordnung der Atome, in der Mitte die Fischer-Projektion und rechts die Haworth-Projektion.

α-Form + 64 % β-Form. Die β-Form ist etwas stabiler als die α-Form. Die acyclische Aldehyd-Form, über welche die Isomerisierung erfolgt, liegt im Gleichgewicht nur zu ca 0,003 % vor; sie ist nicht isolierbar. Die Furanoseformen (α- und β-) sind nur zu ca. 0,2 % vorhanden.

Dass die α-Form trotz ihrer energetisch eigentlich ungünstigen axialen anomeren Hydroxygruppe in ähnlich hoher Konzentration wie die β-Form vorliegt, ist auf die Stabilisierung durch den **anomeren Effekt** zurückzuführen. Er tritt dann auf, wenn neben einem Atom mit einsamen Elektronenpaaren (hier das O-Atom im Ring) eine polare Bindung (hier die exocyclische C—O-Bindung) liegt. Deren relative Anordnung ist in der α-Form energetisch günstiger als in der β-Form. Die genauen Ursachen dieses *stereoelektronischen Effekts* können hier nicht erläutert werden.

Auch bei der **D-Fructose** erfolgt in wässriger Lösung Mutarotation. Im Gleichgewicht sind sowohl die **Furanosen** als auch die **Pyranosen** vorhanden; den Hauptanteil bilden die **β-D-Fructopyranose** (57 %) und die **β-D-Fructofuranose** (31 %). Von der acyclische Keto-Form liegt ebenfalls nur eine Spur (< 1 %) vor. Nur die stabilste Form, die β-D-Fructopyranose, lässt sich in reiner Form kristallin gewinnen.

Die bei der Halbacetalbildung entstehende Hydroxygruppe ist besonders reaktiv. Wird sie verethert, wird also aus dem Halbacetal ein Acetal gebildet, so sind die neuen Verbindungen, sog. **Glycoside**, im neutralen und alkalischen Medium stabil. Die neue Bindung zwischen dem Halbacetal und der Alkoxygruppe wird **glycosidische Bindung** genannt. Die Glycoside zeigen dann nicht mehr die typischen Reaktionen der Carbonylgruppe (▶ 2.12.3), insbesondere nicht die sonst von einfachen Zuckern gezeigte Reduktion von Tollens'scher oder Fehling'scher Lösung zu metallischem Silber bzw. Kupfer. Dabei wird die Aldehydgruppe zur Carboxygruppe oxidiert. Übrigens zeigen auch die Ketosen diese sonst nur für Aldehyde typische Reaktion, weil sie im alkalischen Medium (dem Medium der Tollens- oder Fehling-Reaktion) das gleiche Enol (▶ 2.12.1, Keto-Enol-Tautomerie) bilden können wie die entsprechende Aldose:

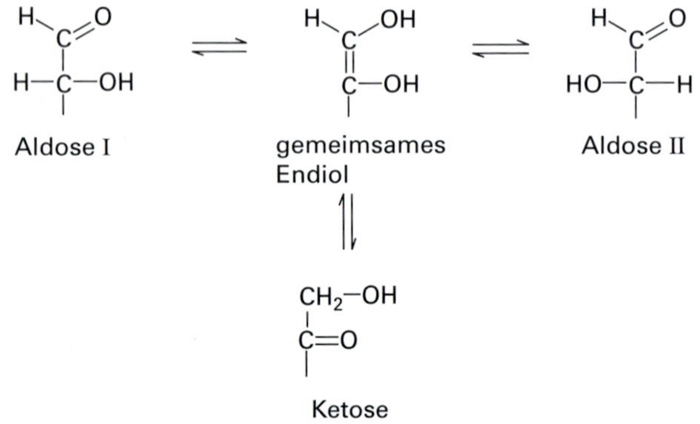

Auf diese Weise lagern sich Glucose und Fructose ineinander um; beide können auch Mannose bilden, die sich nur in der Konfiguration am C-Atom 2 von der Glucose unterscheidet. Mannose ist das C2-Epimer der Glucose. **Epimere** sind Diastereomere, die sich nur in der Konfiguration an einem C-Atom unterscheiden.

Die **Oxidation** der Glucose führt zunächst zur Gluconsäure. Mit stärkeren Oxidationsmitteln wird auch die endständige Hydroxymethylgruppe in die Carboxygruppe umgewandelt, sodass eine Dicarbonsäure, die Glucarsäure, entsteht.

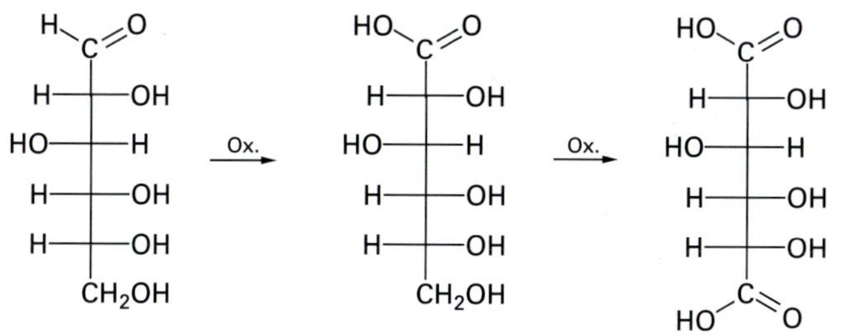

D-Glucose D-Gluconsäure D-Glucarsäure

Bei der **Reduktion** von Glucose und Fructose, z. B. durch katalytische Hydrierung, wird die Carbonyl- in die Alkoholgruppe umgewandelt, und es entsteht der sechswertige Alkohol Glucitol (Sorbitol). Dieser ist bei der Glucose das einzige Produkt. Aus der Fructose entsteht gleichzeitig der diastereomere Alkohol, Mannitol. Die Zuckeralkohole D-Glucitol und D-Mannitol, die sich nur in der Konfiguration am C-Atom 2 unterscheiden, sind Epimere. Sie kommen beide natürlich vor, D-Glucitol z. B. in Vogelbeeren, und werden als Diabetikerzucker und Zuckeraustauschstoffe verwendet. Sie schmecken süß, sind aber nicht kariogen (nicht Karies fördernd).

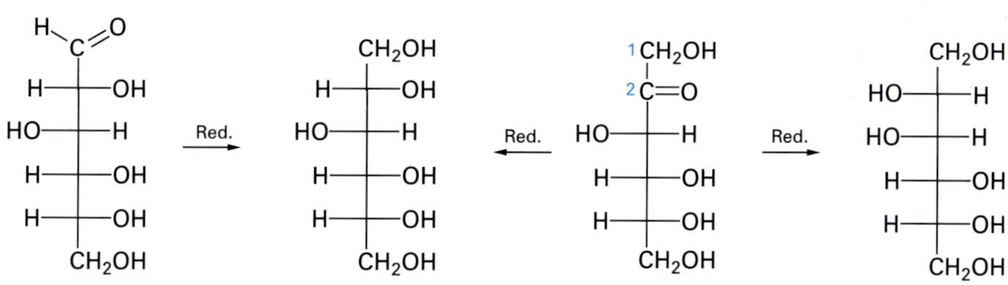

D-Glucose D-Glucitol D-Fructose D-Mannitol

Süßstoffe
Es gibt sehr viele Stoffe mit süßem Geschmack, die alle bestimmte strukturelle Merkmale besitzen, um über Wasserstoffbrücken und hydrophobe Wechselwirkungen die Rezeptoren auf der Zunge zu aktivieren. **Süßstoffe** sind natürliche oder synthetisch hergestellte Ersatzstoffe für Zucker. Sie haben eine erheblich höhere Süßkraft als Saccharose (ca. 20–8.000-fach), besitzen aber keinen oder einen sehr geringen physiologischen Brennwert und sind, wie die Zuckeraustauschstoffe, nicht kariogen. Der erste künstliche Süßstoff war das **Saccharin** (1,2-Benzisothiazol-3(2*H*)-on-1,1-dioxid, ► Tabelle 2.5), das 1878 vom dem deutschen Zuckerchemiker C. Fahlberg in den USA entdeckt wurde und auch in Deutschland gegen Ende des 19. Jahrhundert als „Zucker der armen Leute" galt, später aber zum „Zucker der reichen Überernährten" wurde. Weitere Beispiele sind **Aspartam** (► 6.4.3), **Natriumcyclamat** (Natriumsalz der Cyclohexylsulfamidsäure) und **Acesulfam-K** (Kaliumsalz von 6-Methyl-1,2,3-oxathiazin-4(3*H*)-on-2,2-dioxid).

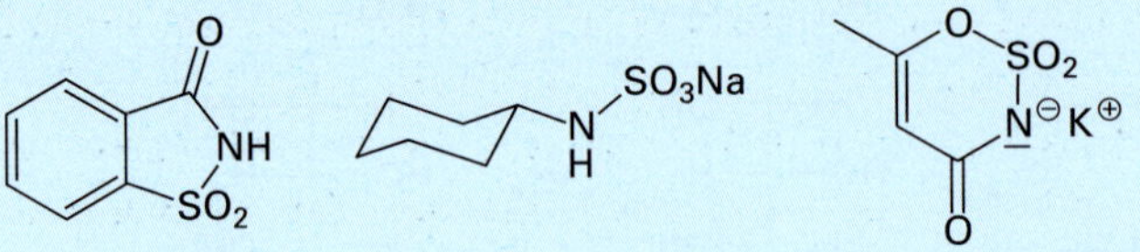

Saccharin Natriumcyclamat Acesulfam-Kalium

Die Fischer-Projektion stellt die cyclischen Formen der Zucker nur ungeschickt dar (mittlere Formeln in Abbildung 6.1); deshalb hat W. N. Haworth die nach ihm benannte **Haworth-Projektion** vorgeschlagen (rechte Formeln). Aber auch diese Schreibweise gibt die wahre räumliche Anordnung der Atome nur unvollständig wieder, denn der sechsgliedrige Ring liegt tatsächlich in der Sesselform vor (linke Formeln). Wie in Abbildung 2.6 gezeigt wurde, befinden sich immer zwei Sesselformen im Konformerengleichgewicht. Man hat jedoch festgestellt, dass die in Abbildung 6.1 gezeigten Sesselformen mit möglichst vielen OH-Gruppen in äquatorialer Stellung vorherrschen.

Die anomere Hydroxygruppe eines Halbacetals kann auch mit einer Hydroxygruppe eines weiteren Monosaccharidmoleküls ein Acetal bilden. Je nach der Konfiguration der acetalischen Hydroxygruppe nennt man es allgemein **α-** oder **β-Glycosid**, die Bindung dann α- bzw. β-glycosidische Bindung. Speziell bezeichnet man es je nach dem Monosaccharid, aus dem die Carbonylfunktion stammt, als *Glucosid, Mannosid, Fructosid* usw. Auf diese Weise entstehen **Disaccharide**, **Oligo-** und **Polysaccharide**, die also aus zwei bis zu acht oder vielen Monosaccharideinheiten bestehen. Viele der Mono-, Di- und Oligosaccharide schmecken süß. Wegen der vorherrschenden Gruppierung H—C—OH sind die niedermolekularen Saccharide meist gut wasserlöslich.

Die **Monosaccharide** sind die einzigen organischen Verbindungen, die unmittelbar aus anorganischem Material, nämlich aus Kohlendioxid und Wasser, biochemisch synthetisiert werden. Zu dieser Reaktion ist Lichtenergie notwendig; nur die grünen Pflanzen und bestimmte Algen und Bakterien können diese **Photosynthese** durchführen. Diese Reaktion liefert sowohl die Energie als auch alle Kohlenstoffverbindungen für die Lebewesen.

Die Kohlenhydrate spielen eine Hauptrolle im Energiehaushalt der Organismen. Als Polysaccharide werden die Kohlenhydrate gespeichert. Auch viele Gerüstbausubstanzen in der Pflanzen- und Tierwelt sind Polysaccharide.

Glycoside von Mono- und Oligosacchariden mit andersartigen Substanzen findet man in der Natur sehr häufig. Der hydrophile Zucker macht dabei viele wasserunlösliche Substanzen löslich und ermöglicht damit deren Transport im Organismus (z. B. Pflanzenfarbstoffe, Steroide des Fingerhuts, ► Tabelle 6.8).

Die Pentosen **D-Ribose** und **2-Deoxy-D-ribose** sind Bausteine der Polyesterketten in den Nucleinsäuren (► 6.12). Kohlenhydrate (Glycoproteine, ► 6.4.3) finden sich als Bestandteile von Zellmembranen, wo sie dem Stofftransport durch die Membran oder zur Übertragung von Nervenreizen dienen. Stickstoff-haltige Oligosaccharide der Muttermilch sorgen für die Resistenz des kindlichen Organismus gegenüber Krankheitserregern und sind bestimmend für die Substanzen, welche die Blutgruppen charakterisieren. Das **Vitamin C** (▶ Tabelle 6.7), das Antibiotikum **Streptomycin** (▶ 6.10.4) sowie der Wuchsstoff **Inosit**, ein Hexahydroxycyclohexan, gehören zu den Stoffen, die aus Kohlenhydraten gebildet bzw. hergestellt werden.

6.3.2 Di-, Oligo- und Polysaccharide

Die durch Kondensation unter Wasserabspaltung aus Monosaccariden entstehenden **Oligo-** und **Polysaccharide** besitzen die Bruttoformel $C_n(H_2O)_{n-x}$, wobei x den geringeren Wassergehalt, also den Kondensationsgrad, angibt.

Disaccharide bestehen aus zwei glycosidisch gebundenen Monosacchariden (Abb. 6.2). Wichtige Disaccharide sind der Rohr- oder Rübenzucker (**Saccharose**), der im Zuckerrohr, der Zuckerrübe und in vielen Früchten vorkommt, sowie der Milchzucker (**Lactose**), der Zucker der Säugetiermilch. Im Rohrzucker, dem β-D-Fructofuranosyl-α-D-glucopyranosid, sind die glycosidischen Hydroxygruppen des Glucose- und des Fructosemoleküls 1,2-glycosidisch miteinander verknüpft, wobei Fructose in der β- und Glucose in der α-Form vorliegen. Im Milchzucker, der 4-O-(β-D-Galactopyranosyl)-D-glucopyranose, ist die glycosidische Hydroxygruppe der Galactose als β-Anomer mit der alkoholischen Hydroxygruppe am C-Atom 4 der Glucose β-1,4-glycosidisch verethert.

Honig – das älteste Süßungsmittel der Menschheit
Honig wird seit der Steinzeit von Menschen genutzt und war neben süßen Früchten lange Zeit das einzige Süßungsmittel. Seitdem man preiswerten Haushaltszucker (reine Saccharose) aus Zuckerrohr und Zuckerrüben gewinnt, ist seine Bedeutung zurückgegangen. Honig wird aber als Nahrungsmittel oder als Alternative zum industriell hergestellten Zucker weiterhin geschätzt.

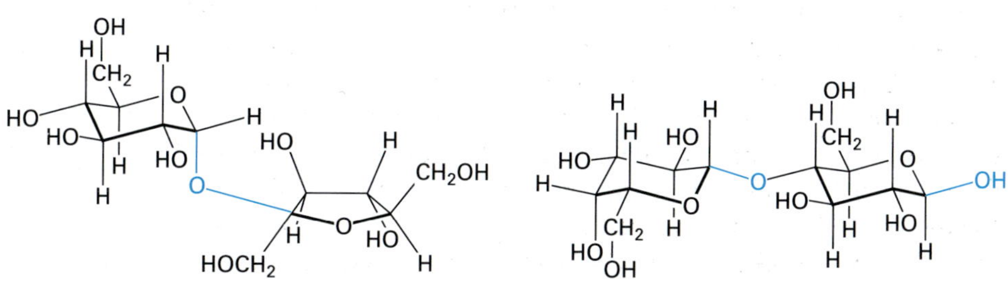

Glucoserest Fructoserest
Rohrzucker
Saccharose

Galactoserest Glucoserest
Milchzucker
Lactose

Abb. 6.2 Disaccharide.

Zucker ist einer der wenigen reinen Stoffe, die wir als Lebensmittel verwenden. Saccharose wurde aus Zuckerrohr bereits 300 n. Chr. in Indien isoliert. Die Araber brachten Zuckerrohr und Zucker nach Ägypten und Europa. Columbus nahm Zuckerrohr auf seiner zweiten Fahrt (1494) mit nach Amerika, wo es seitdem hauptsächlich in der Karibik angebaut wird. Zucker war bis ins 18. Jahrhundert sehr teuer. In Deutschland gewinnt man ihn seit der Napoleonischen Kontinentalsperre (1806–1814) aus Zuckerrüben.

Honig wird von den Bienen hauptsächlich aus Blütennektar gewonnen und ist im Wesentlichen eine konzentrierte wässrige Lösung von Invertzucker, wie sie auch bei der Herstellung von Kunsthonig durch Rohrzuckerinversion erhalten wird. Damit bezeichnet man die saure oder enzymatische Hydrolyse (Enzym: Invertase) der Saccharose. Dabei ändert sich die spezifische Drehung von +66,5° (Saccharose) auf −20,0° (Gemisch aus D-Glucose und D-Fructose). Der Drehwert wird also „invertiert".

$$\text{Saccharose} + H_2O \rightarrow \text{D-Glucose} + \text{D-Fructose}$$

Bei der Hydrolyse geht der Fructofuranosid-Ring der Saccharose überwiegend in die stabilere Fructopyranosid-Form über (▶ 6.3.1). Da Invertzucker etwas süßer ist als Saccharose, gibt man ihm aus diätetischen Gründen häufig, z. B. in Getränken, den Vorzug.

Bienenhonig ist natürlicher Invertzucker und besteht aus etwa 40 % D-Glucose, 30 % D-Fructose, 20 % Wasser, 7 % Maltose. Den Rest bilden andere Kohlenhydrate und Begleitstoffe wie Enzyme, Aminosäuren, Mineralstoffe, Aromastoffe, Pigmente, Wachse, Pollenkörner usw. Die Karies auslösende (kariogne) Wirkung von Honig ist aufgrund seiner Klebrigkeit höher als die von Saccharose. Die dem Honig seit alters her in der Heilkunde nachgesagten therapeutischen Wirkungen wurden durch neuere Forschungsergebnisse bestätigt. Dabei zeigte sich, dass mehrere Bestandteile eine bakteriostatische Wirkung besitzen.

Mit Hilfe der Fehling'schen Probe werden Di- und Oligosaccharide als **reduzierende und nichtreduzierende Zucker** unterschieden. Verfügt die Verbindung noch über eine freie anomere Hydroxygruppe (Beipiel: Galactose), so wird sie wie auch alle Monosaccharide oxidiert (▶ 6.3.1). Sind aber (wie in der Saccharose) alle anomeren Hydroxygruppen glycosidisch gebunden, so erfolgt keine Oxidation. Da sich bei letzteren als Vollacetalen in wässriger Lösung kein Gleichgewicht zwischen α- und β-Anomeren einstellt, zeigen sie im Gegensatz zu ersteren auch keine Mutarotation (▶ 6.3.1).

Die wichtigsten Gerüst- und Reservesubstanzen von Lebewesen sind die **Polyglucosen** Cellulose, Stärke und Glycogen. Abbildung 6.3 zeigt die Verknüpfung an einigen Beispielen. In der **Cellulose**, dem Gerüstkohlenhydrat der Pflanzen, sind die Glucosemoleküle β-glycosidisch mit der Hydroxygruppe am C-Atom 4 des nächsten Glucosemoleküls, also β-1,4-glycosidisch, verknüpft. Auf diese Weise entstehen *fadenförmige Makromoleküle*, die untereinander durch Wasserstoffbrücken gebunden sind. Die Baumwollfaser besteht aus nahezu reiner Cellulose. Das Holz enthält daneben Hemicellulosen; das sind celluloseähnliche, teilweise gummiartige Polysaccharide, sowie Lignin (▶ 3.6.1). Die technisch genutzten Cellulosederivate werden im Kapitel 3.6.1 beschrieben.

Die **Stärke** ist das Reservekohlenhydrat der Pflanzen. Sie besteht aus einem wasserlöslichen Anteil, der **Amylose**, sowie dem nichtlöslichen **Amylopektin**.

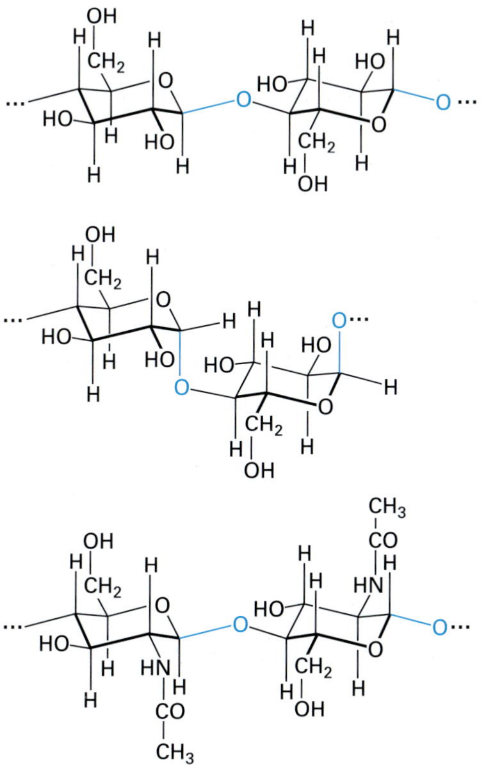

Abb. 6.3 Strukturelemente in Polysacchariden.

Die **Amylose** setzt sich wie Cellulose aus 1,4-verknüpften Glucosemolekülen zusammen, die Verknüpfung ist jedoch α-glycosidisch. Die α-Glycosidbindung verhindert, ähnlich wie bei bestimmten Polyesterharzen (► 3.5.3), eine lineare fadenförmige Anordnung der Molekülketten. Die Makromoleküle der Amylose sind wie Schraubenfedern mit sechs Einheiten pro Windung, als *Helix*, gewendelt. Die einzelnen Makromoleküle werden infolgedessen untereinander nur relativ schwach durch Wasserstoffbrücken gebunden. Wassermoleküle können durch die Hohlräume eindringen. Die Amylose ist daher, im Gegensatz zur Cellulose, in warmem Wasser löslich. Iodmoleküle lagern sich in die Helix ein und bilden eine intensiv blaue Einschlussverbindung (Iodnachweis).

Amylopektin ist ein verzweigtes Makromolekül. Die Ketten bestehen wie bei der Amylose aus α-glycosidisch gebundenen Glucosemolekülen. Die Zweige sind an die Hauptkette durch α-glycosidische Bindung mit der Hydroxygruppe am C-Atom 6 eines Glucosemoleküls in der Hauptkette geknüpft.

Glycogen, das Speicherkohlenhydrat der Tiere, ist dem Amylopektin ähnlich aufgebaut. Jedoch sind die Glucoseketten stärker verzweigt, wodurch ein sehr schneller Abbau im Organismus ermöglicht wird. Es findet sich in der Leber und den Muskeln.

Obwohl die Polyglucosen Cellulose, Stärke und Glycogen die gleichen Bausteine enthalten, sind ihre Eigenschaften, wie Festigkeit, Löslichkeit und Abbaubarkeit, sehr verschieden. Dies beruht allein auf der unterschiedlichen Art der glycosidischen Verknüpfung und die dadurch bedingte räumliche Struktur. Deshalb können z. B. Stärke und Glycogen von allen Lebewesen abgebaut werden, während auschließlich Bakterien und Pilze die Enzyme besitzen, die Cellulose, die mengenmäßig häufigste organische Verbindung der Erde, abbauen können.

Inulin, eine Polyfructose, ist das Reservekohlenhydrat einiger Pflanzen (Artischocken, Topinambur). **Agar-Agar**, eine Polygalactose, wird aus Meeresalgen gewonnen; man benutzt es als Nährboden für Bakterienkulturen. Aus Seetang und Algen gewinnt man auch **Alginsäuren**, Polysaccharide mit einer CO_2H-Gruppe am C-Atom 6 (Polymannuronsäure). Sie bilden thixotrope Gele, die sich durch Rühren oder Schütteln vorübergehend verflüssigen lassen, und stabilisieren Emulsionen. Man verwendet sie zur Verdickung von Speiseeis und Marmeladen, als unverdaulichen, sättigenden Zusatz zu Appetitzüglern, zu Salbengrundlagen, als Emulgator und als Material für Schienen bei Knochenbrüchen. Stärkeähnliche, aber niedermolekulare Polyglucosen nennt man **Dextrine**.

Beim Abbau von Stärke durch *Bacillus macerans* oder *B. circulans* entstehen oligomere cyclische Dextrine. Die **Cyclodextrine** bestehen aus sechs, sieben oder acht α-1,4-verknüpften Glucose-Einheiten und werden als α-, β- bzw. γ-Cyclodextrin bezeichnet.

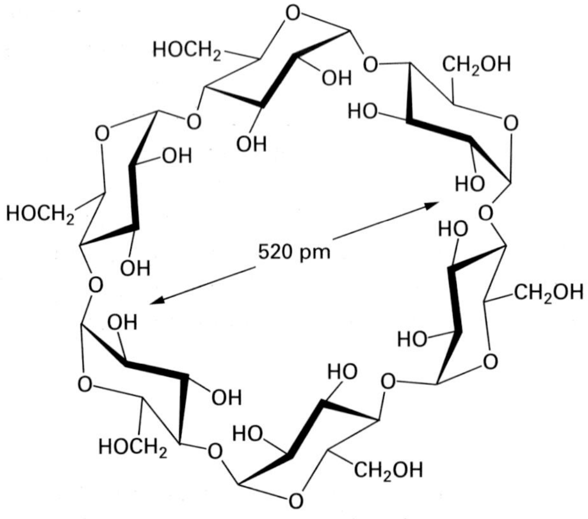

α-Cyclodextrin

Diese Cyclohexa- (-hepta-, -octa-)amylosen sind im Kristallgitter der Cyclodextrine so auf einander geschichtet, dass sie durchgehende innermolekulare Kanäle bilden, in denen sie hydrophobe Gastmoleküle in wechselnden Mengen bis zur Sättigung einschließen können, z. B. Gase, Alkohole oder Kohlenwasserstoffe. α-

Cyclodextrin bildet auch mit Iod eine Einschlussverbindung, die blau gefärbt ist und in der die Iodatome perlschnurartig in den Kanälen angeordnet sind.

Cyclodextrine werden aufgrund dieser Eigenschaften zur Fertigung von Nahrungsmitteln, Kosmetika, Pharmazeutika und Pestiziden sowie zur Festphasenextraktion, als Reaktionskatalysatoren und zur Enantiomerentrennung eingesetzt.

Als **Dextrane** bezeichnet man verzweigte Polysaccharide, vornehmlich aus α-1,6-verknüpften Glucoseeinheiten, die von Mikroorganismen (z. B. dem *Bakterium Leuconostoc*) gebildet werden, wenn man sie auf Glucoselösungen wachsen lässt. Man verwendet Dextrane für Kosmetika, als Blutplasmaersatz und nach Vernetzung zur Herstellung von Trägermaterialien für die Elektrophorese, die Ionenaustausch-, Adsorptions- und Gelchromatographie (Sephadex).

Chitin (Abb. 6.3) ist die Gerüstsubstanz der Insekten, Krustazeen und Spinnentiere. Die Molekülketten ähneln denen der Cellulose; sie bestehen jedoch nicht aus Glucose sondern aus *N*-Acetyl-D-glucosamin; die OH-Gruppe am C-Atom 2 der Glucose ist also durch eine Acetylaminogruppe ersetzt.

6.4 Aminosäuren, Peptide, Proteine

6.4.1 Einleitung

Proteine (Eiweißstoffe) und **Peptide** erfüllen in Lebewesen vielfältige Aufgaben. Sie bilden Strukturgewebe (Bindegewebe, Muskeln, Haut, Haare), Transportmoleküle (Hämoglobin, Myoglobin), Biokatalysatoren (Enzyme) und andere wichtige Funktionsmoleküle (Ionenkanäle, Hormone, Antikörper).

Häufig nennt man solche mit Molmassen unter 10.000 Peptide, solche mit größerer Molmasse Proteine. Jedoch ist der Übergang nicht genau definiert.

Proteine enthalten außer Kohlenstoff und Wasserstoff stets noch Sauerstoff, Stickstoff und Schwefel. Im Gegensatz zu den Polysacchariden enthält ein Proteinmolekül verschiedene Bausteine in einer meist unverzweigten, jedoch gelegentlich durch Disulfidgruppen, —S—S—, vernetzten Kette. Bei der Hydrolyse entstehen Gemische von etwa 20 verschiedenen *proteinogenen* α-Aminosäuren.

6.4.2 Aminosäuren

α-Aminosäuren sind 2-Aminocarbonsäuren, also Carbonsäuren mit einer Aminogruppe an dem C-Atom, das der Carboxygruppe direkt benachbart ist.

Abgesehen von der einfachsten α-Aminosäure, der 2-Aminoethansäure (Glycin), sind alle aus Proteinen gewonnenen Aminosäuren chiral, also optisch aktiv (► 1.9). Sie besitzen alle die gleiche Konfiguration am Kohlenstoffatom, das den Rest R trägt (Abb. 6.4).

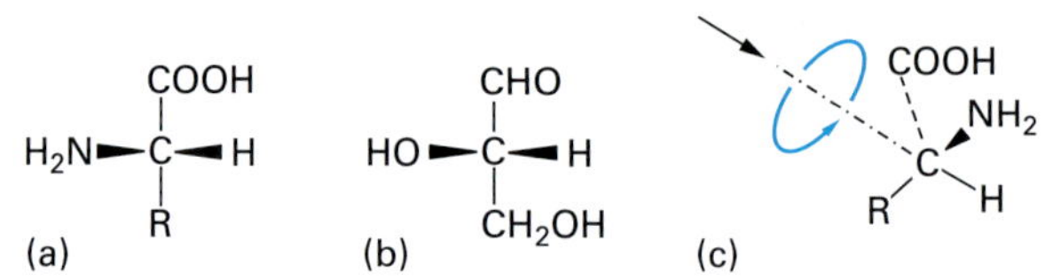

Abb. 6.4 Konfiguration der natürlichen α-Aminosäuren.
a) Fischer-Projektion: Gruppen am verdickten Ende der keilförmigen Bindung stehen vor der Papierebene. Vgl. auch Tabelle 6.1.
b) Die Konfiguration der Aminosäuren entspricht derjenigen des L-Glycerolaldehyds, daher nennt man sie L-Aminosäuren.
c) Cahn-Ingold-Prelog-Nomenklatur (▶ 1.9):
N hat eine größere Ordnungszahl als C, eine CO_2H-Gruppe hat (wegen der Bindungen zu den O-Atomen) einen höheren Rang als die R-Kette: daraus folgt die S-Konfiguration.

Unter der Voraussetzung, dass die Carboxygruppe der Aldehydgruppe, die Aminogruppe der Hydroxygruppe und der Rest R der Hydroxymethylgruppe entspricht, wäre das gleich der Konfiguration des L-Glycerolaldehyds (▶ Abb. 6.4); nach der Cahn-Ingold-Prelog-Nomenklatur (▶ auch Abb. 1.15) haben die natürlichen Aminosäuren **S-Konfiguration**.

Tabelle 6.2 zeigt den großen Variationsbereich des Restes R, der an das α-C-Atom geknüpft ist. Dies ist die Ursache für die so verschiedenartige Struktur der Proteine und ihre vielfältigen Eigenschaften. Nach dem Molekülrest R unterscheidet man **aliphatische, aromatische und heterocyclische Aminosäuren**. Aminosäuren mit gleicher Anzahl Carboxy- und Aminogruppen werden **neutrale Aminosäuren** genannt. Sie liegen in neutralem Medium als Zwitterionen vor (Abb. 6.5a). Das Proton der Carboxygruppe dissoziiert ab, dadurch entsteht eine Carboxylatgruppe. Und die Aminogruppe nimmt ein Proton auf, dadurch bildet sich die Ammoniumgruppe. **Basische Aminosäuren** enthalten mehr Amino- als Carboxygruppen, **saure Aminosäuren** mehr Carboxy- als Aminogruppen.

Die meisten der etwa 20 **proteinogenen Aminosäuren** können im menschlichen Körper synthetisiert werden. Einige müssen jedoch mit der Nahrung aufgenom-

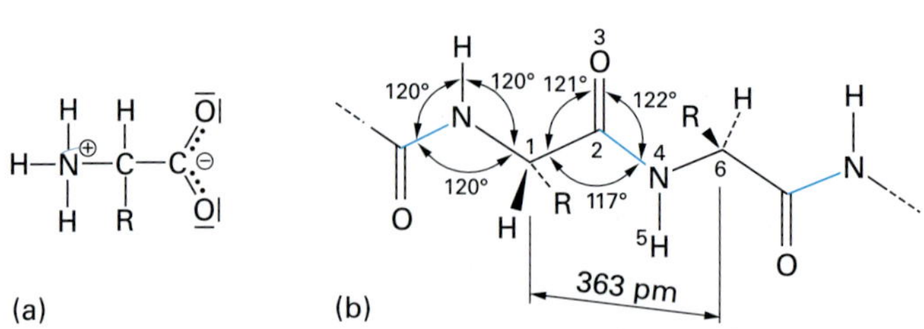

Abb. 6.5 a) Zwitterionenstruktur einer neutralen α-Aminosäure.
b) Teil eines Proteinmakromoleküls mit drei Peptidbindungen (CO—NH). 1–6 kennzeichnen die sechs Atome einer Amidgruppe, die infolge der Amidmesomerie in einer Ebene liegen. Weiter sind die normalen Bindungswinkel angegeben. Die Länge eines Bausteins beträgt 363 pm.

Tab. 6.2 Wichtige Aminosäuren sowie gebräuchliche Abkürzungen.

neutrale aliphatische Aminosäuren	
Glycin Gly, G	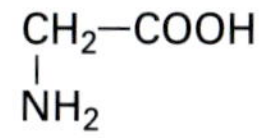
Alanin Ala, A	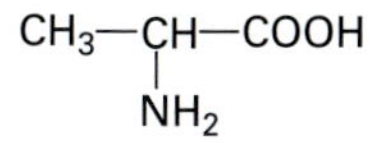
Valin Val, V	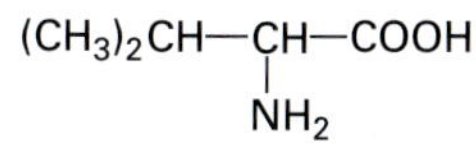
Leucin Leu, L	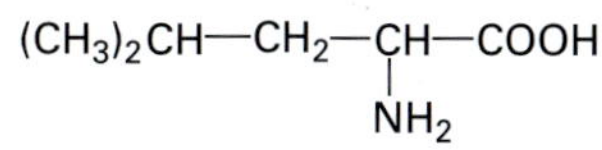
Isoleucin Ile, I	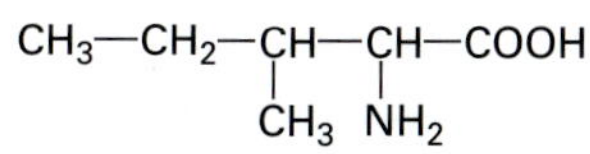
Serin Ser, S	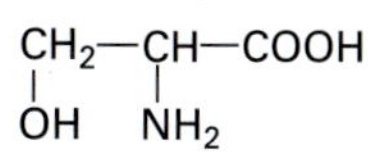
Threonin Thr, T	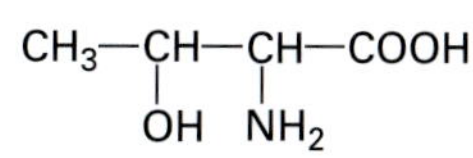
Cystein Cys, C	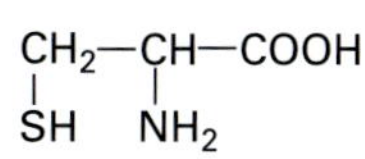
Cystin Cys-Cys, C-C	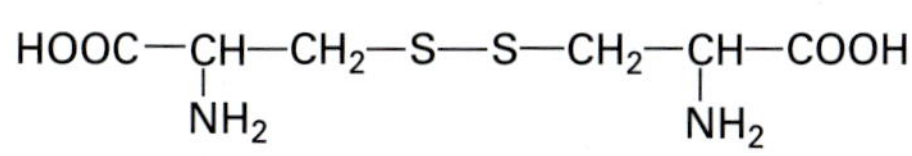
Methionin Met, M	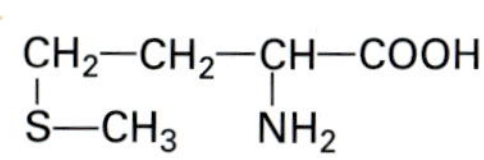
Asparagin Asn, N	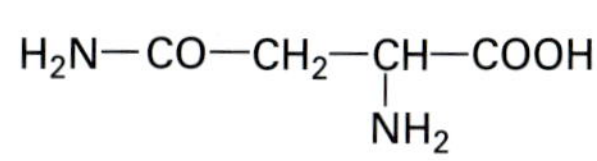
Glutamin Gln, Q	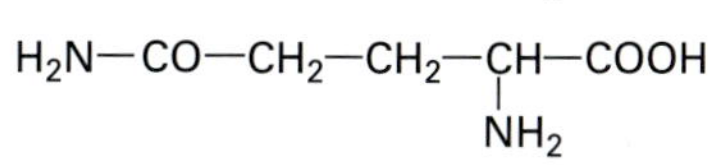
basische aliphatische Aminosäuren	
Arginin Arg, R	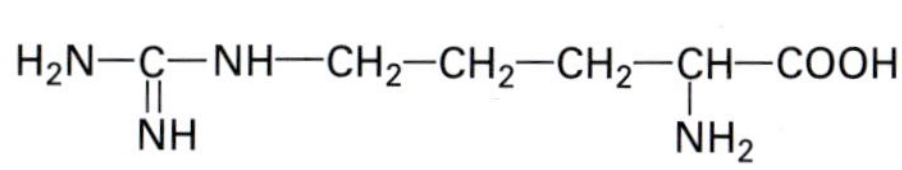
Lysin Lys, K	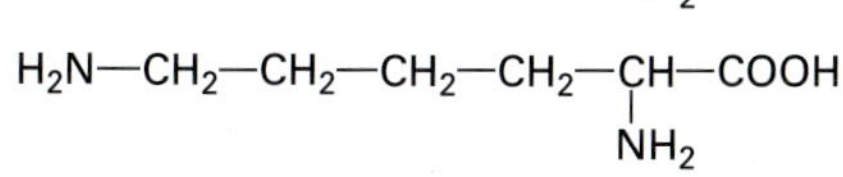
Hydroxylysin Hyl	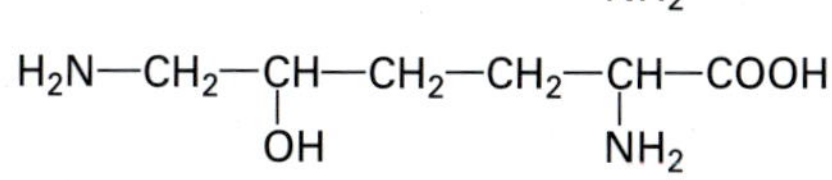
Ornithin Orn	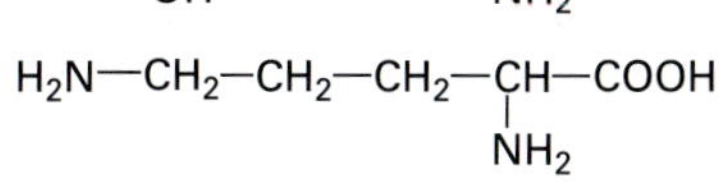

Tab. 6.2 (Fortsetzung)

saure aliphatische Aminosäuren	
Asparaginsäure Asp, D	$HOOC{-}CH_2{-}CH(NH_2){-}COOH$
Glutaminsäure Glu, E	$HOOC{-}CH_2{-}CH_2{-}CH(NH_2){-}COOH$
aromatische und heterocyclische Aminosäuren	
Phenylalanin Phe, F	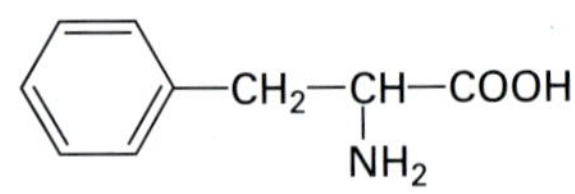
Tyrosin Tyr, Y	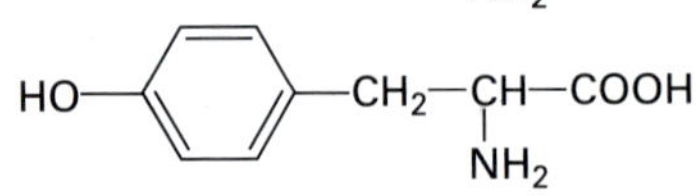
Tryptophan Trp, W	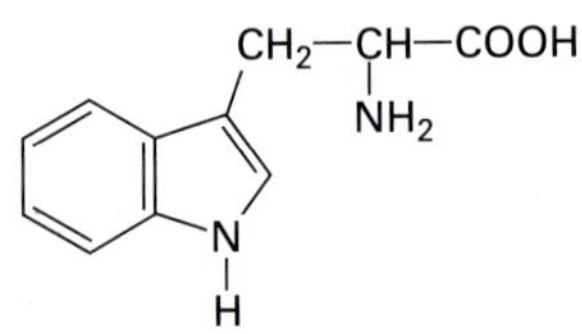
Prolin Pro, P	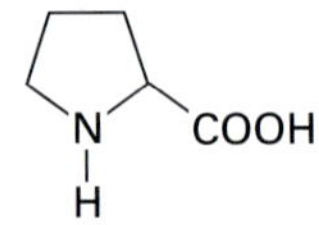
Hydroxyprolin Hyp	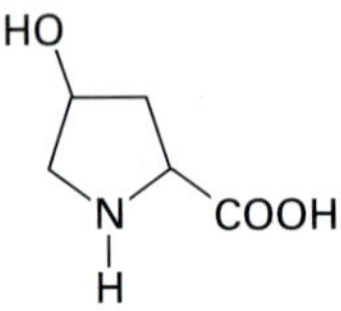
Histidin His, H	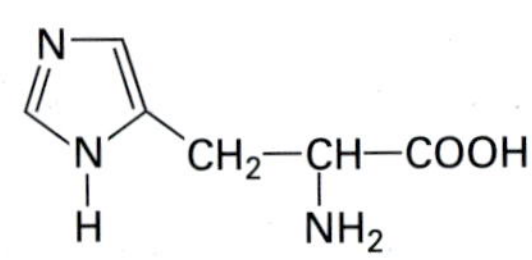

men werden, man nennt sie **essentielle Aminosäuren**: Valin, Leucin, Isoleucin, Threonin, Methionin, Lysin, Phenylalanin, Tryptophan und Histidin.

Natrium-L-Glutamat wird als „Geschmacksverstärker" Lebensmitteln zugesetzt. Für die „Aufwertung" von Futtermitteln werden große Mengen von Aminosäuren, hauptsächlich Methionin und Lysin, produziert. Hydrolysate von Proteinen verwendet man als Speisewürzen (Maggi, Sojasoße).

Neutrale Aminosäuren haben einen pK_s-Wert der Carboxygruppe von 2,35 (▶ 2.13.1) und einem pK_s-Wert der $NH_3^{\oplus}$-Gruppe von 9,65 (▶ 2.19.1). Beim

isoelektrischen Punkt sind beide Gruppen im gleichen Maße geladen, die Nettoladung ist folglich Null, und die Löslichkeit in einem polaren Lösemittel wie Wasser ist am geringsten. Dieser pH-Wert entspricht dem arithmetischen Mittel beider pK_s-Werte, also einem pH-Wert von 6,0. In einem Medium mit diesem pH-Wert wandern die neutralen Aminosäuren nicht in einem elektrischen Feld. Ist das Medium *alkalischer*, so überwiegt $CO_2^{\ominus}$, ist es *saurer*, so überwiegt $NH_3^{\oplus}$; die Aminosäuren wandern dann zur *Anode* ($\oplus$-Pol) bzw. zur *Kathode* ($\ominus$-Pol).

6.4.3 Peptide und Proteine

Durch Kondensation der Carboxygruppe einer Aminosäure mit der α-Aminogruppe einer zweiten Aminosäure entsteht eine **Amidbindung**, die beide Moleküle miteinander verknüpft. Diese Amidbindung nennt man **Peptidbindung**.

> Über die Peptidbindungen werden Aminosäuren zu kettenförmigen Makromolekülen, Peptiden und Proteinen, verknüpft (Abb. 6.5).

Mehrere Proteinketten können miteinander über **Disulfidbrücken**, —S—S—, vernetzen. Diese Bindungen entstehen durch Oxidation der SH-Gruppen zweier Cysteinmoleküle. Spaltet man Proteine durch Hydrolyse in einzelne Aminosäuren auf, so repräsentiert der Anteil des Cysteins die Anzahl der S—S-Brücken im Protein.

Wesentliche Beiträge zur Kenntnis der Struktur von Proteinen verdanken wir dem zweifachen Nobelpreisträger L. C. Pauling. Die physikalischen und chemischen Eigenschaften der Proteine hängen von der Reihenfolge, der sog. *Sequenz*, der Aminosäuren in der Molekülkette und von deren räumlicher Struktur ab. Man unterscheidet die *Primär-, Sekundär-, Tertiär-* und *Quartärstruktur* von Proteinen.

> Die **Sequenz der Aminosäuren** wird als **Primärstruktur** des Proteins bezeichnet.

Die Variabilität der Proteine ist riesig: Bei einer Kettenlänge von nur 100 Aminosäuren können aus 20 verschiedenen Aminosäuren $20^{100} \approx 10^{130}$ verschiedene Sequenzen aufgebaut werden. Nähme man jeweils nur ein Molekül davon, so könnte man diese nicht im ganzen Weltall unterbringen.

Die **Peptidkette** besteht, wie Abbildung 6.5 zeigt, aus relativ starren Teilstücken, den sechs in einer Ebene liegenden Atomen der Amidgruppe. Dies ist auf die Eigenschaften der Amid- oder **Peptidbindung** zurückzuführen (▶ 2.17): das Kohlenstoffatom der C=O-Gruppe ist sp^2-hybridisiert, und die Amidmesomerie führt dazu, dass die C—N-Bindung partiellen Doppelbindungscharakter erhält, sodass ihre Drehbarkeit eingeschränkt wird. Auch das Stickstoffatom ist sp^2-hybridisiert, besitzt also eine weitgehend planare Konfiguration. Als Gelenke zwi-

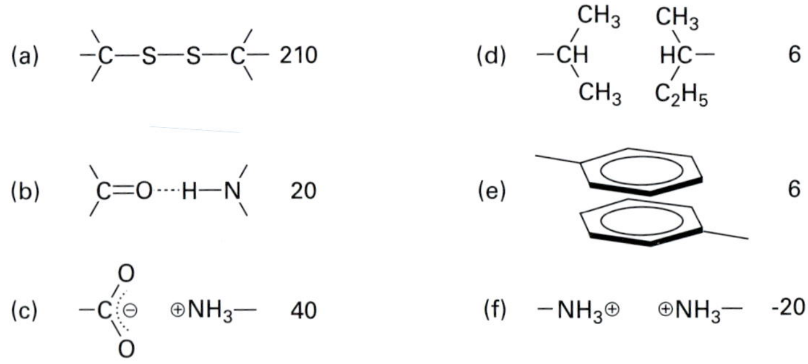

Abb. 6.6 Zwischenmolekulare Wechselwirkungen in Proteinen.
Diese stabilisieren die Sekundär- und Tertiärstruktur. Die Wechselwirkungsenergien sind in kJ/mol angegeben.
a) C—S—S—C-Brücke des Cystinmoleküls (kovalente Bindung zwischen zwei Cysteinmolekülen).
b) Wasserstoffbrückenbindung.
c) Coulomb'sche Anziehung zwischen geladenen Gruppen saurer und basischer Aminosäuren, z. B. Asparaginsäure und Lysin.
d) Hydrophobe Wechselwirkung zwischen Kohlenwasserstoffresten, z. B. Valin und Isoleucin.
e) Hydrophobe Wechselwirkung zwischen zwei aromatischen Ringen.
f) Coulomb'sche Abstoßung zwischen den Ammoniumgruppen basischer Aminosäuren.

schen den starren Kettenabschnitten fungieren die CHR-Gruppen. Sie gestatten die Ausbildung sehr verschiedener Konformationen der Kette.

Zusätzlich zu den C—S—S—C-Brücken zwischen Cysteinmolekülen gibt es eine Reihe verschiedener zwischenmolekularer Kräfte, die zu einer Zusammenlagerung der Aminosäureketten zu schraubenförmigen oder blattartigen, geknäuelten oder vielen anderen Strukturen führen können.

Die **zwischenmolekularen Kräfte** wurden bereits in Abschnitt 1.12 und in Kapitel 4 (▶ Tabelle 4.1) beschrieben. Abbildung 6.6 zeigt die für die Biochemie besonders wichtigen zwischenmolekularen Wechselwirkungen. Besonders sei auf die **hydrophobe Wechselwirkung** hingewiesen: Die hydrophoben Kohlenwasserstoffreste stören die dreidimensionale H-Brücken-Struktur des Wassers weniger stark (▶ 1.11), wenn sie sich nicht einzeln im Wasser befinden, sondern in Aggregaten. Daher bilden sich diese bevorzugt.

> Als **Sekundärstruktur** eines Proteins bezeichnet man die **Konformation der Peptidkette**, die sie infolge der zwischenmolekularen Wechselwirkungen zwischen den Baugruppen der gleichen oder verschiedener Ketten bildet.

Hierbei betrachtet man den Molekülrest R zunächst nur als punktförmige Gruppe. Unter den vielen verschiedenen Sekundärstrukturen findet man vor allem zwei Grundtypen, die Schraubenstruktur, die sog. α-Helix, und die Faltblattstruktur.

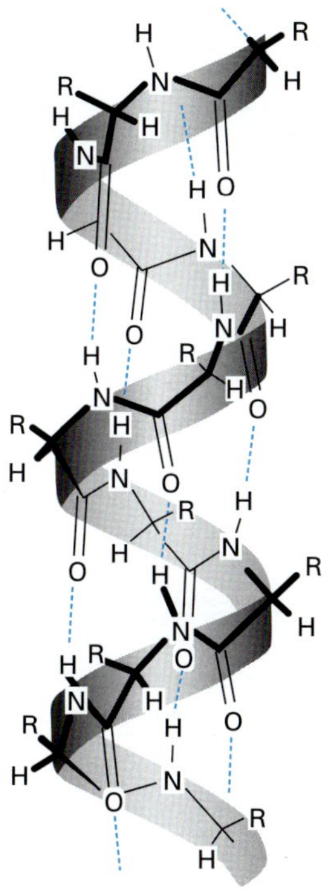

Abb. 6.7 α-Helixstruktur der Proteine.
Das Molekülskelett ist nach Art einer rechtsgängigen Schraube angeordnet, 3 2/3 Aminosäureeinheiten entsprechen einer Windung. Diese Sekundärstruktur wird stabilisiert durch Wasserstoffbrücken zwischen den H-Atomen an den Stickstoffatomen einer Windung und den Sauerstoffatomen der nachfolgenden Windung. Die Ganghöhe beträgt ca. 540 pm.

In der **α-Helix** (Abb. 6.7), z. B. im α-Keratin aus Wolle und Haaren, sind jeweils 3 2/3 Aminosäureeinheiten pro Windung in einer *Rechtsschraube* angeordnet; die Ganghöhe beträgt 540 pm. Zwischen den NH-Gruppen einer Windung und den CO-Gruppen der folgenden Windung bestehen Wasserstoffbrücken, sie stabilisieren diese Sekundärstruktur. Die Bausteine R, die Ketten und Ringe und ihre funktionellen Gruppen, finden keinen Platz im Zentrum der Helix; sie befinden sich außerhalb und stehen alle im gleichen Winkel zur Achse der Helix.

Bei der **Faltblattstruktur** (Abb. 6.8), z. B. im Fibroin der Seide, lagern sich mehrere Ketten zickzackförmig parallel, die Reste R stehen nach oben und unten aus den Blättern heraus. Die Peptidebenen sind also wie auf einem *regelmäßig gefalteten Papierblatt* angeordnet. Diesen Strukturtyp findet man vornehmlich bei Proteinen, deren Aminosäureeinheiten überwiegend kleine Seitengruppen R tragen.

In Analogie zur α-Helix wird das Faltblatt auch als β-Struktur bezeichnet. Häufig findet man auch den Namen „β-Faltblatt", der jedoch wenig sinnvoll ist, zumal es kein α-Faltblatt gibt.

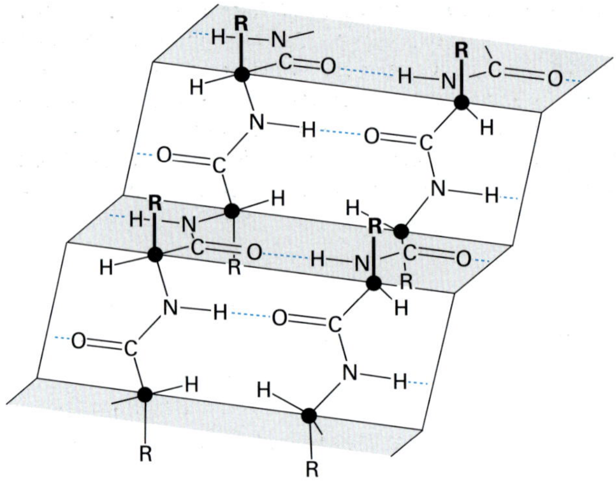

Abb. 6.8 Faltblattstruktur der Proteine.
Parallel liegende Ketten in Zickzackform werden durch Wasserstoffbrücken zusammengehalten. ● = Kohlenstoffatom der CHR-Gruppe, deren frei drehbare Bindungen die Faltung der Kette ermöglichen.

Die Sekundärstruktur wird also vornehmlich durch die C=O···H—N-Wasserstoffbrücken der Peptidketten gebildet.

> Die zwischenmolekularen Kräfte zwischen den funktionellen Gruppen der Seitenketten führen zu einer räumlich definierten Anordnung verschiedener Kettenabschnitte mit Schrauben-, Blatt-, Haarnadel-(Umkehrschleife) oder anderer Sekundärstruktur, zur sog. **Tertiärstruktur** des Proteins.

Infolge der Tertiärstruktur entstehen in Proteinmolekülen hydrophile, hydrophobe sowie auch verschieden polare und elektrisch geladene Hohlräume, Kanäle und Spalten, die entscheidend für die katalytischen Funktionen der Proteine sind sowie für deren Assoziation zu größeren Einheiten.

> Die Anordnung mehrerer Proteinuntereinheiten zu einem großen Komplex bezeichnet man als die **Quartärstruktur** der Proteine.

Im **α-Keratin**, dem Baustoff der Wolle, bilden jeweils zwei α-Helices eine Doppelhelix (Superhelix) aus, von denen sich wiederum je zwei zu Protofilamenten aneinander lagern. Acht Protofilamente bilden schließlich ein Intermediär-Filament (IF).

Die Proteinchemie der Dauerwelle
In den **Haaren** sind Millionen von Filamenten gebündelt. Die einzelnen Keratin-Helices werden durch zahlreiche Disulfidbrücken quervernetzt. Besitzt ein Mensch in der

Aminosäuresequenz seines Keratins viel Cystein, bilden sich viele Disulfidbrücken, und dadurch sind die Haare sehr kraus. Enthält das Keratin wenig Cystein, sind die Haare glatt. Die **Haarkrause** des Menschen zeigt eindrucksvoll, wie die DNA (▶ 6.5.2) über den Aufbau der Peptide und Proteine (hier Keratin) das äußere Erscheinungsbild (die Haarkrause) beeinflusst. Beim Legen von **Dauerwellen** werden die Disulfidbrücken zunächst reduktiv gelöst. Dann bringt man das Haar in die gewünschte Form und trocknet es heiß. Dabei bilden sich durch Luftoxidation neue Disulfidbrücken, welche die Frisur erhalten.

Durch eine Reihe verschiedener Reagenzien, wie Säuren, Laugen, Salze, Alkohol, Tenside, aber auch durch Wärme, Strahlung und mechanische Erschütterungen wird die räumliche Struktur der Proteine zerstört. Dadurch verlieren sie ihre biologische Aktivität, sie *denaturieren*. Meist werden die Proteine dabei unlöslich; da die Ketten dann meist parallel liegen, sind sie leichter durch Enzyme abbaubar (verdaulich). Bekannte **Denaturierungen** sind das Gerinnen von Eiweiß beim Kochen von Eiern und Braten von Fleisch oder beim Ansäuern von Milch. Wenig drastische Denaturierungen lassen sich gelegentlich umkehren, dann *renaturieren* die Proteine.

Eiweißstoffe mit einer Molmasse unter 10.000 werden **Peptide** genannt. Man kennt Peptide mit linearen Molekülen, aber auch verzweigte und ringförmige. Peptide enthalten oft ungewöhnliche Aminosäuren, wie z. B. β-Alanin (3-Aminopropansäure), bei dem die NH_2-Gruppe nicht in α-, sondern in β-Stellung steht. In der Natur kommen neben den 20 verbreitetsten ca. 500 verschiedene **seltene Aminosäuren** vor. Man findet hier auch Aminosäuren mit einer Konfiguration am asymmetrischen Kohlenstoffatom, die der üblichen entgegengesetzt ist. Weiter gibt es Peptide mit einer anormalen Verknüpfung der Aminosäuren, z. B. eine γ-Verknüpfung bei der Glutaminsäure anstelle der üblichen α-Verknüpfung. Einige Peptide zeichnen sich durch besonders hohe physiologische Aktivität aus, z. B. die Hypophysenhormone, das blutzuckersenkende Hormon der Bauchspeicheldrüse (Insulin), einige Antibiotika (Cephalosporine, Penicilline, ▶ 6.10.4) und die Gifte des Knollenblätterpilzes (Amanitin und Phalloidin, ▶ Tabelle 6.9), der Schlangen, Bienen und Quallen.

Das Dipeptid **Aspartam** findet als Süßstoff (▶ 6.3.1) Verwendung. Es besitzt etwa die 200-fache Süßkraft des Rohrzuckers und einen sehr reinen Geschmack.

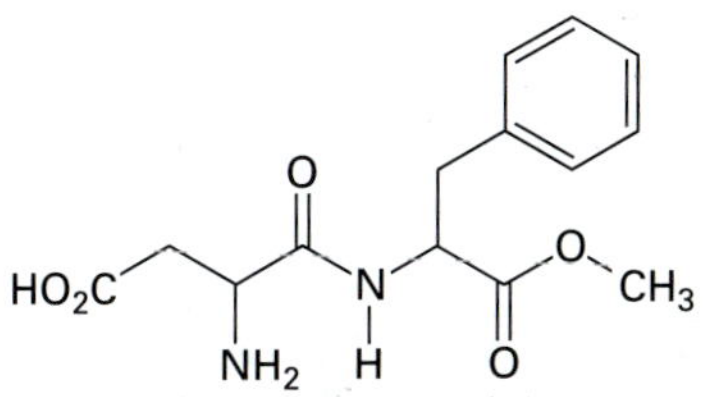

N-L-Aspartyl-L-phenylalaninmethylester
Aspartam

Das Nonapeptid **Bradykinin** (▶ 6.10.3) besitzt die folgende Aminosäuresequenz:

$$(H_2N\!-)\mathrm{Arg{-}Pro{-}Pro{-}Gly{-}Phe{-}Ser{-}Pro{-}Phe{-}Arg}(-CO_2H)$$

↑ N-terminale Aminosäure … ↑ C-terminale Aminosäure

Konventionsgemäß befindet sich bei dieser Schreibweise die N-terminale Aminosäure, das ist diejenige, deren Aminogruppe nicht Teil einer Peptidbindung ist, am linken Ende, während die C-terminale Aminosäure, also diejenige mit der freien Carboxygruppe, am rechten Ende liegt. Zur Verdeutlichung sind diese beiden Gruppen, die üblicherweise weggelassen werden, in der vorstehenden Formel in Klammern gezeichnet.

Die von R. B. Merrifield entwickelte **Festphasensynthese** zur Gewinnung von Polypeptiden wurde in Abschnitt 3.7 beschrieben.

Die eigentlichen **Proteine** haben eine Molmasse zwischen 40.000 und 40.000.000. **Globuläre** (kugelförmige) **Proteine** bilden kolloidale Lösungen; man findet sie in den Körperflüssigkeiten (Blutplasmaproteine, Immunglobuline, Casein). **Faserproteine**, wie das Fibroin der Seide und das Keratin der Wolle, aber auch die Proteine der Muskeln, der Haut und der Gefäße sind dagegen nicht löslich.

Verbindungen aus Proteinen und andersartigen Substanzen heißen **Proteide**. Die **Enzyme**, die Reagenzien und Katalysatoren vieler biochemischer Reaktionen, sind meistens Proteide. Eine Zelle enthält 5.000−10.000 verschiedene Enzyme. Klassifiziert werden die Enzyme nach dem Nichteiweißbestandteil des Proteidmoleküls, der **prosthetischen Gruppe**: Lipoproteine (Lipide), Glycoproteine (Kohlenhydrate), Phosphorproteine (Phosphorsäure), Chromoproteine (Farbstoffe wie z. B. der Blutfarbstoff), Nucleoproteine (Nucleinsäuren) und Metallproteine. In Abschnitt 6.10.1 werden die Enzyme eingehender besprochen. **Lipoproteine** bewirken im Plasma und im Serum des Bluts den Transport der wasserunlöslichen Lipide.

Glycoproteine enthalten Mono-, Oligo- oder Polysaccharide. Der Kohlenhydratanteil kann von wenigen Prozent (Enzym Ribonuclease) bis zu 85 % (Blutgruppenantigene) betragen. Wegen ihrer strukturellen Vielfalt erfüllen sie sehr unterschiedliche Aufgaben. Sie dienen als Gleitmittel (Bestandteil von Schleim), wirken als Hormone (Thyrotropin) und im Immunsystem (Immunoglobuline, Interferone). Als Strukturproteine (Collagen) kommen sie in der Haut, in Knorpel- und Knochengewebe vor und sind als Membranproteine bedeutend für die Zell-Zell-Wechselwirkung.

Die **Serum-Lipoproteine** lassen sich in mehreren Dichteklassen unterscheiden, von denen in der Medizin bei den „Blutfetten" besonders das „böse" **LDL** (engl. *low-density lipoprotein*, Dichte: 1,006−1,063 g/ml) und das „gute" **HDL** (*high-density lipoprotein*, Dichte: 1,063−1,210 g/ml) wichtig sind. LDL enthält ca. 50 %

Cholesterol (► Abb. 6.12) und 10 % Triglyceride, HDL nur 20 % Cholesterol und 5 % Triglyceride. Erhöhte LDL-Werte werden für die Entstehung von Arteriosklerose und Herzinfarkt verantwortlich gemacht.

Die mit der Nahrung aufgenommenen **Proteine** werden durch eine Reihe von Enzymen des Verdauungstraktes, wie das Labenzym, Trypsin und Pepsin, hydrolytisch in ihre Bestandteile, die Aminosäuren, zerlegt. Diese werden vom Darm aufgenommen und im Blutkreislauf verteilt. Auch die meisten körpereigenen Eiweißstoffe werden ständig ab- und wieder aufgebaut. Der erwachsene Mensch synthetisiert (und hydrolysiert) täglich ca. 400 Gramm Protein. Intrazellulare Proteine haben eine Halbwertszeit (das ist die Zeit, in der 50 % abgebaut werden) von einigen Stunden bis zu wenigen Tagen, das Albumin des Blutplasmas von 25 Tagen. Dagegen werden andere Zellproteine schon im Embryo gebildet, und sie überdauern das Leben des Organismus: die Proteine der Augenlinse, des Herzmuskels und der Nervenzellen.

6.5 Nucleoside, Nucleotide, Nucleinsäuren

6.5.1 Struktur und Funktion der Nucleinsäuren

Die Frage nach der Natur der Erbsubstanz und den Vorgängen beim Aufbau wohldefinierter, komplizierter Lebewesen aus einer einzelnen Zelle gehört zu den wesentlichen Problemen der Biochemie. Von den vier Verbindungsklassen, Kohlenhydrate, Lipide, Proteine und Nucleinsäuren, welche die Hauptbestandteile der lebenden Zellen bilden, ist nur die Entdeckung der letzten historisch datierbar. Sie geschah 1869 durch J. F. Miescher, der aus den Zellkernen von Eiterzellen eine phosphorhaltige Substanz isolierte, die er *Nuclein* (von latein. *nucleus*: Kern) nannte. „Kernsäuren" kommen in den Zellkernen aller Organismen vor, aber auch im Zellplasma und in den Ribosomen. Insbesondere seitdem im Jahre 1953 die Struktur der **Deoxyribonucleinsäure**, abgekürzt DNS, der Substanz der Gene, aufgeklärt worden war (s. u.), wurde Klarheit geschaffen über den Aufbau und die Funktion der Träger der genetischen Information sowie ihr Zusammenspiel mit den **Ribonucleinsäuren** (RNS), den Molekülen, welche die Proteinsynthese in den Zellen steuern und durchführen.

Auch in der deutschen Literatur trifft man häufig die internationalen Bezeichnungen **DNA** und **RNA**; dies sind Abkürzungen der englischen Namen dieser Verbindungen *Deoxyribonucleic Acid* und *Ribonucleic Acid*, die wir ebenfalls im Folgenden verwenden. Allerdings ist für DNA auch der Name **Desoxy**ribonucleinsäure gebräuchlich.

Die **DNA** besteht aus einem Kettenmolekül, an das bestimmte Substanzen als die eigentlichen Informationsträger geknüpft sind. Bezeichnet man diese Substanzen mit den Buchstaben A, T, G und C, so ist der chemische Aufbau eines DNA-Moleküls folgendermaßen:

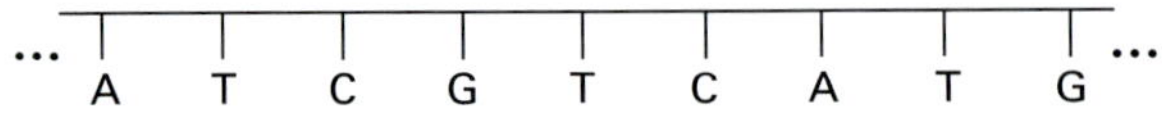

Die Information ist ähnlich wie auf einem Magnetband gespeichert. Die Art und die Reihenfolge der an die Kette geknüpften Substanzen bestimmt die Information, die also aus einem Text mit den vier Buchstaben A, T, G und C besteht.

- Die **DNA** ist das wichtigste Baumaterial der Chromosomen.
- Die genetische Information einer DNA-Kette wird von den **Ribonucleinsäuren** aus dem Zellkern in das Cytoplasma übertragen, wo sie die Synthese der Proteine und damit den Aufbau von Enzymen und Strukturen des Organismus steuert.

Die DNA liegt normalerweise als **Doppelmolekül** vor; dabei sind die einzelnen Buchstaben der beiden Moleküle direkt benachbart, aber der Text der zweiten Molekülkette ist zu dem der ersten Kette komplementär. Einem A der einen Kette steht immer ein T und einem G immer ein C der anderen Kette gegenüber. Das Doppelmolekül entspricht also folgendem Schema:

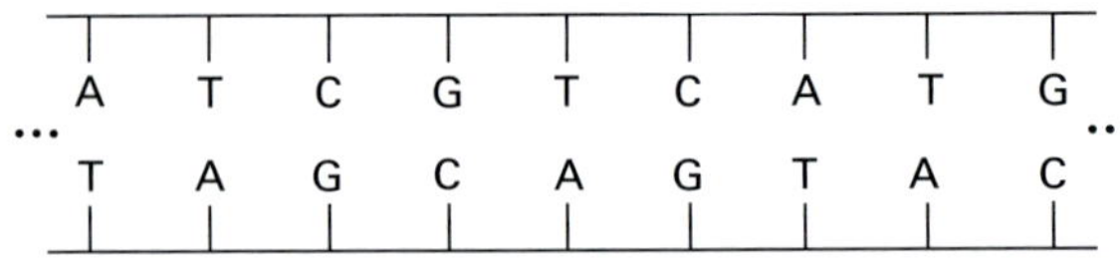

Dieses Molekül ist verdrillt, das Rückgrat der Kette bildet eine rechtsgängige Wendel. Im Hohlraum der Wendel befinden sich die Buchstaben mit der Information (▶ Abb. 6.9). Diese **Doppelhelix** ähnelt ineinander gedrehten gleichsinnigen Spiralfedern. Für die Aufklärung der **DNA-Struktur**, die auf Arbeiten von R. E. Franklin aus den Jahren 1951–53 beruht, erhielten J. D. Watson, F. H. C. Crick und M. H. F. Wilkins 1962 den Nobelpreis.

Bei der **Hydrolyse der Nucleinsäuren** entstehen nur wenige verschiedene Bausteine, aus denen mit Molmassen von bis zu einigen Milliarden die größten bekannten Moleküle aufgebaut sind: Zucker, N-Heterocyclen („Basen") und Phosphorsäure. Als **Zucker** erhält man aus RNA **D-Ribose** und aus DNA **2-Deoxy-D-ribose**. Beide liegen als Fünfringe, also in der furanosiden Halbacetalstruktur, vor (▶ 6.3.1).

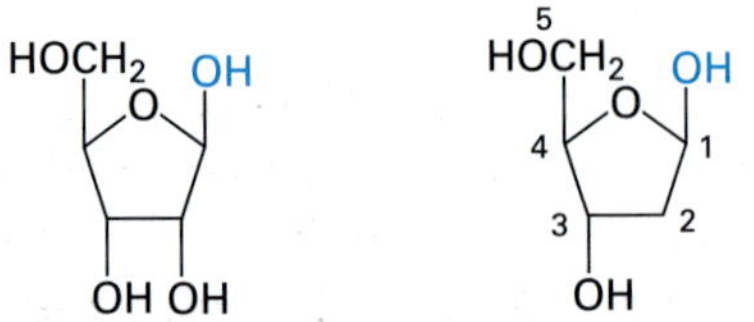

D-Ribose (RNA) 2-Deoxy-D-ribose (DNA)

Bei den **Basen** handelt es sich um zwei **Purine** und drei **Pyrimidine**. Dabei kommt Uracil nur in RNA und Thymin nur in DNA vor.

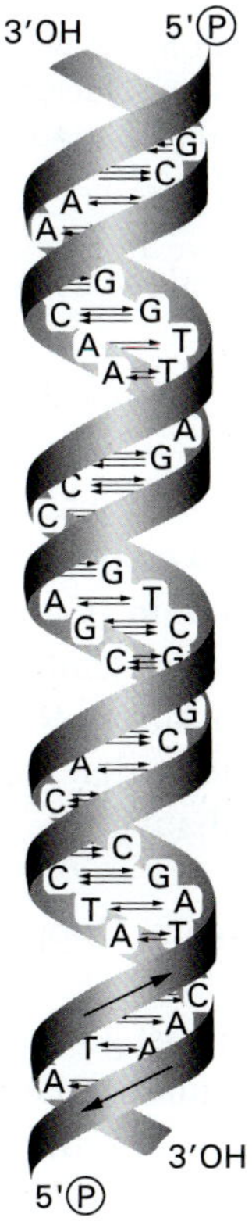

Abb. 6.9 DNA-Doppelhelix.
Der Durchmesser der Helix beträgt 2.000 pm, die Ganghöhe 4.300 pm, der Abstand der Basen 340 pm.

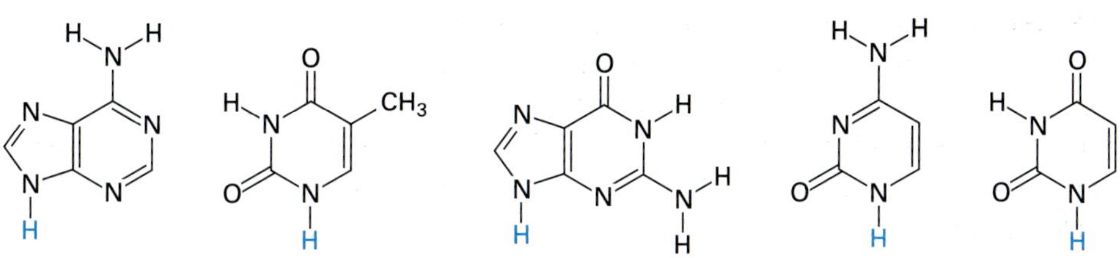

Adenin Thymin Guanin Cytosin Uracil

Zucker und Base kondensieren zu *N*-Glycosiden, die **Nucleoside** genannt werden. Bei den Zuckern und Basen sind die zur Kondensation verwendeten Atome jeweils blau gezeichnet. Aus den Nucleosiden entstehen durch Kondensation der Hydroxymethylgruppe des Zuckers mit Phosphorsäure die **Nucleotide**. Letztere bilden dann die Bausteine der Nucleinsäuren, die **Polynucleotide**.

$$\text{Zucker + Base} \xrightarrow[-\,H_2O]{} \text{Nucleosid} \xrightarrow[-\,H_2O]{H_3PO_4} \text{Nucleotid} \xrightarrow[-\,H_2O]{} \text{Polynucleotid}$$

Nucleinsäuren sind **Polynucleotide**, die durch Polykondensation aus Nucleotiden entstehen. Letztere sind ihrerseits Monophosphorsäureester der Nucleoside, die als *N*-Glycoside aus einem Zucker (D-Ribose oder 2-Deoxy-D-ribose) und einer Purin- oder Pyrimidinbase gebildet werden.

Im folgenden Abschnitt wird die Struktur der DNA eingehender beschrieben.

6.5.2 Molekulare Struktur der DNA

Das Rückgrat der **DNA**-Moleküle ist ein fadenförmiges Polyestermakromolekül (► 3.5.2). Es besteht aus Phosphorsäure und der 2-Deoxy-D-ribose. Die Buchstaben entsprechen den Purinderivaten **Adenin** (A) und **Guanin** (G) sowie den Pyrimidinderivaten **Thymin** (T) und **Cytosin** (C). Diese Basen sind *N*-glycosidisch an das Zuckermolekül gebunden. Bei den Ribonucleinsäuren, **RNA**, dagegen tritt an die Stelle des Thymins das **Uracil** (U) und anstelle der 2-Deoxy-D-ribose ist D-Ribose (Tabelle 6.1) in die Polyesterkette eingebaut.

Abb. 6.10 zeigt einen Teil des DNA-Einzelmoleküls.

Die Gründe dafür, dass sich nur **komplementäre Basen** im Doppelmolekül gegenüberstehen, sind folgende:

Der Abstand zwischen den Polyesterketten der Doppelhelix ist gerade so groß, dass nur ein Purin- und ein Pyrimidinmolekül in den Hohlraum der Helix eingebaut werden können; er ist aber wesentlich größer als der Raum, der von zwei Pyrimidinmolekülen eingenommen wird. Tatsächlich findet man immer gegenüber einem Purin- ein Pyrimidinderivat angeordnet und umgekehrt. Dass einem bestimmten Pyrimidinderivat (z. B. T) immer ein bestimmtes Purinderivat (A) gegenübersteht und nicht beide Purinderivate mit gleicher Wahrscheinlichkeit, kommt daher, dass die vier Basen in 6-Stellung Gruppen tragen, die zur Ausbildung von Wasserstoffbrückenbindungen miteinander befähigt sind. Je ein Purin- und ein Pyrimidinderivat haben in 6-Stellung eine Ketogruppe, die beiden anderen eine Aminogruppe. Die spezifische Gegenüberstellung ganz bestimmter Basen hat also zwei Ursachen:

1. Aus räumlichen Gründen steht immer ein Pyrimidin einem Purin gegenüber.
2. Um den Zusammenhalt des Doppelmoleküls zu gewährleisten, muss eines dieser Moleküle immer eine Amino-, das andere eine Ketogruppe in 6-Stellung enthalten.

Außer von den Gruppen in 6-Stellung gehen auch von den benachbarten Gruppen **Wasserstoffbrückenbindungen** aus; die komplementären Moleküle sind so aufgebaut, dass insgesamt zwei oder drei Wasserstoffbrücken geschlagen werden können. Dies bedingt, dass in allen DNA übereinstimmende Mengen Adenin und Thymin sowie Guanin und Cytosin vorhanden sind. Die Gesamtmenge der Purinbasen (Adenin + Guanin) ist gleich derjenigen der Pyrimidine (Thymin + Cytosin).

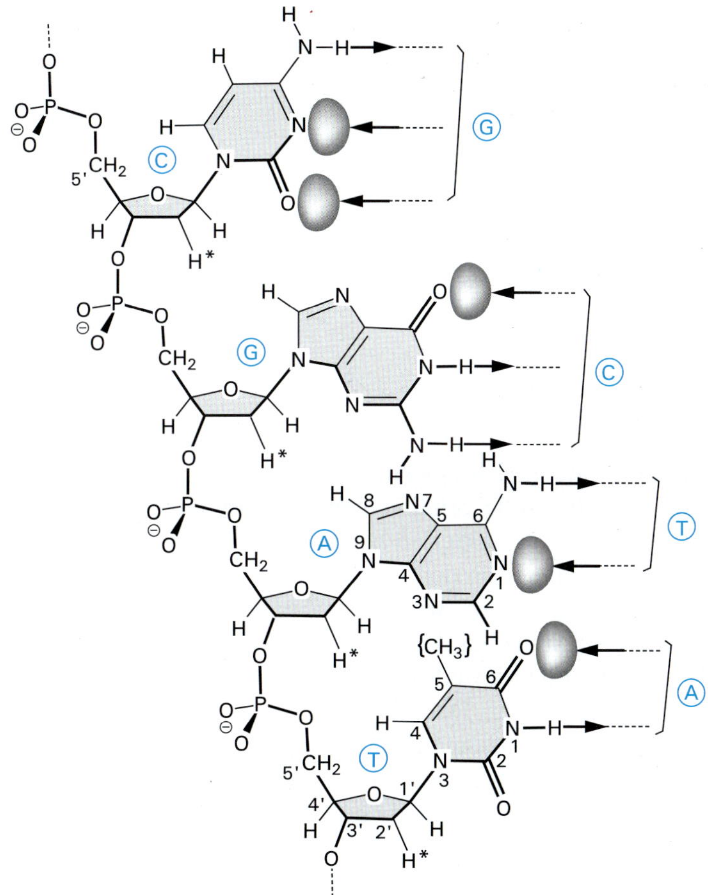

Abb. 6.10 Teil einer DNA-Kette.
Die Kohlenstoffatome der Deoxyribose sind mit gestrichelten Ziffern nummeriert, die der Basen mit normalen Ziffern. Unten ist das sog. 3′-OH-Ende der Kette, links oben das 5′-P-Ende. Thymin (T) und Adenin (A) bilden jeweils zwei, Guanin (G) und Cytosin (C) drei Wasserstoffbrücken aus. Da diese Wasserstoffbrücken jeweils komplementär sind, können diese Moleküle in der Doppelhelix stabile Dimere bilden.
Bei den Ribonucleinsäuren (RNA) sind die in dieser Zeichnung mit einem Stern versehenen H-Atome am C-Atom 2′ der Deoxyribose durch OH-Gruppen ersetzt. Weiterhin ist die hier in der Zeichnung eingeklammerte CH_3-Gruppe des Thymins durch ein Wasserstoffatom ersetzt, daraus ergibt sich das Uracil.

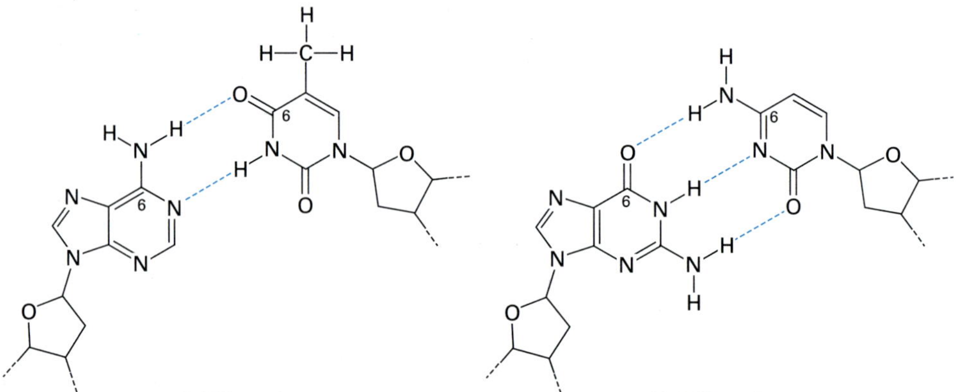

A-T-Komplex G-C-Komplex

Vor einer **Zellteilung** bilden sich aus jeder DNA-Doppelhelix zwei neue identische Helices. Jede Tochterzelle erhält einen vollständigen Satz des Textes der genetischen Information. Bei Bakterien besteht die Erbsubstanz aus DNA-Molekülen mit ca. 10^6 Basenpaaren, in den Pflanzen zwischen 10^8 und 10^{11}, die Zellen der Säugetiere enthalten dagegen zwischen 10^9 und 10^{10} Basenpaare. Beim Menschen besteht die Erbsubstanz aus $3 \cdot 10^9$ Basenpaaren. Sie ist auf 23 Chromosomen aufgeteilt, das entspricht jeweils einem DNA-Faden von $1{,}8 \cdot 10^8$ Basenpaaren mit einer Länge von 5 cm. Daraus ergibt sich ein unvorstellbares „Verpackungsproblem": Alle Chromosomen sind in einem Zellkern mit einem Durchmesser von 1/10.000 dieser Länge, nämlich 5 Mikrometern, untergebracht! Die Zelle ist dabei nicht nur in der Lage, jede notwendige Information von den Chromosomen abzulesen, sondern auch den ganzen Chromosomensatz identisch zu kopieren!

Heute weiß man, wie die Zelle die 5 cm langen DNA-Fäden verpackt. Die Doppelhelix (2 nm Durchmesser) windet sich zunächst mit wenigen Windungen um ein Protein, Histon genannt. Dadurch entstehen Nucleosomen mit einem Durchmesser von 11 nm. Durch enge Packung der Nucleosomen (wie die Perlen auf einer Kette) bildet sich die Chromatinfaser mit 30 nm Durchmesser. Diese wird in Schleifen mit einer Weite von 300 nm gelegt. Schließlich werden diese zu einer Wendel von 700 nm Durchmesser angeordnet. Zwei solcher Stränge bilden das Chromosom, das dann einen Durchmesser von 1,4 Mikrometern besitzt.

RNA kann wegen sterischer Hinderung durch die zusätzlich OH-Gruppe am C-Atom 2 der Ribose keine Doppelhelix ausbilden. Ihre Struktur ist deshalb weniger regelmäßig als die von DNA.

6.5.3 Transkription und Übersetzung der genetischen Information: Proteinbiosynthese

Die **genetische Information** ist in der DNA-Doppelhelix besonders sicher gespeichert. Die komplementären Basenpaare sind durch passende Wasserstoffbrücken miteinander verknüpft. Weiterhin bewirken die anziehenden zwischenmolekularen Kräfte zwischen den π-Elektronensystemen (Dispersionskräfte, ▶ 1.12, 4.2), dass aufeinander folgende Basen dicht gestapelt werden. Selbst wenn die Information in einem Strang durch physikalische oder chemische Prozesse vernichtet wird, so ist es Reparaturenzymen möglich, diese Fehler zu erkennen und sie zu korrigieren. Auf diese Weise wird sichergestellt, dass die spontane Mutationsrate unglaublich niedrig ist: Irgendein Basenpaar in einem Abschnitt von 1.000 Basen ändert sich nur einmal in 200.000 Jahren!

Dieser wertvolle Urtext wird nun in einer leicht veränderten Sprache – in dieser Sprache wird U (Uracil) anstelle von T (Thymin) verwendet – auf ein für die praktische Nutzung geeigneteres Material umgeschrieben: Von der DNA als Matrize werden Arbeits-Negativ-Kopien in Form der sog. **Messenger-Ribonucleinsäure** (mRNA) angefertigt. Diesen Prozess nennt man **Transkription**. Da hier das Polyester-Rückgrat in der Ribose eine Hydroxygruppe mehr hat als die 2-Deoxyribose der DNA, ist die RNA besser wasserlöslich. Für jedes Protein gibt es eine spezifische mRNA. Diese mRNA liegt als Einzelstrang vor; sie wandert aus dem Zellkern in das Cytoplasma. Die Ribosomen, winzige Proteinfabriken, umschließen die mRNA an Stellen, an denen sie einen „Startbefehl“ lesen können, und sie beginnen die Übersetzung (**Translation**) des genetischen Codes in die Primärstruktur eines Proteins (▶ 6.4.3).

Der **genetische Code** ist das „Wörterbuch“, das die Basensprache in der mRNA in diejenige der Aminosäuren in den Proteinen übersetzt. Tabelle 6.3 zeigt, dass jeweils drei Basen (also ein **Basentriplett**) der mRNA ein Codewort (**Codon**) darstellen. Mit den vier RNA-Basen sind 4^3 also 64 verschiedene Codons möglich, sodass für viele Aminosäuren mehrere Codons existieren. Es gibt Wörter, die den Beginn und den Abschluss einer Kette von Aminosäuren bezeichnen, Start: AUG, Stop: UAA, UAG und UGA. Es gibt Codewörter für die etwa 20 verschiedenen proteinogenen α-Aminosäuren (▶ Tabelle 6.2). In bestimmten Fällen können einzelne Tripletts auch andere (seltene) Aminosäuren codieren, z. B. kann UGA auch für L-Selenocystein stehen.

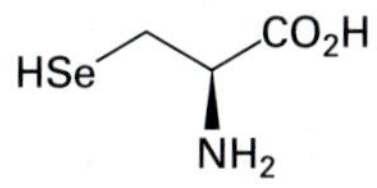

Die einzelnen Aminosäuren werden von den sog. **Transfer-Ribonucleinsäuren** (tRNA) zu den Ribosomen transportiert. Die tRNA bestehen aus 70–90 Nucleotiden. Auch sie bilden nur einen Einzelstrang; da aber immer bestimmte Teilbereiche der Kette komplementäre Basenfolgen enthalten, assoziieren diese Kettenbereiche, und es bildet sich, wie Abbildung 6.11 zeigt, eine Sekundärstruktur mit meist drei oder vier kleeblattähnlichen Seitenschleifen. Eine dieser Schleifen enthält ein Basentriplett (das **Anticodon**), das genau komplementär zu dem Codon ist, das die zu übertragende Aminosäure kennzeichnet. Das 3′-Ende der

Tab. 6.3 Der Aminosäure-Code der ribosomalen RNA (in 5′–3′-Richtung gelesen).

Aminosäure	Codewort	Aminosäure	Codewort
Start	AUG, GUG	Leucin	UUA, UUG, CUU, CUC, CUA, CUG
Alanin	GCU, GCC, GCA, GCG	Lysin	AAA, AAG
Arginin	CGU, CGC, CGA, CGG, AGA, AGG	Methionin	AUG
Asparaginsäure	GAU, GAC	Phenylalanin	UUU, UUC
Asparagin	AAU, AAC	Prolin	CCU, CCC, CCA, CCG
Cystein	UGU, UGC	Serin	UCU, UCC, UCA, UCG, AGU, AGC
Glutaminsäure	GAA, GAG	Threonin	ACU, ACC, ACA, ACG
Glutamin	CAA, CAG	Tryptophan	UGG
Glycin	GCU, GGC, GGA, GGG	Tyrosin	UAU, UAC
Histidin	CAU, CAC	Valin	GUU, GUC, GUA, GUG
Isoleucin	AUU, AUC, AUA	Stop	UAA, UAG, UGA

Kette mit den Buchstaben CCA trägt die Aminosäure; deren Carboxygruppe ist mit der 3′-OH-Gruppe verestert.

Der Anfang der Vorschrift für die **Synthese eines Proteins** ist durch das Codewort AUG (Start) gekennzeichnet. Die passende tRNA enthält das komplementäre Anticodon UAC, sie transportiert eine Aminosäure, das Methionin, die schon als Ende einer Proteinkette vorbereitet ist. Ihre Aminogruppe ist nicht mehr frei, sie bildet bereits eine Peptidbindung mit der Ameisensäure, es ist also das *N*-Formylmethionin (▶ Abb. 6.11). Bei Prokaryonten wird *N*-Formylmethionin immer als erste Aminosäure eingebaut, jedoch meistens später wieder abgespalten.

Die weitere Proteinsynthese erfolgt, indem schrittweise einzelne Aminosäuren mit ihrer tRNA passend zum Codewort der mRNA-Kette angefügt werden. Das Ribosom wandert jeweils um drei Basen auf der mRNA weiter, in Richtung zum 3′-Ende. Die letzte Aminosäure wird von ihrer tRNA getrennt, und damit ist die Proteinsynthese beendet.

Auf diese Weise werden etwa 100 Peptidbindungen pro Sekunde geknüpft. Jeder Abschnitt der Nucleinsäuren, der einer Proteinkette entspricht, wird als ein **Gen** angesehen.

Die DNA-Replikation ist inzwischen auch im Labor durchführbar und hat seit 1983 die Gentechnik revolutioniert. Die von K. B. Mullis (Nobelpreis 1992) entwickelte Methode nennt man **Polymerase-Kettenreaktion** (engl. *polymerase chain reaction*, PCR). Obwohl mittels PCR nur relativ kurze Teilstücke des DNA-Strangs – etwa von der Größe eines Gens – vervielfältig werden können, findet

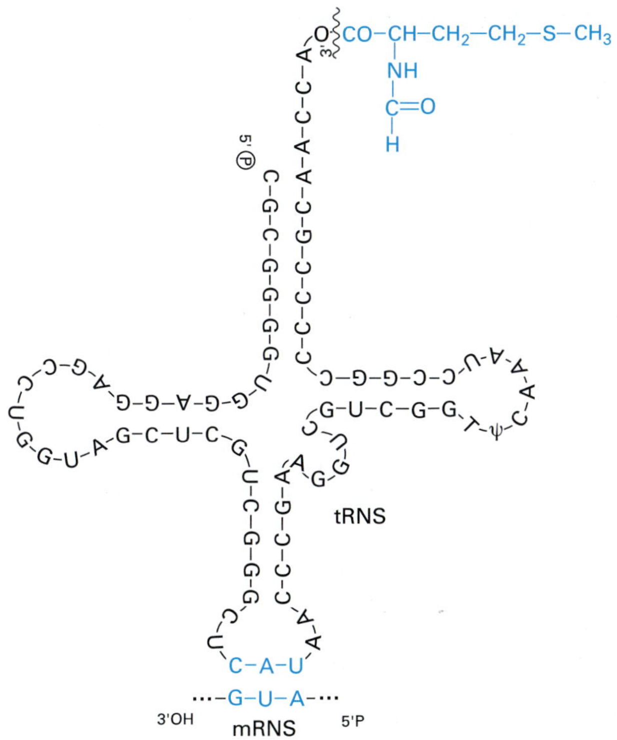

Abb. 6.11 Transfer-Ribonucleinsäure für das *N*-Formylmethionin.
Diese tRNA beginnt die Proteinsynthese an der Stelle der mRNA, die durch das Codewort AUG gekennzeichnet ist. ψ ist ein Isomeres von U.

sie vielfältige Anwendungen, z. B. bei der Isolierung von Genen, der gentechnischen Herstellung von Proteinen, in der medizinischen Diagnostik und in der Kriminalistik.

Nützliche Synthesen mit manipulierten Genen: Gentechnik
In neuerer Zeit ist es gelungen, den genetischen Apparat von Mikroorganismen so umzuprogrammieren, dass diese Zellen für sie nutzlose, aber vom Menschen gewünschte Stoffe produzieren. Dazu pflanzt man über PCR hergestellte DNA-Stücke, welche die Information über die zu der Synthese notwendigen Proteine enthalten, in die DNA der Zelle ein. Der genetische Apparat von z. B. *Escherichia coli* wird so umprogrammiert, dass diese Zellen ganz bestimmte Stoffe produzieren. Man gewinnt mit dieser Gentechnik rekombinant hergestellte Proteine, wie z. B. menschliches Insulin, Interferone (Anti-Virus-Wirkstoffe) sowie spezielle Impfstoffe (gegen Polio- und Hepatitis-Viren und Malaria-Erreger).

Die Sequenzierung der menschlichen DNA
Das **Humangenomprojekt** war ein internationales Forschungsprojekt und verfolgte das Ziel, die Basensequenz der DNA des menschlichen Genoms aufzuklären und die ca. 20.000–25.000 Gene mit insgesamt über drei Milliarden Nucleotiden zu identifi-

zieren. Es begann im Jahre 1990 und wurde ursprünglich von J. D. Watson geleitet. Die Sequenzierung erfolgt, indem durch Spaltung Teilfragmente erzeugt werden, die nach Auftrennung analysiert werden. Im Jahre 2003 – zwei Jahre früher als ursprünglich geplant – wurden die Arbeiten, die hauptsächlich an Universitäten und Forschungseinrichtungen der USA, Kanadas und Großbritanniens erfolgten, im Wesentlichen abgeschlossen; ca. 92 % des Genoms waren damit entschlüsselt. Auch Wissenschaftler aus Deutschland, Frankreich, Japan und China waren an der **Sequenzanalyse** beteiligt. Die Ergebnisse sind in einer Datenbank gespeichert und im Internet abrufbar. – Mit Hilfe von Sequenzierungsautomaten ist heute (Januar 2009) die Bestimmung des Genoms eines Menschen innerhalb von drei Monaten möglich. Die genaue Kenntnis der chemischen Zusammensetzung der menschlichen Gene ist wichtig für die Entwicklung von Arzneimitteln und anderen Aspekten der Gesundheitsfürsorge.

Im Gegensatz zu verbreiteten Missverständnissen handelt es sich beim **genetischen Fingerabdruck** nicht um eine Genanalyse. Bei dieser Technik wird ein **DNA-Profil** eines Individuums erstellt, das für dieses in hohem Maße charakteristisch ist. Die DNA wird aus Gewebeteilen, z. B. Sperma, Hautzellen oder Speichel, gewonnen. Das Verfahren wurde in Deutschland erstmals 1988 als Beweis in einem Strafprozess vor Gericht anerkannt.

Für den genetischen Fingerabdruck werden kleine, sich wiederholende Abschnitte mit 10–150 Basenpaaren im Erbgut verwendet, die eine bestimmte Länge besitzen und individuell stark variabel sind. Diese lassen sich etwa über eine Gelelektrophorese (▶ 7.7) darstellen. Dabei handelt es sich also nicht um eine Sequenzierung des DNA-Abschnitts, sondern um eine reine Fragmentlängen-Analyse.

Nucleosidanaloga als Medikamente gegen AIDS

Viren bestehen nur aus einem Nucleinsäuremolekül (DNA oder RNA) mit einer Proteinhülle. Sie besitzen keinen eigenen Stoffwechsel und können sich nur mit Hilfe von Wirtszellen vermehren, die dabei geschädigt werden. Diese Viren sind Krankheitserreger; zu den von ihnen ausgelösten Krankheiten gehören u. a. Grippe, Schnupfen, Masern, Kinderlähmung, Tollwut, Pocken, Hepatitis und AIDS.

Das menschliche Immunschwäche-Virus (engl. *human immunodeficiency virus*, HIV) ist der Erreger von AIDS (*acquired immunodeficiency syndrome*). Das HIV ist ein RNA-Virus, das zu den Retroviren gehört, in deren Vermehrungszyklus DNA aus RNA entsteht, ein Vorgang, der die übliche Transskription (DNA → RNA, ▶ 6.5.3) umkehrt.

Nucleosidanaloga bieten eine Möglichkeit, die Vermehrung des HI-Virus zu unterbinden oder zumindest zu hemmen. Ihre Wirkung besteht darin, dass sie an Stelle von „richtigen" Nucleosiden verwendet werden und damit die DNA-Synthese blockieren. Nachstehend sind einige derartige, in der AIDS-Therapie verwendete Medikamente aufgeführt:

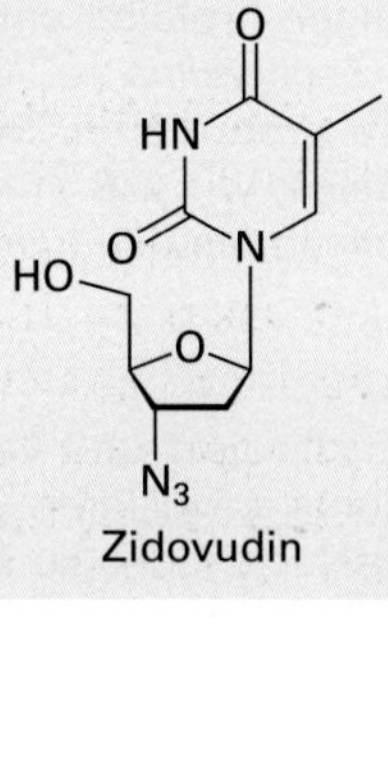

Zidovudin

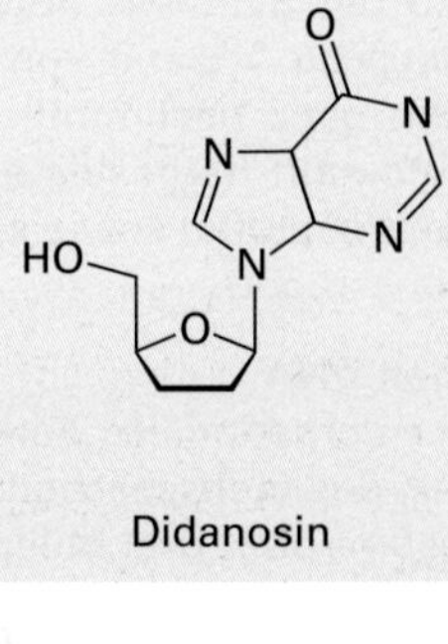

Didanosin

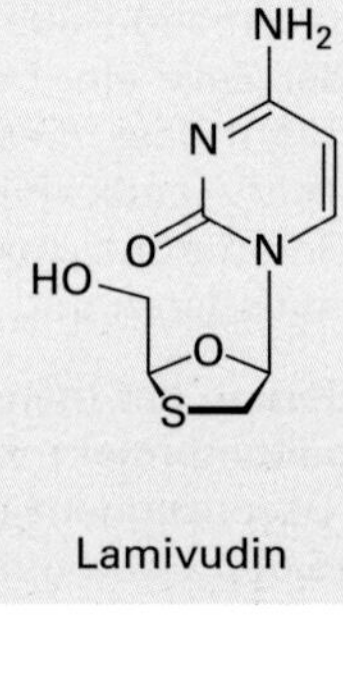

Lamivudin

Zidovudin ist dem 2′-Deoxythymidin strukturell eng verwandt, Didanosin ähnelt dem 2′-Deoxyadenosin und Lamivudin dem 2′-Deoxycytidin.

Gegenwärtig sind etwa zwölf derartige Präparate in der AIDS-Therapie im Einsatz. Außerdem gibt es einige nichtnucleosidische Inhibitoren der Reverstransskriptase sowie Protease-Inhibitoren. Mit keinem dieser Medikamente kann allerdings AIDS geheilt werden, jedoch werden die Symptome stark gemildert.

6.6 Lipide

Fette und fettähnliche Stoffe sowie die im Kapitel 6.7 beschriebenen Isoprenoide bilden zusammen die Gruppe der **Lipide**. Lipide sind unlöslich in Wasser, aber löslich in den meisten organischen Lösemitteln. Sie übernehmen vielfältige Aufgaben im Organismus als Energielieferant und -speicher (Fette, Öle), in Biomembranen (Phospholipide), als Baustoffe und Austrocknungsschutz bei Pfanzen und Tieren (Fette, Wachse), sowie als Aroma- und Farbstoffe, Vitamine und Hormone (Terpene, Steroide).

Die **Fette** bestehen aus Estern des Glycerols mit drei Molekülen Fettsäure.

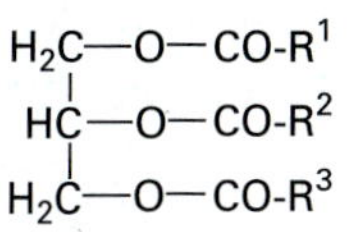

Trifettsäureglycerolester
Triglycerid
Triacylglycerol

In den natürlichen Fetten findet man nahezu ausschließlich unverzweigte Fettsäuren mit einer geraden Zahl von C-Atomen, und zwar vorwiegend gesättigte **Fettsäuren** mit 12−18 und ungesättigte mit 16 und 18 C-Atomen. Die Doppelbindungen in den mehrfach ungesättigten Fettsäuren sind meistens nicht konjugiert. Sie sind in *cis*-Stellung substituiert. Linol- und Linolensäure gehören zu den *essentiellen Fettsäuren*; sie müssen in der Nahrung vorhanden sein, sonst können Mangelerscheinungen auftreten. Der erwachsene Mensch verfügt meistens über reichliche Reserven an diesen Fettsäuren. Die wichtigsten Fettsäuren sind in Tabelle 6.4 aufgeführt.

Zu den ernährungsphysiologisch besonders wichtigen ungesättigten Fettsäuren gehört die weit verbreitete **Ölsäure**, die auch als ω9-Fettsäure bezeichnet wird, da sich die CC-Doppelbindung am neunten C-Atom von der endständigen Methylgruppe, der sog. ω-Stellung, befindet. Analog wird die **Linolsäure** mit ω6 und die **Linolensäure** mit ω3 bezeichnet. Sie sind essentiell, weil der Säugetierorganismus diesseits des C-Atoms 9 keine Doppelbindung einzufügen vermag. Mehrfach ungesättigte ω3-Fettsäuren wie z. B. die **Eiscosa-5,8,11,14,17-pentaensäure**, $C_{19}H_{29}CO_2H$, $CH_3—(CH_2—CH{=}CH)_5—(CH_2)_3—CO_2H$,

Tab. 6.4 Die biologisch wichtigsten Fettsäuren.

Zahl der C-Atome	Name	Formel
Gesättigte Fettsäuren		
12	Laurinsäure	$CH_3—(CH_2)_{10}—CO_2H$
14	Myristinsäure	$CH_3—(CH_2)_{12}—CO_2H$
16	Palmitinsäure	$CH_3—(CH_2)_{14}—CO_2H$
18	Stearinsäure	$CH_3—(CH_2)_{16}—CO_2H$
Ungesättigte Fettsäuren[a]		
16	Palmitoleinsäure (ω7)	$CH_3—(CH_2)_5—CH{=}CH—(CH_2)_7—CO_2H$
18	Ölsäure (ω9)	$CH_3—(CH_2)_7—CH{=}CH—(CH_2)_7—CO_2H$
18	Linolsäure (ω6)	$CH_3—(CH_2)_3—(CH_2—CH{=}CH)_2—(CH_2)_7—CO_2H$
18	Linolensäure (ω3)	$CH_3—(CH_2—CH{=}CH)_3—(CH_2)_7—CO_2H$

[a] Alle Doppelbindungen sind *cis*-substituiert. Mit ω wird ihre Lage relativ zur endständigen CH_3-Gruppe angegeben; bei mehreren Doppelbindungen bezieht sich ω nur auf die erste.

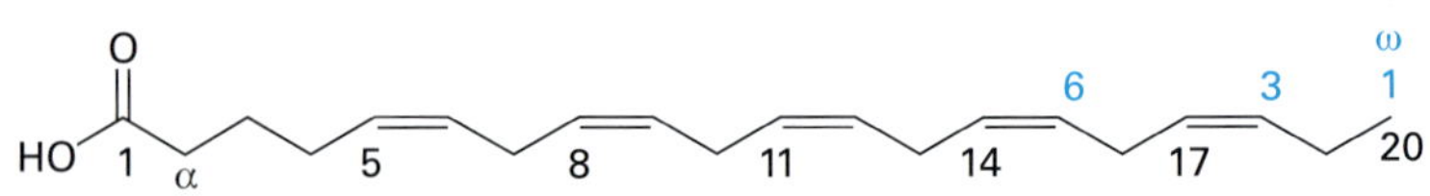

sind entzündungshemmend, und eine Steigerung des Anteils von derartigen ω3-Säuren relativ zu ω6-Säuren wirkt sich günstig auf die Herzkranzgefäße aus. Zu den ω6-Säuren gehört z. B. die **Arachidonsäure** (▶ 6.10.3).

Flüssige Fette (fette Öle) wie Oliven- und Leinöl enthalten einen größeren Anteil an ungesättigten Fettsäuren als feste Fette, wie z. B. Talg. Von allen Nahrungskomponenten enthalten die Fette die meiste Energie. Bei der Zubereitung der Nahrung sollte man starkes Erhitzen (beim Braten, Frittieren oder Grillen) vermeiden: Glycerol bildet Acrolein (▶ 2.12.2), Doppelbindungen vernetzen, bei Pyrolyse bilden sich karzinogene polycyclische Arene (▶ Tabelle 2.5).

Biodiesel erhält man aus tierischen Fetten und pflanzlichen Ölen, indem man die Triglyceride mit Methanol zu den Methylestern der Fettsäuen umestert. Die Reaktion wird sauer katalysiert (▶ 2.15.1). Dabei wird der dreiwertige Alkohol Glycerol gegen Methanol ausgetauscht. Aus Rapsöl erhält man den Rapsölmethylester (RME). *Jatropha* ist eine Pflanze, die auf sonst wenig nutzbaren Böden wächst, deren Früchte aber über 30 % Öl enthalten, das z. B. direkt als Flugzeugtreibstoff genutzt werden kann.

Die im tierischen Körper abgelagerten, in Wasser unlöslichen Depotfette bestehen aus Trifettsäureglycerolester. Zum Transport werden sie entweder in die Komponenten zerlegt oder in **Phospholipide**, z. B. Lecithin, umgewandelt:

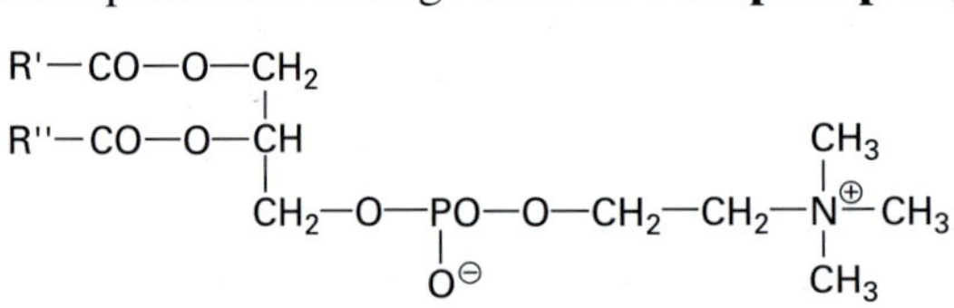

Lecithin

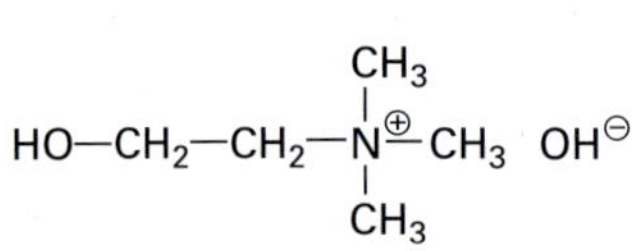

Cholin

Im **Lecithin** ist im Gegensatz zu den Trifettsäureglycerolestern ein Molekül Fettsäure durch Phosphorsäure ersetzt, die selbst mit Cholin verestert ist. Derartige Phospholipide besitzen wie Glycolipide und Glycoproteine (▶ 6.4.3) Emulgiervermögen und ähneln den synthetischen oberflächenaktiven Substanzen (▶ 4.5). Sie sind Bausteine der Zellmembranen: Doppelschichten aus diesen Molekülen (▶ Abb. 4.6) mit eingelagertem Cholesterol (▶ Abb. 6.12) und Proteinen. Glycolipide besitzen ein Kohlenhydrat als hydrophilen Bestandteil.

Die Fette stellen eine besonders energiereiche Nahrung dar: Kohlenhydrate und Proteine liefern bei der physiologischen „Verbrennung" jeweils 17 kJ/g, Fett jedoch 39 kJ/g. Überschüssige Nahrungsmittel werden in Fette verwandelt, in Notzeiten werden die Fettdepots wieder abgebaut.

Aufbau und Abbau der Fettsäuren laufen über das Acetyl-Coenzym A. Da beim Aufbau und Abbau jeweils C_2-Bausteine angelagert oder abgesprengt werden, haben die Fettsäuren zumeist eine gerade Zahl von C-Atomen, meist 16 oder 18.

6.7 Terpene und Steroide

Eine Reihe von Naturstoffen besitzt Gerüste mit ganzzahligen Vielfachen von fünf C-Atomen. Schon 1922 vermutete L. Ruzicka, dass diese Verbindungen, die **Terpene**, aus 2-Methyl-1,3-butadien (**Isopren**), $CH_2{=}CCH_3{-}CH{=}CH_2$, aufgebaut sind. Diese als „Isoprenregel" formulierte Vermutung hat sich bestätigt, und heute weiß man, dass auch die **Steroide** aus „aktivem Isopren" aufgebaut werden. Da die meisten dieser Verbindungen nicht wasserlöslich sind, fasst man sie als **Isoprenoidlipide** zusammen.

Die Substanzklasse der **Terpene** ist in Organismen vielfältig vertreten. Zu ihr gehören die **Duftstoffe** vieler Pflanzen, die **Farbstoffe** der Möhre, der Tomate und der Flamingofedern, der lichtempfindliche Augenfarbstoff (Rhodopsin), der **Kautschuk** (▶ 3.5.1), ebenso auch die **Steroide**, die man als herzwirksame Inhaltsstoffe von Pflanzen (Digitalis, Scilla, Adonis) und im Abwehrsekret von Kröten und Käfern findet und die im tierischen Organismus als Emulgatoren bei der Fettverdauung und als **Hormone** zur Steuerung von Organfunktionen dienen (▶ Tabelle 6.8).

Das **Acetyl-Coenzym A**, die aktivierte Essigsäure aus dem Citronensäurezyklus (▶ 6.11.3) und dem Fettsäurestoffwechsel, benutzt die Zelle auch zum Aufbau der Terpene und Steroide. Der erste Schritt ist hierbei die Zusammenlagerung von drei Acetateinheiten unter gleichzeitiger Reduktion einer Carboxygruppe zur **Mevalonsäure**. Als Diphosphorsäureester wird die Mevalonsäure dehydratisiert und decarboxyliert; hierdurch entsteht das *aktive Isopren*, das **Isopentenyldiphosphat** (Abb. 6.12).

Die Dimerisation dieses Esters liefert das **Geranyldiphosphat**, aus dem sich viele Verbindungen mit einem C_{10}-Gerüst bilden. Wegen ihres Vorkommens im

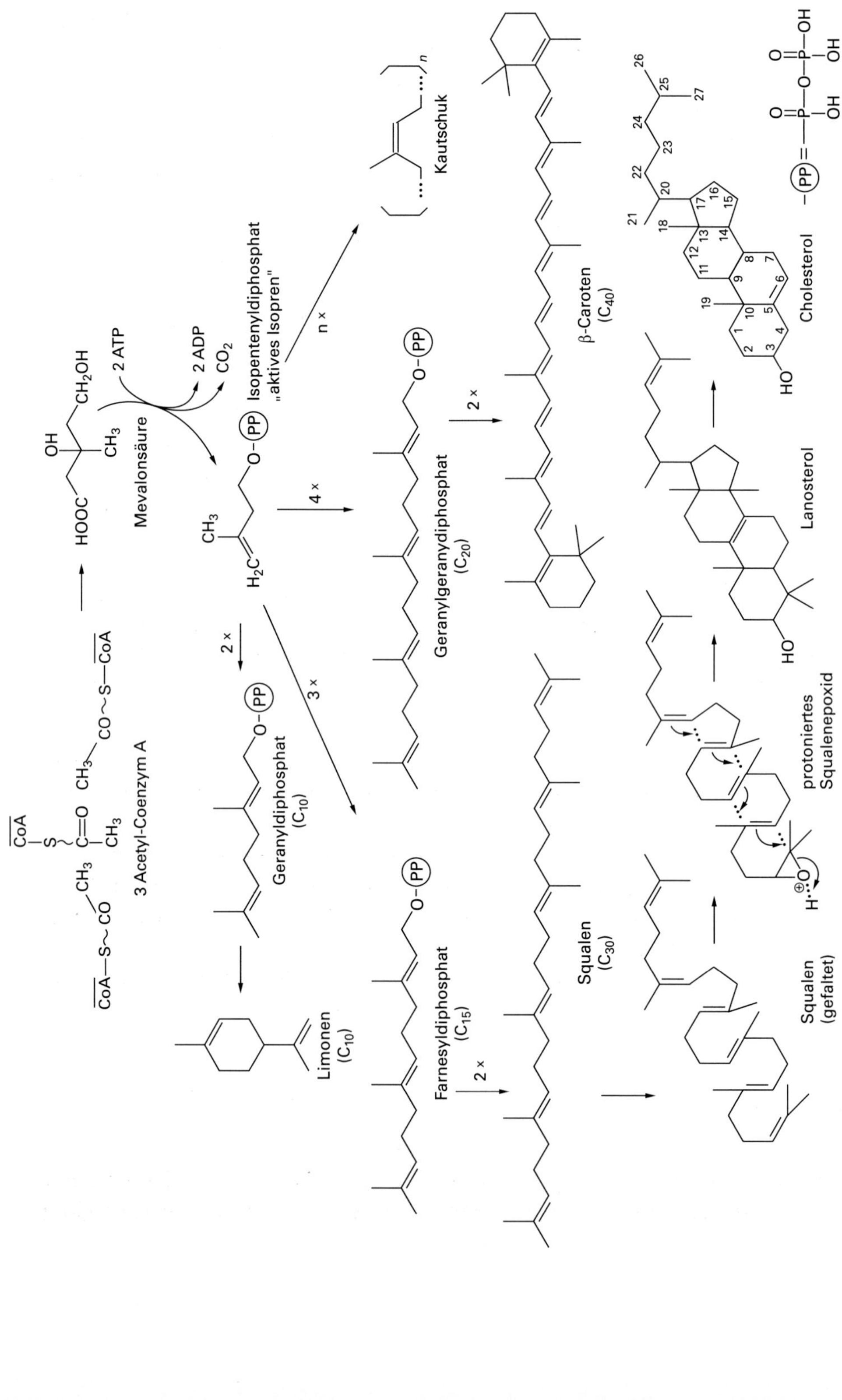

Abb. 6.12 Biosynthese der Terpene und Sterole.

Destillat des Nadelholzharzes, Terpentinöl, nennt man sie **Terpene**. Andere findet man in den etherischen Ölen der Schalen der Zitrusfrüchte, der Pfefferminze und des Kümmels: **Limonen**, **Menthol** und **Carvon**. Durch Trimerisierung des aktiven Isoprens entsteht das **Farnesyldiphosphat**; zwei Moleküle Farnesyldiphosphat kondensieren zum **Squalen** mit 30 Kohlenstoffatomen.

In der Abbildung 6.12 ist gezeigt, dass aus dem Squalen in einer gefalteten Konformation das **Steroidgerüst** gebildet wird. Nach Oxidation zum Oxiranderivat (Epoxid, ▶ 2.11.2) führt eine ionische Reaktion zur Knüpfung der Isocyclen in tetracyclischen Verbindungen, die an C-3 eine Hydroxygruppe besitzen und deshalb **Sterole** genannt werden. Das erste nachweisbare Folgeprodukt dieser Reaktion ist das **Lanosterol**.

Aus dem Lanosterol entsteht das **Cholesterol**, die Muttersubstanz aller Steroide (▶ Tabelle 6.8). Ein erwachsener Mensch enthält ca. 250 Gramm Cholesterol, 10 % der Trockensubstanz des Gehirns und die Gallensteine bestehen daraus. Täglich werden 1 bis 2 Gramm synthetisiert, und unterschiedliche Mengen werden mit der Nahrung aufgenommen (0,1 bis 1,5 Gramm). Cholesterol ist wegen seiner hydrophilen OH-Gruppe an einem keilförmigen hydrophoben Ringsystem mit Seitenkette gut geeignet, sich mit den Phospho- und Glycolipiden als Zellmembran zusammenzulagern. Cholesterol scheint diese zu stabilisieren.

> Als **Sterole** bezeichnet man Verbindungen mit dem Gerüst des tetracyclischen Sterans, in dem ein Cyclopentanring mit einem Perhydrophenanthren anelliert ist, wenn diese in 3-Stellung (Abb. 6.12) eine Hydroxygruppe als einzige funktionelle Gruppe besitzen. Häufig findet man die ältere Bezeichnung *Sterine*, also z. B. *Cholesterin*.

In Hefen findet man **Ergosterol**, in Pflanzen **Stigmasterol**. Die entsprechenden Verbindungen mit mehreren funktionellen Gruppen nennt man **Steroide**; einige werden in Tabelle 6.8 gezeigt. Aus vier Molekülen Isopentenyldiphosphat entstehen C_{20}-Bausteine, durch deren Dimerisierung, Dehydrierung und Ringschluss **β-Caroten**, der Farbstoff der Möhre, gebildet wird. Es wird Provitamin A genannt, weil es im tierischen Organismus enzymatisch in zwei Moleküle Vitamin A (▶ Tabelle 6.7) gespalten wird.

Die Polymerisation der Isopentenyldiphosphatmoleküle schließlich bildet die Polyisoprene **Kautschuk** und **Guttapercha** (▶ 3.4.4).

6.8 Alkaloide

Im Pflanzen- und Tierreich findet man vielfach Verbindungen, die keine Aktivität im produzierenden Organismus entfalten, die aber für andere Organismen giftig sind.

Viele Pflanzen produzieren **Alkaloide**, das sind stickstoffhaltige Substanzen mit oft sehr komplizierter Struktur.

Sie sind Produkte des Aminosäurestoffwechsels (▶ 6.11.4). Da die Pflanzen nicht in der Lage sind, Stickstoffverbindungen auszuscheiden, kann man die Alkaloide als Abfalldepots im Stickstoffhaushalt ansehen. Eine gewisse Funktion kommt ihnen auf Grund ihres bitteren Geschmacks bzw. ihrer Toxizität bei der Abwehr von Tieren (Fraßfeinden) zu. Einige kommen auch in Tieren vor, Beispiele sind das **Harmonin** (Marienkäfer) und die **Krötengifte**. Bekannt sind ca. 10.000 Alkaloide, die man wegen ihrer großen Strukturvielfalt in über 20 verschiedene Klassen einteilt. Alle enthalten Stickstoff, häufig in Fünf- oder Sechsringen.

Viele Alkaloide zeigen Wirkungen auf die Regelsysteme des tierischen Organismus; sie wurden schon frühzeitig als **Arzneimittel**, **Genussmittel** und **Gifte** benutzt. Tabelle 6.5 zeigt eine Auswahl derartiger Verbindungen.

Morphin ist das bekannteste Alkaloid und das erste, das in reinem Zustand isoliert wurde (F. W. A. Sertürner, 1805). Seine komplizierte Struktur konnte jedoch erst viel später aufgeklärt werden, und die Totalsynthese gelang erst im

Tab. 6.5 Vorkommen, Wirkung und Verwendung einiger Alkaloide.

Alkaloid	Vorkommen	Wirkung, Verwendung
Aconitin	Eisenhut	Antipyretikum (Fiebermittel), Analgetikum (Schmerzmittel), Herzmittel, Pfeilgift
Atropin	Tollkirsche	Augenheilkunde, Antiasthmatikum
Chinin	Chinarinde	Chemotherapie von Malaria, Bitterstoff in Getränken
Cocain	Coca-Strauch	Lokalanästhesie, Rauschgift
Codein	Mohn	Antitussivum (Hustenmittel)
Coffein	Kaffeebohnen, Teeblätter	Stimulanz
Heroin	Synthese aus Morphin	Rauschgift
Lysergsäurediethylamid (LSD)	Synthese aus Lysergsäure	Rauschgift, Halluzinogen
Morphin	Mohn	Analgetikum (Schmerzmittel), Rauschgift
Nicotin	Tabak	Blutdrucksteigerung, Lähmung (letale Dosis: 50 mg)
Strychnin	Brechnuss	Rattengift
Theobromin	Kakaobohnen, Teeblätter, Colanuss	Stimulanz, Broncho- und Vasodilatation, Diuretikum
Theophyllin	Teeblätter, Mate	Stimulanz, Herzmittel, Diuretikum

Jahre 1952. Es kommt im Mohn vor und ist für die physiologische Wirkung des **Opiums** verantwortlich. Der Latex der unreifen Früchte von Schlafmohn (*Papaver somniferum*) enthält ca. 25 Alkaloide, davon 10 % Morphin.

Auch das äußerst giftige **Strychnin**, das im Samen der Brechnuss vorkommt, besitzt eine sehr komplizierte Struktur mit sieben kondensierten Ringen. Es bewirkt schon in sehr geringer Dosis eine krampfartige Muskelstarre.

Das **Nicotin** ist das Hauptalkaloid des Tabaks; es wirkt gefäßverengend und lähmend (▶ Tabelle 6.5). Das **Chinin** aus der Chinarinde ist ein bei der Malariatherapie genutztes Zellgift. Bestimmte alkoholfreie Getränke, die meist als Tonicwater bezeichnet werden, enthalten maximal 80 mg/l Chinin als Bitterstoff.

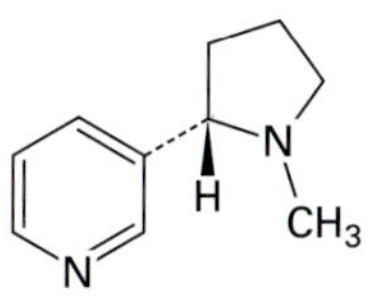

(−)-Nicotin

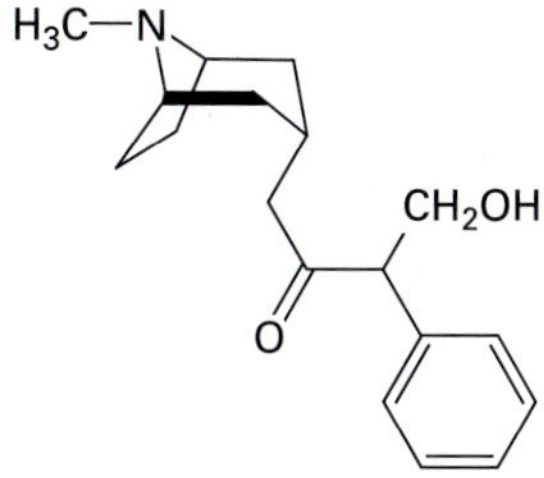

Atropin (racemisch)

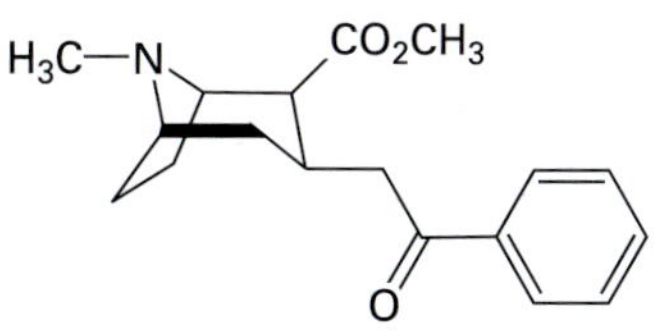

(−)-Cocain

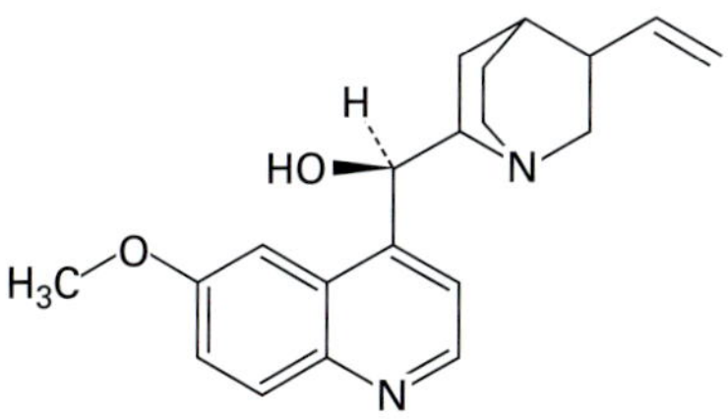

(−)-Chinin

Coffein findet sich in Kaffeebohnen und Teeblättern, es wirkt anregend auf das Zentralnervensystem. Daneben findet man in Teeblättern und im Mate das **Theophyllin** und im Kakao das **Theobromin**. Beide Substanzen enthalten eine Methylgruppe weniger als das Coffein. Sie wirken gefäßerweiternd, anregend auf den Herzmuskel und diuretisch. Als Derivate des Purins ($R^1 = R^2 = R^3 = H$) werden sie als **Purinalkaloide** bezeichnet.

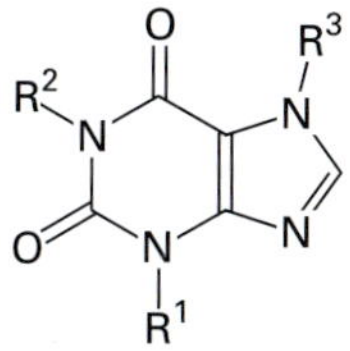

Purinalkaloide

R^1	R^2	R^3	Name
H	H	H	Purin
CH_3	CH_3	H	Theophyllin
CH_3	H	CH_3	Theobromin
CH_3	CH_3	CH_3	Coffein

In Kaffeebohnen ist **Coffein** zu 1−1,5 %, in getrocknetem schwarzem Tee bis zu 5 % enthalten. Eine Tasse Normalkaffee, die man aus 5 g Bohnen herstellt, enthält ca. 50–100 mg Coffein, eine Tasse schwarzer Tee (aus 0,5 g getrockneten Blättern) ca. 10–30 mg, und in 100 Milliliter Cola-Getränk sind ca. 10–30 mg Coffein enthalten. Für die Ausscheidung aus dem Organismus hat man eine Halbwertszeit von 3–5 Stunden gefunden. Die letale Dosis für den Menschen beträgt 10 Gramm. Die Entcoffeinierung von Kaffeepulver erfolgt technisch durch Extraktion mit überkritischem Kohlendioxid.

Ebenso nur in ihren Substituenten unterscheiden sich die pentacyclischen Morphinane **Codein**, **Heroin** und **Morphin**.

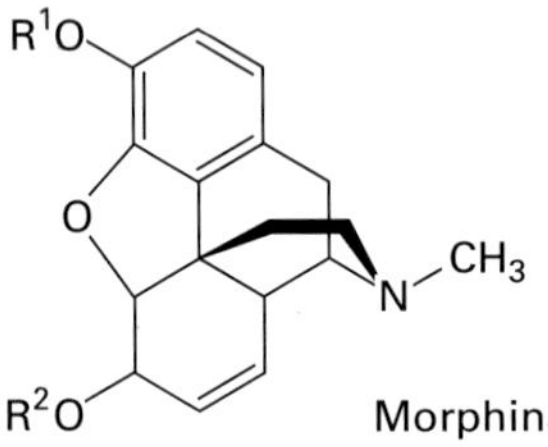

Morphinane

R^1	R^2	Name
H	H	(–)-Morphin
CH_3	H	(–)-Codein
$COCH_3$	$COCH_3$	(–)-Heroin

Morphin und **Codein** sind die weltweit am häufigsten verschriebenen Wirkstoffe pflanzlicher Herkunft. Sie wirken u. a. schmerzstillend, euphorisierend, halluzinogen sowie hustenstillend (Codein) und bei höherer Dosierung atemlähmend (Morphin). Das Diacetylderivat des Morphins, **Heroin**, ist wegen seines ausgeprägten Suchtpotentials ein besonders gefährliches Rauschmittel.

Lysergsäure und sein Diethylamid **LSD** gehören zu den **Mutterkornalkaloiden**, die sich insbesondere durch psychotrope Wirkungen auszeichnen. LSD ruft bei gesunden Menschen schon nach Verabfolgung sehr kleiner Mengen (30 Mikrogramm) Farbvisionen und Halluzinationen hervor. Mutterkornalkaloide (*Ergoline*) werden von dem auf Getreide (Roggen) und Gräsern wachsenden Pilz *Claviceps purpurea* gebildet. Sie besitzen ein tetracyclisches Skelett.

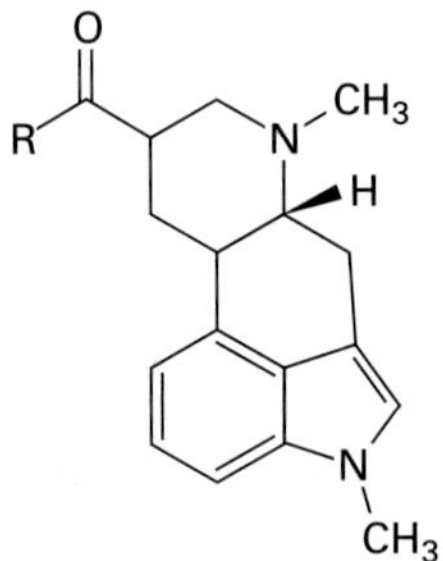

R = OH: (+)-Lysergsäure
R = $N(C_2H_5)_2$: (+)-Lysergsäure-*N,N*-diethylamid (LSD)

Das ausschließlich synthetisch gewonnene **Methadon** ist kein Alkaloid im eigentlichen Sinne. Es findet als Schmerzmittel (Analgetikum) und als „Ersatzdroge" für Heroinsüchtige Verwendung. Das linksdrehende (R)-Enantiomer (*Levomethadon*) besitzt eine höhere Wirksamkeit als das (S)-Enantiomer, sodass das Racemat doppelt so hoch dosiert werden muss wie die (R)-Form.

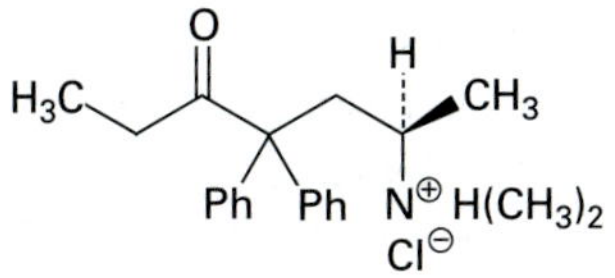

Ph = C_6H_5 Racemat: Methadon
(−)-(R)-Form: Levomethadon

Die meisten Alkaloide enthalten ein oder mehrere asymmetrische C-Atome (▶ 1.1.8). Bei den natürlichen Alkaloiden findet man nur eines der beiden Enantiomere und nicht – wie bei synthetischen Stoffen – das racemische Gemisch beider. Im Namen wird die optische Aktivität mit (+) = rechtsdrehend und (−) = linksdrehend als Präfix angegeben.

Da die Alkaloide leicht Salze mit Säuren bilden, benutzt man sie (z. B. **Chinin**) zur Spaltung der racemischen Gemische optisch aktiver Säuren in die Enantiomeren (▶ 1.8).

6.9 Weitere biochemisch wichtige Verbindungen

Alle Lebewesen bestehen im Wesentlichen aus den folgenden Elementen: C, H, N, O, S, P, Cl, Na, K, Ca, Mg, Fe und Zn. Daneben sind einige Elemente in Spuren lebensnotwendig: B, F, Si, V, Cr, Mn, Co, Ni, Cu, Se, Mo, Sn und I. Außerdem findet man in den Organismen ca. 30 weitere Elemente, die jedoch anscheinend wirkungslos sind. Alle genannten Elemente sind normale Umweltbestandteile, und die Organismen haben gelernt, sie zu nutzen bzw. mit ihnen zu leben. Elemente wie Blei, Cadmium und Quecksilber, die in der Umwelt normalerweise nur in sehr geringer Konzentration vorliegen, sind stark toxisch. Sie wurden als technische Produkte, z. B. als Zusatz zum Fahrbenzin (Tetraalkylblei), durch die gelben und roten Cadmium-Farbpigmente, über Beschichtungen mit Cadmium und durch Quecksilber-Dampflampen (Leuchtstoffröhren) über Luft, Schrott und den Müll in die Biosphäre gebracht. Sie sind besonders gefährlich, weil sie sich in manchen Organen anreichern (kumulieren), und es gibt kein natürliches System, das ihre Konzentration reguliert.

Der menschliche Körper enthält etwa 60 % Wasser und 5 % sonstige anorganische Stoffe. Kohlenhydrate, Eiweißstoffe und Lipide sowie ihre Stoffwechselprodukte stellen mengenmäßig die Hauptbestandteile der Lebewesen dar. In viel geringerer Menge enthalten die lebenden Zellen Vertreter anderer Substanzklassen, die dann in Verbindung mit Eiweißstoffen, als **Proteide** (▶ 6.4.3), wesentliche Funktionen ausüben. Sie fungieren als Katalysatoren, Reagenzien, Informationsträger und -übermittler (Nucleinsäuren und Nucleoproteide) und als Botenstoffe zur Steuerung von Organfunktionen (Hormone, ▶ 6.10.3). Man findet in diesen Substanzen z. B. Derivate folgender heterocyclischer Grundkörper:

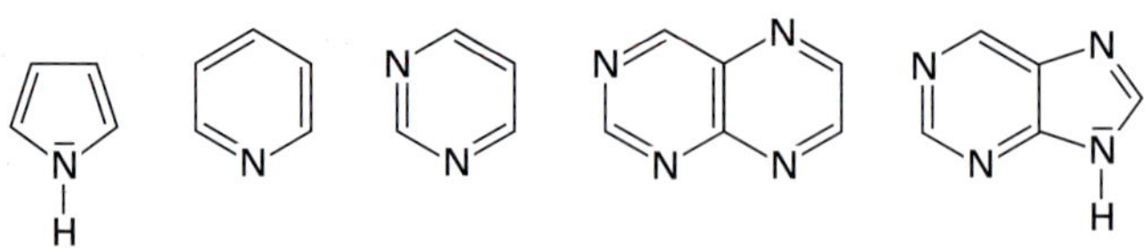

Pyrrol Pyridin Pyrimidin Pteridin Purin

Als **Neurotransmitter** wirken Botensubstanzen, die an den Synapsen der Nervenzellen die chemische Signal- oder Informationsübertragung bewirken. Zu diesen Stoffen gehören u. a. Acetylcholin, 4-Aminobuttersäure (GABA), Noradrenalin, Adrenalin (► 6.10.3) und Dopamin. L-Dopa entsteht auf enzymatischem Wege aus L-Tyrosin durch Hydroxylierung in 3-Stellung des Phenylrings. Im Organismus ist L-Dopa der Vorläufer des Dopamins und wird daher mit Erfolg bei Parkinsonismus einsetzt. Adrenalin und Noradrenalin werden in den Nebennieren aus L-Tyrosin gebildet und von dort ins Blut ausgeschüttet, wo Adrenalin zu erhöhtem Glycogenabbau und damit zu einem Anstieg des Blutzuckers führt. Insgesamt bewirkt es eine erhöhte Einsatzbereitschaft des Organismus, sei es zu Arbeit, Angriff oder Flucht. Dementsprechend beobachtet man auch eine Steigerung der Adrenalinausschüttung in Stress-Situationen.

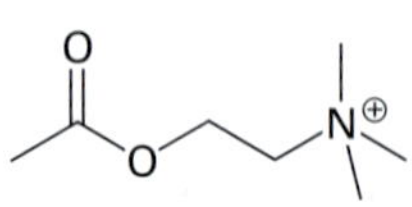

Acetylcholinkation

4-Aminobuttersäure (GABA)

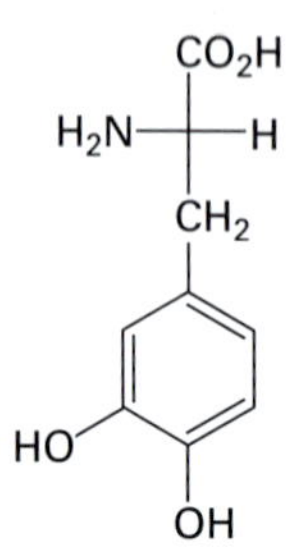

L-3-(3,4-Dihydroxyphenyl)-alanin
L-Dopa

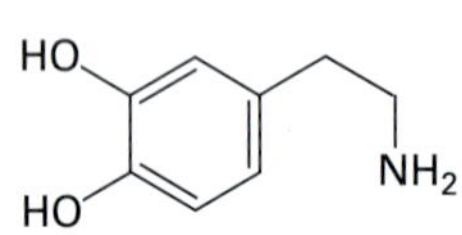

2-(3,4-Dihydroxyphenyl)-ethylamin
Dopamin

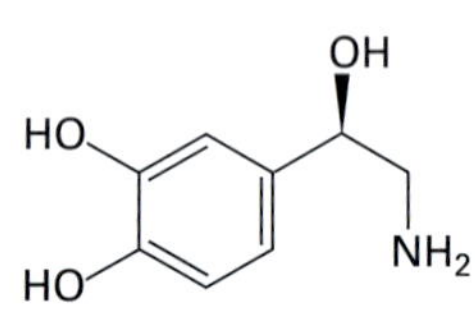

(R)-1-(3,4-Dihydroxyphenyl)-2-aminoethanol
Noradrenalin

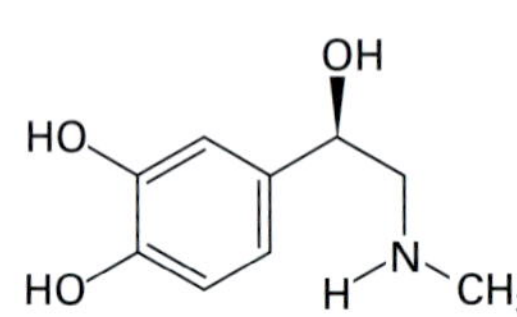

(R)-1-(3,4-Dihydroxyphenyl)-2-methylaminoethanol
Adrenalin

6.10 Biokatalysatoren und Wirkstoffe

Alle Vorgänge im lebenden Organismus werden durch **Regelsysteme** gesteuert und kontrolliert. An deren Aufbau sind viele verschiedene Verbindungen beteiligt, von denen man bisher sicherlich nur einen Bruchteil kennt. Sie sind oft nur in sehr geringer Konzentration vorhanden, aber dabei lebenswichtig. Wenn ein Organismus nicht in der Lage ist, alle für diese Vorgänge notwendigen Verbindungen selbst zu synthetisieren, ist er darauf angewiesen, die fehlenden mit der Nahrung aufzunehmen.

Diese Zusammenhänge machen verständlich, dass es möglich ist, in das biologische Geschehen eines Organismus von außen her mit verschiedenen Wirkstoffen einzugreifen. Nach dem Anwendungszweck unterscheidet man **Arzneimittel**, **Rausch-** und **Genussmittel**, **Pflanzenschutzmittel** und **Schädlingsbekämpfungsmittel**. Man verwendet hierzu entweder natürliche körpereigene Wirkstoffe oder körperfremde, natürliche und synthetische Stoffe, die teilweise Strukturelemente mit natürlichen Stoffen gemeinsam haben. Neben den Wirkstoffen, die mit Absicht auf Organismen angewandt werden, gibt es viele natürliche und synthetische Stoffe, die – unbeabsichtigt – Organismen stören, indem sie mit der Nahrung, durch die Atemluft oder durch die Haut in den Körper gelangen.

6.10.1 Enzyme

> Als **Enzyme** bezeichnet man die Katalysatoren der biochemischen Reaktionen.

Sie ermöglichen Reaktionen, die ohne Katalysator nur unmerklich langsam verlaufen würden. Dabei kann das Enzym bis zum 1.000-fachen seines eigenen Gewichtes pro Minute umsetzen. Voraussetzung ist aber, dass die Reaktionen thermodynamisch möglich sind (▶ 1.14).

Wie es in Abbildung 1.25d gezeigt wurde, setzt ein Katalysator die Aktivierungsenergie einer Reaktion herab. Dadurch wird die Anzahl der Teilchen, die bei einer bestimmten Temperatur diese Energie aufbringen, erhöht.

Eine Reaktion, die eine Substanz S_1 in eine andere S_2 umwandelt

(1) $S_1 \rightleftharpoons S_2$

verläuft bei Einschaltung eines Katalysators E_1 über die folgenden Stufen:

(2) $S_1 + E_1 \rightleftharpoons S_1E_1 \rightleftharpoons S_2E_1 \rightleftharpoons S_2 + E_1$

Die eigentliche Reaktion läuft also in einem sog. **Enzym-Substrat-Komplex** ab, dabei ist die Aktivierungsenergie geringer als bei der Reaktion (1).

In biologischen Systemen sind meistens mehrere enzymatische Reaktionen hintereinander geschaltet. Einzelne Substrate oder Produkte können auch gegen ein Konzentrationsgefälle zugeführt oder entfernt werden. Ihre Konzentration wird von verschiedenen Reaktions- und Diffusionsgeschwindigkeiten bestimmt. Sie unterscheiden sich stark von den Konzentrationen, die sich infolge eines chemischen Gleichgewichts in einem abgeschlossenen System einstellen würden.

Enzyme sind kompliziert gefaltete Proteinmoleküle mit einer Molmasse der Größenordnung $10^4 - 10^6$ mit Kanälen und Nischen, in denen die Reaktionen an **aktiven Zentren** ablaufen. Infolge der Sekundär- und Tertiärstruktur des Moleküls entstehen dem Substratmolekül und der Reaktion angepasste Nischen aus hydrophoben, hydrophilen, polaren bzw. geladenen Gruppen. Eine Veränderung der Temperatur beeinflusst Sekundär-, Tertiär- und Quartärstruktur des Katalysatormoleküls. Bei einer bestimmten Temperatur hat das Enzym eine optimale Geometrie; bei höherer Temperatur kann diese Struktur zunächst derart reversibel gestört werden, dass der Katalysator inaktiv wird, schließlich tritt irreversible Denaturierung ein. Da auch Reaktions- und Diffusionsgeschwindigkeiten stark temperaturabhängig sind, hat jede enzymatische Reaktion ein scharfes Temperaturoptimum. Das gleiche gilt für die Abhängigkeit vom pH-Wert.

Enzyme haben die Fähigkeit, immer nur eine von den vielen thermodynamisch möglichen Reaktionen eines Substrats auszuwählen – sie besitzen **Wirkungsspezifität**. Je nachdem, welches Enzym sich beteiligt, wird eine Aminosäure z. B. entweder decarboxyliert, transaminiert oder für die Proteinsynthese aktiviert.

Besonders überraschend ist es, dass solche Wirkungen nur bei bestimmten Substraten erfolgen. Man nennt dies die **Substratspezifität**. Sie geht so weit, dass bei Enantiomerengemischen nur das eine Isomer verarbeitet wird.

Es gibt sicher mehrere tausend Enzyme, viele sind näher charakterisiert, aber nur von wenigen kennt man die genaue Struktur. Früher erfolgte die **Benennung der Enzyme** mit Hilfe von Trivialnamen.

> Heute bezeichnet man **Enzyme** mit einem dreiteiligen Namen. Zuerst gibt man den Namen des Substrats an, dann den der Reaktion. Daran fügt man die Endung **-ase** an. Z. B. ist die Isocitratdehydrogenase ein Enzym aus dem Citratzyklus und die Peptidyltransferase spielt eine Rolle bei der Proteinsynthese.

Die Enzyme werden in folgende Klassen eingeteilt:

- **Oxidoreduktasen** katalysieren Reduktions- und Oxidationsreaktionen,
- **Transferasen** übertragen Gruppen,
- **Hydrolasen** hydrolysieren,
- **Lyasen** spalten Bindungen,
- **Isomerasen** isomerisieren und
- **Ligasen** knüpfen Bindungen.

Wird der Name eines Stoffes einfach mit der Endung -ase verknüpft, so bedeutet dies ein Enzym, das die entsprechende Substanz hydrolysiert, z. B.

- Peptidasen hydrolysieren Peptidbindungen.

Die **aktiven Zentren** der Proteine bestehen häufig ausschließlich aus Aminosäuren bzw. ihren Seitenketten; sie sind dann reine **Proteinenzyme**. Die aktiven Zentren können aber auch aus anderen niedermolekularen Bausteinen bestehen: Metallkomplexe, Vitamine und andere. Falls diese an das Protein kovalent gebunden sind, nennt man sie **prosthetische Gruppe**. Eine reversibel abspaltbare aktive Gruppe nennt man Coenzym. Zusammen mit dem Proteinteil, dem Apoenzym, bildet es das aktive Enzym, das Holoenzym.

Einige **Coenzyme** wurden als Vitamine erkannt, z. B. das Vitamin B_2 (Riboflavin) im Flavin-adenin-dinucleotid, FAD, und das Vitamin B_6 im Pyridoxalphosphat.

Das mit einer Diphosphatgruppe veresterte *N*-Glycosid des Adenins mit der Ribose, das sog. **Adenosindiphosphat**, ADP, tritt als Baustein in verschiedenen Coenzymen auf, dem **Adenosintriphosphat**, ATP, dem **Flavin-adenin-dinucleotid**, FAD, dem **Nicotinamid-adenin-dinucleotid**, $NAD^{\oplus}$, seinem Phosphat, $NADP^{\oplus}$, und dem **Coenzym A** (Tabelle 6.6). Obwohl eher zur Gruppe der Hormone gehörend, ist in dieser Tabelle ein weiteres Adenosinphosphat, das **cyclische Adenosinmonophosphat**, cAMP, abgebildet, das, aus ATP gebildet, als „zweite Botensubstanz" in der Zelle fungiert (▶ 6.10.3). Schließlich sei **3'-Phosphoadenosin-5'-phosphosulfat** (PAPS) erwähnt, das „aktive Sulfat", der Überträger von OSO_3H-Gruppen (▶ Tabelle 6.6).

ATP ist ein Monoester der Triphosphorsäure, seine Phosphorsäureanhydrid-Bindungen sind sehr energiereich. Wird vom ATP ein Phosphorsäurerest abgespalten, werden je nach Reaktionsbedingungen 30−35 kJ/mol frei, die Reaktion ist also exergonisch (▶ 1.14.1). Diese Energie kann für eine gekoppelte endergonische Reaktion genutzt werden, die freiwillig nicht ablaufen würde, z. B. für die Phosphorylierung der Glucose (▶ 6.11.3).

ATP gilt als universeller Energieüberträger in allen Organismen. Im menschlichen Körper wird täglich eine seiner Körpermasse entsprechende Menge ATP umgesetzt. Einer der Gründe für die Aktivität der Phosphorsäureanhydrid-Bindung ist die Abstoßung zwischen den negativ geladenen Sauerstoffatomen, die bei der Abspaltung eines Phosphatrestes teilweise aufgehoben wird. Außerdem ist das gebildete Phosphatanion besser hydratisiert als der entsprechende Rest im ATP.

Flavin-adenin-dinucleotid (FAD) und die **Nicotinamid-adenin-dinucleotide** ($NAD^{\oplus}$, $NADP^{\oplus}$) wirken als wasserstoffübertragende Coenzyme. Sie wirken bei Redoxreaktionen im Katabolismus, bei der Energiegewinnung, im Citronensäurezyklus und der Atmungskette mit. FAD lagert reversibel Wasserstoffatome, [H], an:

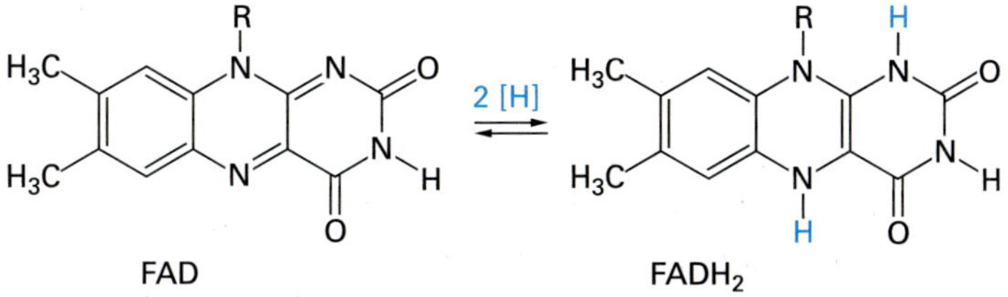

FAD (Riboflavin) — $FADH_2$ (Dihydroriboflavin)

Tab. 6.6 Coenzyme.

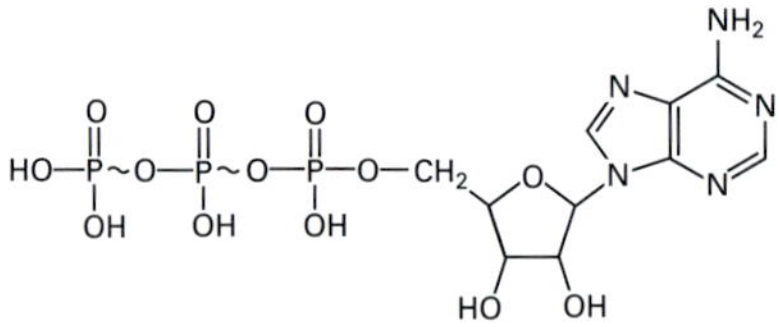

Adenosintriphosphat (ATP)

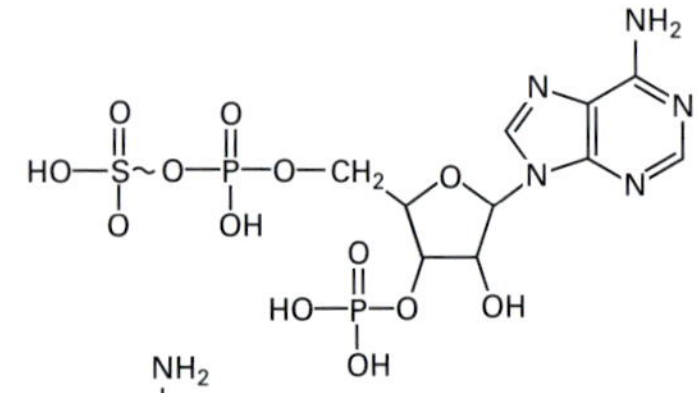

3'-Phosphoadenosin-5'-phosphosulfat (PAPS)

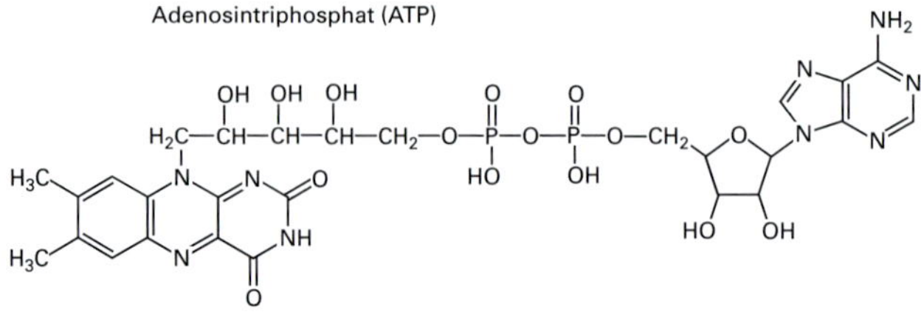

Flavin-adenin-dinucleotid (FAD)

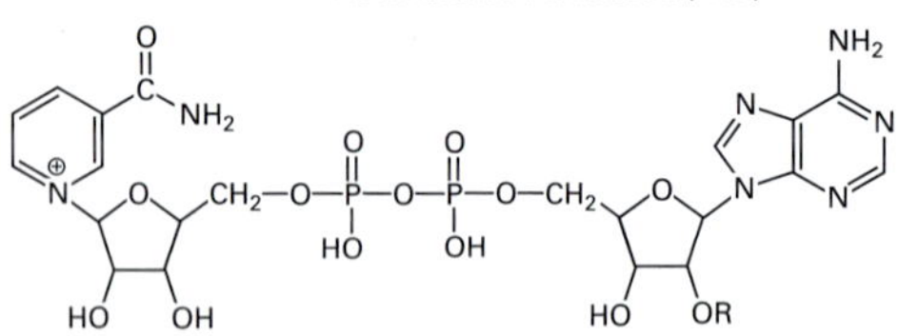

R = H: Nicotinamid-adenin-dinucleotid ($NAD^{\oplus}$)
R = H_2PO_4: Nicotinamid-adenin-dinucleotidphosphat ($NADP^{\oplus}$)

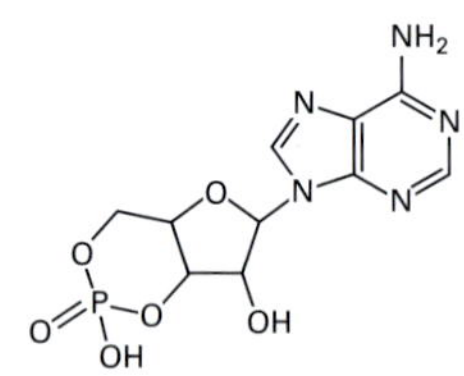

3',5'-Cyclo-adenosinmonophosphat (cAMP)

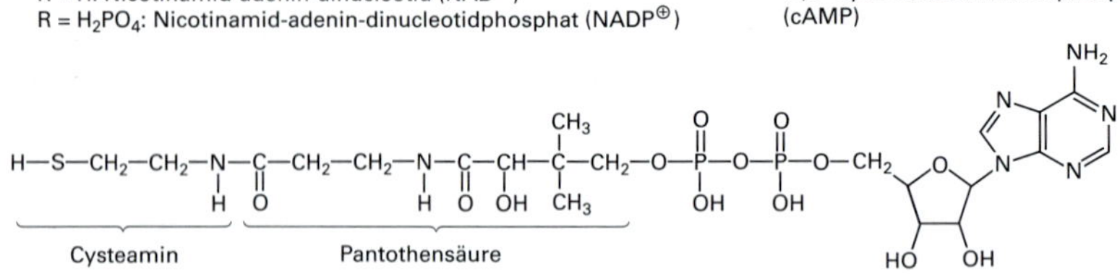

Coenzym A

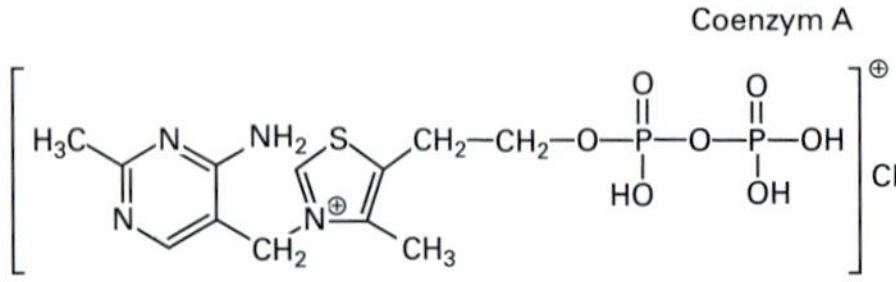

Cocarboxylase (Thiamindiphosphat)

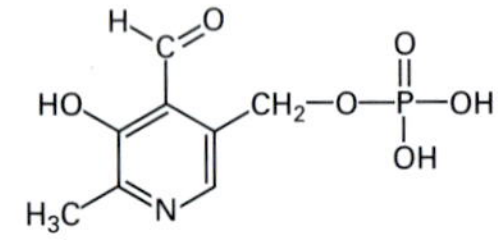

Pyridoxalphosphat

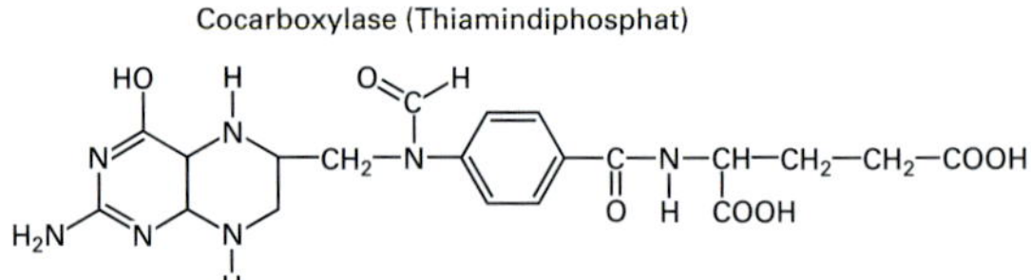

Formyltetrahydrofolsäure (aktivierte Ameisensäure)

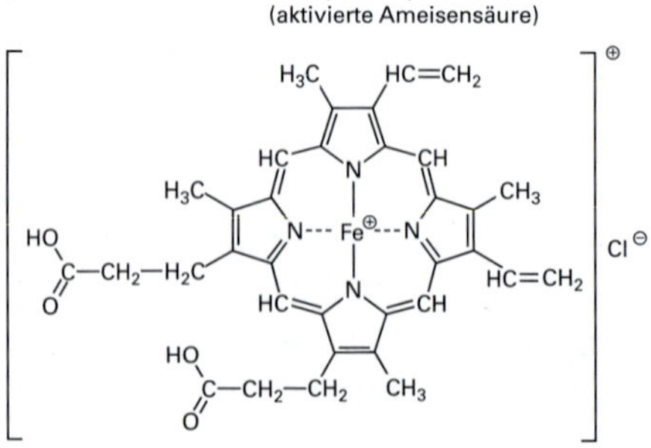

Hämin

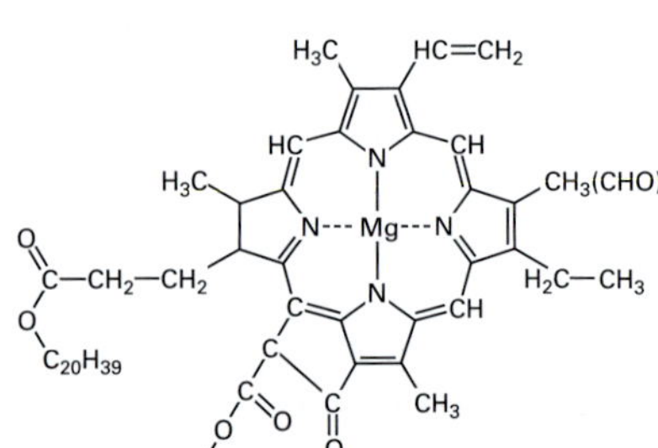

Chlorophyll a (b)

$NAD^{\oplus}$ und $NADP^{\oplus}$ übertragen Hydridionen:

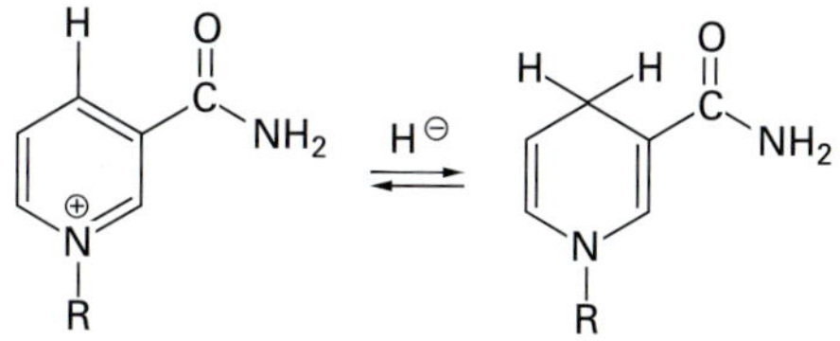

Häufig wirkt $NAD^{\oplus}$ als Oxidationsmittel und das phosphorylisierte NADPH als Reduktionsmittel.

$NAD^{\oplus}$ ist z. B. ein Coenzym des Enzyms **Alkoholdehydrogenase**. Im Citronensäurezyklus (▶ 6.11.3) katalysiert es die Dehydratisierung (Oxidation) von Alkoholen zu Aldehyden und Ketonen. Die Bedeutung der Coenzyme wird in der **Atmungskette** (▶ 6.11.3) besonders deutlich. Dort werden über mehrere Schritte die Elektronen auf Sauerstoff übertragen, der dann am Ende mit dem vom NADH und $FADH_2$ transportierten Wasserstoffionen zu Wasser reagiert. Würde diese Reaktion zwischen Sauerstoff und Wasserstoff ohne Coenzyme ablaufen, gäbe es eine Knallgasreaktion. Deren enorme Energie wird bei der intrazellulären Reaktion langsam in chemische Energie umgesetzt, d. h. viel ATP wird aufgebaut.

Ebenfalls zu den Redox-Coenzymen gehört das **Coenzym Q**, das auch als **Ubichinon** bezeichnet wird und z. B. in den Mitochondrien der Zellen in der Atmungskette bei der ATP-Gewinnung auftritt. Es besitzt ein 1,4-Benzochinongerüst, das bei der Reduktion in das entsprechende Hydrochinon übergeht.

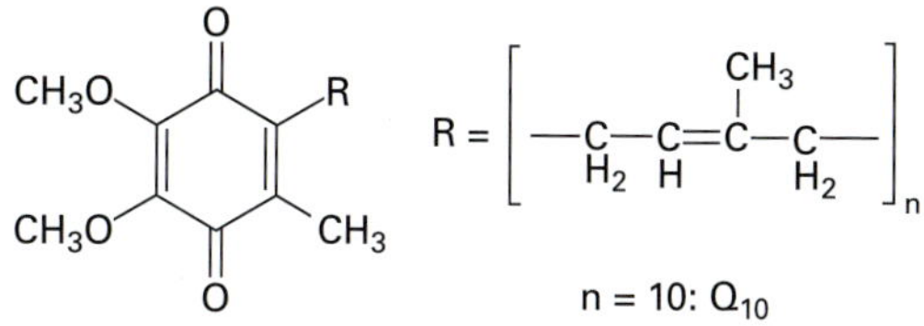

n = 10: Q_{10}

Das **Coenzym A** ist der Überträger von C_2-Bausteinen, nämlich der aktivierten Essigsäure. Im **Acetyl-Coenzym A** ist der Acetylrest über eine energiereiche Thioesterbindung mit dem Rest des Moleküls verknüpft.

$CH_3—CO—S—CH_2—CH_2—NH—\cdots$

Die **Tetrahydrofolsäure** überträgt C_1-Bausteine, die als Formylgruppe, —CHO, an das N-Atom der 4-Aminobenzoesäure-Gruppe geknüpft sind (Tabelle 6.6). **Pyridoxalphosphat** ist der Katalysator der Transaminierung (▶ 6.10) und Bestandteil von Decarboxylasen.

Chlorophyll (richtiger: die Chlorophylle a, b und c, ► Tabelle 6.6) und Hämin sind Metallchelate, die sich vom Porphin (► 2.8.2) ableiten. Das **Chlorophyll**, der grüne Blattfarbstoff, verwandelt bei der Photosynthese die Energie der Lichtquanten aus dem roten Bereich des Sonnenspektrums in chemische Energie. Das **Hämin** enthält dreiwertiges Eisen und ist Bestandteil zahlreicher Enzyme. Der rote Blutfarbstoff, **Hämoglobin**, enthält die reduzierte Form des Hämins, das sog. **Häm** mit zweiwertigem Eisen. Hämoglobin ist ein Chromoproteid. Es transportiert molekularen Sauerstoff von der Lunge in alle Körpergewebe. **Cytochrom c** besitzt Hämin als Coenzym, es wirkt bei Oxidationsreaktionen als Elektronenüberträger, dabei wechselt die Oxidationsstufe des Eisens.

6.10.2 Vitamine

Vitamine sind Wirkstoffe, die zur Aufrechterhaltung der normalen Zellfunktionen erforderlich sind, jedoch nicht von allen Organismen synthetisiert werden können. Sie müssen daher von außen zugeführt werden. Einige Beispiele sind in Tabelle 6.7 zusammengestellt. Man unterscheidet die **wasserlöslichen** (Gruppe der B-Vitamine, C und H) und die **fettlöslichen Vitamine** (A, D, E und K). Man kann annehmen, dass alle wasserlöslichen Vitamine als Coenzyme fungieren. So findet man Nicotinsäureamid und Vitamin B_2 als Bestandteil der Coenzyme der wasserstoffübertragenden Enzyme. Vitamin B_6 ist die Vorstufe des Pyridoxalphosphats. Vitamin B_1 ist in der Codecarboxylase, Pantothensäure im Coenzym A enthalten (► Tabelle 6.6). Vitamin B_{12} (Cobalamin) ist einer der kompliziertesten niedermolekularen Naturstoffe. Den Kern des Moleküls bildet ein Cobalt-Chelatkomplex (► 2.8) mit einem dem Porphyrin ähnlichen Liganden, dem Corrin. Ähnliche Komplexe haben das Chlorophyll und das Hämin (► Tabelle 6.6). Das Vitamin findet sich besonders in Leber, Fleisch, Eiern und Milch, nicht aber in pflanzlichen Nahrungsmitteln. Es wird ausschließlich von Mikroorganismen, auch von der Darmflora, gebildet. Deshalb verfügen in der Regel auch Vegetarier über ausreichende Menge des Vitamins. Bei einer Störung der Resorption im Dünndarm tritt Mangel an Vitamin B_{12} auf; die Folge ist eine Verminderung der Blutbildung, die *perniciöse Anämie*.

Pteroinsäure ist ein Bestandteil der Folsäure (► Tabelle 6.6). Beide Verbindungen enthalten **4-Aminobenzoesäure**. Diese wird von manchen Organismen als Vitamin benötigt. Gibt man diesen Organismen das ähnlich aufgebaute Sulfanilamid (► Tabelle 2.5), so bauen sie dieses in die Folsäure ein, die damit unwirksam wird. Das erklärt die wachstumshemmende Wirkung von Sulfonamiden auf Mikroorganismen (► 6.10.5). Die Hemmung kann durch Gaben von 4-Aminobenzoesäure aufgehoben werden.

Das fettlösliche **Vitamin A** spielt eine Rolle beim Sehvorgang, es ist der wesentliche Bestandteil eines lichtempfindlichen Farbstoffes, des Rhodopsins. Es bildet sich durch Spaltung des β-Carotens (► Abb. 6.12), des Provitamins A.

Tab. 6.7 Vitamine.

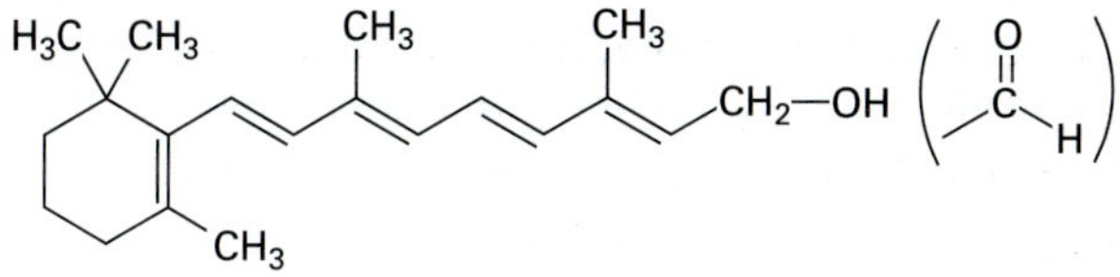

Vitamin A = Retinol (Retinal)

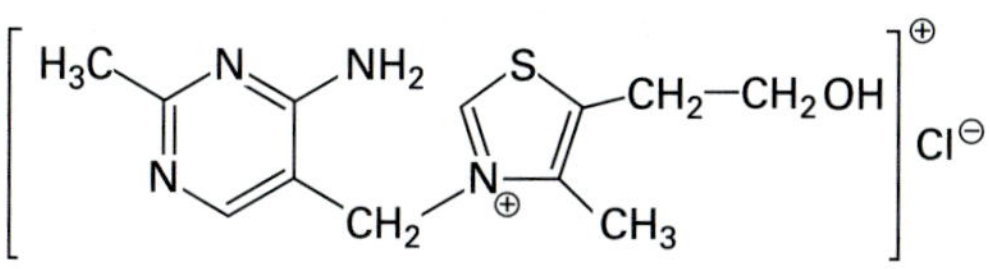

Vitamin B_1 = Thiamin

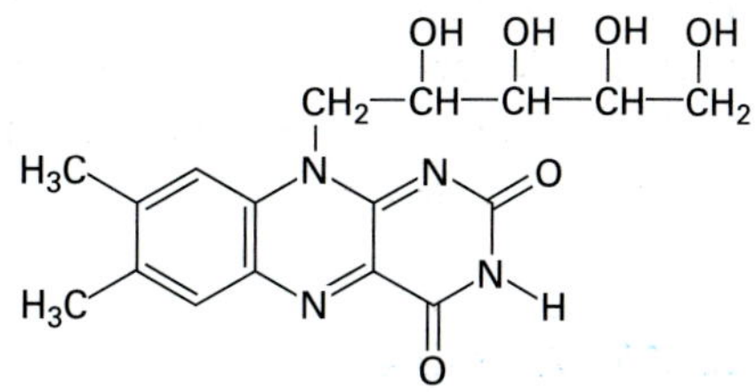

Vitamin B_2 = Riboflavin

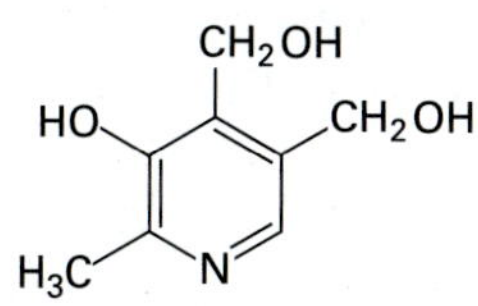

Vitamin B_6 = Pyridoxol

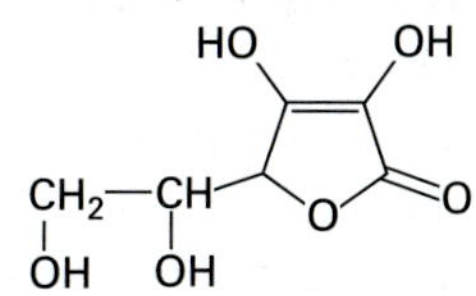

Vitamin C = Ascorbinsäure

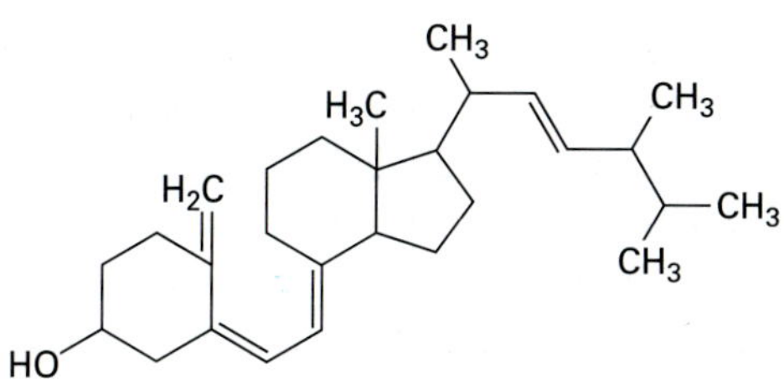

Vitamin D_2 = Calciferol

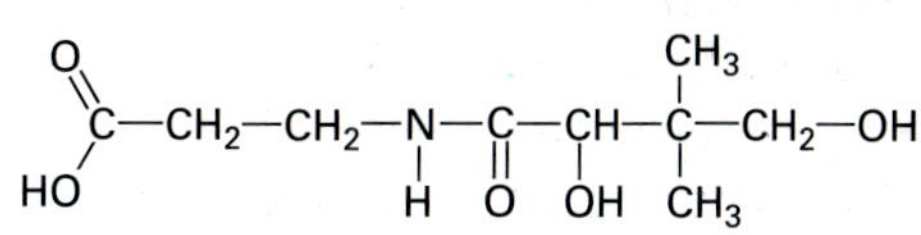

Pantothensäure

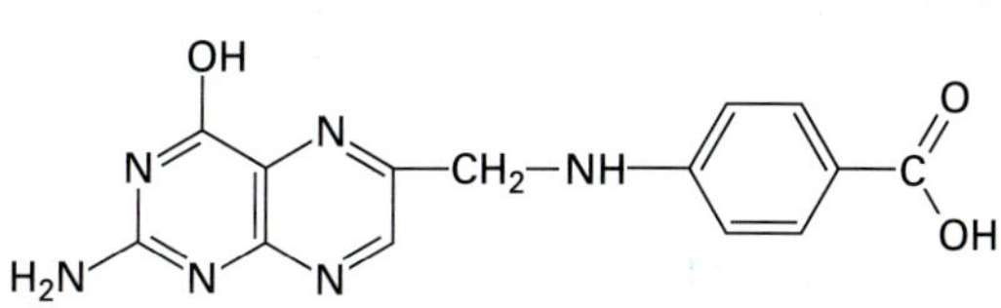

Pteroinsäure

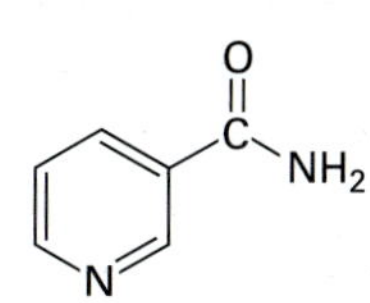

Nicotinsäureamid

Vitamin D_2, auch Calciferol genannt, steht bezüglich Entstehung und Mechanismus den Steroidhormonen nahe. Rachitis ist eine Folge von Vitamin-D-Mangel.

Zum Schutz gegen reaktive Radikale dienen u. a. die Vitamine A und E. Sie sind als **Radikalfänger** wichtige Antioxidanzien.

Sehvorgang

Ein stark vereinfachtes Prinzip des Sehvorgangs ist in Abbildung 6.13 dargestellt. In den lichtempfindlichen Organen (den Zapfen und Stäbchen) der Netzhaut gibt es lamellenartige Strukturen mit dem Sehfarbstoff, dem **Rhodopsin**. Dieser besteht aus einem Chromoprotein (▶ 6.4.3), dem **Opsin**, mit einer Molmasse von ca. 40.000 mit der NH_2-Gruppe des Lysins am Ende der Kette. An diese ist das 11-*cis*-Isomere des **Retinals** (Vitamin-A-Aldehyd) als Imin (▶ 2.12.3) geknüpft. Das Farbensehen in den Zapfen wird durch Opsine mit etwas unterschiedlicher Struktur vermittelt. Im menschlichen Auge sind drei Opsine vorhanden, deren Absorptionsmaxima bei 430, 540 und 575 nm liegen. Alle drei Pigmente enthalten 11-*cis*-Retinal.

Ein Lichtquant, das vom Retinal absorbiert wird, löst die Isomerisierung zur *trans*-Konfiguration aus. Diese Änderung der Molekülstruktur an vielen Rhodopsinmolekülen einer Sehzelle führt zu einem elektrischen Signal, das über den Sehnerv zum Gehirn gelangt. Membrankanäle in den Sehzellen erlauben ein konstantes Einfließen von $Na^{\oplus}$-Ionen. Die durch die Lichtabsorption hervorgerufene Änderung der Struktur des Rhodopsins unterbricht diesen Fluss, wodurch in der Zellmembran ein Spannungsimpuls erzeugt wird.

Das *trans*-Retinal wird vom Opsin getrennt und anschließend entweder direkt oder über die Stufe des Retinols (Vitamin-A-Alkohol) durch eine ATP-getriebene Isomerase zum 11-*cis*-Retinal umgelagert. Dieses bildet wieder ein lichtempfindliches Imin, das Rhodopsin. Da ein Teil des Retinals bei diesem Vorgang verlorengeht, ist ein kontinuierlicher Nachschub erforderlich.

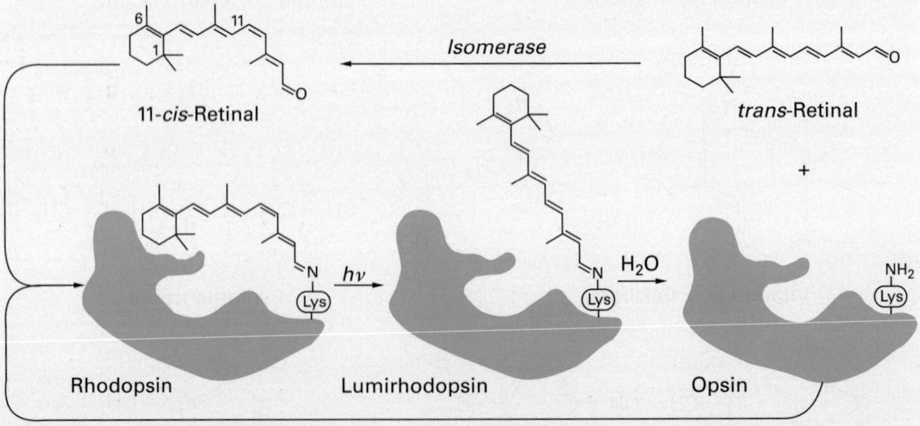

Abb. 6.13 Sehvorgang.
Ein Lichtquant *hν* bewirkt eine *cis-trans*-Umlagerung des Retinalmolekülteils im Rhodopsin, wobei Lumirhodopsin entsteht. Dadurch wird ein elektrischer Impuls erzeugt. Das *trans*-Retinal wird abgespalten und durch eine Isomerase wieder in die *cis*-Form umgelagert. Mit dem Opsin bildet es wieder das Imin Rhodopsin.

Wenn man eine Person mit Blitzlicht fotografiert, können ihre Augen rot erscheinen (**Rote-Augen-Effekt**). Dies ist darauf zurückzuführen, dass Licht von der roten Netzhaut reflektiert wird. Mit einem Vorblitz wird die Pupillenöffnung des Auges verkleinert und die Reflexion des Blitzlichtes verringert und damit der Effekt abgeschwächt.

6.10.3 Hormone

Viele Reaktionen im Organismus werden von Regelzentralen überwacht und gelenkt. Dabei werden die Informationen entweder in Form von elektrischen Impulsen vermittelt, die über Nervenfasern laufen, oder die Übermittlung erfolgt „drahtlos", nämlich durch **Signalsubstanzen** (biochemischen Botenstoffen). Wenn diese nur lokal wirken, nennt man sie Mediatoren, hierzu gehören die **Neurotransmitter** (▶ 6.9). Die anderen werden als **Hormone** in den Blutkreislauf ausgeschüttet.

Die Hormone gehören verschiedenen Stoffklassen an, besonders häufig sind **Peptid**- und die aus den Sterolen (▶ 6.7) gebildeten **Steroidhormone**. Sie steuern Stoffwechselvorgänge (z. B. Insulin den Zuckerstoffwechsel), Entwicklungsvorgänge (Sexualhormone die Geschlechtsentwicklung) und versetzten den Körper bei Gefahr in den Alarmzustand (Adrenalin ermöglicht Kampf- oder Fluchtreaktionen).

Hormone werden in speziellen Drüsen (Hirnanhangsdrüse, Schilddrüse, Keimdrüsen), in speziellen Geweben (Nebennierenrinde oder -mark) oder in allen Geweben (Prostaglandine) gebildet. Die Nebennierenrinde produziert eine große Zahl von **Steroidhormonen**, die den Kohlenhydrat- und den Mineralstoffwechsel regeln und entzündungshemmend wirken können; von diesen seien **Cortisol** und **Aldosteron** genannt. Das Aldosteron unterscheidet sich vom Cortisol durch den Ersatz der Methylgruppe, C-Atom 18, durch eine Aldehydgruppe; außerdem fehlt ihm die Hydroxygruppe am C-Atom 17 (▶ Tabelle 6.8).

Die Schilddrüse produziert **L-Thyroxin**, das wahrscheinlich als Redoxkatalysator wirkt und den Gesamtstoffwechsel und damit auch Entwicklung und Reifung des Organismus beeinflusst.

Die Keimdrüsen produzieren die **Sexualhormone**, die ebenfalls zu den Steroidhormonen gehören. Im männlichen Organismus sind dies die **Androgene**, nämlich **Testosteron** und **Androsteron**, und im weiblichen Organismus die **Estrogene** (im Deutschen wird häufig noch die alte Bezeichnung *Östrogene* verwendet) **Estradiol** und **Progesteron**.

Die pharmazeutische Industrie hat Estrogene entwickelt, die im Gegensatz zu den natürlichen Hormonen im Magen-Darm-Trakt nicht abgebaut werden. Dies ermöglichte die Herstellung von Präparaten, die zur Empfängnisverhütung eingenommen werden.

Das Nonapeptid **Bradykinin** (▶ 6.4.3) ist ein Gewebshormon; es wird bei Entzündungen und Immunreaktionen freigesetzt und beeinflusst den Blutdruck.

Prostaglandine sind Hormone, die in fast allen Geweben von Säugetieren auftreten. Sie besitzen verschiedene Wirkungsbereiche (Blutdruck, Fruchtbarkeit, Schmerzempfindung) und finden Verwendung als Pharmaka. Strukturell handelt es sich um Derivate der Prostansäure, die bei der Biogenese aus der vierfach ungesättigten C_{20}-Fettsäure **Arachidonsäure** entsteht. Durch Substitution, zumeist mit Hydroxy- und Carbonylgruppen, oder CC-Doppelbindungen werden unterschiedliche Derivate erhalten. Als Beispiel ist das Prostaglandin E_1 (Alprostadil) gezeigt.

Tab. 6.8 Hormone und Steroid-Wirkstoffe[a].

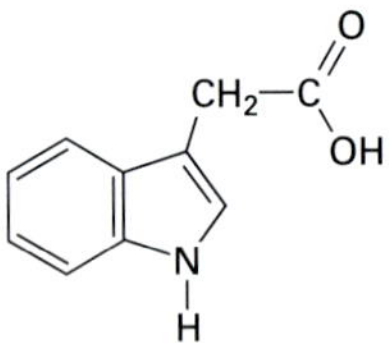

Auxin
(Pflanzen-Wuchsstoff)

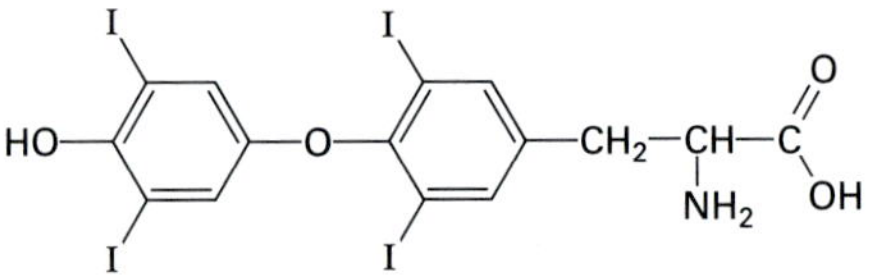

Thyroxin
(Schilddrüsen-Hormon)

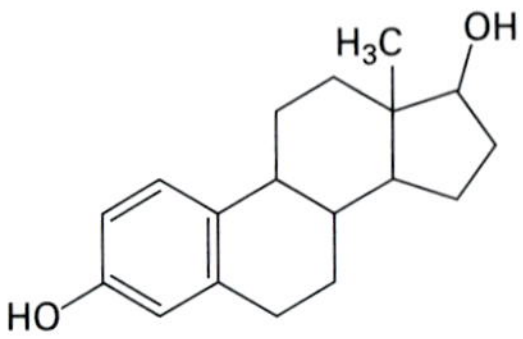

Estradiol
(natürliches Estrogen)

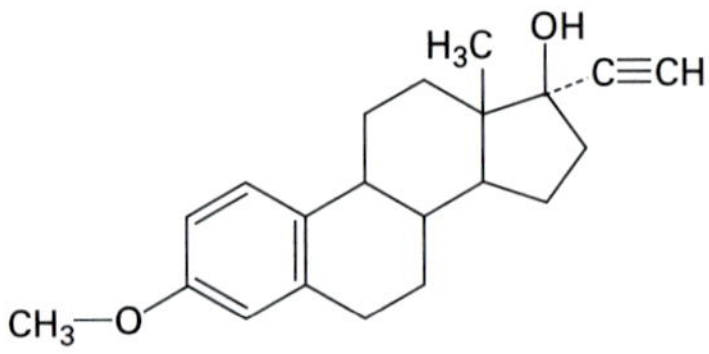

17α-Ethinylestradiol-3-methylether, Mestranol
(synthetisches Estrogen)

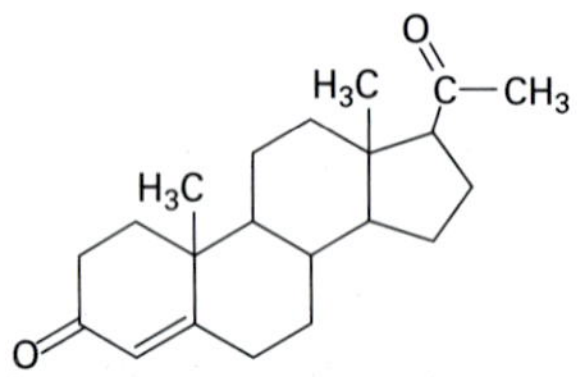

Progesteron
(natürliches Gestagen)

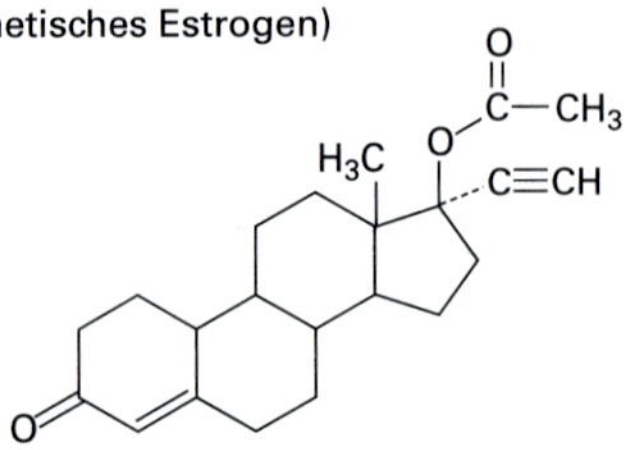

17α-Ethinyl-19-nortestosteronacetat,
Norethisteronacetat
(synthetisches Gestagen)

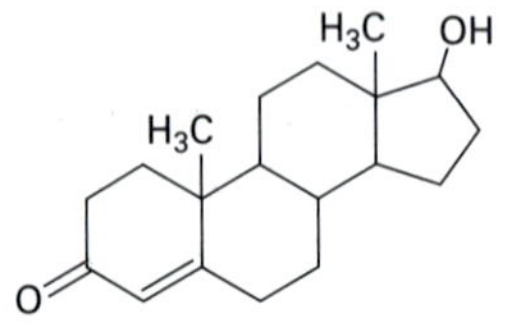

Testosteron
(männliches Sexualhormon)

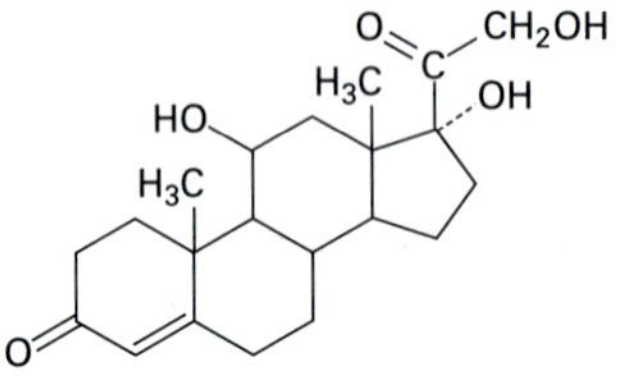

Cortisol
(Hormon der Nebennierenrinde)

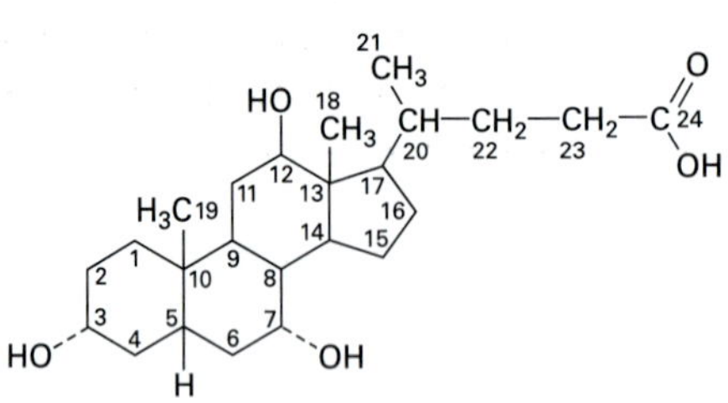

Cholsäure
(Emulgator im Gallensaft)

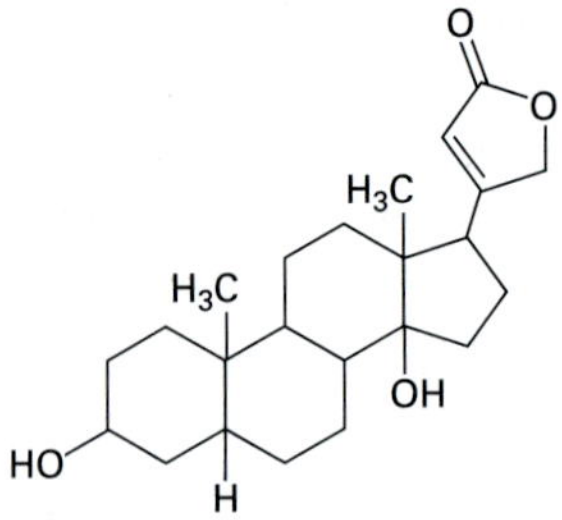

Digitoxigenin
(herzwirksames Steroid aus Digitalis)

[a] Die Bezifferung der C-Atome im Steroidgerüst ist bei der Cholsäure angegeben. Ein Substituent steht in α-Stellung, wenn er hinter der Papierebene liegt (Bindung gestrichelt); β-Stellung heißt: Substituent steht vor der Papierebene (Bindung ausgezogen). Das Präfix Nor bezeichnet das Fehlen eines C-Atoms.

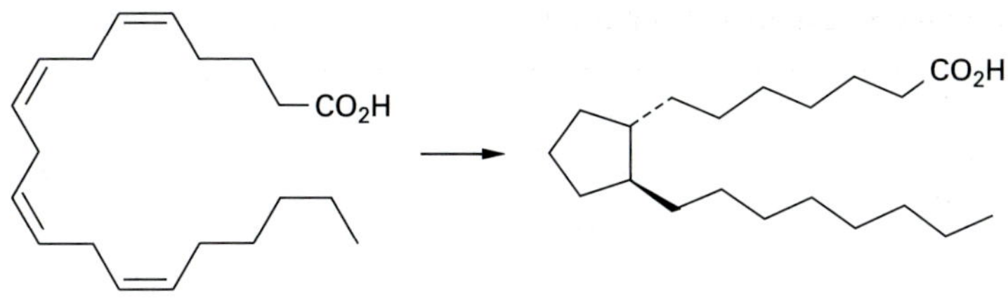

Arachidonsäure Prostansäure

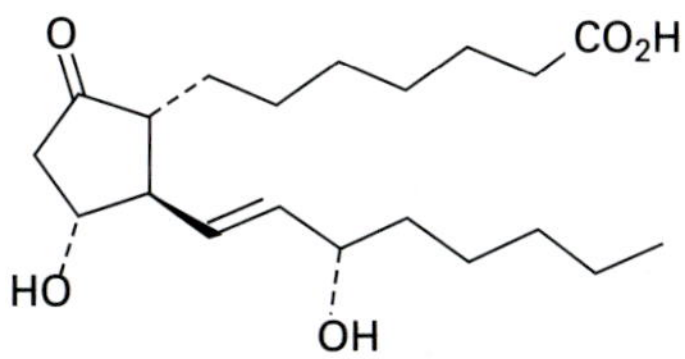

Prostaglandin E1 (Alprostadil)

Die Bauchspeicheldrüse produziert zwei Peptidhormone, die den Blutzuckerspiegel regeln. **Insulin** *senkt* den Blutglucosegehalt, indem es den Aufbau der Speicherform der Glucose, des Muskel- oder Leberglycogens, anregt. Insulin besteht aus 51 Aminosäuren, deren Identität und Reihenfolge von F. Sanger 1955 geklärt werden konnte.

Das Hormon **Glucagon** besteht aus 29 Aminosäuren und bewirkt den Abbau des Glycogens, es *erhöht* damit den Blutzuckergehalt. Zur Behandlung der Zuckerkrankheit (*Diabetes mellitus*) wird Insulin zugeführt, das früher aus tierischen Bauchspeicheldrüsen isoliert und chemisch in Humaninsulin umgewandelt wurde. Heute wird menschliches Insulin mit Mikroorganismen (*Escherichia coli*) hergestellt (▶ 6.5.3).

Hormone sind auch im Pflanzenreich verbreitet. Das einfachste **Phytohormon** ist das **Ethen**, das vielfältige Wirkungen auf den Pflanzenstoffwechsel ausübt und z. B. die Reifung von Früchten bewirkt. Das **Auxin**, die 3-Indolessigsäure, bewirkt die Zellstreckung und beeinflusst damit das Pflanzenwachstum und die Ausrichtung der Pflanzen nach dem Licht.

Hormone im weitesten Sinne sind auch die **Pheromone**, das sind die *Sexuallockstoffe*, die von den Weibchen verschiedener Insektenarten ausgesandt werden, um die Männchen anzulocken. **Bombykol**, das Pheromon des Seidenspinners (*Bombyx mori*), ist ein ungesättigter Alkohol mit 16 Kohlenstoffatomen:

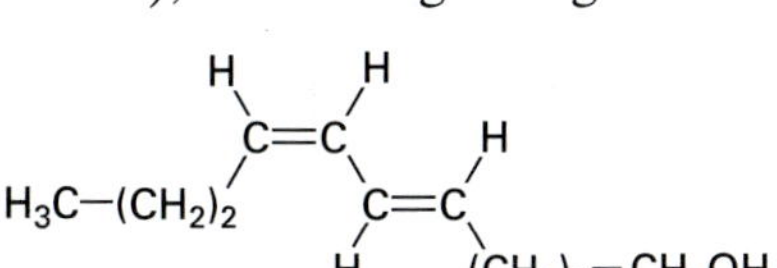

Sehr wirksame, artspezifische Schädlingsbekämpfungsmittel kombinieren Sexuallockstoffe mit Insektiziden.

In der Leber werden aus Cholesterol (▶ 6.7) die **Gallensäuren**, z. B. die **Cholsäure**, gebildet. Wie das Cholesterol gehören auch die Gallensäuren nicht zu den

Hormonen. Die Gallensäuren emulgieren die in der Nahrung enthaltenen Fette und machen sie damit verdaulich und resorbierbar.

Eine Reihe von Pflanzen enthalten Steroide, die in niedriger Konzentration physiologisch stark wirken, in hoher starke Gifte sind. Als Beispiel sei das aus dem roten Fingerhut (*Digitalis purpurea*) isolierbare **Digitoxigenin** genannt. Es erhöht das Herzschlagvolumen. In der Pflanze liegt es als Glycosid, Digitoxin (▶ 6.10.6), vor. Manche Käfer verwenden es als Abwehrsekret.

6.10.4 Antibiotika

Als *Antibiose* bezeichnet man den Vorgang, dass ein Organismus eine Substanz absondert, die das Wachstum eines anderen Organismus stört. Solche Substanzen, die vor allem von Mikroorganismen, aber auch von Pflanzen gebildet werden, heißen **Antibiotika**.

> **Antibiotika** sind Stoffe biologischen Ursprungs, die, ohne Enzymcharakter zu besitzen, in geringer Konzentration Wachstumsvorgänge hemmen.

Eine Reihe von Antibiotika isolierte man aus Kulturen von Mikroorganismen. Einige besitzen großes pharmakologisches Interesse; sie werden in technischem Maßstab biotechnologisch hergestellt.

A. Fleming entdeckte im Jahre 1927, dass Schimmelpilze (vor allem *Penicillium notatum)* einen bakterientötenden Stoff absondern, den er aus dem Nährmedium extrahieren konnte und **Penicillin** nannte. Zehn Jahre später wurde **Penicillin C** von H. W. Florey und E. B. Chain isoliert. Seine Struktur konnte 1945 von R. B. Woodward aufgeklärt werden, eine brauchbare Synthese gibt es seit 1957.

Das **Cephalosporin C** kommt natürlich im Schimmelpilz *Cephalosporium acremonium* vor. Es wurde 1945 erstmals isoliert, seine chemische Struktur wurde 1953 aufgeklärt. Es dient bis heute als Ausgangssubstanz für die Herstellung der anderen Cephalosporine, die somit halbsynthetische Arzneistoffe sind.

Antibiotika sind anormale Produkte des normalen Stoffwechsels im Organismus der Produzenten. **Penicillin** wird aus Aminosäuren gebildet, **Streptomycin** im Kohlenhydratstoffwechsel, **Terramycin** und **Aureomycin** bilden sich aus Acetatbausteinen. Über die Wirkungsweise weiß man, dass einige Antibiotika wesentliche Prozesse im Leben von Prokaryonten (Bakterien), nicht aber von Eukaryonten (z. B. Zellen des Menschen) hemmen. So stören einige die Replikation der DNA, die Transkription oder die Translation. Penicillin hemmt die Zellwandsynthese, Chloromycetin und Streptomycin die Proteinsynthese von Bakterien. Gegenüber Viren und Krebs haben Antibiotika zumeist keine hemmende Wirkung. Problematisch sind allergische Reaktionen, vor allem aber die Entstehung resistenter Bakterienstämme. Dies zwingt zur ständigen Entwicklung neuer Antibiotika.

In der sehr komplizierten Struktur des **Streptomycins** erkennt man ein Disaccharid (Streptobiose), das glycosidisch mit einem Cyclohexanderivat (Streptidin) verknüpft ist.

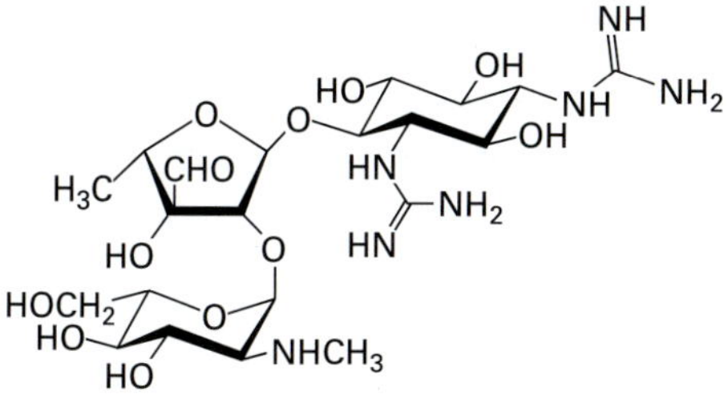

Streptomycin

Das von *Streptomyces venezuelae* erzeugte Antibiotikum **Chloramphenicol** ist nicht nur gegen Bakterien sondern auch gegen große Viren, z. B. gegen die Erreger der Papageienkrankheit (Psittakosis) und des Fleckfiebers, wirksam. Ungewöhnlich für einen Naturstoff sind in seiner Struktur die Nitrogruppe und der Dichloressigsäurerest. Seine Konfiguration entspricht derjenigen der D(−)-Threose, einer Aldotetrose (▶ 6.3.1) mit vier Kohlenstoffatomen.

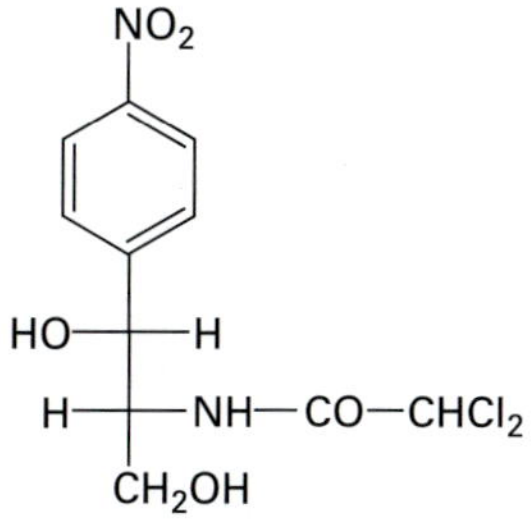

Chloramphenicol
Leukomycin, Paraxin

Penicilline und **Cephalosporine** enthalten als **β-Lactam-Antibiotika** einen Vierring mit einer Amidbindung, der mit einem Schwefel-haltigen Fünfring oder Sechsring anelliert ist.

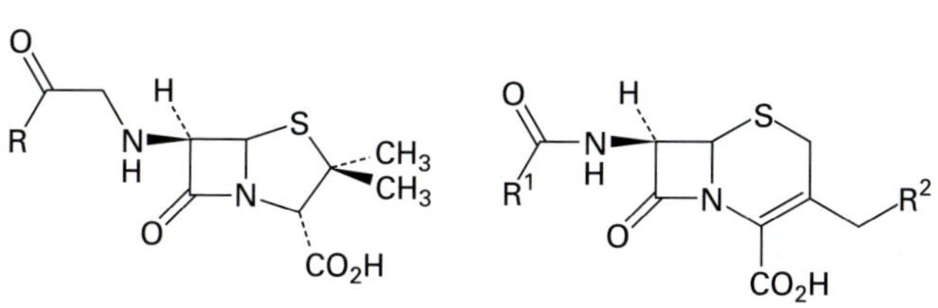

Penicilline — Cephalosporine

$R = C_6H_5—CH_2$: Penicillin G — $R^1 = HOCO—CH(NH_2)—(CH_2)_3$, $R^2 = OCO—CH_3$: Cephalosporin C

$R = C_6H_5—CH(NH_2)$: Ampicillin — $R^1 = NC—CH_2$, $R^2 = OCO—CH_3$: Cefacetril

Nach Penicillinen und Cephalosporinen sind **Tetracycline** derzeit die meistgebrauchten Antibiotika. Sie stellen eine Alternative zu Penicillinen dar und besitzen ein breites Wirkungsspektrum gegen Infektionskrankheiten, indem sie die Proteinbiosynthese in den Ribosomen der Bakterien hemmen. Ihren Namen verdanken sie dem tetracyclischen Stammsystem. Durch systematische Abwandlung der Substituenten am Tetracengerüst ist inzwischen eine Vielzahl von Tetracyclinderivaten hergestellt worden, die sich in den Substituenten R^1–R^5 unterscheiden. Nachstehend sind die vier natürlich vorkommenden aufgeführt:

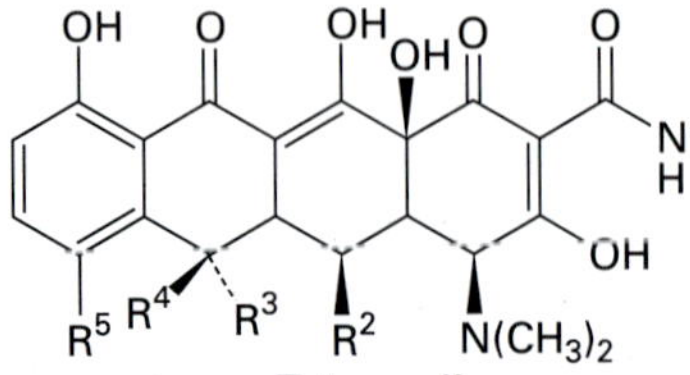

Tetracycline

Name	R^1	R^2	R^3	R^4	R^5
Tetracyclin, Achromycin	H	H	OH	CH_3	H
Chlortetracyclin, Aureomycin	H	H	OH	CH_3	Cl
Oxytetracyclin, Terramycin	H	OH	OH	CH_3	H
Demethylchlortetracyclin	H	H	OH	H	Cl

Auch Tetracycline sind Stoffwechselprodukte von Pilzkulturen. Sie werden biotechnologisch durch Fermentation in Submerskulturen von ca. 20 Streptomycesarten hergestellt. **Aureomycin** wird aus den Kulturen von *Streptomyces aureofaciens* isoliert, **Terramycin** aus *Streptomyces rimosus*.

Bestimmte Mikroorganismen produzieren antibiotisch wirksame Oligo- und Polypeptide (▶ 6.4.3). Häufig enthalten diese **Peptidantibiotika** ungewöhnliche, eiweißfremde Aminosäuren, auch mit D-Konfiguration. Sie können deshalb nicht enzymatisch abgebaut werden. Beispiele für lineare Polypeptidantibiotika sind **Gramicidin A** (aus *Bacillus brevis*), ein Pentadecapeptid mit alternierenden L- und D-Aminosäureresten, und **Alamethicin** (aus *Trichoderma viride*), das 20 Aminosäurereste enthält. Sie sind besonders wegen ihrer membranmodifizierenden Eigenschaften von Interesse. **Gramicidin S** (ebenfalls aus *Bacillus brevis*) ist ein Cyclodecapeptid, das keinerlei strukturelle Verwandtschaft zum Gramicidin A besitzt und sich aus zwei identischen Pentapeptiden zusammensetzt.

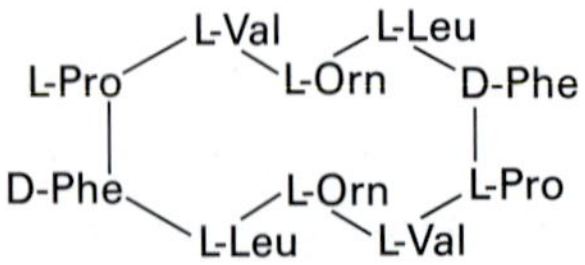

Gramicidin S

6.10.5 Chemotherapeutika

> **Chemotherapeutika** sind synthetische Arzneimittel, die Krankheitserreger schädigen oder töten.

Das erste Produkt dieser Substanzklasse war das **Salvarsan**, dessen Wirksamkeit gegen die Syphiliserreger P. Ehrlich 1909 erkannte:

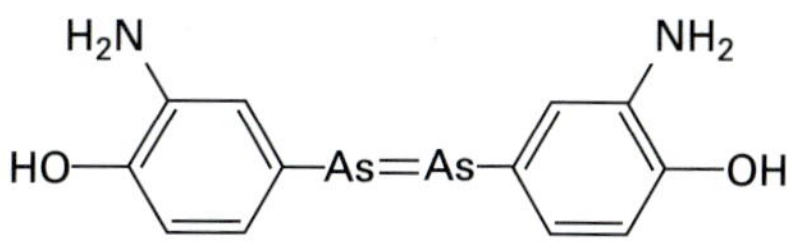

Salvarsan

1932 entdeckte G. J. P. Domagk die Wirkung der **Sulfonamide**. Sie verdrängen im Organismus der Krankheitserreger die 4-Aminobenzoesäure im Molekül der Tetrahydrofolsäure (▶ Tabelle 6.6), sie sind daher *Antivitamine*. Sulfonamide sind Derivate des Sulfanilamids. Eines der Wasserstoffatome der Amidgruppe ist dabei durch einen aliphatischen oder heterocyclischen Rest ersetzt, welcher der Substanz ihre spezifischen Eigenschaften verleiht, z. B. Langzeitwirkung, verstärkte Wirkung in bestimmten Organen. Ähnlich wie die Sulfonamide wirkt die **4-Aminosalicylsäure**, die wie das **Isonicotinsäurehydrazid** (Neoteben) zur Bekämpfung der Tuberkulose eingesetzt wird.

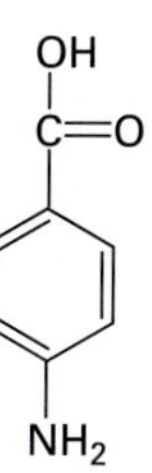

4-Aminobenzoesäure

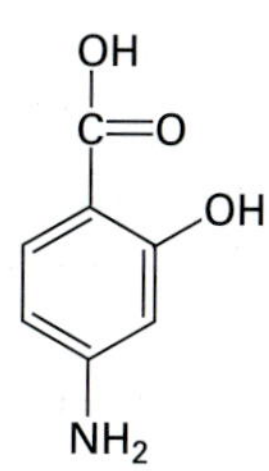

4-Aminosalicylsäure

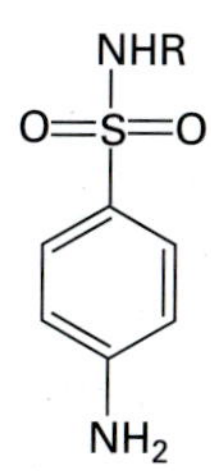

Sulfanilamid

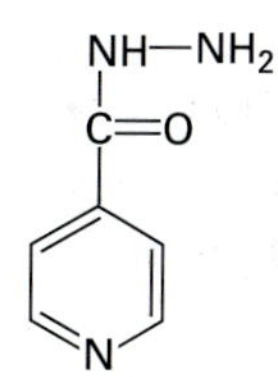

Isonicotinsäurehydrazid
Isoniacid

Einige Bakterien können auch gegenüber Chemotherapeutika Resistenz entwickeln. Wie bei den Antibiotika ist zunächst die Erhöhung der Dosis, dann die Verwendung neuer Pharmaka erforderlich.

Zu den Chemotherapeutika gehören auch die Substanzen, die bei der **Krebstherapie** eingesetzt werden. Als Beispiel seien die **Stickstoff-Lost-Derivate**, z. B. Cyclophosphamid, genannt. Sie wirken alkylierend und sind daher auch gegenüber gesunden Zellen mutagen und carcinogen. Es gibt noch keine Methoden, die man nutzen kann, um nur bösartige Zellen zu bekämpfen.

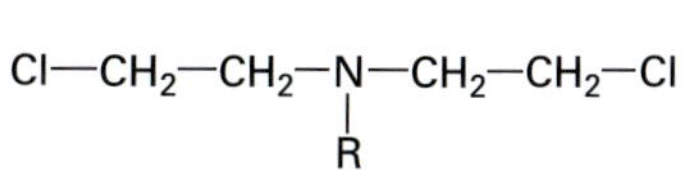

Stickstoff-Lost

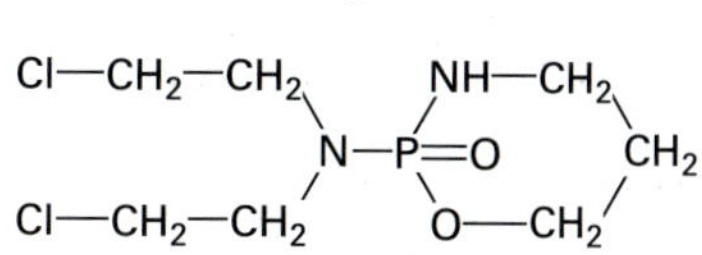

Cyclophosphamid

6.10.6 Toxine

Als **Toxikologie** (Giftkunde, von latein. *toxicum*: Gift) bezeichnet man die Wissenschaft, die sich mit den Giften und ihrer Wirkungsweise auf Lebewesen, ihrem Stoffwechsel, den Vergiftungserscheinungen, den Behandlungsmöglichkeiten von Vergiftungen und dem gerichtlichen Nachweis von Giften (Forensische Chemie) befasst.

> **Gifte** sind Stoffe, die im lebenden Organismus schon in verhältnismäßig kleinen Mengen Funktionsstörungen hervorrufen.

Dabei ist die Gefahr, dass ein Stoff als Gift wirkt, in hohem Maße von der Dosis abhängig, was schon der Arzt und Alchemist Paracelsus (1493–1541) mit den Worten ausdrückte:

„Was ist das nit gift ist? alle ding sind gift und nichts on gift; alein die dosis macht das ein ding kein gift ist."

Eine Ausnahme von dieser Regel stellen die genverändernden (gentoxischen) Stoffe dar, da bei ihnen im Prinzip schon ein Molekül ausreichen kann, eine Zelle entarten und damit einen Tumor entstehen zu lassen.

Die Wirkung der Toxine kann in drei Formen erfolgen: Sie können neurotoxisch wirken, d. h. die Reizleitung der Nerven an den Synapsen blockieren, sie können Enzyme und damit bestimmte Stoffwechselvorgänge blockieren oder aber Gewebe zerstören, indem die Zellmembranen zersetzt werden.

Toxikologische Kenntnisse sind z. B. auch erforderlich bei der Beurteilung von Allergien, Suchterscheinungen, Rauschmittel-, Arznei- und Genussmittelmissbrauch, Luft- und Wasserverunreinigungen, Gewerbehygiene, Arbeitssicherheit und Unfallverhütung, Berufskrankheiten, Pflanzenschutz- und Schädlingsbekämpfungsmittel-Rückständen sowie Fremd- und Zusatzstoffen in Lebensmitteln, bei Reinigungs- und Desinfektionsmitteln, Kosmetika sowie von Carcinogenen, Mutagenen, Teratogenen, Kampfstoffen usw. Die Wirkung von Schadstoffen auf Organismen in Ökosystemen wird durch die **Ökotoxikologie** untersucht.

Um die Verwendung von Versuchstieren einzuschränken, sucht man nach alternativen Methoden für **Toxizitätsprüfungen**. So lassen sich z. B. Hinweise auf gentoxische Wirkungen – damit meint man im Allgemeinen irreversible Schädigungen der DNA – mit Kurzzeittests an Bakterien und Zellkulturen erhalten. Detailliertes Wissen über die Struktur von Rezeptoren für Gifte oder deren Metaboliten und mathematische Untersuchungen zum Zusammenhang zwischen Struktur und Wirkung (engl. *Quantitative Structure-Activity Relationship*, QSAR) ermöglichen eine Vorhersage der toxischen Wirkung analog aufgebauter Stoffe. Zahlreiche Gesetze schreiben toxikologische und ökotoxikologische Untersuchungen vor dem Inverkehrbringen einer Chemikalie oder bei der Altstoffbewertung vor.

Man unterscheidet die **akute Toxizität**, d. h. die Giftigkeit bei einmaligem bzw. kurzfristigem, zeitlich eng begrenztem Kontakt mit einem Giftstoff, und die **chronische Toxizität**, also die Belastung über einen längeren Zeitraum. Die Prüfung auf fruchtschädigende Wirkung ist gleichzeitig ein Test auf gentoxische oder Teratogenwirkung. Die akute Toxizität eines Stoffes wird oft als **letale Dosis LD50** angegeben.

Der **LD50-Wert** bezeichnet die Dosis eines Wirkstoffes in Milligramm pro Kilogramm Körpergewicht des Versuchstieres, bei der innerhalb eines bestimmten Zeitraumes bei der Hälfte der Testorganismen – zumeist handelt es sich um Ratten oder Mäuse – der Tod eintritt.

Zum **Schutz vor Giftstoffen** sind Höchstmengen und Grenzwerte festgelegt. Toxizitätsuntersuchungen sind notwendig bei allen Stoffen, mit denen lebende Organismen, insbesondere natürlich der Mensch, in Berührung kommen können, z. B. Lebensmittelzusatzstoffe, Kosmetika, Pflanzenschutzmittel, Kunststoffe, Waschmittel usw. Schwierig ist im Bereich geringer Dosen die Beurteilung, ob eine Schädigung überhaupt eingetreten ist, d. h. die Definition eines Schwellenwertes oder eines **No-Effect-Levels** (NOEL).

Der **Arbeitsplatzgrenzwert (AGW)** und die **Maximale Arbeitsplatzkonzentration (MAK-Wert**, vgl. 4.3) geben die maximal zulässige Konzentration eines Stoffes in der Atemluft am Arbeitsplatz an, bei der kein Gesundheitsschaden zu erwarten ist, auch wenn man der Konzentration in der Regel acht Stunden täglich bzw. maximal 40 Stunden in der Woche ausgesetzt ist.

Verschiedene Kommissionen der *Deutschen Forschungsgemeinschaft*, der *Gesellschaft Deutscher Chemiker* und der *Berufsgenossenschaft der Chemischen Industrie* beschäftigen sich mit Toxikologiefragen, ebenso z. B. die *European Society of Toxicology* und die *International Union of Toxicology*. Eine Vielzahl toxikologisch wichtiger Informationen ist heute in Datenbanken gespeichert und über das Internet zugänglich.

Als **Gifte** (Toxine) können einzelne Elemente, anorganische und organische Verbindungen wirken. Zu den **anorganischen Giften** gehören z. B. Quecksilber, Blei, Thallium, Chrom, Arsen und die meisten ihrer Verbindungen sowie weißer bzw. gelber Phosphor, Blausäure und Cyanide, starke Säuren und Basen, Fluoride, Chlorgas, Chlorate, Brom, Iod, Phosgen, Kaliumiodid, Schwefelwasserstoff, Schwefeldioxid, Kohlenoxid, Nitrite und Bariumsalze.

Bei den **organischen Giften** sind z. B. zu nennen: Methanol, Diethylether, Chloroform, Schwefelkohlenstoff, Glyceroltrinitrat, Barbiturate, Fluoressigsäure, viele Pflanzenschutz- und Schädlingsbekämpfungsmittel, besonders die Organophosphor-Insektizide. Den erwähnten Giften „aus der Retorte" – von denen viele heute wegen ihres ubiquitären Auftretens als *Umweltgifte* bekannt wurden – sind die natürlichen Gifte an Toxizität weit überlegen (Tabelle 6.9).

Bei den **natürliche Giften** ist zu denken an die Toxine aus Bakterien und anderen Mikroorganismen, z. B. die Mykotoxine (▶ 6.10.4), die Tiergifte, die Gifte der Giftpilze und die Pflanzengifte, unter denen sich besonders viele Glycoside und Alkaloide befinden.

Pflanzlichen oder tierischen Ursprungs sind auch die **Pfeilgifte**, die von verschiedenen Eingeborenenstämmen tropischer oder subtropischer Länder auf Pfeilspitzen aufgebracht und bei der Jagd oder im Krieg verwendet werden. Tieren dienen ihre Gifte sowohl als Angriffs- wie als Verteidigungswaffen.

Tab. 6.9 LD50-Werte von ausgewählten Giften, bestimmt an Tieren.

Giftstoff	Stoffklasse	Herkunft	LD50 [mg/kg]
Botulismustoxin (Typ A)	Peptid	Bakterien	0,000.000.4[a]
Kobratoxin	Peptid	Schlange	0,000.075[a]
2,3,7,8-Tetrachlor-dibenzo[1,4]dioxin (TCDD)	chloriertes Hetaren	synthetisch	ca. 0,000.1[b]
Ricin	Peptid	Pflanze	0,012[a]
Tetrodotoxin	Alkaloid	Fische	0,010–0,015[c]
α-Amanitin	Peptid	Pilz	0,1[a]
Digitoxin	Steroidglycosid	Pflanze	0,2[d]
Muscarin	Alkaloid	Pilz	0,23[a]
Nicotin	Alkaloid	Pflanze	0,3[a]
Aflatoxin B1	Furocumarin	Schimmelpilz	0,36[a]
Strychnin	Alkaloid	Pflanze	0,96[e]
Phalloidin	Cyclopeptid	Pilz	2,0[a]
Kaliumcyanid	Anorgan. Salz	synthetisch	5[e]
Parathion (E 605)	Thiophosphor-säurester	synthetisch	16[a]
Heroin	Alkaloid	synthetisch	22[a]
DDT	chlorierter Aromat	synthetisch	113[e]
Coffein	Heterocyclus	Pflanze	200[e]
Morphin-hydrochlorid	Alkaloid	Pflanze	500[a]
Ethanol	Alkohol	synthetisch	7.060[e]

[a] Maus. [b] Meerschweinchen. [c] Mensch. [d] Katze. [e] Ratte.

Im Allgemeinen sind tierische Gifte in kleinerer Dosis wirksamer als pflanzliche, doch werden beide von Bakterientoxinen weit in den Schatten gestellt (Tabelle 6.9).

Der Kugelfisch – ein äußerst giftiger Speisefisch

Das äußerst giftige Neurotoxin **Tetrodotoxin** wurde erstmals im Jahre 1950 aus den Ovarien eines Kugelfisches (*Tetraodontoidei*, japan. *Fugu*) isoliert. Das Gift befindet sich besonders in Haut, Leber und Eierstöcken des Fisches, aber nicht im Muskelfleisch. Trotz seiner Giftigkeit ist dieser Fisch in Japan bei Gourmets sehr beliebt, darf aber nur von besonders geschulten Köchen zubereitet werden, welche die giftigen Teile sorgfältig entfernen müssen. Trotzdem gibt es häufig Vergiftungen mit tödlichem Ausgang; die lethale Dosis beträgt 10–15 mg pro kg Körpergewicht.

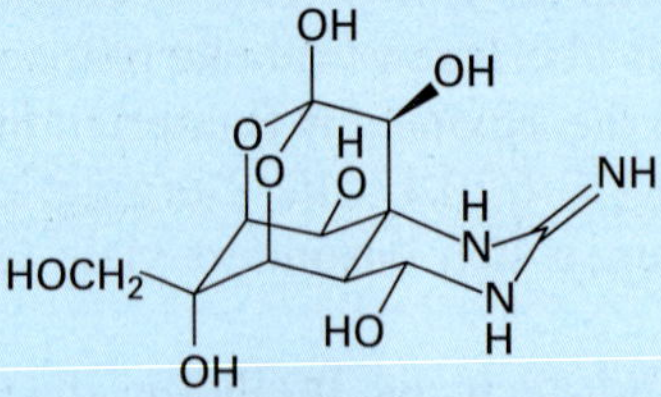

Tetrodotoxin

Das Nervengift ist eines der stärksten nichtproteinartigen Gifte. Es wirkt nur auf die Körpernerven, nicht auf das Gehirn. Die Opfer werden vollständig gelähmt und können sich weder bewegen noch sprechen, bleiben aber bei Bewusstsein. Sie sterben dann an Herzstillstand oder durch die Lähmung bedingtem Atemstillstand und folgender Erstickung. Wenn Atmung und Kreislauf schnell genug durch Notfallmaßnahmen in Gang gehalten werden, klingt die Giftwirkung innerhalb etwa 24 Stunden ab, und die Opfer erleiden keinen bleibenden Schaden.

Da Tetrodotoxin in sehr geringen Mengen eine schmerzlindernde Wirkung zeigt, wird es auch für den Einsatz in der Krebstherapie in Betracht gezogen.

Contergan – ein teratogenes Schlaf-
Contergan (Thalidomid), das von 1958 bis 1962 als Schlaf- und Beruhigungsmittel im Handel war, führte zum größten Unglück der Pharmaindustrie. Tausende missgebildete Kinder wurden zwischen 1958 und 1962 geboren. Bezüglich des chiralen Thalidomids gab es Befunde, dass nur eines der beiden Enantiomeren die teratogene Wirkung zeigt. Allerdings ist die Verbindung unter physiologischen Bedingungen nicht konfigurationsstabil, da die Enantiomeren sich leicht durch Keto-Enol-Tautomerie ineinander umwandeln können. Die Katastrophe hätte also nicht verhindert werden können, wenn statt des Racemats ein enantiomerenreines Präparat verwendet worden wäre

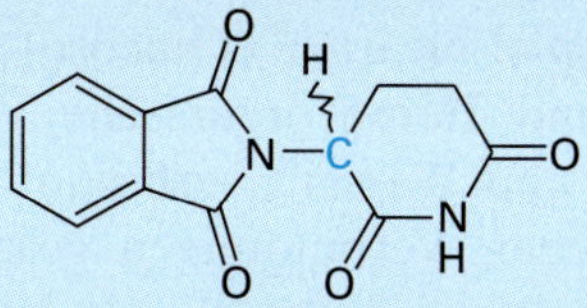

Contergan
Das stereogene Zentrum ist blau gekennzeichnet.

Seit einigen Jahren wird Thalidomid in der Lepratherapie verwendet.

6.11 Prinzipien des Stoffwechsels und des Energiehaushalts

6.11.1 Allgemeines

Die **Lebensvorgänge** umfassen einen Komplex chemischer Reaktionen, welche die Entwicklung, den Fortbestand, das Wachstum und die Vermehrung eines Organismus gewährleisten. Ausdruck dieser Vorgänge sind Stoffwechsel, Bewegung und Reaktionen auf Reize.

Unter **Stoffwechsel** oder **Metabolismus** versteht man die Gesamtheit der chemischen Umsetzungen in Organismen, die zur Aufrechterhaltung der Lebensvorgänge notwendig sind. Dazu gehören die Aufnahme, der Aufbau (*Anabolismus, Assimilation*) und der Abbau (*Katabolismus, Dissimilation*) wie auch die *Ausscheidung* von Stoffen sowie die *Energiegewinnung.*

In jeder lebenden Zelle laufen gleichzeitig hunderte von Reaktionen ab; die beteiligten Stoffe heißen **Metabolite**. Fast alle diese Reaktionen würden außerhalb der Zelle nur sehr langsam und ungerichtet verlaufen; **Enzyme** (► 6.10.1) ermöglichen Stoffwechselwege mit hoher Spezifität und großem Umsatz.

Alle organischen Verbindungen in Organismen wurden ursprünglich aus anorganischem Material aufgebaut; der Kohlenstoff stammt aus dem Kohlendioxid der Luft, alle anderen Elemente (Stickstoff, Schwefel, Phosphor, Magnesium, Kalium, Eisen, Calcium usw.) aus dem Boden. Zu dieser Synthese sind ausschließlich Pflanzen und Algen sowie gewisse Bakterien befähigt. Einige Bakterien können allerdings in Symbiose mit Pflanzen letzteren auch Stickstoff aus der Luft zur Verfügung stellen (Stickstofffixierung). Tiere sind auf die von den Pflanzen synthetisierten Stoffe angewiesen, die sie direkt verwenden oder in andere umwandeln.

Bei der Synthese der Kohlenhydrate (▶ 6.3) aus dem Kohlendioxid der Luft und Wasser, der **Photosynthese**, wird nach der Gleichung:

$$n\,CO_2 + n\,H_2O + 4n\,h\nu \rightarrow (CH_2O)_n + n\,O_2$$

unter Mitwirkung des Blattfarbstoffs Chlorophyll Sonnenenergie als **chemische Energie** gespeichert. Verbrennt man diese Verbindungen, so wird dieser Energiebetrag als Wärme abgegeben, zum Beispiel für n = 6 (Glucose) 2.880 kJ/mol. Bei der **Zellatmung** werden in Pflanzen und Tieren organische Verbindungen mit Sauerstoff biologisch zu Kohlendioxid und Wasser „verbrannt". Die dabei freiwerdende Energie wird in energiereichen Verbindungen gespeichert oder als Muskelarbeit abgegeben. Ein Teil davon wird jeweils als Wärme freigesetzt. Energielieferant für alle Lebensvorgänge ist also die Sonne.

Die **Synthese** komplizierter Verbindungen verläuft fast immer über viele Reaktionsstufen, manche Reaktionsschritte erfordern Energie, bei anderen wird Energie frei. Bei Laboratoriumsreaktionen tritt die frei werdende Energie als Reaktionswärme auf, im biologischen System wird sie meistens als chemische Energie gespeichert. Zur **Energiespeicherung** benutzt die Zelle im Wesentlichen bestimmte Bindungen, deren Freie Reaktionsenthalpie der Hydrolyse besonders groß ist. Beispiele sind in Tabelle 6.6 aufgeführt.

Die energiereichen Bindungen sind mit einem blauen Bindungsstrich, —, gekennzeichnet. Die Freie Reaktionsenthalpie der Hydrolyse, ΔG, nennt man auch das **Gruppenübertragungspotential**. Moleküle, die mit anderen verknüpft werden sollen, werden durch solche Bindungen aktiviert. Enzyme ermöglichen die Übertragung dieser Gruppen auf die Substrate. Die Hydrolyse einer Bindung mit hohem Gruppenübertragungspotential ist mit der Bildung einer Bindung mit niedrigem Potential verknüpft. Enzyme führen also endergonische Reaktionen durch, indem sie diese mit exergonischen koppeln. Beispiele hierfür werden in den folgenden Abschnitten erläutert.

Eine zentrale Stellung im Energiehaushalt von Lebewesen kommt dem **Adenosintriphosphat**, ATP (▶ 6.10.1, Struktur ▶ Tabelle 6.6), zu. Sein Molekül enthält zwei Phosphorsäureanhydridbindungen. Es wirkt wie ein aktives Phosphorylierungsmittel − ähnlich wie Essigsäureanhydrid als aktives Acetylierungsmittel. Bei der Hydrolyse dieser Bindungen im Reagenzglas wird fühlbare Wärme frei. In der Natur wird das ATP als „Treibstoff" bei vielen Reaktionen, die nur bei Energiezufuhr ablaufen können, benutzt. Als Beispiele seien genannt:

Tab. 6.10 Energiereiche Bindungen und Freie Reaktionsenthalpie ΔG der Hydrolyse dieser Bindungen bei 25 °C und pH 7, das sog. Gruppenübertragungspotential.

Bindung	Name	ΔG [kJ/mol]
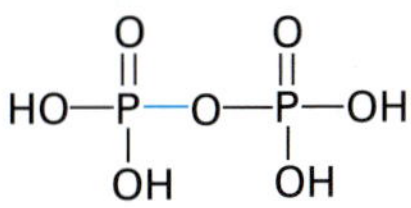	Phosphorsäureanhydrid (Diphosphatbindung)	–30
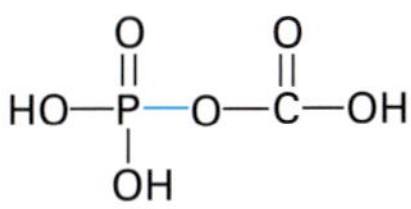	gemischtes Anhydrid aus Phosphorsäure und Carbonsäure	–60
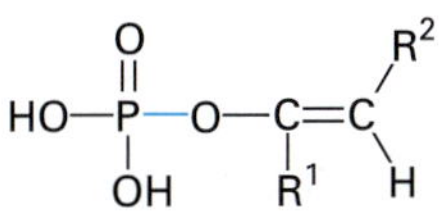	Enolester der Phosphorsäure	–54
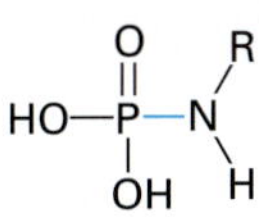	Phosphorsäureamid	–40
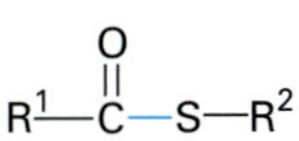	Thioester (Coenzym A, ► Tabelle 6.6)	–33

1. die Synthese polymerer Verbindungen (Peptide, Polysaccharide, Nucleinsäuren) aus den Monomeren,
2. die Aktivierung von Molekülen im Stoffwechsel durch Bildung energiereicher Bindungen (mit Phosphorsäure oder Coenzym A im Kohlenhydratstoffwechsel, ► Abb. 6.12) sowie
3. die Muskelkontraktion.

In gekoppelter Reaktion werden dabei Phosphorsäureanhydridbindungen im ATP gespalten.

$$\text{ATP} \xrightarrow{H_2O} \text{ADP} + H_3PO_4 \qquad \text{ADP} \xrightarrow{H_2O} \text{AMP} + H_3PO_4$$

ADP: Adenosindiphosphat AMP: Adenosinmonophosphat

Die umgekehrte Reaktion, **Speicherung von Energie** durch Verknüpfung von Phosphorsäuremolekülen über Anhydridbindungen, verläuft in der Natur gekoppelt mit dem Kohlenhydratabbau. Im **Citronensäurezyklus** (► Abb. 6.16) wird das Spaltstück der Kohlenhydrate, die Essigsäure, nach der Gleichung

$$CH_3CO_2H + 2\ H_2O \rightarrow 2\ CO_2 + 8\ [H]$$

in CO_2 und aktiven Wasserstoff, der hier als [H] gekennzeichnet wird, gespalten. Der aktive Wasserstoff wird in der Atmungskette (► 6.11.3) mit Sauerstoff zu Wasser umgesetzt. Die dabei frei werdende Energie wird von der Zelle zu ca.

40 % in den Anhydridbindungen des ATP gespeichert, ca. 60 % geht in Wärme über.

Von Pflanze und Tier wird die in den Kohlenhydraten gespeicherte Energie ausgenutzt mit Hilfe der **Glycolyse**, des Citronensäurezyklus und der nachfolgenden Verbrennung in der Atmungskette.

6.11.2 Verflechtung der Stoffwechselvorgänge, Ernährung

Kohlenhydrat-, Fett- und Eiweißstoffwechsel sind miteinander verflochten. Die **Kohlenhydrate** werden als einzige organische Stoffe aus anorganischen Substanzen gebildet. Aus ihnen entstehen **Fette** und **Eiweißstoffe**, die auf dem gleichen Wege wie die Kohlenhydrate wieder zu Kohlendioxid verbrannt werden. Abbildung 6.14 zeigt eine schematische Übersicht dieser Zusammenhänge. Mit Ausnahme der Photosynthese, die Pflanzen, Algen und gewissen Bakterien vorbehalten ist, laufen die gleichen Vorgänge bei allen Pflanzen, Tieren und Mikroorganismen ab.

Fast die gesamte organische Substanz eines Organismus steht im dynamischen Gleichgewicht; ständig werden die **Kohlenhydrate**, **Eiweißstoffe** und **Fette** je nach Bedarf ineinander umgewandelt. Im tierischen Organismus zerlegen Enzyme im Magen und Darm die Nahrungsmittel in ihre Bestandteile, die Monosaccharide, Fettsäuren und Aminosäuren, aus denen nach der Resorption durch den Darm körpereigene Stoffe aufgebaut werden.

Zur Aufrechterhaltung eines normalen **Stoffwechsels** im tierischen Organismus sind stickstoffhaltige und energieliefernde Verbindungen notwendig. Da auch die **Eiweißstoffe** unter Energieabgabe verbrannt werden können, sind nur diese ein unbedingt notwendiges Nahrungsmittel. Ein normaler Stoffwechsel kann beim Fehlen von Eiweißstoffen nicht aufrechterhalten werden, wohl aber bei sehr geringer Kohlenhydrat- und Fettzufuhr.

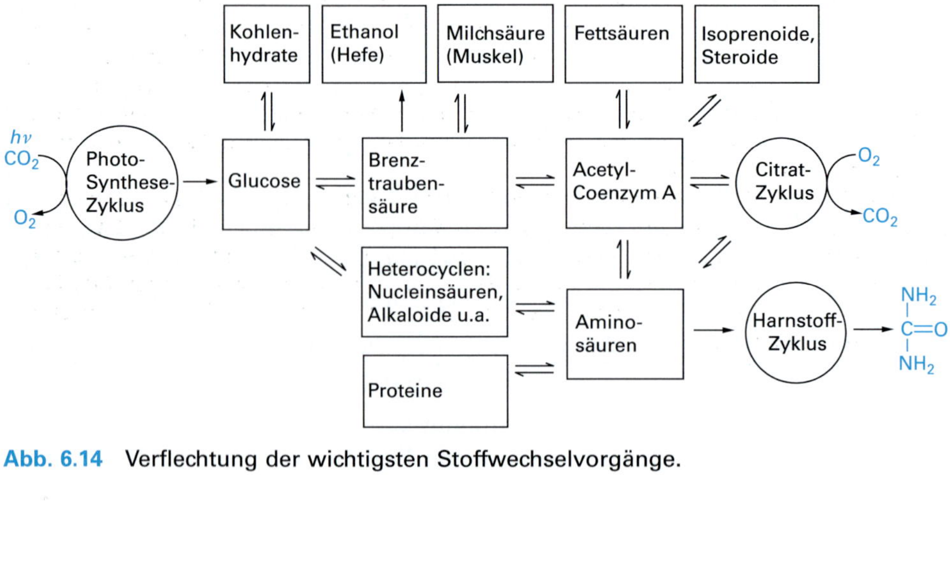

Abb. 6.14 Verflechtung der wichtigsten Stoffwechselvorgänge.

Verschiedene lebensnotwendige Stoffe können im menschlichen Organismus nicht synthetisiert werden. Bestimmte ungesättigte Fettsäuren und einige Aminosäuren müssen unbedingt in der Nahrung vorhanden sein. Das gleiche gilt von den Vitaminen und einigen Elementen. Beim Fehlen dieser Bestandteile in der Nahrung treten Mangelkrankheiten auf.

Zubereitung und Konservierung von Lebensmitteln
Seit Urzeiten bereitet der Mensch seine Nahrung zu, und er fand Wege, sie für den Winter oder für Notzeiten zu speichern und zu konservieren. Natürliche Prozesse, wie die **Milchsäuregärung** (die anaerobe Glycolyse bildet Milchsäure, wie im Sauerkraut oder Yoghurt) oder die Prozesse der Käse- und Weinbereitung gehören dazu. Daneben lernte er durch Einsalzen, Räuchern oder Trocknen Nahrungsmittel vor dem Verderben zu bewahren. Im 19. Jahrhundert lernte er das Sterilisieren, im 20. das Einfrieren. Die modernen Analysenmethoden haben gezeigt, dass nicht alle diese Prozesse völlig harmlos sind. Beim Räuchern und Pökeln können krebserzeugende Stoffe gebildet werden. Außer den harmlosen Käseschimmeln gibt es Pilze, deren **Mykotoxine** Leberkrebs auslösen können, wie die in verschimmelten Erdnüssen zu findenden **Aflatoxine**. In Fisch-, Fleisch- und Gemüsekonserven kann unter Luftabschluss ein Bakterium (*Clostridium botulinum*) wachsen, das ein sehr giftiges Toxin, das Botulismustoxin, bildet (▶ Tabelle 6.9). Die Lebensmittelüberwachung verfügt heute über Analysenmethoden und Kontrollmaßnahmen, die das Risiko beim Kauf von Nahrungsmitteln im Handel minimal machen.

Bei der **Zubereitung der Lebensmittel** in der Küche finden weit mehr organisch-chemische Reaktionen statt, als die meisten Menschen ahnen. Die Vorgänge beim Kochen sind relativ harmlos: Die Nahrungsstoffe werden leichter verdaulich, indem Stärke zum Quellen gebracht wird, Zellmaterial zerstört und Proteine denaturiert werden. Dadurch werden die Proteine leichter durch die Enzyme im Verdauungstrakt abbaubar. Das Kochen hat nicht zuletzt die Funktion, die Nahrung keimfrei zu machen.

Beim Erhitzen über 100 °C, wie beim Rösten, Braten, Grillen und Backen, werden zwar Aromastoffe gebildet, welche die Nahrung „appetitlich" machen; als Nebenprodukte werden aber viele Stoffe gebildet, die nicht ungefährlich sind. Es handelt sich dabei um die nach ihrem Entdecker genannte **Maillard-Reaktion**. Reduzierende Zucker (▶ 6.3.2) geben mit Proteinen oder Aminosäuren braune Produkte, in denen eine riesige Zahl höchst komplizierter Verbindungen zu finden sind: sauerstoff-, stickstoff- und schwefelhaltige Heterocyclen, deren toxikologische Eigenschaften beunruhigend wenig bekannt sind, *N*-Nitrosoverbindungen und polycyclische Aromaten, die krebsauslösend sind. Die meisten Produkte der Maillard-Reaktion liegen jedoch in so niedriger Konzentration vor, dass man von gut zubereiteten Nahrungsmitteln keine Gefahren zu erwarten hat. Jedoch sollte man zu langes und zu starkes Erhitzen (z. B. Pyrolyse beim Grillen) vermeiden.

Vor einigen Jahren fand man im Bier *N*-Nitrosoverbindungen (▶ 2.19.4). Nachdem man festgestellt hatte, dass diese beim Trocknen (*Darren*) des Malzes entstanden, konnte man diesen Prozess verbessern und damit mögliche Gefahren ausschalten. Im gerösteten Kaffee allein hat man mit Hilfe der Chromatographie und der Massenspektrometrie über 1.000 Inhaltsstoffe gefunden, von denen ungefähr 600 identifiziert werden konnten.

6.11.3 Abbau der Kohlenhydrate: Glycolyse, Citronensäurezyklus und Atmungskette

Kohlenhydrate werden vor allem als Polyglucosen, als Stärke im pflanzlichen, als Glycogen im tierischen Organismus gespeichert. Das Monomere, die Glucose, ist leicht löslich; in Organen, die Energie benötigen, wird die Glucose unter Energiegewinn abgebaut und schließlich oxidativ in CO_2 und H_2O umgewandelt. Der Abbau erfolgt in den Reaktionen der **Glycolyse** und im **Citronensäurezyklus**, die Oxidation in der **Atmungskette**.

In **Muskeln**, die kurzzeitig hoch beansprucht werden, wird aus Glucose durch Glycolyse Milchsäure, CH_3—CHOH—CO_2H, gebildet, wobei zwei Moleküle ATP erzeugt werden. ATP dient direkt zum Antrieb der Muskelkontraktion. In Muskeln, die längere Zeit oder dauernd beansprucht werden, wie Flug- und Herzmuskeln – aber auch im Gehirn – schließt sich dem Abbau, der Glycolyse, eine Verbrennung zu CO_2 und Wasser an. Die Glycolyse hat man schon vor mehr als 50 Jahren aufgeklärt, als man die durch Hefezellen katalysierte alkoholische Gärung, deren wichtigste Reaktionsschritte nach dem allgemeinen Schema der Glycolyse ablaufen, genauer untersucht hatte.

In Abbildung 6.15 sind die wichtigsten Schritte der **Glycolyse** zusammengestellt. Für jeden der Schritte ist ein Enzymsystem verantwortlich. Zunächst wird **Glucose** mit Hilfe von ATP phosphoryliert und durch Isomerasen in **Fructose-1,6-diphosphat** umgewandelt.

Die Phosphorylierung der Glucose ist ein typisches Beispiel für die Ausnutzung der energiereichen Bindung im ATP (▶ 6.5.4). Die Reaktion

$$\text{Glucose} + H_3PO_4 \rightarrow \text{Glucose-6-phosphat} + H_2O$$

ist endergonisch: $\Delta G = 12$ kJ/mol. Sie läuft also nicht freiwillig ab. Dagegen ist die Reaktion:

$$\text{Glucose} + \text{ATP} \rightarrow \text{Glucose-6-phosphat} + \text{ADP}$$

exergonisch: $\Delta G = -16$ kJ/mol. Diese Reaktion verläuft also freiwillig! Man kann daher die Energiespeicherung im ATP als Speicherung in Form eines hohen Phosphatgruppenübertragungspotentials auffassen. In der Biochemie ist es üblich, die Kopplung zweier Reaktionen durch gekreuzte Reaktionspfeile auszudrücken:

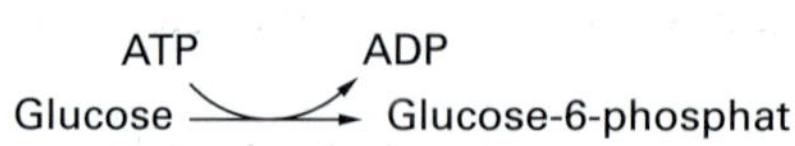

Der nächste Schritt ist die Umkehrung einer Aldol-Addition (▶ 2.12.3): Die Bindung zwischen den C-Atomen 3 und 4 wird gespalten, und es bilden sich **Dihydroxyacetonphosphat** und **Glycerolaldehydphosphat**. Beide lagern sich leicht – über ein gemeinsames Enol – ineinander um. Mit Hilfe des dehydrierenden Coenzyms $NAD^{\oplus}$ (▶ 6.5.4) und anorganischem Phosphat bildet sich die

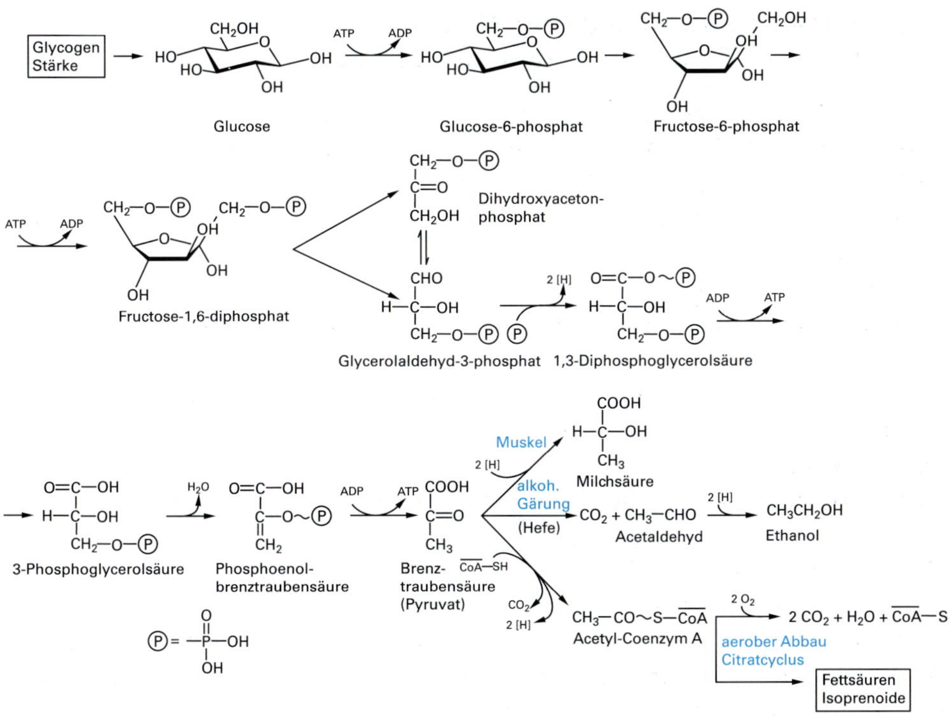

Abb. 6.15 Kohlenhydratabbau, Glycolyse.

1,3-Diphosphoglycerolsäure. Deren energiereiche Anhydridbindung hydrolysiert unter Bildung von ATP aus ADP. Durch Wasserabspaltung entsteht **Phosphoenolbrenztraubensäure** (Phosphoenolpyruvat), deren energiereiche Enolesterbindung bildet bei der Hydrolyse ein weiteres Molekül ATP und das Schlüsselprodukt der Glycolyse, die **Brenztraubensäure** (Pyruvat). Die bei der Dehydrierung des Glycerolaldehydphosphats gewonnenen aktiven H-Atome bilden daraus durch Hydrierung **Milchsäure**, das Endprodukt der Glycolyse im Muskel. Aus einem Molekül Glucose entstehen somit zwei Moleküle Milchsäure und zwei Moleküle ATP. In der **Hefe** bildet sich unter anaeroben Bedingungen auf ähnlichem Wege nach CO_2-Abspaltung aus der Brenztraubensäure und Hydrierung des dabei gebildeten Acetaldehyds **Ethanol**, das Endprodukt der alkoholischen Gärung.

Beide beschriebenen Wege charakterisieren einen **anaeroben Abbau**, das heißt einen Abbau ohne Verbrennung. Milchsäure, $(CH_2O)_3$, und die Produkte der alkoholischen Gärung, CO_2 + C_2H_5OH, befinden sich auf der Oxidationsstufe der Glucose.

Ein dritter Weg führt von der Brenztraubensäure zum **Acetyl-Coenzym A**, dem wichtigsten C_2-Baustein der Biochemie. Dieser Baustein kann Fettsäuren

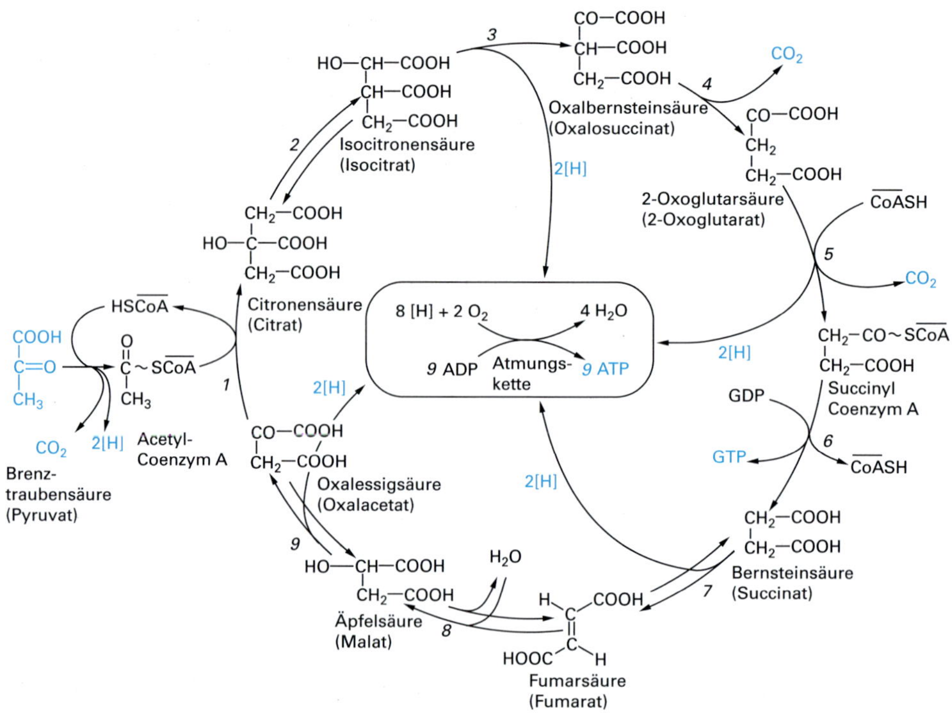

Abb. 6.16 Citronensäurezyklus (Citratzyklus) und Verbrennung des Wasserstoffs in der Atmungskette.
Die Reaktionen 2, 7, 8 und 9 verlaufen auch in umgekehrter Richtung. Die Namen der Carboxylatanionen der Carbonsäuren sind in Klammern angegeben.

(▶ 6.6) oder Isoprenoidlipide (▶ 6.7) bilden, oder aber – je nach Bedarf – über den Citronensäurezyklus in der Atmungskette oxidiert werden, dies ist der **aerobe Abbau**.

Der **Citronensäurezyklus** wird nach seinem Entdecker H. A. Krebs auch *Krebs-Zyklus* genannt. Im internationalen Sprachgebrauch bezeichnet man die im Citronensäurezyklus auftretenden Carbonsäuren oft mit dem Namen ihrer Salze, man nennt ihn dann *Citratzyklus* (Abb. 6.16). Die durch Glycolyse gebildete **Brenztraubensäure** wird zunächst durch dehydrierende Decarboxylierung in **Essigsäure** umgewandelt. Die Essigsäure wird sofort von dem Coenzym A (▶ Tabelle 6.6) über eine energiereiche Thioesterbindung als aktives Acetat, **Acetyl-Coenzym A**, gebunden und an die Oxalessigsäure angelagert, wodurch **Citronensäure** entsteht.

Durch den in Abbildung 6.16 dargestellten Reaktionszyklus wird am Ende die Oxalessigsäure zurückgebildet. Dies geschieht über eine Reihe von Dehydrierungs- und Decarboxylierungsreaktionen. Der bei den Dehydrierungen abgespaltene aktive Wasserstoff, [H], wird mit Sauerstoff in energieliefernden Reaktionen von den Enzymen der Atmungskette zu Wasser verbrannt; dabei wird der Hauptteil der freiwerdenden Energie in den Anhydridbindungen des ATP gespeichert.

Im Citronensäurezyklus wird außerdem ein Molekül Guanosintriphosphat, GTP, aus Guanosindiphosphat, GDP, gebildet. Diese Verbindungen sind dem ATP und dem ADP völlig analog, statt Adenin enthalten sie jedoch Guanin.

- In der Bilanz entstehen im Citronensäurezyklus aus einem Acetylrest *zwei* Moleküle Kohlendioxid und *acht* aktive Wasserstoffatome, die als drei NADH und ein reduziertes Ubichinon, QH_2, vorliegen.
- Durch oxidative Phosphorylierung in der Atmungskette gewinnt die Zelle aus diesen reduzierten Coenzymen *neun* Moleküle ATP, zusammen mit dem direkt gebildeten GTP also insgesamt *zehn* energiereiche Moleküle (ATP + GTP).

Man kann die Atmungskette mit einem Verbrennungsmotor oder einer Brennstoffzelle vergleichen. In jedem Fall wird chemische Energie teilweise in andere Formen hochwertiger Energie (ATP, mechanische bzw. elektrische Energie) umgewandelt, der Rest in Wärme.

Im Citronensäurezyklus wird also *ein* ATP-Äquivalent mit $\Delta G \sim 30$ kJ/mol gebildet, in der Atmungskette *zehn*; die in dem energiereichen Phosphorsäureanhydrid gespeicherte Energie beträgt insgesamt ca. 330 kJ/mol. Für alle Reaktionen des aeroben Abbaus des Acetyl-Coenzyms A beträgt $\Delta G = -904$ kJ/mol. Etwa 40 % werden also in den energiereichen Bindungen gespeichert, 60 % steht dem Organismus als Wärmeenergie zur Verfügung.

6.11.4 Aminosäure- und Proteinstoffwechsel

Die **Aminosäuren** werden vom Organismus zum Aufbau der Proteine genutzt (▶ 6.4.3) oder zu CO_2, NH_3 und H_2O verbrannt. Aus ihnen bilden sich auch die **biogenen Amine** (▶ 6.4, 6.9), z. B. **Histamin** aus Histidin und **Dopamin** [2-(3,4-Dihydroxyphenyl)ethylamin] aus 3,4-Dihydroxyphenylalanin sowie **Heterocyclen** wie die Basen der Nucleinsäuren (▶ 6.5.1), das Porphinsystem in Blatt- und Blutfarbstoffen und die **Alkaloide** (▶ 6.8).

Das für den Organismus giftige, jedoch für Synthesen unersetzliche Ammoniak, NH_3, wird in Form von **Glutamin**, $H_2N{-}CO{-}(CH_2)_2{-}CHNH_2{-}CO_2H$ (Tabelle 6.3), gespeichert. Das bei der oxidativen Deaminierung von Aminosäuren gebildete Ammoniak wird mit CO_2 zu **Harnstoff**, $O{=}C(NH_2)_2$, kombiniert, der über die Nieren im Urin ausgeschieden wird. Bei Vögeln und Reptilien erfolgt die Entgiftung des Ammoniaks durch die Bildung von **Harnsäure**, die auch im Harn von Menschen und Säugetieren vorkommt. Bei der Gicht (*Arthritis urica*) scheidet sich Harnsäure besonders in den Gelenken ab; auch in Blasen-

und Gallensteinen kann Harnsäure nachgewiesen werden. Manche Harnsteine bestehen aus reiner Harnsäure.

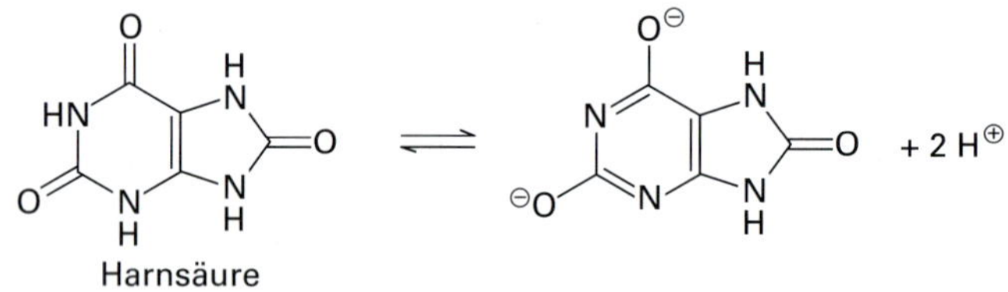

Von den Wasserstoffatomen der Harnsäure können zwei ionisch abdissoziieren; es entstehen harnsaure Salze oder *Urate*. Die festen Ausscheidungsprodukte der Reptilien und Vögel (Guano) bestehen zu rund 90 % aus dem Ammoniumsalz der Harnsäure.

6.12 Zusammenfassung

- Die **Biochemie** ist die (Organische) Chemie der Lebewesen; sie beschreibt die Lebensvorgänge auf der Ebene der Moleküle.
- Unter **Stoffwechsel** (Metabolismus) versteht man alle chemischen Reaktionen in Organismen, die zur Aufrechterhaltung der Lebensvorgänge notwendig sind.
- Im Laufe der Evolution hat die Natur sehr effiziente Methoden zur **Synthese komplizierter Naturstoffe** und deren Umwandlung entwickelt, die Laborsynthesen weit übertreffen. Damit bleibt die Natur das Vorbild organisch-chemischer und industrieller Verfahren.
- **Makromolekulare Naturstoffe** wie Nucleinsäuren, Proteine und Polysaccharide (Cellulose, Stärke, Glycogen) werden durch Polykondensation aus kleinen Molekülen aufgebaut, in die sie auch wieder zerlegt werden können.
- Die Träger der genetischen Information, die **Nucleinsäuren** DNA und RNA, sind die größten bekannten Moleküle. Die menschliche **DNA** besteht aus ca. 3,2 Milliarden Nucleotiden.
- **Proteine** unterscheiden sich stark in ihrer Struktur und ihren Eigenschaften. Sie werden aus ca. 20 verschiedenen α-Aminosäuren aufgebaut, die durch Peptidbindungen miteinander verknüpft sind, und übernehmen vielfältige Aufgaben im Organismus. Die **Primästruktur** eines Proteins gibt seine Aminosäuresequenz an.
- Bei der **Sekundästruktur** von Proteinen lassen sich die **α-Helix** und das **Faltblatt** unterscheiden. Außerdem unterscheidet man noch die **Tertiär-** und **Quartärstruktur** von Proteinen.
- **Hormone** sind Botenstoffe zur Steuerung von Organfunktionen. Sie gehören verschiedenen Stoffklassen an, besonders häufig sind **Peptid-** und **Steroidhormone**.
- **Enzyme** sind Proteinderivate (Proteide) mit einer **prostetischen Gruppe**, an die ein Substrat gebunden wird. Sie fungieren als Biokatalysatoren.
- An vielen enzymkatalysierten Reaktionen sind **Coenzyme** beteiligt, die als Cosubstrate einzelne Atome oder bestimmte Atomgruppen übertragen. Dabei lassen sich Redox-Coenzyme (z. B. $NAD^{\oplus}$, FAD, Coenzym Q) und gruppenübertragende Coenzyme (z. B. ATP, Coenzym A) unterscheiden.

- Zahlreiche **Wirkstoffe** (Vitamine, Alkaloide, Steroide, Anibiotika, Chemotherapeutika, Toxine) sind pflanzlicher oder tierischer Herkunft.
- Im Coenzym **Adenosintriphosphat** (ATP) wird Energie in den Phosphorsäureanhydrid-Bindungen gespeichert, die bei endergonischen Reaktionen benutzt wird. ATP ist der universelle Energieüberträger in allen Lebewesen.
- Bei der **Glycolyse**, dem Abbau der Glucose, im **Citronensäurezyklus** und in der **Atmungskette** wird Energie gewonnen, die als **ATP** vielfältig verwendet werden kann.
- Aus **Glucose** entsteht unter anaeroben Bedingungen neben Kohlendioxid **Milchsäure** oder **Ethanol**. Unter aeroben Bedingungen wird **Acetyl-Coenzym A** gebildet. Das ist der wichtigste C_2-Baustein der Biochemie. Aus ihm werden u. a. **Fettsäuren** und **Isoprenoidlipide** synthetisiert. Außerdem wird aktiver Wasserstoff in Form reduzierter Coenzyme (NADH, QH_2) gebildet, die in der **Atmungskette** ATP liefern.

7 Analytik organischer Verbindungen

7.1 Einleitung

Die **analytischen Methoden** dienen zur Feststellung der Zusammensetzung eines Gemisches, zur Identifizierung von Substanzen und zur Ermittlung der Struktur ihrer Moleküle.

Zweck einer **qualitativen Analyse** ist die Identifizierung eines Stoffes oder der Nachweis seiner Bestandteile; mit Hilfe der **quantitativen Analyse** stellt man die mengenmäßige Zusammensetzung fest. Zur **Strukturaufklärung** muss man fast immer eine Reihe von Methoden kombinieren, um eindeutig den räumlichen Aufbau eines Moleküls festlegen zu können. Früher konnte oftmals die Strukturaufklärung eines komplizierten Stoffes erst durch dessen Synthese bestätigt werden.

Die **analytischen Methoden** umfassen chemische und physikalische Methoden, oft werden beide kombiniert. Bei den physikalischen Methoden (▶ 7.8–7.10) bleibt die untersuchte Substanz meistens erhalten, bei den chemischen Methoden (▶ 7.2–7.6) nicht; einige dieser Methoden erfordern nur sehr geringe Mengen (Größenordnung: 10^{-6} bis 10^{-3} Gramm). Die **physikalischen Methoden** führen im Vergleich zu den chemischen Methoden oft schneller zum Ziel, und die Ergebnisse sind vielfach leichter zu interpretieren. Die hierfür erforderlichen Geräte sind allerdings komplizierter und teurer. Die konsequente Kopplung der Analysengeräte mit Computern erleichtert die Auswertung, verbessert die Reproduzierbarkeit, verringert die Standardabweichung und die für eine Analyse erforderliche Zeit. Die Kopplung von Trennmethoden mit Spektrometern erlaubt die Identifizierung und Bestimmung von **Spurenbestandteilen**, die früher nicht möglich war. Die **Nachweisgrenze** wurde drastisch gesenkt, Konzentrationen von ppm (parts per million, 10^{-6}) und ppb (parts per billion [Milliarde], 10^{-9}) sind im Routinebetrieb bestimmbar, ppt (parts per trillion, 10^{-12}) sind erreichbar und werden teilweise noch unterschritten.

Bei der Entwicklung von Synthesen im Labor oder neuer Produktionsverfahren in der chemischen Industrie müssen zur Kontrolle analytische Verfahren eingesetzt werden. Die automatische Prozesssteuerung in der chemischen Industrie ist ohne kontinuierlich arbeitende, zuverlässige **Analysenautomaten** nicht denkbar. Besonders hingewiesen sei auf die Bedeutung analytisch-chemischer Verfahren bei der Lebensmittelüberwachung, der Umweltgüte-Kontrolle, in der pharmazeutischen Industrie und im klinischen Labor.

Die vier wichtigsten Methoden zur Bestimmung der **geometrischen Struktur** von Molekülen sind die Mikrowellenspektroskopie, die Elektronenbeugung, die Röntgenstrukturanalyse und die Neutronenbeugung. Diese Methoden werden nach wie vor von Spezialisten angewendet. Andere physikalische Methoden werden routinemäßig eingesetzt. Dazu gehören die NMR-, IR-, Raman-, UV- und die Massenspektrometrie, die als Hilfsmittel bei der Aufklärung der Konstitution einer Verbindung und beim Studium seiner Eigenschaften unerlässlich sind; sie gestatten aber nur in Ausnahmefällen die Ermittlung exakter Strukturparameter.

7.2 Reinigung, Trennung, Anreicherung

Zwei Substanzen können aufgrund ihres verschiedenen Dampfdruckes voneinander getrennt werden. Hierzu wendet man die **Destillation** an, d. h. man verdampft das Gemisch und kondensiert den Dampf. Da der Dampf eine andere Zusammensetzung besitzt als das Flüssigkeitsgemisch, das diesen Dampf abgibt, kann man durch mehrfache Verdampfung und Kondensation Stoffgemische trennen. In sog. **Destillationskolonnen**, das sind Rohre mit Füllkörpern oder Einsätzen, die man auf den Destillationskolben aufsetzt, lässt sich die vielfache Verdampfung und Kondensation in einem Arbeitsgang durchführen (▶ Destillation des Erdöls 2.5.2).

Auch mit Hilfe der **Kristallisation** lassen sich Stoffgemische trennen. Sie beruht auf dem Prinzip, dass sich bei höherer Temperatur eine kristalline Substanz in einem Lösemittel besser löst als bei niedriger Temperatur. Bei der Abkühlung der Lösung mehrerer fester Stoffe kristallisiert zunächst nur die schwerer lösliche oder aber die in höherer Konzentration vorhandene Komponente. Man kann sie danach von der „Mutterlauge" abtrennen.

Beide Methoden eignen sich prinzipiell auch zur quantitativen Analyse eines Gemisches; meistens lässt sich dabei die Trennung aber nicht vollständig durchführen. Die genannten Methoden zur Reinigung von Substanzen bilden jedoch die Voraussetzung für die erfolgreiche Anwendung einer Reihe von analytischen Methoden zur Charakterisierung von Substanzen. Diese geben nämlich nur dann eindeutig interpretierbare Ergebnisse, wenn die untersuchte Substanz, z. B. bei der **Elementaranalyse**, aus einem **reinen Stoff** besteht.

Insbesondere bei der **Spurenanalyse** sollte man der eigentlichen Analyse eine Anreicherung vorschalten. Diese erfolgt entweder, indem man die Hauptbestandteile (die Matrix) entfernt oder indem man die Spurenbestandteile aus der Matrix extrahiert. Dazu gibt es chemische und physikalische Verfahren.

7.3 Kenngrößen zur Charakterisierung von Substanzen

Viele **reine Substanzen** lassen sich eindeutig durch einfach zu bestimmende Kenngrößen charakterisieren. Diese sind vor allem der **Schmelzpunkt**, abgekürzt

Schmp., die Temperatur, bei der die kristalline Substanz flüssig wird, und der **Siedepunkt**, abgekürzt Sdp., die Temperatur, bei welcher der Dampfdruck der Substanz gleich dem Atmosphärendruck unter Standardbedingungen (1 atm = 1013,25 hPa) ist, also Sieden erfolgt. Auch der **Brechungsindex** (▶ 7.10.2) ist leicht sehr genau mit einem Refraktometer zu messen, meistens bei 20 °C und der gelben Natrium D-Linie (λ = 589 nm), abgekürzt n_D^{20}). Diese Daten lassen sich als Reinheitskriterien verwenden: Der Schmelzpunkt wird z. B. durch Verunreinigungen gesenkt. Eine unbekannte Substanz wird als identisch mit einer bekannten Substanz angesehen, wenn der Schmelzpunkt einer Mischung der beiden Substanzen, der **Mischschmelzpunkt**, gleich dem Schmelzpunkt der bekannten Substanz ist. In Tabellenwerken sind diese Kenngrößen für sehr viele organische Substanzen zusammengestellt, teilweise nach ansteigenden Schmelz- oder Siedepunkten geordnet. Diese Daten werden noch ergänzt durch Angaben über Geruch, Farbe, Viskosität und Löslichkeit in gängigen Lösemitteln wie Ethanol, Wasser, Diethylether, Chloroform usw.

In der chemischen Industrie sind empirische Kenngrößen zur Charakterisierung von Stoffgemischen gebräuchlich; hier sollen nur erwähnt werden: Verseifungszahl, Iodzahl, Säurezahl. Die chemischen Verfahren zur Bestimmung solcher Kenngrößen sind in Handbüchern genau festgelegt.

7.4 Ermittlung der elementaren Zusammensetzung reiner Verbindungen

Bei der chemischen Analyse einer unbekannten Verbindung prüft man zunächst, welche Elemente vorhanden sind (Nachweis = qualitative Analyse), danach ermittelt man die quantitative Zusammensetzung (Bestimmung = quantitative Analyse).

Nachweis der Elemente: Die meisten organischen Verbindungen verbrennen an der Luft, wobei sich bei hohem Kohlenstoffgehalt eine leuchtende Flamme, bei hohem Gehalt an Sauerstoff und Stickstoff eine blasse Flamme zeigt. Verbindungen mit höherem Gehalt an Halogenen und SO_2-Gruppen brennen nicht, sie zersetzen sich jedoch beim Erwärmen. Bei der Verbrennung entstehen aus dem **Kohlenstoff** und dem **Wasserstoff** CO_2 und H_2O, deren Nachweis sich meistens erübrigt.

Der Nachweis, aber auch die direkte Bestimmung von **Sauerstoff** in organischen Verbindungen ist recht schwierig. Sehr einfach hingegen ist der Nachweis anderer Elemente wie z. B. von **Stickstoff**, **Halogenen** und **Schwefel**: Beim Glühen einer organischen Substanz mit **metallischem Natrium** bilden sich bei Anwesenheit von Stickstoff Natriumcyanid, aus schwefelhaltigen Verbindungen Natriumsulfid und aus Halogenverbindungen die Natriumhalogenide. Diese Verbindungen können leicht mit den bekannten Reaktionen der Anorganischen Chemie identifiziert werden.

Wohl bekannt ist die **Beilsteinprobe** zum Nachweis von Halogen: Einen ausgeglühten, noch warmen Kupferdraht tupft man auf die Probesubstanz und bringt sie damit in eine Flamme. Grünfärbung deutet auf Halogen.

Die klassische Methode zur Bestimmung des prozentualen Anteils (quantitative **Elementaranalyse**) von Kohlenstoff und Wasserstoff in organischen Verbindungen geht auf J. v. Liebig zurück, der 1831 entscheidende apparative Verbesserungen einführte, sodass organische Stoffe und ihre Umwandlungsprodukte in großer Zahl routinemäßig analysiert werden konnten. Bei diesem Verfahren wird die organische Substanz, die außer Kohlenstoff und Wasserstoff noch Stickstoff und Sauerstoff enthalten möge, im Sauerstoffstrom an Kupferoxid verbrannt.

$$C_nH_mN_oO_p + q\ O_2 \rightarrow a\ CO_2 + b\ H_2O + c\ N_2$$

Von den dabei entstehenden **Verbrennungsprodukten** werden H_2O und CO_2 getrennt von Calciumchlorid bzw. Natronkalk absorbiert. Das Gewicht der Absorptionsgefäße vor und nach der Verbrennung liefert die Mengen des entstandenen CO_2 und H_2O. Da man den gebildeten Stickstoff mit einfachen Methoden nicht vom Sauerstoff trennen kann, erfordert dessen Bestimmung eine zweite Verbrennung, wobei der zur Verbrennung notwendige Sauerstoff von Kupferoxid geliefert wird und man als Trägergas diesmal Kohlendioxid verwendet (Verfahren nach Dumas, 1830). Das Verbrennungsprodukt wird durch konzentrierte Kalilauge geleitet, die das Trägergas und die Verbrennungsprodukte, mit Ausnahme des N_2, absorbiert. Das Volumen des Stickstoffs wird gemessen. Sauerstoff bestimmt man indirekt, indem man aus den Mengen der Verbrennungsprodukte diejenigen der ursprünglich vorhandenen Elemente berechnet und deren Summe von der Einwaage subtrahiert. Diese Verfahren besitzen heute nur noch historisches Interesse.

In modernen Analysenautomaten bestimmt man die Verbrennungsprodukte CO_2, H_2O und N_2 gaschromatographisch (► 7.7).

Zur Bestimmung der Halogene, des Schwefels und anderer Elemente wird die organische Substanz durch „Naßverbrennung", z. B. mit HNO_3, H_2O_2 oder $HClO_4$, zerstört. Die quantitative Bestimmung der einzelnen Elemente in der dabei entstehenden Lösung erfolgt mit den bekannten Methoden der Anorganischen Chemie (Fällung von $Cl^{\ominus}$ mit $AgNO_3$ usw.). Neuerdings wendet man auch eine „Kaltveraschung" an. Die Substanz wird dabei schonend „kalt" verbrannt, indem bei niedrigem Druck Sauerstoff durch eine Hochfrequenzentladung aktiviert und auf die Substanz geleitet wird. Im Rückstand finden sich diejenigen Elemente, die keine flüchtigen Oxide bilden.

So erhält man die prozentuale Zusammensetzung, nicht aber die **Summenformel** oder die stöchiometrische Zusammensetzung der Verbindung. Zum Beispiel haben alle Kohlenhydrate mit der allgemeinen Formel $(CH_2O)_n$ die gleiche prozentuale Zusammensetzung: 40,0 % C, 53,3 % O, 6,7 % H. Die Molmasse des Formaldehyds CH_2O ist aber 30,03, die des Glycerolaldehyds $C_3H_6O_3$ 90,08 und die der Glucose $C_6H_{12}O_6$ 180,16. Der nächste Schritt ist daher die Bestimmung der Molmasse. Auch hier besitzen die im folgenden Abschnitt beschriebenen „klassischen“ Verfahren der Physikalischen Chemie eigentlich nur noch historisches Interesse, da sie weitestgehend durch spektroskopische Methoden (▶ 7.8.2) verdrängt wurden.

7.5 Ermittlung der Molmasse

Die im SI-System definierte **molare Masse** oder Molekül- bzw. kurz **Molmasse** hat die Einheit g/mol. Der Zahlenwert ist identisch mit dem dimensionslosen Molekulargewicht, das angibt, wievielmal schwerer ein Molekül ist als ein Zwölftel eines Atoms des Kohlenstoffisotops ^{12}C.

Die klassischen Verfahren zur Bestimmung der Molmasse gehen auf die **Zustandsgleichung für ideale Gase** zurück. Näheres siehe Lehrbücher der Physikalischen Chemie. Bei *Normalbedingungen (Atmosphärendruck = 1.013,25 hPa, 0 °C)* ist in 22,414 Liter eines idealen Gases genau 1 mol Substanz enthalten. Bei verdampfbaren Substanzen lässt sich die Molmasse leicht ermitteln. Man verdampft eine bekannte Menge (*m* Gramm) Substanz, misst das Volumen des Dampfes *V*, die absolute Temperatur *T* und den Druck *p*. Die Molmasse *M* erhält man nach der Zustandsgleichung

$$M = \frac{m \cdot \mathrm{R} \cdot T}{p \cdot V}$$

Andere Verfahren, die auch bei nicht flüchtigen Verbindungen anwendbar sind, werten physikalische Daten von Lösungen aus. Dazu gehören der **osmotische Druck**, die **Siedepunktserhöhung** und die **Gefrierpunktserniedrigung** einer Lösung im Vergleich zum Lösemittel.

Mit der **Massenspektrometrie** (▶ 7.8.5) ist die direkte, sehr genaue Bestimmung der Molmasse möglich, mit hochauflösenden Massenspektrometern kann man sogar die Summenformel bestimmen.

Kennt man von einer Substanz die prozentuale elementare Zusammensetzung und die Molmasse, so lässt sich die **Summenformel** berechnen. Diese gibt allerdings nur an, wie viel Atome der verschiedenen Elemente in dem Molekül vorhanden sind. Über die Molekülstruktur ist aber, vor allem bei größeren Molekülen, damit noch nichts bekannt.

7.6 Ermittlung der Molekülstruktur

Bei einfachen Molekülen ist es oft möglich, aus der Summenformel eine eindeutige **Strukturformel** abzuleiten. Falls verschiedene Strukturen möglich sind, kann oft eine Klärung durch Vergleich der Kenngrößen (▶ 7.3) mit Tabellenwerten bekannter Substanzen erzielt werden. Bei komplizierten Stoffen und solchen, deren Kenngrößen nicht bekannt sind, müssen weitere Methoden herangezogen werden.

Chemische Methoden, wie Abbau- und Derivatisierungsreaktionen, mit denen die unbekannte Struktur auf kleinere bekannte Bausteine zurückgeführt wurde, waren bis vor etwa 50 Jahren neben der Elementaranalyse die einzigen Verfahren zur Strukturaufklärung, und aus heutiger Sicht ist es erstaunlich, dass selbst komplizierte Strukturprobleme auf diese Weise gelöst werden konnten. Allerdings musste häufig die Struktur durch eine unabhängige Synthese des Stoffes bestätigt werden. Farbreaktionen und Gruppenreagenzien erlauben die Erfassung bestimmter **funktioneller Gruppen** (▶ 1.8). Ein Beispiel ist der Nachweis der Carbonylgruppe in Aldehyden und Ketonen mit 2,4-Dinitrophenylhydrazin (▶ 2.12.3). Durch Vergleich des Schmelzpunktes der gebildeten 2,4-Dinitrophenylhydrazone mit denen in Tabellenwerken kann man ermitteln, um welchen bekannten Aldehyd oder welches Keton es sich handeln könnte.

Die physikalischen Methoden zur Strukturaufklärung, insbesondere die spektroskopischen Methoden (▶ 7.8), geben oft schneller und detaillierter als die chemischen Methoden Informationen über das Molekülgerüst, die Substituenten und deren Anordnung. Diese Aussagen, gemeinsam mit den Ergebnissen der Elementaranalyse der Substanz, ermöglichen die Strukturaufklärung.

7.7 Chromatographie

Der Name **Chromatographie** (*Farbenschreiben*) geht auf M. Tswett zurück, der 1906 mit Hilfe der Säulenchromatographie Pflanzenfarbstoffe in ihre Komponenten zerlegte. Man wendet chromatographische Verfahren an zur Reinigung einer Substanz, zur Auftrennung von Substanzgemischen, zur Identifizierung der einzelnen Komponenten im Gemisch, zur Ermittlung der Molekülgröße sowie zur quantitativen Analyse solcher Gemische. **Säulenchromatographie**, **Papier-** und **Dünnschichtchromatographie** sowie **Gaschromatographie** sind Varianten dieses Verfahrens; sie besitzen jeweils bestimmte Anwendungsbereiche.

Bringt man zwei nicht mischbare Substanzen, z. B. Diethylether und Wasser, in ein Gefäß und setzt ein wenig Butanol zu, so kann man nach Umschütteln und Absetzen der Phasen feststellen, dass nur wenig Butanol im Wasser, der Hauptteil dagegen im Ether gelöst ist. Bei Oxalsäure ist dagegen das Umgekehrte der Fall; hier findet sich der Hauptteil im Wasser. W. H. Nernst hat gefunden, dass, unabhängig von der Gesamtkonzentration, das Verhältnis der Konzentrationen eines Stoffes in zwei Phasen eine Konstante, genannt **Verteilungskoeffizient**, ist. Diese Beziehung nennt man den **Nernst'schen Verteilungssatz**. Die Verteilung erfolgt nach den gleichen Gesichtspunkten, die bei der Löslichkeit einer Substanz (▶ 4.2) eine Rolle spielen. Der Stoff bevorzugt die Phase, in der er besser löslich ist.

Abb. 7.1 Elementarvorgänge bei der Verteilungschromatographie.

Ordnet man zwei flüssige, nicht mischbare Stoffe A und B in zwei langen, dünnen Schichten übereinander an und gibt an einer Stelle eine Substanz X zu, so verteilt sie sich an dieser Stelle zwischen beiden Phasen gemäß dem Nernst'schen Verteilungssatz. In unserem Beispiel sei angenommen, dass das Konzentrationsverhältnis in Phase A und B 1 : 2 sei (► Abb. 7.1).

Lässt man nun die Phase A langsam nach rechts strömen und hält man die Phase B fest, so wird das Gleichgewicht gestört: Im vorderen Gebiet (I) besitzt die Phase A eine höhere Konzentration, als ihr nach dem Nernst'schen Verteilungssatz zukäme, im hinteren Gebiet (II) eine kleinere. Das Gleichgewicht sucht sich schnell wieder einzustellen. Durch Pfeile ist angegeben, wie die Moleküle wandern, damit die richtige Verteilung gewahrt bleibt. Lässt man die Phase A eine größere Strecke „laufen", so wandert der Molekülhaufen langsam mit einem Bruchteil der Geschwindigkeit von Phase A durch das System. Die Moleküle bleiben dabei angehäuft, während der gesamten Wanderung verändert der „Haufen" seine Form nur unwesentlich.

Wiederholt man den Versuch, verwendet aber anstelle der einen Substanz X ein Gemisch mit einer anderen Substanz Y, die das Konzentrationsverhältnis in Phase A und B von 2 : 1 aufweist, so zeigt sich bald, dass die Substanz Y schneller durch das System wandert als die Substanz X (► Abb. 7.2). Dies liegt daran, dass sich der größere Teil der Substanz Y stets in der strömenden Phase aufhält. Mit anderen Worten:

- Die Wanderungsgeschwindigkeit des Molekülhaufens ist größer, wenn die Aufenthaltswahrscheinlichkeit der Moleküle in der bewegten Phase größer ist.

Nach genügender Laufstrecke sind beide Substanzen voneinander getrennt, und man kann sie rein gewinnen. Bei genauerer Betrachtung sieht man, dass alle Moleküle gleich schnell wandern, solange sie sich in der mobilen Phase aufhalten, jedoch ist die Aufenthaltswahrscheinlichkeit verschiedenartiger Moleküle in der mobilen Phase verschieden.

Nach diesem Prinzip kann man alle Substanzen trennen, deren Verteilungskoeffizienten nicht übereinstimmen. Theoretisch kann man beliebige Substanzgemische auf genügend langen Wegen trennen.

Man nennt A die **mobile Phase**, B die **stationäre Phase**. Praktisch geht man so vor, dass man Füllkörper mit der stationären Phase tränkt und die mobile Phase

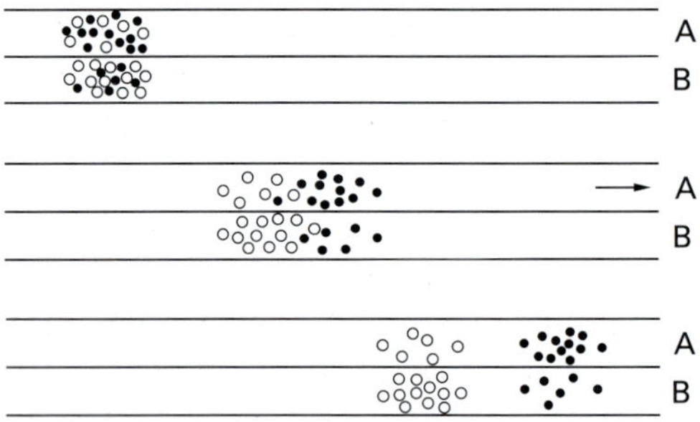

Abb. 7.2 Trennung von Substanzen mit verschiedenen Verteilungskoeffizienten bei der Chromatographie.
o X, $C_A/C_B = 1:2$; ● Y, $C_A/C_B = 2:1$.

durch die lose angehäuften Füllkörper strömen lässt. Als mobile Phase verwendet man außer Flüssigkeiten auch Gase. Die stationäre Phase kann auch durch die Oberfläche eines Festkörpers ersetzt werden. In diesem Falle tritt anstelle des Verteilungsgleichgewichts das **Adsorptionsgleichgewicht**. Diese Gleichgewichte sind stark abhängig von der polaren Natur des zu analysierenden Stoffes, der mobilen und der stationären Phase. Infolgedessen kann man auch komplizierte Substanzgemische auftrennen, indem man nacheinander verschiedene mobile bzw. stationäre Phasen anwendet (zweidimensionale Chromatographie) oder auch kontinuierlich sich ändernde Phasen (Gradientenmethode).

Bei der **Flüssigkeitschromatographie** verwendet man meistens Glasrohre von einem Millimeter bis zu mehreren Zentmetern Durchmesser und von wenigen Zentimetern bis zu mehreren Metern Länge, die mit pulverförmiger Festsubstanz (Kieselgel, Cellulosefasern, Polyamidpulver, Aluminiumoxid, Ionenaustauscher u. a.) gefüllt sind. Man bringt die aufzutrennende Substanz oben auf die Säule und lässt danach reines Lösemittel bzw. ein Lösemittelgemisch langsam durch die Säule laufen. Dabei „entwickelt" sich das **Chromatogramm**: die verschiedenen Bestandteile des Gemischs wandern verschieden schnell, es bilden sich **Zonen** aus. Die Bestandteile des Gemischs lassen sich nun nacheinander mit dem am Säulenausgang austretenden Lösemittel auffangen, oder man bricht den Versuch ab und zerlegt die Säule in die einzelnen Zonen der Komponenten. Diese lassen sich dann herauslösen (eluieren). Die Flüssigkeitschromatographie wird für Reinigung und Trennung im präparativen Maßstab verwendet.

In biochemischen Laboratorien verwendet man **Analysenautomaten** zur quantitativen chromatographischen Analyse der Aminosäuren in den Hydrolysaten von Eiweißstoffen. Ein hohes Trennvermögen erreicht man, wenn man sehr lange Säulen verwendet. Gleichzeitig kann man mit wenig Analysensubstanz auskommen, wenn der Durchmesser der Säulen klein ist (ca. 1 mm). Um aber in absehbarer Zeit die für die Auftrennung erforderliche Flüssigkeitsmenge durch die Trennsäule zu befördern, arbeitet man heute mit hohem Flüssigkeitsdruck. Die **Hochdruckflüssigkeitschromatographie** (HPLC = *High Pressure Liquid Chroma-*

tography, neuerdings aber auch *High Performance* … genannt), hat sich zu einer sehr wirksamen analytischen Methode entwickelt, insbesondere zur Trennung von Stoffen, die sich durch Gaschromatographie schwer auftrennen lassen, da sie zu wenig flüchtig oder temperaturempfindlich sind.

Neben der Verteilung und der Adsorption verwendet man als Trennprinzip auch den Ionenaustausch und die Affinität zu bestimmten, an die stationäre Phase geknüpften Substraten: **Ionenaustausch-** und **Affinitätschromatographie**. Eine andere Entwicklung wird mit dem Namen **Gelchromatographie** gekennzeichnet. Man verwendet hierbei eine stationäre Phase, die Poren in der Größenordnung der Moleküldurchmesser enthält. Bei der Gelchromatographie laufen die Moleküle mit hoher Molmasse *schneller* durch die Säulen als die mit niedriger Molmasse. Als stationäre Phase verwendet man Gele aus Dextranen, das sind Polysaccharide (▶ 6.3.2), die von Bakterien enzymatisch gebildet werden (Sephadex).

Bei der **Papier-** und der **Dünnschichtchromatographie** (DC) dient als stationäre Phase Filterpapier bzw. eine wenige Zehntel Millimeter dicke Schicht einer Trägersubstanz wie z. B. Kieselgel mit einem Bindemittel auf einer Glasplatte oder einer Aluminiumfolie. Man bringt einen Tropfen einer Lösung der aufzutrennenden Probe auf die Schicht und stellt diese in ein Gefäß mit einem Lösemittel. Dies steigt infolge der Kapillarkräfte durch die Schicht auf und transportiert dabei wiederum die Komponenten des Gemisches mit verschiedener Geschwindigkeit. Das Verhältnis der Wanderungsgeschwindigkeit einer Substanz zu der des Lösemittels nennt man **R_f-Wert**. Dieser ist – gleiche Bedingungen vorausgesetzt – ein Charakteristikum der Substanz. Der große Vorteil der Papier- und Dünnschichtchromatographie ist der geringe Substanzbedarf (Größenordnung 10^{-6} Gramm) und der geringe apparative Aufwand.

Bei der **Gaschromatographie** (GC) verwendet man als Trennsäulen Metall-, Glas- oder Quarzrohre von wenigen Zentimetern bis zu 100 Metern Länge. Der Säulendurchmesser beträgt einige Millimeter, bei den sehr langen **Kapillarsäulen** nur wenige Zehntel Millimeter. Als mobile Phase verwendet man ein inertes **Trägergas** wie He oder N_2, als stationäre Phase meistens eine schwerflüchtige Flüssigkeit, die auf porösem Füllmaterial (z. B. Kieselgur) oder direkt auf der Innenwand des Rohres (bei den Kapillarsäulen) einen dünnen Film bildet. Je nach Säulendurchmesser werden 10^{-9} bis 10^{-6} Gramm Substanzgemisch verdampft und in den Trägergasstrom gegeben. Dieser transportiert die Komponenten des Gemisches verschieden schnell durch die Säule. Am Ausgang wird die Konzentration der Substanz von einem **Detektor**, z. B. einer Meßzelle, die auf die unterschiedliche Wärmeleitfähigkeit von Substanz und Trägergas anspricht, erfasst und in ein elektrisches Signal umgewandelt, das registriert wird. Sehr verbreitet ist der **Flammenionisationsdetektor** (FID), der die unterschiedliche Leitfähigkeit der Verbrennungsprodukte in einer Wasserstoff/Luft-Flamme anzeigt. Daneben gibt es Element-spezifische Detektoren. Die Fläche der registrierten

Banden ist proportional dem mengenmäßigen Anteil der einzelnen Komponenten.

Säulen mit größerem Durchmesser eigenen sich für **präparative Trennungen** in Gramm-Mengen. Voraussetzung ist immer, dass die Substanz unzersetzt verdampfbar ist. Mit Hilfe von Kapillarsäulen konnten z. B. im Kaffeearoma ca. 1.000 flüchtige Komponenten getrennt und identifiziert werden. Besonders aussagekräftig sind die Methoden, bei denen Spektrometer als Detektoren verwandt werden: die Gaschromatographie wird mit der Massenspektrometrie oder der IR-Spektroskopie gekoppelt, die Flüssigchromatographie mit der UV- oder Fluoreszenzspektroskopie.

Wettrennen im Gel: Elektrophorese

Eine Verwandtschaft zu den chromatographischen Methoden zeigt die **Elektrophorese**. Hier wird ein Substanzgemisch auf einem Träger, der mit einem Lösemittel getränkt ist, durch Anlegen eines elektrischen Feldes aufgetrennt. Stoffe mit verschiedener Molekülgröße, aber gleicher Ladung oder Stoffe gleicher Größe, aber verschiedener Ladung, wandern verschieden schnell. Diese Methode hat sich besonders bei der Auftrennung von **Proteingemischen** bewährt. Als Trägermaterial verwendet man Gele aus Polyacrylamid (▶ 3.5.2). In einem stark sauren Medium wandern die Proteine zur Kathode, da dann die $—NR_3^{\oplus}$-Gruppen überwiegen. Im Alkalischen wandern sie zur Anode, wegen der $—CO_2^{\ominus}$-Gruppen. In beiden Fällen erfolgt die Wanderung umso schneller, je mehr geladene Gruppen, bezogen auf die Molekülgröße, die verschiedenen Proteine besitzen.

Man kann die Elektrophorese auch in einem pH-Gradienten vornehmen, der quer zur Richtung des elektrischen Feldes liegt, wobei der pH-Wert von der Anode zur Kathode steigt. Nun wandern die einzelnen Proteine so lange, bis sie den pH-Wert erreicht haben, bei dem die Zahl ihrer positiv geladenen Gruppen gleich derjenigen der negativ geladenen Gruppen ist. Das ist der **isoelektrische Punkt** (▶ 6.4.2). Mit dieser isoelektrischen Fokussierung können Proteingemische charakterisiert und einzelne Komponenten rein dargestellt werden.

7.8 Spektroskopische Methoden

Die spektroskopischen Methoden haben – wie die chromatographischen – in den letzten Jahrzehnten eine erstaunliche Entwicklung erlebt. Eine moderne Organische Chemie kann man sich ohne diese Methoden nicht mehr vorstellen. Das hat mehrere Ursachen:

1. Die erforderlichen **Probemengen** sind meistens wesentlich geringer als für die „klassischen" Methoden, sie liegen im Milli- und Mikrogrammbereich, bei speziell hierfür entwickelten Verfahren aber auch im Nano- und Picogramm-Bereich (1 ng = 10^{-9} g, 1 pg = 10^{-12} g).
2. Die meisten spektroskopischen Methoden *verbrauchen die Probe nicht.* Mit einer winzigen Probemenge kann man daher die wichtigsten Spektren nacheinander aufnehmen.

Tabelle 7.1 Untersuchungsmethoden, die auf der Wechselwirkung organischer Verbindungen mit elektromagnetischer Strahlung beruhen.

Bereich der elektromagnetischen Strahlung		Makroskopische Messung: Physikalische Größe	Mikroskopische Interpretation: Moleküleigenschaft
Rundfunkwellen	0–100 MHz	Dielektrizitätskonstante (DK) Dielektrischer Verlustfaktor (tg δ)	Dipolmoment von Molekülen Behinderung der Dipolorientierung
	30–300 MHz + konst. Magnetfeld	NMR-Spektrum	Natur und relative Anzahl magnetischer Atomkerne, Natur der Substituenten oder Gerüstbausteine, Anzahl gleichwertiger magnetischer Kerne in der Nachbarschaft
Mikrowellen	10^{10} Hz + konst. Magnetfeld	ESR-Spektrum	Nachweis von Radikalen; Aufenthaltswahrscheinlichkeit des Radikalelektrons an verschiedenen Stellen der Moleküle
	$3 \cdot 10^9 - 3 \cdot 10^{11}$ Hz (λ = 0,1–10 cm)	Mikrowellenspektrum (MW), Freie Rotation polarer Moleküle im Gaszustand	Molekülstruktur, Dipolmoment, Trägheitsmomente
Infrarot	10^{11}–10^{14} Hz ($\lambda \approx$ 1000 nm – 1 μm)	Molekülschwingungsspektren, Infrarot-Absorptionsspektrum (IR), Raman-Streuspektrum monochromatischer Strahlung im sichtbaren Bereich	Natur und räumliche Anordnung von Substituenten und Gerüsten, Molekülsymmetrie
Ultravioletter und sichtbarer Bereich	$4 - 7 \cdot 10^{14}$ Hz (λ = 700–400 nm)		
	$4 - 7 \cdot 10^{14}$ Hz (λ = 700–400 nm)	Brechungsindex (n)	Molekulare Polarisierbarkeit
	$4 \cdot 10^{14} - 1{,}5 \cdot 10^{15}$ Hz (λ = 700–200 nm)	Elektronenabsorptionsspektrum im UV und sichtbaren Bereich (UV-VIS)	Natur und Anordnung des π-Elektronensystems
	$4 \cdot 10^{14} - 1{,}5 \cdot 10^{15}$ Hz (λ = 700–200 nm)	Circulardichroismus (CD), Rotationsdispersion (ORD) im UV und sichtbaren Bereich	Natur und Struktur chiraler Moleküle
Röntgen	ca. $3 \cdot 10^{18}$ Hz ($\lambda \approx$ 0,1 nm)	Röntgenbeugung von Kristallen	Molekülstruktur: Atomlagen, Bindungslängen, -winkel, Elektronendichte

Tabelle 7.1 (Fortsetzung)

Bereich der elektromagnetischen Strahlung		Makroskopische Messung: Physikalische Größe	Mikroskopische Interpretation: Moleküleigenschaft
Neutronen	($\lambda \approx 100$ pm)	Neutronenbeugung von Kristallen	Molekülstruktur: Atomlagen, Bindungslängen, -winkel
Elektronen	($\lambda = 10$–100 pm)	Elektronenbeugung an Gasen	Molekülstruktur: Bindungslängen, -winkel
Elektronen	Elektronenstoßionisation, Stationäre magnet. und elektrische Felder	Massenspektrum (HRMS) (hochauflösend)	Molmasse (Molekularformel), Konstitution: Gerüstbausteine und Substituenten

3. Die spektroskopischen Methoden arbeiten *schneller* und *genauer* als die „klassischen" Methoden. Die Spektren werden häufig mit Hilfe von Computern ausgewertet. Die Methoden lassen sich automatisieren, sodass man viele Analysen mit gleichbleibender Genauigkeit durchführen kann, z. B. im klinischen Labor, bei der Produktionskontrolle oder im Umweltschutz.
4. Jedes Spektrum besteht aus einer Reihe von Messdaten, z. B. Absorptionen bei verschiedenen Wellenlängen. Der **Informationsgehalt eines Spektrums** ist also viel größer als der einer Kenngröße (eines Schmelzpunktes oder eines Siedepunktes, ▶ 7.3) einer Substanz. Diese Information lässt sich ganz verschieden auswerten:
   - Man kann das Spektrum als **„Fingerabdruck"** zur Identifizierung einer Verbindung nutzen.
   - Man kann Informationen über vorhandene oder abwesende **Strukturelemente** gewinnen. Dabei ergänzen sich die Aussagen der verschiedenen Methoden.
   - Man kann das Spektrum zur Gewinnung **molekültheoretischer Daten** verwenden (Bindungsstärke und -polarität, Ladungsverteilung, Dipolmoment usw.).
   - Durch Auswertung der zeitlichen Änderung des Spektrums kann man **reaktionskinetische Daten** gewinnen, die Rückschlüsse auf Reaktionsmechanismen (▶ 1.15.2) erlauben.
   - Bei einem **Mehrkomponentengemisch** kann man die Konzentration mehrerer Substanzen gleichzeitig ermitteln.

Im Folgenden werden die wesentlichen Aussagemöglichkeiten der spektroskopischen Methoden über Strukturelemente organischer Verbindungen skizziert. Auf den jeweils zugrunde liegenden physikalischen Prozess und auf Apparatives kann hier nur kurz eingegangen werden. Vier Methoden werden besonders häufig, meistens auch kombiniert, angewandt: Die IR-, die UV-, die NMR-Spektroskopie und die Massenspektrometrie. Letztere Methode ist keine spektroskopische Methode im eigentlichen Sinne, daher die Bezeichnung „Massenspektro*metrie*"; sie wird aber üblicherweise zusammen mit den drei anderen unter dem Begriff „Spektroskopische Methoden" behandelt.

Die Mikrowellenspektroskopie wird zusammen mit den anderen Methoden zur Bestimmung der Molekülstruktur beschrieben (▶ 7.9.1). Tabelle 7.1 (S. 329) gibt eine Übersicht über wichtige physikalischen Methoden, die auf einer Wechselwirkung elektromagnetischer Strahlung mit Molekülen beruhen.

7.8.1 Schwingungsspektroskopie: Infrarot- und Raman-Spektroskopie

Atome haben eine *Masse*, Bindungen sind *elastisch*. Genau wie ein Gebilde aus Stahlkugeln, verbunden mit Schraubenfedern, ist ein Molekül zu **charakteristischen Schwingungen** verschiedener Frequenz fähig. Wie die Theorie zeigt, gibt es für ein Molekül aus n Atomen 3n−6 verschiedene Schwingungen (bei einem linearen Molekül sind es 3n−5). Benzen (C_6H_6) zeigt also 30 verschiedene Schwingungen.

- Das **Schwingungsspektrum** charakterisiert das ganze Molekül.
- Jede Änderung der Konstitution, einer Atommasse, einer Bindungsordnung, einer Bindungslänge oder eines Bindungswinkels verändert mindestens eine der Schwingungsfrequenzen.

Das Schwingungsspektrum eignet sich daher hervorragend als *„Fingerabdruck"* zur Identifizierung einer Substanz, z. B. durch Vergleich des Spektrums einer Substanz, deren Identität nicht bekannt ist, mit den Spektren aus einer Spektrensammlung (den Fingerabdrücken einer Verbrecherkartei entsprechend).

Darüber hinaus zeigt sich, dass verschiedene Gruppen von Atomen jeweils typische Schwingungen nahezu konstanter Frequenz besitzen. Mit diesen **charakteristischen Gruppenfrequenzen** kann man daher die Anwesenheit oder die Abwesenheit von Strukturelementen in den Molekülen einer Substanz ermitteln. Tabelle 7.3 gibt Beispiele hierfür.

Heute lassen sich die Schwingungsfrequenzen selbst komplizierter Moleküle berechnen. Man kann die Molekülstruktur einer noch unbekannten Substanz ermitteln, indem man ihr Spektrum vergleicht mit den berechneten Spektren für verschiedene Modellmoleküle.

Ganz einfach zu berechnen sind die Schwingungsfrequenzen ν für zweiatomige Moleküle. Die Schwingungsfrequenz eines Gebildes aus zwei Massenpunkten m_1 und m_2, die verbunden sind durch eine elastische Bindung, beträgt:

$$\nu = \frac{1}{2\pi}\sqrt{f\left(\frac{1}{m_1}+\frac{1}{m_2}\right)}$$

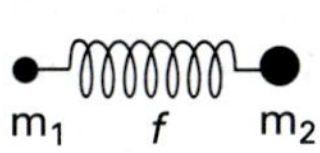

Tabelle 7.2 Schwingungsfrequenzen zweiatomiger Moleküle und Molekülfragmente in Wellenzahleinheiten ($\bar{\nu} = \nu/c$ in cm^{-1}).

H—H 4161	C—H ~3000	C—I ~500
D—D 2994	C—O ~1100	C—C ~1000
F—F 892	>C=O ~1700	C=C ~1600
I—I 213	C—Cl ~600	C≡C ~2200

Hierbei bedeutet f die Federkraftkonstante. Sie gibt an, wie viel Kraft aufgewandt werden muss, um die Feder um einen bestimmten Betrag zu dehnen.

Die Formel zeigt, dass sich die Schwingungsfrequenz erhöht, wenn man die Masse eines der Atome (oder beider) vermindert. Tatsächlich beobachtet man, dass Schwingungen von C—H-, O—H- und N—H-Bindungen bei hohen Frequenzen, solche von C—C- und C—O-Bindungen bei mittleren und die von C—Cl- und C—I-Bindungen bei niedrigen Frequenzen auftreten (▶ Tabelle 7.2). Weiterhin findet man, dass die Federkraftkonstante für Doppelbindungen nahezu zweimal so groß, die für Dreifachbindungen dreimal so groß wie die für Einfachbindungen ist. Daher liegt die Resonanzfrequenz bei Doppelbindungen um einen Faktor von ca. $\sqrt{2}$, die von Dreifachbindungen bei einem Faktor von ca. $\sqrt{3}$ höher als die von Einfachbindungen zwischen den gleichen Atomen.

Zwei Methoden ermöglichen die Beobachtung des Schwingungsspektrums: Die **Infrarot-** oder **IR-Spektroskopie** und die **Raman-Spektroskopie**.

Mit Hilfe eines **IR-Spektrometers** registriert man die Absorption von Infrarotstrahlung durch eine Substanz. Der Infrarotbereich liegt zwischen dem Bereich roten sichtbaren Lichts und der Mikrowellenstrahlung. Die charakteristischen Schwingungen von Molekülen zeigen sich im Bereich der Wellenlängen λ von 2,5 bis 100 Mikrometer. Die Energie der Lichtquanten, $E = h\nu$ $(= hc\bar{\nu} = hc/\lambda)$ (▶ 1.13), aus diesem Bereich entspricht der Energie, die jeweils zur Anregung der verschiedenen Molekülschwingungen erforderlich ist.

Die konventionellen IR- und Raman-Spektrometer wurden in den letzten 20 Jahren völlig durch **Fourier-Transform-Spektrometer** verdrängt. Die **FT-IR-** und **FT-Raman-Spektrometer** haben eine Reihe von Vorteilen, besonders hinsichtlich der Empfindlichkeit und der Messdauer. Das Prinzip der FT-Technik besteht darin, dass alle Frequenzen des Spektrums gleichzeitig vom Detektor erfasst werden. Dadurch wird das zeitaufwändige Registrieren der IR- bzw. Raman-Spektren als Funktion der Frequenz vermieden. Dies gelingt, indem man das IR- bzw. Raman-Spektrum mittels eines Interferometers in ein Interferogramm umwandelt, das keine Funktion der Wellenlänge sondern der Zeit ist. Anschließend wird das Interferogramm durch die Fourier-Transformation in das Spektrum umgewandelt.

Ein Molekül kann nur dann von einem elektromagnetischen Feld in Schwingungen versetzt werden, wenn sich bei dieser Schwingung das molekulare Dipolmoment ändert. Mit andern Worten:

Infrarotaktiv sind nur diejenigen Schwingungen, die das *molekulare Dipolmoment* modulieren.

Die Schwingung des H—Cl-Moleküls kann daher als Infrarotabsorption beobachtet werden, nicht aber die des N≡N-Moleküls!

Die Raman-Spektroskopie beruht auf dem von C. V. Raman 1928 experimentell nachgewiesenen und nach ihm benannten Raman-Effekt. Ein modernes **Raman-Spektrometer** besteht aus einer intensiven, monochromatischen Lichtquelle, die Strahlung auf die feste, flüssige oder gasförmige Probe lenkt, sowie einem Spektrometer, das die sehr lichtschwache, von der Probe ausgesandte Raman-Streustrahlung registriert. Früher benutzte man zur Anregung von Raman-Spektren Emissionslinien von Gasentladungslampen, z. B die blaue Quecksilberlinie bei 436 nm. Heute verwendet man Laser-Lichtquellen wie den Nd/YAG-Laser (1064 nm). Strahlung aus dem sichtbaren Spektralbereich regt auch die Fluoreszenz von typischen, weit verbreiteten Verunreinigungen an. Da die Fluoreszenzstrahlung um Größenordnungen stärker ist als die Raman-Strahlung, war es früher sehr schwierig, Raman-Spektren aufzunehmen. Die heute angewandte Linie liegt im Nahinfrarot-Bereich und regt praktisch keine Fluoreszenz an. Daher lassen sich Raman-Spektren z. B. auch von Pflanzen und Gegenständen wie Kunstwerken registrieren.

In der **Streustrahlung** zeigen sich Linien, die genau um die Frequenz der Molekülschwingungen nach höheren und tieferen Frequenzen gegenüber der Laserfrequenz verschoben sind. Man kann dies als Modulation der Laserstrahlung durch schwingende Moleküle auffassen. Diese ist aber nur dann möglich, wenn sich die Polarisierbarkeit (▶ 7.10.2) der Moleküle im Rhythmus der Schwingungen ändert:

Im Raman-Spektrum zeigen sich nur diejenigen Schwingungen, welche die *Polarisierbarkeit* der Moleküle modulieren.

Infrarot- und Raman-Spektroskopie ergänzen sich in idealer Weise. Das sei am Beispiel der Schwingungen des CO_2-Moleküls demonstriert, welche die beiden C=O-Bindungen beanspruchen: die antisymmetrische und die symmetrische Valenzschwingung.

antisymmetrisch, ν_a	*symmetrisch*, ν_s
O=C=O	O=C=O
Gegentaktschwingung	Gleichtaktschwingung
moduliert Dipolmoment: *Infrarot-aktiv* keine Änderung der Polarisierbarkeit: *Raman-inaktiv*	keine Änderung des Dipolmoments: *Infrarot-inaktiv* moduliert die Polarisierbarkeit: *Raman-aktiv*

Tabelle 7.3 Charakteristische Schwingungsfrequenzen sowie Raman- und IR-Intensitäten von Atomgruppen in organischen Verbindungen.

Schwingung[a)]	Frequenz [cm^{-1}]	Intensität[b)]		Schwingung[a)]	Frequenz [cm^{-1}]	Intensität[b)]	
		Raman	IR			Raman	IR
ν (O—H)	3650–3000	1	3	ν (CC), Aromaten	1600, 1580	2–3	2–3
ν (N—H)	3500–3300	2	2		1500, 1450	1–2	2–3
ν (≡C—H)	3300	1	3		1000	3[d)]	0–1
ν (=C—H)	3100–3000	3	2	ν (CC), Alicyclen,	1300–600	2–3	1–2
ν (—C—H)	3000–2800	3	3	(aliphatische Ketten)			
ν (—S—H)	2600–2550	3	1	ν_a (C—O—C)	1150–1060	1	3
ν (C≡N)	2255–2220	2–3	0–3	ν_s (C—O—C)	970–800	2–3	0–1
ν (C≡C)	2250–2100	4	0–1	ν_a (Si—O—Si)	1110–1000	0–1	4
ν (C=O)	1820–1680	1–3	4	ν_s (Si—O—Si)	550–450	4	0–1
ν (C=C)	1900–1500	2–4	0–1	ν (O—O)	900–845	3	0–1
ν (C=N)	1680–1610	3	2	ν (S—S)	550–430	3	0–1
ν (N=N),	1580–1550	2	0	ν (Se—Se)	330–290	3	0–1
(aliphat. Verb.)				ν (C—S)	1100–1080	3	2–3
ν (N=N),	1440–1410	2	0	(aromatisch)			
(arom. Verb.)				ν (C—S)	790–630	3	2–3
ν_a (C—NO_2)	1590–1530	2	3	(aliphatisch)			
ν_s (C—NO_2)	1380–1340	4	2	ν (C—Cl)	800–550	3	3
ν_a (C—SO_2—C)	1350–1310	0–1	3	ν (C—Br)	700–500	3	3
ν_s (C—SO_2—C)	1160–1120	3	3	ν (C—I)	660–480	3	3
ν (C—SO—C)	1070–1020	2	3				
ν (C=S)	1250–1000	3	1				
δ (CH_2), δ_a (CH_3)	1470–1400	2	2				
δ_s (CH_3)	1380	1–2	2–3				

a) ν Valenz-, δ Deformationsschwingung, Index s symmetrisch, Index a antisymmetrisch.
b) 0 inaktiv bis sehr schwach, 1 schwach, 2 mittel, 3 stark, 4 sehr stark.
c) falls an C=C.
d) bei mono-, 1,2-, 1,3,5-Derivaten.

In der Tabelle 7.3 sind die Bereiche der **charakteristischen Frequenzen** bestimmter Gruppen von Atomen zusammengestellt mit den relativen Intensitäten, die diese Gruppen im Infrarot- und im Raman-Spektrum zeigen. Man sieht, dass man durch Auswertung beider Spektren eine Atomgruppe sicherer identifizieren kann als mit Hilfe nur eines der Spektren.

Abbildung 7.3 zeigt das Infrarot- und das Raman-Spektrum des **Acetophenons** mit der Zuordnung der beobachteten Schwingungen zu bestimmten strukturellen Gruppen. Ein Satz von je vier Infrarot- und Ramanbanden charakterisiert z. B. ein monosubstituiertes Benzenderivat, andere Banden die CO-Gruppe und die CH_3-Gruppe.

Die Infrarotspektroskopie wird viel häufiger angewandt als die Raman-Spektroskopie, da die IR-Spektrometer billiger sind und die Aufnahmetechnik einfacher ist. Die Raman-Spektroskopie erlaubt dagegen Untersuchungen, die mit Hilfe der IR-Spektroskopie schwierig sind, insbesondere die Aufnahme der Spektren wässriger Lösungen, z. B. von biochemischen Proben. Zur Strukturermittlung kombiniert man am besten beide Verfahren.

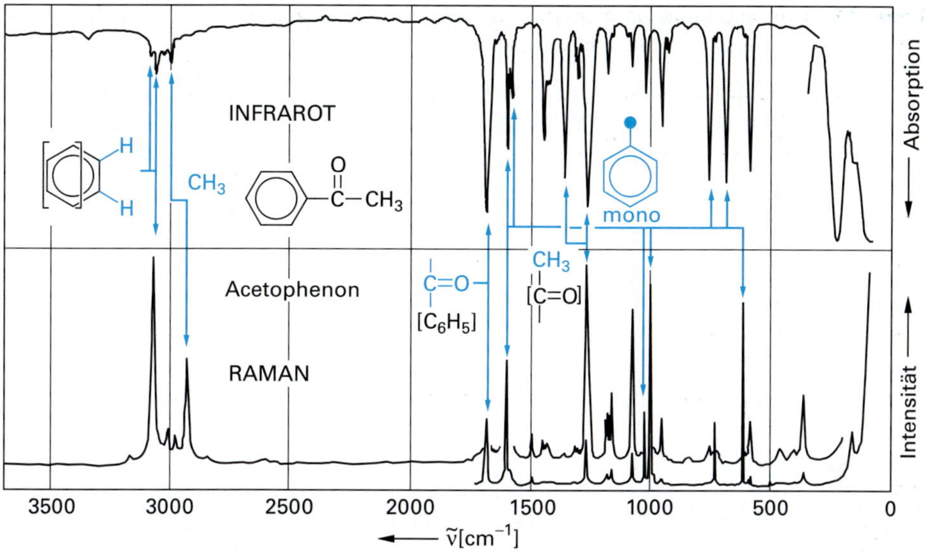

Abb. 7.3 Infrarot- und Raman-Spektren des Acetophenons.
Beide Spektren können jeweils als Fingerabdruck zur Identifizierung dieser Verbindung herangezogen werden. In den Spektren zeigen sich darüber hinaus Sätze von charakteristischen Gruppenschwingungen, die durch ihre Frequenz und ihre Intensität im IR- und Raman-Spektrum verschiedene Atomgruppierungen der Moleküle erkennen lassen.

7.8.2 UV-Spektroskopie

Bereits im Abschnitt 1.12 und im Kapitel 5 wurde erwähnt, dass das Valenzelektronensystem von Molekülen durch Absorption von Licht in den **angeregten Zustand** gelangt. Den einzelnen Absorptionsbanden entspricht jeweils ein Übergang eines Elektrons aus einem der besetzten in eines der unbesetzten Molekülorbitale. Die dazu erforderliche Energie entspricht der Energie der Lichtquanten, $E = h\nu$, aus dem sichtbaren und dem ultravioletten Bereich des elektromagnetischen Spektrums.

Meistens untersucht man nur die im experimentell einfach zugänglichen nahen ultravioletten und sichtbaren Wellenlängenbereich von 200 bis 800 Nanometer auftretenden Übergänge der Elektronen aus einem der höchsten besetzten in eines der niedrigsten unbesetzten Orbitale und nennt dies einfach **UV-Spektroskopie**.

Die Masse der **Elektronen** beträgt nur ungefähr 1/10.000 bis 1/100.000 der Masse der Atomkerne (▶ 1.3). Berücksichtigt man dies in der Formel zur Berechnung der Schwingungsfrequenzen (▶ 7.8.1) bei Annahme derselben elastischen Kräfte, so findet man, dass die Frequenzen der Schwingungen des Elektronensystems mehr als 100-mal so groß sein sollten wie diejenige der Schwingungen der Atome, die man im Infrarotbereich (100–4.000 cm^{-1}) beobachtet. Tatsächlich liegen die UV-Absorptionen im Frequenzbereich von 10.000 bis 100.000 cm^{-1}. Wegen der

Wellennatur der Elektronen hat man es jedoch nicht mit Schwingungen in scharf definierten Bahnen zu tun, sondern mit stehenden Wellen, den Molekülorbitalen. Mit Hilfe der Methoden der Quantenmechanik ist es möglich, die Energie der Elektronen in den verschiedenen Molekülorbitalen zu berechnen und damit auch die zum Übergang in ein höheres Orbital erforderlichen **Anregungsenergien**, die der Energie der Lichtquanten im Bereich der UV-Absorptionsbanden entspricht.

Die **UV-Spektrometer** erlauben sehr genaue Messungen der Intensität der Absorptionsbanden. Darauf basieren viele Methoden der quantitativen Analyse. Je nachdem, ob die Zerlegung des Lichts mit Hilfe von Gittern bzw. Prismen oder von Farbfiltern erfolgt, nennt man die Messgeräte **Spektralphotometer** oder **Filterphotometer**. Geräte, die sich auf visuellen Farbvergleich beziehen, nennt man **Colorimeter**. Grundlage aller Verfahren ist das **Lambert-Beer'sche Gesetz**:

$$D = \frac{I}{I_0} = 10^{-\varepsilon c d}$$

Als Durchlässigkeit der Probe D bezeichnet man das Verhältnis des von der Probe durchgelassenen, I, zu dem auftreffenden Strahlungsfluss I_0, c ist die Konzentration der Probesubstanz in Mol/Liter, d die Schichtdicke in Zentimetern und ε der molare **Extinktionskoeffizient** in Liter/Mol · Zentimeter. Die Messgröße

$$E = \log \frac{1}{D} = \varepsilon \cdot c \cdot d$$

bezeichnet man als **Extinktion**.

Die Dimension des Extinktionskoeffizienten entspricht einer Fläche pro Mol: 1 L/mol · cm $\triangleq$ 1.000 cm^3/mol · cm $\triangleq$ 1.000 cm^2/mol. Tatsächlich gibt der Extinktionskoeffizient einer sehr starken UV-Bande ungefähr die Fläche an, die ein Mol Moleküle einnehmen würde, wenn man sie monomolekular ausbreitete: Ein Ethenmolekül sei 150 pm lang und 100 pm breit, die Fläche eines Mols davon beträgt: $1{,}5 \cdot 10^{-16} \cdot 6 \cdot 10^{23}$ = ca. 10^8 cm^2 (das ist ungefähr die Fläche eines Fußballfeldes). Tatsächlich haben die stärksten Absorptionsbanden einen Extinktionskoeffizienten von 10^5, entsprechend 10^8 cm^2/mol. Für Ethen ist der Extinktionskoeffizient $\varepsilon = 10^4$.

Gleichzeitig mit den Anregungen des Elektronensystems beobachtet man im UV-Spektrum die Anregung von Molekülschwingungen und -rotationen im angeregten Elektronenzustand. Durch Überlagerung der in den verschiedenen Molekülen erfolgenden Anregungen beobachtet man anstelle von Spektrallinien **Absorptionsbanden**. Diese Banden bezeichnet man nach den Orbitalen, zwischen denen der Elektronenübergang stattfindet, der energetisch höher liegende Zustand wird mit einem * gekennzeichnet. Die Übergänge erfolgen aus und in π- bzw. σ-Molekülorbitale sowie aus n-Orbitalen. Damit bezeichnet man die Atomorbitale der freien Elektronenpaare, z. B. an O-, N- und S-Atomen.

Tabelle 7.4 gibt die Daten der wichtigsten einfachen **chromophoren (farbgebenden) Systeme** an. Abbildung 7.4 zeigt das UV-Spektrum von **Acetophenon** mit der Zuordnung der beobachteten drei Banden.

Tabelle 7.4 UV-Absorptionen einfacher chromophorer Systeme.

Chromophor	λ_{max} [nm]	ε_{max} [L/mol · cm]	Elektronenübergang
CH_3—CH_3	135	–	$\sigma \rightarrow \sigma^*$
$(R)_3N$	195	2.500	$n \rightarrow \sigma^*$
(R)—O—(H)	185	500	$n \rightarrow \sigma^*$
(R)—S—(H)	225	125	$n \rightarrow \sigma^*$
(R)—I	260	500	$n \rightarrow \sigma^*$
H_2C=CH_2	165	10.000	$\pi \rightarrow \pi^*$
HC≡CH	173	6.000	$\pi \rightarrow \pi^*$
(R)—CO—(R)	150	–	$\pi \rightarrow \pi^*$
	190	1.900	$n \rightarrow \sigma^*$
	280	20	$n \rightarrow \pi^*$
C=C—C=C	217	21.000	$\pi \rightarrow \pi^*$
C=C—C=O	210	11.500	$\pi \rightarrow \pi^*$
	315	14	$n \rightarrow \pi^*$
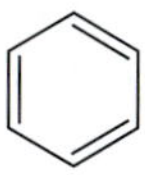	180	60.000	$\pi \rightarrow \pi^*$
	200	8.000	$\pi \rightarrow \pi^*$
	255	215	$\pi \rightarrow \pi^*$

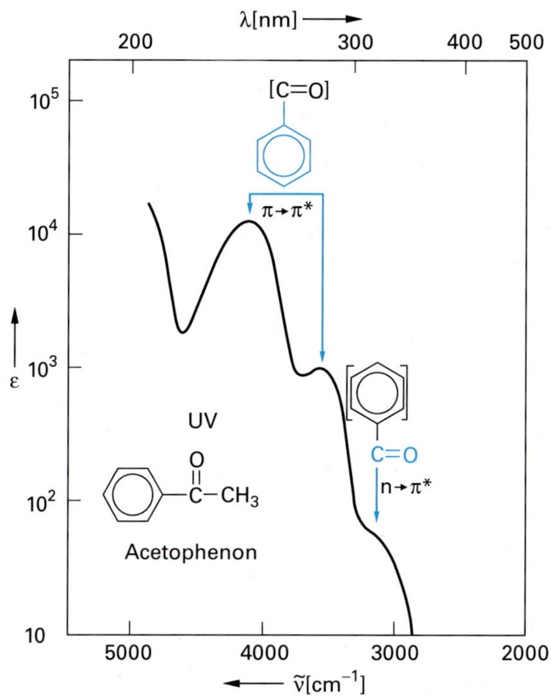

Abb. 7.4 UV-Spektrum von Acetophenon in Ethanol.
Die beiden stärkeren Banden entsprechen $\pi \rightarrow \pi^*$-Übergängen des Benzenchromophors, die schwache Bande bei 318 nm dem $n \rightarrow \pi^*$-Übergang der Carbonylgruppe.

Je größer ausgedehnt das chromophore System ist, umso stärker sind die Banden nach kleineren Frequenzen (größeren Wellenlängen) verschoben, man nennt dies eine **bathochrome Verschiebung** (Gegenteil: **hypsochrome Verschiebung**). Dabei steigt auch meistens die Intensität der Banden (**Hyperchromie**, Gegensatz: **Hypochromie**).

Wie im Kapitel 5 erwähnt wurde, besitzen die Farbstoffe ausgedehnte chromophore Systeme, deren $\pi \rightarrow \pi^*$-Übergänge Ursache der Farbigkeit sind. Die Substituenten eines solchen Systems mit freien Elektronenpaaren können sich wegen des mesomeren Effekts am chromophoren System beteiligen; man nennt sie **auxochrome Gruppen**.

Damit man die UV-Spektren trotz der sehr verschieden großen Extinktionskoeffizienten genau genug messen kann, untersucht man die Probesubstanzen in einer Reihe von Lösungen verschiedener Konzentration, z. B. von 10^{-2} bis 10^{-5} mol/L, bei gleicher Schichtdicke von meistens 1 cm. Als Lösemittel verwendet man Verbindungen, die gute Löseeigenschaften besitzen, aber im untersuchten Bereich (meistens 200–800 nm) keine eigene Absorption zeigen, z. B. Wasser, Ethanol, Acetonitril und Isooctan.

7.8.3 NMR-Spektroskopie

Eine sehr aussagekräftige Methode der Molekülspektroskopie spricht die **magnetischen Eigenschaften der Atomkerne** an. Alle Atomkerne, die eine ungerade Anzahl von Protonen oder Neutronen besitzen, haben Eigenschaften eines Magneten.

> Bringt man eine Substanz in ein äußeres Magnetfeld, so kann man die magnetischen Eigenschaften der Atomkerne mit der **magnetischen Kernresonanz-Spektroskopie** (engl. *nuclear magnetic resonance*, NMR) beobachten.

In der Organischen Chemie sind dies vor allem Wasserstoff ^{1}H und das Kohlenstoffisotop der Masse 13, ^{13}C. Die Methoden werden dementsprechend als **^{1}H- und ^{13}C-NMR-Spektroskopie** bezeichnet. Andere magnetische Atomkerne, die ebenfalls benutzt werden, sind u. a. ^{31}P und ^{15}N. Die Kerne ^{12}C und ^{16}O besitzen kein magnetisches Moment.

Von Spielzeugkreiseln und rotierenden Atomkernen

Einige Charakteristika des **Kernresonanzexperiments** lassen sich an folgendem Modell (Abb. 7.5a) zeigen. Ein Spielzeugkreisel, den man in Bewegung versetzt hat, führt neben der schnellen eigenen Drehung um seine Achse noch eine **Präzessionsbewegung** aus: seine Achse rotiert um eine Achse, deren Richtung durch die Verbindung seines Fußpunktes mit dem Erdmittelpunkt gegeben ist.

Die Präzessionsbewegung kommt dadurch zustande, dass Kreisel, an deren Schwerpunkt eine Kraft angreift, senkrecht zu dieser Kraft und zur Kreiselachse ausweichen. Die Präzessionsfrequenz ist der Anziehungskraft proportional.

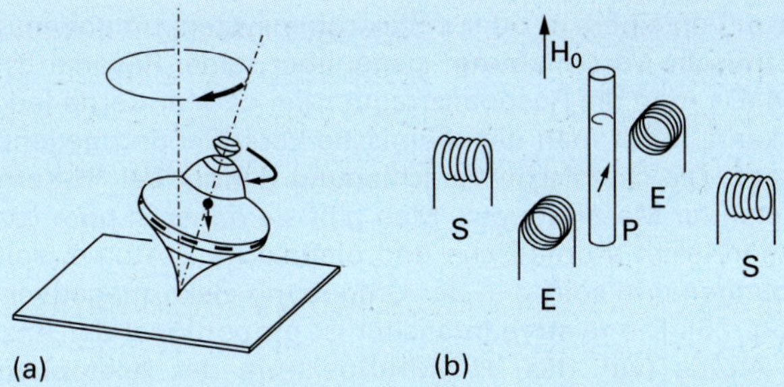

Abb. 7.5 (a) Präzessionsbewegung eines Spielzeugkreisels.
(b) Verhalten magnetischer Atomkerne im Magnetfeld eines NMR-Spektrometers. P Substanzprobe, S Sendespule, E Empfangsspule, H_0 äußeres Magnetfeld.

Analog kann man sich das Verhalten der magnetischen Atomkerne in einem äußeren, stationären Magnetfeld vorstellen. Auch die Kerne führen eine Präzessionsbewegung aus. Da alle gleichartigen Kerne zwar mit gleicher Frequenz, der **Larmorfrequenz**, jedoch mit verschiedener Phasenlage rotieren, kann man diese Bewegung zunächst nicht beobachten. Lässt man jedoch mit einer Sendespule (S in Abb. 7.5b) ein Hochfrequenzfeld mit der Frequenz der Präzession senkrecht zur Achse des stationären Magnetfeldes H_0 einwirken, so werden die Bewegungen der Kernmagnete synchronisiert: die Präzession erfolgt für alle mit gleicher Phase. Unter diesen Umständen sendet schließlich die Substanz ein Hochfrequenzfeld aus, das man mit einer Empfangsspule (E in Abb. 7.5b) nachweisen kann.

Auch in der NMR-Spektroskopie verwendet man heute die Fourier-Transformations-Technik (▶ 7.8.1). Dabei wird der Kernresonanzvorgang mit einem kurzen Impuls eines kontinuierlichen Frequenzbandes aus einem Hochfrequenzgenerator angeregt. Danach registriert der Empfänger ein exponentiell abklingendes Signal, das aus der Überlagerung aller möglichen Resonanzen der Kernspins entsteht. Dieses Impulsinterferogramm wird mit einem leistungsfähigen Rechner in das NMR-Spektrum transformiert. Die Puls-Fourier-Transform-Technik (**PFT-NMR-Spektroskopie**) kommt mit viel kleineren Probenmengen und geringeren Messzeiten aus als die früher übliche, in Abbildung 7.5b skizzierte CW-Technik (engl. *continuous wave*: elektromagnetische Welle mit konstanter Amplitude und Frequenz).

Grundsätzlich kann man daher mit Hilfe der NMR-Spektroskopie Art und Menge der magnetischen Kerne in Molekülen nachweisen. Misst man jedoch mit Geräten, die starke Magnetfelder äußerst hoher Konstanz (Abweichungen kleiner als $1:10^9$) auf die Substanz einwirken lassen, die Resonanzfrequenzen der Substanzen mit Messgeräten, die geringe Frequenzunterschiede exakt aufzeichnen können, so stellt man zwei Effekte fest, welche die eigentliche Aussagefähigkeit insbesondere der ^1H-NMR-Spektroskopie begründen:

- Die Valenzelektronen schirmen die Atomkerne gegenüber dem äußeren Feld ab, die **Resonanzfrequenzen** sind daher etwas kleiner als bei „nackten" Kernen. Je nachdem, zu welchem Substituenten oder Gerüstbaustein ein magnetischer

Kern gehört und ob er von einem σ- oder π-Elektronensystem umgeben ist, zeigt er eine andere **„chemische Verschiebung"** gegenüber seiner Resonanzfrequenz als ein nackter Kern. Da man die Resonanzfrequenzen nackter Kerne jedoch nur schwierig messen kann, misst man die chemische Verschiebung gegenüber einer Standardsubstanz. Die chemische Verschiebung beträgt bei ^{1}H-Kernen nur ungefähr 1 Millionstel der Messfrequenz. Man gibt sie daher in ppm (*parts per million*) an. Man kann leicht aromatische und olefinische H-Atome, solche aliphatischer CH-Bindungen und solche in der Umgebung elektronegativer Atome feststellen (X in Abb. 7.6). Die relative Intensität ist proportional der Anzahl der entsprechenden H-Atome (vgl. das ^{1}H-NMR-Spektrum des **Acetophenons** in Abb. 7.7).

- Neben dem äußeren Magnetfeld wirken auf einen bestimmten magnetischen Atomkern zusätzlich die Magnetfelder **benachbarter magnetischer Kerne**. Je nachdem, ob diese Kernmagnetfelder parallel oder antiparallel zum äußeren Feld eingestellt sind, verstärken sie dieses Feld oder schwächen es ab. In einem **^{1}H-NMR-Spektrum** spaltet daher das Signal *eines* H-Kerns in *zwei* Linien gleicher Intensität (*Dublett*) auf, wenn *ein* H-Kern sich in der *Nachbarschaft* befindet. Befinden sich *n* gleichwertige H-Atome in der Nachbarschaft, so spaltet das Signal in *n + 1* Komponenten auf (n = 2: *Triplett*, n = 3: *Quartett* usw.), die auch ein charakteristisches Intensitätsmuster besitzen. Man bezeichnet diese Wechselwirkung als **Spin-Spin-Kopplung**.

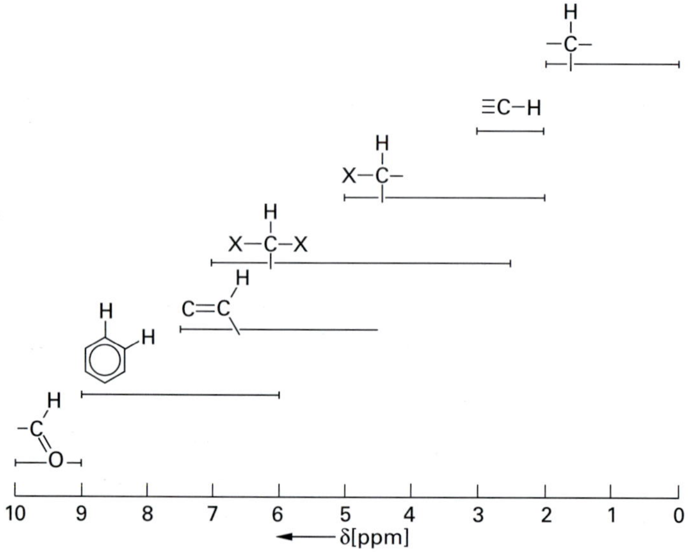

Abb. 7.6 Chemische Verschiebungen in ^{1}H-NMR-Spektren.
In den Molekülorbitalen, die den beobachteten H-Atomkernen (Protonen) benachbart sind, wird nach der Lenzschen Regel ein Elektronenstrom induziert, der so beschaffen ist, dass er das von außen angelegte Feld abschwächt. Die Protonen in verschiedener Umgebung zeigen daher etwas unterschiedliche Larmorfrequenzen. Aus der Größe dieser chemischen Verschiebung gegenüber einem Standard, hier ist es Tetramethylsilan Si$(CH_3)_4$, kann man auf die Natur der abschirmenden Gruppen schließen. X bezeichnet elektronegative Atome (Halogene, O, N etc.).

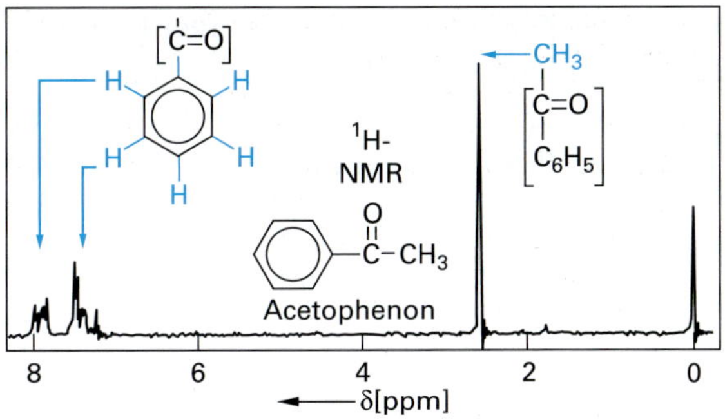

Abb. 7.7 ^{1}H-NMR-Spektrum von Acetophenon.
Das Signal der Protonen in der Methylgruppe spaltet nicht auf, da sich keine magnetischen Kerne in der Nachbarschaft befinden. Die in ortho-Stellung zur funktionellen Gruppe stehenden Protonen zeigen eine größere chemische Verschiebung als die in meta- und para-Stellung. Infolge der Spin-Spin-Kopplung zwischen allen Protonen am Benzenkern sind diese Signale aufgespalten. Bei 0 ppm tritt das Signal des Standards (Tetramethylsilan) auf.

Die wesentlichen Parameter eines ^{1}H-NMR-Spektrums und ihre Aussagen über die Molekülstruktur sind also:

- Die **chemische Verschiebung** liefert Aussagen über die Natur der Gruppierung, zu der das H-Atom gehört, und ihre Nachbarschaft.
- Die **relative Intensität** der einzelnen Signalgruppen gibt Aufschluss über die relative Anzahl der H-Atome in verschiedenen Gruppierungen wie z. B. CH_3-, CH_2-, CH-, NH_2-, OH-Gruppen.
- Die **Spin-Spin-Kopplung** führt zu Aufspaltungen, die Rückschlüsse auf die magnetischen Kerne in der Nachbarschaft des H-Atoms, dessen Signal beobachtet wird, gestatten.

So wie die ^{1}H-NMR-Spektroskopie Auskunft über die Verteilung von Protonen in einem Molekül gibt, so sagt ein **^{13}C-NMR-Spektrum** etwas über das **Kohlenstoffgerüst** aus. Das stabile Isotop ^{13}C ist zu 1,1 % in natürlichem Kohlenstoff enthalten und besitzt im Gegensatz zu dem Hauptisotop ^{12}C einen Kernspin. Die Energiedifferenz zwischen parallel und antiparallel gerichteten ^{13}C-Kernen ist viel kleiner als bei entsprechenden ^{1}H-Kernen. Geräte zur Aufnahme von ^{13}C-NMR-Spektren müssen deshalb viel empfindlicher sein als ein ^{1}H-NMR-Spektrometer.

^{13}C-NMR-Spektren sehen relativ einfach aus. Wegen der niedrigen Konzentration von ^{13}C ist die Chance, zwei benachbarte ^{13}C-Kerne in einem Molekül zu finden, außerordentlich gering. Spin-Spin-Kopplung zwischen Kohlenstoffkernen und damit Signalaufspaltung ist in einem ^{13}C-MNR-Spektrum normalerweise nicht zu beobachten. Hingegen findet man ^{1}H$-$^{13}C-Kopplung, die aber messtechnisch leicht ausgeschaltet werden kann. Ein *^{1}H-entkoppeltes ^{13}C-Spektrum* zeigt für alle nicht äquivalenten Kohlenstoffatome jeweils ein scharfes *Singulett*. Integration der Signale gibt die relative Zahl von ^{13}C-Kernen allerdings nur ungenau wieder. Besondere Messtechniken gestatten es aber, quartäre, tertiäre, sekundäre und primäre Kohlenstoffatome zu unterscheiden, also solche ohne, mit einem, zwei oder drei H-Atomen. In der Regel sind alle Signale gut voneinander getrennt.

Für **Acetophenon** findet man die folgenden ^{13}C-Signale:

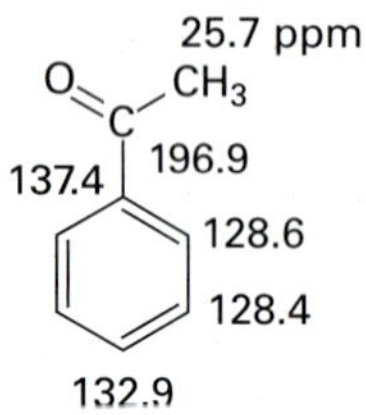

Neben ^{1}H und ^{13}C sind magnetische Kerne wie ^{15}N und ^{31}P insbesondere für die NMR-Spektroskopie von **Biomolekülen** wichtig. In den letzten Jahrzehnten sind die Mess- und Auswertemethoden der NMR-Spektroskopie weiter verfeinert worden, sodass die Aussagefähigkeit der Methodik erheblich erweitert wurde. So kann durch die **zwei-** und **dreidimensionale NMR-Spektroskopie** die Struktur von Makromolekülen aufgeklärt werden. Die NMR-Spektroskopie kann auch zum Studium der inneren Beweglichkeit von Molekülen (Konformationsanalyse) und zur Charakterisierung zwischenmolekularer Wechselwirkungen eingesetzt werden.

Man kann mit der NMR-Spektroskopie auch Reaktionen in lebenden Individuen untersuchen. Von höchstem Interesse sind Methoden, die aus den NMR-Signalen dreidimensionale Bilder vom Inneren des menschlichen Körpers liefern. Die **Kernspintomographie** (Magnetresonanztomographie, MRT) ist im Gegensatz zur Röntgenmethode absolut unschädlich.

7.8.4 ESR-Spektroskopie

Die Elektronenspinresonanzspektroskopie (ESR-Spektroskopie) ist der NMR-Spektroskopie sehr ähnlich. Hier werden die Signale untersucht, die **ungepaarte Elektronen** liefern, die sich ja auch wie Elementarmagnete verhalten. Da die Methode sehr empfindlich ist, eignet sie sich nicht nur zur Untersuchung stabiler **Radikale**, sondern auch für die Verfolgung von Reaktionen, bei denen radikalische Zwischenprodukte auftreten, z. B. bei radikalischen Polymerisationen oder in biochemischen Systemen. Die Feinstruktur der ESR-Spektren wird hervorgerufen als Folge der Störung des äußeren Magnetfeldes durch die magnetischen Atomkerne. Man kann daher Rückschlüsse auf die Aufenthaltswahrscheinlichkeit des Radikalelektrons an den verschiedenen Atomen eines Moleküls gewinnen.

7.8.5 Massenspektrometrie

> Die **Massenspektrometrie** (MS) ist eine Methode, mit der aus Molekülen Ionen erzeugt werden, die entsprechend ihrem Verhältnis Masse/Ladung (*m/z*) auftrennt und registriert werden.

Die **Massenspektrometrie** ist eines der leistungsfähigsten analytischen Verfahren zum Nachweis von Stoffen und zur Ermittlung ihrer Zusammensetzung und Struktur. Heute wird die Massenspektrometrie oft mit Trennmethoden wie der Gaschromatographie (▶ 7.7) kombiniert. Die **Nachweisgrenze** liegt bei sehr kleinen Mengen, etwa 1 Femtogramm (1 fg = 10^{-15} g).

Ein **Massenspektrometer** besteht aus einer Ionenquelle, einem Analysator und einem Detektor. Als **Ionenquelle** verwendet man hauptsächlich Elektronenstoßquellen, wobei Gase, Flüssigkeiten oder verdampfbare Festkörper mit Elektronen beschossen werden. Dabei kann ein Elektron abgespalten werden:

$$\underset{\text{Molekül}}{M} + \underset{\text{Elektron}}{e^{\ominus}} \rightarrow \underset{\text{Molekülion}}{M^{\bullet\oplus}} + \underset{\text{Elektronen}}{2\,e^{\ominus}}$$

Dadurch bildet sich ein Molekül, das gleichzeitig Radikal und Kation ist, das **Molekülion**. Das Massenspektrometer bestimmt das Verhältnis m/z der Masse m zur Ladung z eines Teilchens.

Das vom Molekülion gebildete Signal zeigt direkt die **Molmasse** des Moleküls an. Das bei der Elektronenstoßionisation erzeugte Molekülion ist zumeist so energiereich, dass es weiter in Bruchstücke zerfällt. Aus der Masse der **Fragmente** und der Differenz ihrer Massen lassen sich Hinweise auf die **Struktur** des ursprünglichen Moleküls gewinnen. In Abbildung 7.8 kann man dies für das **Acetophenon** verfolgen.

Als **Analysator** benutzt man elektrische oder magnetische Sektorfelder, auch in Kombination. Der Radius der Kreisbahnen, den Ionen beschreiben, hängt im elektrischen Sektorfeld von der Energie, im magnetischen Sektorfeld vom Impuls der geladenen Teilchen ab. Um bei hoher Auflösung eine akzeptable Intensität des Signals zu erreichen, benutzt man *doppelfokussierende* Spektrometer.

Als **Detektor** wird ein Faraday-Käfig oder ein Sekundärelektronen-Vervielfacher (Channeltron) verwendet. Das Signal ist proportional zur Menge der betreffenden Ionen. Im **Massenspektrum** registriert man die Intensitäten, mit denen die Ionen verschiedener Masse, entsprechend ihrem m/z-Wert, auftreten.

Die Massenspektrometrie erfordert nur sehr wenig **Probesubstanz**. Daher hat man in den letzten Jahren leistungsfähige Geräte entwickeln können, bei denen nacheinander eine Trennung eines Gemisches mit Hilfe der Gaschromatographie (▶ 7.7) und eine massenspektrometrische Analyse der einzelnen Bestandteile des Gemisches erfolgt (**GC/MS-Kopplung**). Die Spektren werden dann mit einer Datenbank verglichen, und auf diese Weise können Verbindungen mit bekann-

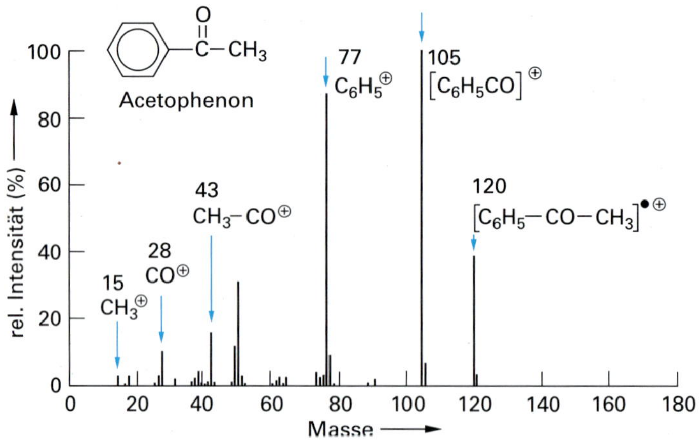

Abb. 7.8 Massenspektrum von Acetophenon.
Bei der Masse 120 tritt der Molekülpeak auf, er zeigt die Molmasse des Acetophenons. Die übrigen Peaks gehören zu Bruchstücken, die bei der Elektronenstoßionisation entstanden sind.

tem Massenspektrum identifiziert werden. Diese Methode hat sich besonders bei der Umweltanalytik sowie der pharmazeutischen und biochemischen Analytik bewährt.

Die **Messgenauigkeit** der üblichen Massenspektrometer ermöglicht die Untersuchung der Signale von zwei Bruchstücken, deren Masse sich um eine Masseneinheit unterscheidet. Kennt man die Massenzahl des Bruchstückes, so lässt sich aber nicht immer sicher angeben, welche Bruttoformel diesem Bruchstück zukommt. Ein Signal der Masse 28 kann z. B. von Stickstoff (N_2), Kohlenmonoxid (CO) oder Ethen (C_2H_4) stammen. Ein **hochauflösendes Massenspektrometer** gestattet jedoch die Messung der Massen auf 10^{-4} Masseneinheiten genau. So ist es möglich, aus der exakt bestimmten Masse zweifelsfrei auf die Bruttoformel zu schließen: $^{12}C^{16}O$: 27.9949, $^{14}N_2$: 28.0061 und $^{12}C_2{}^{1}H_4$: 28.0311. Auf analoge Weise ermittelt man die genaue Bruttoformel des Moleküls aus dem **hochaufgelösten Molekülpeak**.

Der **Messbereich** der Massenspektrometrie war früher durch die Verdampfbarkeit der Moleküle bei der Elektronenstoßionisation (EI) begrenzt. Heute verfügt man über Ionisierungsmethoden, welche die Untersuchung von Oligomeren, Proteinen und Nucleinsäuren bis zu Molmassen von über 500.000 gestatten. Da große Biomoleküle nicht thermisch verdampfbar sind, verwendet man als Ausweg alternative Ionisationsverfahren wie die **Elektrosprayionisation** (ESI) und das **MALDI-Verfahren** (engl.: *Matrix Assisted Laser Desorption Ionization*), bei denen keine thermische Zersetzung der Probesubstanz erfolgt. Das ESI-Verfahren eignet sich auch zur Kombination mit chromatographischen Methoden wie

MS/HPLC und gestattet die Analyse von Molekülen bis zu einer Molmasse von ca. 100.000. Bei der MALDI-Ionisation wird die Probesubstanz mit einem großen Überschuss einer Matrix-Verbindung gemischt, z. B. mit 2,5-Dihydroxybenzoesäure. Mit einem Schuss aus einem UV-Laser (z. B. Stickstofflaser, λ = 337 nm) wird die Probe gleichzeitig desorbiert und ionisiert, üblicherweise durch Protontransfer von Matrixmolekülen auf den Analyten und umgekehrt. Die MALDI-Matrix muss also die Strahlung des Lasers absorbieren und hinreichend flüchtig sein.

Oft wird das MALDI-Verfahren, mit dem Verbindungen mit Molmassen über 500.00 untersucht werden können, mit einem Flugzeit-Analysator (engl.: ***T****ime* ***O****f* ***F****light*, TOF) verbunden. Teilchen, die von einem elektrisches Feld beschleunigt wurden, besitzen alle die gleiche Energie, wegen $E = mv^2/2$ haben die leichten Teilchen die größte Geschwindigkeit. Daher erreichen leichte Ionen den Detektor eher als schwere Ionen.

7.8.6 Optische Rotationsdispersion, Circulardichroismus

Chirale Moleküle zeichnen sich durch **optische Aktivität** aus: Sie drehen die Ebene linear polarisierten Lichts. Früher untersuchte man die optische Drehung meistens mit einem Polarimeter nur bei *einer* Wellenlänge, der gelben Natriumlinie. Registriert man aber mit einem **Spektralpolarimeter** die Abhängigkeit der optischen Drehung von der Wellenlänge, die **Optische Rotationsdispersion** (ORD), so kann man aus dem Verlauf der Kurven Rückschlüsse auf die Natur und die Struktur der chiralen Gruppierungen sowie über die **absolute Konfiguration** der Moleküle gewinnen.

Mit einem anderen Gerät, dem **Circulardichrometer** kann man beobachten, dass chirale Moleküle links und rechts circular polarisiertes Licht verschieden stark absorbieren, sie zeigen **Circulardichroismus** (CD). Auch diese Methode wird zur Strukturaufklärung chiraler Verbindungen herangezogen. Beide Verfahren sind theoretisch äquivalent, sie werden meistens im Wellenlängenbereich 200−800 nm angewendet.

7.9 Methoden der Strukturanalyse

Dieser Abschnitt gibt eine Übersicht über die vier wichtigsten Methoden zur Bestimmung der geometrischen Struktur von Molekülen: Mikrowellenspektroskopie, Elektronenbeugung, Röntgenstrukturanalyse und Neutronenbeugung. Die Methoden unterscheiden sich grundsätzlich in der Art, wie aus spektroskopischen oder anderen physikalischen Daten die dreidimensionale Struktur des Moleküls bestimmt wird.

7.9.1 Mikrowellenspektroskopie

Der Bereich der **Mikrowellen** (MW) liegt zwischen dem fernen Infrarot- und dem Ultrakurzwellenbereich. In diesem Wellenlängenbereich von ca. 1 mm bis 10 cm findet man auch Absorptionsbanden **gasförmiger Moleküle**.

Der am häufigsten untersuchte Spektralbereich liegt bei Wellenlängen von 0,75 bis 3,75 cm bzw. bei Frequenzen zwischen 8 und 40 GHz (1 Gigahertz = 10^9 Hz). Diese Absorptionen sind auf die Anregung von **Molekülrotationen** zurückzuführen. Nach den Gesetzen der Wellenmechanik ist die **Rotationsenergie** eines Moleküls gequantelt, d. h. auf ganz bestimmte Werte beschränkt. Die Differenz zwischen zwei verschiedenen Rotationszuständen liegt bei etwa 0,05 kJ/mol. Die Intensität der Absorptionen hängt von der Größe des Dipolmoments senkrecht zu den Rotationsachsen ab.

Moleküle ohne Dipolmoment zeigen keine Mikrowellenspektren.

Die Lage der Linien wird vom **Trägheitsmoment** der Moleküle

$$I = \sum m_i \cdot r_i^2$$

bestimmt, wobei m_i die Masse des Atoms i und r_i sein Abstand von einer Hauptträgheitsachse ist. Man kann daher mit Hilfe der Mikrowellenspektren **Strukturparameter**, also **Bindungslängen** und **-winkel** sowie **Torsionswinkel**, bestimmen. Die Bestimmung der Geometrieparameter eines mehratomigen Moleküls wird möglich, wenn man auch die Spektren einer hinreichenden Anzahl isotopomerer Moleküle, die sich in der Isotopenzusammensetzung unterscheiden, heranziehen kann. Aufgrund der unterschiedlichen Massen der Isotope besitzen diese verschiedene Trägheitsmomente, also auch verschiedene Rotationsspektren, aber nahezu gleiche Strukturen.

Da die Rotationslinien äußerst genau registriert werden können, eignet sich die **MW-Spektroskopie** auch zur Analyse von Gasgemischen. Mit Hilfe großer Radioteleskope gelang häufig der Nachweis molekularer Teilchen bis zur Größe des Cyanopentaacetylens, $HC_{11}N$, im interstellaren Raum vor ihrer Synthese auf der Erde. Aufgrund der hohen Empfindlichkeit und des großen Auflösungsvermögens der MW-Spektroskopie kann diese Methode äußerst präzise Strukturparameter, Dipolmomente, Torsions- und Inversionsbarrieren liefern. Durch die Beschränkung auf polare Gase und den hohen Aufwand bei größeren Molekülen mit innerer (konformativer) Beweglichkeit und niedriger Symmetrie sind der MW-Spektroskopie jedoch Grenzen für ihre Anwendung gesetzt. Moleküle mit einer Molmasse über 300 g/mol wurden offenbar noch nicht untersucht.

Die Suche nach Verborgenem
Bisher existierte zwischen dem Mikrowellenbereich und dem der Molekülschwingungen eine Frequenzlücke. Diese **Terahertzlücke** wird nun erschlossen; es handelt sich

um den Bereich zwischen 36 GHz und 3,6 THz (1 Terahertz = 10^{12} Hz) entsprechend Schwingungsfrequenzen von 1,2 bis 120 cm^{-1}. Da in diesem Bereich Textilien und Taschen transparent sind, kann man mit den neu entwickelten Sensoren, z. B. bei Eingangskontrollen im Flughafen, mit sog. Nacktscannern, versteckte Gegenstände erkennen. Derartige Geräte gibt es bereits, sie sind aber – auch aus Gründen des Schutzes der Intimsphäre – bislang nicht im Einsatz.

7.9.2 Elektronenbeugung

Elektronen, die durch ein elektrisches Feld von einigen hundert Volt beschleunigt werden, haben eine Wellenlänge von etwa 100 pm. Solche *langsamen* Elektronen werden sowohl von den Atomkernen als auch von den Elektronen in den Bindungen eines Moleküls gestreut, und es hat sich als unmöglich erwiesen, ein solches **Beugungsdiagramm** auszuwerten. *Schnelle* Elektronen werden dagegen nur an den **Atomkernen** gebeugt. Deshalb werden gewöhnlich 40-kV-Elektronen verwendet, deren Wellenlänge etwa 6 pm beträgt. Da Elektronen viel stärker als Röntgenstrahlen gestreut werden, sind Belichtungszeiten von einigen Sekunden ausreichend, wogegen Röntgenbeugungsexperimente an Gasen gewöhnlich mehrere Stunden dauern. Elektronenbeugungs-Untersuchungen werden nahezu ausschließlich an **Gasen** durchgeführt. Zudem ist die Methode nur für relativ kleine oder hochsymmetrische Moleküle geeignet.

7.9.3 Röntgenstrukturanalyse

Strahlung besonders hoher Frequenz wird bei der Röntgenstrukturanalyse verwendet. Sendet man einen **monochromatischen Röntgenstrahl** – zumeist verwendet man die K_α-Linie von Molybdän mit einer Wellenlänge von 71,1 pm – durch einen kleinen Kristall, so wird der Strahl infolge der periodischen Anordnung der Atome in einem Raumgitter in verschiedene Richtungen gebeugt. Man kann die **Beugungsdiagramme** fotografisch oder durch automatische Zählgeräte registrieren. Durch Modellberechnungen lassen sich daraus alle **Strukturdaten des Kristalls**, aber auch alle Feinheiten der Struktur der Moleküle in diesem Kristall ermitteln. Obwohl diese Methode aufwändig ist, so ist sie von unschätzbarem Wert bei der Strukturaufklärung.

Die **Röntgenstrukturanalyse** ist – gemessen an der Anzahl der durchgeführten Strukturbestimmungen – die bei weitem wichtigste experimentelle Methode zur Ermittlung von Strukturdaten.

Die Genauigkeit der **Strukturparameter** (ca. 1 pm bei Bindungslängen und 1° bei Bindungswinkeln) ist etwas schlechter als bei der Elektronenbeugung und der Mikrowellenspektroskopie, und Wasserstoffatome lassen sich wegen ihrer geringen und nicht kugelsymmetrischen Elektronendichte schlecht lokalisieren. Da diese Methode aber nicht wie die beiden vorgenannten auf Gase beschränkt ist, können im Prinzip **sämtliche kristallisierbaren Verbindungen** untersucht werden.

Zudem gestattet sie auch die eingehende Analyse von Molekülaggregaten und zwischenmolekularen Wechselwirkungen der Moleküle im Kristallverband, z. B. von Wasserstoffbrücken. Insbesondere hat sie sich bei der Ermittlung der Struktur von Biomolekülen – wie z. B. Penicillin, Insulin und Hämoglobin – bewährt. Die Strukturdaten werden zentral erfasst und sind über das Internet zugänglich.

7.9.4 Neutronenbeugung

> Wie die Röntgenstrukturanalyse wird die Neutronenbeugung vornehmlich zum Studium **kristalliner Stoffe** eingesetzt.

Da man auf einen Kernreaktor als **Neutronenquelle** angewiesen ist, wird man diese Methode in erster Linie auf Probleme anwenden, die sonst nicht gelöst werden können. Dazu gehört z. B. die genaue Lokalisierung von Wasserstoffatomen in kristallinen Stoffen.

Da bei allen neutronenliefernden Kernprozessen schnelle Neutronen mit sehr kurzer Wellenlänge freigesetzt werden, müssen sie durch geeignete Moderatoren (z. B. Paraffin) auf thermische Energien abgebremst werden, denen nach der *de-Broglie-Gleichung* (▶ 1.4) Wellenlängen in der Größenordnung von 100 pm entsprechen. Die Monochromatisierung erfolgt durch Beugung an einem Kristall, üblicherweise aus Blei oder Kupfer, mit dessen Hilfe aus dem polychromatischen Strahl eine bestimmte Wellenlänge ausgeblendet wird.

Die Wechselwirkung der Neutronen mit den Atomen besteht überwiegend aus **elastischen Streuprozessen an den Atomkernen**. Ein Vergleich mit den an der gleichen Probe durchgeführten Röntgenstreuexperimenten (Streuung an den Elektronen) ermöglicht demzufolge eine experimentelle Bestimmung der Elektronendichteverteilung in der Substanz und somit eine detaillierte Analyse der Bindungsverhältnisse.

7.10 Weitere physikalische Methoden

7.10.1 Dielektrizitätskonstante, Dipolmoment

Die **Dielektrizitätskonstante** ε einer Substanz ist definiert als das Verhältnis der Kapazität eines Kondensators, zwischen dessen Platten sich die Substanz als Dielektrikum befindet, zu der Kapazität des gleichen Kondensators, zwischen dessen Platten sich ein Vakuum befindet. Die Dielektrizitätskonstante wird mit Messsendern gemessen, die im Rundfunkwellenbereich arbeiten. Für *polare* Substanzen (mit einem Dipolmoment ungleich Null) ist die Dielektrizitätskonstante viel größer als für *unpolare* Substanzen (▶ Tabelle 7.5, vgl. auch Tabelle 4.2).

Tabelle 7.5 Dielektrizitätskonstante und Dipolmoment von Verbindungen.

Verbindung	Summenformel	Dielektrizitätskonstante ε	Dipolmoment μ [Debye]
Cyclohexan	C_6H_{12}	2,0	0
Tetrachlormethan	CCl_4	2,2	0
Benzen	C_6H_6	2,3	0
Chlorbenzen	C_6H_5Cl	5,7	1,59
Chlormethan	CH_3Cl	12,6	1,87
Methanol	CH_3OH	33,6	1,70
Nitrobenzen	$C_6H_5NO_2$	35,7	4,22
Wasser	H_2O	80,4	1,85
Formamid	$HCONH_2$	109	3,73

Moleküle mit einem Dipolmoment orientieren sich derart längs der Feldlinien zwischen den Kondensatorplatten, als ob sie diese kurzschließen:

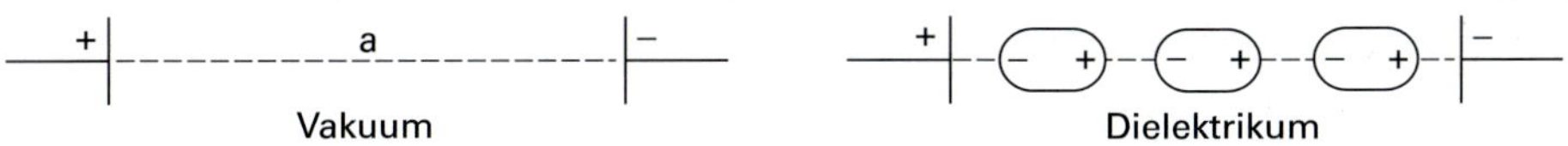

Die Kapazität eines Kondensators C ist proportional der Fläche der Platten F und umgekehrt proportional deren Abstand a: $C \sim F/a$. Der Abstand wird durch das Dielektrikum scheinbar verkleinert.

Die Dielektrizitätskonstante besitzt technische Bedeutung bei Anwendungen organischer Verbindungen in der Elektronik (Isolieröle, Isolierfolien für Kondensatoren).

Die makroskopische Substanzeigenschaft **Dielektrizitätskonstante** hat ihre Ursache in der mikroskopischen Moleküleigenschaft **Dipolmoment**. Aus der Dielektrizitätskonstante lässt sich das molekulare Dipolmoment berechnen. Wie im Abschnitt 1.11 gezeigt wurde, ermöglicht das Dipolmoment Aussagen über Molekülstrukturen und Wechselwirkungen im Molekül. Die Änderung des molekularen Dipolmoments bei einer Molekülschwingung bestimmt die Intensität der Schwingungsbanden im Infrarotspektrum (▶ 7.8.1).

7.10.2 Brechungsindex, Polarisierbarkeit

Der **Brechungsindex** einer Substanz ist definiert als Verhältnis der Lichtgeschwindigkeit im Vakuum zu der in der Substanz. Man bestimmt ihn mit einem Refraktometer und verwendet ihn als charakteristische Kenngröße (▶ 7.3). Die makroskopische Substanzeigenschaft Brechungsindex hat ihre Ursache in der mikroskopischen Moleküleigenschaft **Polarisierbarkeit**.

Dipolmoleküle orientieren sich in einem Radiofrequenzfeld. Erhöht man die Frequenz des elektrischen Feldes bis hinein in den Bereich des sichtbaren Lichtes, so vermögen die Moleküle der Änderung der Feldrichtung nicht mehr zu folgen, weil sie zu träge sind. Die Elektronen verschieben sich jedoch im von außen angelegten Feld; dabei wird in den Molekülen ein Dipolmoment μ_i induziert, das proportional der elektrischen Feldstärke E und proportional einer Moleküleigenschaft ist, die man **Polarisierbarkeit** α nennt:

$$\mu_i = \alpha \cdot E.$$

Die Polarisierbarkeit hat die Dimension eines Volumens; tatsächlich ist sie annähernd proportional dem Volumen der Valenzelektronenhülle: Wasserstoff H_2, α = 0,8 10^6 pm^3, Ethin HC≡CH, α = 3,3 10^6 pm^3, Benzen, C_6H_6, α = 10,3 10^6 pm^3. Die Polarisierbarkeit wirkt sich in den zwischenmolekularen Kräften aus (▶ 1.12 und 4.2), und die Änderung der Polarisierbarkeit bei den Schwingungen der Moleküle bestimmt die Intensität der Schwingungsbanden im Raman-Spektrum (▶ 7.8.1). Man berechnet die Polarisierbarkeit aus dem Brechungsindex. Zwischen diesen beiden Größen besteht eine ähnliche Beziehung wie zwischen der Dielektrizitätskonstante und dem Dipolmoment.

7.10.3 Photoelektronenspektroskopie

Wenn ein Lichtquant mit hinreichender Energie auf ein Molekül M trifft, kann ein Elektron abgetrennt und ein Radikalkation $M^{\bullet\oplus}$ erzeugt werden (**Photoionisation**). Zur Ionisation verwendet man monochromatische UV- oder Röntgenstrahlung. Ein Teil der Strahlungsenergie wird für den Ionisationsprozess benötigt, und der Rest wird in kinetische Energie des Photoelektrons umgewandelt. Nach dem **Koopmans-Theorem** ist die Ionisierungsenergie gleich der negativen Orbitalenergie. Mit der Photoelektronenspektroskopie können also die Energien der besetzten Molekülorbitale auf experimentellem Weg bestimmt werden.

7.11 Verwendung von Isotopen in der organischen Analytik

Die Atome vieler Elemente bestehen aus **Gemischen von Isotopen**. Neben den nichtstrahlenden (stabilen) gibt es strahlende (instabile) Isotope. Letztere zerfallen unter Abgabe von α-, β- oder γ-Strahlen. Sie lassen sich leicht und oft in hoher Verdünnung mit Strahlungsmessgeräten nachweisen. In der Analytik haben strahlende und nichtstrahlende Isotope Bedeutung. Die natürliche Isotopenverteilung in Stoffen ist nur angenähert konstant, tatsächlich charakterisiert sie das Alter und die Herkunft. Hierauf beruhen Methoden der Altersbestimmung geologischer und archäologischer Funde und der Herkunft von natürlichen und künstlichen Produkten.

Stabile Isotope, deren Masse sich von derjenigen des in der Natur vorkommenden Isotopengemisches unterscheidet, werden zur **Markierung von Verbindungen** benutzt, die z. B. von der lebenden Zelle in andere Verbindungen umgewandelt werden. Man verwendet hierzu z. B. Kohlenstoffatome der Masse 13 (^{13}C), die im natürlichen Isotopengemisch, das hauptsächlich aus ^{12}C besteht, nur zu 1,1 % enthalten sind, sowie Deuterium (^{2}H), ^{15}N und ^{18}O.

Durch Abbau der gebildeten Verbindungen und massenspektrometrische Analyse der Bruchstücke lassen sich **Synthesewege** und **Reaktionsmechanismen** aufklären. Solche Verfahren haben z. B. zur Klärung des Schemas der Biosynthese der Terpene beigetragen (▶ 6.7).

Auch bei der Deutung der **Schwingungsspektren** (▶ 7.8.1) von Molekülen spielen die **stabilen Isotope** eine Rolle. Ersetzt man in einem Molekül ein normales ^{12}C-Atom durch ^{13}C, so erniedrigen die Schwingungen, die auf Bindungen mit diesen Atomen zurückzuführen sind, ihre Frequenzen gemäß der Formel in Abschnitt 7.8.1. Schließlich eignet sich auch die ^{13}C-NMR-Spektroskopie (▶ 7.8.3) als Indikator für ^{13}C-markierte Moleküle.

Instabile (radioaktive) Isotope spielen eine große Rolle bei der Aufklärung von Reaktionsmechanismen und Biosynthesen. So wurde z. B. der **Photosynthesezyklus** im Wesentlichen dadurch abgeleitet, dass man Algen für kurze Zeit beleuchtete und dabei radioaktives CO_2 (^{14}C ist ein β-Strahler) einleitete. Kurze Zeit danach untersuchte man die Radioaktivität in den von den Algen gebildeten Kohlenhydraten. Durch Vergleich der Radioaktivität zu verschiedenen Zeiten nach der CO_2-Zugabe konnte man den Photosynthesezyklus ableiten.

In ähnlicher Weise verwendet man das Wasserstoffisotop ^{3}H, Tritium. Bei der Isolierung und Anreicherung einer Substanz kann man durch Zusatz einer winzigen Menge der gleichen, aber radioaktiv markierten Substanz den Anreicherungsprozess verfolgen (**Tracer-Technik**). Man kann prüfen, ob der Anreicherungsprozess vollständig verlaufen ist, indem man die Radioaktivität des isolierten Stoffes mit derjenigen der ursprünglich zugegebenen Substanz vergleicht.

Eine besonders empfindliche Methode zur Bestimmung von biologisch aktiven Substanzen ist der **Immunoassay**. Er beruht auf der Bildung unlöslicher Produkte bei der Antigen-Antikörper-Reaktion. Einen der Reaktionspartner markiert man mit einer leicht nachweisbaren Kennzeichnung (*label*), so z. B. bei der *Immunfluoreszenz* oder dem *Radioimmunoassay*.

7.12 Zusammenfassung

- Zur **Reindarstellung** einer Substanz und zur Trennung von Substanzgemischen gibt es neben der **Destillation** und der **Kristallisation** verschiedene **chromatographische Methoden**.
- Die **Verbrennungsanalyse** einer Substanz liefert die prozentuale Zusammensetzung aus den Elementen (Elementaranalyse). Mit Hilfe der experimentell bestimmten Molmasse ergibt sich die Bruttoformel.
- **Physikalische Methoden** werden in großem Umfange zur Lösung analytischer Probleme in der Organischen Chemie angewandt. Analysenautomaten, die mit Computern gekoppelt sind, haben den Zeitbedarf für Analysen herabgesetzt und die Zuverlässigkeit verbessert.

- Die Charakterisierung einer Substanz kann mit Hilfe ihrer Kenngrößen wie **Schmelzpunkt, Siedepunkt, Dichte, Brechungsindex** usw. erfolgen.
- Bestimmte physikalische Daten wie **Dipolmoment**, **Polarisierbarkeit** und **Dielektrizitätskonstante** dienen der Charakterisierung im Hinblick auf Materialeigenschaften, die insbesondere für technische Anwendungen wichtig sind.
- Hauptsächlich die **UV-**, **IR-** und die **NMR-Spektroskopie** sowie die **Massenspektrometrie** dienen der raschen Ermittlung der **Molekülstruktur**. Dabei erfasst die UV-Spektroskopie in erster Linie das Elektronensystem, die IR-Spektroskopie einzelne Atomgruppen (funktionelle Gruppen) sowie den Bindungsgrad einzelner Bindungen.
- Mit Hilfe der **^{13}C-** und der **^{1}H-NMR-Spektroskopie** werden das Kohlenstoffgerüst und die Anzahl und Art der Wasserstoffatome sowie deren Stellung zueinander bestimmt.
- Die **Massenspektrometrie** gestattet die Bestimmung der genauen Größe der Moleküle einschließlich ihrer Molmasse sowie die Bestimmung einzelner Gerüstbausteine und Substituenten, in die das Molekül bei der Ionisation zerfällt.
- Die Bestimmung der **Konfiguration chiraler Moleküle** kann mit Hilfe der **Optischen Rotationsdispersion** erfolgen.
- Zur Bestimmung der genauen **dreidimensionalen Struktur** von kleineren Molekülen sind aufwändige Methoden wie die **Mikrowellenspektroskopie** und die **Elektronenbeugung** an Gasen geeignet. Bei kristallinen Verbindungen liefert heute die **Röntgenstrukturanalyse** auch für sehr große Moleküle zuverlässige Strukturdaten.
- Nichtstrahlende (stabile) wie auch strahlende (radioaktive, instabile) **Isotope** bestimmter Elemente, hauptsächlich von H, C, N und O, spielen eine große Rolle bei der Aufklärung von **Reaktionsmechanismen** und von biochemischen **Synthesen**, sowie bei der **Analytik** biologisch aktiver Substanzen.

Weiterführende Literatur

Allgemeine und Anorganische Chemie

Mortimer, E. und U. Müller, *Chemie*: Das Basiswissen der Chemie, 9. Aufl., Georg Thieme Verlag, Stuttgart, **2007**.

Riedel, E., *Allgemeine und Anorganische Chemie,* 9. Aufl., Walter de Gruyter, Berlin, **2008**.

Wiberg, N., *Lehrbuch der Anorganischen Chemie*, 102. Aufl., Walter de Gruyter, Berlin, **2007**.

Organische Chemie

Lehrbücher

Breitmaier, E. und G. Jung, *Organische Chemie. Grundlagen, Stoffklassen, Reaktionen, Konzepte, Molekülstruktur*, 6. Aufl., Georg Thieme Verlag, Stuttgart, **2009**.

Brückner, R., *Reaktionsmechanismen. Organische Reaktionen, Stereochemie, moderne Synthesemethoden*, 3. Aufl., Spektrum Akademischer Verlag, Heidelberg, **2004**.

Buddrus, J., *Grundlagen der Organischen Chemie*, 3. Aufl., Walter de Gruyter, Berlin, **2003**.

Laue, T. und A. Plagens, *Namen- und Schlagwort-Reaktionen der Organischen Chemie*, 5. Aufl., B.G. Teubner, Stuttgart, **2006**.

Beyer, H., W. Walter und W. Francke, *Lehrbuch der Organischen Chemie*, 24. Aufl., S. Hirzel Verlag, Stuttgart, **2004**.

Organisch-Chemisches Praktikum

Schwetlick, K., *Organikum*, 23. Aufl., Wiley-VCH, Weinheim, **2009**.

Brückner, R., S. Braukmüller, H. D. Beckhaus, J. Dirksen, D. Goeppel und M. Oestreich, *Praktikum Präparative Organische Chemie*, Spektrum Akademischer Verlag, Heidelberg, **2008**.

Felderhoff, M., S. Hünig, M. Kemmerer, P. Kreitmeier, G. Märkl, J. Sauer, M. Seifert, R. Sustmann, T. Troll, H. Wenner und E. Zeppenfeld, *Integriertes Organisch-Chemisches Praktikum*, Lehmanns Media, Berlin, **2007**.

Heterocyclen

Eicher, T. und S. Hauptmann, *Chemie der Heterocyclen*, Georg Thieme Verlag, Stuttgart, **1994**.

Naturstoffe

Breitmaier, E., *Alkaloide. Betäubungsmittel, Halluzinogene und andere Wirkstoffe, Leitstrukturen aus der Natur*, 3. Aufl., B.G. Teubner, Stuttgart, **2008**.

Habermehl, G., P. Hammann, H. C. Krebs und W. Termes, *Naturstoffchemie. Eine Einführung*, 3. Aufl., Springer-Verlag, Berlin, **2008**.

Hesse, M., *Alkaloide – Fluch oder Segen der Natur?*, Wiley-VCH, Weinheim, **2000**.

Lehmann, J., *Kohlenhydrate – Chemie und Biologie*, 2. Aufl., Georg Thieme Verlag, Stuttgart, **1996**.

Stereochemie
Eliel, E. L., S. H. Wilen, H. Hopf, *Organische Stereochemie*, Wiley-VCH, Weinheim, **1998**.

Nomenklatur
Hellwinkel, D., *Die systematische Nomenklatur der organischen Chemie. Eine Gebrauchsanweisung*, 5. Aufl., Springer-Verlag, Berlin, **2006**.

Metallorganische Chemie
Elschenbroich, C., *Organometallchemie*, 6. Aufl., Vieweg u. Teubner, Wiesbaden, **2008**.

Analytische Methoden, Spektroskopie

Hesse, M., H. Meier und B. Zeeh, *Spektroskopische Methoden in der organischen Chemie*, 7. Aufl., Georg Thieme Verlag, Stuttgart, **2005**.
Schrader, B. (Hrsg.), *Infrared and Raman Spectroscopy – Methods and Applications*, VCH, Weinheim, **1994**.

Biochemie

Koolman, J., K.-H. Röhm und J. Wirth, *Taschenatlas der Biochemie*, 3. Aufl., Georg Thieme Verlag, Stuttgart, **2003**.
McMurry, J. und T. Begley, *Organische Chemie der biologischen Stoffwechselwege*, Spektrum Akademischer Verlag Heidelberg, **2006**.
Nelson, D. und M. Cox, *Lehninger Biochemie*, 4. Aufl., Springer-Verlag, Berlin, **2009**.

Farbstoffe, Farbe, Photochemie

Klessinger, M. und J. Michl, *Excited States and Photochemistry of Organic Molecules*, VCH Publ., New York, **1995**.
Klessinger, M. und J. Michl, *Lichtabsorption und Photochemie organischer Moleküle*, VCH, Weinheim, **1990**.
Zollinger, H. *Color Chemistry*, 3. Aufl., Wiley-VCH, Weinheim, **2003**.

Lebensmittelchemie

Belitz, H.-D., W. Grosch, P. Schieberle, *Lehrbuch der Lebensmittelchemie*, 6. Aufl., Springer-Verlag, Berlin, **2008**.

Supramolekulare Chemie

Lehn, J.-M., *Supramolecular Chemistry. Concepts and Perspectives*, VCH, Weinheim, **1995**.
Vögtle, F., *Supramolekulare Chemie*, Teubner Studienbücher, Stuttgart, **1989**.

Toxikologie

Eisenbrand, G., M. Metzler und F. J. Hennecke, *Toxikologie für Naturwissenschaftler und Mediziner*, 3. Aufl., Wiley-VCH, Weinheim, **2005**.
Lüllmann, H., K. Mohr und L. Hein, *Pharmakologie und Toxikologie – Arzneimittelwirkungen verstehen – Medikamente gezielt einsetzen*, 16. Aufl., Georg Thieme Verlag, Stuttgart, **2006**.

Sachregister

Zusammengesetzte Begriffe wie z. B. „aromatische Amine“ sind unter dem Substantiv aufgeführt, z. B. „Amine, aromatische“. Sofern es sich jedoch um feststehende Begriffe wie z. B. „Forensische Chemie“ oder „Freie Enthalpie“ handelt, sind sie unter dem ersten Wort zu finden.

DE GRUYTER

Erwin Riedel

■ Allgemeine und Anorganische Chemie

9. Aufl. 2008. X, 432 Seiten. 235 Abb. 65 Tab. Broschur.
ISBN 978-3-11-020277-9
Reihe: de Gruyter Lehrbuch

Die überarbeitete 9. Auflage enthält theoretische Grundlagen, eine knappe Stoffchemie und behandelt aktuelle Umweltprobleme. Dank klarer, übersichtlicher Abbildungen und einem prägnanten Text gilt dieses Werk bei Studenten als Favorit. Es ist als Lehrbuch und als Repetitorium zur Prüfungsvorbereitung gleichermaßen geeignet, was durch die graphische Gestaltung unterstützt wird.

Exzellente Einführung für Bachelor Studenten
Das Standardwerk für Studenten mit Chemie als Nebenfach

W DE G de Gruyter
Berlin · New York

www.degruyter.de

www.chemie-degruyter.de